E. Hölzler · H. Holzwarth

Pulstechnik

Band I · Grundlagen

Bearbeitet von
R. Kersten und H. Larsen

Zweite, verbesserte Auflage
Berichtigter Nachdruck

Mit 176 Bildern

Springer-Verlag
Berlin Heidelberg NewYork
London Paris Tokyo 1986

Dipl.-Ing., Dr.-Ing., Dr.-Ing. E. h. Erwin Hölzler
ehem. stellv. Vorstandsmitglied der Siemens AG und
Leiter der Zentralen Forschung und Entwicklung

Dipl.-Ing., Dr.-Ing., Dr.-Ing. E. h. Herbert Holzwarth
ehem. Generalbevollm. Direktor der Siemens AG und
Leiter des Zentrallaboratoriums für Nachrichtentechnik

Dr.-Ing. Rudolf Kersten
Wissenschaftlicher Berater der Siemens AG,
Zentrallaboratorium im Unternehmensbereich
Nachrichten- und Sicherungstechnik

Dr. phil. Herbert Larsen
ehem. Wissenschaftlicher Berater der Siemens AG,
Zentrale Forschung und Entwicklung

Die erste Auflage dieses 1975 (Band 1) bzw. 1976 (Band II) erschienenen Werkes stellt eine Erweiterung und Neubearbeitung des 1957 unter dem Titel „Theorie und Technik der Pulsmodulation" veröffentlichten Vorgängerwerkes dar.

CIP-Kurztitelaufnahme der Deutschen Bibliothek

Hölzler, Erwin:
Pulstechnik/E. Hölzler; H. Holzwarth. – Berlin; Heidelberg; NewYork; Tokyo: Springer. Früher mit d. Erscheinungsorten Berlin, Heidelberg, NewYork. 1. Aufl u. d. T.: Hölzler, Erwin: Theorie und Technik der Pulsmodulation. NE: Holzwarth, Herbert: Bd. 1. Grundlagen/bearb. von R. Kersten und H. Larsen. – 2., verb. Aufl., berichtigter Nachdruck. – 1986
ISBN-13: 978-3-642-81670-3   e-ISBN-13: 978-3-642-81669-7
DOI: 10.1007/ 978-3-642-81669-7

2362/3020-543210

Vorwort zur zweiten Auflage

Nachdem der Band I „Grundlagen" in der ersten Auflage vergriffen ist, stellen wir hiermit eine zweite, sorgfältig durchgearbeitete Auflage vor. Wir haben uns bemüht, Fehler zu beseitigen, die Durchsichtigkeit und Schlüssigkeit einer Reihe von Ableitungen durch Neufassung zu erhöhen und die gedanklichen Beziehungen zwischen den Abschnitten weiterhin zu verbessern. Daß wir zusammen mit den Verfassern R. Kersten und H. Larsen dies konnten, verdanken wir in hohem Maße sehr sachkundigen Kritiken und vielerlei Anregungen mit oft ausführlichen Diskussionen. Wir nennen dafür die Herren F. Geretslehner, G. Günther, W. Kleen, W. Schüßler und danken Ihnen hiermit herzlich. Ganz besonders sind wir Herrn E. R. Berger für seine ins Einzelne gehende kritische Lesung des Ganzen verpflichtet. Dem Springer-Verlag danken wir für das Eingehen auf unsere Wünsche und die Sorgfalt der Ausführung.

Möge dieser Band, der steigenden Bedeutung der Pulstechnik entsprechend, so gut aufgenommen werden wie sein Vorläufer.

München, im Sommer 1981   **E. Hölzler**   **H. Holzwarth**

Das anhaltende Interesse an diesem Werk hat es möglich gemacht, schon nach relativ kurzer Zeit einen Nachdruck vorzusehen. Aus diesem Anlaß haben wir nicht nur Druckfehler berichtigt, sondern auch Fachbegriffe auf den neuesten Stand gebracht, das Literaturverzeichnis aktualisiert und in zwei Fällen — Anregungen aus dem Leserkreis folgend — Gedankengänge präziser gefaßt.

München, im Frühjahr 1986   **E. Hölzler**   **H. Holzwarth**

Vorwort zur ersten Auflage

Der ursprüngliche Buchtitel lautete „Theorie und Technik der Pulsmodulation". Dieses Buch, 1957 erschienen, fand stetiges Interesse, so daß es seit einer Reihe von Jahren vergriffen ist und der Verlag sich eine zweite, auf den Stand der heutigen Theorie und Technik gebrachte Auflage wünschte. Warum dabei die Titeländerung in „Pulstechnik"?

Bei kritischer Überprüfung des Inhalts stellten wir fest, daß zwischen der Breite der gegebenen Grundlagen, die das Interesse der Leser sicher angezogen hat, und der Auswahl der technischen Anwendungen ungleiches Gewicht bestand. Die theoretischen Grundlagen waren gültig für weite Gebiete der gesamten *Pulstechnik,* die Anwendungen waren spezieller der *Pulsmodulation* gewidmet.

Da es bei der heutigen Fülle an Fachliteratur sicher richtig ist, Neubearbeitungen zu „entspezialisieren", schien es gut, in den Grundlagen die Darstellung zu ergänzen um das viele Neue, was sich in Theorie und wissenschaftlicher Methodik während gut anderthalb Jahrzehnten herausgebildet hat, und in den Anwendungen über die Technik der Pulsmodulation hinaus weitere Beispiele zu bringen.

Nach diesem Konzept gaben wir dem Werk den neuen Titel „Pulstechnik" und teilten es in zwei Bände auf mit den Untertiteln

I. Grundlagen,

II. Anwendungen und Systeme.

Beide Teile sind in sich abgeschlossen; natürlich werden im zweiten Band viele Kenntnisse zitiert und vorausgesetzt, die im ersten Band erläutert sind.

Der erste Band wird hiermit vorgestellt. Die Grundgedanken seiner zehn Abschnitte sind am Schluß des einleitenden ersten Abschnittes im Überblick beschrieben; hier möge daher nur in Stichworten genannt werden, was an Neuem dazugekommen ist: Neben notwendigen Ergänzungen des allgemeinen mathematischen Rüstzeugs sind es die orthogonalen Mäanderfunktionen, die diskrete und die „schnelle" Fouriertransformation, die $\mathscr{Z}$-Transformation, die digitalen Filter, die Auto- und Kreuzkorrelation, die zeitliche Pulskompression beim Radar in klassischer und digitaler Lösung, Optimierungsprozesse, die Barkercodes und die Ambiguity-Funktion. Neben wichtigen nachrichtentheoretischen Ergänzungen sind es die Analog-Digital-Umsetzung, die Quellen- und die Kanalcodierung, ferner ein ganzer neuer Abschnitt zur digitalen Modulation, in dem Codier- und Decodierverfahren, die Pulscode- und die Deltamodulation sowie ihre gemeinsamen Abkömmlinge beschrieben und diskutiert werden. Des Bezuges und der Einteilung halber sind die kontinuierlichen Modulationsverfahren zwar beibehalten worden, aber sehr knapp dargestellt.

Das inhaltliche Formen des zweiten Bandes war besonders schwer. Bei aller Neigung, die Anwendungen dem erweiterten Titel anzupassen, waren wir uns der notwendigen Beschränkung bewußt. So haben wir den großen Komplex der Datenverarbeitungs-Systeme fortgelassen, weil er in der Literatur bereits vielfältig dargestellt ist. Behandelt werden sollen dafür in einiger Ausführlichkeit die Anwendungsstufen, die von der Impulserzeugung und -formung bis zum System führen und die in allen technischen Anordnungen für die verschiedensten Zwecke immer wieder vorkommen: die digitalen Grundschaltungen, die logischen und die Speicherbausteine, die Speichersysteme. Die Nachrichtenübertragung

mit Pulsen bildet nach wie vor einen wichtigen Teil der Anwendungen —
in Parallele zu ihrem Anteil an den Grundlagen im vorliegenden ersten
Band. Seiner Bedeutung entsprechend wird das Gebiet der modernen
Nachrichten-Vermittlungssysteme ebenfalls behandelt. Ein weiterer
Abschnitt gilt den „Integrierten Nachrichtennetzen", einem Konzept,
bei dem die technischen Mittel der Übertragung und Vermittlung ver-
fahrensmäßig aus einem Guß sind. Den Abschluß bildet die neuere Entwicklung der Ortungstechnik.

Wir waren uns sehr rasch klar darüber, daß wir die Neubearbeitung
Fachleuten überlassen sollten, die heute ähnlich mittendrin in der
Materie stecken wie wir seinerzeit. Für den vorliegenden ersten Band
haben sich die Herren Dr. phil. Herbert Larsen (Abschnitte 2 mit 6)
und Dr.-Ing. Rudolf Kersten (Abschnitte 7 mit 10) bereit erklärt, diese
Aufgabe zu übernehmen. Wir danken beiden Herren besonders dafür.
Wie bekannt, ist es ja oft schwerer ein Haus gut umzubauen, zu erweitern und zu erneuern, als es völlig neu zu errichten. Am zweiten Band
sind wegen der Vielfalt der technischen Anwendungen fünf Verfasser
tätig.

Wie früher sind die angegebenen Formeln Größengleichungen,
komplexe Größen sind im Druck nicht besonders hervorgehoben. Bei
der Wahl der Formelzeichen haben wir uns um Konsistenz bemüht.
Wenn dies, besonders für die ersten sechs Abschnitte, nicht immer ge-
lungen erscheint, so liegt der Grund in der Rücksicht auf vielerlei neuere
Originalarbeiten. Für die Einführung des Lesers in eine schwierige
Materie, bei der er hier und dort auf die Spezialliteratur zurückgreifen
möchte, schien es oft günstig, die Formelsprache der Originalarbeit
beizubehalten. Leider ist diese Sprache bei den verschiedenen „Gilden"
von Theoretikern nicht sehr einheitlich. Bei Definitionen und Benen-
nungen haben wir uns an die derzeit gültigen DIN-Blätter und Emp-
fehlungen der Nachrichtentechnischen Gesellschaft gehalten. Wie
früher sind Bilder und Gleichungen abschnittweise durchnumeriert;
zum besseren Finden von Verweisen sind jeweils die Abschnittnummern
vorangestellt. Das Literaturverzeichnis erhebt keinen Anspruch auf
Vollständigkeit. Wir haben uns nach wie vor bemüht, unter den von uns
benutzten Arbeiten besonders diejenigen zu nennen, in denen das ge-
schilderte Problem erstmals aufgegriffen wurde.

Besonderer Dank gebührt Herrn Dr.-Ing. Herbert Knapp, der die
Neubearbeitung durch unverdrossene Impulse uns gegenüber, durch
Diskussionen und Absprachen mit den Herren Kersten und Larsen und
durch Korrekturlesen sehr gefördert hat.

Möge das neue Werk so gut aufgenommen werden wie das alte.

München, im Herbst 1974   **E. Hölzler   H. Holzwarth**

Inhaltsverzeichnis

Verzeichnis der häufig verwendeten Formelzeichen

a	Dämpfungsmaß
a_n	Fourierkomponente
Δa	Dämpfungsunterschied
a_d	Nebensprechdämpfung
a_G	Signal-(Grund)Geräusch-Abstand
a_Q	Signal-(Quantisierungs)Geräusch-Abstand
b	Phasenmaß
b	Ganze Zahl, Basis eines Codes
b_n	Fourierkomponente
B	Bandbreite
B_0	Bandbreite eines primären Signals
B_h	Hochfrequenz-Bandbreite
B_m	Modulationsbandbreite
B_s	Selektionsbandbreite
c_n	Komplexe Fourierkomponente; $c_n = a_n - \mathrm{j}b_n$
c	Lichtgeschwindigkeit
C	Kapazität eines Übertragungskanals, eines Kondensators
d	Normierte Frequenz- oder Zeitabweichung, Zeichenverzerrung
f	Frequenz
f_0	Abtastfrequenz, Trägerfrequenz
f_b	Bitfolgefrequenz
f_D	Dopplerverschiebung der Frequenz
f_g	Grenzfrequenz, gegeben durch 6 dB Dämpfungszuwachs
f_h	Hochfrequenz, Trägerfrequenz
f_m	Modulationsfrequenz, Tastfrequenz
f_N	Frequenz einer Störung
f_p	Punktfrequenz des binären Signals
f_t	Taktfrequenz
$f(t)$	Augenblicksfrequenz
ΔF	Frequenzhub
$F(f)$	Amplitudendichte des Spektrums
F_N	Rauschzahl
$\mathscr{F}\{x\}$	Fouriertransformierte von x
g	Komplexes Dämpfungsmaß
$G(\omega)$	Übertragungsfunktion
$h(t)$	Übergangsfunktion, äquivalent $s_\delta(t)$
$H(z)$	Übertragungsfunktion im Gebiet der $\mathscr{Z}$-Transformation
H	Entropie
H_0	Entscheidungsgehalt

H^*	Informationsfluß
$i(t)$	Augenblickswert des Stroms
I	Strom, Stromamplitude
I	Informationsgehalt, Informationsmenge
$J_n(x)$	Besselfunktion n-ter Ordnung
j	$j = \sqrt{-1}$
k	Boltzmannkonstante
k_n	Klirrfaktor n-ten Grades
L	Binärzeichen
L	Induktivität
$\mathscr{L}\{x\}$	Laplacetransformierte von x
m	Modulationsgrad .
m_1, m_2	Linearer und quadratischer Erwartungswert
n	Pegel
Δn	Signal-Geräusch-Abstand auf der Übertragungsstrecke
Δn_2	Signal-Geräusch-Abstand nach der Demodulation
N	Geräuschleistung
N_0	Rauschleistung im Frequenzband B_0
O	Binärzeichen
p	Variable der Laplacetransformation, komplexe Frequenz
p	Häufigkeit, Wahrscheinlichkeit
P	Leistung, Signalleistung
P_1, P_2	Leistung des Signals am Ein- bzw. Ausgang eines Systems
P_Q	Leistung der Quantisierungsverzerrung
$\hat{P}$	Spitzenleistung
q	Ganze Zahl, Stufenzahl der Quantisierung
r	Zahl der Elemente (Stellenzahl) eines Codewortes
$r(t)$	Rauschsignal
r_0	Zahl der *Binär*elemente eines Codewortes
r_K	Kompandergewinn
r_N	Gewinn an Signal-Geräusch-Abstand
r_z	Aussteuerungsgewinn
R	Wirkwiderstand
R	Redundanz
R_K	Kompressionsfaktor
$s(t)$	Augenblickswert des Signals
$s_0(t)$	Augenblickswert der Trägerschwingung oder des Pulsvorganges
$s_1(t), s_2(t)$	Augenblickswert des Signals am Ein- bzw. Ausgang eines Systems
$s_i(t)$	Augenblickswert eines Impulses
$s_N(t)$	Augenblickswert des Störsignals
$s_Q(t)$	Augenblickswert der Quantisierungsverzerrung
$s_\delta(t)$	Antwort eines Netzwerks auf den Einheitsimpuls $\delta(t)$, siehe auch $h(t)$
$s_\sigma(t)$	Antwort eines Netzwerks auf den Einheitssprung $\sigma(t)$
Δs	Restamplitudenwert
$\Delta s(t)$	Augenblickswert des Differenzsignals
$\mathrm{si}(x)$	$\dfrac{\sin x}{x}$
$\mathrm{Si}(x)$	Sinus integralis; $\mathrm{Si}(x) = \int\limits_0^x \mathrm{si}(t)\,\mathrm{d}t$
S, S_0	Amplitude, Amplitudenbereich
$S(t)$	Einhüllende eines Trägerimpulses, zeitlich veränderliche Amplitude

S_1, S_2	Amplitude, Amplitudenbereich am Ein- und Ausgang eines Systems
$\tilde{S}$	Effektivwert eines Signals
ΔS	Amplitudenhub, Amplitudenstufe
S_N	Geräuschamplitude
$\tilde{S}_N$	Effektivwert eines Rauschsignals
t	Zeit
Δt	Zeitverschiebung, Laufzeitabweichung
t_0	Grundlaufzeit
t_g	Einschwingdauer
t_n	Definierter Zeitpunkt
T	Absolute Temperatur
T	(Langer) Zeitabschnitt
T_0	Periode der Trägerschwingung oder des Pulsvorganges
T_b	Bitperiode
T_m	Periode der Modulationsschwingung
T_R	Echolaufzeit eines Radarsignals
T_z	Pulsperiode bei z Kanälen
ΔT	Zeithub
$u(t)$	Augenblickswert der Spannung
$u(t)$	Realteil des analytischen Signals
U	Spannung, Spannungsamplitude
v	Verstärkungsfaktor
$v(t)$	Imaginärteil des analytischen Signals
$w(x)$	Wahrscheinlichkeitsdichte
x	Reelle Achse, unabhängige Veränderliche
x	Zustandswert eines Codesignals
x	Normierte Frequenz
$x(t_i)$	Zeitdiskrete Signalfunktion
$X(f)$	Spektralfunktion
y	Imaginäre Achse, abhängige Veränderliche
y	Zustandszahl des Quantisierungsintervalles
z	Variable der $\mathscr{L}$-Transformation; $z = e^{pT_0}$
z	Anzahl der Kanäle
$\mathscr{L}\{x\}$	$\mathscr{L}$-Transformierte von x
$\delta(t)$	Einheitsimpuls, Stoßfunktion
Δ	Differenz, endliche Änderung
ε	Fehlerzahl
$\Delta\vartheta(t)$	Zeitauslenkung bei Pulswinkel-Modulation
$\sigma(t)$	Einheitssprung, Sprungfunktion
τ	Impulsdauer
τ	Zeitverschiebung bei der Korrelation
τ_0	Konstanter oder mittlerer Wert der Impulsdauer
φ	Phasenwinkel
$\varphi(t)$	Augenblicksphase
$\Delta\varphi(t)$	Abweichung der Augenblicksphase von der Trägerphase
$\varphi_{xx}(\tau)$	Autokorrelationsfunktion der Größe x
$\varphi_{xy}(\tau)$	Kreuzkorrelationsfunktion der Größe x mit der Größe y
$\Phi(\omega)$	Spektrale Leistungsdichte
$\Phi_{xx}(\omega)$	Leistungsdichte der Autokorrelationsfunktion
$\Phi_{xy}(\omega)$	Leistungsdichte der Kreuzkorrelationsfunktion
$\Phi(x)$	Gaußsches Fehlerintegral

$\Delta\Phi$	Phasenhub, Modulationsindex
$\psi(t)$	Komplexe Signalfunktion
$\Psi(f)$	Spektrum der komplexen Signalfunktion
$\chi(T_R, f_D)$	Ambiguity-Funktion
ω	Kreisfrequenz; $\omega = 2\pi f$

1. Einleitung

Als *Impuls* bezeichnet man einen einmaligen, stoßartigen Vorgang von beschränkter zeitlicher Dauer. In den Naturwissenschaften bezieht man sich bei solchen Vorgängen auf beliebige physikalische Größen, wie zum Beispiel mechanische Auslenkungen, Geschwindigkeiten oder Beschleunigungen, Nervenaktionen, elektrische Ströme oder Spannungen, Licht, ganz allgemein Feldgrößen jeder Art. Dieser hier zugrunde gelegte Sprachgebrauch ist verschieden von der in der Mechanik gebräuchlichen Definition. Dort ist der Impuls das zeitliche Integral der Kraft, der Drehimpuls das zeitliche Integral eines Drehmomentes. Bei gleichförmiger Bewegung sind diese Größen zeitlich konstant.

Die *Impulsform* ist der Verlauf des Impulses, der im einzelnen durchaus selbst noch eine komplexe Struktur haben kann, wie die Beispiele der Bilder 1.4 bis 1.6 zeigen. Meist kann der Verlauf jedoch als einfache Form beschrieben werden, wie z. B. Rechteck-, Sägezahn-, Cosinus- oder Gauss-Impuls. Weitere Merkmale sind die *Impulsamplitude* und *-dauer*, die *Anstiegs-* und *Abfallzeit*.

In der *Pulstechnik* hat man es mit Impulsen zu tun, die in Serien auftreten, vielfach in regelmäßiger Folge wie beim Pulsschlag der Lebewesen. Solche Vorgänge werden daher *Pulse* genannt. Die zeitliche[1] Häufigkeit des Auftretens der einzelnen Impulse nennt man *Pulsfrequenz*.

Den Methoden zur genaueren Erfassung der Eigenschaften von Impulsen und Pulsen kommt in der heutigen Technik steigende Bedeutung zu. Man denke z. B. an Meßaufgaben aus der Mechanik unstetiger Vorgänge in festen Körpern, Flüssigkeiten oder Gasen, wo die zulässigen Materialspannungen zu erfassen sind, an die Raum- und Bauakustik, an die Beanspruchung von Verkehrsmitteln. Von ganz besonderer Bedeutung sind diese Methoden jedoch für die Nachrichtentechnik. Eine Nachricht kommt ja nur dadurch zustande, daß ein wahr-

---

[1] Die mathematischen Regeln für einen *räumlichen* Verlauf können meist leicht aus den Regeln für den *Zeit*verlauf übertragen werden. Sie werden daher im folgenden nicht besonders erwähnt.

nehmbarer Vorgang sich merkbar verändert. So ist es nicht verwunderlich, daß die Lehren, die den Inhalt dieses Buches bilden, anwendbar auf einen breiten Kreis von Aufgaben, meist anhand von nachrichtentechnischen Problemen gefunden und in der Sprache der Nachrichtentechnik formuliert wurden.

Den eben genannten wahrnehmbaren Vorgang nennt man ein *Signal*. Er ist die physikalische Verwirklichung einer *Nachricht*. Nachricht wird dabei als zusammengefaßter Begriff verwendet für jede Art von Mitteilung, z. B. durch Zeichen, Schrift-, Sprach- und Bildinhalte, Meßwerte, Zahlenangaben oder sonstige Daten.

Im Signal sind solche Merkmale zu unterscheiden, die von der Nachricht abhängen, und solche, die davon unabhängig, das heißt rein physikalisch relevante Größen sind wie z. B. Trägerschwingungen oder Taktpulse. Die zur Übertragung der Nachricht notwendigen Merkmale des Signals heißen *Signalparameter*. Für diese gibt es eine wichtige Einteilung, die mit den Begriffen „analog" und „digital" zusammenhängt.

Ein *Analogsignal* ist ein Signal, das einen kontinuierlichen Vorgang kontinuierlich abbildet. Im Gegensatz dazu stellt beim *Digitalsignal* der Signalparameter eine Nachricht dar, die nur aus *Zeichen* besteht, in der Informationstheorie auch *Symbole* genannt. Die Bedeutung der Zeichen ist zwischen der Sende- und der Empfangsseite verabredet.

Vor weiteren allgemeinen Hinweisen sei anhand einiger typischer Beispiele ein Eindruck von der Fülle der Signale gegeben, die früher und heute verwendet werden. Im Sinne heutiger Einteilung treten sie teils in reiner Form auf, teils in Mischformen. Die nachstehend angeführten sogenannten *primären Signale* sind nur zum kleinen Teil selbst Gegenstand dieses Werkes; sie sollen die Vielfältigkeit des mathematischen Werkzeugs der Pulstechnik begreiflich machen, das für die Vorgänge bei der Signalübertragung, der Signalverarbeitung und der Signaldeutung herangebildet wurde.

Die menschlichen Sinnesorgane sind, wenn man von gewissen Empfindlichkeitsschwellen für Amplitude und Richtung absieht, im allgemeinen auf den Empfang von Reizen eingestellt, die den Charakter von Analogsignalen haben. Trotzdem verständigte man sich schon lange vor der Entdeckung der Elektrizität über weite Entfernungen hinweg mit Hilfe von Digitalsignalen. Bekannt sind die Feuerzeichen der Alten. Die amerikanischen Indianer benutzten einen Rauchtelegraphen: eine Pferdedecke wurde über das Feuer gehalten und wieder weggenommen; dadurch entstanden impulsartig aufsteigende Rauchsäulen, deren Bedeutung abgesprochen war. Im afrikanischen Urwald, wo optische Mittel nicht praktisch sind, entwickelten die Neger akustische Verständigungsmethoden. Sie benutzten und benutzen auch heute noch zwei Trommeln, eine mit hellem Klang und eine mit dumpfem. Die kombinierten Töne

dieser beiden Trommeln und ihr Rhythmus ersetzen mit Hilfe eines
verabredeten Codes die Sprache. Ganz allgemein bedienen sich die
Menschen bei Kommunikation auf Sichtweite oft digitaler Zeichen.
Man denke z. B. an die Handbewegungen, mit denen ein Kranführer
angewiesen wird, seine Last zu heben, zu senken oder seitwärts zu bewegen, oder an ähnliche Bewegungen beim Rangierdienst der Eisenbahn.
Allen Freunden der Seefahrt sind ferner die Flaggensignale bekannt, mit
denen man Texte sehr geschwind übermitteln kann.

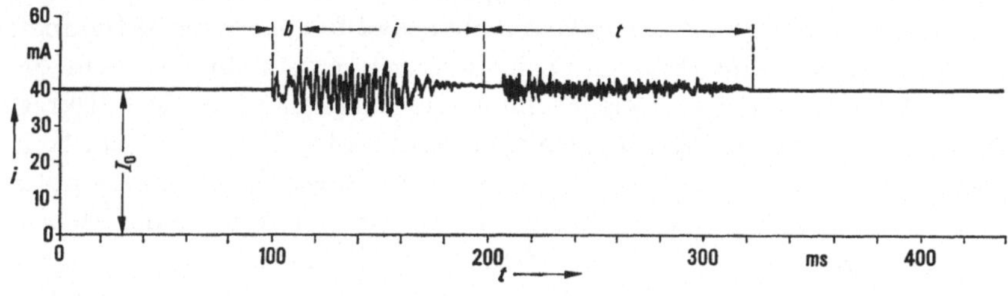

Bild 1.1. Primäres Fernsprechsignal.

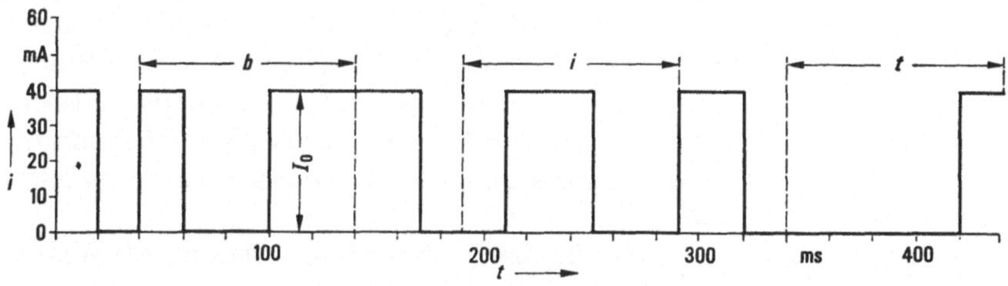

Bild 1.2. Primäres Telexsignal.

Bei all diesen Verfahren spielt neben ihrer Einfachheit die Deutlich-
keit, das Vermeiden von Mißverständnissen eine große Rolle. Das ist
besonders wichtig, wenn die Signale über mehrere Vermittler weiter-
gegeben werden sollen.

Auch die ersten elektrischen Signale wurden in digitaler Form ausgesandt. Erst mit der Erfindung von Mikrophon und Hörkapsel war es
möglich, das gesprochene Wort als elektrisches Analogsignal zu übertragen.

Analoge und digitale Signale sehen — von schwer unterscheidbaren
Übergangsformen abgesehen — im Prinzip recht verschieden aus, auch
wenn die gleiche Nachricht übermittelt wird. Dies sei an zwei typischen
Signalformen verdeutlicht, die beide das Wort „bit"[1] als Nachricht
enthalten (Bild 1.1 und 1.2).

---

[1] 1 bit ist die Einheit des Informationsgehalts, ein Bit ist die Kurzbezeichnung
für ein binäres Signalelement (vgl. Abschn. 8.2.3.).

Bild 1.1 stellt ein analoges Sprachsignal dar, und zwar gibt das Oszillogramm den zeitlichen Stromverlauf $i(t)$ auf der Strecke zwischen Fernsprechteilnehmer und Vermittlungsamt wieder. Die Nachricht, gegeben durch das Wechselfeld des Schalldruckes am Munde des Sprechers, ist im Signal gut wiederzuerkennen. Überlagert ist ein Gleichstrom I_0, der zur Speisung des Teilnehmer-Apparates dient und der beim Selbstwähl-Vermittlungsvorgang ähnliche Signalfunktionen übernimmt, wie sie in dem völlig abweichenden zweiten Beispiel gezeigt sind.

Dargestellt ist in Bild 1.2 der digitale Signalstrom auf der Leitung eines Telex-Teilnehmers. Es wäre denkbar, daß für jedes der 32 Symbole des Fernschreib-Alphabets ein Schwingungskomplex ähnlich dem des ersten Beispiels auftritt. Demgegenüber zeigt das Bild nur zwei diskrete Amplitudenwerte oder *Zustände* in einer bestimmten Folge von Schritten, oder, wie man heute sagt, einer bestimmten *Bitfolge*. Die Signalamplituden sind *quantisiert*, und zwar beim vorliegenden Beispiel in der kleinstmöglichen Zahl von zwei Zuständen, 0 und I_0. Zwischenwerte können nicht vorkommen; wenn sie im empfangenen Signal dennoch auftreten, so müssen sie durch Störungen hervorgerufen sein und können auf 0 oder I_0 regeneriert werden. Diese Möglichkeit ist eine bestechende Eigenschaft digitaler Technik. Mit der vorstehenden Folge von fünf Bits je Symbol — die restlichen Schritte dienen als Start- und Stopsignale des Fernschreibers — können nach einem Rechenschema 32 Symbole unterschieden werden. Man nennt ein solches Schema einen *Code*, ein solches Signal *codiert*.

Es ist bemerkenswert, daß die Zeit, die zur Übermittlung des Wortes „bit" gebraucht wird, in beiden Fällen nicht wesentlich verschieden ist. Dabei erfordert das erste Signal einen Übertragungskanal von etwa 4000 Hz Bandbreite, das zweite kann in einem solchen von nur 40 Hz Breite übermittelt werden. Die Tatsache, daß das *Fernsprechen* außer dem eigentlichen Nachrichtentext auch noch den Tonfall und die Stimmung des Sprechers zu Gehör bringt, ferner eine Verständigung in hallenden Räumen oder bei starkem Geräusch ermöglicht, muß — jedenfalls bei dieser einfachen Form der Übertragung — mit Bereitstellen des 100fachen Frequenzbandes erkauft werden. Apparaturen, die mit der Bandbreite wirtschaftlicher umgehen und zum Beispiel einen Faktor 10 davon sparen — sogenannte Vocoder — sind ziemlich kompliziert und bedingen gewisse Abstriche in der Qualität der Sprache.

Zum Unterschied von der Sprache ist das bewegte Bild eine Funktion des Ortes *und* der Zeit und daher als eindimensionale Funktion nicht unmittelbar darzustellen. Hier macht man sich die zeitliche Trägheit und das begrenzte örtliche Auflösungsvermögen des Auges zunutze. Man überträgt beim *Fernsehen* statt der Ortsfunktion eine Folge von Einzelbildern, jedes in zeilenweiser Wiedergabe der Helligkeits- und Farbinformation durch ein speziell moduliertes elektrisches Signal (Bild 1.3). Um auf der Empfangsseite die Zeitpunkte der Zeilen- und Bildwechsel exakt erkennen zu lassen blendet man an den entsprechenden Stellen des Signals unterschiedliche Synchronimpulse ein. Gezeigt ist im Bild der Signalverlauf zwischen zwei Zeilenimpulsen (a), und zwar für ein Testbild mit senkrechten Farbbalken. Die Helligkeitswerte zwischen Schwarz (s) und Weiß (w) werden analog übertragen (b). Einer bemerkenswerten industriellen Gemeinschaftsleistung der USA anfangs der 50er Jahre ist

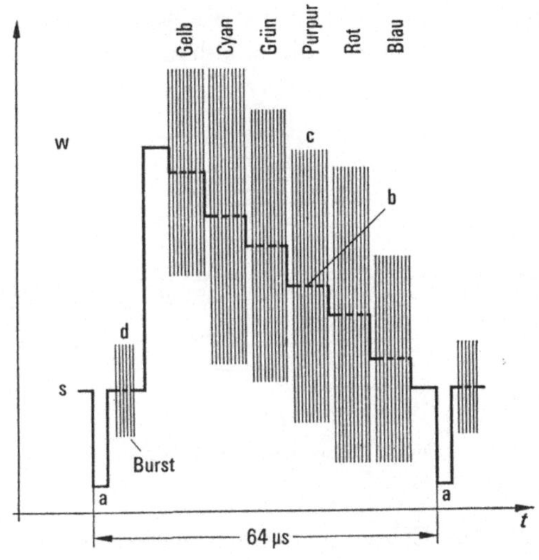

Bild 1.3. Primäres Fernsehsignal.

es zu verdanken, daß man die Farbinformation in Parallele zum Dreifarbendruck hinzufügen konnte, ohne den Schwarz-Weiß-Empfang zu beeinträchtigen und ohne den Bedarf an Bandbreite zu erhöhen. Solche Möglichkeiten sind erst im Lichte einer Vervollkommnung der System- und Informationstheorie, die in die gleiche Zeit fällt, zu verstehen. Die Farbinformation liegt in einem zugesetzten Farbträger (c) hoher Frequenz, dessen Amplitude die Farbsättigung und dessen Phase die Farbtönung angibt. Dargestellt sind sechs Farbbalken von gelb bis blau. Als Bezug für die Phase wird jedem Zeilensignal ein Farbträgerimpuls (d), der sogenannte „Burst" hinter dem Synchronimpuls mitgegeben. Ein Fernsehsignal enthält demnach zeitlich verschachtelt sowohl Digital- wie Analoginformation — diese für die kontinuierliche Wiedergabe des Bildinhalts, jene in sehr einfacher Form als Aussage Zeilen- oder Bildwechsel bzw. Farbbezugs-Träger: Ja oder Nein.

Das Fernsprechsignal von Bild 1.1 stellt, sobald eine Verbindung aufgebaut ist, im wesentlichen Aufgaben an die elektroakustischen

Umformer — Mikrophon und Telephon — sowie an die Übertragung.
Die Signalverarbeitung übernimmt der Mensch. Beim Telex-Signal von
Bild 1.2 liegt im Bereich des Kommunikationssystems nicht nur die
Aufgabe der ungestörten Übertragung von Signalwerten, sondern auch
ein wichtiger Teil der Verarbeitung, nämlich das Verwandeln der ver-
abredeten Schriftzeichen in Codezeichen auf der Sendeseite und deren
Rückverwandlung auf der Empfangsseite. Ähnliches gilt für das Fernseh-
signal von Bild 1.3.

Die gezeigten Signalbeispiele aus der Nachrichtentechnik mögen
ergänzt werden durch Pulssignale der Meßtechnik, die zur Behandlung
mit den Methoden der Pulstechnik einladen.

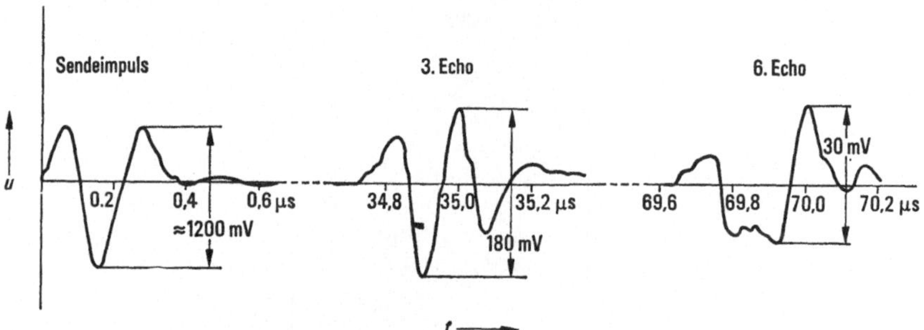

Bild 1.4. Ultraschall-Echos in Stahl.

Bild 1.4 zeigt das Echo eines Ultraschall-Impulses, aufgenommen
von der Bundesanstalt für Materialprüfung, Berlin. Der Sendepuls
entsteht aus periodischen Anstößen eines Ultraschall-Wandlers von
5 MHz Resonanzfrequenz, dessen Schwingungen jeweils nur für wenige
Perioden wirksam werden. Die Impulse werden zwischen den Wänden
einer 35 mm dicken Stahlplatte hin und her reflektiert und von dem
Wandler als erste, zweite, dritte und weitere Echos aufgenommen.
Man sieht, wie jeder Impuls im Hin und Her der Durchläufe aufgespalten und verformt wird, was die Anwendung geeigneter mathematischer Methoden geradezu herausfordert, mit denen man auf Material-
eigenschaften rückschließen kann.

Ein weiteres Beispiel ist das Elektrokardiogramm, heute auch dem
Laien schon weitgehend bekannt. Bild 1.5 zeigt eine Periode davon,
ferner vergrößert einen Teilausschnitt. Die dargestellten Punkte sind
Abtastwerte, aufgenommen alle 4 ms. Sie dienen als Ausgangsdaten für
eine automatische Vermessung und Interpretation.

Das letzte Beispiel, Bild 1.6, zeigt schließlich ein Signal, an dessen
Quelle wir noch viel weniger herankommen können als beim Elektrokardiogramm: es ist das Radiosignal des Pulsars CP 023, aufgenommen

mit dem großen Teleskop von 100 m Spiegeldurchmesser des Max-Planck-Instituts für Radioastronomie in Effelsberg bei Bonn. Dieser Radiostern ist etwa 850 Lichtjahre von uns entfernt. Die Struktur der Impulse und ihre zeitlich unregelmäßige Amplitude lassen ebenfalls eine Behandlung mit der wissenschaftlichen Methodik der Pulstechnik als interessant erscheinen. Diese Methodik wird in den folgenden Ab-

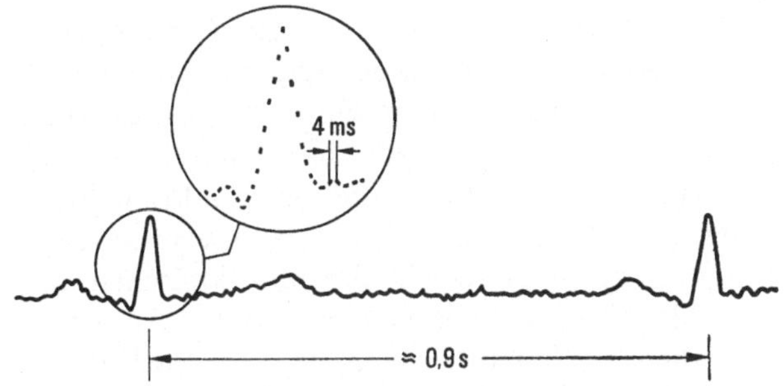

Bild 1.5. Elektrokardiogramm (Abtastperiode 4 ms).

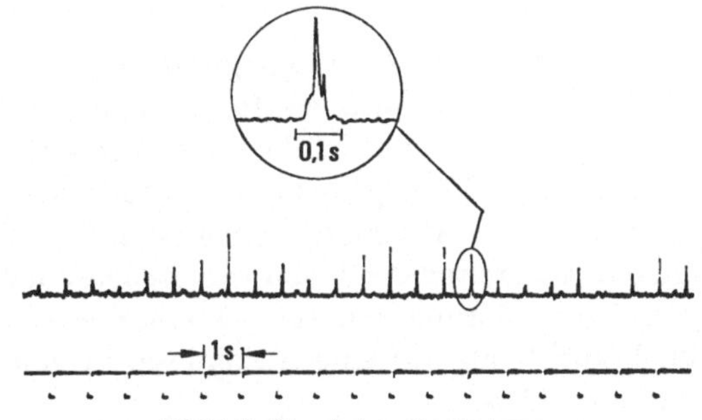

Bild 1.6. Signal eines Radiosterns.

schnitten dieses ersten Bandes der Pulstechnik ausgebreitet, beginnend beim Allgemeinen und schon länger Bekannten und aufsteigend zum Speziellen, neuerdings erst Erarbeiteten.

Wie die Beispiele zeigen, hat man es in der Pulstechnik mit Vorgängen zu tun, deren Ablauf sich zwar periodisch wiederholt, deren Form aber meist alles andere als sinusförmig ist. Es war die große Leistung Fouriers von 1822, die mathematische Beschreibung eines solchen Pulses trotzdem mit der einfachsten Klasse periodischer Funktionen, nämlich den Sinusfunktionen, zu versuchen. Er zeigte, daß man solche Vorgänge durch trigonometrische Reihen nach harmonisch steigenden Frequenzen besser und besser annähern kann. Seine Methode hat sich als ein grundlegendes Werkzeug zur mathematischen Beschreibung von Naturvorgängen erwiesen, insbesondere der rechnerischen Behandlung impulsartiger Vorgänge, die in der modernen Technik der digitalen Prozesse unentbehrlich geworden ist. Der Grund für diesen Erfolg liegt darin, daß man das Schicksal einzelner Sinusschwingungen beim Durchlaufen irgendwelcher Anordnungen meist sehr viel einfacher beschreiben kann als die Verformung des Gesamtvorgangs. Aus den veränderten Teilschwingungen wird der verformte Gesamtvorgang dann am Ende wieder aufgebaut.

Mit der Darstellung eines zeitlichen Verlaufs durch trigonometrische Reihen, deren Frequenzen in einer geordneten ganzzahligen Progression aufsteigen, wird ein Dualismus in die Betrachtungsweise eingeführt. Man hat zwei mathematisch identische Darstellungen des Vorgangs, nämlich als Funktion $s(t)$ der Zeit und als Funktion $F(f_n)$ einer Reihe von Frequenzen f_n. Man nennt $F(f_n)$ das *Spektrum* der Zeitfunktion $s(t)$ in Anlehnung an einen Begriff der physikalischen Optik, wo man weißes Licht als Überlagerung farbiger Komponenten verschiedener Frequenz auffaßt. Der Ingenieur benutzt — je nach dem vorliegenden Problem — bald die zeitmäßige, bald die frequenzmäßige Darstellung, und eine gute Beherrschung der Zusammenhänge ist von großer Bedeutung.

Der zweite Abschnitt dieses Buches beginnt daher mit einer kurzen Darstellung des Fourierschen Ansatzes für periodische Vorgänge, der dann im Fourierintegral und in der Laplacetransformation auf einmalige Vorgänge ausgedehnt wird. Verallgemeinerte Betrachtungen über Orthogonalfunktionen bilden den Abschluß. Dabei ist mehr Wert gelegt auf Verständnis und ein Ausbreiten des Handwerkszeuges, das der Ingenieur zur quantitativen Formulierung und zum Durcharbeiten von Prozessen der Pulstechnik braucht, als auf eine lückenlose, in voller Strenge geführte Ableitung aller Sätze.

Der dritte Abschnitt widmet sich den neueren Erweiterungen dieser Methodik auf diskrete Funktionen. Behandelt werden die für die digitale Signalverarbeitung wichtig gewordene diskrete Fouriertransformation sowie die daraus hervorgehende, auf den Gebrauch des Digitalrechners zugeschnittene „schnelle" Fouriertransformation, ferner die sogenannte $\mathscr{Z}$-Transformation, eine Abart der diskreten Laplacetransformation. Den Abschluß bildet eine Einführung in die digitalen Filter. Dies sind, wenn man will, kleine Spezialrechner, die mit Hilfe der $\mathscr{Z}$-Transformation mathematisch in sehr eleganter Weise behandelt werden können.

Der vierte Abschnitt behandelt ein wichtiges Grundgesetz der Pulstechnik, die Vorschriften für die Verwandlung zeitkontinuierlicher Vorgänge in Pulse und zurück. Entsprechend dem oben erwähnten mathematischen Dualismus gibt es ein Abtasttheorem für Spektren und eines für Zeitvorgänge. Diese Theoreme bilden die Grundlage der Pulsmodulation.

Der fünfte Abschnitt ist den Grundproblemen der Signalübertragung gewidmet, wie sie sich im Lichte des Fourierschen Dualismus von Zeitfunktion und Spektrum stellen. Die Darstellung beginnt mit den Spektren einfach geformter Pulse. Sie widmet sich näher den verschiedenen Methoden, mit denen die Reaktion von Netzwerken beschrieben werden kann, die im Wege der Signalübertragung zur Bandbegrenzung und zum Fernhalten von Störungen nötig sind. Als interessanter Sonderfall werden Netzwerke behandelt, die ein in bestimmter Art gesendetes Radarsignal auf der Empfangsseite zeitlich so komprimieren, daß ein sonst nicht erreichbarer Gewinn an Auflösung eintritt.

Der sechste Abschnitt befaßt sich mit stochastischen Vorgängen, ihren Eigenschaften und Kenngrößen sowie den Methoden zur Verarbeitung entsprechender Signale. Dieses Gedankengut hat sich erst in jüngster Zeit entwickelt. Die bisher betrachteten determinierten Vorgänge gehorchen einem Zeitgesetz, das mathematisch beliebig über den Zeitraum des tatsächlichen Vorhandensein des Vorgangs hinaus extrapoliert werden kann, sei es durch eine analytische Formel, sei es durch eine sonstwie vorgegebene Rechenvorschrift. Demgegenüber ist ein stochastischer Vorgang von irgendeinem Zeitpunkt aus zu einem beliebig benachbarten nicht mehr mit Sicherheit, sondern nur mit einer gewissen Wahrscheinlichkeit angebbar. Mit Hilfe der mathematischen Statistik ist es jedoch möglich, gewisse Mittelwerte zu definieren und charakteristische statistische Zusammenhänge einzuführen. Der Fouriersche Dualismus tritt hier wieder auf in den Beziehungen zwischen der Leistungsdichte und der Autokorrelationsfunktion. Die Kreuzkorrelation erlaubt es, verborgene Periodizitäten in empfangenen Signalen zu entdecken.

Analog zu der klassisch gewordenen Systemtheorie determinierter Signale werden Grundzüge einer Systemtheorie stochastischer Vorgänge entwickelt, die Aussagen über Veränderungen der Korrelationsfunktionen macht, wenn Signale lineare Netzwerke passieren. Nach beispielhaften Anwendungen auf Codeimpulse führt die Darstellung über die Behandlung des Rauschens als statistisches Signal auf eine erweiterte Definition der Filteraufgabe bei verrauschten statistischen Signalen und kommt zum Begriff des Optimalfilters. Für das im fünften Abschnitt gebrachte analoge Verfahren der Pulskompression beim Radar wird eine moderne digitale Lösung vorgestellt, die auf einer Anwendung der Autokorrelation bei codierten Radarsignalen beruht.

Eine Betrachtung allgemeiner Gesetze bei der Radar-Messung von Ort *und* Geschwindigkeit bewegter Objekte zeigt, daß hier Unschärferelationen gelten, die mit den bekannten Beziehungen der Quantenphysik formale Ähnlichkeit haben. Zur Darstellung der Zusammenhänge bedient man sich der sogenannten *Ambiguity*-Funktion. Sie dient dazu, die Eignung bestimmter Pulsformen für eine gegebene Ortungsaufgabe quantitativ auszudrücken.

Der siebente Abschnitt trägt die Überschrift „Quantisierung und Codierung". Beide Verfahren sind eng mit den Modulationsvorgängen der Nachrichtenübertragung verbunden, denen die weiteren Abschnitte gewidmet sind. Diese Abschnitte sollten in ihrem gedanklichen Aufbau nicht zerrissen werden; andererseits ist es zweckmäßig, die wichtigsten Aussagen der genannten Überschrift beieinander zu haben, da ihre Bedeutung und das Feld der Anwendung weit über die Aufgaben der Modulation hinausgehen. Daher werden die Quantisierung und ihre unvermeidlichen Fehler sowie die einfachsten Gesetze der Codierung einschließlich einer Zusammenstellung der wichtigsten Dezimal-Binär-Codes kurz behandelt, im übrigen wird jeweils auf die weiteren Abschnitte verwiesen.

Von diesen behandelt der achte bestimmte informationstheoretische Grundlagen der Nachrichtenübertragung. Man kann fragen, ob die heutigen Übertragungsverfahren die Kennzeichen der zu sendenden Nachrichten so gut auswerten, daß nur das notwendige Minimum übermittelt wird. Diese Fragestellung berührt ein neueres Gebiet der Nachrichtentechnik, die Informationstheorie. Bisher sind unsere Geräte meist so eingerichtet, daß sie in der Telegraphie beliebige Folgen von Buchstaben und Ziffern, beim Fernsprechen alle aussprechbaren Lautkombinationen, beim Fernsehen alle möglichen Folgen von Helligkeits- und Farbwerten wiedergeben können. Der größte Teil hiervon sind sinnlose Texte, unverständliches Kauderwelsch und gegenstandslose Bilder, die gar nicht oder sehr selten vorkommen. Würde man die Häufigkeit der vorkommenden Symbole, Wörter oder Helligkeitsfolgen berücksichtigen, den häufigen Werten kurze Codesignale zuordnen, den selten vorkommenden lange, so könnte man im Mittel an Übermittlungszeit oder an Übermittlungskanälen sparen. Global, das heißt ohne die Sprachsignale innerhalb eines Gesprächs anzutasten, macht ja die Vermittlungstechnik von der letztgenannten Möglichkeit seit langem ausgiebig Gebrauch, indem sie nur soviel Wege durch ein Vermittlungsamt vorsieht, wie dies nach den statistischen Gesprächsgewohnheiten der Teilnehmer erforderlich ist. In den teuren Tiefseekabeln geht man einen Schritt weiter, indem man durch ein schnell arbeitendes Schaltsystem auch die Sprechpausen zwischen Wörtern oder Sätzen für andere Verbindungen ausnutzt. Das Studium, in noch feinerem Maße die Nachrichten so auszuwerten, daß im Mittel ein Minimum von Übertragungsmerkmalen erreicht wird, ist zu einem interessanten Teilgebiet der Informationstheorie geworden. Das vorliegende Buch soll sich mit diesen Problemen nur insoweit beschäftigen, wie sie bei der Behandlung digitaler Übertragungsverfahren auftreten. Schon das ist nicht ganz wenig. Die Darlegungen des achten Abschnitts stehen dabei wegen ihrer statistischen Aussagen in gewisser

Parallele zu den Betrachtungen über stochastische Vorgänge im sechsten Abschnitt.

Unter der Überschrift „Quellencodierung" werden die notwendigen Begriffe wie Irrelevanz, Redundanz, Entscheidungsgehalt oder Entropie erläutert, die Möglichkeiten für eine Entfernung unnötiger Merkmale aus dem primären Signal werden aufgezeigt. Unter der Überschrift „Kanalcodierung" werden fehlerentdeckende und fehlerkorrigierende Codes behandelt und schließlich die Beziehungen zwischen Signalbandbreite, Dynamik und Übertragungszeit betrachtet, die heute das Gebäude der Informationstheorie krönen.

Auf diese mehr grundsätzlichen Darlegungen folgen, in sich möglichst geschlossen, die beiden letzten Abschnitte, der neunte und zehnte über die „Pulsmodulation" im ganzen und über ein immer wichtiger werdendes Teilgebiet, die „Digitale Modulation". Als roter Faden für diese Abschnitte dient eine matrixartige Einteilung der Modulationsarten in zeitkontinuierliche und zeitdiskrete, in wertkontinuierliche und wertdiskrete. Bei der Behandlung jeder dieser Gruppen wird zugleich gezeigt, welche Verfahren für die Bündelung mehrerer primärer Signale zu einem Summensignal zweckmäßig sind, um diese auf der Empfangsseite ohne merkliche gegenseitige Beeinflussung zurückzugewinnen. Als Bezug und des späteren Vergleichs halber werden vorab die wichtigsten Kenngrößen für Übertragungssysteme mit Sinusträgern zusammengestellt: Bedarf an Bandbreite und die Wirkung der verschiedenen Verzerrungen und Geräusche. Daran schließt sich eine mathematische Beschreibung der einzelnen Arten der Pulsmodulation, und schließlich werden die wertkontinuierlichen Pulsverfahren hinsichtlich der obengenannten Kenngrößen einander gegenübergestellt.

Der letzte Abschnitt widmet sich, aufbauend auf allem Vorhergehenden, in geschlossener Form der Pulscode-Modulation, der Deltamodulation und Zwischenformen wie der Differenz-Pulscode-Modulation. Codier- und Decodierverfahren werden übersichtlich geordnet, dieQuantisierungsverzerrung allgemeingültig berechnet. Kompandierung und Prädiktion werden eingehend in ihren neueren Ergebnissen betrachtet, die Verfahren schließlich hinsichtlich wichtiger Eigenschaften verglichen. Eine weitere Betrachtung gilt den Einflüssen der Übertragungsstrecke auf verschiedene, ineinander umcodierbare Signale — das sind z. B. binäre, pseudo- oder biternäre — und den Einflüssen der Bitfehler-Wahrscheinlichkeit auf das demodulierte Signal. Ein kurzer Abriß über Verfahren der Mehrfachmodulation und über einen günstigen Aufbau des Codes für Zwecke der Synchronisation schließt das Ganze ab.

2. Signalbeschreibung im Zeit- und Frequenzbereich für zeitkontinuierliche Vorgänge

2.1. Periodische Vorgänge

2.1.1. Die Fouriersumme und das komplexe Spektrum

Für einen Vorgang $s(t)$ in der Zeit, der sich nach Bild 2.1 in zeitlichen Abschnitten

$$T_0 = \frac{1}{f_0} = \frac{2\pi}{\omega_0} \tag{2.1}$$

unbeschränkt wiederholt, gilt der Satz, daß man ihn aus einer Summe von sinusförmigen Schwingungen zusammensetzen kann. Die Frequenzen dieser Teilschwingungen sind ganzzahlige (harmonische) Vielfache der Grundfrequenz f_0. Wir setzen in der reellen Schreibweise die Reihe

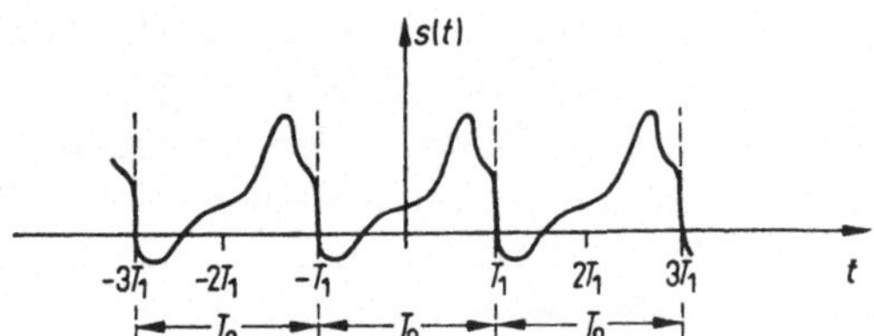

Bild 2.1. Zeitlich periodischer Vorgang.

$$s(t) = A_0 + \sum_{n=1}^{\infty} A_n \cos n\omega_0 t + \sum_{n=1}^{\infty} B_n \sin n\omega_0 t \tag{2.2}$$

an, die sich aus einem Gleichanteil A_0 und der Überlagerung der Teilschwingungen

$$s_n(t) = A_n \cos n\omega_0 t + B_n \sin n\omega_0 t \tag{2.3}$$

zusammensetzt. Die n-te Teilschwingung $n\omega_0$ hat die Amplitude

$$C_n = \sqrt{A_n{}^2 + B_n{}^2} \tag{2.4}$$

und eine Phasenverschiebung θ_n, die gegeben ist durch

$$\tan \theta_n = \frac{B_n}{A_n}. \tag{2.5}$$

Die positiv definite Zahlenreihe C_n von (2.4) stellt das Amplitudenspektrum und die Reihe der Phasenwinkel θ_n das Phasenspektrum des

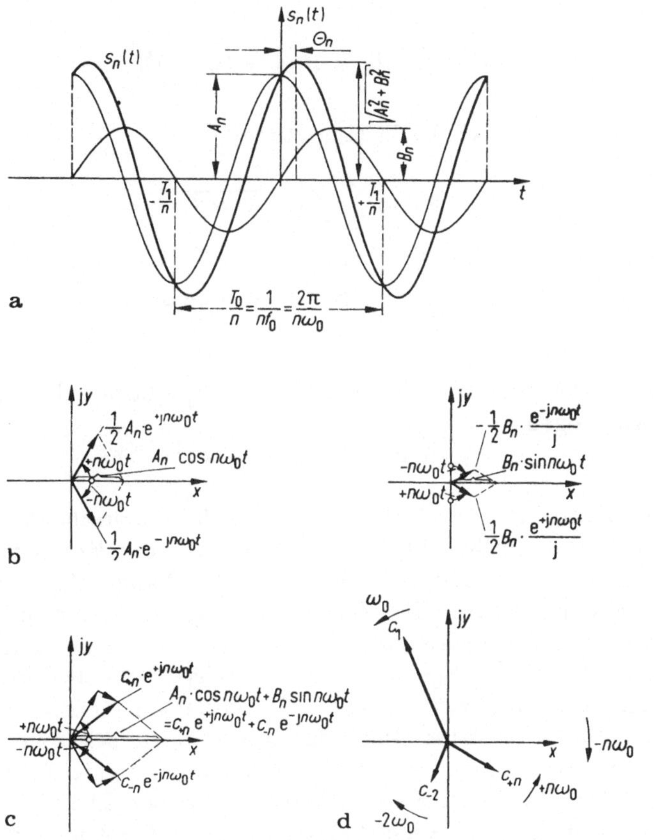

Bild 2.2a—d. Darstellung einer Sinusschwingung durch ein konjugiert komplexes Zeigerpaar.

Vorganges $s(t)$ dar. In Bild 2.2a ist eine aus dem Sinus- und Cosinusanteil bestehende Teilschwingung herausgezeichnet, und die erklärten Größen sind abzulesen.

Für allgemeine Rechnungen ist die komplexe Fourierentwicklung der reellen Schreibweise wegen ihrer Prägnanz vorzuziehen. Wir setzen an

$$s(t) = \sum_{-\infty}^{\infty} c_n e^{jn\omega_0 t} = c_0 + \sum_{n=1}^{\infty} (c_n e^{jn\omega_0 t} + c_{-n} e^{-jn\omega_0 t}), \qquad (2.6)$$

wobei auch negative Frequenzen eingeführt werden müssen, weil links des Gleichheitszeichens eine reelle Funktion steht. Durch Vergleich der

Koeffizienten c_n mit denen der Teilschwingung von (2.3) erhält man

$$c_n = \frac{1}{2}(A_n - jB_n) = a_n - jb_n,$$

$$c_{-n} = \frac{1}{2}(A_n + jB_n) = a_n + jb_n, \tag{2.7}$$

woraus sich ergibt, daß die Teilamplitude

$$|c_n| = \frac{1}{2}\sqrt{A_n{}^2 + B_n{}^2} \tag{2.8}$$

und die Phase

$$\tan\theta_n = \frac{B_n}{A_n} = \frac{j(c_n - c_{-n})}{c_n + c_{-n}} \tag{2.9}$$

ist. Wie lautet nun die physikalische Interpretation der komplexen Teilschwingungen

$$c_n e^{jn\omega_0 t} \quad \text{und} \quad c_{-n} e^{-jn\omega_0 t} ?$$

In Bild 2.2b ist gezeichnet, wie man sich, entsprechend der Interpretation dieser Größen als komplexe Zeiger, die Komponenten als entgegengesetzt umlaufende Zeigerpaare der Länge $A_n/2$ bzw. $B_n/2$ entstanden denken kann: Die Zeiger der Länge $A_n/2$ starten beide von der positiven reellen Achse und stellen in ihrer Summe den geraden oder Cosinusanteil des Vorganges $s_n(t)$ dar. Die Zeiger der Länge $B_n/2$ starten wegen der Division durch $+j$ bzw. $-j$ von der imaginären Achse, und zwar in entgegengesetzter Richtung; ihre Summe beschreibt den ungeraden oder Sinusanteil von $s_n(t)$. Es liegt nahe, wie unter c) dargestellt, die beiden Diagramme zu einem einzigen zu vereinen. Die beiden mit der positiven Winkelgeschwindigkeit $+n\omega_0$ umlaufenden Zeiger bilden einen neuen Zeiger c_n, der ebenfalls mit $+n\omega_0$ umläuft, die beiden anderen bilden den umgekehrt rotierenden Zeiger c_{-n}. Die Zeiger c_n und c_{-n} liegen stets konjugiert komplex zueinander. In Summe beschreiben sie auf der reellen Achse die Zeitfunktion $s_n(t)$, wie es (2.6) verlangt.

(2.2) kann man ansehen, daß die Reihe immer dann nur Cosinusglieder enthält, wenn die darzustellende Zeitfunktion $s(t)$ eine gerade Funktion ist, d. h., wenn

$$s(-t) = s(t)$$

ist, und daß in ihr ausschließlich Sinusglieder vertreten sind, wenn $s(t)$ ungerade ist, d. h., wenn

$$s(-t) = -s(t)$$

ist.

Es muß nun noch ein Verfahren zur Berechnung der Entwicklungskoeffizienten aus der vorgegebenen Zeitfunktion angegeben werden. Zu diesem Zwecke multipliziert man (2.6) mit $e^{-jm\omega_0 t}$ und integriert dann über die Periode T_0, die sich von $-T_1$ bis $+T_1$ erstrecken möge. Das auf diese Weise entstandene Integral hat die Werte

$$\int_{-T_1}^{T_1} e^{j(n-m)\omega_0 t}\,\mathrm{d}t = \begin{cases} 2T_1 & \text{für } n = m \\ 0 & \text{für } n \neq m, \end{cases} \tag{2.10}$$

so daß man für die Entwicklungskoeffizienten der Fourierreihe die Formel

$$c_n = \frac{1}{2T_1}\int_{-T_1}^{T_1} s(t)\,e^{-jn\omega_0 t}\,\mathrm{d}t, \quad n = 0, \pm 1, \pm 2, \ldots \tag{2.11}$$

erhält.

Von dem physikalischen Inhalt dieser Beziehung kann man sich anhand von Bild 2.2d die folgende Vorstellung machen. Gezeichnet sind einige der Zeiger c_n, die mit verschiedenen Winkelgeschwindigkeiten $n\omega_0$ rotieren und in ihrer Gesamtheit auf der reellen Achse die Zeitfunktion $s(t)$ beschreiben. Will man eine bestimmte Komponente c_n erfassen und messen, so braucht man nur das ganze Diagramm im umgekehrten Sinn mit $n\omega_0$ umlaufen zu lassen. Dann steht die gesuchte Komponente c_n still, während alle anderen links- oder rechtsherum mit Vielfachen von ω_0 weiterrotieren. Bildet man den Mittelwert über die Grundperiode von $-T_1$ bis $+T_1$, so ist dieser für die stillstehende Komponente gleich c_n, für alle anderen gleich Null, da der Mittelwert einer Kreisfunktion über Vielfache ihrer Periode gleich Null ist. Genau dieser Gedankengang spiegelt sich in der mathematischen Vorschrift von (2.11). Zunächst wird die Zeitfunktion, d. h. die Summe aller Zeiger, durch Multiplikation mit $e^{-jn\omega_0 t}$ rückwärts gedreht, und dann wird das gemittelte Integral gebildet.

Setzt man für c_n (2.7) ein und ersetzt die komplexe Exponentialfunktion nach der Eulerschen Formel durch Cosinus und Sinus, so erhält man nach Trennung von Real- und Imaginärteil die Beziehungen für die reelle Fourierentwicklung

$$A_0 = \frac{1}{2T_1}\int_{-T_1}^{T_1} s(t)\,\mathrm{d}t,$$

$$A_n = \frac{1}{T_1}\int_{-T_1}^{T_1} s(t)\cos n\omega_0 t\,\mathrm{d}t, \tag{2.12}$$

$$B_n = \frac{1}{T_1}\int_{-T_1}^{T_1} s(t)\sin n\omega t_0\,\mathrm{d}t, \quad n = 1, 2, 3, \ldots$$

Die Beziehungen (2.12) sind auch für die praktische Berechnung mit Hilfe einer Datenverarbeitungsanlage sehr wichtig. Wenn in einem solchen Falle $s(t)$ nur an diskreten Punkten verwendet werden kann, sind die Gleichungen (2.12) geeignet zu modifizieren, wozu auf den Abschnitt 3.1 verwiesen sei.

Die Leistung des Zeitvorganges $s(t)$ setzt man als das Quadrat des absoluten Betrages

$$P = s(t)\, s^*(t) = |s(t)|^2 \tag{2.13}$$

an. Falls $s(t)$ eine elektrische Spannung bedeutet, ist $|s|^2$ die Leistung, die in einem Widerstand von der Größe 1 entsteht. (2.6) liefert, mit ihrer konjugiert Komplexen multipliziert und unter Verwendung von (2.7), die Ausdrücke

$$P = \sum_{n=-\infty}^{\infty} |c_n|^2 = A_0{}^2 + \frac{1}{2} \sum_{n=1}^{\infty} (A_n{}^2 + B_n{}^2). \tag{2.14}$$

Der erste Term ist die Leistung des Gleichanteils, die Summe enthält die Leistungen aller Spektralanteile.

2.1.2. Rechteckschwingung, Sägezahnschwingung und Rechteckpuls

Einige Beispiele sollen das Verfahren erläutern. Das Überraschende für die Zeitgenossen Fouriers war die Tatsache, daß man unstetige oder stückweise stetige Funktionen auf die bekannten stetigen trigonometrischen Funktionen zurückführen kann. Man wird an den Beispielen sehen, wie das zustande kommt.

Bild 2.3 zeigt unter a) die bekannte, für viele Vorgänge der Pulstechnik als Grundlage dienende Rechteckschwingung und unter b) ihre schrittweise Zusammensetzung aus Sinusschwingungen (ungerade Funktion). Nach (2.11) errechnen sich die Amplituden zu

$$c_n = \frac{1}{2T_1} \int_0^{T_1} \mathrm{e}^{-\mathrm{j}n\omega_0 t}\, \mathrm{d}t = \frac{1}{2n\pi \mathrm{j}} \left(1 - \mathrm{e}^{-\mathrm{j}n\pi}\right) \tag{2.15}$$

wegen

$$2T_1 = T_0 = \frac{2\pi}{\omega_0}.$$

Der Klammerausdruck ist gleich Null für alle $n = \pm 2, \pm 4, \ldots$ Er hat dagegen den Wert 2 für $n = \pm 1, \pm 3, \ldots$ Damit folgt

$$\frac{1}{2}\, B_n = \frac{1}{n\pi} = b_n,\ n = \pm 1, \pm 3, \ldots \tag{2.16}$$

Die A_n sind sämtlich Null mit Ausnahme des Wertes für $n = 0$.
Hier liefert das erste der Integrale (2.12)

$$c_0 = \frac{1}{2T_1} \int_0^{T_1} \mathrm{d}t = \frac{1}{2}. \tag{2.17}$$

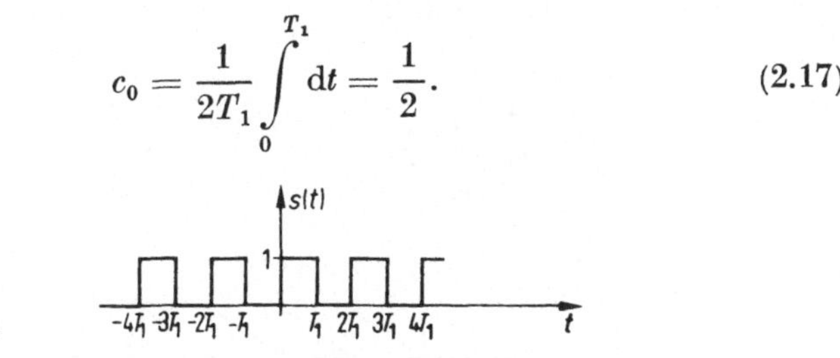

a

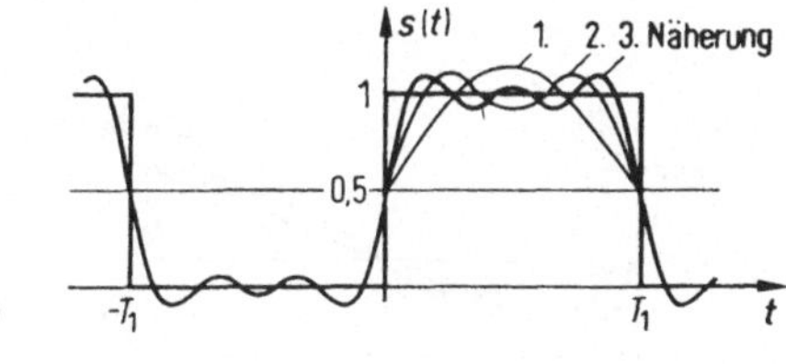

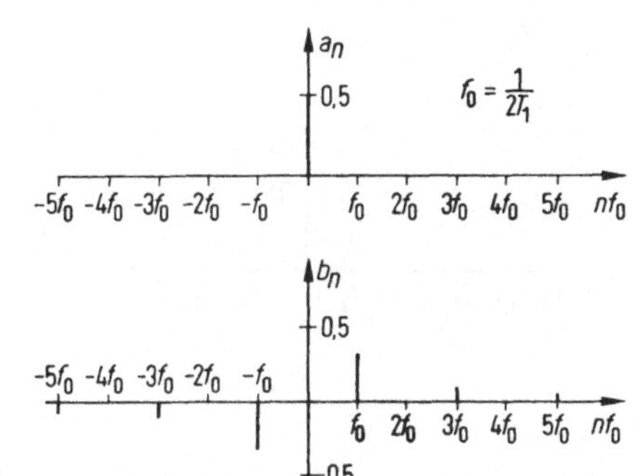

Bild 2.3a — c. Fourieranalyse der Rechteckschwingung.

Damit erhalten wir die Spektralliniendarstellung unter c). Die Reihe
selbst lautet

$$s(t) = \frac{1}{2} + \frac{2}{\pi} \left(\sin \omega_0 t + \frac{1}{3} \sin 3\,\omega_0 t + \cdots \right). \tag{2.18}$$

Das Bild 2.3b läßt den schrittweisen Aufbau der Ecken des Kurvenzuges
mit fortschreitender Näherung erkennen.

Ein weiteres wichtiges Beispiel zeigt Bild 2.4a, die sogenannte
Sägezahnschwingung. Der Aufbau in erster bis dritter Näherung ist
wieder genauer herausgezeichnet in b), ebenso Amplitudenspektren für
a_n und b_n (Zeile c). Diese errechnen sich leicht wie folgt: Man denke sich

die Sägezahnschwingung zusammengesetzt aus einem linearen Anstieg $t/2T_1$ zwischen $-T_1$ und $+T_1$ und aus dem konstanten Wert 1 zwischen $-T_1$ und 0. Man erhält dann

$$c_n = \frac{1}{2T_1} \int\limits_{-T_1}^{T_1} \frac{t}{2T_1}\, \mathrm{e}^{-\mathrm{j}n\omega_0 t}\, \mathrm{d}t + \frac{1}{2T_1} \int\limits_{-T_1}^{0} \mathrm{e}^{-\mathrm{j}n\omega_0 t}\, \mathrm{d}t. \qquad (2.19)$$

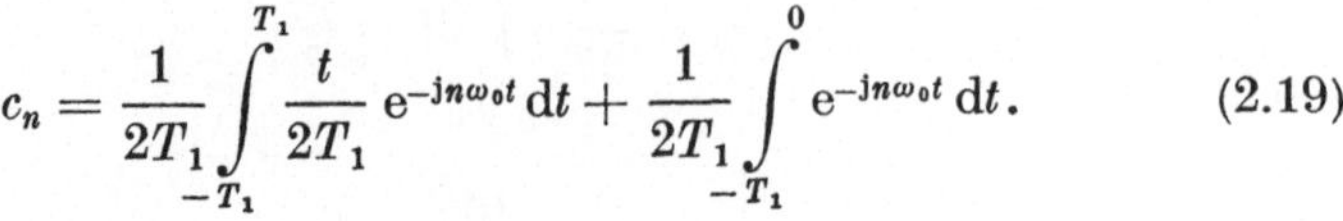

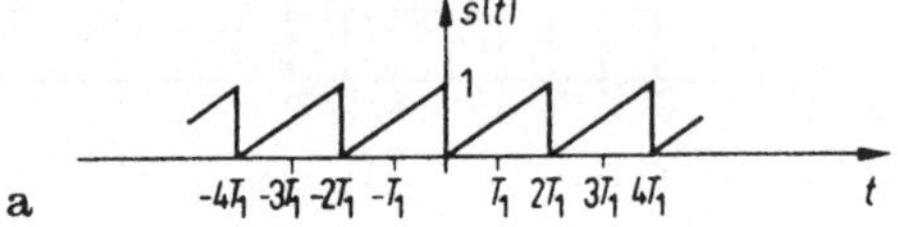

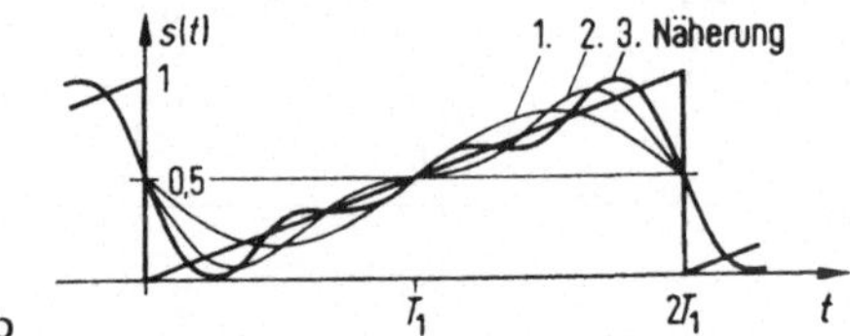

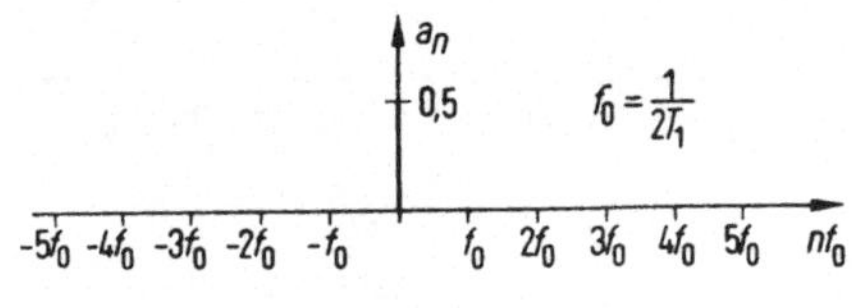
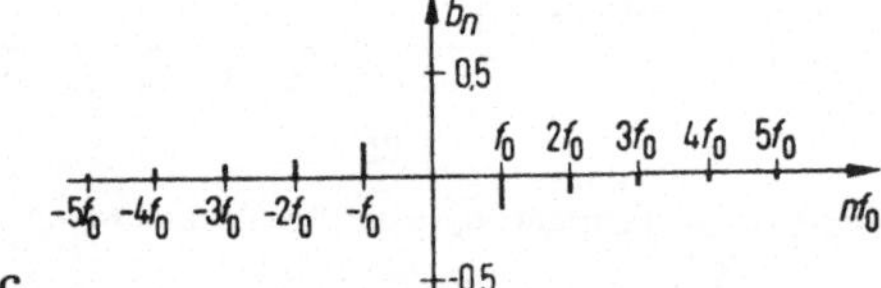

Bild 2.4a–c. Fourieranalyse der Sägezahnschwingung.

Die Ausrechnung ergibt

$$c_n = a_n - \mathrm{j}b_n = \mathrm{j}\,\frac{1}{4n\pi}\,(\mathrm{e}^{-\mathrm{j}n\pi} + \mathrm{e}^{\mathrm{j}n\pi}) + \mathrm{j}\,\frac{1}{2n\pi}\,(1 - \mathrm{e}^{\mathrm{j}n\pi}). \qquad (2.20)$$

Außer für den Fall $n = 0$, wo eine ähnliche Betrachtung wie oben wieder den Wert

$$a_0 = \frac{1}{2}$$

ergibt, sind die $a_n = 0$ (ungerade Funktion). Die b_n werden

$$b_n = -\frac{1}{2n\pi}, \; n = \pm 1, \pm 2, \pm 3, \ldots \tag{2.21}$$

In der reellen Schreibweise lautet die Zerlegung daher

$$s(t) = \frac{1}{2} - \frac{1}{\pi}\left(\sin \omega_0 t + \frac{1}{2}\sin 2\omega_0 t + \frac{1}{3}\sin 3\omega_0 t + \cdots\right). \tag{2.22}$$

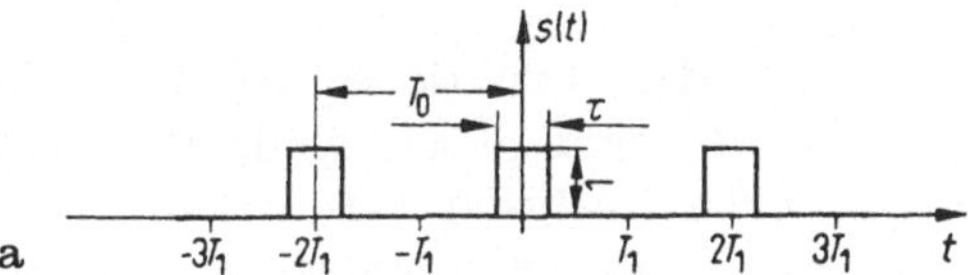

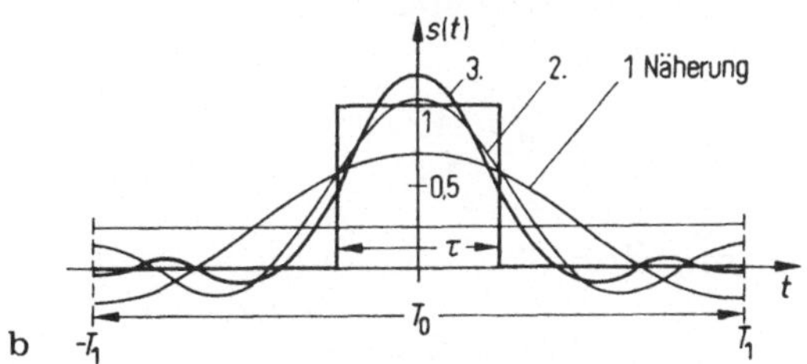

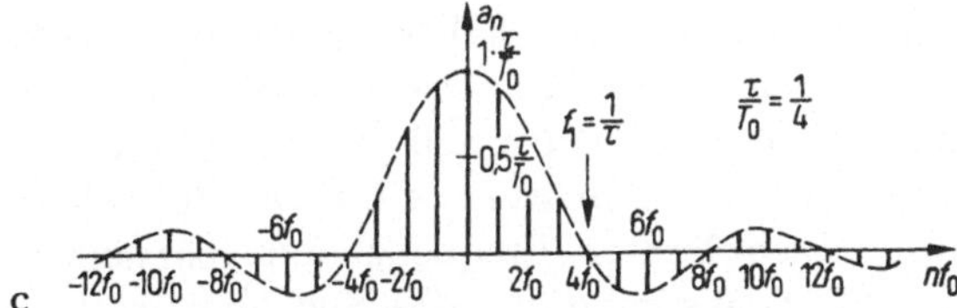

Bild 2.5a—c. Fourieranalyse eines Rechteckpulses.

Sowohl die Rechteck- als auch die Sägezahnschwingung werden oft in der Weise benützt, daß die Extremwerte nicht bei 0 und 1, sondern bei -1 und $+1$ liegen. Das Spektrum ändert sich dann nur darin, daß die Werte a_0 fortfallen und die Werte b_n doppelt so groß werden.

Eine weitere, für die Pulstechnik grundlegende Schwingungsform ist der Rechteckpuls (Bild 2.5). Die Impulsdauer τ ist dabei meist klein gegen die Periodendauer $T_0 = 2T_1$. Für eine Periode ist wiederum bis zur dritten Näherung dargestellt, wie die Teilschwingungen den Impuls aufbauen (b). Ihre Größe ergibt sich zu

$$c_n = \frac{1}{2T_1} \int\limits_{-\tau/2}^{\tau/2} e^{-jn\omega_0 t}\, dt = \frac{1}{-j2n\pi}\,(e^{-jn\omega_0\tau/2} - e^{jn\omega_0\tau/2})$$

$$= \frac{\tau}{T_0}\,\frac{\sin n\pi\,\dfrac{\tau}{T_0}}{n\pi\,\dfrac{\tau}{T_0}}. \tag{2.23}$$

Entsprechend dem geraden Funktionscharakter erhält man nur Cosinusschwingungen, die b_n sind gleich Null. Ihr Spektrum ist in Bild 2.5 c für den speziellen Tastgrad $\tau/T_0 = 1/4$ aufgetragen. Man erkennt, daß die spektrale Leistung hauptsächlich innerhalb des Bereiches bis zur ersten Nullstelle liegt. Dies ist für ein Vielfaches n_1 der Fall, das nach (2.23) gegeben ist durch

$$n_1\pi\,\frac{\tau}{T_0} = \pi \tag{2.24}$$

oder, als Frequenz ausgedrückt,

$$f_1 = n_1 f_0 = \frac{1}{\tau}. \tag{2.25}$$

Bis zu dieser Grenze ist die Näherung für den Aufbau der Zeitfunktion im Bild auch dargestellt. Die weiteren Spektralkomponenten würden die zu hohe Kuppe abbauen und dafür mehr und mehr die Ecken ausfüllen. Unter einen bestimmten Wert würde jedoch das Überschwingen selbst bei sehr breitem Frequenzband nicht sinken; dieser Wert beträgt nach J. W. Gibbs rund 9% des Sprunges in der Zeitfunktion (Gibbssches Phänomen). Die Funktion

$$\frac{\sin \pi x}{\pi x}$$

wird bei der Behandlung der Abtasttheoreme in Abschnitt 4 noch eine besondere Rolle spielen. Sie wird nach Küpfmüller als $\mathrm{si}(\pi x)$ bezeichnet. Eine Verwechslung mit dem sinus integralis, wie er in mathematischen Tabellenwerken (z. B. Jahnke/Emde, Tafeln höherer Funktionen) mit dem Zeichen $\mathrm{Si}(\pi x)$ verwendet wird, ist nach dieser ausdrücklichen Festlegung wohl nicht zu befürchten.

2.2. Einmalige Vorgänge und die Fouriertransformation

2.2.1. Der Übergang von der Fouriersumme zum Fourierintegral

Man kann auch nichtperiodische Vorgänge, wie z. B. stoßartige Funktionen, aus andauernden Schwingungen aufbauen. Zu diesem Zweck kann man sich die Grundperiode T_0 ins Unendliche ausgedehnt denken. Dabei wird der Abstand der Spektrallinien c_n und c_{n+1} voneinander immer kleiner, ebenso wird die Amplitude c_n in dem Frequenzbereich $\mathrm{d}f$ im Grenzwert zum Differential $\mathrm{d}c_n$. Man spricht daher zweckmäßiger von einer kontinuierlichen spektralen Amplitudendichte $F(f)$ bei der Frequenz $f = nf_0$. Diese Dichte ist definiert durch

$$F(f) = \frac{\mathrm{d}c}{\mathrm{d}f}. \tag{2.26}$$

Man beachte, daß $F(f)$ nicht die Dimension einer Amplitude hat, sondern eine spezifische Größe Amplitude je Frequenz darstellt, die z. B. in den Einheiten V/Hz oder A/Hz gemessen wird.

Mit dieser Vorstellung geht (2.6) über in

$$s(t) = \int\limits_{f=-\infty}^{\infty} F(f)\, \mathrm{e}^{\mathrm{j}2\pi f t}\, \mathrm{d}f. \tag{2.27}$$

Beachtet man (2.11) und macht dort die Übergänge

$$c_n \to \mathrm{d}c_n,\; T_1 \to \infty,\; \frac{1}{2T_1} \to \mathrm{d}f,\; nf_0 \to f,$$

so erhält man

$$F(f) = \int\limits_{t=-\infty}^{\infty} s(t)\, \mathrm{e}^{-\mathrm{j}2\pi f t}\, \mathrm{d}t. \tag{2.28}$$

(2.27) und (2.28) sind zueinander völlig symmetrisch; die erste Gleichung dient zur Berechnung der Zeitfunktion aus der Spektralfunktion, die zweite liefert den Übergang von der Zeit- zur Spektralfunktion. Beide Darstellungen sind mathematisch gleichwertig.

Oftmals findet man eine Schreibweise, die die Kreisfrequenz ω anstatt f benützt; dann lautet wegen

$$\mathrm{d}f = \frac{\mathrm{d}\omega}{2\pi}$$

das Gleichungspaar folgendermaßen:

$$s(t) = \frac{1}{2\pi} \int\limits_{\omega=-\infty}^{\infty} F(\omega)\, \mathrm{e}^{\mathrm{j}\omega t}\, \mathrm{d}\omega, \tag{2.27a}$$

$$F(\omega) = \int\limits_{t=-\infty}^{\infty} s(t)\, \mathrm{e}^{-\mathrm{j}\omega t}\, \mathrm{d}t. \tag{2.28a}$$

Man kann diese Gleichungspaare auch als Abbildung einer Funktion vom Zeitbereich in den Frequenzbereich auffassen. Die Transformation wird durch ein Integral vermittelt, weswegen man von einer Integraltransformation spricht.

Das Fourierintegral ist nur ein Spezialfall einer Integraltransformation mit dem Kern $\mathrm{e}^{\mathrm{j}\omega t}$. Es gibt zahllose derartige Integraltransformationen. Man nennt oft auch $s(t)$ die Originalfunktion und $F(\omega)$ die Bildfunktion der Transformation.

Zur Kennzeichnung der Fouriertransformation benützen wir das Symbol $\mathscr{F}\{s(t)\}$, indem wir definieren

$$F(\omega) = \mathscr{F}\{s(t)\} = \int\limits_{-\infty}^{\infty} s(t)\, \mathrm{e}^{-\mathrm{j}\omega t}\, \mathrm{d}t \tag{2.29}$$

und als inverse Transformation

$$s(t) = \mathscr{F}^{-1}\{F(\omega)\} = \frac{1}{2\pi} \int\limits_{-\infty}^{\infty} F(\omega)\, \mathrm{e}^{\mathrm{j}\omega t}\, \mathrm{d}\omega. \tag{2.30}$$

Als erstes Beispiel soll die Transformation der Rechteckfunktion

$$s(t) = \begin{cases} 1 \text{ für } -t_1 \leqq t \leqq t_1 \\ 0 \text{ sonst} \end{cases} \tag{2.31}$$

vorgenommen werden. (2.29) ergibt dann

$$F(\omega) = \int\limits_{-t_1}^{t_1} \mathrm{e}^{-\mathrm{j}\omega t}\, \mathrm{d}t = \frac{\mathrm{e}^{\mathrm{j}\omega t_1} - \mathrm{e}^{-\mathrm{j}\omega t_1}}{\mathrm{j}\omega} = 2t_1 \frac{\sin \omega t_1}{\omega t_1}. \tag{2.32}$$

Wenn man das Reziproke der Impulsdauer $2t_1$ als Frequenzmaß einführt, kann man (2.32) auch schreiben

$$F(f) = \frac{1}{f_1}\, \mathrm{si}\left(\pi \frac{f}{f_1}\right). \tag{2.33}$$

In Bild 2.6 ist diese Spektralfunktion aufgetragen. Es ist die gleiche Funktion wie die von Bild 2.5c, nur mit dem Unterschied, daß sie nicht aus einzelnen Spektrallinien besteht, sondern kontinuierlich ist. Es sei vorläufig ohne Beweis angemerkt, daß die Hüllkurve des Spektrums für einen periodisch wiederholten Vorgang festliegt, wenn man das Spektrum für den einmaligen Vorgang kennt und umgekehrt. Dieser Sachverhalt wird bei der Besprechung der Abtasttheoreme im 4. Abschnitt eine Rolle

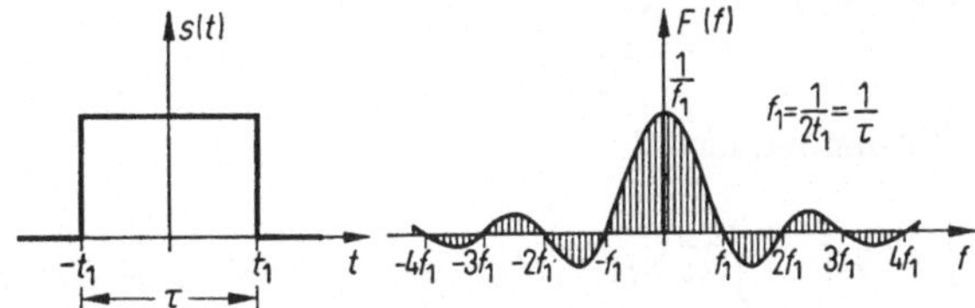

Bild 2.6. Zeitverlauf und Spektrum eines Rechteckimpulses.

spielen.

Als nächstes Beispiel sei die Spektralfunktion eines Gaußschen Impulses mit der Zeitfunktion

$$s(t) = e^{-\frac{1}{2}\left(\frac{t}{\tau}\right)^2} \tag{2.34}$$

aufgesucht.

Die Fouriertransformierte, d. h. die Spektraldichte lautet

$$F(\omega) = \int\limits_{-\infty}^{\infty} e^{-\frac{1}{2}\left(\frac{t}{\tau}\right)^2 - \mathrm{j}\omega t}\, \mathrm{d}t. \tag{2.35}$$

Das Integral wird gelöst, indem der Exponent zu einem vollständigen Quadrat ergänzt wird. Wegen der Identität

$$-\frac{1}{2}\left(\frac{t}{\tau}\right)^2 - \mathrm{j}\omega t = \left(\frac{\mathrm{j}}{\sqrt{2}}\frac{t}{\tau} - \frac{1}{\sqrt{2}}\omega\tau\right)^2 - \frac{1}{2}\omega^2\tau^2 \tag{2.36}$$

lautet das Integral

$$F(\omega) = e^{-\frac{1}{2}\omega^2\tau^2} \int\limits_{-\infty}^{\infty} e^{\left(\frac{\mathrm{j}}{\sqrt{2}}\frac{t}{\tau} - \frac{1}{\sqrt{2}}\omega\tau\right)^2}\, \mathrm{d}t.$$

Dieses wird mit der Substitution

$$\frac{\mathrm{j}}{\sqrt{2}}\frac{t}{\tau} - \frac{1}{\sqrt{2}}\omega\tau = \frac{\mathrm{j}}{\sqrt{2}}\frac{t'}{\tau}$$

$$F(\omega) = e^{-\frac{1}{2}\omega^2\tau^2} \int\limits_{-\infty}^{\infty} e^{-\frac{1}{2}\left(\frac{t'}{\tau}\right)^2}\, \mathrm{d}t' = \tau\sqrt{2\pi}\, e^{-\frac{1}{2}\omega^2\tau^2}. \tag{2.37}$$

Die Spektralfunktion eines Gaußschen Impulses ist wiederum eine Gaußsche Funktion oder, anders ausgedrückt, die Gaußsche Funktion geht bei einer Fouriertransformation bis auf einen Faktor in sich selbst über.

2.2.2. Zeitfunktionen mit speziellen Eigenschaften

Die Zeitfunktion $s(t)$ kann gerade sein:

$$s(-t) = s(t), \qquad (2.38)$$

dann ist die Transformierte

$$\mathscr{F}\{s(-t)\} = \int\limits_{-\infty}^{\infty} s(-t)\,\mathrm{e}^{-\mathrm{j}\omega t}\,\mathrm{d}t = \int\limits_{-\infty}^{\infty} s(z)\,\mathrm{e}^{\mathrm{j}\omega z}\,\mathrm{d}z = F(-\omega) \qquad (2.39\,\mathrm{a})$$

ebenfalls gerade. Man findet dies leicht durch Einsetzen der Substitution $-t = z$.

Andererseits ist die Transformierte einer ungeraden Funktion

$$s(-t) = -s(t)$$

wegen

$$\mathscr{F}\{s(-t)\} = \int\limits_{-\infty}^{\infty} s(-t)\,\mathrm{e}^{-\mathrm{j}\omega t}\,\mathrm{d}t = -\int\limits_{-\infty}^{\infty} s(t)\,\mathrm{e}^{-\mathrm{j}\omega t}\,\mathrm{d}t = -F(\omega) \qquad (2.39\,\mathrm{b})$$

ungerade.

Wenn eine Funktion $s(t)$ nur für $t > 0$ definiert ist, kann man sie für $t < 0$ als gerade Funktion fortsetzen. Ist sie reell, so wird

$$\left.\begin{aligned} F(\omega) &= 2 \int\limits_{0}^{\infty} s(t)\,\cos \omega t\,\mathrm{d}t, \\ s(t) &= \frac{1}{\pi} \int\limits_{0}^{\infty} F(\omega)\,\cos \omega t\,\mathrm{d}\omega. \end{aligned}\right\} \qquad (2.40)$$

Diese Formeln nennt man die Fourier-Cosinustransformation und ihre Umkehrung. Setzt man die reelle Funktion als ungerade Funktion im Bereich $t < 0$ fort, so wird

$$\left.\begin{aligned} F(\omega) &= -2\mathrm{j} \int\limits_{0}^{\infty} s(t)\,\sin \omega t\,\mathrm{d}t \\ s(t) &= \frac{\mathrm{j}}{\pi} \int\limits_{0}^{\infty} F(\omega)\,\sin \omega t\,\mathrm{d}\omega. \end{aligned}\right\} \qquad (2.41)$$

Dies ist die Fourier-Sinustransformation mit ihrer Umkehrung.

2.2.3. Parsevalsches Theorem

Über die Bedingung der Ausführbarkeit der Fouriertransformation wurde bisher noch nicht gesprochen. Wie bereits erwähnt, kann man das Absolutquadrat $s(t)\,s^*(t) = |s(t)|^2$ einer Zeitfunktion als Maß für die zeitabhängige Leistung des Vorganges verwenden; dann stellt das Integral

$$\int_{-\infty}^{\infty} |s(t)|^2 \, dt$$

die gesamte Energie dar. Es scheint physikalisch sinnvoll, daß die Fouriertransformation dann durchführbar ist, wenn dieses Integral existiert und endlich ist. Man überzeugt sich leicht, daß in diesem Falle auch eine physikalisch sinnvolle Aussage im Bildraum der Transformation gemacht werden kann.

Benützt man die konjugiert komplexe Beziehung zu (2.30)

$$s^*(t) = \frac{1}{2\pi} \int_{-\infty}^{\infty} F^*(\omega)\, e^{-j\omega t} \, d\omega$$

und bildet das Energieintegral, so erhält man

$$\int_{-\infty}^{\infty} |s(t)|^2 \, dt = \frac{1}{2\pi} \int_{-\infty}^{\infty} s(t)\, dt \int_{-\infty}^{\infty} F^*(\omega)\, e^{-j\omega t}\, d\omega. \tag{2.42}$$

In diesem Doppelintegral kann man die Reihenfolge vertauschen und erhält dafür

$$\frac{1}{2\pi} \int_{-\infty}^{\infty} F^*(\omega)\, d\omega \int_{-\infty}^{\infty} s(t)\, e^{-j\omega t}\, dt = \frac{1}{2\pi} \int_{-\infty}^{\infty} F^*(\omega)\, F(\omega)\, d\omega.$$

Das innere Integral links ist dabei nach (2.29) durch $F(\omega)$ ersetzt worden. Das Ergebnis lautet, daß die *Energie eines einmaligen Vorganges sowohl durch Integration über das Quadrat des Betrages der Zeitfunktion als auch durch Integration über das Quadrat der Amplitudendichten erhalten werden kann.* Es gilt der als *Parsevalsches Theorem* bekannte Satz

$$\int_{-\infty}^{\infty} |s(t)|^2 \, dt = \frac{1}{2\pi} \int_{-\infty}^{\infty} |F(\omega)|^2 \, d\omega. \tag{2.43}$$

Man nennt deshalb $|F(\omega)|^2$ auch spektrale *Energiedichte oder Energiespektrum.*

2.2.4. Abbildungsgesetze der Fouriertransformation

Der Charakter der Fouriertransformation als einer Abbildung zwischen Zeit- und Frequenzbereich wirft die Frage nach den allgemeinen Gesetzen einer solchen Funktionalabbildung auf. Es lassen sich einige Regeln aufstellen, deren Anwendung manche Rechnung abzukürzen gestattet.

2.2.4.1. Linearität

(2.29) entnimmt man leicht, daß die Beziehung gilt

$$\mathscr{F}\{s_1(t) + s_2(t)\} = \mathscr{F}\{s_1(t)\} + \mathscr{F}\{s_2(t)\}. \qquad (2.29\,\mathrm{a})$$

Die Fourier-Integraltransformation ist eine lineare Operation, eine Eigenschaft, die ihre Bedeutung für lineare Systeme hervorhebt.

2.2.4.2. Maßstabsänderung

Wenn der Zeitmaßstab um den reellen Faktor a gedehnt wird, laufen alle Zeiger mit der Umlaufsfrequenz ω/a. Das Ergebnis der Transformation lautet

$$\mathscr{F}\{s(at)\} = \frac{1}{a}\, F\!\left(\frac{\omega}{a}\right). \qquad (2.29\,\mathrm{b})$$

2.2.4.3. Zeitverschiebung

Ein zeitlicher Vorgang $s(t)$ werde um die Zeit t_0 verschoben. Bei jeder Teilwelle bedeutet eine Verschiebung um t_0 eine Drehung der Phase um den Winkel ωt_0. Das heißt eine Multiplikation jeder Teilschwingung $F(\omega)$ mit $\mathrm{e}^{-\mathrm{j}\omega t_0}$. Man hat die Beziehung

$$\mathscr{F}\{s(t - t_0)\} = \mathrm{e}^{-\mathrm{j}\omega t_0}\, F(\omega). \qquad (2.44)$$

2.2.4.4. Modulation einer Trägerschwingung durch eine Zeitfunktion

Eine mit $s(t)$ modulierte Trägerschwingung der Frequenz f_0 hat die Spektralfunktion

$$\mathscr{F}\left\{s(t)\,\frac{\mathrm{e}^{\mathrm{j}\omega_0 t} + \mathrm{e}^{-\mathrm{j}\omega_0 t}}{2}\right\} = \int\limits_{-\infty}^{\infty} s(t)\,\frac{\mathrm{e}^{\mathrm{j}(\omega_0 - \omega)t} + \mathrm{e}^{-\mathrm{j}(\omega_0 + \omega)t}}{2}\, \mathrm{d}t$$

$$= \frac{1}{2}\,[F(\omega_0 - \omega) + F(\omega_0 + \omega)]. \qquad (2.45)$$

Im Spektrum der modulierten Trägerschwingung erscheint die Amplitudendichte $F(\omega)$ um die Frequenzen $\pm\omega_0$ zentriert.

2.2.4.5. Differentiation der Zeitfunktion

Wenn man die Zeitfunktion $s(t)$ n-mal differenziert, findet man aus (2.30) leicht, daß

$$\mathscr{F}\{s^{(n)}(t)\} = (j\omega)^n \, F(\omega) \tag{2.46}$$

gilt.

2.2.4.6. Differentiation der Spektraldichtefunktion

Aus (2.29) folgt unmittelbar, daß

$$F'(\omega) = \int\limits_{-\infty}^{\infty} -jt \, s(t) \, e^{-j\omega t} \, dt \tag{2.47}$$

gilt.

2.2.4.7. Faltung im Zeit- und Frequenzbereich

Eine für die Theorie linearer Systeme wichtige Operation ist die Faltung von zwei Zeitfunktionen $s_1(t)$ mit $s_2(t)$, deren Transformierte $F_1(\omega)$ und $F_2(\omega)$ lauten mögen.

Zur Faltung der Zeitfunktionen gelangt man, indem man die Transformierte des Produktes $F_1(\omega) \cdot F_2(\omega)$ bildet. Durch Multiplikation der beiden Transformationen

$$F_1(\omega) = \int\limits_{-\infty}^{\infty} s_1(t) \, e^{-j\omega t} \, dt$$

und

$$F_2(\omega) = \int\limits_{-\infty}^{\infty} s_2(t) \, e^{-j\omega t} \, dt$$

erhält man das Doppelintegral

$$F_1(\omega) \, F_2(\omega) = \int\limits_{-\infty}^{\infty} \int\limits_{-\infty}^{\infty} s_1(t) \, s_2(t') \, e^{-j\omega(t+t')} \, dt \, dt' .$$

Indem man die neue Variable τ mit

$$t + t' = \tau, \quad dt' = d\tau$$

einführt, erhält man

$$F_1(\omega) \, F_2(\omega) = \int\limits_{t=-\infty}^{\infty} \int\limits_{\tau=-\infty}^{\infty} s_1(t) \, s_2(\tau - t) \, e^{-j\omega\tau} \, dt \, d\tau$$

$$= \int\limits_{t=-\infty}^{\infty} s_1(t) \, dt \int\limits_{\tau=-\infty}^{\infty} s_2(\tau - t) \, e^{-j\omega\tau} \, d\tau .$$

In dem letzten Doppelintegral vertauscht man die Reihenfolge der Integrationen und erhält

$$F_1(\omega)\,F_2(\omega) = \int\limits_{\tau=-\infty}^{\infty} e^{-j\omega\tau}\,d\tau \int\limits_{t=-\infty}^{\infty} s_1(t)\,s_2(\tau - t)\,dt. \qquad (2.48)$$

In dem inneren Integral ist eine neue Zeitfunktion $h(\tau)$ entstanden,

$$h(\tau) = \int\limits_{-\infty}^{\infty} s_1(t)\,s_2(\tau - t)\,dt, \qquad (2.49)$$

mit der (2.48) in der Form

$$F_1(\omega)\,F_2(\omega) = \int\limits_{-\infty}^{\infty} h(\tau)\,e^{-j\omega\tau}\,d\tau \qquad (2.50)$$

erscheint. Das bedeutet aber, daß (2.49) die Fouriertransformierte des Produktes der beiden Spektralfunktionen F_1 und F_2 ist. Man nennt die Operation (2.49) die Faltung der beiden Zeitfunktionen $s_1(t)$ und $s_2(t)$ und schreibt sie oft in der symbolischen Form

$$h(t) = s_1(t) * s_2(t). \qquad (2.51)$$

Indem wir die Bezeichnung der Variablen in (2.49) ändern, erhalten wir die Schreibweise

$$h(t) = \int\limits_{-\infty}^{\infty} s_1(\tau)\,s_2(t - \tau)\,d\tau = \int\limits_{-\infty}^{\infty} s_1(t - \tau)\,s_2(\tau)\,d\tau. \qquad (2.49\,\mathrm{a})$$

Das erhaltene Resultat können wir so ausdrücken: Der Multiplikation der Spektralfunktionen im Bildbereich entspricht die Faltung der Zeitfunktionen im Zeitbereich.

Die Operation der Faltung bildet die Grundlage für die Theorie der linearen Filterung. Wir werden sie im 3. Abschnitt auch auf Zeitfunktionen ausdehnen, die nur als diskrete Zahlenreihen gegeben sind, und damit die Grundlagen für die Theorie der digitalen Filter legen. In der Praxis nämlich ist die analytische Ausführung der Faltung oftmals unbequem, so daß für konkrete Rechnungen die Operation mit diskreten Zahlenreihen den Möglichkeiten des Digitalrechners angepaßt werden kann.

2.2.4.8. Multiplikation von Zeitfunktionen

Es seien zwei Zeitfunktionen $s_1(t)$ und $s_2(t)$ mit den Transformierten $F_1(\omega)$ und $F_2(\omega)$ gegeben, und wir fragen, wie sich die Multiplikation $s_1 s_2$ im Bildbereich ausdrückt.

Man erhält den Satz — den Beweis findet man in der Spezialliteratur —

$$\mathscr{F}\{s_1(t)\, s_2(t)\} = F_1(\omega) * F_2(\omega). \tag{2.52}$$

der besagt, daß *der Multiplikation im Originalbereich die Faltung im Bildbereich entspricht*. Dieser Satz ist das Gegenstück zu dem in 2.2.4.7 abgeleiteten Faltungssatz, den man symbolisch so schreiben kann:

$$F_1(\omega)\, F_2(\omega) = \mathscr{F}\{s_1(t) * s_2(t)\}. \tag{2.53}$$

Nachdem die Rechenregeln für die Multiplikation im Original- und Bildbereich aufgezählt sind, wollen wir uns nunmehr der physikalischen Interpretation zuwenden. Wenn eine physikalische Ursache $s_1(\tau)$ von $\tau = -\infty$ an bis zum Moment $\tau = t$ wirkt, kann das Integral

$$\int\limits_{-\infty}^{t} s_1(\tau)\mathrm{d}\tau$$

als Maß dieser Wirkung angesehen werden. Vielfach vollzieht sich die Superposition der Beiträge zu den Zeiten τ mit einer Gewichtsfunktion $s_2(t)$, die als Einschwing- oder Übergangsfunktion aufgefaßt werden kann und vom Abstand $t - \tau$ des Zeitpunktes der Beobachtung t vom Zeitpunkt τ des Auftretens der Ursache abhängt. Im Endeffekt sind also Beiträge von der Form

$$s_1(\tau)\, s_2(t - \tau)\, \mathrm{d}\tau$$

zu superponieren, und man erhält ein Integral vom Faltungstyp

$$h(t) = \int\limits_{-\infty}^{t} s_1(\tau)\, s_2(t - \tau)\, \mathrm{d}\tau \tag{2.53a}$$

als Maß der Gesamtwirkung. Die obere Grenze des Integrals ist hier allgemein der Zeitpunkt t, bis zu dem die Ursache $s_1(\tau)$ wirksam ist; sie wird unendlich, wenn der Vorgang zeitlich unbegrenzt ist.

Entsprechend dem Satz (2.50) kann man den Vorgang gleichwertig im Bildbereich durch die Multiplikation von zwei Spektralfunktionen $F_1(\omega)$ und $F_2(\omega)$ beschreiben, wobei $F_1(\omega)$ die spektrale Amplitudendichte des Vorganges $s_1(t)$ selbst ist und $F_2(\omega)$ als die der Übergangsfunktion aufzufassen ist. Konkret kann man sich darunter z. B. die Nachwirkungsfunktion eines mechanischen oder elektrischen Systems vorstellen, das der Einwirkung einer Kraft oder eines Signals ausgesetzt wird.

2.3. Die Laplacetransformation

Schon bei der Behandlung eines einfachen sprunghaften Vorganges, der von der Form

$$s(t) = \begin{cases} 0 \ \text{für} \ -\infty < t < 0 \\ 1 \ \text{für} \ t > 0 \end{cases} \tag{2.54}$$

ist, stößt man auf die Schwierigkeit, daß der Integrand nicht gegen Null geht, wenn man versucht, das Fourierintegral (2.29) anzuwenden. Man kann sie dadurch umgehen, daß man die Definition ändert in

$$s(t) = \begin{cases} 0 & \text{für } -\infty < t < 0 \\ e^{-\sigma t} & \text{für } t > 0 \end{cases} \qquad (2.54\,\text{a})$$

und die Dämpfungskonstante $\sigma > 0$ nach Ausführung der Integration gegen Null gehen läßt. Man erhält dann das Integral

$$\int\limits_{-\infty}^{\infty} s(t)\, e^{-j\omega t}\,dt = \int\limits_{0}^{\infty} e^{-(\sigma + j\omega)t}\,dt = \frac{1}{\sigma + j\omega}, \qquad (2.55)$$

und die Spektralfunktion wird, wenn man von der Gleichkomponente bei $\omega = 0$ absieht, als Grenzwert

$$F(\omega) = \lim_{\sigma \to 0} \frac{1}{\sigma + j\omega} = \frac{1}{j\omega} \qquad (2.56)$$

angebbar.

Die Funktion $e^{-\sigma t}$ sorgt in diesem Falle für die nötige Konvergenz. Man kann (2.55) jedoch auch anders auffassen, wenn man die Größe   .

$$p = \sigma + j\omega \qquad (2.57)$$

als komplexe Frequenz einführt. Dann kann man bei der Definition (2.54) der Sprungfunktion bleiben und gewinnt durch die Ausdehnung der Integration auf die komplexe Frequenzvariable p den Vorteil, daß man anstelle der Fourierintegrale über reelle Funktionen nunmehr Integrale über analytische Funktionen von komplexem Argument erhält, die mit den Hilfsmitteln der Funktionentheorie gelöst werden können. Die dem Fourierintegral (2.29) nachgebildete Transformation

$$F(p) = \int\limits_{-\infty}^{\infty} s(t)\, e^{-pt}\,dt \qquad (2.58)$$

heißt nach ihrem Entdecker Laplacetransformation. Sie entfaltet ihren Nutzen gerade bei sprunghaften Vorgängen, bei denen man sonst Konvergenzschwierigkeiten hat. Da solche Vorgänge zu einem bestimmten Zeitpunkt, z. B. bei $t = 0$ einsetzen, kann man das Integral auch bei diesem Zeitwert beginnen lassen und erhält die übliche Schreibweise

$$F(p) = \int\limits_{0}^{\infty} s(t)\, e^{-pt}\,dt \qquad (2.58\,\text{a})$$

für das Laplaceintegral im gewöhnlichen Sinne. Die Schreibweise (2.58), in der $s(t)$ im Bereich $-\infty < t < \infty$ definiert ist, nennt man zweiseitige Laplacetransformation.

Für die sog. Sprungfunktion (2.54) erhält man nach (2.56)

$$F(p) = \frac{1}{p} \qquad (2.56\,\mathrm{a})$$

als Spektralfunktion.

Der mathematische Kunstgriff, eine komplexe Variable p einzuführen, bedeutet physikalisch, daß man anstelle ungedämpfter Schwingungen nunmehr gedämpfte Teilschwingungen als Aufbauelemente für den Zeitvorgang verwendet. Die Spitzen der Zeiger von Bild 2.2 bewegen sich nicht mehr auf Kreisen, sondern auf logarithmischen Spiralen. Positive Werte von σ bedeuten dabei ein Anwachsen, negative Werte ein Abklingen der jeweiligen Teilschwingung. Die beiden Exponenten der Teilschwingung

$$\mathrm{e}^{\sigma t}\,\mathrm{e}^{\mathrm{j}\omega t} = \mathrm{e}^{(\sigma+\mathrm{j}\omega)t}$$

kann man zu einem einzigen, der „komplexen Frequenz" p, zusammenziehen.

Wie berechnet man nun die Umkehrung der Laplacetransformation? (2.30) gibt dazu die Anweisung

$$s(t) = \frac{1}{2\pi\mathrm{j}} \int\limits_{-\mathrm{j}\infty}^{\mathrm{j}\infty} F(p)\,\mathrm{e}^{pt}\,\mathrm{d}p. \qquad (2.59)$$

Im Falle der Sprungfunktion stößt man auf das Integral

$$s(t) = \frac{1}{2\pi\mathrm{j}} \int\limits_{-\mathrm{j}\infty}^{\mathrm{j}\infty} \frac{\mathrm{e}^{pt}}{p}\,\mathrm{d}p, \qquad (2.60)$$

das im Reellen nicht integrabel ist, weil der Integrand bei $p = 0$ divergiert. Wohl aber ist die Ausführung in der komplexen p-Ebene möglich, wenn der Integrationsweg so längs der imaginären ω-Achse gelegt wird, daß er den Nullpunkt durch einen Halbkreis rechts umgeht (Bild 2.7a). Nach den Regeln der Integration in der komplexen Ebene ergibt die Ausrechnung längs dieses Weges

$$s(t) = \begin{cases} 0 & \text{für } t < 0 \\[2mm] \dfrac{1}{2} & \text{für } t = 0 \\[2mm] 1 & \text{für } t > 0. \end{cases} \qquad (2.61)$$

Man nennt diese Funktion die Sprungfunktion oder den Einheitssprung. Für sie hat K. Küpfmüller das Symbol $\sigma(t)$ eingeführt, das im folgenden immer verwendet werden soll.

Es ist noch eine Bemerkung zum Integrationsweg notwendig. Der Integrand $F(p)$ von (2.59) hat in der komplexen p-Ebene im allgemeinen mehrere Pole, die bei passiven Systemen nur in der negativ-reellen Halb-

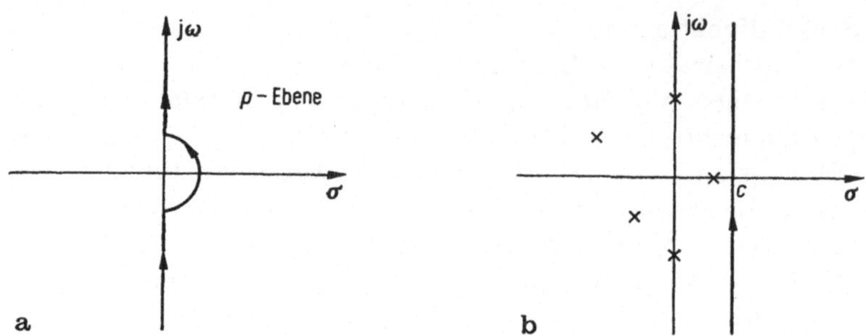

Bild 2.7a u.b. Integrationswege für das Umkehrintegral.
a) Integrationsweg für das Integral (2.60);
b) Integrationsweg bei allgemeiner Lage der Pole des Integranden.

ebene liegen können, bei Systemen mit inneren Leistungsquellen wegen ihrer anfachenden Wirkung auch in der positiv-reellen Halbebene. Den Integrationsweg wählt man in diesem Falle nicht längs der imaginären Achse, sondern verschiebt diesen Weg um einen solchen Betrag c nach rechts, daß sämtliche Pole links davon liegen (Bild 2.7b).

Um diesen allgemeineren Fällen gerecht zu werden, schreibt man das Laplace-Umkehrintegral (2.59) in der Form

$$s(t) = \frac{1}{2\pi j} \int\limits_{c-j\infty}^{c+j\infty} F(p)\, e^{pt}\, dp. \qquad (2.59\,a)$$

(2.58) und (2.59) bilden ein Paar zur Berechnung von Transformation und Rücktransformation.

Als Transformationssymbole der Laplacetransformation verwendet man den Buchstaben $\mathscr{L}$ und schreibt

$$F(p) = \mathscr{L}\{s(t)\} \qquad (2.62\,a)$$

mit der Umkehrung

$$s(t) = \mathscr{L}^{-1}\{F(p)\}. \qquad (2.62\,b)$$

Es kann dem Leser überlassen bleiben, sich davon zu überzeugen, daß der Faltungssatz auch im Bereich der Laplacetransformation gilt.

2.3.1. Die verschobene Sprungfunktion

Ein zur Zeit $t = \tau > 0$ einsetzender Sprung kann mit dem Symbol $\sigma(t - \tau)$ bezeichnet werden und hat die Werte

$$\sigma(t - \tau) = \begin{cases} 0 \text{ für } t < \tau \\ 1 \text{ für } t > \tau. \end{cases}$$

Seine Laplacetransformierte erhält man laut Anweisung (2.58)

$$\mathscr{L}\{\sigma(t - \tau)\} = \int\limits_{\tau}^{\infty} e^{-pt}\, dt = \frac{e^{-p\tau}}{p}. \tag{2.63}$$

2.3.2. Die Diracsche Stoßfunktion

Einen stoßartigen Vorgang hat man dann, wenn die Dauer τ eines Rechteckimpulses gegen Null geht unter Beibehaltung der Impulsfläche

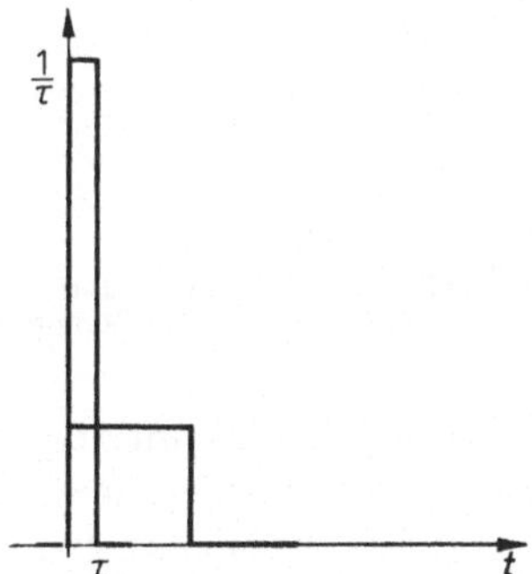

Bild 2.8. Entstehung der Stoßfunktion aus dem Rechteckimpuls.

(Bild 2.8). Damit das der Fall ist, muß die Amplitude wie $1/\tau$ gegen Unendlich gehen. Die so entstehende Funktion kann man als den Grenzwert

$$\delta(t) = \lim_{\tau \to 0} \frac{1}{\tau}\, [\sigma(t) - \sigma(t - \tau)] = \sigma'(t) \tag{2.64}$$

schreiben und als formale Ableitung der Sprungfunktion definieren. Man nennt sie *Diracsche Stoßfunktion*, auch Einheitsimpuls oder kurz δ-Funktion. Man sieht, daß sie die Ableitung der Sprungfunktion ist. Ihr Spektrum läßt sich als Übereinanderlagerung des Spektrums $1/p$ des Einschaltsprunges und $-(1/p)\, e^{-p\tau}$ des um τ verschobenen Ausschaltsprunges des Rechteckimpulses mit nachgeschaltetem Grenzübergang $\tau \to 0$ unmittelbar hinschreiben. Man hat

$$\mathscr{L}\{\delta(t)\} = \lim_{\tau \to 0} \frac{1}{\tau} \frac{1 - e^{-p\tau}}{p} = \frac{p}{p} = 1, \qquad (2.65)$$

also einen konstanten, frequenzunabhängigen Betrag vom Wert Eins.

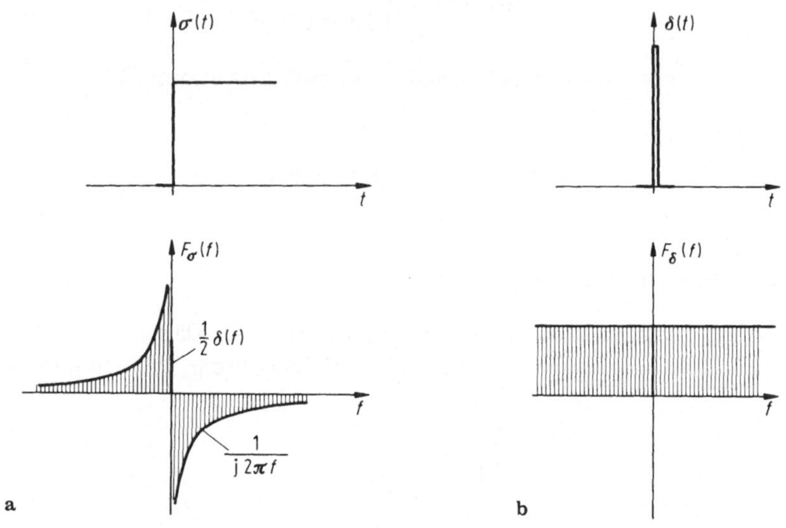

Bild 2.9.

a) Zeitverlauf und spektrale Amplitudendichte der Sprungfunktion (des Einheitssprunges);
b) Zeitverlauf und spektrale Amplitudendichte der Stoßfunktion (des Einheitsimpulses).

Bild 2.9 zeigt die Sprungfunktion $\sigma(t)$ und die Stoßfunktion $\delta(t)$, jeweils mit ihren spektralen Amplitudendichten $F_\sigma(f)$ bzw. $F_\delta(f)$. Für $\sigma(t)$ verläuft entsprechend (2.56) die Spektralkurve hyperbolisch mit der Frequenz. Berücksichtigt man noch die Gleichkomponente der Größe 1/2 (vgl. (2.61)) in der Form (2.67b), so ergibt sich im Ganzen

$$F_\sigma(f) = \frac{1}{2} \delta(f) - \mathrm{j}\frac{1}{2\pi f}. \qquad (2.66)$$

Für $f \neq 0$ ist diese Spektralfunktion ungerade, siehe Bild 2.9a. Das Spektrum von $\delta(t)$ hingegen ist nach Bild 2.9b eine gerade, reelle Funktion mit einem konstanten Wert. Die Amplitudenverteilung gleicht der des idealen „weißen Rauschens" bis auf den Phasenwinkel, der beim statistischen Rauschen unbestimmt, hier aber konstant gleich Null ist, Bild 2.9b.

Mit der Einführung von $\delta(t)$ nach (2.64) ist eine Voraussetzung verknüpft, die einige wichtige Hinweise nötig macht, und zwar besonders aus Gründen des physikalischen Verständnisses.

Den betrachteten zeitlichen Vorgängen $s(t)$ wird in diesem Buche durchgehend die Dimension „Eins" zugeordnet, d. h. es wird offengelassen, ob der Vorgang z. B. einen Strom, eine Spannung oder eine mechanische Auslenkung bedeutet. Dementsprechend ergeben sich die Spektren einmaliger Vorgänge als Amplituden*dichten*, d. h. von der Dimension „Amplitude je Frequenz". Dies gilt auch für das Spektrum der Sprungfunktion $\sigma(t)$; die spektrale Dichte $F_\sigma(f)$ hat ebenfalls die Dimension „Amplitude je Frequenz". Nicht so die Funktion $\delta(t)$. Sie ist nach (2.64) als zeitlicher Anstieg der Sprungfunktion definiert, hat also selbst schon die Dimension „Amplitude je Zeit". Ihre spektrale Dichte erhält daher die Dimension „Amplitude je (Zeit mal Frequenz)", d. h. „Eins". Bei der Berechnung der Daten, die von wirklichen physikalischen Vorgängen stammen, hat man also nicht nur, wie oben geschildert, mit Spannung, Strom oder ähnlichen Größen zu multiplizieren, sondern bei der δ-Funktion auch noch mit der endlichen Zeit ihres Ablaufs. Das Spektrum wird dann, wie es sein muß, eine Amplitudendichte über der Frequenz, die Antwort eines Netzwerks auf den Diracimpuls eine Amplitude im Verlauf der Zeit [vgl. z. B. (3.38d) und (3.47)].

Die Diracsche Funktion hat eine sehr interessante Eigenschaft, die sie als Aufbauelement für zeitliche Vorgänge beliebiger Form geeignet macht. Die Formel (2.59a) der Laplacetransformation kann man, mit Hilfe der Spektralfunktion Eins der δ-Funktion in der Form

$$s(t) = \frac{1}{2\pi\mathrm{j}} \int\limits_{c-\mathrm{j}\omega}^{c+\mathrm{j}\omega} 1 \cdot F(p)\, \mathrm{e}^{pt}\, \mathrm{d}p$$

geschrieben, auffassen als Transformierte der Faltung

$$s(t) * \delta(t)$$

im Originalbereich. Nach Anwendung von (2.49a) hierfür ergibt sich die wichtige Beziehung

$$s(t) = \int\limits_{-\infty}^{\infty} s(\tau)\, \delta(t-\tau)\, \mathrm{d}\tau. \tag{2.67}$$

Diese Formel bedeutet anschaulich, daß der Funktion $\delta(t-\tau)$ eine Ausblendwirkung zuzuschreiben ist, die zur Zeit $t=\tau$ einen Blick auf den zu diesem Zeitpunkt entstehenden Funktionswert $s(\tau)$ freigibt. Wegen dieser Eigenschaft der δ-Funktion als einer Gewichtsverteilung nennt man sie auch *Distribution*. Der Umgang mit der δ-Funktion als einer unstetigen Funktion bereitet mathematische Schwierigkeiten. Legt man jedoch (2.67) als Definition zugrunde, dann ist ein mathematisch unbedenklicher Umgang mit dieser Funktion möglich.

Vielfach benützt man auch eine Darstellung der δ-Funktion als Fourierintegral, indem man wegen der Spektralfunktion Eins

$$\delta(t) = \int_{-\infty}^{\infty} 1 \cdot e^{j2\pi ft} df \qquad (2.67\,a)$$

schreibt. Man muß sich aber dabei im klaren sein, daß dieses Integral nicht ausrechenbar ist und diese Formel den Charakter einer formalen Festsetzung hat, die nur dann sinnvoll ist, wenn die daraus gezogenen Konsequenzen widerspruchsfrei sind. Man kann aber zeigen, daß alle Operationen der Fouriertransformation, die man mit der δ-Funktion vornimmt, formal widerspruchsfrei sind.

Man kann wie im Zeitbereich auch im Frequenzbereich eine Funktion $\delta(f)$ definieren und als Fourierintegral darstellen. Die zugehörige Zeitfunktion hat den Wert Eins und bedeutet einen Gleichstrom. Gemäß (2.28a) muß das Vorzeichen im Exponenten gewechselt werden, so daß man zu dem Ansatz

$$\delta(f) = \int_{-\infty}^{\infty} 1 \cdot e^{-j2\pi ft} \, dt \qquad (2.67\,b)$$

geführt wird. Diese Spektralfunktion ist, wie es sein muß, von der Dimension „Amplitude je Frequenz" und hat dieselbe Ausblendwirkung im Frequenzbereich wie vorher $\delta(t)$ im Zeitbereich.

Durch formale Anwendung des Verschiebungssatzes erhält man

$$\delta\left(f \mp \frac{1}{T}\right) = \int_{-\infty}^{\infty} e^{-j2\pi t\left(f \mp \frac{1}{T}\right)} \, dt .$$

Daraus folgen leicht die Beziehungen

$$\frac{1}{2}\left[\delta\left(f - \frac{1}{T}\right) + \delta\left(f + \frac{1}{T}\right)\right] = \int_{-\infty}^{\infty} \cos\left(2\pi\frac{t}{T}\right) e^{-j2\pi ft} \, dt \qquad (2.67\,c)$$

und

$$\frac{1}{2}\left[\delta\left(f - \frac{1}{T}\right) - \delta\left(f + \frac{1}{T}\right)\right] = j \int_{-\infty}^{\infty} \sin\left(2\pi\frac{t}{T}\right) e^{-j2\pi ft} \, dt . \qquad (2.67\,d)$$

Das bedeutet, daß eine Cosinusschwingung der Frequenz $1/T$ durch ein symmetrisches, bei den Frequenzen $\pm 1/T$ liegendes „Impulspaar" dargestellt werden kann, eine Sinusschwingung durch ein antimetrisches Paar. Diese Paare sind physikalisch nichts anderes als die Amplituden $a_{\pm n}$ und $b_{\pm n}$ der Teilschwingungen von (2.7), vgl. auch die Bilder 2.3 und 2.4. Die $\delta(f)$-Darstellung ist für die Rechnung oft praktisch und wird in den Abschnitten 6.3 und 9.3 noch verwendet werden.

Da die δ-Funktion gleich der formalen Ableitung der Sprungfunktion ist, kann man (2.67) auch schreiben

$$s(t) = \int\limits_{-\infty}^{\infty} s(\tau)\, \sigma'(t - \tau)\, \mathrm{d}\tau \qquad\qquad (2.67\,\mathrm{e})$$

und mit Hilfe partieller Integration daraus die Beziehung

$$s(t) = s(0)\, \sigma(t) + \int\limits_{-\infty}^{\infty} s'(\tau)\, \sigma(t - \tau)\, \mathrm{d}\tau \qquad\qquad (2.67\,\mathrm{f})$$

gewinnen.

Diese Formel besagt, daß man eine Funktion aufbauen kann aus einer infinitesimal dichten Folge von Sprüngen

$$s'(\tau)\, \mathrm{d}\tau = \mathrm{d}s,$$

die nacheinander mit Hilfe der Funktion σ „eingeschaltet" werden.

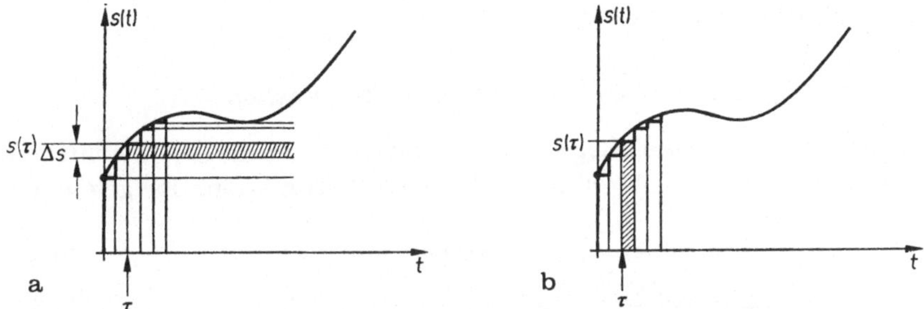

Bild 2.10 a. u. b. Aufbau einer Zeitfunktion.
a) aus überlagerten Einschaltfunktionen; b) aus überlagerten Abtastfunktionen.

Wegen der Möglichkeit, einer Funktion in einem Abtastvorgang Proben zu entnehmen und die Funktion dann als ein Ensemble solcher Proben darzustellen, bezeichnet man die δ-Funktion auch als Abtastfunktion. Sie spielt darum in der mathematischen Beschreibung von Pulsvorgängen eine wichtige Rolle und wird uns bei der Behandlung der $\mathscr{Z}$-Transformation begegnen.

In Bild 2.10a ist eine anschauliche Darstellung des Abtastverfahrens mit Hilfe der Einschaltfunktion $\sigma(t)$ und in Bild 2.10b mit Hilfe der Abtastfunktion $\delta(t)$ gegeben.

In a) wird der Anfangswert $s(0)$ zur Zeit $t = 0$ eingeschaltet; anschließend baut sich der Vorgang in Sprüngen Δs auf, die nacheinander eingeschaltet werden, bis der Funktionswert $s(t)$ erreicht ist.

In b) erscheint ein Funktionswert zu einer beliebigen Zeit t dadurch, daß die δ-Funktion ein schmales zeitliches Fenster öffnet, durch das der dahinter liegende Wert des Vorgangs gleichsam sichtbar wird.

2.3.3. Einige wichtige Sätze der Laplacetransformation

Die gegenseitige Entsprechung des Funktionspaares

$$s(t) \leftrightarrow F(p)$$

wird durch Integrale in der komplexen p-Ebene vermittelt. Ihre Ausrechnung nach den Regeln der komplexen Integration ist oft zeitraubend und nicht elementar. Daher hat man Tafeln aufgestellt, die vielgebrauchte Operationen und Funktionen in ihren Entsprechungen im Original- und im Bildraum enthalten. Der Leser sei auf eine reichhaltige Literatur verwiesen, da wir hier kein Lehrbuch der Funktionaltransformationen bieten wollen, sondern dieselben nur im Rahmen der Darstellung gewisser technischer Verfahren zu benützen gedenken. Nichtsdestoweniger seien die wichtigsten Regeln und einige vielgebrauchte Transformationen angegeben.

2.3.3.1. Differentiation und Integration der Zeitfunktion

Eine der wichtigsten Regeln der Laplacetransformation betrifft die Transformation der Ableitung $s'(t)$ einer Zeitfunktion. Es gelten die Beziehungen

$$\mathscr{L}\{s'(t)\} = -s(0) + p\mathscr{L}\{s(t)\}, \tag{2.68a}$$

$$\mathscr{L}\{s''(t)\} = -s'(0) - ps(0) + p^2\mathscr{L}\{s(t)\} \tag{2.68b}$$

und so fort.

Die Differentiation im Originalbereich erscheint im Bildbereich als Multiplikation mit p, wobei die Anfangswerte der Funktion und der vorhergegangenen Ableitungen im Nullpunkt in Form eines Polynoms mit eingehen. Dadurch, daß eine infinitesimale Operation algebraisiert wird und die Anfangswerte in der Rechnung mit erscheinen, wird die Laplacetransformation besonders nützlich für die Lösung linearer Differentialgleichungen. Die Reaktionen von unstetigen Einwirkungen auf Systeme, deren Wirkungsweise sich durch Differentialgleichungen beschreiben läßt, seien es elektrische Netzwerke zur Verarbeitung und Umformung elektrischer Impulse oder komplizierte Regelkreise mit Rückführungsschleifen, lassen sich mit Hilfe der Laplacetransformation in hervorragender Weise behandeln, vorausgesetzt, daß die Zusammenhänge zwischen Ursache und Wirkung linear sind.

Nachdem wir den Verschiebungs- und den Faltungssatz schon anläßlich der Ableitung der δ-Funktion eingeführt haben, können wir uns weitere Operationssätze hier ersparen. Teils verläuft ihre Ableitung völlig analog zu entsprechenden Sätzen der Fouriertransformation, teils können wir auf die Transformationstabellen verweisen, insonderheit auf die reichhaltigen Tafeln von Doetsch. Hingewiesen sei nur auf den häufigen Fall der Transformation des Integrals einer Zeitfunktion

$$\mathscr{L}\left\{\int\limits_0^t s(\tau)\,d\tau\right\} = \frac{1}{p}\,\mathscr{L}\left\{s(t)\right\}. \tag{2.68c}$$

2.3.3.2. Lineare Differentialgleichungen und Entwicklungssatz

Wegen der großen Bedeutung, die die Sätze (2.68) für die Lösung von Differentialgleichungen haben, und damit in einem späteren Abschnitt die Lösung von Differentialgleichungen mit einer etwas modifizierten Transformationstechnik besser verstanden wird, soll auf die Behandlung linearer Differentialgleichungen mit dieser Methodik eingegangen werden.

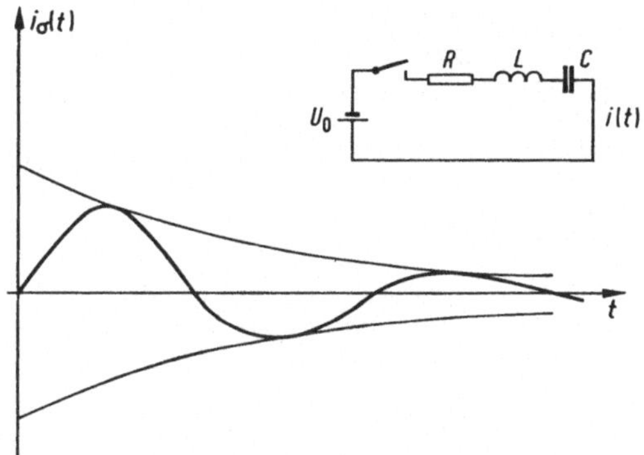

Bild 2.11. Einschaltstrom eines Serienschwingkreises.

Dabei wird das als Heavisidescher Entwicklungssatz bezeichnete wichtige Verfahren gewonnen. Als Beispiel für eine lineare Differentialgleichung sei die Beschreibung von Vorgängen in einem elektrischen Schwingungskreis aus Widerstand R, Kapazität C und Induktivität L gewählt. An dem in Bild 2.11 gezeichneten Zweipol, der aus R, L, C in Reihe besteht, liege die Spannung $u(t)$. Der Strom $i(t)$ gehorcht dann der Differentialgleichung

$$Ri + L\frac{di}{dt} + \frac{1}{C}\int\limits_0^t s(\tau)\,d\tau = u(t). \tag{2.69}$$

Man denkt sich diese Gleichung der Laplacetransformation unterzogen, beachtet (2.68a) und (2.68c) und erhält in

$$\left(R + pL + \frac{1}{pC}\right) I\,(p) - L\,i\,(0) = U(p) \tag{2.70}$$

eine algebraische Gleichung, die man nach $I(p)$ auflösen kann, falls $U(p)$ als Anregung gegeben ist. Man sieht, daß der Anfangswert $i(0)$ ebenfalls die Form der Lösung bestimmt. Ein einfacher Fall liegt vor, wenn der Kreis zur Zeit $t = 0$ stromlos und der Kondensator C ungeladen war. Da der Strom in einer Spule sich nicht sprunghaft ändern kann, ist $i(0)$ von links wie von rechts gesehen Null. Es bleibt als Lösung

$$I(p) = U(p) \,\frac{1}{R + pL + \dfrac{1}{pC}}, \tag{2.71}$$

und es besteht nunmehr die Aufgabe, das Umkehrintegral von der Gestalt

$$i(t) = \frac{1}{2\pi\mathrm{j}} \int\limits_{c-\mathrm{j}\infty}^{c+\mathrm{j}\infty} \frac{U(p)\,\mathrm{e}^{pt}}{R + pL + 1/(pC)}\,\mathrm{d}p \tag{2.72}$$

zu lösen. Wenn die angelegte Spannung die Sprungfunktion $\sigma(t) \cdot U_0$ ist, wird wegen (2.56a)

$$i_\sigma(t) = \frac{U_0}{2\pi\mathrm{j}} \int\limits_{c-\mathrm{j}\infty}^{c+\mathrm{j}\infty} \frac{\mathrm{e}^{pt}}{pP(p)}\,\mathrm{d}p \tag{2.73}$$

mit

$$P(p) = R + pL + 1/(pC). \tag{2.73a}$$

Der Ausdruck (2.73) heißt die Antwortfunktion des Kreises auf einen Einschaltsprung.

$P(p)$ heißt Stammfunktion des Kreises oder Netzwerks und ist nach (2.71) diejenige Größe, durch die im Spektralbereich die Schaltfunktion dividiert werden muß, damit die Antwortfunktion herauskommt — im Beispiel von Bild 2.11 ist es der komplexe Widerstand des Kreises mit dem Operator p statt $j\omega$.

Die Lösung der Aufgabe (2.73) leistet der *Heavisidesche Entwicklungssatz*. Er wurde von K. W. Wagner in seinem bekannten Werk über Operatorenrechnung und Laplacetransformation mit Hilfe der Funktionentheorie bewiesen. Die Antwortfunktion ist allgemein darstellbar durch

$$s_\sigma(t) = \frac{1}{P(0)} + \sum_{k=1}^{n} \frac{\mathrm{e}^{p_k t}}{p_k P'(p_k)}. \tag{2.74}$$

Darin bedeuten p_k mit $k = 1, \ldots, n$ die Lösungen der Gleichung n-ten Grades

$$P(p) = 0. \tag{2.75}$$

Diese Beziehung nennt man auch die Stammgleichung.

Auf die Aufgabe (2.73) angewendet, liefert dieser Satz ein Paar von Wurzeln, die zu einem Sinus zusammengezogen werden können, in der Form

$$i_\sigma(t) = \frac{U_0}{\omega_0 L}\, \mathrm{e}^{-\frac{1}{2}\frac{R}{L}t} \sin \omega_0 t, \tag{2.76}$$

wobei

$$\omega_0 = \frac{1}{\sqrt{LC}} \sqrt{1 - \frac{1}{4} R^2 \frac{C}{L}} \tag{2.77}$$

die Eigenfrequenz und $R/(2L)$ die Dämpfung des Kreises darstellen.

In Bild 2.11 sieht man den Verlauf des Einschaltstromes für den Fall, daß in (2.77) die Differenz unter der Wurzel positiv, ω_0 also reell ist. Wird die Differenz negativ, ω_0 imaginär, so erscheint in (2.76) eine sinh-Funktion; der Einschaltstrom oszilliert nicht mehr. Wird schließlich die Differenz Null, $\omega_0 = 0$ — dies ist der aperiodische Grenzfall —, so bietet (2.74) keine Lösung, weil $P'(p_1) = P'(p_2) = 0$ wird. Man muß dann nach (2.90) vorgehen.

Ist die anregende Funktion nicht die Sprungfunktion $\sigma(t)$, sondern ein beliebiger zeitlicher Verlauf $s_1(t)$, so findet man die Antwort $s_2(t)$ gemäß (2.67e) durch das Faltungsintegral

$$s_2(t) = \int_{-\infty}^{+\infty} s_1(\tau) \cdot s_\sigma'(t - \tau)\, \mathrm{d}\tau \tag{2.78}$$

oder gemäß (2.67f)

$$s_2(t) = s_1(0) \cdot \sigma(t) + \int_{-\infty}^{+\infty} s_1'(\tau) \cdot s_\sigma(t - \tau)\, \mathrm{d}\tau. \tag{2.79}$$

Man kann die Lösung auch direkt durch das Umkehrintegral finden, denn es gilt ja nach dem Faltungssatz, wenn $F_1(p)$ die Spektralfunktion von $s_1(t)$ ist,

$$s_2(t) = s_1(t) * s_\sigma'(t) = \frac{1}{2\pi \mathrm{j}} \int_{c-\mathrm{j}\infty}^{c+\mathrm{j}\infty} \frac{F_1(p) \cdot \mathrm{e}^{pt}}{P(p)}\, \mathrm{d}p. \tag{2.80}$$

2.3.3.3. *Entwicklungssatz und Einschwingvorgänge in Kettenleitern*

Der Entwicklungssatz spielt eine große Rolle bei der Berechnung von Einschwingvorgängen elektrischer Netzwerke, deren Übertragungsfunktion $G(p)$ in Form rational gebrochener Funktionen von p vorliegt. Dies ist bei elektrischen Kettenleiterfiltern der Fall. Der Übertragungsfaktor wird im Sinne der Vierpoltheorie der Kettenleiter als Verhältnis der Ausgangsgröße $F_2(p)$ zur Eingangsgröße $F_1(p)$

$$G(p) = \frac{F_2(p)}{F_1(p)} \tag{2.81}$$

definiert und oftmals in der exponentiellen Form

$$G(p) = \mathrm{e}^{-g(p)} \tag{2.81a}$$

geschrieben, worin $g(p)$ als komplexes Dämpfungsmaß bezeichnet wird. Dieses setzt sich seinerseits nach der Beziehung

$$g = a + \mathrm{j}b \tag{2.81b}$$

aus dem Dämpfungsmaß a und dem Phasenmaß b zusammen. Die Antwortfunktion auf den Einheitssprung mit der Spektralfunktion $1/p$ lautet

$$s_\sigma(t) = \frac{1}{2\pi\mathrm{j}} \int_{c-\mathrm{j}\infty}^{c+\mathrm{j}\infty} \frac{G(p)}{p}\, \mathrm{e}^{pt}\, \mathrm{d}p, \tag{2.82}$$

und auf den Einheitsimpuls

$$s_\delta(t) = \frac{1}{2\pi\mathrm{j}} \int_{c-\mathrm{j}\infty}^{c+\mathrm{j}\infty} G(p)\, \mathrm{e}^{pt}\, \mathrm{d}p. \tag{2.83}$$

Wenn $G(p)$ als rational gebrochene Funktion mit dem Zählerpolynom $Z(p)$ und dem Nennerpolynom $N(p)$ geschrieben werden kann

$$G(p) = \frac{Z(p)}{N(p)}, \tag{2.84}$$

lauten die Antwortfunktionen nach dem Entwicklungssatz (2.74)

$$s_\sigma(t) = \frac{Z(0)}{N(0)} + \sum_{k=1}^{n} \frac{Z(p_k)}{p_k N'(p_k)}\, \mathrm{e}^{p_k t} \text{ für } t > 0, \tag{2.85}$$

$$s_\delta(t) = \sum_{k=1}^{n} \frac{Z(p_k)}{N'(p_k)}\, \mathrm{e}^{p_k t} \text{ für } t > 0. \tag{2.86}$$

Für negative Zeiten sind die Antwortfunktionen Null. Der Entwicklungssatz verlangt, daß man zuerst die Nullstellen p_k des Nennerpolynoms $N(p)$ aufsucht, die Ableitung $N'(p)$ bildet und die Werte derselben und des Zählerpolynoms $Z(p)$ für die Nullstellen p_k berechnet. Dann erhält man bei realisierbaren Netzwerken, wenn $n/2$ die Anzahl der konjugiert komplexen Polpaare des Integranden ist, den Einschwingvorgang als Summe von n exponentiell gedämpften Sinusschwingungen. Bei ungeradzahligen n muß noch zusätzlich eine reelle Wurzel p_r auftreten; das entsprechende Summenglied des Entwicklungssatzes ergibt einen aperiodisch gedämpften Vorgang.

Liegt das Nennerpolynom $N(p)$ als Produkt von Linearfaktoren

$$N(p) = \prod_{\nu=1}^{n} (p - p_\nu) \tag{2.87}$$

vor, wobei jede Wurzel p_ν nur einmal vorkommt, dann ist

$$N'(p_k) = \prod_{\nu=1}^{n}{}' (p_k - p_\nu), \tag{2.88}$$

wobei $\prod'$ das Produkt unter Auslassung des Faktors für $\nu = k$ bedeutet, und für positive Zeiten erhält man die Übergangsfunktionen

$$s_\sigma(t) = \frac{Z(0)}{N(0)} + \sum_{k=1}^{n} \frac{Z(p_k)}{p_k \prod_{\nu}{}' (p_k - p_\nu)}\, \mathrm{e}^{p_k t} \tag{2.85a}$$

und

$$s_\delta(t) = \sum_{k=1}^{n} \frac{Z(p_k)}{\prod_{\nu}{}' (p_k - p_\nu)}\, \mathrm{e}^{p_k t}. \tag{2.86a}$$

Diese Formeln gelten nur, wenn jede Nullstelle p_k nur einmal vorkommt. Wenn die Stammgleichung $N(p) = 0$ mehrfache Wurzeln hat, so daß wir schreiben können

$$N(p) = (p - p_1)^{k_1} (p - p_2)^{k_2} \ldots, \tag{2.89}$$

so treten in der Partialbruchentwicklung der Nullstelle p_1 nicht nur ein Bruch $p - p_1$ auf, sondern $p - p_1$, $(p - p_1)^2$ bis $(p - p_1)^{k_1}$ im Nenner. Ähnlich ist es bei den anderen mehrfachen Nullstellen p_2 usw., so daß man in einem solchen Falle ansetzen muß

$$\frac{1}{N(p)} = \frac{a_1}{p - p_1} + \frac{a_2}{(p - p_1)^2} + \cdots + \frac{a_{k_1}}{(p - p_1)^{k_1}}$$

$$+ \frac{b_1}{p - p_2} + \frac{b_2}{(p - p_2)^2} + \cdots + \frac{b_{k_2}}{(p - p_2)^{k_2}} + \cdots \tag{2.90}$$

Es lohnt sich nicht, das Endergebnis durch eine einzige Formel auszudrücken, weil diese viel zu kompliziert wird. Man geht im konkreten Fall besser nach der skizzierten Methode vor.

2.4. Allgemeine Orthogonaldarstellung von Signalen

2.4.1. Allgemeines

In den vorstehenden Abschnitten über die mathematische Beschreibung von Signalen wurde gezeigt, daß beliebige periodische oder nicht- periodisch einmalige Zeitvorgänge durch Superposition von ungedämpften Sinusschwingungen und — sofern dies in einzelnen Fällen zu Konver- genzschwierigkeiten im Unendlichen führt — durch an- oder abklingende Sinusschwingungen dargestellt werden können. Als Kerngleichung für die Berechnung der Aufbaukoeffizienten besteht (2.11) für periodische und (2.28) für nichtperiodische Zeitfunktionen.

In einschlägigen Lehrbüchern, z. B. in [2.1, 2.2] ist auseinander- gesetzt, daß diese Entwicklung nur ein Spezialfall einer allgemeinen Ent- wicklung einer Funktion in ein System sogenannter Orthogonalfunktio- nen ist. Unter einem solchen System versteht man eine Folge von Funk- tionen $\varphi_n(x)$ mit dem ganzzahligen Index n von 1 bis ∞, die die Eigen- schaft

$$\int\limits_a^b \varphi_n(x)\, \varphi_m(x)\, \mathrm{d}x = \begin{cases} 0 \text{ für } n \neq m \\ 1 \text{ für } n = m \end{cases} \tag{2.91}$$

haben. Diese im Definitionsintervall $a \leqq x \leqq b$ geltenden Beziehungen heißen die *Orthogonalitätsrelationen* der Funktionen $\varphi_n(x)$. Sind die Funk- tionen so definiert, daß ihre sogenannte *Norm* den Wert

$$\sqrt{\int\limits_a^b \varphi_n{}^2(x)\, \mathrm{d}x} = 1 \tag{2.91a}$$

hat, so heißt das System *normiert*.

Mit Hilfe dieser *Orthogonalitätsrelation* läßt sich die Darstellung einer Funktion $s(x)$ leicht bewerkstelligen; denn wenn man als Reihe ansetzt

$$s(x) = \sum_{n=1}^{\infty} a_n \varphi_n(x), \tag{2.92}$$

kann man die Koeffizienten a_n der Entwicklung dadurch finden, daß man diese Gleichung mit $\varphi_m(x)$ multipliziert und über den Definitions- bereich integriert. Man hat dann

$$a_n = \int\limits_a^b s(x)\, \varphi_n(x)\, \mathrm{d}x. \tag{2.93}$$

Man kann nachweisen, daß die Entwicklung einer gegebenen Funktion nach einem Orthogonalsystem in dem Sinne optimal ist, daß durch sie das Fehlerquadrat zu einem Minimum gemacht wird. Definieren wir nämlich den Fehler einer Entwicklung nach M Gliedern durch den Ausdruck

$$\varDelta_M = \int\limits_a^b \left[s(x) - \sum_{i=1}^{M} a_i\, \varphi_i(x) \right]^2 \mathrm{d}x, \qquad (2.94)$$

so kann der Fehler durch Hinzunehmen von immer mehr Gliedern in der Reihe unter jeden vorgebbaren, noch so kleinen Wert $\varepsilon > 0$ gedrückt werden. Ein Funktionensystem $\varphi_n(x)$, für das der quadratische Fehler $\varDelta_M = 0$ wird, heißt ein vollständiges *Orthogonalsystem*.

Für ein solches gilt die Beziehung

$$\int\limits_a^b s^2(x)\, \mathrm{d}x = \sum_{i=1}^{\infty} a_i{}^2, \qquad (2.95)$$

die in diesem Zusammenhang *Vollständigkeitsrelation* heißt und uns als Parsevalsche Gleichung beim speziellen System der orthogonalen trigonometrischen Funktionen in (2.43) bereits begegnet ist. Wir haben ihr dort die Begriffe *Signalleistung* und *spektrale Energiedichte* entnommen. Auch in der verallgemeinerten Orthogonalentwicklung stellen sich die Größen $a_i{}^2$ als die Spektralenergie der Komponente φ_i vor.

Beispiele von vollständigen Orthogonalsystemen sind die Besselfunktionen, Kugelfunktionen, die Hermiteschen Funktionen und viele andere Eigenfunktionen von Differentialgleichungen. Man sieht, daß es mathematisch keinen Grund gibt, die harmonischen Schwingungen als Entwicklungssystem zu bevorzugen. Begriffe wie „Spektralenergie" behalten ihre physikalische Bedeutung auch in anderen Systemen. Daß man in Physik und Technik die harmonische Schwingung bevorzugt, liegt mathematisch gesehen daran, daß die Differentialgleichung der meisten Vorgänge die Schwingungsgleichung ist, wie in (2.69a) am elektrischen Schwingkreis gezeigt wurde. So ist auch die Gleichung der Leitungsvorgänge, die sog. Telegraphengleichung, eine Gleichung zweiter Ordnung mit Sinusfunktionen als Lösung, und die Darstellung von Pulsvorgängen auf Leitungen macht man daher zweckmäßig in diesem Orthogonalsystem. Die Ausbreitung eines Pulses auf einer linear ausgedehnten Leitung z. B. mit Kugelfunktionen beschreiben zu wollen, wäre unangepaßt und nicht ökonomisch.

2.4.2. Orthogonale Mäanderfunktionen (Walshfunktionen)

Grundformen der Pulstechnik sind Vorgänge, die sich in mathematisch idealisierter Form aus ein- und ausgeschalteten Sprungfunktionen zusammensetzen lassen; sie erscheinen als eine Aufeinanderfolge der Zahlen 0 und ± 1, und wenn es gelänge, aus diesen rechteckförmigen Kurvenzügen ein orthogonales Funktionensystem zu bilden, könnte man pulscodierte Signale, seien sie nun von regelmäßiger oder stochastischer Art, in diesem System spektral zerlegen. Der Vorteil läge auf der Hand. Man hätte erstens ein der Erzeugungsweise und Erscheinungsform dieser Signale adäquates Orthogonalsystem, und zweitens wäre die Berechnung der Spektralkoeffizienten a_n nach (2.93) numerisch besonders einfach, denn es gibt nur Multiplikationen mit $+1$, 0 und -1. Dadurch würde die Verarbeitung binärer Signale mit dem Digitalrechner besonders rationell werden.

Die Reihe der Entwicklungskoeffizienten a_n der Orthogonalentwicklung, die wir als ein Spektrum im erweiterten mathematischen Sinne auffassen können, stellt einen Pulsvorgang in einer mathematisch besonders rationellen Weise dar. Numerische Operationen, die mit den Zahlen a_n vorgenommen werden, sind als mathematische Beschreibung von Prozessen aufzufassen, mit denen man diese Vorgänge in irgendeiner gewünschten Richtung verändern kann; das bedeutet Filterung, Codierung oder Transformation im weitesten Sinne. Dadurch, daß solche Transformationen technisch mit Hilfe binär arbeitender, integrierter Schaltungsbauteile durchgeführt werden können, begegnet neuerdings die binäre Orthogonalentwicklung merklichem technischen Interesse.

Ein vollständiges Orthogonalsystem von Funktionen, die nur die beiden Werte $+1$ und -1 annehmen, wurde von dem Mathematiker Walsh angegeben [2.3].

2.4.3. Graphische Darstellung der Walshfunktionen

In Bild 2.12 ist die Reihe der Walshfunktionen wal $(0, x)$ bis wal $(7, x)$ im Intervall $-1/2 \leq x \leq +1/2$ aufgezeichnet. Dabei bezeichnet x die auf das Entwicklungsintervall T_0 (Zeitbasis) normierte Zeit $x = t/T_0$.

Man entnimmt der Darstellung, daß wal $(2n, x)$ eine gerade und wal $(2n - 1, x)$ eine ungerade Funktion bezüglich der Mittellinie $x = 0$ ist. Es ist auch leicht nachzuprüfen, daß dieses Funktionensystem orthogonal und normiert ist, daß also die Beziehungen

$$\int_{-1/2}^{1/2} \text{wal}\,(i, x)\,\text{wal}\,(k, x)\,\mathrm{d}x = \begin{cases} 0 \text{ für } i \neq k \\ 1 \text{ für } i = k \end{cases} \tag{2.96}$$

gelten.

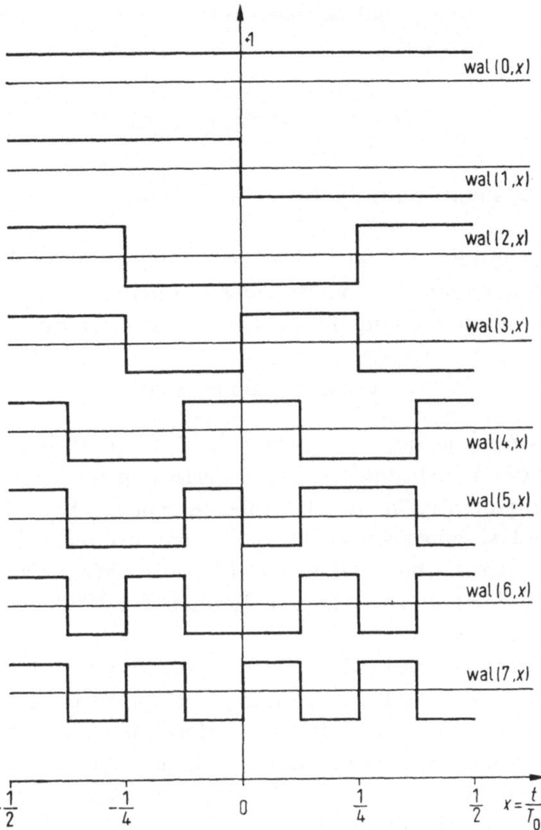

Bild 2.12. Verlauf der Funktionen wal (i, x) für $i = 0$ bis 7.

2.4.4. Orthogonalentwicklung nach Walshfunktionen

Es sei eine Funktion $s(x)$ der normierten Zeit $x = t/T_0$ im Zeitintervall $(-T_0/2,\ T_0/2)$ gegeben. Sie kann in diesem Intervall in eine unendliche Reihe von Walshfunktionen entwickelt werden in der Form

$$s(x) = \sum_{i=0}^{\infty} a_i\ \text{wal}\ (i,\ x),\tag{2.97}$$

sofern sie nur absolut integrabel ist, d. h., wenn das Integral

$$\int_{-1/2}^{1/2} |s(x)|\ \mathrm{d}x < M$$

ergibt (M ist eine endliche Zahl).

Wegen der Orthogonalitätsbeziehungen (2.96) findet man für die Entwicklungskoeffizienten

$$a_i = \int\limits_{-1/2}^{1/2} s(x)\,\text{wal}\,(i,\,x)\,\mathrm{d}x. \tag{2.98}$$

Die Größen a_i nennt man die Spektralkomponenten der Walshentwicklung.

An dieser Stelle soll auf zwei nachteilige Unterschiede zwischen Walshfunktionen und trigonometrischen Funktionen hingewiesen werden.

Während bei den trigonometrischen Funktionen durch die Eulersche Beziehung

$$\cos\varphi + j\sin\varphi = \mathrm{e}^{j\varphi}$$

ein Phasenwinkel φ der komplexen Zahl $\mathrm{e}^{j\varphi}$ definiert werden kann, existiert für die Walshfunktion keine Zerlegung in die geraden und ungeraden Komponenten in der komplexen Ebene. Man kann daher bei der Walshanalyse eines Signals zwar ein Amplitudenspektrum angeben, wie es (2.98) lehrt, aber von einem Phasenspektrum kann man nicht sprechen. Ein Analogon zu (2.9) im Bereich der Walshentwicklung gibt es nicht.

Ein weiterer Unterschied zum trigonometrischen Orthogonalsystem besteht darin, daß die Entwicklung je nach Wahl der Zeitbasis verschieden aussieht. Man muß daher bei der Darstellung eines zeitlichen Vorganges jeweils die Zeitbasis mit angeben. Ändert man nämlich den Zeitmaßstab, so daß sich auch der Parameter i ändert, so kann die Walshfunktion wal $(i,\,x)$ gänzlich anders aussehen, wie ein Blick auf Bild 2.12 zeigt. Walshfunktionen sind untereinander nicht formgleich. Bei den trigonometrischen Funktionen hingegen führt ein veränderlicher Zeitmaßstab stets zu einer formgleichen Kurve.

Die Tatsache, daß mit Walshfunktionen das Phasenspektrum eines Signals nicht darstellbar ist, macht sich insbesondere nachteilig bemerkbar für die Behandlung von Übertragungsvorgängen, bei denen Dämpfungs- *und* Phasengänge zu berücksichtigen sind. Aus diesem Grunde liegt die Bedeutung dieser Funktionen mehr bei der Signalverarbeitung als bei der Signalübertragung [2.4, 2.5].

3. Signalbeschreibung im Zeit- und Frequenzbereich für zeitdiskrete Vorgänge

Signale können sowohl hinsichtlich des Signalparameters als auch hinsichtlich der Abhängigkeit von der Zeit kontinuierlich (stetig) oder diskret sein. Demgemäß kann man wertkontinuierliche (wertstetige) und wertdiskrete, zeitkontinuierliche (zeitstetige) und zeitdiskrete Signale unterscheiden. *Wertkontinuierliche Signale* sind Signale, deren Signalparameter alle Werte eines Kontinuums, z. B. innerhalb eines Intervalles, annehmen können. *Wertdiskrete Signale* sind Signale, deren Signalparameter nur endlich viele verschiedene Werte annehmen können. *Zeitkontinuierliche Signale* sind Signale, deren Signalparameter auf einem Zeitkontinuum, speziell auf einem oder mehreren Zeitintervallen definiert sind. *Zeitdiskrete Signale* schließlich sind Signale, deren Signalparameter nur in diskreten Zeitpunkten oder über eine Folge von Zeitintervallen, z. B. als Intervalldauer, definiert sind. Wertdiskrete Signale spielen eine Rolle beim Prozeß der Quantisierung, der Gegenstand von Abschnitt 7 sein wird. In den folgenden Abschnitten sind zeitdiskrete Signale gemeint, wenn von diskreten Signalen schlechthin gesprochen wird.

3.1. Diskrete Zeitfunktionen

Die Theorie der Fourier- und der Laplacetransformation wurde in den vorangegangenen Abschnitten an den kontinuierlich gedachten Zeitvorgängen $s(t)$ entwickelt; auf das Problem der Darstellung von unstetigen Vorgängen waren wir bei der Besprechung der Stoß- und Sprungfunktion gestoßen. Letzten Endes dienten jedoch auch diese Funktionen dem Aufbau kontinuierlicher Funktionen mit Hilfe von (2.67) und (2.67b). Wir wollen uns nunmehr der Betrachtung von Zeitvorgängen zuwenden, die ausgesprochen diskreten Charakter haben, und suchen ein mathematisches Werkzeug zur Darstellung solcher diskreten Zeitfunktionen und die Hilfsmittel, mit denen alle bekannten Operationen, die bei der klassischen Fouriertransformation definiert wurden, auch auf diskrete Funktionen angewendet werden können. Wie stellen sich die Transformation einer diskreten Zeitfunktion in den Frequenzbereich und ihre Umkehrung dar, was wird aus dem Faltungssatz? Das sind die hauptsächlichen Fragen, denen wir uns nun zuwenden wollen. Die Entwicklung einer Mathematik diskreter Funktionen ist doppelt motiviert:

Erstens liefert die Pulstechnik die darzustellenden Funktionswerte nur in bestimmten diskreten Zeitmomenten an den Beobachter ab oder doch zumindest als kurzdauernde, sich wiederholende Ereignisse, bei denen meist nicht der genaue Zeitverlauf, sondern nur irgendwelche ausgezeichneten Werte, z. B. die Spitzenwerte, interessieren.

Zweitens kann die numerische Auswertung solcher diskreten Beobachtungsdaten mit Hilfe schneller digitaler Rechenautomaten mehr oder weniger direkt, z. B. im Realzeit-Verfahren, geschehen. Man erhält dadurch ganz neue Möglichkeiten der Signalverarbeitung auf dem Wege der rechnerischen Simulation.

Als *diskrete Zeitfunktionen* sollen allgemein solche verstanden werden, die a) überhaupt nur in bestimmten Zeitmomenten t_i durch ihre Werte $x(t_i)$ definiert sind, wie auch solche Funktionen, die b) zwar kontinuierlichen Prozessen entstammen, denen aber nur zu den Zeitpunkten t_i Proben entnommen werden. Im Abschnitt 4 über Abtasttheoreme werden wir auf die Probleme noch gesondert einzugehen haben, die mit der Abtastung realer, frequenzbandbegrenzter Zeitfunktionen zusammenhängen.

In beiden Fällen haben wir es mit neuartigen Problemen der numerischen Verarbeitung von Vorgängen zu tun, die ihren Niederschlag in diskreten Zahlenreihen

$$x_i = x(t_i), \; i = 0, 1, 2, \ldots (N-1)$$

finden. Diese Zahlenreihen sollen entsprechend einer stets endlichen Beobachtungszeit T endlich sein. Die Aufgabe, der wir uns zuerst zuwenden, ist:

3.1.1. Die Darstellung diskreter Zeitfunktionen

Man nimmt einen Vorgang an, der Funktionswerte $x(t_i)$ nur in den Zeitpunkten t_i liefert, wobei die Zeitskala so gewählt sei, daß alle $t_i > 0$ sind. Wenn man den Kunstgriff anwendet, die Abtastfunktion $\delta(t - t_i)$ einzuführen, kann man den Vorgang mit einem Funktionssymbol $\hat{x}(t)$ in einem Zug beschreiben in der Form

$$\hat{x}(t) = \sum_{i=0}^{N-1} x(t_i) \, \delta(t - t_i). \tag{3.1}$$

Der Prozeß wird dadurch als eine *Gesamtheit* von N Funktionswerten verstanden, die zu den Zeitpunkten t_i mit den Werten $x(t_i)$ in Erscheinung tritt. Der Vorteil dieser Darstellung beruht darauf, daß man mit ihr alle analytischen Operationen durchführen kann, die in der klassischen Fourierschen Theorie beschrieben worden sind. Man beachte, daß wegen der Multiplikation mit der δ-Funktion die Größe $\hat{x}(t)$ eine andere Dimension hat als die $x(t_i)$, nämlich „Amplitude je Zeit".

Häufig ist der Vorgang periodisch, indem in einem Beobachtungsintervall $0 < t < T$ in den Vielfachen nT_0 eines festbleibenden Zeitabstandes T_0 die Werte $x(nT_0)$ anfallen. Dann schreibt man für Pulsvorgänge

$$\hat{x}(t) = \sum_{n=0}^{N-1} x(nT_0)\, \delta(t - nT_0). \tag{3.1a}$$

3.1.2. Die diskrete Fouriertransformation (DFT)

Die Transformation kann nunmehr durch Anwendung von (2.29) auf die Darstellung (3.1a) unmittelbar ausgeführt werden und ergibt für die Spektralfunktion

$$X(f) = \int_{-\infty}^{\infty} \hat{x}(t)\, e^{-j2\pi ft}\, dt = \sum_{n=0}^{N-1} x(nT_0) \int_{-\infty}^{\infty} \delta(t - nT_0)\, e^{-j2\pi ft}\, dt.$$

Das Integral liefert wegen der Eigenschaft (2.67) der δ-Funktion den Wert

$$e^{-j2\pi f n T_0},$$

und man erhält

$$X(f) = \sum_{n=0}^{N-1} x(nT_0)\, e^{-j2\pi f n T_0}. \tag{3.2}$$

Das Spektrum besteht, wie nach Bild 2.9b erwartet, aus den konstanten, frequenzunabhängigen, mit $x(nT_0)$ bewerteten Beträgen der Einzelimpulse, die gemäß dem Verschiebungssatz (2.44) multipliziert sind mit

$$e^{-j2\pi f n T_0},$$

also mit einer wellenförmigen Funktion der Periode $1/nT_0$ über der Frequenz. Bemerkt sei auch hier, daß $X(f)$ wie das Spektrum der δ-Funktion die Dimension „Amplitude je (Zeit $\times$ Frequenz)" hat, das heißt „Eins"; vgl. die Hinweise im Anschluß an (2.66).

Die wellenförmigen Funktionen haben die Grundperiode

$$f_0 = \frac{1}{T_0}$$

und sind in Phase. Alle Wellen (einschließlich der Gleichkomponente für $n = 0$) sind daher bekannt, wenn ihre N Amplitudenkoeffizienten bekannt sind. Zu deren Berechnung mögen N spektrale Proben dienen, die gleichmäßig über die Grundperiode verteilt werden. Diese Proben haben dann den Abstand

$$f_N = \frac{1}{NT_0}$$

auf der Frequenzachse und liegen in jeder Grundperiode bei den Frequenzen

$$f = r \cdot f_N = \frac{r}{NT_0}, \qquad r = 0, 1, 2, \ldots (N - 1). \tag{3.3}$$

Nach Einsetzen in (3.2) erhält man die erstrebte Darstellung

$$X(r \cdot f_N) = X\left(\frac{r}{NT_0}\right) = \sum_{n=0}^{N-1} x(nT_0) \cdot e^{-j\frac{2\pi}{N}rn}. \tag{3.2a}$$

Sie bedeutet, daß sich eine in N diskreten Zeitpunkten mit dem Abstand T_0 gegebene Funktion darstellen läßt durch ein periodisch wiederholtes Linienspektrum mit N Linien je Periode, deren Frequenzabstand $f_N = 1/NT_0$ beträgt.

Für die weiteren Rechnungen ist es bequem, (3.2a) in der Form zu schreiben

$$X_r = \sum_{k=0}^{N-1} x_k W^{rk} \tag{3.2b}$$

mit

$$W = e^{-j\frac{2\pi}{N}}. \tag{3.2c}$$

3.1.3. Die Rücktransformation in der diskreten Fouriertransformation

Die Größen W erfüllen die Orthogonalitätsbeziehungen

$$\sum_{r=0}^{N-1} W^{r(k-l)} = \begin{cases} N & \text{für } l = k \\ 0 & \text{sonst} \end{cases} \tag{3.4}$$

Wenn man (3.2b) auf beiden Seiten mit W^{-rl} multipliziert und über den Index r summiert, erhält man wegen der Orthogonalität

$$x_l = \frac{1}{N} \sum_{r=0}^{N-1} X_r W^{-rl}. \tag{3.5}$$

Diese Umkehrformel ist zu (3.2b) bis auf den Faktor $1/N$ völlig symmetrisch aufgebaut.

3.1.4. Die Faltung in der diskreten Fouriertransformation

Es seien zwei Zeitreihen x_k und y_k im Bereich $0 < t < NT_0$ gegeben, deren Spektralkoeffizienten lauten mögen

$$X_r = \sum_{k=0}^{N-1} x_k W^{kr}, \tag{3.6a}$$

$$Y_r = \sum_{k=0}^{N-1} y_k W^{kr}. \tag{3.6b}$$

Man kann mit Hilfe der vorstehenden Beziehungen leicht zeigen, daß die nach der Vorschrift

$$z_s = \sum_{k=0}^{N-1} x_k y_{s-k} \tag{3.7}$$

gebildete neue Zahlenreihe z_s die Produkte $X_r Y_r$ als Spektralkomponenten hat. Auch im Bereich der diskreten Fouriertransformation gilt der Satz, daß die DFT der Faltungssumme gleich dem Produkt der Spektralkoeffizienten ist. Symbolisch kann man schreiben:

$$\mathscr{F}\{x * y\}_r = X_r Y_r. \tag{3.8}$$

Die diskrete Faltung von zwei Zahlenreihen

$$\{x_0, x_1, x_2, \ldots\} \text{ und } \{y_0, y_1, y_2, \ldots\}$$

wird symbolisch mit

$$z = x * y \tag{3.9}$$

bezeichnet und durch die Rechenvorschrift

$$z_n = \sum_i x_i y_{n-i} \tag{3.9a}$$

erklärt.

Als Beispiel seien die Reihen

$$x = \{2431820\} \quad \text{und} \quad y = \{3011245\}$$

gegeben. Dann ist die Faltungsoperation nach dem Schema auszuführen:

2	4	3	1	8	2	0	
3	5	4	2	1	1	0	6+20+12+2+8+2+0=50
0	3	5	4	2	1	1	0+12+15+4+16+2+0=49
1	0	3	5	4	2	1	2+0+9+5+32+4+0=52
1	1	0	3	5	4	2	2+4+0+3+40+8+0=57
2	1	1	0	3	5	4	4+4+3+0+24+10+0=45
4	2	1	1	0	3	5	8+8+3+1+0+6+0=26
5	4	2	1	1	0	3	10+16+6+1+8+0+0=41

Man schreibt die Reihe y in verkehrter Reihenfolge (abwärtslaufender Index in y_{n-i}) an und rückt sie Stelle für Stelle unter die Reihe x, wobei die übereinanderstehenden Zahlen miteinander multipliziert werden. Wegen des zyklischen Charakters der Faltung in der DFT sind die Reihen x und y zyklisch zu verwenden. Die Faltungssumme lautet im Ergebnis

$$z = \{50,\ 49,\ 52,\ 57,\ 45,\ 26,\ 41\}.$$

3.2. Schnelle Fouriertransformation (FFT)

Wir führen die Gleichungen der im Abschnitt 3.1.2 entwickelten diskreten Fouriertransformation zur Erinnerung noch einmal hier auf, wobei wir wie im Abschnitt 2 der Zweckmäßigkeit halber die Intervallteilung so legen, daß der Nullpunkt in die Mitte des Intervalls fällt. Wir wählen eine ungerade Anzahl äquidistanter Teilungspunkte der unabhängigen Variablen, z. B. der Zeit t, die im Intervall $(-T/2,\ T/2)$ definiert ist, und transformieren diese Variable mit Hilfe eines Maßstabsfaktors so in eine neue Variable v, daß deren Definitionsbereich sich von $v = -n$ bis $v = +n$ erstreckt. So erhalten wir die in Bild 3.1 ge-

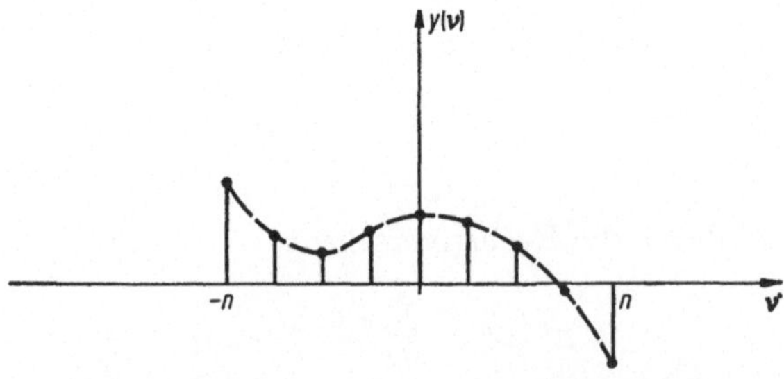

Bild 3.1. Diskret abgetastete Funktion im Intervall $(-n,\ n)$.

zeigte Darstellung einer Funktion $y(\nu)$, die an den Intervallpunkten

$$\nu = 0, \pm 1, \pm 2, \ldots \tag{3.10a}$$

mit

$$N = 2n + 1, \; n \text{ ganze Zahl,} \tag{3.10b}$$

Stützwerten gegeben ist. Nach (3.2a) lauteten die Spektralkoeffizienten der DFT

$$Y_\mu = \sum_{\nu=-n}^{n} y_\nu e^{-j \frac{\mu\nu 2\pi}{2n+1}} \tag{3.11a}$$

mit der Umkehrung

$$y_\mu = \frac{1}{N} \sum_{\nu=-n}^{n} Y_\nu e^{j \frac{\mu\nu 2\pi}{2n+1}}. \tag{3.11b}$$

Die N Koeffizienten Y_μ sind aus den N Stützwerten eindeutig berechenbar. Die Darstellung der Funktion y_μ durch (3.11b) ist in den Stützpunkten ν nicht nur näherungsweise richtig, wie man vermuten könnte, weil es sich um eine *endliche*, nur aus N Gliedern bestehende Fourierreihe handelt, sondern sie gilt dort *exakt*, und diese Gleichung ist auch exakt auflösbar nach den Koeffizienten Y_μ. Lediglich zwischen den Intervallpunkten ist der Funktionsverlauf nicht genau angebbar; die Funktion braucht im übrigen dort gar nicht definiert zu sein. Darauf beruht die praktische Bedeutung der DFT für die numerische Verarbeitung von pulsförmigen Prozessen. Durch einen von Cooley und Tuckey angegebenen Algorithmus konnte sie in der Rechengeschwindigkeit erheblich gesteigert werden und ist in den letzten Jahren unter der Bezeichnung „Fast Fourier Transform (FFT)" als unentbehrliches Hilfsmittel der numerischen Analyse in die Praxis eingegangen. Wir wollen hier den Grundgedanken dieses Verfahrens in Anlehnung an eine von G. Günther gegebene Darstellung [3.1] entwickeln und verweisen den speziell interessierten Leser auf die umfangreiche, am Schluß dieses Buches zitierte Literatur, unter der auch fertige Rechenprogramme zu finden sind.

Die Elemente der Transformation (3.11)

$$e^{-j \frac{\mu\nu 2\pi}{2n+1}}$$

bilden wegen des Produktes $\mu\nu$ eine Matrix mit der Ordnung N^2. Ebenso viele Multiplikationen sind bei der Berechnung der Größen Y_μ notwendig; jedoch bemerkt man, daß nur N Elemente voneinander verschieden sind, der Rest wiederholt sich wegen der Periodizitätseigenschaft der trigonometrischen Funktionen. Es liegt deshalb die Vermutung nahe, daß durch geschickte Ausnützung der Periodizität die Anzahl der Operationen vermindert und das Rechenverfahren beschleunigt werden könnte. Wir zerlegen die ungerade Anzahl von Stützwerten, sofern es sich nicht gerade um eine Primzahl· handelt, in die beiden ungeraden Faktoren

$$N = (2p + 1)\,(2q + 1),$$

wobei p und q ganze Zahlen sind, und zerlegen ferner die Indexzahlen μ und ν nach zwei neuen Indexzahlen μ_1 und ν_1, indem wir setzen

und

$$\mu = \mu_0 + \mu_1(2p + 1)$$
$$\nu = \nu_0 + \nu_1(2q + 1).$$

$$(3.12)$$

Die neuen Zahlen μ_0 und ν_1 sollen den Bereich aller ganzen Zahlen zwischen $-p$ und $+p$ durchlaufen. Es soll also gelten

$$-p < \begin{Bmatrix} \mu_0 \\ \nu_1 \end{Bmatrix} < p \quad \text{und ebenso} \quad -q < \begin{Bmatrix} \mu_1 \\ \nu_0 \end{Bmatrix} < q. \qquad (3.13)$$

Man kann sich davon überzeugen, daß die ursprünglichen Indizes μ und ν dann jeden Wert zwischen $-n$ und n einschließlich der Null einmal annehmen. Die Summierung in (3.11a) erfordert die Bildung des Produktes $\mu\nu$, wofür wir mit (3.12) den Ausdruck erhalten

$$\mu\nu = [\mu_0 + \mu_1(2p + 1)]\,[\nu_0 + \nu_1(2q + 1)] =$$
$$= \mu_0\nu_0 + \mu_1\nu_0(2p + 1) + \mu_0\nu_1(2q + 1) + \mu_1\nu_1 N.$$

Setzt man dies im Exponenten der Transformation ein, so kann der letzte Summand fortgelassen werden, weil

$$\mathrm{e}^{\mathrm{j}2\pi\mu_1\nu_1} = 1.$$

Der Fourierkoeffizient Y_μ erscheint dann als Doppelsumme über die Indizes ν_0 und ν_1, denn es entsteht

$$Y_{\mu_0+\mu_1(2p+1)} = \sum_{\nu_0=-q}^{q} \mathrm{e}^{-\mathrm{j}\nu_0 2\pi\left(\frac{\mu_0}{2n+1} + \frac{\mu_1}{2q+1}\right)} \sum_{\nu_1=-p}^{p} y_{\nu_0+\nu_1(2q+1)}\, \mathrm{e}^{-\mathrm{j}2\pi\mu_0 \frac{\nu_1}{2p+1}}.$$

$$(3.14)$$

In jeder dieser Teilsummen ist die Rastereinteilung vergröbert, wie man an den Nennern $2q + 1$ und $2p + 1$ in den Exponenten ablesen kann. Wir wollen nun darangehen, die Anzahl der Multiplikationen in den Teilsummen zu ermitteln. In der rechten Summe haben wir $2p + 1$ μ_0-Werte und $2p + 1$ ν_1-Werte, das ergibt $(2p + 1)^2$ Produkte $\mu_0\nu_1$, die $(2q + 1)$mal gebildet werden müssen, weil v_0 als freier Index $(2q+1)$ Werte annimmt. In dieser Summe stehen also

$$M_1 = (2q + 1)\,(2p + 1)^2$$

Summanden. In der linken Teilsumme gibt $v_0\mu_1\,(2q + 1)^2$ Produkte, die mit den $(2p + 1)$ Werten des freien Index μ_0 insgesamt

$$M_2 = (2p + 1)\,(2q + 1)^2$$

Summanden bilden. Für sämtliche Koeffizienten $Y_{\mu_0+\mu_1(2p+1)}$ haben wir somit

$$M = M_1 + M_2 = (2p + 1)^2\,(2q + 1) + (2p + 1)\,(2q + 1)^2$$

$$= N[(2p + 1) + (2q + 1)] \tag{3.15}$$

Summanden auszurechnen. Diese Zahl M ist somit kleiner als die Zahl N^2, die wir nach der üblichen Methode erhalten hätten. Der Unterschied zwischen NN und N mal der Summe seiner Faktoren ist um so größer, je größer N selbst ist, und wir haben damit einen Algorithmus gefunden, der um so vorteilhafter gegenüber den üblichen Verfahren ist, je mehr Stützwerte die zu analysierende Funktion hat.

Im allgemeinen Fall kann N in Primfaktoren zerlegt werden:

$$N = r_1 r_2 \cdots r_m, \tag{3.16}$$

dann wird die Zahl der Multiplikationen bei der FFT

$$M = (r_1 + r_2 + \cdots + r_m)\,N. \tag{3.16a}$$

Eine weitere Reduktion ergibt sich, wenn N als Potenz einer Basiszahl r dargestellt werden kann:

$$N = r^m. \tag{3.17}$$

Dann wird

$$M = mrN \tag{3.17a}$$

oder wegen

$$m = \frac{\lg N}{\lg r}$$

$$M = \frac{r}{\lg r}\,N \lg N. \tag{3.18}$$

Die Anzahl der Operationen bei der FFT nimmt mit steigendem N nicht mit N^2, sondern nur mit $N \lg N$ zu.

Die FFT-Methode hat in den letzten Jahren weiten Eingang in die Praxis gefunden, wovon eine umfangreiche Literatur Zeugnis ablegt. Am Schluß des Buches findet der Leser einige Titel, die sich mit dem Verfahren selbst, dessen Anwendungen sowie mit fertiggestellten Rechenprogrammen befassen.

Die Anwendungen sind vielfältig. Sie erfassen die Erstellung von Spektrogrammen, d. h. die Darstellung des Leistungsspektrums als Funktion der Zeit, die Ausführung statistischer Operationen an Signalen im Realzeitverfahren, wie z. B. die Berechnung von Korrelationsfunktionen. In der Theorie der elektrischen Übertragungssysteme errechnet man die Antwortfunktion auf ein Eingangssignal mit Hilfe des Faltungsintegrals, sofern die Funktionen analytisch gegeben sind, oder mittels der Faltungssumme der DFT (3.7), wenn die Funktionen als diskrete Zahlenreihen vorliegen. Seitdem aber der Algorithmus der FFT bekannt ist, geht man zweckmäßigerweise den Umweg über die spektralen Entwicklungskoeffizienten X_r, Y_r, deren Produkt $X_r Y_r$ wiederum mittels FFT in den Zeitbereich zurücktransformiert wird, und spart an Rechenzeit gegenüber der direkten Berechnung der Faltungssumme. Besondere Vorteile bietet für manche Anwendungen die Walshtransformation, denn die Orthogonalentwicklung eines Vorganges nach den orthogonalen Mäanderfunktionen bedeutet Multiplikationen mit den Zahlen 0, -1 und $+1$ und ist daher besonders einfach. Auch für die Walshtransformation ist nach dem Vorbild der FFT ein Algorithmus ausgearbeitet worden, der unter der Bezeichnung „Fast Walsh Transformation" Rechenzeit einsparen hilft. Dieser findet z. B. Anwendung bei der Verarbeitung digitalisierter Bildsignale zum Zwecke der Reduktion der Übertragungsbandbreite.

3.3. Die $\mathscr{L}$-Transformation

3.3.1. Die Aufgabenstellung

Im Abschnitt 2.3 wurde gezeigt, daß die Laplacetransformation ein geeignetes Werkzeug zur Beschreibung von unstetigen Vorgängen und insbesondere zur Berechnung der Antwort linearer Systeme auf unstetige Eingangsgrößen darstellt. In der Pulstechnik hat man es speziell mit periodisch auftretenden stoß- oder sprungartigen Vorgängen zu tun, die durch Abtastung oder Codierung kontinuierlicher Zeitvorgänge entstehen. Neben der Pulsmodulation denke man zum Beispiel an die Meßwertübertragung in codierter Form, an die Radartechnik, wo die Information aus periodisch wiederholten Echosignalen gewonnen werden muß, oder an die unstetig arbeitenden Regelsysteme. Alle diese technischen Prozesse sind dadurch gekennzeichnet, daß eine zunächst kontinuierlich gegebene Zeitfunktion $s(t)$ durch einen Abtaster geschickt wird, der in periodischer Weise mit dem Zeitabstand T_0 eine Folge von Augenblickswerten

$$s(nT_0),\ n = 0, 1, 2, 3, \cdots$$

der Funktion feststellt. Zur weiteren Verarbeitung in einem System mit der Übertragungsfunktion $G(p)$ gelangt dann eine diskrete Zahlenwertfolge $s(nT_0)$, die eine periodische Folge von Funktionswerten $y(nT_0)$ am Ausgang des Systems zur Antwort hat. Die Aufgabe besteht also darin, den Zusammenhang der Funktionswerte $s(nT_0)$ und $y(nT_0)$ über die Laplacetransformierte $G(p)$ eines linearen Systems zu beschreiben und die betreffenden Spektralfunktionen anzugeben.

3.3.2. Definition der $\mathscr{Z}$-Transformation

Die Aufgabe wird durch konsequente Anwendung der Laplacetransformation auf die zu $s(t)$ gehörende abgetastete Funktion $\hat{s}(t)$ gelöst. Diese bildet man gemäß (3.1) mit Hilfe der periodisch wiederholten, jeweils um die Zeitspanne T_0 verzögerten Abtastfunktion $\delta(t - nT_0)$ aus der kontinuierlichen Funktion $s(t)$ als Reihenentwicklung in der Form

$$\hat{s}(t) = \sum_{n=0}^{\infty} s(t)\, \delta(t - nT_0). \qquad (3.19)$$

Die $\mathscr{L}$-Transformierte von $\hat{s}(t)$ heiße

$$\mathscr{L}\{\hat{s}(t)\} = \hat{F}(p), \qquad (3.20)$$

und sie berechnet sich formal aus dem Integral

$$\hat{F}(p) = \int_0^{\infty} \hat{s}(t)\mathrm{e}^{-pt}\,\mathrm{d}t = \int_0^{\infty} \sum_{n=0}^{\infty} s(t)\, \delta(t - nT_0)\, \mathrm{e}^{-pt}\,\mathrm{d}t.$$

Vertauscht man die Reihenfolge von Integration und Summation, so erhält man für das Integral

$$\int_0^{\infty} s(t)\, \mathrm{e}^{-pt}\, \delta(t - nT_0)\, \mathrm{d}t = s(nT_0)\, \mathrm{e}^{-pnT_0},$$

und die Transformierte erscheint in Form der Reihe

$$\hat{F}(p) = \sum_{n=0}^{\infty} s(nT_0)\, \mathrm{e}^{-pnT_0}. \qquad (3.21)$$

Führt man hier die Abbildungsfunktion

$$z = e^{pT_0} \tag{3.22}$$

ein, so schreibt sich die Transformierte als Potenzreihe von z

$$F(z) = \sum_{n=0}^{\infty} s(nT_0)\, z^{-n}. \tag{3.23}$$

Man bezeichnet sie als $\mathscr{Z}$-*Transformierte* der abgetasteten Funktion $s(t)$. Wir haben als Definition der $\mathscr{Z}$-Transformation daher

$$\mathscr{Z}\{s(t)\} = \sum_{n=0}^{\infty} s(nT_0)\, z^{-n}. \tag{3.24}$$

In den Beispielen 3.3.5 und 3.4 wird sich erweisen, daß diese Abbildungsfunktion eine adäquate Darstellung von periodischen Abtastvorgängen ermöglicht. Als einfaches Beispiel einer $\mathscr{Z}$-Transformation sei die aus lauter Einsen bestehende Zahlenfolge

$$s(nT_0) = 1 \ \text{für} \ n = 0, 1, 2, 3, \ldots$$

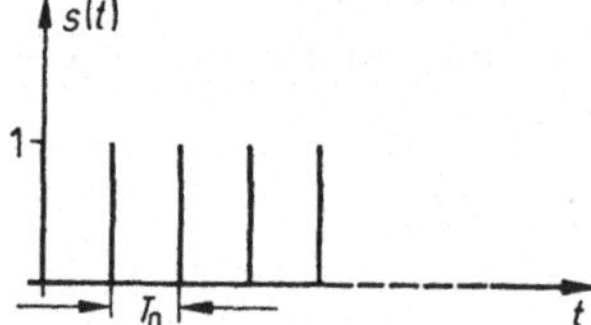

Bild 3.2. Die diskrete Funktion 1(t).

betrachtet (Bild 3.2). Sie möge symbolisch als diskrete **Einheitsfolge** durch 1(t) bezeichnet werden. Ihre Transformierte ist leicht zu bilden, sie lautet

$$\mathscr{Z}\{1(t)\} = \sum_{n=0}^{\infty} z^{-n} = \frac{1}{1 - 1/z} = \frac{z}{z-1}. \tag{3.25}$$

Da die $\mathscr{Z}$-Transformierte als Laurentsche Reihe in der komplexen Variablen z erscheint, gilt für sie der bekannte Satz, daß sie *außerhalb* eines bestimmten **Konvergenzradius**

$$|z| > R$$

konvergiert. In (3.25) ist $|z| > 1$ als Konvergenzgebiet anzusehen.

3.3.3. Umkehrung der $\mathscr{Z}$-Transformation

Die Umkehrung der Funktion $F(z)$ liefert die Koeffizienten s_n der Reihe, das heißt also, nicht die *ganze* Funktion $s(t)$, sondern nur ihre Abtastwerte $s(nT_0)$.

Multipliziert man die Reihe

$$F(z) = s(0) + s(T_0)\, z^{-1} + s(2T_0)\, z^{-2} + \cdots$$

mit z^{n-1}, so folgt

$$z^{n-1}F(z) = s(0)\, z^{n-1} + s(T_0)\, z^{n-2} + \cdots + s(nT_0)\, z^{-1}$$
$$+ s\big((n+1)\,T_0\big)\, z^{-2} + \cdots$$

Die Integration über einen Kreis $z = re^{j\varphi}$ in der komplexen Ebene ergibt nach dem Residuensatz einen von Null verschiedenen Wert, nämlich $2\pi j$ nur für das Integral $\oint \dfrac{dz}{z}$, so daß übrigbleibt

$$s(nT_0) = \frac{1}{2\pi j} \oint z^{n-1}F(z)\, dz. \tag{3.26}$$

Somit erhält man nacheinander alle Koeffizienten der Reihe, und (3.26) stellt die Umkehrformel der $\mathcal{Z}$-Transformation dar. Die Integration ist über eine geschlossene Kurve um den Pol $z = 0$ von $z^{n-1}F(z)$ zu erstrecken.

3.3.4. Eigenschaften der $\mathcal{Z}$-Transformation

Bei der Fourier- und Laplacetransformation wurden in den Abschnitten 2.2.4 und 2.3.3 allgemeine Transformationssätze abgeleitet, für die es entsprechende Sätze auch in der $\mathcal{Z}$-Transformation gibt. Da der Leser in der am Schluß des Buches zitierten einschlägigen mathematischen Literatur die Beweise zu diesen Sätzen findet, soll hier der Kürze halber ohne Beweis nur eine Aufzählung der wichtigsten Beziehungen gegeben werden, die für die praktische Handhabung der $\mathcal{Z}$-Transformation in der Pulstechnik unbedingt erforderlich sind.

3.3.4.1. Dämpfungssatz

Wenn

$$\mathcal{Z}\{s(t)\} = F(z)$$

ist, dann gilt

$$\mathcal{Z}\{e^{-\sigma t}\, s(t)\} = F(e^{\sigma T_0}z). \tag{3.27}$$

Die Anwendung dieses Satzes auf $s(t) = 1$ ergibt die oft benützte Formel

$$\mathcal{Z}\{e^{-\sigma t}\} = \sum_{n=0}^{\infty} e^{-\sigma nT_0}z^{-n} = \frac{1}{1 - (e^{\sigma T_0}z)^{-1}} = \frac{z}{z - e^{-\sigma T_0}}. \tag{3.28}$$

3.3.4.2. Dehnungssatz

Darunter wird die Beziehung

$$\mathscr{Z}\{a^{kt}s(t)\} = F\left(\frac{z}{a^{kT_0}}\right) \tag{3.29}$$

verstanden. Für $s(t) = 1(t)$ folgt die Beziehung

$$\mathscr{Z}\{a^{kt}\} = \frac{z}{z - a^{kT_0}}. \tag{3.30}$$

Setzt man $kT_0 = 1$, so wird

$$\mathscr{Z}\{a^n\} = \frac{z}{z - a}. \tag{3.31}$$

3.3.4.3. Verschiebungssätze

Der erste Verschiebungssatz behandelt die Transformation einer um k Einheiten nach rechts verschobenen Pulsreihe. Er lautet

$$\mathscr{Z}\{s(t - kT_0)\} = z^{-k}\,F(z), \tag{3.32}$$

wenn $s(nT_0) = 0$ für $n < 0$ gesetzt werden darf.

Der zweite Verschiebungssatz befaßt sich mit der Verschiebung um k Einheiten nach links. Dafür gilt

$$\mathscr{Z}\{s(t + kT_0)\} = z^k\left[F(z) - \sum_{\nu=0}^{k-1} s(\nu T_0)\, z^{-\nu}\right]. \tag{3.33}$$

Für $k = 1$ bedeutet dies z. B.

$$\mathscr{Z}\{s(t + T_0)\} = z[F(z) - s(0)]. \tag{3.34}$$

3.3.4.4. Faltungssatz

Wenn

$$\mathscr{Z}\{x(t)\} = X(z)$$

und

$$\mathscr{Z}\{y(t)\} = Y(z)$$

gegebene Funktionen sind, dann gilt für die Faltungssumme aus den beiden Funktionen die Transformation

$$\mathscr{Z}\left\{\sum_{k=0}^{\infty} x(kT_0)\, y(nT_0 - kT_0)\right\} = X(z) \cdot Y(z). \tag{3.35}$$

Es gilt also im Bereich zeitdiskreter Funktionen der wichtige Satz, daß die $\mathscr{L}$-Transformation der Faltungssumme von zwei diskreten Zeitfunktionen gleich dem Produkt der $\mathscr{L}$-Transformierten der beiden Zeitfunktionen ist.

3.3.5. Beispiel zur $\mathscr{L}$-Transformation

Als Beispiel zur Anwendung der $\mathscr{L}$-Transformation soll der Spannungsverlauf an einem RC-Kreis berechnet werden, wenn an den Eingang ein Exponentialimpuls

$$s_1(t) = \mathrm{e}^{-t/t_1} \tag{3.36}$$

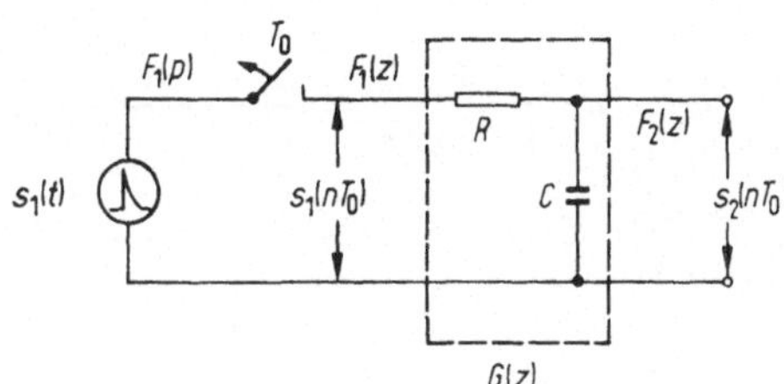

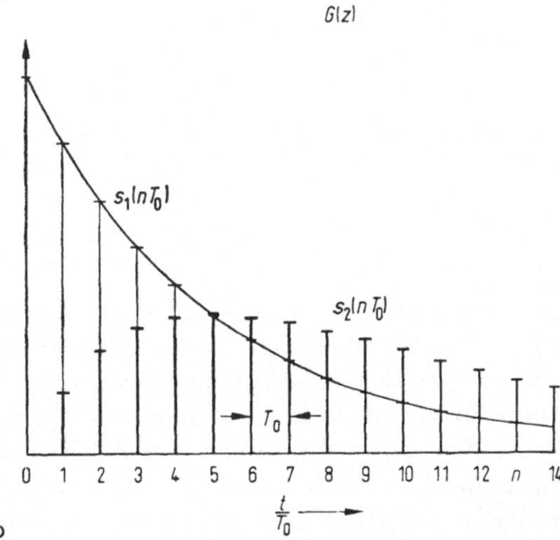

Bild 3.3a u. b. Beispiel des Spannungsverlaufes in einem RC-Kreis mit abgetastetem Exponentialimpuls.

angelegt wird, der mit einer Zeitperiode T_0 abgetastet wird. Der Kreis soll die Zeitkonstante

$$\tau = RC$$

haben, und es sei nach dem Verlauf der Pulsfunktion $s_2(nT_0)$ für $n = 0$, 1, 2, 3, ... am Kondensator gefragt. Im Bild 3.3a sind die Bezeichnungen der Transformierten $F_1(z)$ für die Eingangsspannung, die Übertragungsfunktion $G(z)$ und der Transformierten $F_2(z)$ für die Ausgangsspannung eingetragen. Entsprechend dem Faltungssatz haben wir den Zusammenhang zwischen Eingang und Ausgang

$$F_2(z) = G(z)\, F_1(z). \tag{3.37}$$

Die Transformierte $F_1(z)$ entnehmen wir (3.28) als

$$F_1(z) = \mathscr{Z}\,\{e^{-t/t_1}\} = \frac{z}{z - e^{-T_0/t_1}}.$$

Von der Übertragungsfunktion des Kreises wissen wir zunächst, daß wegen

$$G(\omega) = \frac{1}{1 + j\omega\tau} = \frac{1}{\tau}\,\frac{1}{j\omega + \dfrac{1}{\tau}} \tag{3.38a}$$

die Laplacetransformierte

$$G(p) = \frac{1}{\tau}\,\frac{1}{p + \dfrac{1}{\tau}} \tag{3.38b}$$

lautet. Dies entspricht nach (2.83) einem zugehörigen Zeitverlauf (Oberfunktion)

$$s_\delta(t) = \frac{1}{\tau}\,e^{-t/\tau}. \tag{3.38c}$$

Hiervon ist die $\mathscr{Z}$-Transformierte $G(z)$ zu bilden. Bevor wir dies tun, müssen wir jedoch die Ausführungen im Anschluß an die Erläuterung von Bild 2.9b beachten. In dem wirklichen System nach Bild 3.3 sind die Abtastzeiten nicht unendlich kurz, sondern von der endlichen Dauer τ_0, so daß sich der Kondensator während dieser Zeiten über die Stromquelle entladen kann. Als Oberfunktion ist also nicht die Antwort auf einen δ-Impuls der Impulsfläche Eins zu nehmen, sondern der Fläche τ_0. Die „physikalische" Oberfunktion lautet daher

$$s_\Delta(t) = \frac{\tau_0}{\tau}\,e^{-t/\tau}. \tag{3.38d}$$

Nunmehr können wir mit (3.28) die $\mathscr{Z}$-Transformierte hinschreiben. Sie lautet

$$G(z) = \frac{\tau_0}{\tau}\,\frac{z}{z - e^{-T_0/\tau}}. \tag{3.38e}$$

Somit ergibt sich nach (3.37)

$$F_2(z) = \frac{\tau_0}{\tau} \frac{z^2}{(z - \mathrm{e}^{-T_0/t_1})\,(z - \mathrm{e}^{-T_0/\tau})}. \tag{3.39}$$

Zur Umkehrung dieser Formel kann man (3.26) benützen:

$$s_2(nT_0) = \frac{1}{2\pi\mathrm{j}} \oint F_2(z)\,z^{n-1}\,\mathrm{d}z = \frac{1}{2\pi\mathrm{j}}\,\frac{\tau_0}{\tau} \oint \frac{z^{n+1}\,\mathrm{d}z}{(z - \mathrm{e}^{-T_0/t_1})\,(z - \mathrm{e}^{-T_0/\tau})}. \tag{3.40}$$

Zur Integration wird der Integrand in zwei Partialbrüche zerlegt indem man schreibt

$$\frac{z^{n+1}}{(z - \mathrm{e}^{-T_0/t_1})\,(z - \mathrm{e}^{-T_0/\tau})} = \frac{1}{\mathrm{e}^{-T_0/\tau} - \mathrm{e}^{-T_0/t_1}} \left(\frac{z^{n+1}}{z - \mathrm{e}^{-T_0/\tau}} - \frac{z^{n+1}}{z - \mathrm{e}^{-T_0/t_1}} \right).$$

Bildet man das Residuum um den Pol $z = \mathrm{e}^{-T_0/\tau}$, so folgt

$$\frac{1}{2\pi\mathrm{j}} \oint \frac{z^{n+1}\,\mathrm{d}z}{z - \mathrm{e}^{-T_0/\tau}} = \mathrm{e}^{-(n+1)T_0/\tau}. \tag{3.41}$$

Daher lautet das vollständige Ergebnis

$$s_2[(n - 1)T_0] = \frac{\tau_0}{\tau}\,\frac{\mathrm{e}^{-nT_0/\tau} - \mathrm{e}^{-nT_0/t_1}}{\mathrm{e}^{-T_0/\tau} - \mathrm{e}^{-T_0/t_1}}. \tag{3.42}$$

Die Zählung von n ist dabei um eine Einheit zurückgesetzt; damit wird die Anfangsbedingung $s_2(0) = 0$ erfüllt, wenn der Kondensator ursprünglich ungeladen war.

Von Interesse ist auch der Grenzwert für $\tau = t_1$, wofür sich nach der L'Hospitalschen Regel

$$\lim_{\tau \to t_1} s_2(nT_0) = \frac{\dfrac{\tau_0}{\tau}}{\left(1 + \dfrac{T_0}{\tau} \right) \mathrm{e}^{-T_0/\tau}}\, n\, \frac{T_0}{\tau}\, \mathrm{e}^{-nT_0/\tau} \tag{3.42a}$$

ergibt. Die Auswertung dieser Formel zeigt Bild 3.3 b als eine Folge von diskreten Werten mit dem Zeitabstand T_0.

3.4. Digitale Filter

Die Ausführungen der vorangegangenen Abschnitte über die Diskretisierung kontinuierlicher Zeitfunktionen haben gelehrt, den Begriff „Signal" unter einem neuen Aspekt zu betrachten. Der Prozeß der Abtastung erzeugt eine Folge von Zahlenwerten x_n einer physikalischen Größe, z. B. einer Spannung, deren Gesamtheit $\{x_n\}$ als Signal bezeichnet wird, das irgendeiner weiteren Verarbeitung in einem System zugeführt wird. Sofern dieses System linear auf die Eingangsfunktion $\{x_n\}$ reagiert, bietet die $\mathscr{Z}$-Transformation ein geeignetes mathematisches Werkzeug für die Berechnung der Antwortfunktion $\{y_n\}$, und wir sind nunmehr in der Lage, auch den Begriff der Filterung, der in der Nachrichten- und Regeltechnik eine große Rolle spielt, in einer neuen Weise zu formulieren, die solchen mit diskreten Funktionen arbeitenden Systemen angepaßt ist [3.2].

Unter *digitaler Filterung* wird mathematisch eine lineare Transformation einer Zahlenfolge $\{x_n\}$ in eine andere Zahlenfolge $\{y_n\}$ mit Hilfe einer Filterfunktion verstanden, die durch eine Zahlenfolge $\{h_n\}$ dargestellt wird. Eine derartige lineare Transformation haben wir im Abschnitt 3.1.4 als die diskrete Faltungsoperation

$$y_n = \sum_i x_i h_{n-i} \tag{3.43}$$

kennengelernt. Die Rechengesetze sind in (3.9) und (3.9a) erläutert worden. Die Folge $\{h_n\}$ bezeichnen wir als die Antwortfunktion eines digitalen Filters auf den Einheitspuls $1(n) = \{1, 0, 0, 0, \ldots\}$. Dies sieht man leicht, wenn man für $\{x_i\}$ diesen in (3.43) einsetzt. Man erhält als Antwortfunktion die Folge

$$y_n = h_{n-1}.$$

Für die $\mathscr{Z}$-Transformierten $X(z)$, $Y(z)$ und $H(z)$ für ein lineares digitales Filter gilt die Beziehung

$$Y(z) = H(z)\, X(z). \tag{3.44}$$

Die Funktion $H(z)$ ist die Übertragungsfunktion des digitalen Filters.

Es sei betont, daß wir im folgenden unter einem digitalen Filter ein Gerät verstehen wollen, das die Operation (3.43) vollführt, nicht aber — wie dies manchmal geschieht — ein Analogfilter, das an seinem Ein- und Ausgang zwar mit abgetasteten Funktionen arbeitet, im übrigen aber in herkömmlicher Weise aus Spulen, Kondensatoren und Widerständen aufgebaut ist. Das Digitalfilter ist im strengen Sinne des Wortes *ein aus algebraischen Operatoren aufgebautes Rechengerät*, und man könnte es berechtigterweise statt digitales Filter auch *numerisches Filter* nennen. Umgekehrt kann man auch einen programmierten Rechner als ein digitales Filter auffassen, denn er tut nichts anderes, als aus einer Folge von Eingabedaten $\{x_n\}$ mit Hilfe der im Programm vorgeschriebenen algebraischen Operationen eine Folge von Ausgabedaten $\{y_n\}$ zu erzeugen. Selbst nichtlineare Operationen wie das Wurzelziehen werden im Rechner in eine Iteration linearer Operationen aufgelöst, so daß ein Rechenprogramm begrifflich tatsächlich als ein linearer Filteroperator aufgefaßt werden kann [3.3].

Digitale Filter sind aus arithmetischen und logischen Operatoren aufgebaut wie Schieberegistern, Multiplikatoren und Addierern. Die von Analogfiltern her gewohnten R, L, C-Kreise kommen nicht vor. Auf dem modularen Aufbau digitaler Filter, der gut geeignet ist für die Anwendung der Technik hochintegrierter Bauelemente, beruht die Bedeutung der Digitalfilter auch in technisch-wirtschaftlicher Hinsicht. Sofern die Operationszeit, die das Filter für die Ausführung der Rechnungen benötigt, niedriger ist als der Abtastschritt T_0, können die Signale im Realzeit-Betrieb verarbeitet werden, wodurch sich ganz neue Möglichkeiten, z. B. in der Verarbeitung von Meßdaten, eröffnen. Besondere Vorteile entfaltet diese Technik im Bereich ganz tiefer Frequenzen von z. B. größenordnungsmäßig 10^{-3} bis 1 Hz, wo die Realisierung durch analoge Filter ungewöhnlich große Bauteile erfordern würde.

Eine Schwierigkeit der Digitalfilter erwächst aus der endlichen Wortlänge der Rechner. Damit stellen sich Abweichungen vom Sollverhalten ein, die man als Rauschen am Filtereingang behandeln kann.

Die mathematische Grundlage für die Berechnung analoger Filter bildet das System der Differentialgleichungen von Strom und Spannung in den Maschen des Netzes, für deren Lösung mit Vorteil die Laplacetransformation benutzt werden kann. Bei den digitalen Filtern treten an deren Stelle *Differenzengleichungen*, deren Lösung durch die $\mathscr{Z}$-Transformation ermöglicht wird.

Beide Gebiete, das der Analogfilter und das der digitalen Filter, können durch das Prinzip der *Impulsinvarianz* miteinander in Verbindung gebracht werden.

Wenn man nämlich fordert, daß die Impulsantwort eines digitalen Filters übereinstimmen soll mit der abgetasteten Antwortfunktion eines analogen Filters:

$$h(nT_0) = s_\delta(t) \text{ für } t = 0, T_0, 2T_0, \ldots, \tag{3.45}$$

dann kann man einen Zusammenhang herstellen zwischen der $\mathscr{Z}$-Transformierten $H(z)$ und der Laplacetransformierten $G(p)$.

Das Prinzip sei an einem Beispiel etwas eingehender erörtert. Man geht von der Übertragungsfunktion eines analogen Filters aus, das durch eine Reihe von Polen $p_1, p_2, \ldots p_m$ gekennzeichnet sei. Seine Übertragungsfunktion in Partialbruchentwicklung lautet

$$G(p) = \sum_{i=1}^{m} \frac{A_i}{p - p_i}, \tag{3.46}$$

wobei die Koeffizienten A_i von der Dimension einer Frequenz sind wie die p_i. Diese selbst haben bei passiven Filtern alle einen negativen Realteil.

Die Funktion $G(p)$ ist nach (2.83) die Laplacetransformierte der Antwort des Filters auf den Einheitsimpuls $\delta(t)$. Diese Antwort wird daher

$$s_\delta(t) = \mathcal{L}^{-1}\{G(p)\} = \sum_{i=1}^{m} A_i e^{p_i t}. \qquad (3.46\,\mathrm{a})$$

Nach dem Prinzip der Impulsinvarianz verlangen wir Übereinstimmung zwischen der Impulsantwort $h(t)$ des digitalen Filters und den Analogwerten $s_\delta(nT_0)$ in den Abtastpunkten $t = 0,\ T_0,\ 2T_0 \ldots$ Für diese Werte müssen wir aus physikalischen und Dimensionsgründen wieder wie in (3.38 d) endliche Impulsdauer τ_0 annehmen, so daß die Analogwerte sich schreiben

$$s_\Delta(t) = \sum_{i=1}^{m} \tau_0 A_i e^{p_i t}.$$

Die verlangte Übereinstimmung bedeutet

$$h(nT_0) = \sum_{i=1}^{m} \tau_0 A_i e^{p_i n T_0}. \qquad (3.47)$$

Die Transformierte wird dann

$$H(z) = \sum_{n=0}^{\infty} h(nT_0)\, z^{-n} = \sum_{n} z^{-n} \sum_{i} \tau_0 A_i e^{p_i n T_0}$$

$$= \sum_{i=1}^{m} \frac{\tau_0 A_i}{1 - \dfrac{1}{z}\, e^{p_i T_0}}. \qquad (3.48)$$

Die beiden Transformationen

$$\sum_{i=1}^{m} \frac{A_i}{p - p_i} \quad \text{und} \quad \sum_{i=1}^{m} \frac{\tau_0 A_i}{1 - \dfrac{1}{z}\, e^{p_i T_0}}$$

entsprechen sich im Sinne des Prinzips der Impulsinvarianz, obwohl ihre funktionale Abhängigkeit von der Frequenz jeweils sehr verschieden ist. Dies ist ja auch schon deswegen verständlich, weil die Zeitfunktionen $s_\Delta(t)$ und $h(t)$ nicht in allen Zeitpunkten miteinander übereinstimmen, sondern nach (3.47) nur in den Abtastzeitpunkten $t = nT_0$.

Der Verlauf der Übertragungsfunktion des Digitalfilters wird erhalten, indem man den Absolutbetrag von $H(z)$ auf der Kontur des Einheitskreises $z = e^{j\omega T_0}$ bildet. Für das Digitalfilter lautet dieser Absolutbetrag also

$$|H(z)|_{z=\mathrm{e}^{\mathrm{j}\omega T_0}} = \left| \sum_{i=1}^{m} \frac{\tau_0 A_i}{1 - \mathrm{e}^{-\mathrm{j}(\omega - \omega_i)T_0}} \right|, \qquad (3.48\,\mathrm{a})$$

für das Analogfilter

$$|G(p)| = \left| \sum_{i=1}^{m} \frac{A_i}{-\sigma_i + \mathrm{j}(\omega - \omega_i)} \right|, \qquad (3.46\,\mathrm{b})$$

wenn

$$p_i = \sigma_i + \mathrm{j}\omega_i$$

die Polstellen sind. Man stellt in der Tat eine starke Verschiedenheit in den Frequenzverläufen fest.

Digitale Filter werden durch die $\mathscr{Z}$-Transformierte $H(z)$ ihrer Antwortfunktion auf den digitalen Einheitspuls $1(n) = \{1, 0, 0, 0, \ldots\}$ beschrieben und sind bestimmbar aus den Polen und Nullstellen dieser Funktion. Es lassen sich zwei Grundformen der mathematischen Verknüpfung zwischen Eingangs- und Ausgangsfunktion unterscheiden.

3.4.1. Digitales Filter ohne Rückführung

Der Ausgangswert $y(nT_0)$ zu irgendeinem Abtastzeitpunkt $t = nT_0$ ist eine lineare Überlagerung der Eingangswerte zu irgendwelchen zurückliegenden aufeinanderfolgenden Zeitpunkten $x[nT_0 - (k - 1)\,T_0]$, $x[nT_0 - (k - 2)\,T_0]$ usw., was wir durch

$$y(nT_0) = a_{k-1}x[nT_0 - (k - 1)\,T_0] + a_{k-2}x[nT_0 - (k - 2)\,T_0] + \cdots$$
$$+ a_0 x(nT_0) \qquad (3.49\,\mathrm{a})$$

ausdrücken können. Diese Gleichung wird gelöst durch Transformation in den z-Bereich, wodurch man mit Hilfe des Verschiebungssatzes (3.32)

$$Y(z) = [a_{k-1}z^{-(k-1)} + a_{k-2}z^{-(k-2)} + \cdots + a_0]\,X(z)$$

erhält. Die Übertragungsfunktion lautet

$$H(z) = \sum_{i=0}^{k-1} \frac{a_i}{z^i} \qquad (3.49\,\mathrm{b})$$

und besitzt einen $(k - 1)$-fachen Pol und $(k - 1)$ Nullstellen. Das Filter ist als Netzwerk aus k Multiplikatoren und je $(k - 1)$ Verzögerungsgliedern (Schieberegistern) und Summationsgliedern realisierbar. Bild

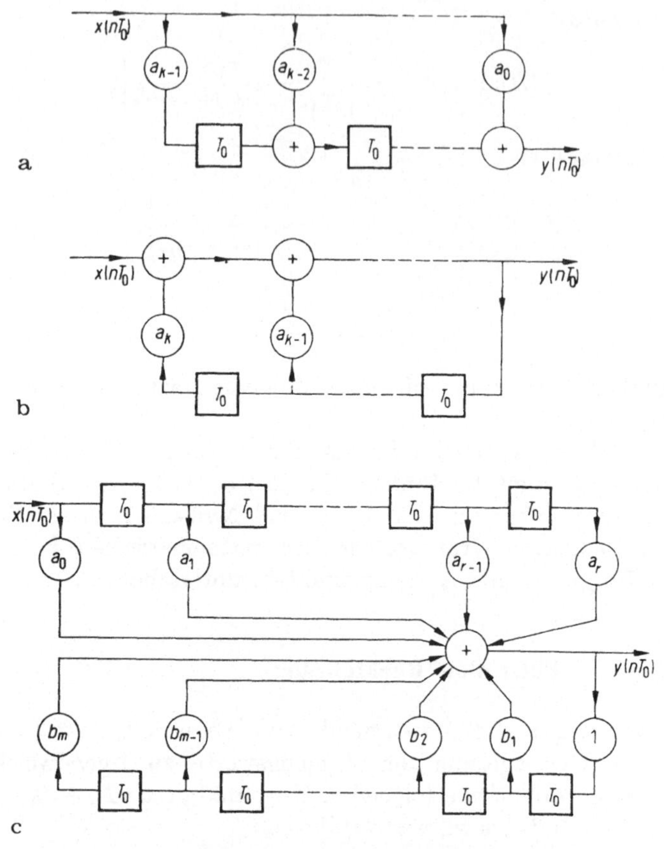

Bild 3.4.a – c. Lineare Digitalfilter.
a) ohne Rückführung, mit Nullstellen der Übertragungsfunktion;
b) mit Rückführung, mit Polen der Übertragungsfunktion;
c) allgemein, mit rational gebrochener Übertragungsfunktion.

3.4a zeigt den Aufbau in Blockdarstellung. Das Ereignis y_n läßt sich aus k verschieden bewerteten und verzögerten Ereignissen $a_i x_{n-i}$ linear aufbauen. Einen zweiten Grundtyp bezeichnen wir als

3.4.2. Digitales Filter mit Rückführung (rekursives Filter)

Seine Grundschaltung ist in Bild 3.4b abgegeben und läßt sich in leicht verständlicher Weise durch

$$y(nT_0) = a_k y[(n-k)\,T_0] + a_{k-1} y[(n-k+1)\,T_0] + \cdots$$

$$+ a_1 y[(n-1)\,T_0] + x(nT_0) \quad (3.50)$$

darstellen.

Nach Transformation dieser Differenzengleichung in den z-Bereich erhält man

$$Y(z) = \sum_{i=1}^{k} a_i z^{-i} Y(z) + X(z) \qquad (3.51\,\text{a})$$

oder

$$H(z) = \frac{1}{1 - \sum\limits_{i=1}^{k} a_i z^{-i}} = \frac{z^k}{z^k - \sum\limits_{i=1}^{k} a_i z^{k-i}} \qquad (3.51\,\text{b})$$

Die Übertragungsfunktion hat eine k-fach zählende Nullstelle und k Pole.

Aus den beiden Grundformen kann man schließlich eine Kombination bilden und gelangt zu einer Netzstruktur, wie sie Bild 3.4c darstellt. Die zugehörige Differenzengleichung läßt sich aus dem Bild leicht ableiten und lautet

$$\sum_{i=0}^{r} a_i x(nT_0 - iT_0) = y(nT_0) + \sum_{i=1}^{m} b_i y(nT_0 - iT_0). \qquad (3.52)$$

Ihr Inhalt besagt, daß ein neuer Ausgangswert $y(nT_0)$ durch eine lineare Überlagerung der mit Gewichtsfaktoren a_i und b_i versehenen Eingangs- und Ausgangswerte zu den früheren Zeitpunkten $nT_0 - iT_0$ gebildet werden kann. Die Lösung dieser Differenzengleichung ist anhand der Schreibweise

$$\sum_{i=0}^{r} a_i x(nT_0 - iT_0) = \sum_{i=0}^{m} b_i y(nT_0 - iT_0) \qquad (3.52\,\text{a})$$

$$(b_0 = 1)$$

mit Hilfe des Verschiebungssatzes der $\mathscr{L}$-Transformation unmittelbar hinzuschreiben. Die Transformation liefert

$$X(z) \sum_{i=0}^{r} a_i z^{-i} = Y(z) \sum_{i=0}^{m} b_i z^{-i}. \qquad (3.52\,\text{b})$$

Daraus folgt

$$H(z) = \frac{\sum\limits_{i=0}^{r} a_i z^{-i}}{\sum\limits_{i=0}^{m} b_i z^{-i}} \qquad (3.52\,\text{c})$$

als Übertragungsfunktion. Die inverse Transformation

$$y(n) = \frac{1}{2\pi\mathrm{j}} \oint H(z)\, z^{n-1}\, \mathrm{d}z \qquad (3.53)$$

liefert die Impulsantwort auf den Einheitspuls $1(n)$. Der Wert des Integrals wird durch die Summe der Residuen über die Pole des Integranden bestimmt.

3.4.3. Periodizität der Übertragungsfunktion

Die Übertragungsfunktion eines digitalen Filters ist eine periodische Funktion, denn die Variable $e^{j\omega T_0}$ hat selbst die Frequenzperiode $f_0 = 1/T_0$. Diese Eigenschaft werde am Beispiel von Bild 3.5a erläutert. Es zeigt das Prinzipschaltbild eines nichtrekursiven Filters, aus dem man unmittelbar die Differenzengleichung

$$x(nT_0) - x[(n - m)T_0] = y(nT_0) \tag{3.54}$$

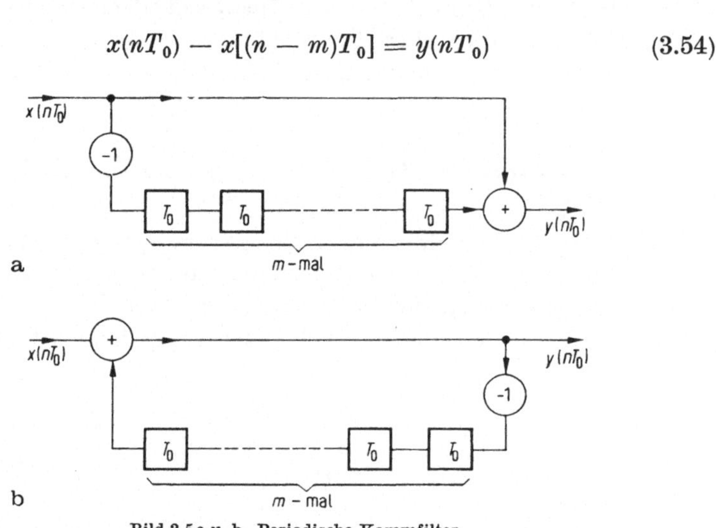

Bild 3.5a u. b. Periodische Kammfilter.
a) ohne Rückführung, mit Nullstellen;   b) mit Rückführung, mit Polstellen.

abliest. Die Transformation liefert

$$X - z^{-m}X = Y \tag{3.54a}$$

und daraus

$$H(z) = 1 - z^{-m}. \tag{3.55}$$

Die Übertragungsfunktion hat nur die Nullstellen

$$z_k = e^{j2\pi \frac{k}{m}} \quad k = 0, 1, 2, ..., m - 1 \tag{3.56}$$

und keine Pole, sie läßt sich schreiben

$$H(z)\big|_{z=e^{j\omega T_0}} = |H(\omega)|\, e^{-j\Phi(\omega)} \tag{3.57}$$

und zerfällt in den Frequenzgang der Amplitude

$$|H(\omega)| = 2 \left| \sin \frac{\omega}{2} T_0 m \right| \tag{3.57a}$$

und in den Frequenzgang der Phase

$$\Phi(\omega) = \frac{\pi}{2} - \frac{1}{2} \omega T_0 m. \tag{3.57b}$$

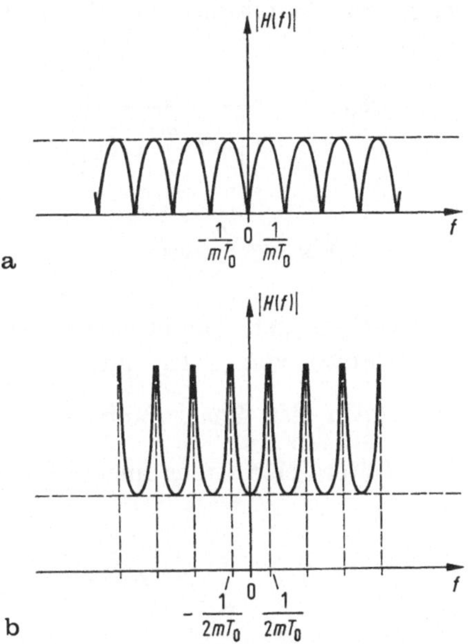

Bild 3.6a u. b. Amplitudengang periodischer Kammfilter.
a) ohne Rückführung;　b) mit Rückführung.

Bild 3.6a zeigt den Amplitudengang als streng periodische Wiederholung von Durchlaß- und Sperrstellen, weswegen diese Filter oftmals als *Kammfilter* bezeichnet werden. In Bild 3.5b ist die entsprechende Schaltung mit Rückführungsschleife angegeben, aus der sich die Gleichung

$$y(nT_0) = x(nT_0) - y[(n - m) T_0] \tag{3.58}$$

ablesen läßt. Die transformierte Gleichung

$$Y = X - z^{-m} Y \tag{3.58a}$$

hat die Lösung

$$Y = \frac{X}{1 + z^{-m}}$$

und daher den Übertragungsfaktor

$$H(z) = \frac{1}{1 + z^{-m}}. \tag{3.58b}$$

Er hat die Pole

$$z_k = e^{j(2k+1)\frac{\pi}{m}}, \tag{3.59}$$

wobei k eine ganze Zahl zwischen 0 und $(2m - 1)/2$ ist.

Der Frequenzgang von Amplitude und Phase der Übertragungsfunktion lautet

$$|H(\omega)| = \frac{1}{2 \left| \cos \dfrac{m}{2} \, \omega T_0 \right|}, \tag{3.58c}$$

$$\Phi(\omega) = \frac{m}{2} \, \omega T_0. \tag{3.58d}$$

Bild 3.6b stellt den Verlauf der Amplitudenfunktion dar, die eine periodisch wiederholte Folge von Polen mit dem Frequenzabstand $\Delta f = \dfrac{1}{mT_0}$ hat. Bezüglich der Phasenfunktion ist bemerkenswert, daß man mit digitalen Filtern eine streng lineare Phase erzeugen kann.

4. Abtasttheoreme

Im Abschnitt 3.3 ist gezeigt worden, daß eine Zeitfunktion $s(t)$ durch periodische Abtastung mit der δ-Funktion in eine Reihenfolge von Funktionswerten $s(nT_0)$ mit $n = 0, 1, 2, \ldots$ umgewandelt werden kann, die eine mathematische Repräsentation der ursprünglichen Funktion in einer neuen Form ist. Die Zwischenwerte der Funktion zwischen den Abtastzeitpunkten nT_0 gehen dabei verloren. Es erhebt sich nun die Frage, unter welchen Bedingungen ein Empfänger in der Lage ist, aus der Reihe der ankommenden Impulse $s(nT_0)$ die ursprüngliche Funktion $s(t)$ wiederherzustellen. Dazu müßte der Empfänger in der Lage sein, die Zwischenwerte in der richtigen Weise zu interpolieren. Daß dies unter bestimmten Bedingungen tatsächlich möglich ist, bildet den Inhalt eines von H. Raabe gefundenen und von C. E. Shannon in die Nachrichtentechnik eingeführten Lehrsatzes, den man als Abtasttheorem oder auch Samplingtheorem bezeichnet [4.1].

4.1. Spektrales und zeitliches Abtasttheorem

Wegen der strengen Vertauschbarkeit von Frequenz und Zeit kann man zwei Theoreme verschiedenen physikalischen Inhalts aufstellen, die formal auf dem gleichen mathematischen Beweisverfahren fußen. Sie behandeln einerseits die spektrale Analyse zeitlich begrenzter Vorgänge, andererseits die zeitliche Analyse von Vorgängen mit beschränktem Spektrum, und können in folgenden Sätzen ausgesprochen werden.

Theorem 1: Das Abtastgesetz für Spektren. *Das Spektrum einer Zeitfunktion, die innerhalb der Zeit $-t_1$ bis $+t_1$ abläuft, ist vollständig bestimmt, wenn man seine Werte bei den diskreten Frequenzen $nf_1 = n/(2t_1)$ kennt. Diese diskreten Werte sind gegeben durch die Amplituden der Teilschwingungen des Zeitvorgangs, wenn er andauernd periodisch wiederholt würde.*

Theorem 2: Das Abtastgesetz für Zeitvorgänge. *Eine Zeitfunktion, deren Spektrum nur Teilschwingungen des Bandes $-B_0$ bis $+B_0$ umfaßt, ist vollständig bestimmt, wenn man ihre Werte zu den diskreten Zeiten $nT_0 = n/(2B_0)$ kennt. Diese diskreten Werte sind gegeben durch die Amplituden der Teilwellen des Spektrums, wenn dieses in der Frequenz periodisch fortgesetzt gedacht wird.*

Wir beginnen mit dem Beweis des ersten Theorems und betrachten die folgendermaßen definierte zeitlich begrenzte Zeitfunktion

$$s(t) = \begin{cases} s(t) \text{ für } -t_1 \leqq t \leqq t_1 \\ 0 \quad \text{ für } |t| > t_1 \end{cases} \tag{4.1}$$

wie sie in Bild 4.1 dargestellt ist.

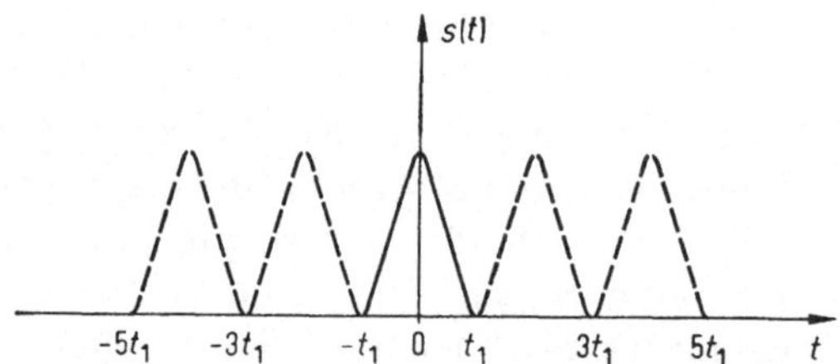

Bild 4.1. Signalfunktion im begrenzten Zeitintervall mit periodisch gedachter Fortsetzung.

Die Fouriertransformierte von (4.1) reduziert sich auf das Integral mit endlichen Grenzen

$$F(f) = \int\limits_{-t_1}^{t_1} s(t)\, \mathrm{e}^{-\mathrm{j}2\pi ft}\, \mathrm{d}t. \tag{4.2}$$

Man setze $s(t)$ über das Intervall $(-t_1, t_1)$ hinaus periodisch fort in der in Bild 4.1 angedeuteten Weise. Analytisch setzt man dazu eine Fourierreihe nach Vielfachen der Grundperiode

$$f_1 = \frac{1}{2t_1} \tag{4.3}$$

an, die lautet

$$s(t) = \sum_{n=-\infty}^{\infty} c_n \mathrm{e}^{\mathrm{j}2\pi n f_1 t}. \tag{4.4}$$

Setzt man (4.4) in (4.2) ein, so ergibt sich für das Spektrum

$$F(f) = \int\limits_{-t_1}^{t_1} \sum_{n=-\infty}^{\infty} c_n \mathrm{e}^{-\mathrm{j}2\pi(f-nf_1)t}\, \mathrm{d}t = \sum_{n} c_n \int\limits_{-t_1}^{t_1} \mathrm{e}^{-\mathrm{j}2\pi(f-nf_1)t}\, \mathrm{d}t. \tag{4.5}$$

Für das Integral erhält man unter Verwendung von (4.3)

$$\int\limits_{-t_1}^{t_1} e^{-j2\pi(f-nf_1)t}\,dt = \frac{1}{f_1}\,\frac{\sin\pi\dfrac{f-nf_1}{f_1}}{\dfrac{\pi(f-nf_1)}{f_1}} = \frac{1}{f_1}\,\mathrm{si}\left(\pi\frac{f-nf_1}{f_1}\right), \quad (4.6)$$

so daß wir (4.5) in der Form

$$F(f) = \frac{1}{f_1}\sum_{n=-\infty}^{\infty} c_n\mathrm{si}\left(\pi\frac{f-nf_1}{f_1}\right) \tag{4.5a}$$

schreiben können.

Die Koeffizienten sind leicht dadurch zu erhalten, daß man für f der Reihe nach die Vielfachen nf_1 einsetzt. Dann erhält man

$$c_n = f_1F(nf_1) \tag{4.7}$$

und gelangt damit zu der endgültigen Darstellung

$$F(f) = \sum_{n=-\infty}^{\infty} F(nf_1)\,\mathrm{si}\left(\pi\frac{f-nf_1}{f_1}\right). \tag{4.5b}$$

Aus den bekannten Werten der Amplitudendichte bei den Vielfachen nf_1 der Grundfrequenz erhält man also alle Zwischenwerte, indem man mit der Funktion $\mathrm{si}(\pi(f-nf_1)/f_1)$ interpoliert.

Als Interpolationsfunktion fungiert die Funktion $\mathrm{si}(\pi x)$, die uns bereits in (2.23) begegnet ist. Für das Argument $x = 0$, d. h. für die jeweilige diskrete Frequenz $f = nf_1$, wird sie gleich Eins und gleich Null für alle anderen n. Infolgedessen nimmt $F(f)$ in den Abtastpunkten nf_1 selbst die dort vorgegebenen Werte $F(nf_1)$ exakt an, die Zwischenwerte zwischen den Abtastpunkten werden durch die unendliche Reihenentwicklung nach der Hilfsfunktion $\mathrm{si}(\pi x)$ mit beliebig kleinem Fehler berechenbar. Man kann an dieser Stelle vermuten, daß das System dieser Hilfsfunktionen ein vollständiges Orthogonalsystem ist, so daß der Fehler dieser Näherung theoretisch beliebig klein gemacht werden kann. Hierauf werden wir im Abschnitt 4.3 zurückkommen.

Vom Standpunkt der Nachrichtentheorie aus ist es interessant, daß man nicht das vollständige Spektrum eines einmaligen Vorganges zu übertragen braucht, sondern nur seine Werte bei diskreten Frequenzen. In die breiten Lücken zwischen diesen Frequenzen könnte man die Spektren anderer Vorgänge legen und am Empfangsort alle Vorgänge durch kammartige Filter wieder trennen. Die Kenntnis der Amplituden bei den diskreten Frequenzen der Kammfilter genügt, um alle Vorgänge getreu wieder herzustellen. Ein solches System wäre das spektrale Gegenstück zur Pulsmodulation.

Nunmehr soll der Beweis für das zweite Theorem erbracht werden. Es sei eine Signalfunktion $s(t)$ gegeben, deren Spektrum innerhalb des Frequenzbandes B_0 liegt, so daß sie durch ein endliches Fourierintegral in der Form

$$s(t) = \int_{-B_0}^{B_0} F(f)\, e^{j2\pi ft}\, df \tag{4.8}$$

darstellbar ist. Um den Beweis nach der gleichen Methode wie beim ersten Theorem zu führen, setzt man die Spektralfunktion $F(f)$ periodisch fort, wie in Bild 4.2 gezeigt ist, indem man eine Fourierreihe nach Vielfachen des Frequenzintervalles $2B_0$ ansetzt. Diese Reihe lautet

$$F(f) = \sum_{n=-\infty}^{\infty} K_n\, e^{-j2\pi n \frac{f}{2B_0}}. \tag{4.9}$$

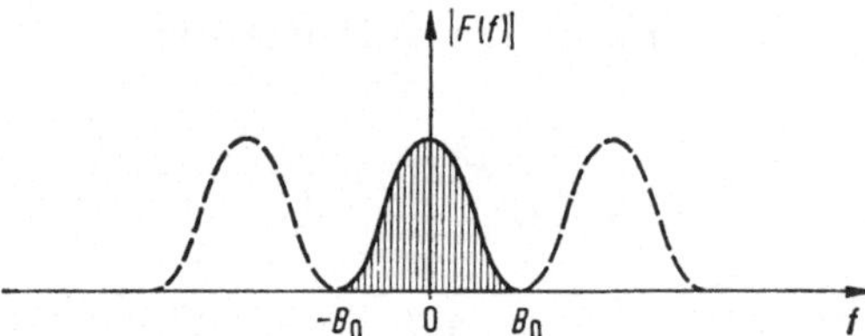

Bild 4.2. Spektrum einer abgetasteten Funktion als periodische Wiederholung.

Setzt man sie in (4.8) ein, so ergibt sich

$$s(t) = \sum_{n=-\infty}^{\infty} K_n \int_{-B_0}^{B_0} e^{j2\pi f\left(t-\frac{n}{2B_0}\right)}\, df. \tag{4.10}$$

Das begrenzte Integral liefert den Wert

$$\int_{-B_0}^{B_0} e^{j2\pi f\left(t-\frac{n}{2B_0}\right)}\, df = \frac{\sin 2\pi B_0\left(t-\frac{n}{2B_0}\right)}{\pi\left(t-\frac{n}{2B_0}\right)} = 2B_0\, \mathrm{si}\left[2\pi B_0\left(t-\frac{n}{2B_0}\right)\right]. \tag{4.11}$$

Setzt man zur Abkürzung

$$T_0 = \frac{1}{2B_0}, \tag{4.12}$$

so schreibt sich (4.10)

$$s(t) = 2B_0 \sum_{n=-\infty}^{\infty} K_n \, \mathrm{si}\left(\pi \frac{t - nT_0}{T_0}\right). \tag{4.13}$$

Die Entwicklungskoeffizienten K_n sind wegen der bekannten Eigenschaft der Hilfsfunktion $\mathrm{si}(\pi x)$, für $x = 0$, d. h. für den jeweiligen Moment $t = nT_0$ den Wert Eins anzunehmen, leicht zu erhalten. Sie werden bis auf einen Faktor mit den Abtastwerten identisch, nämlich

$$2B_0 K_n = s(nT_0), \tag{4.14}$$

so daß wir das zweite Theorem mathematisch durch die Entwicklung

$$s(t) = \sum_{n=-\infty}^{\infty} s(nT_0) \, \mathrm{si}\left(\pi \frac{t - nT_0}{T_0}\right) \tag{4.15}$$

formulieren können. Dies ist das Shannonsche Abtasttheorem für frequenzbandbegrenzte Zeitfunktionen, dem in (4.5b) ein analoges Abtasttheorem für die Spektren zeitlich begrenzter Zeitfunktionen zur Seite steht.

Das Theorem (4.15) bildet die Grundlage der Pulsmodulation. Es gibt die Regeln an, nach denen man vorzugehen hat, um den zeitlichen Verlauf eines Vorganges beschränkter Bandbreite B_0 durch Werte bei diskreten Zeiten darzustellen oder aus den diskreten Werten wieder vollständig aufzubauen.

Hiernach hat man auf der Sendeseite Amplitudenproben zu entnehmen, deren zeitlicher Abstand durch (4.12) vorgeschrieben ist. Daß man die Zeitabstände der Abtastung wohl enger, aber niemals — zum mindesten nicht im zeitlichen Mittel — weiter wählen darf, als die Regel (4.12) zuläßt, geht aus folgender anschaulichen Betrachtung hervor: Wir erinnern uns der Aussage, daß bei der Abtastung der Zeitfunktion $s(t)$ mit dem Zeitabstand T_s eine periodische Wiederholung der Spektraldichtefunktion $F(f)$ mit dem Frequenzabstand

$$f_s = \frac{1}{T_s}$$

entsteht, wie es Bild 4.3 veranschaulicht. Hieraus geht hervor, daß sich die Spektren nur dann nicht überlappen, wenn

$$f_s > 2B_0 \tag{4.16}$$

gewählt wird und nur in diesem Falle das Spektrum und damit die Zeitfunktion selbst unverzerrt wiedergewonnen werden können. Anderenfalls würden bei zu niedriger Abtastfrequenz f_s die Wiederholungsbereiche ineinanderlaufen, und das resultierende Spektrum würde verfälscht werden. Der reziproke Wert von T_0, die Abtastfrequenz f_0, muß daher größer sein als das Doppelte der Bandbreite B_0 des primären Signals. Für die Übertragung von Sprache beispielsweise, deren Frequenzband man bis 3400 Hz wiedergibt, hat sich eine Abtastfrequenz von 8000 Hz allgemein eingeführt.

Die Abtastimpulse selbst sind in wirklichen Systemen keine unendlich kurzen δ-Impulse, sondern sie haben eine gewisse Halbwertsbreite τ. Im nächsten Abschnitt wird untersucht werden, welche Impulsformen zweckmäßig sind, um die technischen Anforderungen mit möglichst geringem Verbrauch an Frequenzband zu erfüllen.

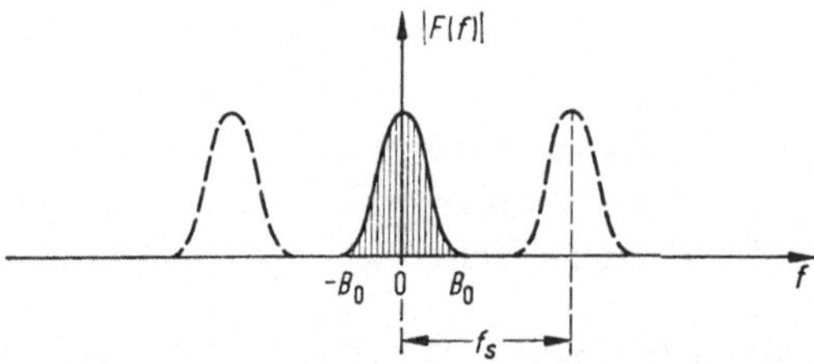

Bild 4.3. Durch Abtastung mit der Frequenz f_s entstehende periodische Teilbänder.

Um die Zeitfunktion $s(t)$ am Ausgang eines Übertragungssystems, das mit Abtastung arbeitet, wiederzugewinnen, kann man Speichermethoden verwenden, die die Interpolationsgleichung (4.15) approximativ realisieren. Es ist aber interessant, daß es für diese Interpolation eine exakte Lösung gibt, wenn diese theoretisch auch mit unbegrenztem Aufwand verbunden ist. Diese Lösung besteht darin, die empfangene Impulsfolge durch einen idealisierten Tiefpaß der Bandbreite B_0, d. h. mit der Übertragungsfunktion

$$|G(f)| = \begin{cases} 1 \text{ für } -B_0 \leqq f \leqq B_0 \\ 0 \text{ sonst} \end{cases} \tag{4.17}$$

zu leiten. Die exakte Realisierung eines Netzwerkes mit einer derartigen scharfen Tiefpaßcharakteristik wäre in der Tat mit unendlich großem Aufwand und auch unendlich großer Verzögerung verbunden. Gleichwohl löst dieser Empfangstiefpaß die Interpolationsaufgabe exakt, wie nun gezeigt werden soll.

Die empfangene abgetastete Funktion $s_1(nT_0)$ vor diesem Tiefpaß hat nach (4.9) und (4.14) das Spektrum

$$F_1(f) = \sum_{n=-\infty}^{\infty} \frac{s_1(nT_0)}{2B_0} \, \mathrm{e}^{-\mathrm{j}2\pi n \frac{f}{2B_0}} \tag{4.9a}$$

und erzeugt hinter demselben eine Antwort $s_2(t)$ mit dem Spektrum

$$F_2(f) = F_1(f) \cdot G(f). \tag{4.18}$$

Nach Rücktransformation in den Zeitbereich kommt unter Verwendung von (4.17) die Beziehung

$$s_2(t) = \int\limits_{-\infty}^{\infty} F_1(f)\, G(f)\, \mathrm{e}^{\mathrm{j}2\pi ft}\, \mathrm{d}f = \int\limits_{-B_0}^{B_0} F_1(f)\, \mathrm{e}^{\mathrm{j}2\pi ft}\, \mathrm{d}f \tag{4.19}$$

zustande.

Setzt man in dieses Integral $F_1(f)$ aus (4.9a) ein, so entsteht

$$s_2(t) = \int\limits_{-B_0}^{B_0} \sum_{n=-\infty}^{\infty} \frac{s_1(nT_0)}{2B_0}\, \mathrm{e}^{-\mathrm{j}2\pi n \frac{f}{2B_0} + \mathrm{j}2\pi ft}\, \mathrm{d}f$$

$$= \sum_{n=-\infty}^{\infty} \frac{s_1(nT_0)}{2B_0} \int\limits_{-B_0}^{B_0} \mathrm{e}^{\mathrm{j}2\pi f\left(t - \frac{n}{2B_0}\right)}\, \mathrm{d}f.$$

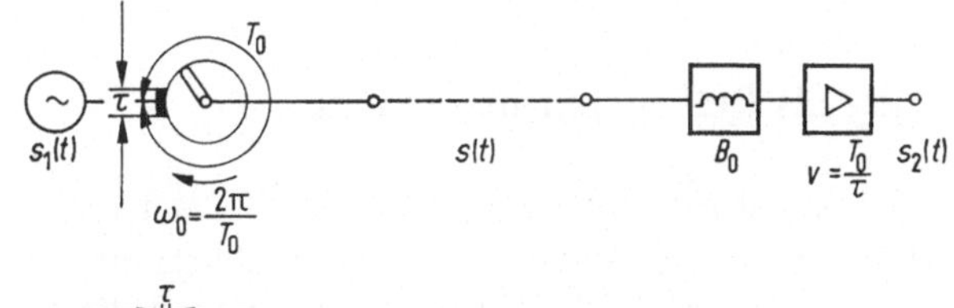
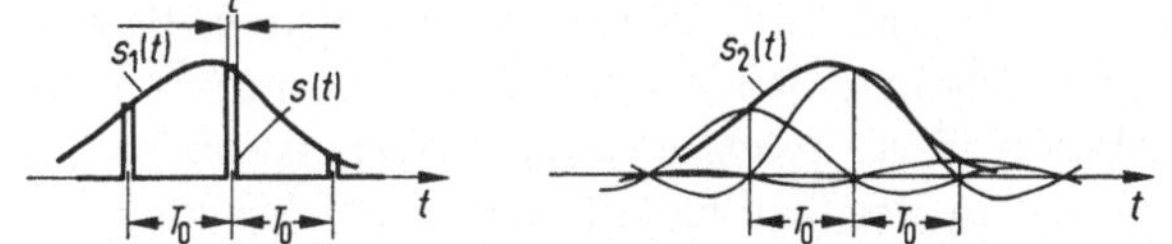

Bild 4.4. Schema einer Übertragung mit Pulsmodulation.

Unter Beachtung von (4.12) wird schließlich

$$s_2(t) = \sum_{n=-\infty}^{\infty} s_1(nT_0)\, \mathrm{si}\left(\pi\, \frac{t - nT_0}{T_0}\right), \tag{4.20}$$

und wegen (4.15) ist diese Summe — bis auf die hier nicht berücksichtigte sehr große Verzögerung — gleich $s_1(t)$. Damit ist gezeigt, daß die Form des abgetasteten Signals durch einen Tiefpaß der Bandbreite B_0 *exakt* wiedergewonnen werden kann.

Hiernach ist eine Übertragung mit Pulsmodulation im Prinzip durch das Schema von Bild 4.4 darstellbar. Die Quelle, die den zeitlichen Vorgang $s_1(t)$ liefert, wird mittels eines rotierenden Schalters während kurzer

Zeiten τ abgetastet, die einander mit der Periode T_0 folgen. Die so entstehende Pulsfolge $s(t)$ wird am Ende des Übertragungssystems durch einen Tiefpaß mit der Bandbreite B_0 geleitet. Da jeder Impuls gegenüber dem Primärsignal mit dem Tastgrad τ/T_0 multipliziert erscheint, ist zur Wiederherstellung der ursprünglichen Signalamplitude ein Verstärker mit der Verstärkung T_0/τ notwendig. Jeder Impuls liefert am Ausgang des Verstärkers einen si-Vorgang, der zu den Zeiten aller anderen Impulse Null ist. Kein Vorgang stört daher die anderen Abtastungen. Die Überlagerung aller si-Vorgänge gibt wieder das primäre Empfangssignal $s_2(t)$, das den gleichen Verlauf hat wie der ursprüngliche Vorgang $s_1(t)$.

Betrachtet man ein *Signal der Bandbreite* B_0 während eines (längeren) Zeitabschnittes T, und fallen in diese Zeit

$$n = \frac{T}{T_0} = 2B_0T \tag{4.21}$$

Abtastungen, so kann man nach dem Abtasttheorem sagen, *daß ein solches Signal durch die Angabe von* $2B_0T$ *Zahlen vollständig bestimmt ist.*

4.2. Abtastung als Orthogonalentwicklung

Die mathematische Form des Abtasttheorems in (4.15) erinnert an die Zerlegung in Orthogonalfunktionen, wie sie im Abschnitt 2 durch (2.92) und (2.93) dargestellt ist. Es läßt sich beweisen, daß die si-Funktionen ein vollständiges Orthogonalsystem bilden, woraus nach der Vollständigkeitsrelation (2.95) folgt, daß die Interpolation nach dem Shannonschen Theorem in der Tat bis zu einem beliebig kleinen Fehler getrieben werden kann. Wir gewinnen darüber hinaus die Einsicht, daß die Entwicklung (4.20) nur ein Sonderfall ist, indem wir nach den Antwortfunktionen eines Tiefpasses entwickelt haben. Es wäre eine Entwicklung nach den orthogonalen Eigenfunktionen anderer Filtertypen denkbar, und man bezeichnet derartige Filter als *Orthogonalfilter*. Beispielsweise bilden die bekannten Laguerrefunktionen ein Orthogonalsystem, und die zugehörigen realisierenden Filter bezeichnet man als Laguerrefilter. Wir müssen diesbezüglich auf die Literatur verweisen, z. B. auf die Arbeiten von C. Bößwetter, R. Eier, G. Winkler [4.2, 4.3, 4.4].

Es ist leicht zu beweisen, daß die Interpolationsfunktion

$$\varphi_n(t) = \text{si}\left(\pi\,\frac{t - nT_0}{T_0}\right)$$

einem Orthogonalsystem angehört. Rechnet man nämlich das Integral

$$I_{mn} = \int\limits_{-\infty}^{\infty} \varphi_m(t)\, \varphi_n(t)\, \mathrm{d}t \tag{4.22}$$

aus, so findet man

$$I_{mn} = \frac{\sin \pi(m-n)}{\pi(m-n)} = \begin{cases} 0 \ \text{für } n \neq m \\ 1 \ \text{für } n = m. \end{cases} \tag{4.23}$$

Diese Beziehung gilt für alle m, n aus der Menge der ganzen Zahlen, daher liegt ein vollständiges Orthogonalsystem vor.

4.3. Frequenzbandbegrenzte Signale mit von Null verschiedener unterer Bandgrenze

Es kommt in der Technik vielfach vor, daß das Frequenzband eines Vorganges nicht von der Frequenz 0 bis zur Frequenz B_0 reicht, sondern um eine Mittenfrequenz f_m gelegen ist (Bild 4.6a). Das Signal ist dann nicht wie nach der bisherigen Betrachtung durch einen Tiefpaß, sondern durch einen Bandpaß begrenzt. Man kann durch eine einfache Frequenztransformation nachweisen, daß die bisher gewonnenen Aussagen des Abtasttheorems auch in diesem Falle gelten.

Für das bandpaßbegrenzte Signal hat man die Darstellung anzusetzen

$$s(t) = \int\limits_{-f_2}^{-f_1} F(f)\, \mathrm{e}^{\mathrm{j}2\pi ft}\, \mathrm{d}f + \int\limits_{f_1}^{f_2} F(f)\, \mathrm{e}^{\mathrm{j}2\pi ft}\, \mathrm{d}f. \tag{4.24}$$

Dabei ist vorausgesetzt, daß die komplexe Fouriertransformierte

$$F(f) \begin{cases} \neq 0 \ \text{im Intervall } (-f_2, -f_1) \text{ und } (f_1, f_2) \\ = 0 \ \text{außerhalb} \end{cases}$$

sei, wobei allgemein $F(-f) = F^*(f)$ gilt.

Zur Lösung ersetze man im linken Integral f durch $-f$, führe $F^*(f)$ ein und stürze die Integrationsgrenzen. Dann ergibt sich

$$s(t) = 2 \int\limits_{f_1}^{f_2} \mathrm{Re}\, \{F(f)\, \mathrm{e}^{\mathrm{j}2\pi ft}\}\, \mathrm{d}f. \tag{4.24a}$$

Der Umstand, daß bei der Fourierzerlegung eines bandpaßbegrenzten Signals ein Spektralband im positiven Frequenzintervall (f_1, f_2) *und* ein entsprechendes im negativen Intervall $(-f_2, -f_1)$ auftritt, das man berücksichtigen muß, um eine *reelle* Zeitfunktion $s(t)$ zu erhalten, führt auf rechnerische Unbequemlichkeiten. Es wäre schwerfällig, mit der reellen Form (4.24a) weiterzurechnen, weil man sich damit der Eleganz begäbe, die die Fouriertransformation im komplexen Gebiet mit sich bringt. Deshalb macht man in solchen Fällen zweckmäßig Gebrauch von dem Begriff des *analytischen Signals* $z(t)$, für das mit Einführung der Bandbegrenzung der Ansatz gilt

$$z(t) = u(t) + \mathrm{j}v(t) = 2 \int\limits_{f_1}^{f_2} F(f)\, \mathrm{e}^{\mathrm{j}2\pi ft}\, \mathrm{d}f. \qquad (4.24\,\mathrm{b})$$

Entsprechend dem Vorgehen beim tiefpaßbegrenzten Signal soll auch hier eine periodische Fortsetzung von $F(f)$ durch eine Fourier-Reihenentwicklung angesetzt werden, wobei wir als Grundperiode B_0 zu wählen haben. Wir setzen

$$F(f) = \sum_{n=-\infty}^{\infty} a_n \mathrm{e}^{\mathrm{j}2\pi f\frac{n}{B_0}}. \qquad (4.25)$$

Wir multiplizieren diese Gleichung mit $\mathrm{e}^{-\mathrm{j}2\pi f\frac{m}{B_0}}$ und integrieren über den Grundbereich f_1 bis f_2. Dabei tritt das Integral

$$\int\limits_{f_1}^{f_2} \mathrm{e}^{\mathrm{j}2\pi f\frac{n-m}{B_0}}\, \mathrm{d}f$$

auf. Führen wir die Mittenfrequenz

$$f_m = \frac{f_1 + f_2}{2} \qquad (4.26\,\mathrm{a})$$

ein, so wird

$$f_1 = f_m - \frac{B_0}{2}, \qquad (4.26\,\mathrm{b})$$

$$f_2 = f_m + \frac{B_0}{2}, \qquad (4.26\,\mathrm{c})$$

und damit findet man für dieses Integral leicht den Wert

$$\int\limits_{f_1}^{f_2} \mathrm{e}^{2\pi f\frac{n-m}{B_0}}\, \mathrm{d}f = B_0 \mathrm{e}^{\mathrm{j}2\pi f_m\frac{n-m}{B_0}}\, \mathrm{si}\,[\pi(n-m)]. \qquad (4.27)$$

Wir erhalten also durch die angegebene Operation mit (4.25) die Entwicklungskoeffizienten

$$a_n = \frac{1}{B_0} \int\limits_{f_1}^{f_2} F(f)\, \mathrm{e}^{-\mathrm{j}2\pi f\frac{n}{B_0}}\, \mathrm{d}f \qquad (4.28)$$

und stellen durch Vergleich mit (4.24b) fest, daß man dafür auch

$$a_n = \frac{1}{2B_0}\, z\left(-\frac{n}{B_0}\right) \qquad (4.28\,\mathrm{a})$$

schreiben kann. Die Entwicklungskoeffizienten sind mithin die Abtastwerte des analytischen Signals. Durch Einführung der nunmehr bekannten Entwicklung (4.25) in (4.24b) erhält man

$$z(t) = 2 \int\limits_{f_1}^{f_2} \mathrm{e}^{\mathrm{j}2\pi f t}\, \mathrm{d}f \left[\sum_n \frac{1}{2B_0}\, z\left(-\frac{n}{B_0}\right) \mathrm{e}^{\mathrm{j}2\pi f \frac{n}{B_0}} \right]$$

$$= \frac{1}{B_0} \sum_n z\left(\frac{n}{B_0}\right) \int\limits_{f_1}^{f_2} \mathrm{e}^{\mathrm{j}2\pi f\left(t-\frac{n}{B_0}\right)}\, \mathrm{d}f. \qquad (4.29)$$

Für das Integral findet man nach einer leichten Zwischenrechnung

$$\frac{1}{B_0} \int\limits_{f_1}^{f_2} \mathrm{e}^{\mathrm{j}2\pi f\left(t-\frac{n}{B_0}\right)}\, \mathrm{d}f = \mathrm{e}^{\mathrm{j}2\pi f_m\left(t-\frac{n}{B_0}\right)}\, \mathrm{si}\left[\pi B_0\left(t-\frac{n}{B_0}\right)\right], \qquad (4.30)$$

womit sich das Resultat ergibt

$$z(t) = \sum_{n=-\infty}^{\infty} z\left(\frac{n}{B_0}\right) \mathrm{e}^{\mathrm{j}2\pi f_m\left(t-\frac{n}{B_0}\right)}\, \mathrm{si}\left[\pi B_0\left(t-\frac{n}{B_0}\right)\right]$$

oder mit Einführung von $T_0 = 1/(2B_0)$

$$z(t) = \sum_{n=-\infty}^{\infty} z(2nT_0)\, \mathrm{e}^{\mathrm{j}2\pi f_m(t-2nT_0)}\, \mathrm{si}\left[\pi\, \frac{t-2nT_0}{2T_0}\right]. \qquad (4.31)$$

Dies ist das Abtasttheorem für das bandbegrenzte analytische Signal. Durch Abspalten des Realteils erhält man die Formel

$$u(t) = \sum_{n=-\infty}^{\infty} \{u(2nT_0)\cos 2\pi f_m\,(t-2nT_0)$$

$$- v(2nT_0)\sin 2\pi f_m(t-2nT_0)\}\, \mathrm{si}\left[\pi\, \frac{t-2nT_0}{2T_0}\right]$$

$$(4.31\,\mathrm{a})$$

für ein reelles bandpaßbegrenztes Signal. Man sieht, daß sowohl das Signal $u(t)$ als auch das dazu orthogonale Signal $v(t)$ abgetastet werden müssen, beide jedoch nur halb so oft wie das Tiefpaß-Signal von Abschnitt 4.1, nämlich in den Zeitpunkten $t_n = n/B_0 = 2nT_0$. Das gibt wieder, wie es sein muß, $2B_0T$ Abtastwerte für ein Signal der Dauer T. Die Schwingungen mit der Filter-Mittenfrequenz f_m sorgen für einen frequenzgerechten Aufbau des Signals. Für das Tiefpaß-Signal wird $f_m = B_0/2$ und (4.31) geht, wie sich leicht zeigen läßt, in (4.15) über.

An dieser Stelle sei eine Bemerkung zu den Grenzen des Abtasttheorems eingeschoben. Der Satz „Ein Signal der Bandbreite B_0 ist aus seinen Abtastwerten zu den diskreten Zeitpunkten $nT_0 = n/2B_0$ vollständig rekonstruierbar" ergibt bei Anwendung auf andauernde Sinusschwingungen der Frequenz $f = B_0$ meistens falsche Resultate. Bei der Abtastung einer solchen Schwingung erhält man nämlich je nach der Abtastphase verschiedene Werte; diese können auch andauernd Null sein, wie Bild 4.5a zeigt. Man könnte vermuten, daß durch Einführung des analytischen Signals diese Schwierigkeiten behoben werden, weil ja die orthogonale Schwingung $v(t)$, wenn auch nur halb so oft abgetastet, die

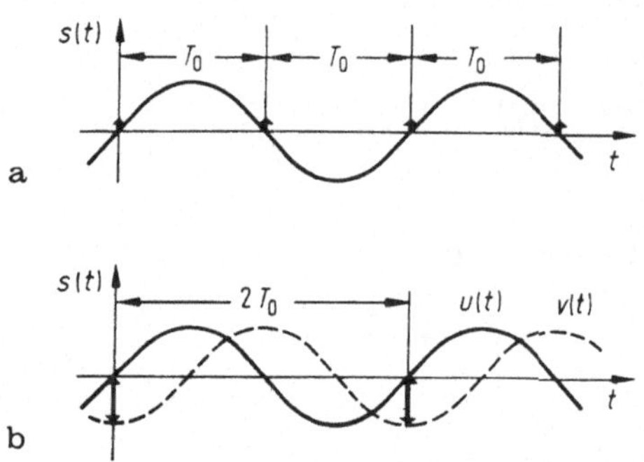

Bild 4.5a u. b. Anwendung des Abtasttheorems auf eine spezielle Sinusschwingung.

Ergänzungswerte liefert (Bild 4.5b). Eine genauere Betrachtung [4.7] zeigt, daß diese Erwartung zwar zum Teil erfüllt wird — die Abhängigkeit von der Abtastphase verschwindet —, daß aber immer noch Wiedergabemängel übrig bleiben. In (4.16) darf daher für andauernde Schwingungen kein Gleichheitszeichen gesetzt werden, die Abtastfrequenz f_0 muß stets größer sein als $2B_0$.

Sobald die Frequenz der höchsten Signalschwingung geringfügig tiefer liegt als $f_0/2$, entsteht beim Abtasten eine Schwebung, aus der nach Durchlaufen des Filters mit der steilen Flanke bei $B_0 = f_0/2$ die Signalschwingung erhalten wird.

Nunmehr seien die bandpaßbegrenzten Signale weiterbehandelt. In Bild 4.6a ist ein Modulationsband in der Frequenzlage $f_0/2$ bis f_0 (Zeile a) gezeichnet. Unter b) sind die Spektren der Ordnung $n = 0, 1,$

2, 3, … dargestellt, die sich beim Abtasten bilden. Zeile c) zeigt die Summe aller Spektren. Es ist ohne weiteres möglich, das primäre Signal durch Herausfiltern eines beliebigen Seitenbandes mit einem Bandpaß zu gewinnen. Auf diese Weise kann man das Signal in eine höhere Frequenzlage transponiert erhalten. Wenn andererseits die Signalfunktion schon

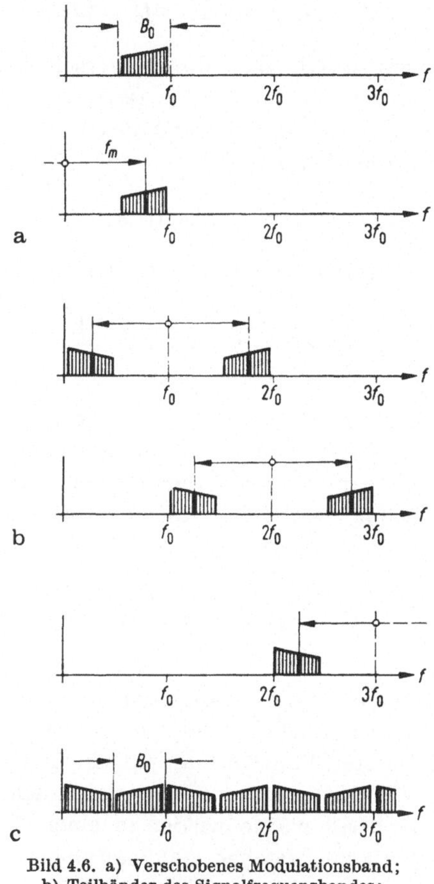

Bild 4.6. a) Verschobenes Modulationsband;
b) Teilbänder des Signalfrequenzbandes;
c) Gesamtes Signalband.

in einer solchen transponierten Lage vorliegt, dann kann man sie durch Abtasten mit der Frequenz f_0 in eine niedrigere Lage zurückversetzen.

Allgemein reichte das Spektrum des Bandes von $-f_2$ bis $-f_1$ und von $+f_1$ bis $+f_2$, wobei

$$f_2 - f_1 = B_0$$

ist. Durch die Abtastung entstehen außer diesen beiden ursprünglichen Bändern unendlich viele neue, um $\pm n f_0$ verschobene. Damit keine

Störungen auftreten, darf keines von ihnen ganz oder teilweise in den Bereich eines der ursprünglichen Bänder fallen. Durch Verschiebung um nf_0 geht das negative Band in die Lage von $nf_0 - f_2$ bis $nf_0 - f_1$ über. Sein oberer Rand darf den unteren Rand des positiven Bandes höchstens berühren. Also gilt

$$nf_0 - f_1 = f_1 \text{ oder } nf_0 = 2f_1 . \tag{4.32a}$$

Das nächsthöhere Band, das durch Verschieben um $(n+1)\,f_0$ entsteht, reicht von $(n+1)\,f_0 - f_2$ bis $(n+1)\,f_0 - f_1$ und darf mit seinem unteren Rand den oberen Rand des positiven Bandes (f_1, f_2) höchstens berühren, was sich durch

$$(n+1)\,f_0 - f_2 = f_2 \text{ oder } (n+1)\,f_0 = 2f_2 \tag{4.32b}$$

ausdrücken läßt. Subtrahiert man (4.32a) von (4.32b), so erhält man

$$f_0 = 2(f_2 - f_1) = 2B_0 = \frac{1}{T_0} . \tag{4.32c}$$

Darin haben wir die zu (4.12) analoge Abtastbedingung für bandpaßbegrenzte Signale. Wenn der Bandpaß entsprechend schmal ist, kann die Abtastfrequenz sogar unterhalb der unteren Bandgrenze f_1 liegen.

Dividiert man (4.32a) und (4.32b) durch einander, dann findet man, daß

$$\frac{f_2}{f_1} = \frac{n+1}{n} \tag{4.33}$$

erfüllt sein muß.

Will man Bänder mit $f_2/f_1 \leqq 2$ abtasten, so ist die Erfüllung dieser Bedingungen mit $n = 1$ möglich, und die Abtastfrequenz wird gleich der doppelten Bandbreite. Wünscht man jedoch ein Verhältnis $f_2/f_1 > 2$, so ist die Lösung von (4.33) nur mit $n = 0$ möglich, d. h., wir haben $f_1 = 0$, und der Bandpaß würde wieder in einen Tiefpaß übergehen. Um diese Schwierigkeit zu umgehen, hat man die Abtastung mit einem Doppeltaktverfahren vorgeschlagen [4.5, 4.6].

5. Spezielle Pulse und Verformungsprobleme

Während im 2. und 3. Abschnitt der aus der Fourieranalyse hervorgehende mathematische Apparat zur rechnerischen Behandlung von beliebigen zeitlichen Vorgängen aufgebaut worden ist, werden jetzt die Eigenschaften spezieller Pulsformen im Hinblick auf technische Anwendung behandelt. Zuerst soll für bestimmte, in der Praxis wichtige Pulsformen die Gestalt des Spektrums diskutiert werden, und die Veränderungen der zeitlichen Form beim Durchgang durch Netzwerke mit vorgegebenen Übertragungsfunktionen sollen untersucht werden. Unerwünschte Verformungen von Pulsen bedeuten in Übertragungssystemen eine Verfälschung der empfangenen Information, so daß es eine Aufgabe von großer wirtschaftlicher Bedeutung ist, die Form von Pulsen optimal an die zur Verfügung stehende Bandbreite des Übertragungssystems anzupassen. Eine Frage dieser Art ist z. B. auch die Umformung von Radarimpulsen durch die Verfahren der Pulskompression, mit denen eine erhöhte räumliche Auflösung von Objekten erzielt werden kann. Beispiele aus der Radartechnik werden in diesem Abschnitt allerdings nur so weit verfolgt, als man es mit determinierten Signalen zu tun hat. Sofern der stochastische Charakter von Pulssignalen ins Spiel kommt und wenn sie unter dem Einfluß von Störungen empfangen werden, sind die Methoden der mathematischen Statistik anzuwenden. Darauf soll im 6. Abschnitt eingegangen werden.

5.1. Rechteck- und Cosinusquadrat-Puls

Im Abschnitt 2.1 war die Rechteckschwingung als Beispiel für die Fourierentwicklung periodischer Vorgänge behandelt worden. Es wurde gezeigt, daß zur Darstellung der Ecken hohe Frequenzanteile des Spektrums herangezogen werden müssen, die eine entsprechende Bandbreite des Übertragungssystems voraussetzen. Beschneidet man dieses Band, so entstehen in den Impulspausen Nachschwingungen, deren Ausläufer unter Umständen sogar die Nachbarimpulse erreichen. Da diese bei einer Mehrfachübertragung in Zeitmultiplexsystemen anderen Kanälen angehören können, kann Nebensprechen zwischen solchen zeitlich benachbarten Kanälen auftreten. Es zeigt sich, daß man Frequenzband sparen kann, wenn man abgerundete Impulsformen verwendet. Unter diesen muß man solche wählen, die rasch abklingen. Im Hauptbereich zeigen die Spektren abgerundeter Impulsformen große Ähnlichkeit, wenn man

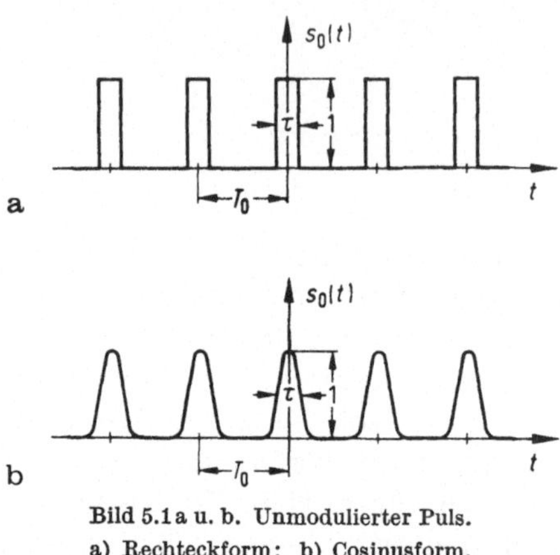

Bild 5.1a u. b. Unmodulierter Puls.
a) Rechteckform; b) Cosinusform.

die Impulsdauer bei halber Höhe mißt. Es mag daher genügen, das Spektrum einer einzigen solchen Form mit dem Spektrum des Rechteckimpulses zu vergleichen. Als typisch erweist sich hierfür die durch die Cosinusquadrat-Funktion dargestellte Form; ein solcher Impuls möge nach K. W. Wagner kurz Cosinusimpuls genannt werden. In Bild 5.1 sind der Rechteck- und der Cosinusimpuls für gleiche Impulsdauer und gleiche Pulsfrequenz $f_0 = 1/T_0$ einander gegenübergestellt. Bild 5.2 zeigt die beiden Typen mit ihrem Spektrum $F(f)$. Dabei ist die in der Praxis gern benutzte Punktfrequenz f_p eingeführt. Sie wird in der Telegraphie auch Schrittfrequenz genannt. Ihre Periodendauer 2τ ist gleich der doppelten Dauer des Rechteckimpulses; der Cosinusimpuls füllt den ganzen Bereich aus. Denkt man sich nämlich, wie in Bild 5.2 gestrichelt angedeutet, die Impulse zu einer Folge fortgesetzt, so stellen sie die Grundfrequenz

$$f_p = \frac{1}{2\tau} \tag{5.1}$$

dieser Folge dar. Das Spektrum des einzelnen Rechteckimpulses erhält man, da $s(t)$ eine gerade Funktion ist, aus

$$F(f) = \int\limits_{t=-\infty}^{\infty} s(t) \cos 2\pi f t \, \mathrm{d}t = \int\limits_{-\tau/2}^{\tau/2} \cos 2\pi f t \, \mathrm{d}t = \tau \, \frac{\sin \pi f \tau}{\pi f \tau} = \frac{1}{2f_p} \, si\left(\pi \, \frac{f}{2f_p}\right). \tag{5.2}$$

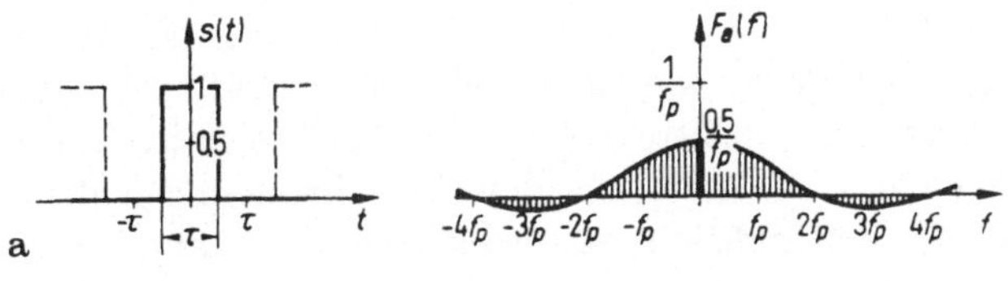

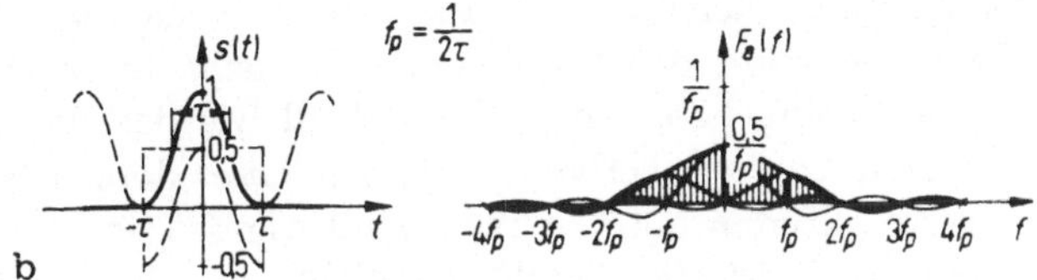

Bild 5.2 a u. b. Spektren $F(f)$.
a) des Rechteckimpulses; b) des Cosinusimpulses.

Das Spektrum des Pulses erhält man aus dem des Einzelimpulses nach (4.7), indem man setzt

$$f = nf_0,\tag{5.3}$$

$$f_0 = \frac{1}{T_0}.\tag{5.4}$$

Somit erhält man für die Größe der n-ten Spektrallinie

$$a_n = f_0 F(nf_0).\tag{5.5}$$

Bei der Cosinusform lautet für den Einzelimpuls die Formel

$$s(t) = \cos^2\left(\pi\,\frac{t}{2\tau}\right)\tag{5.6}$$

so daß sich für $t = \tau/2$ die halbe Höhe $s(\tau/2) = 1/2$ ergibt. Setzt man (5.6) in die Fourierentwicklung ein, so erhält man das Integral

$$F(f) = \int\limits_{-\tau}^{\tau} \cos^2\left(\pi\,\frac{t}{2\tau}\right)\cos\left(2\pi ft\right)\,\mathrm{d}t,\tag{5.7}$$

für das man nach einigen Zwischenrechnungen den Ausdruck

$$F(f) = \frac{1}{2f_p}\,\frac{\mathrm{si}\left(\pi\,\dfrac{f}{f_p}\right)}{1 - \left(\dfrac{f}{f_p}\right)^2}\tag{5.8}$$

findet. Der Verlauf ist in Bild 5.2b rechts aufgetragen. Im Bild ist gleichzeitig dargestellt, wie das Spektrum gemäß dem Wortlaut des Abtastgesetzes für Spektren (Theorem 1, Abschnitt 4.1) auch ohne Berechnung eines Integrals aus den Teilschwingungen der (periodisch fortgesetzten) Zeitfunktion ermittelt werden kann. Die einzelnen Schritte werden im folgenden Abschnitt 5.2 für den analogen Vorgang der Ermittlung eines Zeitverlaufes aus seinem bekannten Spektrum erläutert. Das Spektrum des Cosinusimpulses geht hiernach bei den gleichen geraden Vielfachen von f_p durch Null wie das des Rechteckimpulses. Für Frequenzen außerhalb $\pm 2f_p$ pendelt es doppelt so oft und mit kleineren Amplituden um den Wert Null wie das Spektrum a). Bei der Punktfrequenz f_p ist die Amplitudendichte gerade auf die Hälfte abgefallen, die des Rechteckimpulses auf den Wert $2/\pi \approx 0{,}64$.

Die Spektrallinien der Pulse von Bild 5.1 erhält man aus den Impulsspektren, wie bereits bemerkt, mit den Festlegungen (5.3), (5.4) und (5.5) für den Rechteckpuls zu

$$a_n = \frac{f_0}{2f_p}\, \mathrm{si}\left(\pi\,\frac{nf_0}{2f_p}\right) \tag{5.9}$$

und für den Cosinuspuls zu

$$a_n = \frac{f_0}{2f_p}\, \mathrm{si}\left(\pi\,\frac{nf_0}{f_p}\right)\frac{1}{1-\left(\dfrac{nf_0}{f_p}\right)^2}. \tag{5.10}$$

Oftmals wird auch der Tastgrad τ/T_0 eingeführt. Sodann erhält man wegen

$$\frac{f_0}{f_p} = \frac{2\tau}{T_0}$$

für den Rechteckpuls

$$a_n = \frac{\tau}{T_0}\, \mathrm{si}\left(\pi n\,\frac{\tau}{T_0}\right) \tag{5.9a}$$

und für den Cosinuspuls

$$a_n = \frac{\tau}{T_0}\, \mathrm{si}\left(\pi n\,\frac{2\tau}{T_0}\right)\frac{1}{1-\left(n\,\dfrac{2\tau}{T_0}\right)^2}. \tag{5.10a}$$

Für das Tastverhältnis $\tau/T_0 = 1/4$ zeigt Bild 5.3 den spektralen Unterschied zwischen beiden Pulsformen. Abszisse und Ordinate sind dabei der allgemeinen Brauchbarkeit halber normiert.

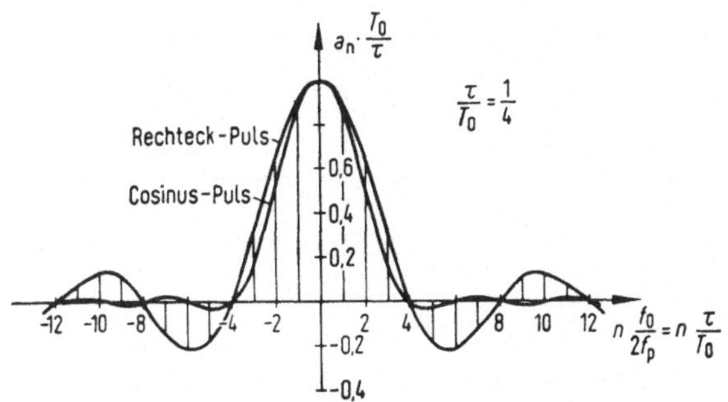

Bild 5.3. Linienspektrum der Pulse von Bild 5.1.

5.2. Verformung bei Einschränkung des Frequenzbandes

Für die Übertragung ist außer der Wahl der zweckmäßigen Impulsform
die Frage sehr wichtig, wie weit man das Spektrum durch Filter einschränken darf, ohne daß die Impulse unzulässig verformt werden. Ein
kurzer Impuls erscheint am Ausgang eines sehr steilen Tiefpaßfilters so
verändert, daß er nach einer si-Funktion ausschwingt. In Bild 5.4 ist
gezeigt, wie ein Rechteckimpuls der Dauer τ und von der Höhe 1 (gestrichelt in den Teilbildern rechts) verformt wird, wenn sein Spektrum
der Reihe nach immer enger beschnitten wird. Anstatt einer formel-
mäßigen Berechnung wird — wie schon bei Bild 5.2 angedeutet — der
Wortlaut des Abtastgesetzes benutzt, diesmal des Theorems 2 für Zeitvorgänge. Das Spektrum, jeweils begrenzt durch die unendlich steil
gedachten Filterflanken bei $-f_g$ und f_g, wird periodisch wiederholt und
in eine Summe von Teilwellen entwickelt. Gemäß (4.9) lautet diese Reihe

$$F(f) = \sum_{n=-\infty}^{\infty} K_n e^{-j2\pi n \frac{f}{f_g}} . \tag{5.11}$$

Sind die Amplituden K_n der Teilwellen gefunden, so stellen sie gemäß
(4.14) durch die Beziehung

$$2f_g K_n = s\left(\frac{n}{2f_g}\right) \tag{5.12}$$

bereits die gesuchten Abtastwerte des Zeitsignals in den Punkten

$$nT_0 = \frac{n}{2f_g}$$

dar. Die genaue Interpolation der Zwischenwerte liefert die si-Funktion

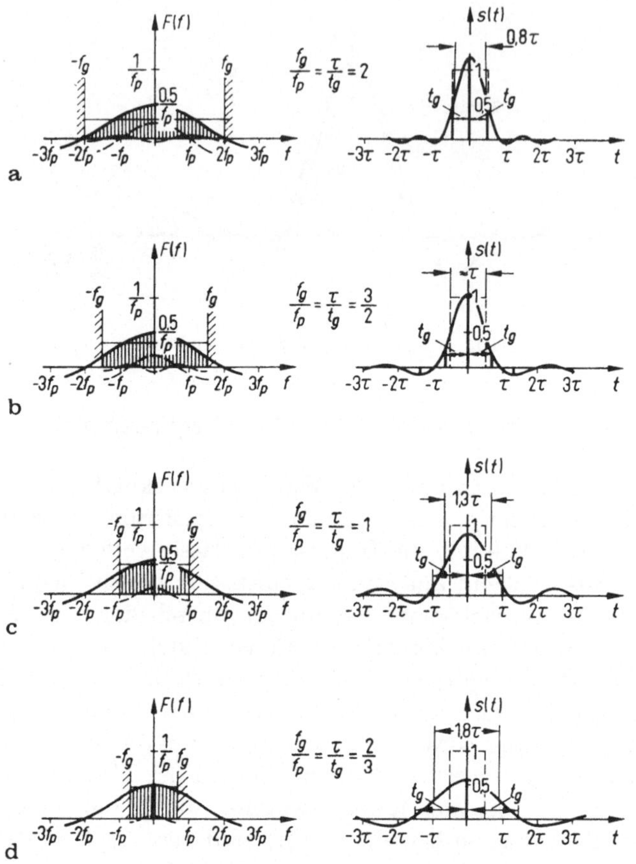

Bild 5.4 a−d. Verformung eines Rechteckimpulses durch Einschränkung des Frequenzbandes.

gemäß (4.13), die, hier angewendet, lautet:

$$s(t) = 2f_g \sum_{n=-\infty}^{\infty} K_n \operatorname{si}\left(\pi\, \frac{t - \dfrac{n}{2f_g}}{\dfrac{n}{2f_g}} \right). \qquad (5.13)$$

In den vier Zeilen von Bild 5.4 ist die Entwicklung der stark ausgezogenen Spektralfunktionen in einen Gleichstromwert und in Cosinusglieder auf graphischem Wege vorgenommen, wie es die gestrichelten Linien angeben. Mit zwei wesentlichen Komponenten kommt man dabei aus. In der rechts stehenden Reihe sind diese zu den Zeitpunkten

$$n t_g = \frac{n}{2f_g}, \; n = 0, 1, 2, \ldots$$

aufgetragen, interpoliert und summiert, wobei die si-Funktionen fortgelassen sind. Die Größe t_g heißt Einschwingdauer; sie wird im Abschnitt 5.7.4 näher betrachtet. Die Grenzfrequenz wird in der angegebenen Weise immer tiefer gewählt, wobei sich der Spitzenwert des
Impulses ständig verringert und die Einschwingdauer sowie die Überschwinger sich vergrößern. Der Verlauf des Phasenganges im Nutz-
bereich $\pm f_g$ sei als linear angenommen. Dann wird der ganze Vorgang
um eine konstante Laufzeit t_0 verschoben, die in der Zeichnung unberücksichtigt geblieben ist.

Die zunächst ungereimt erscheinende Tatsache, daß alle Impulse
hinter dem Filter unendlich lange Vorläufer haben, erklärt sich aus der
idealisierenden Annahme von unendlich steilen Dämpfungsflanken des

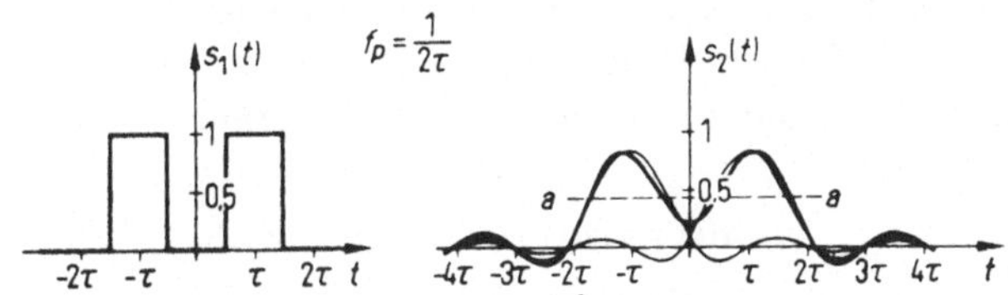

Bild 5.5. Zeichenverformung bei Einschränkung des Bandes auf die Punktfrequenz f_p.

Filters. Ein solches Filter wäre physikalisch nur möglich, wenn es unendlich viele Glieder und damit auch eine unendlich lange Laufzeit
hätte. Bei wirklichen Filtern sind dagegen Dämpfung und Laufzeit
über die Hilberttransformation so miteinander verknüpft, daß die Zeitfunktion am Ausgang nur während einer endlichen Laufzeit vorschwingt.
Die Bilder zeigen, daß man trotz der starken Frequenzbandbeschränkung
die Einzelimpulse noch gut erkennen kann.

Anders verhält sich dies aber, wenn eine Impulsfolge wiedergegeben
werden soll, bei der Impulse der Dauer τ den Abstand τ haben und nach
einem linearen Code mit 0- und 1-Werten wechseln. In Bild 5.5 ist links
ein Vorgang $s_1(t)$ als typisch dargestellt, bei dem zu den Zeiten $-\tau$ und
τ Impulse auftreten; dazwischen, zur Zeit $t = 0$ tritt kein Impuls auf.
Daneben ist der gleiche Vorgang gezeichnet unter der Voraussetzung,
daß das Frequenzband wie in Bild 5.4c auf die Grenzfrequenz $f_g = f_p$
eingeschränkt ist. Mißt man, wie üblich, bei halber Amplitude, so ist das
Fehlen eines Impulses in der Mitte noch gut feststellbar. Man überzeugt
sich jedoch leicht, daß bereits bei einer geringen Verbreiterung der
Impulse die Einsattelung oberhalb der Geraden a $\cdots$ a liegt. Nicht nur
die Einschränkung des Frequenzbandes, sondern auch ein nichtlinearer
Phasengang innerhalb des Übertragungsbandes $-f_g$, f_g führt zu einer
Verwischung des Minimums und dadurch unter Umständen zu einem
falschen Zeichen im Decoder.

Im Abschnitt 5.7 wird auf den Zusammenhang zwischen der Verformung von Pulsen mit der Übertragungscharakteristik der Netzwerke näher eingegangen werden. Zuvor aber soll die Besprechung spezieller Pulse fortgesetzt werden, und zwar in einer Anwendung auf dem wichtigen Gebiet der Radartechnik.

5.3. Pulse in der Funk- und Radartechnik

Während die bisher behandelten Pulse aus einem getasteten Gleichstrom hervorgehen, hat man es in der Funk- und Radartechnik — soweit nicht kontinuierliche Signale verwendet werden — mit Hochfrequenz-Impulsen zu tun, deren Trägerfrequenzen zum Beispiel im GHz-Bereich liegen. Tastet man eine Trägerschwingung der Frequenz f_h nach Maßgabe einer zeitlich veränderlichen Einhüllenden $S(t)$, so erhält man ein Signal der Form

$$s(t) = S(t) \cos\left(2\pi f_h t + \varphi\right). \tag{5.14}$$

Dabei ist φ eine beliebige Anfangsphase. $S(t)$ ist im allgemeinen langsam veränderlich gegenüber der Periode der Hochfrequenz. Die Spektralenergie ist dann zu beiden Seiten der Trägerfrequenz f_h lokalisiert, wie schon ganz allgemein in den Abbildungsgesetzen der Fouriertransformation gezeigt wurde (2.45).

Für spezielle Betrachtungen ist es oft nützlich, eine komplexe Signalfunktion $\psi(t)$ einzuführen, deren Realteil das Signal $s(t)$ ist, so daß

$$\psi(t) = S(t)\, e^{j(2\pi f_h t + \varphi)} \tag{5.15a}$$

wird und

$$s(t) = \mathrm{Re}\,\{\psi(t)\}. \tag{5.15b}$$

Die Frage, wie die komplexe Funktion ψ auszusehen habe, wenn ihr Realteil eine vorgeschriebene Form $s(t)$ haben soll, wird beantwortet durch den von Gabor [5.1] stammenden Ansatz

$$\psi(t) = s(t) + \frac{j}{\pi} \int_{-\infty}^{\infty} \frac{s(\tau)}{t - \tau}\, d\tau. \tag{5.16}$$

Darin ist Gebrauch gemacht von dem durch die Hilberttransformation vermittelten Zusammenhang zwischen dem Real- und Imaginärteil einer analytischen Funktion (vgl. auch Abschn. 5.7.2).

Am Beispiel eines rechteckförmig für die Dauer T getasteten Trägers sei das Verfahren demonstriert. Wir nehmen für $S(t)$ an

$$S(t) = \begin{cases} 1 \text{ für } -\dfrac{T}{2} < t < \dfrac{T}{2} \\[2mm] 0 \text{ sonst} \end{cases} \tag{5.17}$$

und erhalten das Spektrum von $\psi(t)$ als

$$\Psi(f) = \int\limits_{-\infty}^{\infty} \psi(t)\, \mathrm{e}^{-\mathrm{j}2\pi f t}\, \mathrm{d}t = \int\limits_{-\frac{T}{2}}^{\frac{T}{2}} \mathrm{e}^{\mathrm{j}[2\pi(f_h-f)t+\varphi]}\, \mathrm{d}t$$

$$= \mathrm{e}^{\mathrm{j}\varphi}\, \frac{\mathrm{e}^{\mathrm{j}\pi(f_h-f)T} - \mathrm{e}^{-\mathrm{j}\pi(f_h-f)T}}{\mathrm{j}2\pi(f_h-f)} = T\,\mathrm{e}^{\mathrm{j}\varphi}\, \frac{\sin \pi(f_h-f)\,T}{\pi(f_h-f)T}$$

oder schließlich, kürzer geschrieben,

$$\Psi(f) = T\mathrm{e}^{\mathrm{j}\varphi}\, \mathrm{si}\,[\pi(f_h-f)\,T]. \tag{5.18}$$

Vergleicht man diese Funktion mit dem Spektrum (2.33) eines rechteckförmigen Gleichstromimpulses, so stellt man fest, daß die Spektralenergie hier anstatt um die Frequenz Null um die Trägerfrequenz f_h zentriert ist. Die relative Bandbreite bis zur ersten Nullstelle f_1,

$$\frac{f_h - f_1}{f_h} = \frac{1}{f_h T}, \tag{5.19}$$

ist im allgemeinen sehr klein. Wird z. B. eine Trägerschwingung von 10 GHz mit einer Impulsdauer von 1 µs getastet, so nimmt die relative Bandbreite den sehr niedrigen Wert 10^{-4} an. In der Zwischenfrequenzebene der Empfangsverstärker kann die relative Bandbreite allerdings oftmals sehr groß sein.

In der Praxis des Radars hat man es nicht mit einmaligen modulierenden Funktionen $S(t)$ zu tun, sondern es liegt eine mit der Zeitperiode $T_0 = 1/f_0$ wiederholte Modulation mit dem von einer Periode zur anderen gleichbleibenden $S(t)$ vor. Man berechnet das Spektrum des so entstehenden Pulsvorganges $\psi_P(t)$ durch Entwicklung in eine Fourierreihe mit der Grundperiode T_0, indem man schreibt

$$\psi_P(t) = \sum_{m=-\infty}^{\infty} c_m \mathrm{e}^{\mathrm{j}2\pi \frac{m}{T_0} t}. \tag{5.20}$$

Nach der Vorschrift (2.11) erhält man für die Spektrallinien die

Gleichung

$$c_m = \frac{1}{2T_1} \int\limits_{-T_1}^{T_1} \psi_P(t)\, e^{-j2\pi \frac{m}{T_0} t}\, dt$$

$$= \frac{1}{2T_1} \int\limits_{-T_1}^{T_1} S(t)\, e^{j(2\pi f_h t + \varphi) - j2\pi \frac{m}{T_0} t}\, dt$$

$$= \frac{e^{j\varphi}}{2T_1} \int\limits_{-T_1}^{T_1} S(t)\, e^{j2\pi \left(f_h - \frac{m}{T_0}\right) t}\, dt$$

oder, wenn $F(f)$ das Spektrum des Verlaufs $S(t)$ bezeichnet

$$c_m = \frac{e^{j\varphi}}{2T_1}\, F\left(f_h - \frac{m}{T_0}\right). \tag{5.20a}$$

Die Pulsperiode geht von $-T_1$ bis T_1, wobei $2T_1 = T_0$ ist. Damit ergibt sich für den Puls die Darstellung

$$\psi_P(t) = \frac{e^{j\varphi}}{T_0} \sum_{m=-\infty}^{\infty} F\left(f_h - \frac{m}{T_0}\right) e^{j2\pi \frac{m}{T_0} t} \tag{5.21}$$

mit dem reellen Signal

$$s(t) = \mathrm{Re}\,[\psi_P(t)] \tag{5.21a}$$

oder, wenn f_0 statt $1/T_0$ eingeführt wird, die äquivalente Form

$$\psi_P(t) = f_0\, e^{j\varphi} \sum_{m=-\infty}^{\infty} F(f_h - m f_0)\, e^{j2\pi m f_0 t}. \tag{5.21b}$$

Das Spektrum besteht aus diskreten Linien, die symmetrisch um die Trägerfrequenz angeordnet sind, voneinander den Abstand f_0 haben und von der Einhüllenden $F(f)$ begrenzt werden.

Es sei angemerkt, daß in der Praxis an Stelle des unendlich ausgedehnten Linienspektrums nach (5.20a) nur ein endlich ausgedehntes Spektrum empfangen werden kann, so daß der Index m nur von $-M$ bis $+M$ läuft. Die Folge davon ist, daß die empfangenen Impulse verbreitert werden. Die Impulsverbreiterung als Folge der Bandbegrenzung wurde bereits im Abschnitt 5.2 kurz betrachtet. Näheres folgt unter Abschnitt 5.7.4. Der umgekehrte Fall, die Empfangsimpulse zu verkürzen, soll nunmehr betrachtet werden.

5.4. Pulskompression beim Radar

Ein Radargerät vermag um so feinere räumliche Details der Umgebung darzustellen, je kürzer die Impulsdauer ist. Kurze Impulse erfordern aber eine entsprechend große Bandbreite im Empfänger, wodurch auch mehr Rauschleistung aufgefangen wird, was wiederum auf den Signal-Rausch-Abstand und damit auf die Reichweite des Radargerätes einen ungünstigen Einfluß ausübt. Andererseits wäre der Erzeugung von Impulsen mit sehr hohen Spitzenwerten bei entsprechend großer, der gewünschten Reichweite angepaßter Energie im Sendegerät wegen Überbeanspruchung der Isoliermaterialien eine Grenze gesetzt. Einen Ausweg bieten Verfahren der Pulskompression bei trägermodulierten Impulsen, die durch Maßnahmen der Modulation im Sender und der Filterung im Empfänger erreichen, daß die Impulshöhe bei gleichbleibender Energie auf Kosten der Dauer im Empfänger vergrößert wird, ohne daß der Sender durch hohe Spannungen überlastet würde. Ein solches Verfahren, das mit einer linearen Frequenzmodulation der Trägerschwingung arbeitet, soll hier stellvertretend für viele andere Möglichkeiten im Detail durchgerechnet werden, wobei dem Leser zugleich eine Anwendung des in den vorangegangenen Abschnitten gebotenen Stoffes vor Augen geführt wird [5.2].

Das Problem der Pulskompression kann außer mit dem hier vorgeführten Analogverfahren auch mit dem Werkzeug der Signalcodierung behandelt werden, worauf aber erst in Abschnitt 6.6 eingegangen werden kann.

Man denkt sich die Trägerfrequenz innerhalb des Impulsintervalls stetig verändert, so daß sie in dem Zeitraum T, während der Impuls aufgetastet ist, von einem Minimalwert zu einem Maximalwert läuft. Das Signal wird, ehe es in den Empfänger gelangt, durch ein Netzwerk geleitet, das die zuerst ausgesendeten niedrigen Frequenzen stärker verzögert als die folgenden höheren Frequenzen. Dies veranschaulicht Bild 5.6, in dem das von $t = -T/2$ bis $t = T/2$ aufgetastete Rechtecksignal der Anschaulichkeit halber Blöcke mit fünf verschiedenen diskreten Frequenzen enthält. Wenn das nachfolgende Verzögerungsnetzwerk für jede dieser Frequenzen eine Gruppenlaufzeitverzögerung verursacht, die mit steigender Frequenz abnimmt, so erfährt die Schwingung der Frequenz f_1, die zuerst ausgesendet wird, im Empfänger eine größere Verzögerung als die Schwingung der Frequenz f_5, die als letzte an die Reihe kommt. Die Folge davon ist, daß der Zeitraum, den der Gesamtimpuls einnimmt, im ganzen verringert wird. Dies ist mit einer entsprechenden Erhöhung der Impulsamplitude verbunden. Die dadurch eintretende Erhöhung der Impulsleistung muß jedoch nicht im Sender

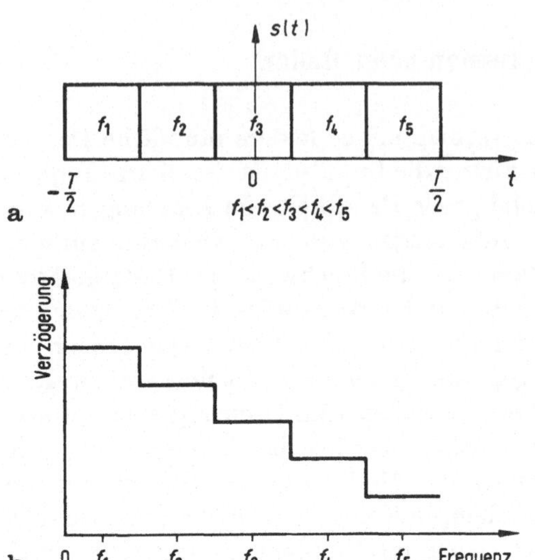

Bild 5.6a u. b. Pulskompression durch Modulation der Trägerfrequenz
und eine frequenzabhängige Laufzeit.
a) Änderung der Trägerfrequenz mit der Zeit; b) Verzögerungsfunktion des Filters.

durch eine höhere Spannung an der Senderöhre aufgebracht werden,
sondern sie entsteht im Empfänger durch eine Umordnung des Phasenspektrums des Impulses, ohne den Sender der Gefahr einer Überspannung auszusetzen. Will man die Vorgänge im einzelnen rechnerisch verfolgen, so setzt man zunächst das Signal an in der allgemeinen Form

$$\psi(t) = S(t)\, e^{j\varphi(t)}, \tag{5.22}$$

worin die Phase eine beliebige, monotone Funktion der Zeit sein kann.
Man kann beispielsweise eine lineare oder eine parabolische Frequenzmodulation benützen; es sei hier ein Ansatz gewählt in der Form

$$\varphi(t) = 2\pi\left(f_h t + \frac{1}{2}\, k t^2\right). \tag{5.23}$$

Die Augenblicksfrequenz gehorcht dem linearen Gesetz

$$f(t) = \frac{1}{2\pi}\, \dot{\varphi}(t) = f_h + k t. \tag{5.24}$$

Sie bewegt sich innerhalb des Bereiches

$$f_h - k\,\frac{T}{2} < f < f_h + k\,\frac{T}{2}, \tag{5.25}$$

und die Einhüllende soll die Rechteckfunktion

$$S(t) = \begin{cases} 1 \text{ für } -\dfrac{T}{2} < t < \dfrac{T}{2} \\[2mm] 0 \text{ sonst} \end{cases} \tag{5.26}$$

sein.

Die Modulationsgeschwindigkeit k soll so gewählt sein, daß innerhalb der halben Impulsdauer der Frequenzhub

$$\frac{k}{2}\,T < f_h$$

bleiben soll, um negative Frequenzen in der Rechnung zu vermeiden. Nimmt man (5.22), (5.23) und (5.26) zusammen, so ergibt sich für das Fourierspektrum des Impulses mit linearer Frequenzmodulation der Ausdruck

$$\Psi(f) = \int\limits_{-T/2}^{T/2} e^{\,j2\pi\left[(f_h-f)t+\frac{1}{2}kt^2\right]}\,dt. \tag{5.27}$$

Dieses Integral läßt sich geschlossen auswerten, wenn man den Exponenten zu einem vollständigen Quadrat ergänzt. Man wird dann auf die Fresnelschen Integrale geführt, die in Jahnke-Emde, Tafeln höherer Funktionen, enthalten sind. Das Ergebnis lautet:

$$\Psi(f) = \frac{1}{\sqrt{2k}}\, e^{-j\frac{\pi}{k}(f-f_h)^2}\,[Z(w_2) - Z(w_1)] \tag{5.27a}$$

mit der Abkürzung

$$Z(w) = C(w) + jS(w) = \int\limits_0^w e^{j\pi v^2/2}\,dv \tag{5.28}$$

für die komplexe Fresnelsche Funktion und

$$w_1 = \sqrt{2k}\left(-\frac{T}{2} + \frac{f_h-f}{k}\right),$$

$$w_2 = \sqrt{2k}\left(\frac{T}{2} + \frac{f_h-f}{k}\right) \tag{5.29}$$

für die Argumente.

Nunmehr verfolgt man den Durchgang durch das Laufzeitfilter. Das Kompressionsfilter soll die Fouriertransformierte

$$G(f) = |G(f)|\,e^{-jb(f)} \tag{5.30}$$

haben. Die Gruppenlaufzeit beträgt

$$T_g = \frac{db}{d\omega} = \frac{1}{2\pi} \frac{db(f)}{df}. \tag{5.31}$$

Da die Laufzeitverzögerung absichtsgemäß für die höheren Frequenzen geringer sein soll als für die niedrigeren, setzt man an

$$T_g = -m(f - f_h), \tag{5.32}$$

woraus sich wegen (5.31)

$$b(f) = -\pi m(f - f_h)^2 \tag{5.33}$$

ergibt. Die Dispersion des Filters hebt sich mit dem Phasenfaktor des Impulsspektrums (5.27a) dann völlig auf, wenn man

$$m = \frac{1}{k} \tag{5.34}$$

wählt, und eine Verzerrung durch den Amplitudengang des Filters wird dadurch ausgeschlossen, daß man

$$|G(f)| = 1$$

setzt. Dieses Filter soll also Allpaßcharakter haben. Auf diese Eigenschaft wird im Abschnitt 5.7 noch allgemein eingegangen werden.

Das Ausgangssignal des Kompressionsfilters $y(t)$ ermittelt man mit dem Faltungssatz

$$y(t) = \int_{-\infty}^{\infty} h(t - \tau)\, \psi(\tau)\, d\tau,$$

worin $h(t)$ die Impulsantwort des Netzwerkes mit einer Übertragungsfunktion ist, die man, das vorige zusammenfassend, in der Form

$$G(f) = e^{j\frac{\pi}{k}(f-f_h)^2}$$

schreiben kann. Die noch zu ermittelnde Impulsantwort wird durch das Integral

$$h(t) = \int_{-\infty}^{\infty} e^{j2\pi\left[ft + \frac{1}{2k}(f-f_h)^2\right]}\, df$$

$$= \sqrt{jk}\; e^{j2\pi\left(f_h t - \frac{1}{2} k t^2\right)} \tag{5.35}$$

dargestellt.

Führt man schließlich $\psi(t)$ und $h(t)$ aus (5.22) und (5.35) in das Faltungsintegral ein, so erhält man

$$y(t) = \sqrt{jk} \int\limits_{-T/2}^{T/2} e^{j2\pi\left[f_h t - \frac{1}{2} kt^2 + kt\tau\right]} d\tau$$

$$= T\sqrt{jk} \, \frac{\sin \pi kTt}{\pi kTt} \, e^{j2\pi\left(f_h t - \frac{1}{2} kt^2\right)}. \tag{5.36}$$

Die Größe kT bedeutet die maximale Frequenzdifferenz, die bei der Modulation erreicht wird. Sie sei mit

$$kT = \Delta f_m \tag{5.37}$$

bezeichnet. Die Größe

$$D = T\Delta f_m = kT^2 \tag{5.38}$$

wird als Dispersionsfaktor bezeichnet. Mit diesen Größen kann man das Ergebnis (5.36) auch in der Form

$$y(t) = \sqrt{\frac{D}{2}} \, \text{si}\left(\pi D \, \frac{t}{T}\right) e^{j2\pi\left(f_h t - \frac{1}{2} kt^2\right)} \tag{5.36a}$$

anschreiben und stellt dabei fest, daß die Amplitude des komprimierten Impulses gegenüber der ursprünglichen Einhüllenden (5.26) um den Faktor $\sqrt{D/2}$ vergrößert und die Impulsdauer, in den ersten Nulldurchgängen gemessen, um den Faktor $D/2$ vermindert erscheint. Das Produkt (Amplitude zum Quadrat $\times$ Zeit) ist ein Maß für die in dem Impuls steckende Energie, die sich bei dem Kompressionsvorgang mithin nicht verändert hat.

Die Verhältnisse sind in Bild 5.7 veranschaulicht. Der zentrale, stark versteilerte Impuls ist von einer Reihe von Vor- und Nachläufern begleitet, die unerwünscht sind, weil sie die Eindeutigkeit der Ortungsergebnisse in Frage stellen. Es hat darum nicht an Versuchen gefehlt, die Impulsform dadurch zu verbessern, daß an Stelle eines linearen ein nichtlineares Gesetz der Frequenzänderung mit der Zeit gewählt wurde. Hierzu siehe die am Schluß dieses Buches referierten Arbeiten über Radartechnik [5.3, 5.4, 5.5, 5.6].

Es kann hier nur angemerkt werden, daß die Funktion

$$s(t) = S(t) \cos\left[2\pi f_h t + \varphi(t)\right],$$

die bei beliebigen, nichtlinearen Modulationsformen der Fouriertransformation unterworfen werden muß, nicht mehr in geschlossener Form behandelt werden kann. Für eine numerische Ausführung der

Fourierintegrale besteht die Schwierigkeit vor allem darin, daß die Funktion $\cos[2\pi f_h t + \varphi(t)]$ wegen der hohen Frequenz f_h sehr schnell veränderlich ist und die Intervalle bei der numerischen Integration deswegen sehr eng gewählt werden müssen. Hier hilft ein Näherungs-

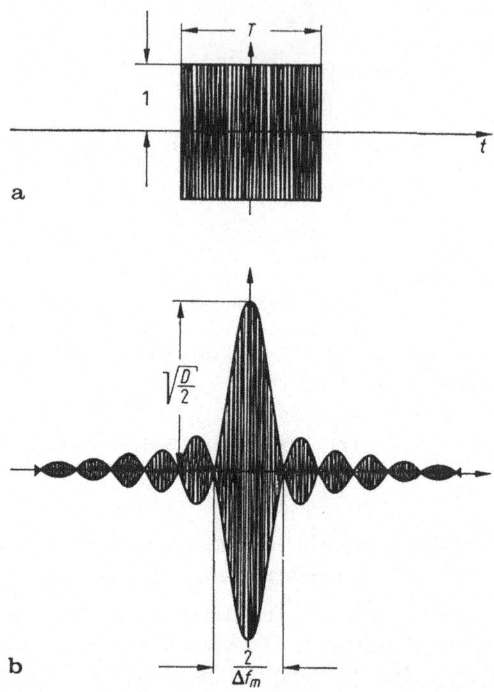

Bild 5.7a u. b. Lineare Frequenzmodulation des Trägers.
a) Form des Ausgangsimpulses; b) Form des komprimierten Impulses.

verfahren weiter, das schon seit langer Zeit in der theoretischen Optik angewendet wird und von Lord Kelvin stammt, nämlich das Prinzip der stationären Phase [5.7]. Es ist für die Berechnung frequenzmodulierter Signale von Bedeutung und kann in dem Werk von Cook und Bernfeld [5.3] im Detail nachgelesen werden.

5.5. Das Prinzip der stationären Phase

Der Grundgedanke des Prinzips der stationären Phase besteht darin, daß wegen der schnellen periodischen Vorzeichenwechsel des Integranden in dem Fourierintegral

$$\Psi(\omega) = \int_{-\infty}^{\infty} S(t)\, \mathrm{e}^{-\mathrm{j}[\omega t + \varphi(t)]}\, \mathrm{d}t \tag{5.39}$$

sich die Beiträge zum Integral weitgehend aufheben und nur solche Punkte etwas zur Integration beitragen, in denen die Phasenfunktion sich gerade nur wenig ändert. Diese Punkte sind dadurch gekennzeichnet, daß in ihnen die Phase stationär wird. Man findet diese Zeitpunkte aus der Bedingung

$$\frac{\mathrm{d}}{\mathrm{d}t}\,[\omega t + \varphi(t)] = 0, \tag{5.40}$$

die in bestimmten Punkten t_k erfüllt ist. Die voraussetzungsgemäß langsam veränderliche Funktion $S(t_k)$ kann in der Umgebung von t_k als Konstante vor das Integral gezogen werden, das verbleibende Integral ist dann zumeist leicht ausführbar. Die Methode liefert auf relativ bequeme Weise eine Näherungslösung.

Voraussetzung für das Gelingen dieser Näherungsrechnung ist, daß der stationäre Punkt t_k innerhalb des Definitionsbereiches der Funktion $S(t)$ liegt.

5.6. Das Auflösungsvermögen bei verrauschten Impulsen

Es sei nach der vorangegangenen allgemeinen Beschreibung der modulierten Trägerimpulse nunmehr auf die spezielle Form der vom Radarziel in den Empfänger einlaufenden Signale eingegangen, denn diese enthalten letzten Endes die gesamten Informationen über den Ort und die Bewegung des Objektes. Das vom Sender ausgehende Impulssignal, das in (5.14) zu

$$s(t) = S(t)\cos\left(2\pi f_h t + \varphi\right)$$

angesetzt worden ist, erfährt nach seiner Rückkehr zum Empfänger eine Schwächung, ferner eine Laufzeitverzögerung um den Betrag

$$T_R = \frac{2R}{c} \tag{5.41}$$

und eine Frequenzverschiebung infolge des von der Eigenbewegung des Objektes herrührenden Dopplereffektes im Betrag

$$f_D = \pm\frac{2v}{c}\,f_h. \tag{5.42}$$

Dabei bedeuten c die Lichtgeschwindigkeit, R die radiale Entfernung des Objektes vom Sende-Empfangsgerät und v die radiale Geschwindigkeitskomponente der Relativbewegung. Das in den Empfänger einlaufende Signal hat also die Form

$$s_2(t) = S_2(t)\cos\left[2\pi(f_h + f_D)\,(t - T_R) + \varphi_2\right]. \tag{5.43}$$

Die Einhüllende $S_2(t)$ kann dabei sowohl der Form als auch dem Spitzenwert nach von $S(t)$ verschieden sein. Auf welche Weise S_2 mit S zusammenhängt, beruht darauf, wie die geometrische Form des Objektes beschaffen ist und welche Nebenreflexionen der Radarstrahl durch statistische Störungseinflüsse auf seinem Ausbreitungswege erfährt. Dies interessiert aber zu Anfang nicht so sehr wie die ganz grundsätzliche Frage, wie man die Impulsform zu wählen hat, um die beiden Unbekannten T_R *und* f_D möglichst genau zu messen. Dabei stellt man fest, daß sich diese beiden Anforderungen widersprechen, denn um ein Objekt genau zu lokalisieren, benötigt man einen kurzen Impuls mit einem notwendigerweise breiten Spektrum, wogegen für die genaue Messung der Dopplerverschiebung ein schmales Spektrum, d. h. ein langer Impuls, vorteilhaft wäre. Folglich muß man Genauigkeit der einen Größe mit einer Ungenauigkeit der anderen bezahlen, und die Situation erinnert sehr an das Problem der Meßgenauigkeit komplementärer Größen in der Quantenphysik. Bekanntlich stehen dort komplementäre Größen, wie Impuls und Ort oder Energie und Zeit, in einer von Heisenberg formulierten Beziehung zueinander, die besagt, daß das Produkt der Meßfehler solcher komplementären Größen grundsätzlich nicht kleiner sein kann als die Hälfte der Planckkonstante h. Eine kurze, mehr qualitative Überlegung zeigt sehr schnell, daß sich auch beim Radarmeßproblem eine Beziehung von gewisser formaler Ähnlichkeit aufstellen läßt, die man als die *Unschärferelation der Radartechnik* bezeichnet hat [5.8]. Wir beginnen mit einer anschaulichen Darstellung des Problems und lassen eine exaktere Fassung folgen. Dazu sei der „Impuls" bzw. die Einhüllende der Hochfrequenzschwingung als ein Teil der Sinuslinie

$$S(t) = A \sin 2\pi f t \tag{5.44}$$

dargestellt, die zwischen zwei Nulldurchgängen herausgeschnitten ist (s. Bild 5.8). Wenn dieser „Meßimpuls" durch eine Rauschspannung $r(t)$ gestört wird, verschiebt sich, wie das Bild zeigt, der Zeitpunkt des Nulldurchganges, der als stellvertretend für den Ankunftszeitpunkt des Echos anzusehen ist, um einen Betrag ΔT. Für diese Unsicherheitsspanne ΔT gilt offenbar

$$\Delta T = \frac{r(t)}{\text{Steigung von } S \text{ im Nullpunkt}}. \tag{5.45}$$

Der Nenner aber ist leicht anzugeben; aus (5.44) folgt nämlich

$$S'(0) = A 2\pi f.$$

Geht man, da der Verlauf von $r(t)$ im einzelnen unbekannt ist, zu qua-

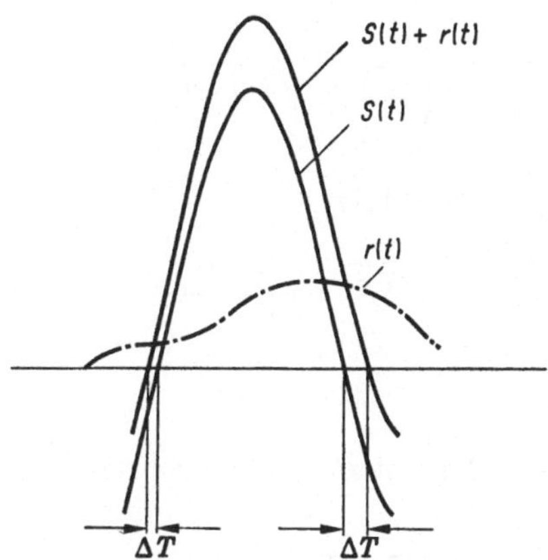

Bild 5.8. Modell eines verrauschten Radarmeßimpulses.

dratischen Mittelwerten über, so erhält man

$$\overline{\Delta T^2} = \frac{\overline{r(t)^2}}{(2\pi f)^2 \, A^2}. \tag{5.45a}$$

Die Amplitudenquadrate A^2 und $\overline{r(t)^2}$ kann man ersetzen durch die Leistung des Empfangssignals

$$P = \frac{1}{2}\, A^2 \tag{5.46a}$$

und durch die Leistung der Störung

$$N = \overline{r(t)^2}. \tag{5.46b}$$

Mit diesen Größen haben wir

$$\overline{\Delta T^2} = \frac{1}{(2\pi f)^2 \, \dfrac{2P}{N}}. \tag{5.47}$$

Wenden wir uns nun der Frequenzmessung zu. Sie besteht in der Feststellung des Abstandes der beiden aufeinanderfolgenden Nulldurchgänge und ist deshalb um den Faktor $\sqrt{2}$ ungenauer als die Messung *eines* Nulldurchganges mit der Unsicherheit ΔT. Wegen der Beziehung

$$fT = 1$$

gilt

$$\frac{\Delta f}{f} = -\frac{\Delta T}{T}, \tag{5.48}$$

und damit wird

$$\sqrt{\overline{\Delta f^2}} = \sqrt{2}\,\sqrt{\overline{\Delta T^2}}\,\frac{f}{T}. \tag{5.49}$$

Setzt man aus (5.47) ein, so folgt

$$\sqrt{\overline{\Delta f^2}} = \frac{1}{2\pi T\,\sqrt{\dfrac{P}{N}}}. \tag{5.49a}$$

Durch Multiplikation der beiden Meßunsicherheiten miteinander erhält man

$$\sqrt{\overline{\Delta T^2}}\,\sqrt{\overline{\Delta f^2}} = \frac{1}{\sqrt{2}\,(2\pi)^2\,\dfrac{P}{N}}. \tag{5.50}$$

Obzwar das verwendete Impulsmodell nur ein provisorisches ist und aus diesem Grunde der Zahlenfaktor von P/N auch nur als provisorisch zu gelten hat, ist die Abhängigkeit vom Signal-Rausch-Verhältnis charakteristisch. Es zeigt sich, daß das Unschärfeprodukt prinzipiell unter jeden vorgegebenen Wert gedrückt werden kann, sofern nur die Signalleistung entsprechend hoch gewählt wird. Darin besteht ein grundsätzlicher Unterschied zu der Situation in der Quantenmechanik, wo das Plancksche Wirkungsquantum eine nicht-unterschreitbare Grenze setzt. Insofern ist die Ähnlichkeit mit der Quantenphysik nur formaler Natur.

5.7. Die Reaktion von Netzwerken auf Impulse

In diesem Abschnitt soll die Verformung von Impulsen in Netzwerken, die aus passiven Elementen bestehen, etwas eingehender untersucht werden. Im Abschnitt 5.2 wurde bereits gezeigt, daß bei einer Einschränkung der Bandbreite die Impulse verbreitert werden und daß außerdem Einschwingvorgänge entstehen. Bei zeitlicher Bündelung von Signalen beeinflussen sich dann die verschachtelten Impulse; Verzerrungen und Nebensprechen sind die Folge. Dabei war stillschweigend ein linearer Gang der Phase mit der Frequenz vorausgesetzt, das heißt konstante Laufzeit. Die Phasenverzerrungen im Übertragungsbereich, wie sie in wirklichen Netzwerken immer auftreten, rufen jedoch ebenfalls Einschwingvorgänge hervor. Außerdem sind die behandelten Fragen von grundsätzlicher Bedeutung für die Verarbeitung und Umformung von Impulsen, sofern sie für bestimmte technische Zwecke absichtlich herbeigeführt werden.

Die Grundlagen für die Lösung der gestellten Aufgabe sind in den vorangegangenen Abschnitten über die Fourier-, Laplace- und $\mathscr{Z}$-Transformation gegeben. Im Abschnitt 2.3 wurde bereits gesagt, daß passive Netzwerke eine rational gebrochene algebraische Übertragungsfunktion haben, deren Impulsreaktion mit Hilfe des Heavisideschen Entwicklungssatzes (2.86) ermittelt werden kann [5.9]. Diese Ansätze sollen im folgenden weiter ausgebaut werden. Das oben erwähnte Bemühen, den Frequenzgang der Phase im Übertragungsbereich genügend linear zu halten, wird dadurch erschwert, daß dieser Gang mit dem Dämpfungsgang im Sperrbereich verkoppelt ist. Abschnitt 5.7.2 erläutert die Zusammenhänge zwischen dem Dämpfungs- und Phasengang von Netzwerken, deren Aufklärung wohl im wesentlichen H. W. Bode zu verdanken ist. In den Abschnitten 5.7.3 und 5.7.4 werden dann die Wirkungen von Dämpfungs- und Phasenverzerrungen auf die Form von Impulsen systemtheoretisch, das heißt unter Annahme idealisierter Dämpfungs- und Phasengänge näher betrachtet.

Enthält ein Netzwerk nichtlineare Bauelemente wie Dioden oder Transistoren, so muß man zur Beschreibung auf die Ströme und Spannungen in den einzelnen Maschen zurückgehen, um die nichtlinearen Abhängigkeiten zu erfassen. Die Ströme und Spannungen werden als die Variablen des Netzwerkes bezeichnet, und ihre gegenseitigen Verknüpfungen bestehen in Differentialgleichungen, die Ableitungen der Variablen nach der Zeit enthalten. Man hat ein System endlich vieler, untereinander verknüpfter Differentialgleichungen zu lösen, wobei zweckmäßig die Integration mit Hilfe von elektronischen Rechenanlagen durchgeführt wird. Es gibt zu diesem Zweck Netzwerkanalyse-Programme für die verschiedensten Netzwerke. Auf diese Richtung soll im Abschnitt 5.8 noch etwas näher eingegangen werden, da sie in der modernen Netzwerkentwicklung unentbehrlich geworden ist.

5.7.1. Die Grundeigenschaften der Übertragungsfunktion von Netzwerken

Für einen Vierpol, der beliebig aus Widerständen R, $j\omega L$ oder $1/j\omega C$ aufgebaut sein kann, läßt sich für eine andauernde Sinusschwingung der Kreisfrequenz ω die Übertragungsfunktion, die als Verhältnis einer Ausgangsgröße zu einer Eingangsgröße definiert ist, mit Hilfe der Kirchhoffschen Regeln berechnen. Die reellen Widerstände R können dabei entweder in Vierpolen enthalten sein oder nur als Abschlußwiderstände dienen. Dies ist der Fall bei Reaktanzvierpolen.

In allgemeiner Form kann die Übertragungsfunktion $G(p)$ solcher Netzwerke in der Form (2.84) als gebrochene rationale Funktion

$$G(p) = A_0 \frac{\prod\limits_{s=1}^{m} (p - p_s)}{\prod\limits_{r=1}^{n} (p - p_r)} \qquad (5.51)$$

dargestellt werden, wobei im Nenner höchstens so viele Faktoren $p - p_r$ vorkommen, wie der Vierpol Reaktanzelemente enthält. Aus der Form (5.51) lassen sich einfach die Einschwingvorgänge des Netzwerkes bestimmen, wenn man die Werte p_s der Nullstellen und die Werte p_r der Pole in der komplexen p-Ebene kennt. Die Beziehungen zwischen den Größen p_r und p_s und den Elementen der Netzwerke sind Gegenstand der Filtertheorie und sollen hier nicht behandelt werden. Es sollen nur die wichtigsten allgemeinen Gesetze über die Lage von Polen und Nullstellen erwähnt werden.

Es gelten die folgenden Sätze:

1. Die Nullstellen oder Pole sind entweder reell oder sie müssen in konjugiert-komplexen Paaren auftreten. Siehe dazu Bild 5.9, das

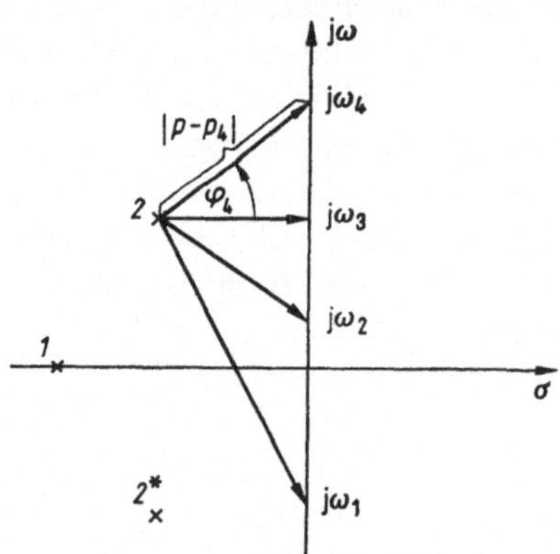

Bild 5.9. Lage von Nullstellen und Polen der Übertragungsfunktion linearer Netzwerke.

die reelle Wurzel 1 und das komplexe Paar 2 und 2* zeigt. Die betreffenden Linearfaktoren $p - p_i$ von (5.51) erhält man durch die Konstruktion der Zeiger von den betreffenden Punkten, z. B. vom Punkt 2 zu den Frequenzwerten $j\omega$ der imaginären Frequenzachse.

2. Die Pole können nie einen positiven Realteil haben, d. h. sie müssen alle in der linken Halbebene liegen. Physikalisch bedeutet dies, daß in passiven Netzwerken nach Aufhören der Ursache nur abklingende Eigenschwingungen auftreten können.

3. Die Nullstellen können sowohl einen positiven als auch einen negativen Realteil haben.

Hat ein Netzwerk k Nullstellen $p_s = p_I, p_{II}, \ldots, p_k$ in der rechten Halbebene — die übrigen Nullstellen p_{k+1} bis p_m sollen in der linken Halbebene liegen —, so kann (5.51) durch Erweiterung mit Gliedern der Form

$$\frac{p - \overline{p}_s}{p - \overline{p}_s}$$

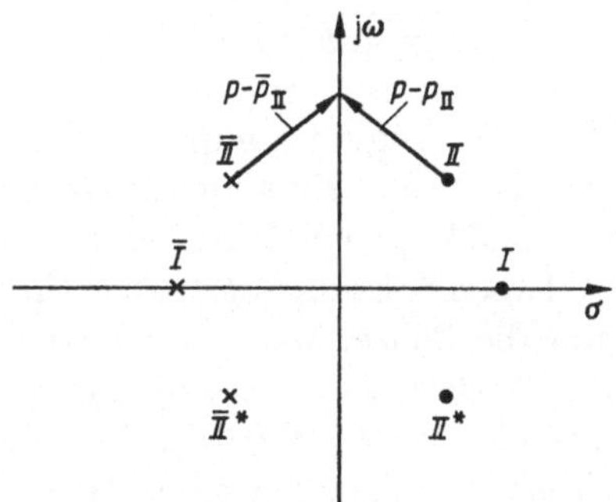

Bild 5.10. Nullstellen und Pole beim Allpaß.

in zwei Teile aufgespalten werden; $\overline{p}_s$ soll dabei den gleichen Imaginärteil wie p_s, dagegen den entgegengesetzt gleichen Realteil haben. Bild 5.10 zeigt ein Beispiel für drei Nullstellen p_I, p_{II} und p_{II}^*. (5.51) erweitert sich dann zu

$$G(p) = A_0 \frac{(p - p_I) \cdots (p - p_k)}{(p - \overline{p}_I) \cdots (p - \overline{p}_k)}$$
$$\cdot \frac{(p - p_{k+1}) \cdots (p - p_m)(p - \overline{p}_I) \cdots (p - \overline{p}_k)}{(p - p_1)(p - p_2) \cdots (p - p_n)}. \tag{5.52}$$

Diese Übertragungsfunktion kann durch zwei in Kette geschaltete Vierpole realisiert werden. Die Übertragungsfunktion des ersten Vierpols, die durch den vorderen Teil von (5.52) gegeben ist, werde zuerst betrachtet. Sie besteht nur noch aus Gliedern von der Form

$$\frac{p - p_s}{p - \overline{p}_s}. \tag{5.53}$$

Als Beispiele sind in Bild 5.10 die zu den Nullstellen p_I, p_{II}, p_{II}^* gehörenden Pole $\overline{p}_I$, $\overline{p}_{II}$ und $\overline{p}_{II}^*$ eingetragen.

Bei reellen p_s-Werten treten nur die Glieder der Form

$$\frac{p - a}{p + a} \tag{5.54}$$

auf, wobei a eine positiv reelle Zahl ist (Punkte I und $\bar{I}$ in Bild 5.10). Der Betrag dieses Faktors ist aber gleich Eins. Bei komplexen Werten von p_s (Punkte II in Bild 5.10) können nach dem Satz 1 immer nur Glieder der Form

$$\frac{(p - b)\,(p - b^*)}{(p + b)\,(p + b^*)} \tag{5.55}$$

erscheinen, wenn b^* der konjugiert-komplexe Wert von b ist. Auch der Betrag dieses Bruches ist gleich Eins, damit ist der Betrag des ganzen vorderen Teiles von (5.52) gleich Eins. Man nennt solche Vierpole *Allpaß*netzwerke; sie lassen Schwingungen aller Frequenzen ungedämpft durch und drehen nur die Phase. Man bezeichnet Glieder, die die Form (5.54) haben, als *Allpaßnetzwerke erster Ordnung*, Glieder von der Form (5.55) als *Allpaßnetzwerke zweiter Ordnung*. Jedes beliebige Allpaßnetzwerk kann aus einer Kette von Allpaßnetzwerken dieser beiden Gattungen zusammengesetzt werden. Es gilt somit der Satz:

4. Ein Allpaßnetzwerk hat ebenso viele Nullstellen wie Pole. Zu jedem Polpaar in der linken Halbebene gehört ein symmetrisch dazu gelegenes Nullstellenpaar in der rechten Halbebene.

Nunmehr sei der zweite Teil von (5.52) betrachtet. Er enthält *keine* Nullstellen in der rechten Halbebene mehr. Ein Netzwerk mit einer solchen Übertragungsfunktion ist allpaßfrei, es besitzt „minimale Phase". Es gilt somit der wichtige Satz:

5. Die Nullstellen *und* Pole können bei einem Netzwerk minimaler Phase nie einen positiven Realteil haben.

Da nach (2.81a) die Übertragungsfunktion

$$G = \mathrm{e}^{-g} = \mathrm{e}^{-a-\mathrm{j}b} \tag{5.56}$$

lautet, erhalten wir für das komplexe Dämpfungsmaß

$$g = a + \mathrm{j}b = -\ln G(p). \tag{5.57}$$

Für einen Tiefpaß kann für kleine Werte von p eine Potenzreihenentwicklung gemacht werden. Wir gehen von (5.51) in ausgeschriebener Form aus:

$$G(p) = A_0{}' \,\frac{1 + g_1 p + g_2 p^2 + \cdots + g_m p^m}{1 + h_1 p + h_2 p^2 + \cdots + h_n p^n}. \tag{5.51a}$$

Nach Ausführung der Division und durch Vergleich von Real- und Imaginärteil erhält man für die reellen Größen a und b mit $p = j\omega$ folgende Entwicklungen:

$$a(\omega) = \omega^2 \left[g_2 - h_2 - \frac{1}{2}\,(g_1{}^2 - h_1{}^2) \right] + \omega^4 \left[h_4 - g_4 - \frac{1}{2}\,(h_2{}^2 - g_2{}^2) \right.$$

$$\left. - (h_1 h_3 - g_1 g_3) - \frac{2}{3}\,(h_1{}^2 h_2 - g_1{}^2 g_2) \right] + \omega^6 \left[\cdots \right] + \cdots \qquad (5.58)$$

und

$$b(\omega) = \omega(h_1 - g_1) + \omega^3 \left[g_3 - h_3 - g_1 g_2 + h_1 h_2 + \frac{1}{3}\,(g_1{}^3 - h_1{}^3) \right]$$

$$+ \omega^5 \left[\ldots \right] + \cdots \qquad (5.59)$$

Diese Ableitung läßt sich auch auf Bandfilter ausdehnen. Allgemein gilt folgender Satz:

6. Bei jedem realisierbaren, passiven Netzwerk ist die Dämpfung eine gerade und die Phase eine ungerade Funktion der Frequenz. Die Grundlaufzeit ist

$$t_0 = h_1 - g_1 \qquad (5.60)$$

und wird nur durch die Koeffizienten h_1 und g_1 der Funktion (5.51a) bestimmt; h_1 muß stets größer als g_1 sein, wenn sich keine negativen Grundlaufzeiten ergeben sollen.

5.7.2. Dämpfungs- und Phaseneigenschaften von Netzwerken minimaler Phase

Die Funktionen $a(\omega)$ und $b(\omega)$ eines Minimalphasennetzwerkes sind voneinander nicht unabhängig, sondern sind miteinander als Real- und Imaginärteil der komplexen Funktion (5.57) durch die Hilberttransformationen verknüpft. Vielfach sind diese Zusammenhänge auch mit dem Namen Bode [5.10] verbunden, von dem diese Betrachtungen in die Netzwerktheorie eingeführt worden sind.

Auf den Real- und Imaginärteil des komplexen Dämpfungsmaßes $a + jb$ als Funktionen von ω angewendet, lauten die Bodeschen Beziehungen

$$a(\omega_x) = -\frac{1}{\pi} \int\limits_{-\infty}^{\infty} \frac{b(\omega)\,\mathrm{d}\omega}{\omega - \omega_x}, \qquad (5.61\,\mathrm{a})$$

$$b(\omega_x) = \frac{1}{\pi} \int\limits_{-\infty}^{\infty} \frac{a(\omega)\,\mathrm{d}\omega}{\omega - \omega_x}. \qquad (5.61\,\mathrm{b})$$

Die Symmetrieeigenschaften von Satz 6 bestehen in den Beziehungen

$$a(-\omega_x) = a(\omega_x), \quad b(-\omega_x) = -b(\omega_x) \tag{5.62}$$

und können dazu benützt werden, die Integrationen nur auf den Bereich positiver Frequenzen zu beschränken.

Man findet dann nach einfachen Zwischenrechnungen

$$a(\omega_x) = -\frac{2}{\pi} \int_0^\infty \frac{\omega\, b(\omega)\, \mathrm{d}\omega}{\omega^2 - \omega_x{}^2}, \tag{5.63a}$$

$$b(\omega_x) = \frac{2\omega_x}{\pi} \int_0^\infty \frac{a(\omega)\, \mathrm{d}\omega}{\omega^2 - \omega_x{}^2}. \tag{5.63b}$$

Dieses Gleichungspaar stellt eine von mehreren Formen dar, die als Bodesche Gleichungen in der Netzwerktheorie benutzt werden. Weitere Formen lassen sich durch Transformation der Variablen und partielle Integration ableiten. Eine von diesen lautet

$$a(\omega_x) = -\frac{\omega_x}{\pi} \int_0^\infty \frac{\mathrm{d}\left(\dfrac{b}{\omega}\right)}{\mathrm{d}\omega} \ln\left|\frac{\omega + \omega_x}{\omega - \omega_x}\right| \mathrm{d}\omega, \tag{5.63c}$$

$$b(\omega_x) = \frac{1}{\pi} \int_0^\infty \frac{\mathrm{d}a}{\mathrm{d}\omega} \ln\left|\frac{\omega + \omega_x}{\omega - \omega_x}\right| \mathrm{d}\omega. \tag{5.63d}$$

Wir bringen zwei Beispiele zur Erläuterung:

1. Zum Tiefpaß mit Dämpfungssprung bei der Sprungfrequenz ω_a soll die zugehörige Phasenkurve berechnet werden. Es soll also gelten

$$a(\omega) = \begin{cases} 0 & \text{für } \omega < \omega_a \\ K & \text{für } \omega > \omega_a. \end{cases}$$

Die Anwendung von (5.63b) ergibt

$$b(\omega_x) = \frac{2}{\pi}\,\omega_x K \int_{\omega_a}^\infty \frac{\mathrm{d}\omega}{\omega^2 - \omega_x{}^2} = \frac{K}{\pi} \ln \frac{\omega_a + \omega_x}{\omega_a - \omega_x} \text{ für } \omega_x < \omega_a$$

und

$$b(\omega_x) = \frac{2}{\pi}\,\omega_x K \lim_{\varepsilon \to 0}\left[\int_{\omega_a}^{\omega_x-\varepsilon} \frac{d\omega}{\omega^2 - \omega_x^2} + \int_{\omega_x+\varepsilon}^{\infty} \frac{d\omega}{\omega^2 - \omega_x^2}\right]$$

$$= \frac{K}{\pi} \ln \frac{\omega_x + \omega_a}{\omega_x - \omega_a} \text{ für } \omega_x > \omega_a. \tag{5.64}$$

Als geschlossene Lösung für den ganzen Bereich läßt sich statt dessen schreiben

$$b(\omega_x) = \frac{K}{\pi} \ln \left| \frac{\omega_x + \omega_a}{\omega_x - \omega_a} \right| \text{ für } 0 < \omega_x < \infty. \tag{5.64a}$$

Bei Annäherung an die Sprungfrequenz wird die Phase unendlich groß, woraus hervorgeht, daß ein idealer Tiefpaß bei unendlicher Laufzeit nur mit unendlich vielen Gliedern approximierbar ist. Bild 5.11

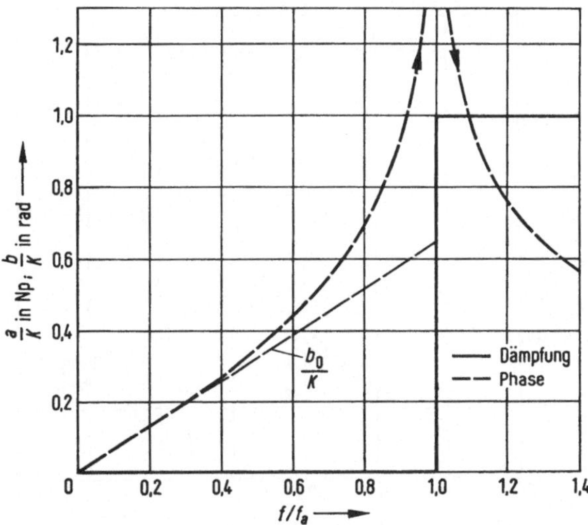

Bild 5.11. Dämpfung und Phase bei einem Tiefpaß mit Dämpfungssprung.

zeigt eine bei niedrigen Frequenzen lineare Phasenkurve, die mit zunehmender Annäherung an ω_a stärker als linear wächst und bei ω_a selbst unendlich wird, da $da/d\omega$ dort unendlich groß ist. Danach fällt die Phase wieder monoton ab und geht asymptotisch gegen Null. In noch stärkerem Maße trifft dies für einen idealisierten Tiefpaß zu, bei dem im Sperrbereich eine unendlich große Dämpfung vorhanden sein soll. Er hätte selbst bei niedrigen Frequenzen eine unendlich große Laufzeit. In Bild 5.11 sind sowohl der Dämpfungs- wie der Phasenverlauf durch Division mit K normiert.

2. Als nächstes Beispiel nehmen wir einen Tiefpaß mit endlich steiler Flanke des Dämpfungssprunges. Die Dämpfung soll folgenden Verlauf haben:

$$
a(\omega) = \begin{cases} 0 & \text{für } \omega < \omega_1 \\[2mm] K\,\dfrac{\omega - \omega_1}{\omega_2 - \omega_1} & \text{für } \omega_1 < \omega < \omega_2. \\[2mm] K & \text{für } \omega_2 < \omega < \infty \end{cases} \tag{5.65}
$$

Das gleiche Rechenverfahren wie vorhin liefert

$$
b(\omega_x) = \frac{K}{\pi(\omega_2 - \omega_1)} \left\{ \omega_x \ln \left| \frac{\omega_2{}^2 - \omega_x{}^2}{\omega_1{}^2 - \omega_x{}^2} \right| - \omega_1 \ln \left| \frac{\omega_1 + \omega_x}{\omega_1 - \omega_x} \right| \right.
$$

$$
\left. + \omega_2 \ln \left| \frac{\omega_2 + \omega_x}{\omega_2 - \omega_x} \right| \right\}. \tag{5.66}
$$

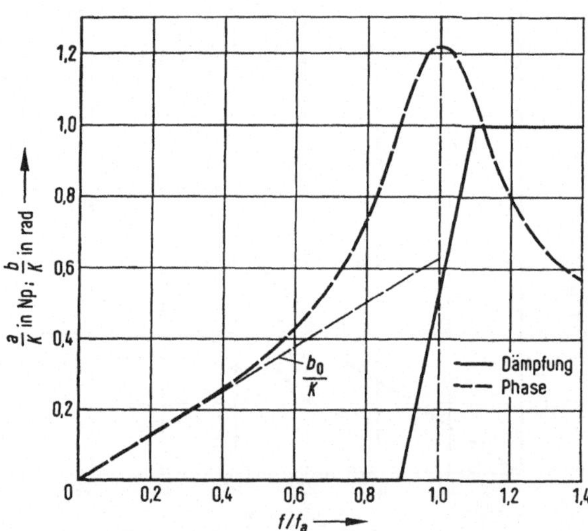

Bild 5.12. Dämpfung und Phase bei einem Tiefpaß mit endlicher Steilheit des Dämpfungssprunges.

In Bild 5.12 ist der Phasenverlauf gezeichnet für den Fall, daß

$$
\frac{f_1}{f_a} = 0{,}9 \quad \text{und} \quad \frac{f_2}{f_a} = 1{,}1
$$

beträgt, d. h. bei einem Bandverlust von 20%. Da jetzt die Ableitung $da/d\omega$ keinen Pol mehr hat, bleibt die Phase endlich; sie hat in der Mitte des Übergangsbereiches bei $f = f_a$ ein Maximum und fällt danach wie im vorigen Bild gegen Null ab. Die Phasenabweichung vom linearen Verlauf, die für die Verzerrung der Impulse maßgebend ist, nimmt bei Annäherung an den Dämpfungssprung zu und ist wesentlich gemildert, wenn der Übergang vom Durchlaß- zum Sperrbereich stetig verläuft. Man trachtet im allgemeinen danach, im Durchlaßbereich einen linearen Phasengang ohne Allpaßglieder zu erhalten; dies kann durch einen geeigneten Dämpfungsverlauf erreicht werden. Es seien zunächst die Dämpfungs-kurven solcher Filter untersucht, die eine Linearisierung des Phasenganges bewirken. Es ist interessant, welcher Dämpfungsgang sich ergibt, wenn ein Tiefpaß für alle Frequenzen einen linearen Phasengang haben soll. Soll die Laufzeit den Wert t_0 haben, so ist zur Beantwortung dieser Frage

$$b = \omega t_0 \qquad (5.67\,\mathrm{a})$$

in die Formel (5.61a) einzusetzen. Man stellt fest, daß der Integrand identisch verschwindet und das Ergebnis

$$a(\omega_x) = 0 \qquad (5.67\,\mathrm{b})$$

lautet. Demnach müßte bei endlicher Laufzeit die Dämpfung verschwin-den; eine Filtercharakteristik wäre dann nicht vorhanden. Wie aber später gezeigt werden wird, kann man einen linearen Phasengang auch dann noch mit beliebiger Genauigkeit herstellen, wenn man für die Dämpfungsfunktion ein quadratisches Gesetz wählt, d. h.:

$$a(\omega) = c\omega^2. \qquad (5.68)$$

Allerdings strebt dabei die Laufzeit gegen unendlich große Werte. Mit der Dämpfungsfunktion (5.68) wird der Übertragungsfaktor

$$G(\omega) = \mathrm{e}^{-c\omega^2 - j\omega t_0}, \qquad (5.69)$$

den man oftmals als „Gaußschen Übertragungsfaktor" bezeichnet. Die Phase hat einen linearen Gang für alle Frequenzen, ist aber im End-lichen schon unendlich groß, das bedeutet, daß ein solches Filter nur mit unendlich großem Aufwand zu realisieren wäre. Man wird natürlich für praktische Fälle den Gaußschen Übertragungsfaktor nicht bis zu unend-lich hohen Frequenzen anstreben müssen. Es soll deshalb untersucht werden, wie weit die Annäherung an die Gaußsche Funktion getrie-ben werden muß, wenn es möglich sein soll, in der Praxis mit ihr zu rechnen.

Es sei der Fall betrachtet, daß von einer Frequenz ω_a an die Dämp-fung nicht mehr mit ω^2, sondern nur noch mit $\ln \omega$ steigt. Die Phase errechnen wir in zwei Schritten. Beim ersten Schritt sei

$$a_1(\omega) = \begin{cases} K \left(\dfrac{\omega}{\omega_a}\right)^2 & \text{für } \omega < \omega_a \\[2mm] K & \text{für } \omega > \omega_a \end{cases}.$$ (5.70a)

In einem zweiten Schritt lassen wir

$$a_2(\omega) = \begin{cases} 0 & \text{für } \omega < \omega_a \\[2mm] 2K \ln \dfrac{\omega}{\omega_a} & \text{für } \omega > \omega_a \end{cases}$$ (5.70b)

sein, und wir berechnen die zugehörigen Phasengänge jeweils mit Hilfe von (5. 63d).

Im ersten Fall verläuft die Integration nur bis ω_a und liefert

$$b_1(\omega) = \frac{2}{\pi} K \left[\frac{\omega}{\omega_a} + \frac{1}{2} \left(1 - \left(\frac{\omega}{\omega_a}\right)^2\right) \ln \left| \frac{1 + \dfrac{\omega}{\omega_a}}{1 - \dfrac{\omega}{\omega_a}} \right| \right].$$ (5.71a)

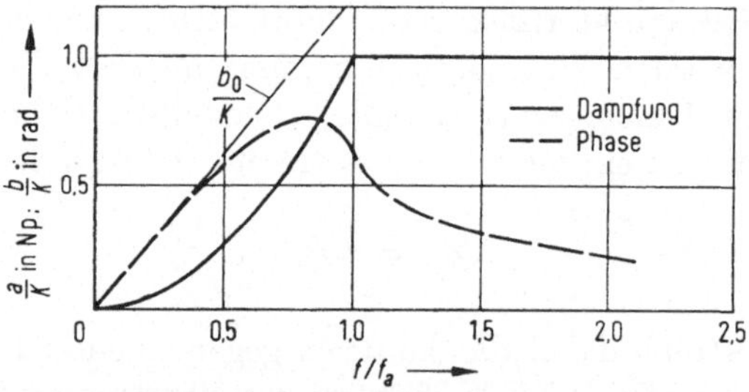

Bild 5.13a. Phase für eine quadratische Dämpfungsfunktion

$$a_1(\omega) = \begin{cases} K \left(\dfrac{\omega}{\omega_a}\right)^2 & \text{für } \omega < \omega_a \\[2mm] K & \text{für } \omega > \omega_a \end{cases};$$

Die Funktionen a_1 und b_1 sind in Bild 5.13a aufgetragen. Die Reihenentwicklung von (5.71a) lautet

$$b_1(\omega) = \frac{4}{\pi} K \left[\frac{\omega}{\omega_a} - \frac{1}{3} \left(\frac{\omega}{\omega_a}\right)^3 - \frac{1}{15} \left(\frac{\omega}{\omega_a}\right)^5 - \frac{1}{35} \left(\frac{\omega}{\omega_a}\right)^7 \pm \cdots \right].$$ (5.71b)

Die zum zweiten Schritt (5.70b) gehörige Teilphase ist

$$b_2(\omega_x) = \frac{2}{\pi} K \int_{\omega_a}^{\infty} \frac{1}{\omega} \ln \left| \frac{\omega + \omega_x}{\omega - \omega_x} \right| d\omega.$$ (5.72a)

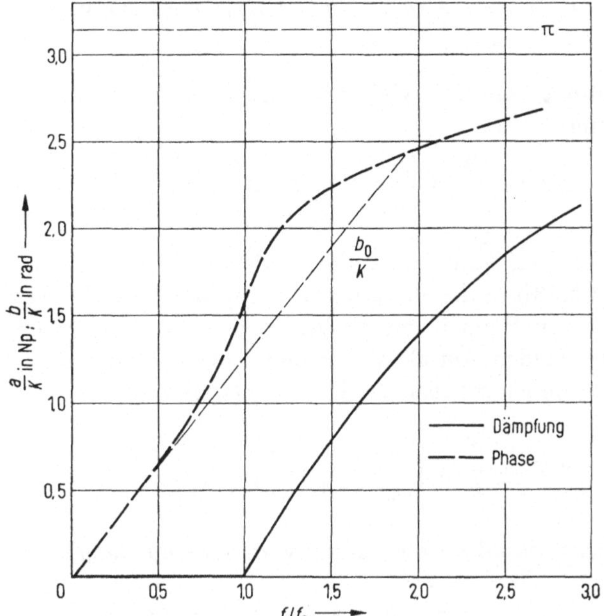

Bild 5.13 b. Phase für eine logarithmische Dämpfungsfunktion

$$a_2(\omega) = \begin{cases} 0 & \text{für} \quad \omega < \omega_a \\ 2K \ln \dfrac{\omega}{\omega_a} & \text{für} \quad \omega > \omega_a; \end{cases}$$

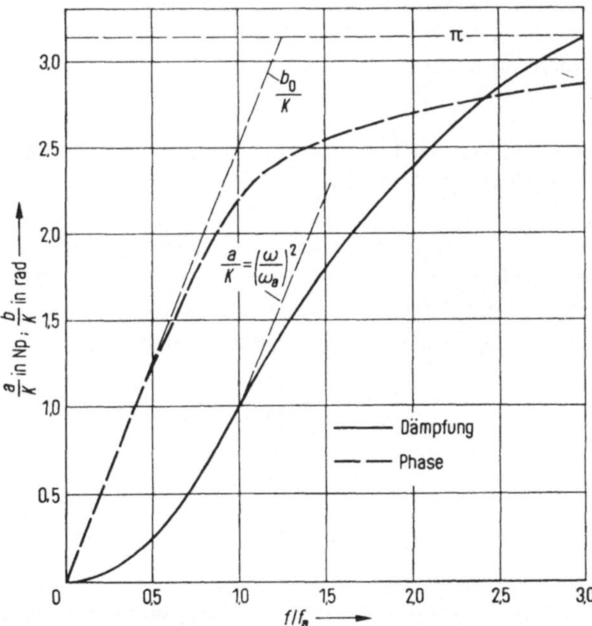

Bild 5.13 c. Dämpfung und Phase als Summe von Bild 5.13 a und 5.13 b.

Die Lösung kann für Werte von ω/ω_a zwischen 0 und 1 in die Reihenentwicklung

$$b_2(\omega) = \frac{4}{\pi} K \left[\frac{\omega}{\omega_a} + \frac{1}{9} \left(\frac{\omega}{\omega_a}\right)^3 + \frac{1}{25} \left(\frac{\omega}{\omega_a}\right)^5 + \cdots \right] \qquad (5.72\,\mathrm{b})$$

gebracht werden, wobei der Index x wieder fortgelassen ist.

In Bild 5.13b ist der Verlauf von Dämpfung und Phase eingezeichnet. Der im ganzen Bereich der Frequenz gesuchte Verlauf ergibt sich als Summe der beiden Anteile von a und b (siehe Bild 5.13c). (5.71b) und (5.72b) zusammen ergeben die Reihenentwicklung

$$b(\omega) = \frac{8}{\pi} K \left[\frac{\omega}{\omega_a} - \frac{1}{9} \left(\frac{\omega}{\omega_a}\right)^3 - \frac{1}{75} \left(\frac{\omega}{\omega_a}\right)^5 \pm \cdots \right]. \qquad (5.72\,\mathrm{c})$$

Man sieht, daß die Abweichung vom linearen Gang

$$\Delta b(\omega) = \frac{8}{\pi} K \left[-\frac{1}{9} \left(\frac{\omega}{\omega_a}\right)^3 - \frac{1}{75} \left(\frac{\omega}{\omega_a}\right)^5 \pm \cdots \right] \qquad (5.73)$$

für die niedrigeren Frequenzen negativ bleibt und kleiner ist als die entsprechenden Abweichungen der beiden Teilphasen. Phasenverzerrungen unter 0,1 rad sind fast immer zulässig, so daß man für $K = 1$ bis $f/f_a = 0{,}5$ mit einer für die meisten praktisch vorkommenden Fälle ausreichenden Linearität rechnen kann.

5.7.3. Die Darstellung der Übertragungsfunktion von Netzwerken als Summe von Echofunktionen

Wir betrachten Übertragungsfunktionen, die in einem Frequenzbereich $(-f_e, f_e)$ einen *beliebigen* Verlauf haben und sich periodisch fortsetzen lassen mit der Grundperiode $2f_e$. Nach dem Fourierreihensatz kann man dann für eine solche Funktion zunächst formal ansetzen

$$G(\omega) = \sum_{n=-\infty}^{\infty} A_n \, \mathrm{e}^{-j\omega n t_e} \qquad (5.74)$$

mit

$$t_e = \frac{1}{2f_e}, \qquad (5.75)$$

und man stellt die Frage nach der Wirkung eines solchen Netzwerkes auf einen Impuls. Wenn die dem Vierpol zugeführte Zeitfunktion die

Darstellung

$$s_1(t) = \frac{1}{2\pi} \int\limits_{-\infty}^{\infty} F_1(\omega)\, e^{j\omega t}\, d\omega \qquad (5.76)$$

hat, so erhält man die Ausgangsfunktion

$$s_2(t) = \frac{1}{2\pi} \int\limits_{-\infty}^{\infty} F_1(\omega)\, G(\omega)\, e^{j\omega t}\, d\omega, \qquad (5.77)$$

für die sich nach Einsetzen von (5.74) auch schreiben läßt

$$s_2(t) = \frac{1}{2\pi} \int\limits_{-\infty}^{\infty} F_1(\omega) \sum_n A_n\, e^{j\omega(t-nt_e)}\, d\omega$$

$$= \sum_{n=-\infty}^{\infty} A_n s_1(t - nt_e). \qquad (5.78)$$

Diese Formel bedeutet physikalisch, daß sich die Antwortfunktion eines Vierpols, dessen Übertragungsfunktion mit der Frequenz $2f_e$ periodisch wiederholt wird, aus einer Summe von paarweise auftretenden Echos aufbauen läßt, die mit dem Echoabstand

$$\pm nt_e = \pm\frac{n}{2f_e}, \qquad n = 1, 2, 3, \dots$$

dem Primärsignal vorauseilen und nachfolgen. Die Amplituden $A_{\pm n}$ dieses Echos entsprechen den Entwicklungskoeffizienten der Fourierreihe der Übertragungsfunktion (H. A. Wheeler 1939, [5.11]).

Man kommt auf diese Weise zu der in Bild 5.14 dargestellten Ersetzung eines vorgegebenen Vierpols V_2 durch eine Anordnung parallelgeschalteter Laufzeitglieder, die eine Reihe von Echos erzeugen, die dem Hauptsignal paarweise um die Zeiten $-nt_e$ vorauseilen und um $+nt_e$ nacheilen. Die Amplituden werden durch frequenzunabhängige Multiplikatoren $A_{\pm n}$ eingestellt. Da aus physikalischen Gründen negative Signallaufzeiten nicht möglich sind, muß vor die ganze Anordnung ein Laufzeitglied mit einer genügend großen Grundlaufzeit t_0 geschaltet werden. Sofern die Signalfrequenzen auf ein Band von der Breite B beschränkt sind, kann man dies durch Vorschalten eines Tiefpasses V_1 mit dieser Bandbreite zum Ausdruck bringen. Das Ersatzschaltbild ist dann auch gültig für Vierpole, deren Dämpfung und Phase außerhalb B beliebig verlaufen.

Die technische Bedeutung des Zusammenhangs zwischen periodisch schwankenden Übertragungsfaktoren und paarigen Echos besteht darin, daß die Wirkung unerwünschter Dämpfungs- und Phasenschwankungen

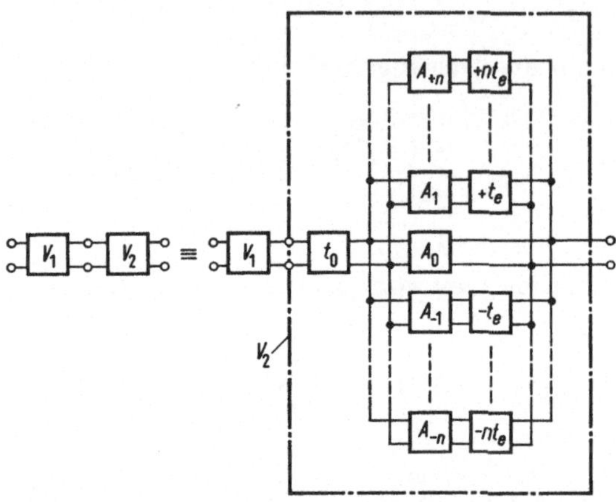

Bild 5.14. Ersatz eines Vierpols durch Echoglieder.

in einem Übertragungssystem durch sogenannte Echoentzerrer ausgeglichen werden kann. Die vorstehend abgeleiteten Beziehungen reichen zur Berechnung solcher Entzerrer aus, sollen aber noch an zwei Beispielen erläutert werden:

5.7.3.1. Echoglieder bei Netzwerken mit reiner Dämpfungsverzerrung

Ein Vierpol mit schwankender Dämpfung kann in einen Allpaß mit der frequenzunabhängigen Laufzeit t_0 (Phasengang $b = \omega t_0$) und ein Netzwerk mit der Phase Null und einer frequenzabhängigen Dämpfung aufgespalten werden. Die Übertragungsfunktion (5.74) muß also reell sein, was dann der Fall ist, wenn $A_n = A_{-n}$ ist. Man kommt also zur Darstellung

$$G(\omega) = A_0 + 2 \sum_{n=1}^{\infty} A_n \cos n\omega t_e. \qquad (5.79)$$

Diese Gleichung kann durch folgenden Satz beschrieben werden:

Jeder beliebige Vierpol mit linearem Phasengang kann in seiner Wirkung auf bandbegrenzte Signale dargestellt werden durch eine Summe von unendlich vielen Echogliedern mit den Laufzeiten $\pm nt_e$, deren Übertragungsfaktoren A_n nach Größe und Vorzeichen paarweise gleich sind.

In späteren Überlegungen wird ein Netzwerk mit $\cos^2$-förmigem Dämpfungsgang eine Rolle spielen. Man kann hierzu (5.79) mit nur einer Schwankungsfrequenz und mit $A_0 = 1/2$ und $A_1 = A_{-1} = 1/4$

ansetzen zu

$$A(\omega) = \frac{1}{2} + \frac{1}{2}\cos \omega t_e = \cos^2 \omega t_e/2.$$ (5.80)

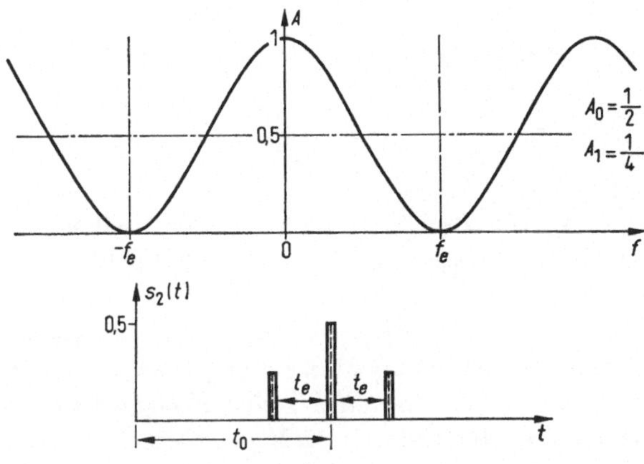

Bild 5.15. Cosinusförmige Schwankung des Übertragungsfaktors und zugehöriges Echopaar.

Das Bild 5.15 zeigt den um die Grundlaufzeit t_0 verschobenen Impuls mit einem Echopaar im Abstand $t_e = 1/2f_e$ von der halben Amplitude bei Netzwerken minimaler Phase.

5.7.3.2. Echoglieder bei Netzwerken minimaler Phase

Ein Netzwerk minimaler Phase mit einer sinusförmigen Phasenschwankung

$$b = -\beta \sin \omega t_e$$ (5.81a)

hat die zugehörige Dämpfungsschwankung

$$a = \beta \cos \omega t_e,$$ (5.81b)

da das Dämpfungsmaß als analytische Funktion die Form haben muß

$$g(\omega) = \beta e^{-j\omega t_e}.$$ (5.82)

Die Übertragungsfunktion selbst wird mit (5.82)

$$G(\omega) = e^{-g(\omega)} = \exp\left[-\beta e^{-j\omega t_e}\right].$$ (5.83)

Für die Exponentiale gilt die Reihenentwicklung

$$e^{-g} = \sum_{n=0}^{\infty} \frac{(-g)^n}{n!},$$

so daß man durch Einsetzen von (5.82) erhält

$$G(\omega) = \sum_{n=0}^{\infty} \frac{(-\beta)^n}{n!}\, e^{-j\omega n t_e}. \qquad (5.84)$$

Hierbei gibt es also nur nacheilende Echos vom Betrag

$$A_n = \frac{(-\beta)^n}{n!},$$

und im Vierpol V_2 von Bild 5.14 fallen alle vorauseilenden Echoglieder unterhalb des Hauptgliedes A_0 in Bild 5.14 fort. Es gilt also der folgende Satz:

Ein Netzwerk minimaler Phase mit einer Dämpfungsschwankung beliebiger Form von der Periode $2f_e$ kann aufgespalten werden in ein Hauptglied und eine Summe von unendlich vielen Echogliedern, die nur nacheilende Echos mit dem Abstand $t_e = 1/(2f_e)$ ergeben.

5.7.4. Verformung von Impulsen beim Durchgang durch lineare Netzwerke

Die Verformung von Impulsen beim Durchgang durch lineare Netzwerke behandelt man grundsätzlich mit der im 2. Abschnitt dargestellten Theorie, wobei die numerische Ausführung der Integraloperationen wohl weitgehend mit Hilfe von programmierbaren Rechenautomaten abgewickelt werden dürfte. Die dazugehörigen Methoden sind in dem Abschnitt 3.1 über die diskrete Fouriertransformation ausführlich begründet worden. Die Methode der schnellen Fouriertransformation gestattet die Spektralfunktionen nach (3.11) zu bestimmen. Durch Transformation in den Zeitbereich erhält man die gesuchte Antwortfunktion eines Netzwerkes, das durch Dämpfungs- und Phasengang dargestellt ist. Wenngleich auch die Handhabung dieser numerischen Technik im Einzelfall keiner weiteren Erläuterung mehr bedarf, scheinen doch einige allgemeine Ausführungen über die Verzerrung von Stoß- und Sprungfunktion durch Netzwerke mit bestimmten charakteristischen Dämpfungs- und Phasengängen nützlich zu sein, da sie einige Einsichten allgemeiner Gültigkeit vermitteln [5.12].

Insbesondere ist auf die als Unbestimmtheitsrelation bezeichnete Gesetzmäßigkeit beim Einschwingen von Netzwerken hinzuweisen, die bereits im Jahre 1924 von Küpfmüller [5.13] erkannt worden ist und die zur Formulierung des Begriffes *Einschwingdauer* eines Netzwerkes geführt hat. Die Küpfmüllersche Beziehung betrifft die Verknüpfung von Einschwingdauer und mittlerer Bandbreite eines Übertragungssystems.

Die Reaktion eines Netzwerkes mit vorgegebenem Übertragungsfaktor $A(f)$ und linearer Phase $b = \omega t_0$ soll als Modell des Übertragungssystems dienen. Es ist zwar gezeigt worden, daß man bei Netzwerken minimaler Phase mit gegebenem Dämpfungsgang nicht frei über die Phase verfügen kann; es ist jedoch grundsätzlich immer möglich, den Phasengang mit Hilfe von Phasenausgleichsgliedern in dem interessierenden Frequenzbereich zu linearisieren. Bei solchen Netzwerken kann die Phase durch ein vor das Netzwerk gezogenes Glied mit der frequenzunabhängigen Laufzeit t_0 berücksichtigt werden. Wir behandeln also:

5.7.4.1. Ein Netzwerk mit linearem Phasengang

Der Übertragungsfaktor habe einen Verlauf, wie er im Bild 5.16 im oberen Teil dargestellt ist. Der untere Teil zeigt den zugehörigen Einschwingvorgang $s_\sigma(t)$ beim Anlegen der Sprungfunktion $\sigma(t)$. Die gestri-

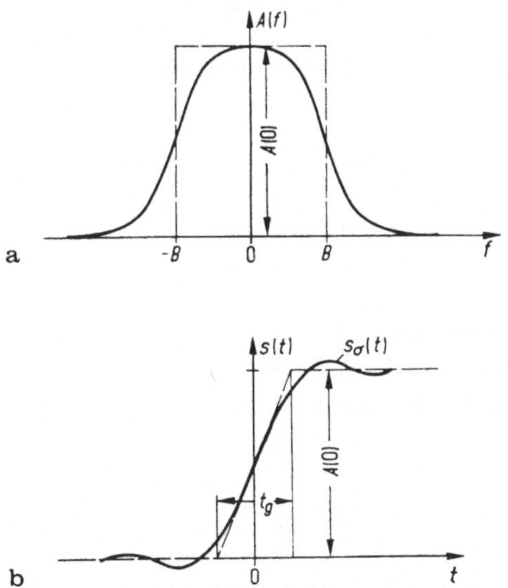

Bild 5.16 a und b. Zur Definition der Einschwingdauer t_g bei Netzwerken mit linearem Phasengang.

chelt eingezeichnete Gerade ist die Tangente an die Funktion $s_\sigma(t)$ im Zeitnullpunkt und damit an ihrem steilsten Teil. Die Einschwingdauer t_g wird nun definiert als die Zeit, die diese lineare Funktion benötigt, um von Null bis auf den durch den Übertragungsfaktor gegebenen Endwert $A(0)$ anzusteigen. Es ist also

$$t_g = \frac{A(0)}{\left|\dfrac{\mathrm{d}s_\sigma(t)}{\mathrm{d}t}\right|_0}. \tag{5.85}$$

Da aber

$$\frac{\mathrm{d}s_\sigma}{\mathrm{d}t} = s_\delta(t)$$

ist, wird

$$t_g = \frac{A(0)}{s_\delta(0)}. \tag{5.85a}$$

Die Antwortfunktion $s_\delta(t)$ wiederum ist nach Abspaltung der Laufzeit t_0

$$s_\delta(t) = \int\limits_{-\infty}^{\infty} A(f)\, \mathrm{e}^{\mathrm{j}2\pi ft}\, \mathrm{d}f, \tag{5.86}$$

so daß man

$$s_\delta(0) = \int\limits_{-\infty}^{\infty} A(f)\, \mathrm{d}f \tag{5.86a}$$

in (5.85a) einführen kann. Man erhält somit

$$t_g = \frac{1}{\dfrac{1}{A(0)} \displaystyle\int\limits_{-\infty}^{\infty} A(f)\, \mathrm{d}f}. \tag{5.87}$$

Der Nenner stellt aber nichts anderes dar als die Breite $2B$ des Ersatzrechtecks, das mit der Fläche $\int A(f)\, \mathrm{d}f$ flächengleich ist; B ist die *mittlere Bandbreite* des Tiefpaß-Übertragungssystems. Man kann also das Küpfmüllersche Gesetz

$$t_g = \frac{1}{2B} \tag{5.88}$$

so formulieren, *daß die Einschwingdauer gleich dem Reziproken der doppelten mittleren Bandbreite des Tiefpaß-Übertragungssystems ist.*

Bei den Übertragungsfunktionen der gewöhnlich verwendeten Netzwerke stimmt diese mittlere Breite B, in folgendem oft als *Nutzbandbreite* bezeichnet, ziemlich mit der Breite des Bereiches überein, der zwischen den Grenzen $\pm f_g$ liegt, bei denen die Dämpfung um 6 dB gegen die Bandmitte angestiegen ist. Im folgenden wird deshalb immer mit f_g gerechnet und die Einschwingdauer t_g definiert als

$$t_g = \frac{1}{2f_g}. \tag{5.88a}$$

5.7.4.2. Die Antwort eines idealisierten Tiefpasses

sei als nächstes Beispiel behandelt. Sein Übertragungsfaktor ist in Bild 5.17a aufgezeichnet. Die Antwortfunktion $s_\delta(t)$ auf einen δ-Impuls erhält man, wenn man in (5.86) als Integralgrenze $\pm f_g$ einsetzt. Man

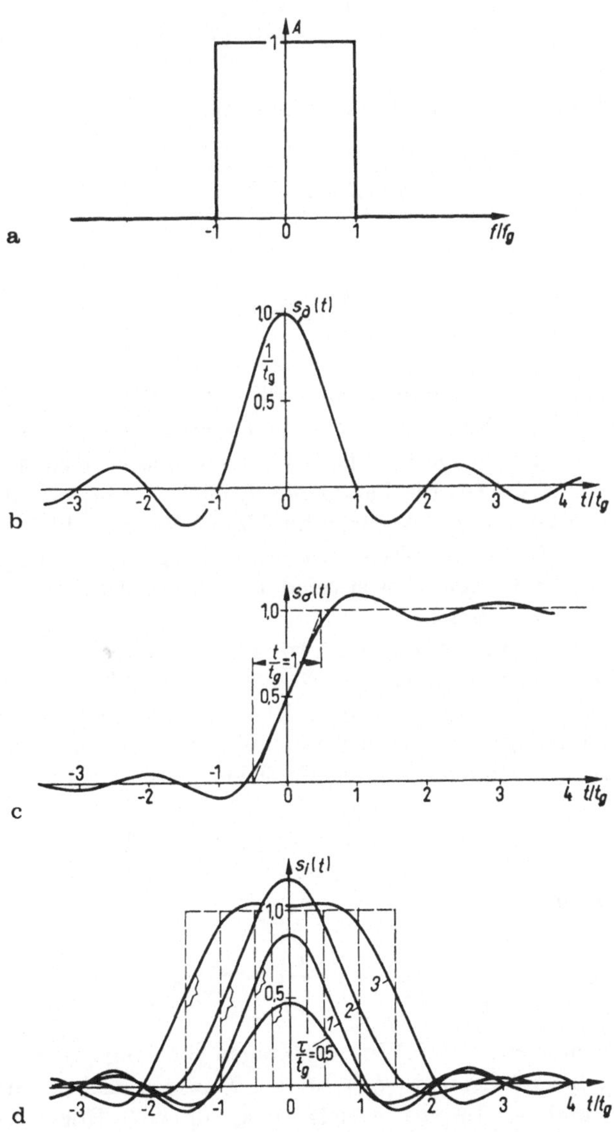

Bild 5.17a−d. Einschwingvorgänge beim idealisierten Tiefpaß.

erhält dann

$$s_\delta(t) = 2f_g \, \mathrm{si}\, (2\pi f_g t) = \frac{1}{t_g} \, \mathrm{si}\, \left(\pi \, \frac{t}{t_g}\right). \tag{5.89}$$

Die Antwortfunktion $s_\sigma(t)$ ist das Zeitintegral über die vorstehende Funktion $s_\delta(t)$. Das Ergebnis lautet

$$s_\sigma(t) = \frac{1}{2} + \frac{1}{\pi} \, \mathrm{Si}\, \left(\pi \, \frac{t}{t_g}\right). \tag{5.90}$$

Darin bedeutet $\mathrm{Si}\,(\pi x)$ den Integralsinus

$$\int\limits_0^x \mathrm{si}\,(\pi x)\,\mathrm{d}x = \frac{1}{\pi} \, \mathrm{Si}\,(\pi x), \tag{5.91a}$$

wobei

$$\lim_{x\to\infty} \frac{1}{\pi} \, \mathrm{Si}\,(\pi x) = \frac{1}{2} \tag{5.91b}$$

gilt.

Die Funktionen s_δ und s_σ sind im Bild 5.17b und c) gezeichnet. Beide Funktionen pendeln mit einer langsam wie $1/t$ abnehmenden Amplitude um die Ordinaten 0 bzw. 1. Aus beiden Bildern erkennt man, daß es zweckmäßig ist, die Zeitspanne t_g nach (5.88a) einzuführen, bei der s_δ zum ersten Mal die Nullinie durchläuft. Vereinfacht man die Zeitfunktion $s_\sigma(t)$ durch eine Gerade, die die Tangente an die Kurve bei $t = 0$ bildet, so ist die Einschwingdauer dieser genäherten Antwortfunktion gleich der Zeit t_g.

Im Abschnitt 5.2 ist die Verformung eines Rechteckimpulses der Dauer τ durch einen idealisierten Tiefpaß bereits mit der Methodik des Abtasttheorems behandelt worden. Im folgenden möge diese Impulsantwort $s_i(t)$ dadurch abgeleitet werden, daß man sie darstellt als Differenz von zwei verschobenen Sprungfunktionen.

$$s_i(t) = s_\sigma\left(t + \frac{\tau}{2}\right) - s_\sigma\left(t - \frac{\tau}{2}\right). \tag{5.92}$$

Es wird somit

$$s_i(t) = \frac{1}{\pi}\left[\mathrm{Si}\,\pi\left(\frac{t}{t_g} + \frac{1}{2}\,\frac{\tau}{t_g}\right) - \mathrm{Si}\,\pi\left(\frac{t}{t_g} - \frac{1}{2}\,\frac{\tau}{t_g}\right)\right]. \tag{5.93}$$

Diese Funktion ist in 5.17d aufgetragen für einige Werte des Parameters τ/t_g. Bei zu kleinem τ/t_g kann das Netzwerk nicht mehr voll einschwingen, und der Impuls erreicht nicht die volle Höhe. Nimmt τ/t_g dagegen bis auf 3 und mehr zu, so steigt die Amplitude nicht mehr

wesentlich über den Höhepunkt, die Dauer der Antwort nimmt jedoch
zu. In der Pulsmodulationstechnik interessiert vor allem das Nachschwingen, da es bei zeitlicher Verschachtelung mehrerer Signale Nebensprechen hervorruft. Wichtig ist dabei der Restamplitudenwert eines
Impulses zu der Zeit, da der nächste Impuls abgetastet werden soll.
Das Verhältnis dieses Restwertes zum Impulshöchstwert sei als *Nachschwingverhältnis* bezeichnet.

Man erkennt aus Bild 5.17d, daß dieses Verhältnis durch Wahl der
Impulsdauer τ nach zwei Richtungen im gewünschten Sinn beeinflußt
werden kann: im Hinblick auf die Amplitude der Nachschwinger und
im Hinblick auf die Zeitlage der Nulldurchgänge.

5.7.4.3. *Der Tiefpaß mit cosinusförmigem Übertragungsfaktor*

In dem Bestreben, das Nachschwingverhältnis klein zu machen, kommt
man dadurch voran, daß man in der Übertragungsfunktion scharfe
Ecken und steile Sprünge möglichst vermeidet. In diesem Sinne wählt
man einen Tiefpaß mit linearer Phase als Beispiel, dessen Übertragungsfaktor der Funktion

$$A(\omega) = \cos^2\left(\pi\,\frac{\omega}{4\omega_g}\right) \tag{5.94a}$$

im Bereich

$$-2 < \frac{\omega}{\omega_g} < 2$$

genügen soll. In Bild 5.18a ist dieser Verlauf dargestellt. Die Antwortfunktion $s_\delta(t)$ findet man in diesem Falle am einfachsten mit Hilfe der
Echomethode. Die Beziehung (5.94a) kann man nämlich auch schreiben

$$A(\omega) = \frac{1}{2} + \frac{1}{2}\cos\left(\pi\,\frac{\omega}{2\omega_g}\right), \tag{5.94b}$$

und sie erinnert in dieser Form an das Beispiel von (5.80), dessen Antwort
ein Echopaar mit der Echozeitverschiebung

$$t_e = \pm\frac{\pi}{2\omega_g} = \pm\frac{1}{4f_g} \tag{5.95}$$

ist, wie durch einen Vergleich mit (5.80) hervorgeht. Man kann somit die
Antwortfunktion aufbauen aus einem Hauptglied mit dem frequenzunabhängigen Übertragungsfaktor $A_0 = 1/2$ und einem Echopaar mit
den Übertragungsfaktoren $A_{\pm 1} = 1/4$ und den Echolaufzeiten $\pm t_e$
$= \pm 1/(2f_e)$.

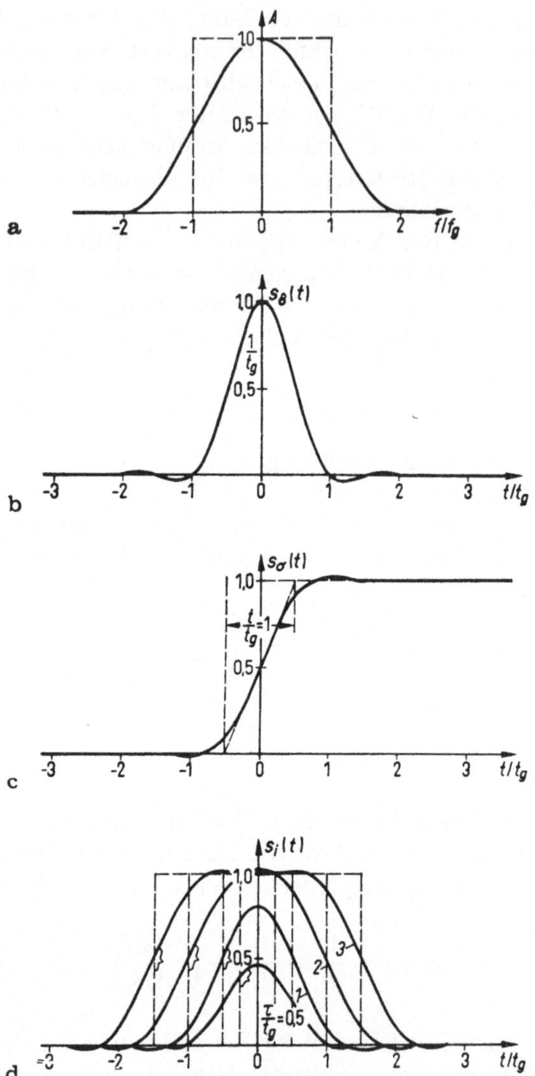

Bild 5.18 a – d. Einschwingvorgänge beim Tießpaß mit cosinusförmigem Übertragungsfaktor.

Der Übertragungsfaktor nach Bild 5.18a gilt im Bereich $\pm 2f_g$, er liefert daher eine Einschwingdauer vom halben Wert. Die Einschwingfunktion (5.89) des Übertragungsfaktors nach Bild 5.17a ist daher zu ersetzen durch die Funktion

$$s_\delta{}^0(t) = \frac{2}{t_g} \operatorname{si}\left(2\pi\,\frac{t}{t_g}\right), \tag{5.95a}$$

die das unverschobene Hauptglied bildet. Die Antwortfunktion erhält
damit die Form

$$s_\delta(t) = \frac{1}{2}\, s_\delta{}^0(t) + \frac{1}{4}\, s_\delta{}^0(t + t_e) + \frac{1}{4}\, s_\delta{}^0(t - t_e)$$

$$= \frac{1}{t_g}\, \mathrm{si}\left(2\pi\,\frac{t}{t_g}\right) + \frac{1}{2t_g}\, \mathrm{si}\left[2\pi\left(\frac{t}{t_g} + \frac{1}{2}\right)\right]$$

$$+ \frac{1}{2t_g}\, \mathrm{si}\left[2\pi\left(\frac{t}{t_g} - \frac{1}{2}\right)\right]. \tag{5.96}$$

Das Ergebnis ist in Bild 5.18b dargestellt und zeigt verglichen mit
Bild 5.17b ein stark vermindertes Nachschwingen. Eine Potenzent-
wicklung ergibt, daß es mit $1/t^3$ abklingt. Dieser Vorteil wird jedoch durch
eine vergrößerte *Selektionsbandbreite* B_s erkauft. Hiermit sei diejenige
Bandbreite bezeichnet, an deren Grenzen der Übertragungsfaktor auf
vernachlässigbar kleine Werte abgesunken ist. Nach Bild 5.18a ist sie für
den cosinusförmigen Übertragungsfaktor doppelt so groß wie beim idealisierten Tiefpaß.

Die Antwortfunktion $s_\sigma(t)$ auf den Einheitssprung erhält man durch
Integration von (5.96) nach der Zeit als

$$s_\sigma(t) = \frac{1}{2} + \frac{1}{2\pi}\left\{\mathrm{Si}\left(2\pi\,\frac{t}{t_g}\right) + \frac{1}{2}\,\mathrm{Si}\left[2\pi\left(\frac{t}{t_g} + \frac{1}{2}\right)\right]\right.$$

$$\left. + \frac{1}{2}\,\mathrm{Si}\left[2\pi\left(\frac{t}{t_g} - \frac{1}{2}\right)\right]\right\}. \tag{5.97}$$

Diese Funktion zeigt Bild 5.18c; sie schwingt beim Wert 1 nur noch
um 7‰ über.

Für die Antwort auf einen Rechteckimpuls mit der Dauer τ erhält
man entsprechend zu (5.93) Funktionen, die im Bild 5.18d wieder mit
dem Parameter τ/t_g dargestellt sind. Auch diese Funktionen schwingen
nur sehr wenig nach, wie zu erwarten war. Da in diesem Maßstab die
Nachschwinger nicht mehr zu erkennen sind, bringen die Bilder 5.19
und 5.20 für s_δ und s_σ Lupenausschnitte mit zehnfachem Ordinaten-
maßstab. Die starke Überlegenheit des cosinusförmigen Übertragungsfaktors vor dem idealisierten Tiefpaß tritt deutlich hervor. Bei Puls-
modulationsanlagen mit hoher Übertragungsgüte werden Nebensprechdämpfungen verlangt, die größer als 60 dB sind; das bedeutet, daß man
Nachschwingverhältnisse unter 1‰ erreichen muß.

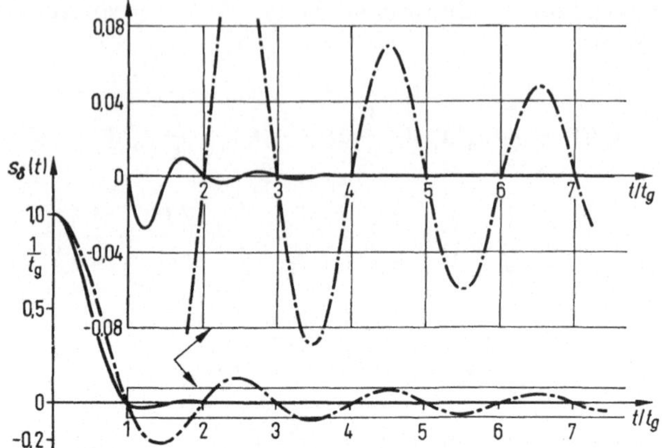

Bild 5.19. Nachschwingen bei Anregung mit dem Einheitsimpuls.
— · — · — idealisierter Tiefpaß;
———— Tiefpaß mit cosinusförmigem Übertragungsfaktor.

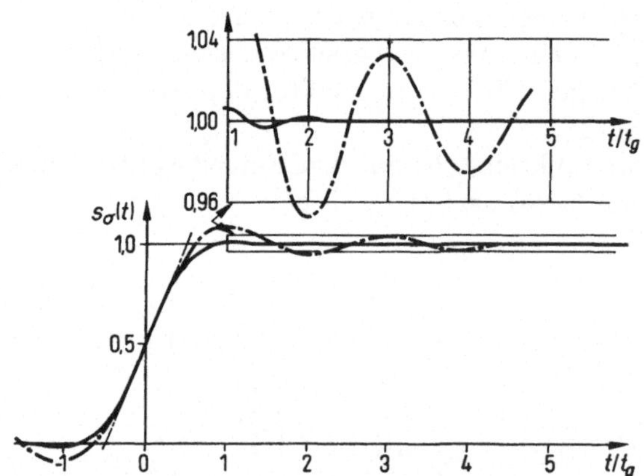

Bild 5.20. Nachschwingen bei Anregung mit dem Einheitssprung.
— · — · — idealisierter Tiefpaß;
———— Tiefpaß mit cosinusförmigem Übertragungsfaktor.

5.7.4.4. Der Tiefpaß mit Gaußschem Übertragungsfaktor

Das vorige Beispiel hat gezeigt, daß es durch günstige Formung des
Übertragungsfaktors möglich ist, Zeitfunktionen mit sehr geringem
Nachschwingen zu erhalten. So ergab sich für den cosinusförmigen
Übertragungsfaktor eine Zeitfunktion $s_\delta(t)$, die ebenfalls einen annähernd
cosinusförmigen Verlauf hat. Der Gedanke liegt nahe, daß man die
günstigsten Verhältnisse erzielen würde, wenn Übertragungsfaktor
und Zeitfunktion $s_\delta(t)$ demselben Gesetz gehorchen, d. h., daß sie im
Sinne der Fourier-Integraltransformation selbst-reziproke Funktionen

sind. Bereits in den einführenden Beispielen von Abschnitt 2.2 ist gezeigt worden, daß die Gaußsche Funktion (2.34) mit ihrer Transformierten (2.37) eine selbst-reziproke Funktion ist. Aus diesem Grunde soll das Einschwingverhalten eines Netzwerkes mit linearer Phase und dem Übertragungsfaktor

$$A(\omega) = e^{-\left(\frac{\omega}{\omega_g}\right)^2 \ln 2} \tag{5.98}$$

untersucht werden. Der Beiwert im Exponenten ist so gewählt, daß die Dämpfung bei $\omega \approx \omega_g$ auf 6 dB gestiegen ist. Für die Antwortfunktion $s_\delta(t)$ erhält man dann

$$s_\delta(t) = \frac{1}{t_g} \sqrt{\frac{\pi}{4 \ln 2}}\, e^{-\frac{\pi^2}{4 \ln 2}\left(\frac{t}{t_g}\right)^2}, \tag{5.99}$$

worin wiederum $t_g = 1/(2f_g)$ gesetzt ist.

Die Sprungantwortfunktion geht aus $s_\delta(t)$ durch Integration hervor, die auf das Gaußsche Fehlerintegral

$$\Phi(x) = \frac{2}{\sqrt{\pi}} \int\limits_0^x e^{-x^2}\, dx \tag{5.100}$$

führt. Man erhält

$$s_\sigma(t) = \frac{1}{2} + \frac{1}{2}\, \Phi\left(\frac{\pi}{\sqrt{4 \ln 2}}\, \frac{t}{t_g}\right) \tag{5.101}$$

für den Einheitssprung und

$$s_i(t) = \frac{1}{2}\left\{\Phi\left[\frac{\pi}{\sqrt{4 \ln 2}}\left(\frac{t}{t_g} + \frac{\tau}{2t_g}\right)\right] - \Phi\left[\frac{\pi}{\sqrt{4 \ln 2}}\left(\frac{t}{t_g} - \frac{\tau}{2t_g}\right)\right]\right\} \tag{5.102}$$

für den Rechteckimpuls von der Dauer τ.

Im Bild 5.21 sind diese Funktionen aufgezeichnet, die eine große Ähnlichkeit mit den entsprechenden Funktionen vom cosinusförmigen Tiefpaß aufweisen. Bei näherer Betrachtung zeigen sich folgende Unterschiede:

1. Die Einschwingdauer t_g von $s_\sigma(t)$ ist um etwa 6% kleiner als in den Bildern 5.17 und 5.18. Das liegt daran, daß das flächengleiche Rechteck in Bild 5.21 etwas größer ist als das eingezeichnete, auf die 6-dB-Grenzfrequenz bezogene. Aus dem gleichen Grund ist die Antwort $s_\delta(t)$ ebenfalls um 6% größer als $1/t_g$. Für die Praxis sind diese Unterschiede meist unerheblich.

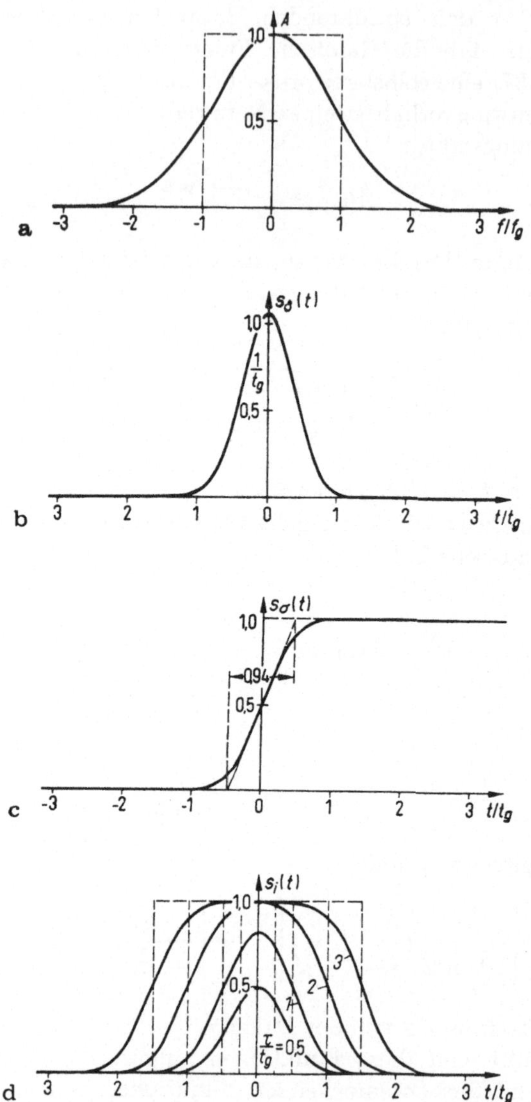

Bild 5.21a—d. Einschwingvorgänge beim Tiefpaß mit Gaußschem Übertragungsfaktor.

2. Es treten keine Pendelungen auf, und die Funktionen streben sehr rasch ihren jeweiligen Grenzwerten zu, sie nehmen jedoch, genau genommen, unendlich lange Zeit in Anspruch. Dies steht in Übereinstimmung zu den im Abschnitt 5.7.2 gegebenen Anmerkungen über die unendlich lange Laufzeit eines Netzwerkes mit Gaußschem Übertragungsfaktor.

3. Die Funktionen s_δ und s_σ werden an keiner Stelle negativ. Das Nachschwingverhältnis kann daher nicht mehr durch Ausnutzen von Nullstellen der Funktionen s_δ und s_σ zu Null gemacht werden, wie es vorher durch passende Wahl der Impulsdauer τ möglich war. Es ist hier am günstigsten, τ relativ klein zu wählen, etwa z. B. $\tau = t_g = 1/(2f_g)$.

4. Wie sich die quadratische Dämpfungsfunktion auf das Nachschwingen auswirkt, kann man aus den Bildern 5.22 und 5.23 erkennen,

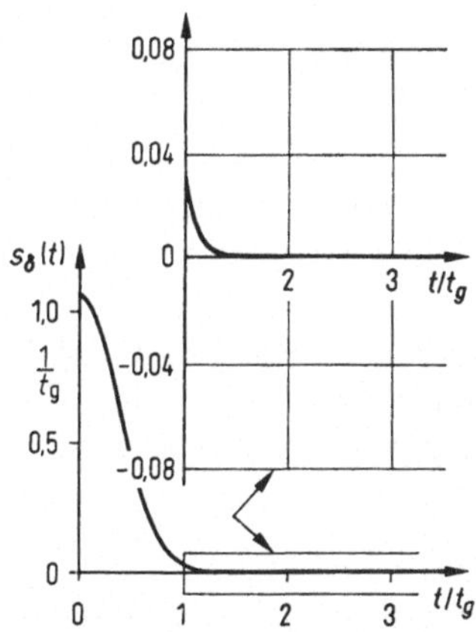

Bild 5.22. Nachschwingen eines Gaußschen Tiefpasses bei Anregung mit dem Einheitsimpuls.

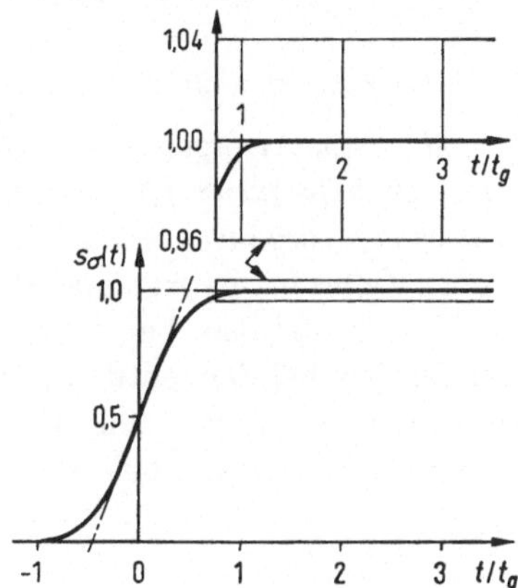

Bild 5.23. Nachschwingen eines Gaußschen Tiefpasses bei Anregung mit dem Einheitssprung.

die wiederum mit zehnfachem Amplitudenmaßstab gezeichnet sind. Das Nachschwingen ist gegenüber dem cosinusförmigen Übertragungsfaktor um ein Weiteres verringert. Dies wird jedoch durch eine erneute Vergrößerung der Selektionsbandbreite erkauft. Für eine Dämpfung von z. B. 50 dB ist sie beinahe dreimal so groß wie beim idealisierten Tiefpaß.

5.7.4.5. *Wirkung einer reinen Phasenverzerrung*

Während bisher Netzwerke mit linearem Phasengang und Dämpfungsverzerrung untersucht wurden, soll nunmehr die Wirkung einer reinen Phasenverzerrung auf das Einschwingen festgestellt werden. Es seien also Allpässe mit der Übertragungsfunktion

$$G(\omega) = e^{-jb(\omega)} \tag{5.103}$$

vorgelegt.

Die Einschwingfunktion für einen Einheitsimpuls lautet

$$s_\delta(t) = \frac{1}{2\pi} \int\limits_{-\infty}^{\infty} e^{j(\omega t - b(\omega))}\, d\omega. \tag{5.104}$$

Betrachtet sei zuerst ein Allpaßnetzwerk, bei dem bis zu einer Grenzfrequenz $\omega_g{}^*$ die Phase Null ist und oberhalb davon unendlich steil ansteigt. Die oberhalb $\omega_g{}^*$ liegenden Spektralkomponenten werden um eine unendlich große Zeit verzögert, so daß sie in der Zeitfunktion $s_\delta(t)$ im Endlichen nicht mehr zur Wirkung kommen. Das läuft auf eine Begrenzung des Integrals (5.104) auf die obere Grenze $\omega_g{}^*$ hinaus mit dem bereits bekannten Ergebnis

$$s_\delta(t) = 2f_g{}^* \text{ si } (2\pi f_g{}^* t).\tag{5.105}$$

Man kommt also zu der folgenden Feststellung:

Die Einschwingvorgänge eines Allpaßnetzwerkes, dessen Phase bei einer Grenzfrequenz $f_g{}^*$ unendlich steil ansteigt, sind identisch mit den Einschwingvorgängen eines idealisierten Tiefpasses mit einem unendlich großen Dämpfungssprung bei dieser Frequenz.

Man muß also bei stark ansteigenden Phasenverzerrungen ganz ähnlich wie bei den entsprechenden Dämpfungsverzerrungen eine Einschwingdauer t_g erwarten, die mit einer bestimmten Frequenzgrenze $f_g{}^*$ verkettet ist. In Analogie zu den Dämpfungsverzerrungen wird

$$t_g = \frac{1}{2f_g{}^*}\tag{5.106}$$

gesetzt. Man muß also zwei Arten von Nutzbandbreiten definieren, eine *Dämpfungsbandbreite* und eine *Phasenbandbreite*. Die Dämpfungsbandbreite ist mit der Grenzfrequenz f_g verbunden und bestimmt den Einschwingvorgang, wenn die *Dämpfungs*verzerrung überwiegt; die Phasenbandbreite ist mit der Grenzfrequenz $f_g{}^*$ verbunden und bestimmt den Einschwingvorgang, wenn die *Phasen*verzerrung überwiegt.

Die Phasenverzerrung kann zu sehr großen Werten ansteigen bei sehr langen Leitungen, deren Dämpfung durch Verstärker bis auf einen geringen Restdämpfungsbetrag ausgeglichen ist.

Als nächstes Beispiel sei eine Phasenverzerrung betrachtet, die mit einer Potenz von ω anwächst und darstellbar ist durch

$$\Delta b(\omega) = \left(\frac{\omega}{\omega_g{}^*}\right)^n.\tag{5.107}$$

Bild 5.24 gibt eine Darstellung für einige ganzzahlige Werte von n als Parameter. Das Integral

$$s_\delta(t) = \frac{1}{2\pi} \int\limits_{-\infty}^{\infty} e^{j\left[\omega t - \left(\frac{\omega}{\omega_g{}^*}\right)^n\right]} d\omega\tag{5.108}$$

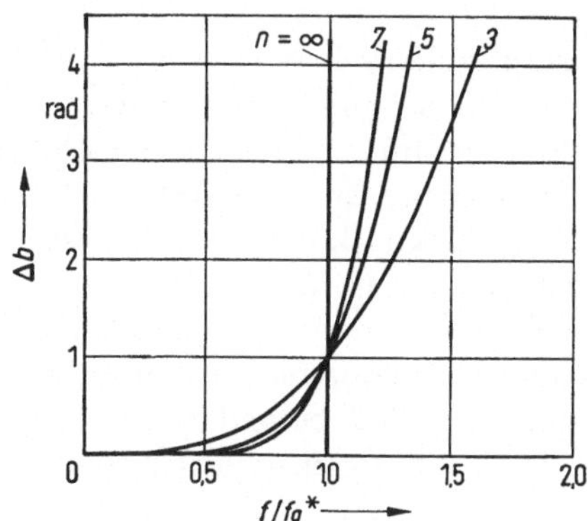

Bild 5.24. Phasenverzerrung $\Delta b = (f/f^*)^n$.

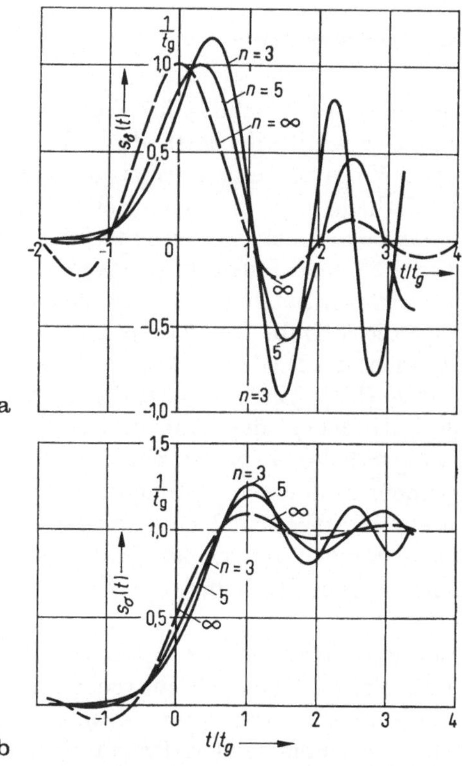

Bild 5.25a u. b. Einschwingvorgänge für die Phasenverzerrungen von Bild 5.24.

a) Antwortfunktion $s_\delta(t)$; b) Antwortfunktion $s_\sigma(t)$.

ist für die Werte $n = 3$ und 5 numerisch berechnet und in Bild 5.25 dargestellt.

Das Ergebnis ist physikalisch interessant. Die Augenblicksfrequenz der Nachschwingung von s_δ nimmt dauernd zu, da die Gruppenlaufzeit für die im Impulsspektrum vorhandenen höheren Frequenzanteile größer ist als für die niederfrequenten Anteile. Gleichzeitig nimmt die Amplitude ab, da die Spektralkomponenten überproportional auf der Zeitachse auseinandergezogen werden.

Zusammenfassend kann man sagen, daß man durch geeignete Übertragungsfunktionen Antwortfunktionen erhalten kann, die sehr wenig nachschwingen, und daß besonders günstige Funktionen solche sind, die zwischen der Cosinusform und der Gaußschen Fehlerfunktion liegen.

Phasenverzerrungen verursachen Vor- und Nachschwingungen und vergrößern in einem durch die Phasenbandbreite festgelegten Ausmaß die Einschwingdauer.

5.8. Netzwerkanalyse-Programme

In dem vorangegangenen Abschnitt 5.7 wurde die Reaktion linearer Netzwerke auf Impulse mit Hilfe der Methode der Laplacetransformation auf rein analytischem Wege berechnet. Dabei wurde, wie es in der Natur einer analytischen Methode liegt, zwar eine Reihe von allgemeingültigen Sätzen gewonnen, dennoch kann der erreichte Stand insofern nicht befriedigen, als in der modernen Pulstechnik ausgedehnter Gebrauch von Schaltungen mit *nichtlinearen* Bauelementen gemacht wird. Der Ingenieur sieht sich vor die Aufgabe gestellt, das Einschwingverhalten einer Schaltung zu berechnen, die Dioden, Transistoren, spannungsabhängige Kapazitäten u. dgl. enthält. Wenn es sich darum handelt, eine solche Schaltung optimal aufzubauen, das kann heißen, daß sie entweder ein optimales Einschwingverhalten aufweist, minimale Toleranzempfindlichkeit hat oder irgendeinem anderen Optimalkriterium genügt, dann ist unter Umständen ein und dieselbe Rechnung sehr oft unter jeweils geänderten Annahmen durchzuführen. Zur Lösung derartiger Aufgaben stehen moderne, numerische Methoden der Netzwerkanalyse zur Verfügung [5.14, 5.15].

Man kann, wenn eine Analyse- oder Optimierungsaufgabe vorgelegt wird, zwei Wege einschlagen. Man stellt entweder ein auf die betreffende Aufgabe zugeschnittenes Spezialprogramm auf, oder man benützt eines der vielen fertigen umfassenden Programmsysteme, die in den letzten Jahren von Computerfirmen und wissenschaftlichen Instituten entwickelt worden sind.

Die fertigen Programmsysteme haben im Unterschied zu Spezial-programmen den Vorteil, daß sie vom Benutzer keinerlei Programmierungskenntnisse verlangen; denn das Netzwerk wird nach wenigen, leicht erlernbaren Regeln in einer eigenen Eingabesprache dargestellt, und die Ausgabedaten fallen auf eine frei wählbare Weise in aufbereiteter Form entweder als Tabellenausdruck oder in Kurvendarstellung an.

Mit solchen umfangreichen Programmsystemen können Schaltungen mit linearen und nichtlinearen Bauteilen bezüglich ihres Gleichstrom-, Wechselstrom- und Impulsverhaltens untersucht werden, ferner kann man den Einfluß der statistischen Streuung von Parametern auf die Funktionen des Netzwerks bestimmen. Der Leser findet eine ausführliche Übersicht über die vorhandenen modernen Analyseprogramme in dem Aufsatz von Renk und Steinkopf [5.16].

6. Stochastische Vorgänge

Eine zeitlich ausgedehnte Folge von Ereignissen, deren Auftreten nicht vorhersehbar ist, nennt man eine *Musterfolge* von Ereignissen. Im engeren Sinne wird darunter eine Folge von Einzelimpulsen verstanden, die mathematisch durch eine Reihe zeitlich begrenzter Impulsfunktionen darstellbar ist. Diese Impulse treten zu bestimmten Zeiten ... t_{n-1}, t_n, t_{n+1} ... auf. Die Folge dieser Zeitpunkte nennt man das *Zeitraster*. Sofern die Abstände aufeinanderfolgender Zeitpunkte $t_{n+1} - t_n$ durch die ganze Folge hindurch konstant bleiben, liegt ein *äquidistantes* oder *periodisches Zeitraster* mit der Schrittdauer $t_{n+1} - t_n$ vor. Die zu den einzelnen Punkten des Zeitrasters erscheinenden Impulsfunktionen $s(t)$ können voneinander nach Form und Amplitude verschieden sein, so daß sie durch einen Index i, der die Reihe der ganzen Zahlen von 1 bis zu einem beliebigen Wert K durchläuft, gekennzeichnet werden können. Man erhält so eine Reihe von Impulsfunktionen $s_i(t)$, die innerhalb der Musterfolge mit einer bestimmten Wahrscheinlichkeit p_i vorkommen, die zwischen Null und Eins liegt. Diese Wahrscheinlichkeit kann dadurch zu einer sog. *Übergangswahrscheinlichkeit* werden, daß das Auftreten eines Ereignisses in einer gewissen Abhängigkeit vom vorangegangenen Ereignis steht. Eine Musterfolge, bei der dies der Fall ist, heißt ein *Markoffprozeß*.

Man unterscheidet *einfache Markoffprozesse*, wenn nämlich eine Abhängigkeit nur vom unmittelbaren Vorgänger besteht, und *Markoffprozesse* von *n-ter Ordnung*, wenn die Abhängigkeit n Vorgänger umfaßt. Demnach ist ein einfacher Markoffprozeß ein solcher von 1. Ordnung.

An den stochastischen Ereignissen, die hier durch den Begriff der Musterfolge beschrieben werden, können eine Reihe von Mittelungsoperationen erklärt werden. Zunächst läßt sich für jeden beliebigen Zeitpunkt t_n ein *linearer Mittelwert* über ein Intervall T bilden in der Form

$$\bar{s}_{i,n} = \frac{1}{T} \int\limits_{t_n - \frac{T}{2}}^{t_n + \frac{T}{2}} s_i(t)\, \mathrm{d}t \tag{6.1}$$

oder ein *quadratischer Mittelwert*

$$\sqrt{\overline{s_{i,n}^2}} = \left[\frac{1}{T} \int\limits_{t_n-\frac{T}{2}}^{t_n+\frac{T}{2}} s_i^2(t)\ \mathrm{d}t \right]^{1/2}. \tag{6.2}$$

Eine weitere Mittelungsoperation läßt sich an solchen Musterfolgen ausführen unter Berücksichtigung der Wahrscheinlichkeiten p_i des Auftretens der Einzelereignisse. Dabei hat man unter Umständen eine Menge K voneinander getrennter Musterfolgen vorliegen, so daß man entweder ein zeitliches Mittel innerhalb ein und derselben Musterfolge bilden kann oder zu einem festen Zeitpunkt ein Mittel über alle Musterfolgen der Menge K, das man das *Scharmittel* zum Unterschied vom *Zeitmittel* nennt. Beispielsweise liefert ein Sprecher auf einem Telephonkanal eine stochastische Musterfolge, eine Reihe verschiedener Sprecher eine Menge von Musterfolgen auf den ihnen zugeordneten Kanälen.

Man kann nun quer über alle Musterfolgen hinweg zu einem beliebigen Zeitpunkt t_n das Scharmittel des linearen Impulsmittelwertes bilden, indem man jeden Impulsmittelwert $\overline{s_i}$ mit der Wahrscheinlichkeit p_i seines Vorkommens im gesamten Prozess multipliziert und von 1 bis K summiert. Dann entsteht der folgende Ausdruck als Scharmittelwert:

$$m_1(t_n) = \sum_{i=1}^{K} p_i \overline{s}_{i,n}, \tag{6.3}$$

der im allgemeinen eine Funktion des gewählten Zeitpunktes t_n ist. Ferner läßt sich ein quadratischer Scharmittelwert

$$m_2(t_n) = \sum_{i=1}^{K} p_i \overline{s_{i,n}^2} \tag{6.4}$$

über alle Musterfolgen bilden.

Wenn sich herausstellt, daß sowohl m_1 als auch m_2 von t_n unabhängig sind, d. h. diese Scharmittel gleich groß sind, gleichgültig, zu welchem Zeitpunkt die Proben entnommen werden, dann spricht man von einem *stationären stochastischen Prozeß*. Die so entstehenden zeitunabhängigen Mittelwerte nennt man auch die *Erwartungswerte*

$$m_1 = E\{\overline{s_i}\}, \tag{6.5a}$$

$$m_2 = E\{\overline{s_i^2}\} \tag{6.5b}$$

von $\overline{s_i}$ bzw. $\overline{s_i^2}$.

Eine besondere Stellung nimmt die Größe m_2 nach (6.5b) ein. Sie stellt nämlich die *mittlere Leistung* des Prozesses dar. Diese Bezeichnung wird dadurch nahegelegt, daß man unter der Funktion $s(t)$ z. B. eine elektrische Spannung am Widerstand der Größe Eins verstehen kann.

Wie schon erwähnt, kann man auch innerhalb ein und derselben Musterfolge ein Zeitmittel von $\overline{s_i}$ und $\overline{s_i{}^2}$ bilden und kommt, da die Musterfolgen zeitlich unbegrenzt angenommen sind, zu den folgenden Grenzwertoperationen:

$$\mu_1 = \lim_{N \to \infty} \frac{1}{2N} \sum_{n=-N}^{N} \bar{s}_{i,n}, \tag{6.6}$$

$$\mu_2 = \lim_{N \to \infty} \frac{1}{2N} \sum_{n=-N}^{N} \overline{s_{i,n}^2}. \tag{6.7}$$

Die Größen μ_1, μ_2 sind das Zeitmittel des linearen bzw. quadratischen Impulsmittelwertes über eine Musterfolge. Diese Zeitmittel sind im allgemeinen von einer Musterfolge zur anderen verschieden. Es gibt aber den sehr häufigen Sonderfall stochastischer Prozesse, bei denen Zeitmittel und Scharmittel denselben Wert haben. Man nennt diese *ergodische Prozesse*. Bei theoretischen Betrachtungen führt es zu wesentlichen Vereinfachungen, wenn man annehmen darf, daß sie ergodisch sind. Setzt man diese Eigenschaft voraus, so macht man die *Ergodenhypothese*. Ihre Gültigkeit ist nicht allgemein beweisbar, sondern muß im Einzelfall an ihren Konsequenzen nachgeprüft werden.

Weitere statistische Aussagen über eine Musterfolge erhält man durch Abzähloperationen und durch Aufstellung einer Häufigkeitsanalyse. Wenn man die Wahrscheinlichkeit, mit der ein bestimmter Wert x einer stochastischen Variablen vorkommt, durch Auszählen der relativen Häufigkeit feststellt und über der Größe dieser Variablen aufträgt, erhält man die *Verteilungsfunktion* der Variablen. Die *Wahrscheinlichkeitsdichte* bei einer kontinuierlichen Variablen bedeutet die Wahrscheinlichkeit, mit der ein Wert der Variablen angetroffen wird, der zwischen x und $x + \mathrm{d}x$ liegt. Mathematisch ist die Wahrscheinlichkeitsdichte die Ableitung der Verteilungsfunktion. Bei wertdiskreten stochastischen Variablen entspricht der Wahrscheinlichkeitsdichte die Wahrscheinlichkeit p_k des Auftretens des Wertes x_k, und die Verteilungsfunktion ist notwendigerweise eine Treppenfunktion, nämlich die Summe der Wahrscheinlichkeiten p_k aller Werte x_k, die kleiner als der betrachtete Wert sind, das heißt

$$p(x) = \sum_{x_k < x} p_k. \tag{6.8}$$

Dem Sinne nach ist die Größe $p(x)$ eine *Unterschreitungswahrscheinlichkeit*.

Abgesehen von solchen statistischen Abzähloperationen, die bei wert- und zeitdiskreten Vorgängen eine gewisse Rolle spielen, kann man besonders bei kontinuierlichen Vorgängen Kennzeichen für die Kurvengestalt selbst aufstellen. Man kann z. B. feststellen, daß bei manchen Prozessen sehr rasche Veränderungen der Variablen mit der Zeit vorkommen, während andere sich in sanfterer Weise und weniger oft innerhalb eines gegebenen Zeitintervalls ändern. Geht man von der physikalischen Vorstellung aus, daß ein stochastischer Prozeß, obwohl er nicht durch eine analytische Funktion formelmäßig zu beschreiben ist, als ein Gemisch von Schwingungen mit statistisch verteilten Amplituden und Phasen aufzufassen ist, dann kann man das Verfahren der spektralen Analyse auch auf stochastische Prozesse anwenden.

In mathematischer Hinsicht entstehen jedoch Schwierigkeiten, da weder eine Entwicklung in eine Fourierreihe noch in ein Fourierintegral möglich ist. Das Integral

$$\int\limits_{-\infty}^{\infty} s^2(t)\, dt\,,$$

das die Energie eines Vorganges der reellen Signalfunktion $s(t)$ mißt, würde für einen stationären stochastischen Vorgang keinen endlichen Wert ergeben. Andererseits kann man mit einem Spektralempfänger eine definierte Energieverteilung messen, so daß es notwendig wird, die Definitionen der Fourieranalyse neu zu formulieren.

6.1. Verallgemeinerte harmonische Analyse von N. Wiener

Die notwendige Erweiterung hat N. Wiener in seinem bekannten Werk [6.1] gegeben, in dem der Begriff der spektralen Leistungsdichte eines nicht-abklingenden, stationären Vorganges präzisiert wird. Die Energie eines solchen durch die reelle Signalfunktion $s(t)$ dargestellten Vorganges

$$E = \int\limits_{-\infty}^{\infty} s^2(t)\, dt \tag{6.9}$$

ist unendlich groß, eine Fouriertransformierte von $s(t)$ ist allgemein nicht angebbar.

Im folgenden sei vorausgesetzt, daß der Vorgang ergodisch ist, das heißt, daß Scharmittel und Zeitmittel übereinstimmen. Für die Bildung des Zeitmittels denkt man sich aus dem zeitlichen Ablauf ein Beobachtungsintervall der Dauer T herausgeschnitten und einen quadratischen Mittelwert festgelegt durch den Grenzwert

$$\overline{s^2} = \lim_{T \to \infty} \frac{1}{T} \int\limits_{-T/2}^{+T/2} s^2(t)\, \mathrm{d}t. \tag{6.10}$$

Nachdem ein stationärer ergodischer Vorgang angenommen wurde, ist dieser Grenzwert von der Wahl des Nullpunktes der Zeitachse unabhängig. Bei einer beliebigen Verschiebung τ bleibt er gemäß

$$\overline{s_\tau{}^2} = \overline{s^2} \tag{6.11}$$

ungeändert.

Der Grenzwert $\overline{s^2}$ wird als die mittlere Leistung bezeichnet. Ist $s(t)$ z. B. eine elektrische Spannung, so stellt (6.10) die Leistung an einem Widerstand dar, der auf den Wert Eins normiert ist.

Um zur Fouriertransformation eines nicht abklingenden stochastischen Vorgangs zu gelangen, betrachtet Wiener einen endlichen Ausschnitt aus dem Zeitverlauf, nämlich die Funktion

$$s_T(t) = \begin{cases} s(t) & \text{für} \quad -T/2 < t < +T/2 \\ 0 & \text{sonst.} \end{cases} \tag{6.12}$$

Wegen ihrer zeitlichen Begrenzung besitzt sie eine Fouriertransformierte, die man angeben kann zu

$$F_T(f) = \int\limits_{-T/2}^{T/2} s(t)\, \mathrm{e}^{-\mathrm{j}2\pi f t}\, \mathrm{d}t. \tag{6.13}$$

Von $s_T(t)$ kann man die Energie berechnen, wofür man den endlichen Wert

$$E = \int\limits_{-T/2}^{T/2} s_T{}^2(t)\, \mathrm{d}t = \int\limits_{-\infty}^{\infty} F_T(f)\, F_T{}^*(f)\, \mathrm{d}f$$

erhält. Dabei wurden dieselben Operationen ausgeführt, die im Abschnitt 2.2.3 zum Parsevalschen Theorem geführt haben. Im vorliegenden Fall ist aber noch eine Mittelwertsbildung vorzunehmen, und man erhält entsprechend (6.10) den Ausdruck

$$\overline{s^2} = \lim_{T \to \infty} \frac{1}{T} \int\limits_{-T/2}^{T/2} s_T{}^2(t)\, \mathrm{d}t = \lim_{T \to \infty} \frac{1}{T} \int\limits_{-\infty}^{\infty} |F_T(f)|^2\, \mathrm{d}f. \tag{6.14}$$

Hierin kommt die Zerlegung der mittleren Leistung in ihre spektralen Anteile zum Ausdruck. Diese wird noch deutlicher, wenn man schreibt

$$\overline{s^2} = \int\limits_{-\infty}^{\infty} \Phi(f)\, \mathrm{d}f. \tag{6.15}$$

Durch Vergleich mit (6.14) findet man, daß

$$\Phi(f) = \lim_{T\to\infty} \frac{1}{T}\, |F_T(f)|^2 \tag{6.16}$$

zu setzen ist.

Das Integral (6.15) bedeutet physikalisch, daß man die Gesamtleistung des Vorganges mit einem abstimmbaren Spektralempfänger der Breite Δf in eine Summe von Einzelbeiträgen $\Phi(f)\,\Delta f$ zerlegen kann. Die Funktion $\Phi(f)$ ist die auf die Bandbreite bezogene Leistung und heißt darum *Leistungsdichte*. Ihre mathematische Definition ist durch (6.16) gegeben als ein Grenzwertprozeß, der an einem zeitlichen Ausschnitt des Vorganges vorgenommen wird. Sie ist eine gerade Funktion von f.

Die Formel (6.15) zeigt, daß es in der Natur keine Vorgänge geben kann, deren Leistungsdichte bis zu beliebig hohen Frequenzen konstant ist. Wenn man in der Praxis von „weißem Rauschen" spricht, so kann damit lediglich ein begrenzter Ausschnitt auf der Frequenzachse gemeint sein, in dem die Leistungsdichte konstant ist.

Die mittlere Leistung $\overline{s^2}$ ist nicht die einzige Größe, durch die ein stochastischer Prozeß gekennzeichnet werden kann, vielmehr sagt die spektrale Leistungsverteilung Wesentliches über die innere Struktur des Prozesses aus. Es fehlt im Augenblick noch an einer Beschreibung des *zeitlichen* inneren Zusammenhangs der stochastischen Zeitfunktion $s(t)$. Nun ist es aber durch Transformation der Leistungsdichte in den Zeitbereich möglich, eine Zeitfunktion zu erhalten, die Aussagen über die stochastischen Zusammenhänge der einzelnen Werte der Funktion $s(t)$ *untereinander* macht.

Um zu einer solchen Funktion zu gelangen, unterwirft man die spektrale Leistungdichte $\Phi(\omega)$ einer Fouriertransformation und erhält eine noch unbekannte Funktion der Zeit

$$X(\tau) = \frac{1}{2\pi} \int\limits_{-\infty}^{\infty} \Phi(\omega)\, \mathrm{e}^{\mathrm{j}\omega\tau}\, \mathrm{d}\omega. \tag{6.17a}$$

Der Ausdruck (6.17a) muß so umgeformt werden, daß auf der rechten Seite wieder Beziehungen zur Zeit erscheinen. Zunächst führt man über die Definition (6.16) die Amplitudendichte $F(\omega)$ ein, indem man schreibt

$$X(\tau) = \frac{1}{2\pi} \lim_{T\to\infty} \frac{1}{T} \int_{-\infty}^{\infty} F_T(\omega)\, F_T{}^*(\omega)\, \mathrm{e}^{\mathrm{j}\omega\tau}\, \mathrm{d}\omega. \qquad (6.17\,\mathrm{b})$$

Die konjugiert komplexe Funktion $F_T{}^*(\omega)$ wird ersetzt durch

$$F_T{}^*(\omega) = \int_{-T/2}^{T/2} s(t)\, \mathrm{e}^{\mathrm{j}\omega t}\, \mathrm{d}t.$$

Damit lautet (6.17 b)

$$X(\tau) = \frac{1}{2\pi} \lim_{T\to\infty} \frac{1}{T} \int_{-\infty}^{\infty} F_T(\omega)\, \mathrm{e}^{\mathrm{j}\omega\tau} \left(\int_{-T/2}^{T/2} s(t)\, \mathrm{e}^{\mathrm{j}\omega t}\, \mathrm{d}t \right) \mathrm{d}\omega.$$

In diesem Doppelintegral vertauscht man die Reihenfolge der Integrationen und erhält

$$X(\tau) = \frac{1}{2\pi} \lim_{T\to\infty} \frac{1}{T} \int_{-T/2}^{T/2} s(t)\, \mathrm{d}t \int_{-\infty}^{\infty} F_T(\omega)\, \mathrm{e}^{\mathrm{j}\omega(t+\tau)}\, \mathrm{d}\omega$$

$$X(\tau) = \lim_{T\to\infty} \frac{1}{T} \int_{-T/2}^{T/2} s(t+\tau)\, s(t)\, \mathrm{d}t. \qquad (6.18)$$

Damit ist die Transformation der Leistungsdichte in den Zeitbereich vollzogen, und man erhält mit der durch (6.18) ausgedrückten Rechenvorschrift eine Operation, die man *Autokorrelation* nennt. Die Vorverlegung um die Zeit τ, die in (6.18) auszuführen ist, kann ebensogut in eine Verzögerung umgewandelt werden. Setzt man nämlich eine neue Variable

$$t' = t + \tau$$

in (6.18) ein und läßt dann die Striche wieder weg, so erhält man die gleichwertige Darstellung

$$X(\tau) = \lim_{T\to\infty} \frac{1}{T} \int_{-T/2}^{T/2} s(t-\tau)\, s(t)\, \mathrm{d}t. \qquad (6.18\,\mathrm{a})$$

Über die Rechenpraxis werden später im Abschnitt 6.3 nähere Ausführungen gemacht werden. Bild 6.1 soll helfen, diese Operation zu verstehen. Die Vorsilbe „Auto" bedeutet in diesem Zusammenhang, daß die Funktion $s(t)$ gegen sich selbst verschoben und dadurch der ihr *selbst* eigentümliche innere statistische Zusammenhang untersucht werden soll. Im Bild ist eine stochastische Funktion der Zeit in einem gewissen Zeitabschnitt ihres Bestehens gezeichnet. Die um eine bestimmte Zeitspanne τ zu späteren Zeiten, d. h. nach rechts, verschobene Funktion $s(t-\tau)$ ist darunter gezeichnet. Die Anweisungen (6.18) besagen, daß übereinanderstehende Funktionswerte miteinander zu multiplizieren und die Produkte über einen Gesamtausschnitt von $-T/2$ bis $+T/2$ zu mit-

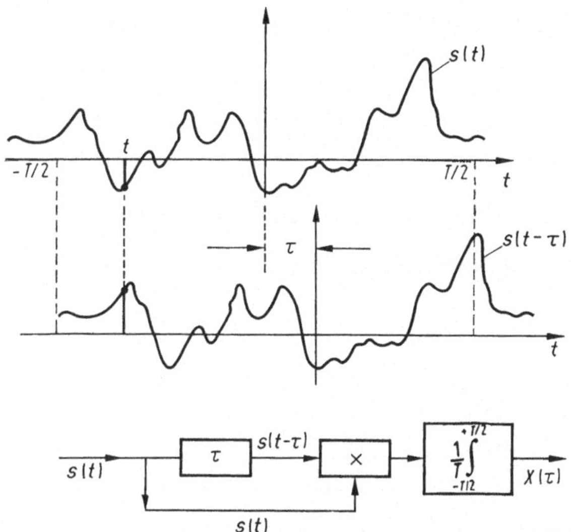

Bild 6.1. Prinzip der Autokorrelation einer stochastischen Signalfunktion.

teln sind. Im unteren Teil des Bildes ist das Grundprinzip eines automatischen Autokorrelators gezeichnet. Dieser besteht aus einem Laufzeitglied, das eine einstellbare Zeitverschiebung macht, einem Multiplikator mit nachgeschaltetem Mittelwertintegrator.

Als Fouriertransformierte der Leistungsdichte einer stochastischen Funktion ergibt sich mithin eine Zeitfunktion in Form eines integrierten Zeitmittels über das Produkt der Signalfunktion mit sich selbst. Auf diese Weise entsteht eine von der Verschiebung τ abhängige Größe $X(\tau)$, die als ein Maß für die *innere Abhängigkeit der Funktionswerte voneinander* betrachtet werden kann. Man spricht oft auch von Kohärenz. Ist die Verschiebung klein, so kann eine relativ stärkere Abhängigkeit der Werte $s(t)$ voneinander erwartet werden als für weiter auseinanderliegende Zeitmomente. Das Produkt $s(t)\,s(t-\tau)$ wird nämlich um so öfter das Vorzeichen wechseln, je größer die Verschiebung ist, und damit zum Integralmittelwert einen entsprechend geringeren Beitrag leisten. Man darf deshalb erwarten, daß die Funktion $X(\tau)$ für $\tau = 0$ den größten Wert erreicht und mit wachsendem τ gegen Null strebt.

Setzt man in (6.18) $\tau = 0$ ein, so findet man, daß

$$X(0) = \lim_{T \to \infty} \frac{1}{T} \int_{-T/2}^{T/2} s(t)\, s(t)\, \mathrm{d}t = \overline{s^2} \qquad (6.19)$$

die mittlere Leistung von $s(t)$ darstellt.

Man bezeichnet die durch $\overline{s^2}$ dividierte Funktion $X(\tau)$ als die Autokorrelationsfunktion (AKF) des Vorganges und schreibt

$$\varphi_{ss}(\tau) = \frac{1}{\overline{s^2}} \lim_{T \to \infty} \frac{1}{T} \int_{-T/2}^{T/2} s(t)\, \mathrm{s}(t - \tau)\, \mathrm{d}t. \qquad (6.20)$$

Die AKF $\varphi_{ss}(\tau)$ hat die folgenden Eigenschaften:

1. Wegen der Normierung gilt

$$\varphi_{ss}(0) = 1. \qquad (6.21)$$

2. Wegen der statistischen Unabhängigkeit weit auseinanderliegender stochastischer Ereignisse ist

$$\lim_{\tau \to \infty} \varphi_{ss}(\tau) = 0. \qquad (6.22)$$

3. Wie man (6.20) leicht ansieht ist φ_{ss} eine symmetrische Funktion der Verschiebung

$$\varphi_{ss}(\tau) = \varphi_{ss}(-\tau). \qquad (6.23)$$

4. Die AKF und das Leistungsspektrum sind wechselseitig durch eine Fouriertransformation miteinander verknüpft. Es gilt nämlich

$$\varphi_{ss}(\tau) = \frac{1}{\overline{s^2}} \frac{1}{2\pi} \int_{-\infty}^{\infty} \Phi_{ss}(\omega)\, \mathrm{e}^{j\omega\tau}\, \mathrm{d}\omega = \frac{1}{\overline{s^2}} \frac{1}{\pi} \int_{0}^{\infty} \Phi_{ss}(\omega)\, \cos\,\omega\tau\, \mathrm{d}\omega \qquad (6.24\,\mathrm{a})$$

und

$$\Phi_{ss}(\omega) = 2\overline{s^2} \int_{0}^{\infty} \varphi_{ss}(\tau)\, \cos\,\omega\tau\, \mathrm{d}\tau. \qquad (6.24\,\mathrm{b})$$

Durch die Indizes ist die Funktion $\Phi(\omega)$ als die Leistungsdichte der Autokorrelation von $s(t)$ ausgewiesen.

Die Tatsache, daß AKF und spektrale Leistungsdichte durch eine Fouriertransformation verbunden sind, wird als *Satz von Wiener-*

Khintchine bezeichnet. Diese beiden Funktionen entsprechen in diesem Sinne einander wie die determinierte Zeitfunktion $s(t)$ und ihre Amplitudendichte $F(\omega)$ in der klassischen Fourierschen Theorie. Es muß jedoch auf einen fundamentalen Unterschied hingewiesen werden, der zwischen stochastischen und determinierten Vorgängen besteht. Während man eine determinierte Funktion $s(t)$ aus ihrer Amplitudendichte $F(\omega)$ bestimmen kann, kann man eine stochastische Funktion nicht aus ihrer spektralen Leistungsdichte $\Phi_{ss}(\omega)$ in allen ihren Einzelheiten ermitteln. Das rührt daher, daß das Leistungsdichtespektrum keine Phaseninformation enthält. Diese ist nämlich bei der Multiplikation konjugiert komplexer Größen in (6.16) verlorengegangen. Dementsprechend enthält auch ihre Fouriertransformierte keine Phaseninformation, sondern stellt in Form der AKF eine bloße Mittelwertaussage dar.

Zusammenfassend kann man sagen, daß das Verfahren der Autokorrelation als eine Lösung des Problems der Datenreduktion angesehen werden kann, denn man ist damit in der Lage, aus einer großen Anzahl von Daten Aussagen über ihren inneren Zusammenhang in eine übersichtliche Form zu kondensieren.

6.2. Die Kreuzkorrelation

Führt man den Korrelationsprozeß anstatt an ein und derselben Funktion an zwei verschiedenen stochastischen Funktionen durch, dann gelangt man von der Autokorrelations- zur Kreuzkorrelationsfunktion (KKF). Die Fragestellung läuft darauf hinaus, festzustellen, ob zwischen zwei Vorgängen eine Abhängigkeit besteht oder nicht. Da es sich um nicht determinierte Vorgänge handelt, läßt sich diese Frage nicht mit einem entschiedenen Ja oder Nein beantworten, sondern man kann nur eine Wahrscheinlichkeitsaussage machen. Man hat einen bestimmten Grad der Korrelation, der dem Betrag nach zwischen 0 und 1 liegen kann, das bedeutet entweder eine vollkommene statistische Unabhängigkeit oder eine vollständige Abhängigkeit.

Die Frage nach einer statistischen Abhängigkeit stellt sich z. B. dann, wenn in einem Empfangssignal, das auf seinem Übertragungsweg starken Störungen ausgesetzt war, nicht mehr mit Sicherheit zu erkennen ist, ob ein Sendesignal bekannter Form in ihm enthalten ist oder nicht. In diesen für die Praxis sehr wichtigen Fällen ermöglicht die Kreuzkorrelationsanalyse eine quantitative Aussage.

Die grundlegenden Beziehungen sind nach dem Vorangegangenen leicht zu verstehen. Es seien zwei stationäre, stochastische Funktionen $s(t)$ und $r(t)$ gegeben, mit denen man analog zur Bildung der AKF die

Operation vornimmt:

$$\varphi_{sr}(\tau) = \frac{1}{\sqrt{P_s P_r}} \lim_{T \to \infty} \frac{1}{T} \int\limits_{-T/2}^{T/2} s(t)\, r(t - \tau)\, \mathrm{d}t. \tag{6.25a}$$

Im Nenner steht zum Zwecke der Normierung das Produkt der Wurzel aus den mittleren Leistungen der beiden Funktionen s und r. Dabei gilt

$$P_s = \lim_{T \to \infty} \frac{1}{T} \int\limits_{-T/2}^{T/2} |s(t)|^2 \, \mathrm{d}t \tag{6.25b}$$

und dasselbe für die Funktion $r(t)$.

Es ist anschaulich klar, daß das Integral (6.25a) im Falle statistischer Unabhängigkeit den Grenzwert Null hat, weil dann im Mittel Produkte mit einander entgegengesetzten Vorzeichen gleich oft vorkommen werden. Wenn jedoch eine Abhängigkeit zwischen den Faktoren besteht, ändert sich diese Gleichverteilung zugunsten einer bestimmten Wertegruppierung.

Die KKF hat von der AKF etwas abweichende Eigenschaften. So hat $\varphi_{sr}(0)$ nicht notwendigerweise den höchsten Wert, jedoch geht auch $\varphi_{sr}(\tau)$ für große Verschiebungen gegen Null. Die Reihenfolge der Funktionen ist nicht vertauschbar. Man findet leicht aus der Definitionsgleichung (6.25a), daß

$$\varphi_{sr}(-\tau) = \varphi_{rs}(\tau). \tag{6.26}$$

Man kann ein Dichtespektrum der KKF definieren durch die Transformationsformeln

$$\Phi_{sr}(\omega) = \sqrt{P_s P_r} \int\limits_{-\infty}^{\infty} \varphi_{sr}(\tau)\, \mathrm{e}^{-\mathrm{j}\omega\tau}\, \mathrm{d}\tau, \tag{6.27a}$$

$$\varphi_{sr}(\tau) = \frac{1}{\sqrt{P_s P_r}} \frac{1}{2\pi} \int\limits_{-\infty}^{\infty} \Phi_{sr}(\omega)\, \mathrm{e}^{\mathrm{j}\omega\tau}\, \mathrm{d}\omega. \tag{6.27b}$$

Die technische Bedeutung der Kreuzkorrelationsanalyse für die Pulstechnik beruht auf der Möglichkeit, mit ihrer Hilfe Signale zu erkennen, die im Rauschen verborgen sind [6.2]. In Bild 6.2 ist das Prinzip skizziert. Nimmt man ein Gemisch von Signal und Rauschen an, das in der Form

$$e(t) = s(t) + r(t) \tag{6.28}$$

in den Empfänger gelangt, so kann man, sofern das Signal selbst am Ort des Empfängers zur Verfügung steht, wie das bei einem Radargerät der Fall ist, $e(t)$ mit $s(t)$ kreuzkorrelieren. In leicht verständlicher, abgekürzter Schreibweise erhält man am Ausgang des Korrelators die Funktion

$$\overline{[s(t) + r(t)]\,s(t - \tau)} = \overline{s^2}\varphi_{ss}(\tau) + \sqrt{\overline{s^2}}\,\sqrt{\overline{r^2}}\;\varphi_{rs}(\tau). \qquad (6.29)$$

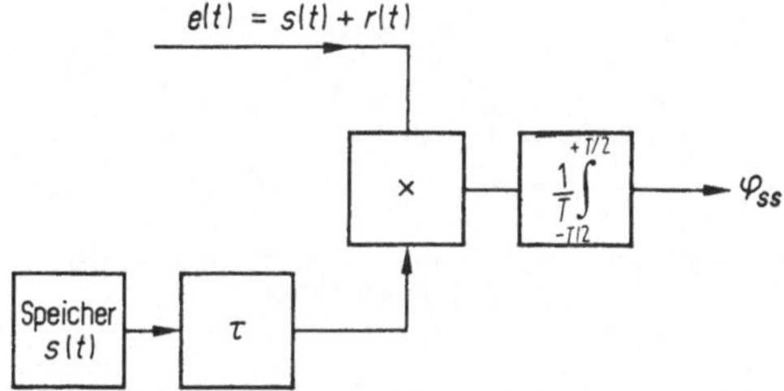

Bild 6.2. Anzeige eines Signals durch Bildung der Kreuzkorrelationsfunktion des Empfangs- mit dem gespeicherten Sendesignal.

Im Falle einer statistisch mit dem Signal unkorrelierten Störung reduziert sich das Ergebnis wegen $\varphi_{rs} = 0$ auf das Glied $\overline{s^2}\varphi_{ss}$.

Am Ausgang eines Korrelationsempfängers erscheint somit die AKF des Signals.

Es gibt Fälle, in denen die Sendefunktion am Ort des Empfängers nicht zur Verfügung steht, eine Korrelationsoperation also nur am Empfangssignal selbst ausgeführt werden kann. In der vorstehenden abgekürzten Notation ergibt sich dann die AKF zu

$$\overline{[s(t) + r(t)]\,[s(t - \tau) + r(t - \tau)]} = \overline{s^2}\varphi_{ss}(\tau)$$

$$+ \sqrt{\overline{s^2}}\,\sqrt{\overline{r^2}}\,[\varphi_{sr}(\tau) + \varphi_{rs}(\tau)] + \overline{r^2}\varphi_{rr}(\tau). \qquad (6.30)$$

Der einfachste Fall liegt dann vor, wenn Signal und Rauschen miteinander völlig unkorreliert sind, weil dann die KKF $\varphi_{rs} = \varphi_{sr} = 0$ gesetzt werden kann.

Als Beispiel werde die Aufgabe gestellt, zu entscheiden, ob ein periodisches Signal mit der Kreisfrequenz ω im Rauschen vorhanden ist oder nicht. Die AKF der periodischen Funktion

$$s(t) = \sin(\omega t + \alpha) \qquad (6.31\,\mathrm{a})$$

findet man leicht durch Einsetzen in (6.20) zu

$$\varphi_{ss}(\tau) = \cos \omega\tau. \qquad (6.31\,\mathrm{b})$$

Dieses Resultat ist anschaulich klar, denn der innere Zusammenhang einer periodischen Funktion kann wiederum nur durch eine periodische Funktion darstellbar sein. Bezeichnenderweise kommt die Anfangsphase α hierbei nicht mehr vor. In Bild 6.3 ist die AKF des periodischen Signals

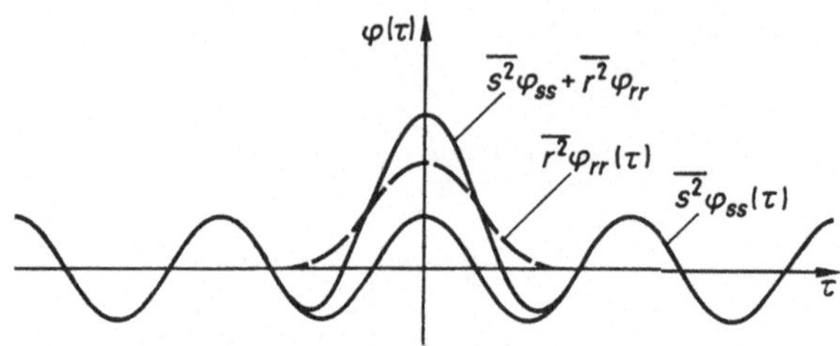

Bild 6.3. Anzeige eines periodischen Signals im Rauschen durch Bildung der Autokorrelationsfunktion der Empfangsfunktion.

zu sehen sowie eine monoton abfallend angenommene AKF der Störung. Die AKF der Empfangsfunktion ist dann die Überlagerung

$$\overline{e(t)\,e(t+\tau)} = \overline{s^2}\varphi_{ss}(\tau) + \overline{r^2}\varphi_{rr}(\tau), \qquad (6.30\,\text{a})$$

die im Bild vom Rauschen her eine ausgeprägte Spitze bei $\tau = 0$ aufweist, sonst aber durch die Periodizität die Anwesenheit des Signals zu erkennen gibt.

Eine weitere Anwendung der Kreuzkorrelationsanalyse ist die Suche nach verborgenen Perioden in einem stochastischen Vorgang. Wenn man mit einer Suchfunktion

$$r(t) = \cos \omega_S t$$

den Vorgang $s(t)$ kreuzkorreliert, so erreicht die Funktion $\Phi_{sr}(\omega)$ dann einen hervorstechenden Wert, wenn die Suchfrequenz ω_S mit der verborgenen Frequenz ω zusammenfällt. Der Grund ist der, daß wegen der Orthogonalitätsbeziehungen der Kreisfunktionen alle Integrale mit $\omega_S \neq \omega$ sich zu Null mitteln, während dasjenige mit $\omega_S = \omega$ übrigbleibt und an dieser Stelle eine auffallende Spitze ergibt. Als Suchfunktion kann auch ein Puls mit einer veränderlichen Taktfrequenz verwendet werden.

Die Korrelationstechnik findet sehr weit gestreute Anwendungen, z. B. in der Physiologie zur Analyse von Nervenströmen, in denen verborgene Periodizitäten, wie die bekannten Gehirnstromwellen, nachgewiesen werden können. Desgleichen bedient sich die Meßwertverarbeitung in der Geophysik und Meteorologie weitgehend dieser mathematischen Methoden. In der Ozeanographie beispielsweise kann man bei einem so unregelmäßig erscheinenden Vorgang wie dem Seegang durch

Analyse der Wellenhöhen die Einflüsse der allgemeinen Gezeitenschwankungen von den lokalen Besonderheiten eines bestimmten Seegebietes einwandfrei trennen.

6.3. Beispiele für die Analyse zeit- und wertdiskreter stochastischer Vorgänge

Bei einem Problem der Meßwertverarbeitung handelt es sich zumeist um die Verarbeitung einer Gesamtheit *diskreter Zahlenwerte*. Dabei kann es sich um die aus einer Reihe von Meßoperationen anfallenden Einzelergebnisse handeln, die zu einer Zahlenreihe zusammengefaßt werden, oder um eine kontinuierliche Meßwertregistrierung, der zu bestimmten Zeitpunkten eine Probe entnommen wird. In beiden Fällen hat man an Stelle der bisher behandelten kontinuierlichen Zeitfunktionen $s(t)$ eine endliche Menge von $2N + 1$ diskreten Zahlen s_k mit $k = -N$ bis $+N$. Die Wienerschen Grenzwertoperationen (6.10), (6.16) und (6.18) können an einer solchen endlichen Zahlenreihe nur in dem Sinne realisiert werden, daß man Kurzzeitausschnitte der Korrelationsfunktion und der spektralen Leistungsdichte bildet, die den exakten Grenzwerten in approximativer Weise mit einem gewissen Fehler nahekommen.

Die Definition (6.18) der AKF muß der Tatsache angepaßt werden, daß der Wertevorrat s_k endlich ist. In Bild 6.4 ist ein diskreter Vorgang

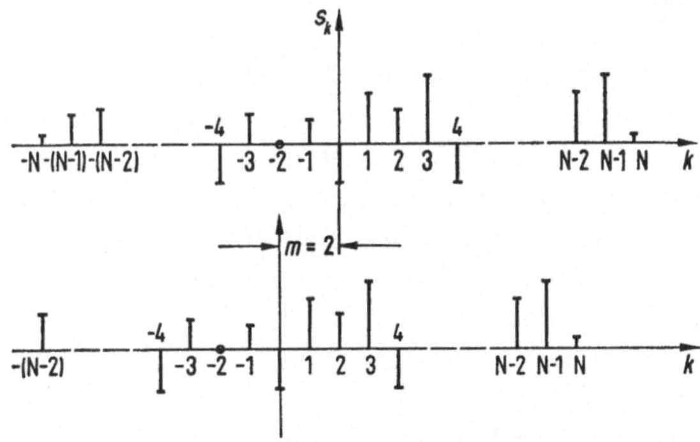

Bild 6.4. Bildung der Autokorrelationsfunktion an einem diskreten stochastischen Vorgang.

dargestellt. Die Einzelwerte s_k werden in der Reihenfolge ihres Auftretens mit gleichen Abständen längs der beiderseits unendlichen Zahlengeraden aufgetragen. In der unteren Zeile ist die Zahlenreihe s_{k+m} mit einer Verschiebung $m = 2$ nach links gezeichnet. Man bemerkt, daß für die Bildung der Produkte $s_k s_{k+m}$ um so weniger Signalwerte zur Verfügung stehen, je größer der Verschiebungsindex m wird. Man muß bei der Berechnung des Mittelwertes diesem Umstand dadurch Rechnung tragen, daß man die Summen durch die jeweils um m verminderte Anzahl von Gliedern dividiert. Dadurch wird man zur folgenden Formel für die Berechnung der AKF diskreter stochastischer Funktionen geführt:

$$\varphi_{ss}(m) = \frac{1}{\overline{s^2}} \sum_{k=-N}^{N} \frac{s_k s_{k+m}}{2N + 1 - |m|} \qquad (6.32\,\text{a})$$

mit

$$s_k = 0 \text{ für } |k| > N$$

und

$$\overline{s^2} = \frac{1}{2N + 1} \sum_{k=-N}^{N} s_k{}^2. \qquad (6.32\,\text{b})$$

Die direkte Berechnung der Korrelationsfunktion mit Hilfe dieser Formeln mag in einigen Fällen angebracht sein, im allgemeinen möchte man aber auch die spektrale Leistungsdichte der Korrelation kennenlernen, und dann geht man zweckmäßiger einen anderen Weg. Man benützt dann nämlich vorteilhafter die im Abschnitt 3.2 dargestellte Schnelle Fouriertransformation (FFT), indem man mit ihrer Hilfe direkt aus den gegebenen Stützwerten der Signalfunktion die spektrale Leistungsverteilung berechnet und daran anschließend durch eine abermalige FFT unter Benützung der Wiener-Khintchine-Beziehungen die Korrelationsfunktion aufsucht. Die dazu nötigen theoretischen Ausführungen sind bereits im Abschnitt 3.1 gemacht worden.

Neben solchen Vorgängen, die durch eine Reihe diskreter Werte s_k der Signalfunktion gekennzeichnet sind, hat man es oft auch mit Signalen zu tun, die aus einer regelmäßigen Folge von Impulsen unterschiedlicher Höhe, aber von immer derselben Form bestehen. Die Impulse sind in ein Zeitraster eingepaßt, das einen festen Abstand τ von einem Impuls bis zum nächstfolgenden vorsieht. Diese Art von Signalen ist die physikalische Darstellung einer codierten Nachricht. Die Impulse sind nach einem bestimmten, durch den *Code* vorgegebenen Schema mit Amplitudenfaktoren versehen. In der pulscodierten Form stellt sich die Nachricht mathematisch als eine Summe von Impulsfunktionen $u(t)$ dar, die mit den stochastischen Amplitudenfaktoren A_k multipliziert und an den äquidistanten Stellen $k\tau$ (k ganze Zahl) eines Zeitrasters angeordnet sind.

Ein codiertes Signal kann man also in der Form

$$w(t) = \sum_{k=0}^{n-1} A_k u(t - k\tau) \qquad (6.33\,\text{a})$$

anschreiben. Nun ist aber zu berücksichtigen, daß man zur Übermittlung einer Nachricht, d. h. eines Buchstabentextes oder einer Zahl, eine gewisse endliche Anzahl solcher Signale in Codeform benötigt, die man Codewörter nennt. Diese werden durch einen weiteren Index i an der Funktion $w(t)$ voneinander unterschieden. Es ist zweckmäßig, diesen Index von $-N$ bis $+N$ laufen zu lassen, also insgesamt $2N + 1$ verschiedene Codewörter anzunehmen. Man gelangt auf diese Weise zu der Darstellung

$$w_i(t) = \sum_{k=0}^{n-1} A_{ik}u(t - k\tau), \quad -N \leqq i \leqq N \qquad (6.33\,\mathrm{b})$$

für eine codierte Nachricht. Wenn $n\tau = T$ die Dauer[1] eines Codewortes ist, so soll also die Dauer der mit diesen Codewörtern übertragenen Nachricht $(2N + 1)\,T$ betragen.

Der Code besteht in einer Vorschrift, nach der die Amplitudenfaktoren A_{ik} den verschiedenen Zeichen eines Alphabets oder den Ziffern von 0 bis 9 zugeordnet werden. Es entsteht die Frage nach der für einen bestimmten Zweck günstigsten Codierungsvorschrift und nach der günstigsten Impulsform. Was unter optimal zu verstehen ist, kann dabei verschiedene Bedeutungen haben. Wenn es sich z. B. um ein Problem der *Übertragung* eines Codesignals über einen bestimmten Übertragungsweg handelt, werden die Gesamtbandbreite sowie die Verteilung der Spektralenergie auf die niedrigen und hohen Frequenzen eine ausschlaggebende wirtschaftliche Rolle spielen. Man sieht sich vor die Aufgabe gestellt, die Leistungsdichte eines stochastischen Signals der Form (6.33 b) zu berechnen, wobei der stochastische Charakter des Problems dadurch gekennzeichnet ist, daß man das Auftreten bestimmter Werte der Größen A_{ik} nur durch eine Wahrscheinlichkeitsaussage mathematisch beschreiben kann. Ein Code heißt b-stufig, wenn die Größe A_{ik} b verschiedene Werte annehmen kann. Als charakteristisches Beispiel wird später ein zweistufiger oder *binärer* Code vorgeführt werden, das ist ein solcher, in dem nur die beiden Werte

$$A_{ik} = \begin{cases} A \ (n-m)\text{-mal} \\ B \ m\text{-mal} \end{cases} \qquad (6.34)$$

vorkommen, und zwar mit den daneben angeschriebenen Anzahlen in jedem Codewort. Ein Sonderfall liegt vor, wenn nur die beiden Werte $+1$ und -1 auftreten. Wählt man für $u(t)$ eine Rechteckform

$$u(t) = \begin{cases} 1 \ \text{für} \ 0 < t < \tau, \\ 0 \ \text{sonst} \end{cases} \qquad (6.35)$$

---

[1] Ausnahmsweise wird in diesem Unterabschnitt für die Anzahl der Elemente (Stellenzahl) eines Codewortes statt r das Zeichen n benutzt.

so gelangt man zu dem in Bild 6.5 gezeichneten codierten Rechteckimpuls
für den Spezialfall mit $n = 4$ Stellen. Weitere Ausführungen über die
Systematik der Codierung findet der Leser in Abschnitt 7.2.2.

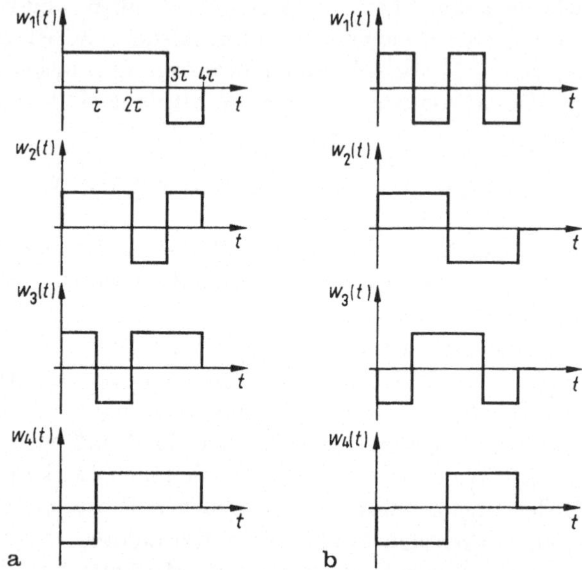

Bild 6.5a u. b. Beispiel eines Codesignals mit Rechteckimpulsen.
a) unsymmetrische Form;   b) symmetrische Form.
Von den möglichen $2^n = 16$ Codewörtern sind nur die Hälfte gezeichnet.

Es gibt zwei grundsätzlich verschiedene Klassen von Codes, nämlich
disparitätsbehaftete und disparitätsfreie Codes. Für die erste Art zeigt
Bild 6.5a einen Vertreter mit drei positiven und einem negativen Impuls,
während in b) gleichviel positive wie negative Zeichen vorkommen.

Die Berechnung der spektralen Leistungdichte kann dadurch bewerkstelligt werden, daß man nach Kaden [6.3] zuerst die AKF der
Zeitfunktion aufsucht und diese dann in den Frequenzbereich trans-
formiert. Hier soll der direkte Weg beschritten werden, indem das
Amplitudenspektrum nach (6.13) aufgesucht und aus diesem die Leistungsdichte nach (6.16) gebildet wird [6.4].

Durch Anwendung der Fouriertransformation auf $w_i(t)$ erhält man
zunächst die Amplitudendichte

$$W_i(f) = \int\limits_{-\infty}^{\infty} w_i(t)\, e^{-j2\pi f t}\, dt. \tag{6.36}$$

Durch Einsetzen von (6.33b) für $w_i(t)$ erhält man

$$W_i(f) = U(f) \sum_{k=0}^{n-1} A_{ik} e^{-j2\pi f k \tau}. \tag{6.37}$$

Unter $U(f)$ ist die Amplitudendichte des Impulses zu verstehen, also die Funktion

$$U(f) = \int\limits_{-\infty}^{\infty} u(t)\, \mathrm{e}^{-\mathrm{j}2\pi ft}\, \mathrm{d}t \tag{6.38}$$

im allgemeinen Fall und

$$U(f) = \frac{\sin \pi f\tau}{\pi f}\, \mathrm{e}^{-\mathrm{j}\pi f\tau} \tag{6.39}$$

für den Spezialfall, daß $u(t)$ ein Rechteckimpuls ist, wie er in Bild 6.5 als Codeelement gezeichnet ist.

Das gesamte Signal setzt sich aus den im Zeitabstand T angeordneten Wörtern zusammen und soll die Dauer

$$D = (2N + 1)\,T \tag{6.40}$$

einnehmen. Die Signalfunktion der codierten Nachricht erscheint dann in Form der endlichen Summe

$$s(t) = \sum_{i=-N}^{N} w_i(t - iT) = \sum_{i=-N}^{N} \sum_{k=0}^{n-1} A_{ik} u(t - iT - k\tau), \tag{6.41}$$

von der man unmittelbar die Amplitudendichte

$$F(f) = \int\limits_{-\infty}^{\infty} s(t)\, \mathrm{e}^{-\mathrm{j}2\pi ft}\, \mathrm{d}t = \sum_{i=-N}^{N} W_i(f)\, \mathrm{e}^{-\mathrm{j}2\pi fiT} \tag{6.42}$$

bilden kann. Nach der Vorschrift von (6.16) ergibt sich daraus die spektrale Leistungsdichte des Signals

$$\Phi_{ss}(f) = \lim_{N\to\infty} \frac{1}{(2N+1)\,T}\, |F(f)|^2 \tag{6.43}$$

und durch Einsetzen für $F(f)$ aus (6.42) der folgende Ausdruck:

$$\Phi_{ss}(f) = \lim_{N\to\infty} \frac{1}{(2N+1)\,T} \sum_{r=-N}^{N} \sum_{s=-N}^{N} W_r(f)\, W_s{}^*(f)\, \mathrm{e}^{\mathrm{j}2\pi f(s-r)T}. \tag{6.43a}$$

Die Definition der spektralen Leistungsdichte basiert auf dem Grenzfall einer unendlich langen Nachricht, daher ist die Operation $\lim N \to \infty$ hinzugefügt. Die weitere Rechnung hat sich mit der Auflösung der Doppelsumme zu befassen. Man kann diese zerlegen in einen Anteil mit gleichen Indizes r und s und einen Anteil, bei dem $r \neq s$ ist, was durch Striche an den Summenzeichen angedeutet werden soll.

Man kann daher schreiben

$$\Phi_{ss}(f) = \lim_{N \to \infty} \frac{1}{(2N+1)\,T}$$

$$\times \left[\sum_{r=-N}^{N} |W_r(f)|^2 + \sum_{r=-N}^{N}{}' \; \sum_{s=-N}^{N}{}' \; W_r(f)\,W_s{}^*(f)\, \mathrm{e}^{\mathrm{j}2\pi f(s-r)T} \right]. \qquad (6.43\,\mathrm{b})$$

Bisher ist angenommen worden, daß jedes Wort $w_r(t)$ in einer langen Nachricht gleich häufig vorkommt. Es soll nunmehr dadurch etwas schärfer differenziert werden, daß man die relative Häufigkeit p_r einführt, die die Wahrscheinlichkeit mißt, mit der das betreffende Wort in einer sehr langen Nachricht vorkommt. Da die Wahrscheinlichkeit p_r, mit der $w_r(t)$ in einem beliebigen Zeitabschnitt auftritt, unabhängig ist von dem, was vorausgegangen ist, gilt der bekannte Satz

$$\sum_{r=-N}^{N} p_r = 1.$$

An Stelle der beiden Summenanteile in (6.43 b) macht man folgende Ersetzungen mit $M = 2N + 1$ als Abkürzung: für $r = s$:

$$\lim_{N \to \infty} \frac{1}{(2N+1)\,T} \sum_{r=-N}^{N} |W_r|^2 \to \frac{1}{MT} \sum_{r=1}^{M} M\,p_r|W_r|^2 = \frac{1}{T} \sum_{r=1}^{M} p_r|W_r|^2$$

$$(6.44\,\mathrm{a})$$

und für $r \neq s$:

$$\lim_{N \to \infty} \frac{1}{MT} \sum_{r=-N}^{N}{}' \; \sum_{s=-N}^{N}{}' \; W_r W_s{}^* \mathrm{e}^{\mathrm{j}2\pi f(s-r)T}$$

$$\to \lim_{M \to \infty} \frac{1}{MT} \sum_{r=1}^{M}{}' \; M p_r W_r \sum_{s=1}^{M}{}' \; p_s W_s{}^* \mathrm{e}^{\mathrm{j}2\pi f(s-r)T}$$

$$= \frac{1}{T} \lim_{M \to \infty} \sum_{r=1}^{M}{}' \; p_r W_r \sum_{s=1}^{M}{}' \; p_s W_s{}^* \; \mathrm{e}^{\mathrm{j}2\pi f(s-r)T}. \qquad (6.44\,\mathrm{b})$$

Für die vorstehenden Summen kann man abkürzend schreiben

$$\sum_{r=1}^{M} p_r|W_r|^2 = \overline{|W_r(f)|^2} \qquad (6.45)$$

und

$$\sum_{r=1}^{M}{}' \; p_r W_r \sum_{s=1}^{M}{}' \; p_s W_s{}^* = \left| \sum_{r=1}^{M} p_r W_r \right|^2 = \left| \overline{W_r(f)} \right|^2. \qquad (6.46)$$

Die erste Summe stellt den Mittelwert der quadrierten Beträge, die zweite das Quadrat des linearen Mittelwertes der Amplitudendichten

$W_r(f)$ dar. Die zweite Summe von (6.43b) kann man also so umgestalten, daß man den gemeinsamen Mittelwert (6.46) aus der Doppelsumme heraushebt und dafür schreibt

$$\frac{1}{T} \lim_{N\to\infty} \left|\overline{W_r}\right|^2 \sum_{r=-N}^{N}{}' \sum_{s=-N}^{N}{}' e^{j2\pi f(s-r)T}. \tag{6.44c}$$

Die in (6.44c) verbliebene Doppelsumme kann umgeformt werden in

$$\sum_{r=-N}^{N}{}' \sum_{s=-N}^{N}{}' e^{j2\pi f(s-r)T} = \sum_{k=-N}^{N} e^{j2\pi fkT} - M \tag{6.47a}$$

mit $s - r = k$.

Andererseits gibt es eine wichtige Formel zur Darstellung einer unendlichen Summe über die Kreisfunktionen durch eine Reihe äquidistant verteilter Stoßfunktionen. Es ist nämlich, wie man durch Ansetzen einer Fourier-Reihenentwicklung beweisen kann,

$$\sum_{k=-\infty}^{\infty} e^{j2\pi fkT} = \frac{1}{T} \sum_{k=-\infty}^{\infty} \delta\left(f - \frac{k}{T}\right). \tag{6.47b}$$

Physikalisch bedeutet diese Darstellung, daß eine unendliche Menge von Spektrallinien auftritt, deren Frequenzen alle den gleichen Abstand $1/T$ voneinander haben. Führt man alle diese Umformungen in die ursprüngliche Formel (6.43b) ein, so erhält man schließlich nach Ausführung der Grenzübergänge die endgültige Form

$$\Phi_{ss}(f) = \frac{1}{T} \left\{\overline{|W_r(f)|^2} - \left|\overline{W_r(f)}\right|^2\right\} + \frac{1}{T^2} \sum_{k=-\infty}^{\infty} |\overline{W_r(f)}|^2\, \delta\left(f - \frac{k}{T}\right). \tag{6.48}$$

In dieser Form ist das Leistungsdichtespektrum von W. Postl [6.5] angegeben worden. Es zeigt sich, daß ein kontinuierliches Amplitudenspektrum auftritt neben einer unendlichen Folge diskreter Spektrallinien. Der physikalische Inhalt von (6.48) läßt sich am leichtesten anhand eines Beispiels ausschöpfen.

Es sei ein Code vorgelegt, der aus n Impulselementen besteht, von denen m Zeichen die Amplitude B und $n-m$ Zeichen die Amplitude A haben. (6.48) nimmt dann die folgende Gestalt an:

$$\Phi_{ss}(f) = \frac{1}{D} |U(f)|^2 \left\{Q(f)\left[\overline{A^2} - (\overline{A})^2\right] + \frac{(\overline{A})^2}{D} \sum_{k=-\infty}^{\infty} \delta\left(f - \frac{k}{T}\right)\right\}. \tag{6.49a}$$

Darin lautet die Hilfsfunktion

$$Q(f) = \frac{1}{n-1}\left[n^2 - \left(\frac{\sin n\pi fT}{\sin \pi fT}\right)^2\right], \tag{6.49b}$$

und $U(f)$ ist durch (6.38) gegeben.

Die Abkürzungen bedeuten die Mittelwerte der Impulsamplituden

$$\overline{A^2} = \frac{(n-m)\,A^2 + mB^2}{n}, \tag{6.49c}$$

$$\overline{A} = \frac{(n-m)\,A + mB}{n}. \tag{6.49d}$$

D ist die Dauer des Signals nach (6.40).

Man sieht, daß in einem solchen Code, der auch als „m-aus-n-Permutationscode" bezeichnet wird, die diskreten Spektrallinien dann verschwinden, wenn $B = -A$ und $m = n/2$ gewählt wird, also ein Code mit gleich vielen und gleich großen positiven wie negativen Impulsen innerhalb eines Wortes. Dies wäre z. B. der Fall bei einem 4-aus-8-Code, jedoch nicht bei einem 3-aus-7-Code. Der stetige Anteil des Spektrums verschwindet bei allen disparitätsfreien Codes wegen $Q(0) = 0$ bei $f = 0$. Dies ist für die Übertragung eines Signals auf Kabelleitungen ein wichtiger wirtschaftlicher Gesichtspunkt wegen der bei tiefen Frequenzen vorhandenen Übertragungsverzerrungen. Das Leistungsdichtespektrum des Signals trägt gemeinsam den Faktor $|U(f)|^2$. Man hat es durch Wahl einer geeigneten Impulsform immer, d. h. auch bei einem disparitätsbehafteten Code, in der Hand, die Spektralleistung bei $f = 0$ zu Null zu machen. Ein Wechselimpuls hat keinen Gleichstromanteil.

6.4. Grundzüge der Systemtheorie stochastischer Vorgänge

Die Grundlage der Theorie linearer Systeme bildet das Faltungsprodukt

$$y(t) = h(t) * x(t), \tag{6.50}$$

das zwischen dem Eingangssignal $x(t)$ und dem Ausgangssignal $y(t)$ durch die Übergangsfunktion $h(t)$ vermittelt. Formal ist $h(t)$ die Fouriertransformierte der Übertragungsfunktion $G(\omega)$ des Systems. $h(t)$ kann aber auch als die Antwort des Systems auf die Stoßfunktion $\delta(t)$ gedeutet werden, deren frequenzkonstantes Spektrum gemäß Bild 2.9b durch $G(\omega)$ geformt wird.

Bei stochastischen Signalen läßt sich, da $x(t)$ nicht analytisch formulierbar ist, die Integration von (6.50) nicht geschlossen ausführen. Es liegt deshalb nahe, nach Beziehungen der AKF und KKF zwischen $y(t)$ und $x(t)$ zu fragen. Mit Hilfe des Begriffs der Leistungsdichte ist diese Frage leicht zu beantworten. Man kann in physikalisch evidenter Weise ansetzen, daß zwischen den Leistungsdichten von Ein- und Ausgangssignal die Beziehung

$$\Phi_{yy}(\omega) = |G(\omega)|^2\,\Phi_{xx}(\omega) \tag{6.51}$$

gelten muß. Es sei bemerkt, daß man mit Hilfe der Definitionsgleichung (6.20) der AKF die Gültigkeit von (6.51) auch streng beweisen kann. In Worten ausgedrückt, lautet die Anweisung (6.51), *daß man die Leistungsdichte eines stochastischen Vorganges beim Durchgang durch ein lineares System mit dem Betragsquadrat seiner Übertragungsfunktion multiplizieren muß, um die Leistungsdichte des Vorganges am Ausgang zu erhalten.*

Der Phasengang des Systems spielt sinngemäß keine Rolle mehr, da man nur Aussagen über den Verlauf der spektralen Leistungsdichte macht und nicht über den Verlauf der Funktion $y(t)$ selbst.

Der Inhalt der wichtigen Beziehung (6.51) kann in der Praxis dazu benützt werden, stochastische Prozesse mit einem vorgegebenen Leistungsspektrum zu erzeugen aus dem einfachsten und vollkommensten stochastischen Prozeß, den es gibt, nämlich dem weißen Rauschen. Das Beiwort „weiß" wird in Anlehnung an die physiologische Optik gebraucht, wo die gleichmäßige Mischung aller sichtbaren Spektralanteile des Lichtes den Eindruck „weiß" ergibt. Weißes Rauschen mit der mittleren Leistungsdichte Φ_0 hat die Leistungsdichtefunktion

$$\Phi_{xx}(\omega) = \Phi_0, \tag{6.52a}$$

der als normierte AKF die δ-Funktion

$$\frac{1}{\Phi_0} \frac{1}{2\pi} \int\limits_{-\infty}^{\infty} \Phi_0 \, \mathrm{e}^{\mathrm{i}\omega t} \, \mathrm{d}\omega = \delta(\tau) \tag{6.52b}$$

zugeordnet ist. Weißes Rauschen ist, wie man sieht, der Prototyp eines vollkommen unkorrelierten und undeterminierten Vorganges mit der Korrelationsdauer Null. Er ist in dieser Form physikalisch irreal, denn seine Gesamtenergie wäre wegen (6.15) unendlich groß. Wenn man in der Meßtechnik von weißem Rauschen spricht, meint man damit *eine innerhalb der endlichen Bandbreite der Apparatur konstante Leistungsdichteverteilung.*

Durch ein lineares Filter mit dem Frequenzgang $G(\omega)$ kann man — und dies ist eine praktisch wichtige Konsequenz aus (6.51) — mittels weißen Rauschens am Eingang einen stochastischen Prozeß mit der Leistungsdichte

$$\Phi_{yy}(\omega) = \Phi_0 |G(\omega)|^2 \tag{6.53}$$

erzeugen.

Eine für die Messung an Systemen wertvolle Aussage erhält man, wenn man nach der KKF zwischen Ein- und Ausgangsfunktion fragt.

Zu diesem Zweck beachte man, daß

$$y(t) = \int\limits_{-\infty}^{\infty} h(\sigma)\, x(t - \sigma)\, d\sigma \qquad (6.54\,\mathrm{a})$$

und

$$y(t + \tau) = \int\limits_{-\infty}^{\infty} h(\sigma)\, x(t + \tau - \sigma)\, d\sigma \qquad (6.54\,\mathrm{b})$$

gilt. Folglich wird die KKF

$$\varphi_{xy}(\tau) = \frac{1}{\overline{x^2}} \lim_{T \to \infty} \frac{1}{T} \int\limits_{-\infty}^{\infty} x(t)\, dt \int\limits_{-\infty}^{\infty} h(\sigma)\, x(t + \tau - \sigma)\, d\sigma$$

$$= \int\limits_{-\infty}^{\infty} h(\sigma)\, d\sigma \left(\frac{1}{\overline{x^2}} \lim_{T \to \infty} \frac{1}{T} \int\limits_{-T/2}^{T/2} x(t)\, x(t + \tau - \sigma)\, dt \right). \qquad (6.55)$$

Weil das innere Integral die AKF $\varphi_{xx}(\tau - \sigma)$ darstellt, hat man also

$$\varphi_{xy}(\tau) = \int\limits_{-\infty}^{\infty} h(\sigma)\, \varphi_{xx}(\tau - \sigma)\, d\sigma. \qquad (6.56)$$

Die KKF zwischen Eingangs- und Ausgangssignal ergibt sich als Faltungsprodukt zwischen der Übergangsfunktion und der AKF des Eingangssignals.

Die Übersetzung des Faltungsproduktes in den Frequenzbereich ergibt unmittelbar die Beziehung

$$\Phi_{xy}(\omega) = G(\omega)\, \Phi_{xx}(\omega). \qquad (6.57)$$

Zum Unterschied von der Transformation der AKF und (6.51) geht bei der Transformation der KKF die komplexe Übertragungsfunktion linear ein. Die KKF wird daher eine komplexe Funktion und enthält die Phase des Übertragungssystems unverfälscht, da in $\Phi_{xx}(\omega)$ selbst die Phase nicht vorkommt. Die Stoßantwortfunktion eines Systems kann anstatt mit Impulsen grundsätzlich auch mit breitbandigem Rauschen bestimmt werden.

Denkt man sich nämlich in (6.56) für die AKF des Eingangssignals die δ-Funktion eingesetzt, so erhält man in

$$\varphi_{xy}(\tau) = \int\limits_{-\infty}^{\infty} h(\sigma)\, \delta(\tau - \sigma)\, d\sigma = h(\tau) \qquad (6.58)$$

unmittelbar als KKF die gesuchte Systemfunktion. Dabei ist die Zeit-variable τ nicht die Realzeit des Vorganges, sondern die Korrelations-dauer. Bei einer Messung (vgl. Bild 6.1) addiert sich diese Zeitspanne zur Realzeit t. Die Korrelationsdauer des Meßsignals selbst muß dabei stets klein sein gegen die Zeitspanne, in der $h(\tau)$ auf kleine Werte abfällt. Dies ist für weißes Rauschen, das durch $\delta(\tau)$ gekennzeichnet ist, gut erfüllt. Die Messung mit Rauschgeneratoren hat daher wegen ihrer Einfachheit bei Vielkanalübertragungssystemen Eingang in die Praxis gefunden. Dort stellt sie ja auch eine dem praktischen Betrieb mit vielen unkorrelierten Signalen weitgehend angepaßte Methode dar.

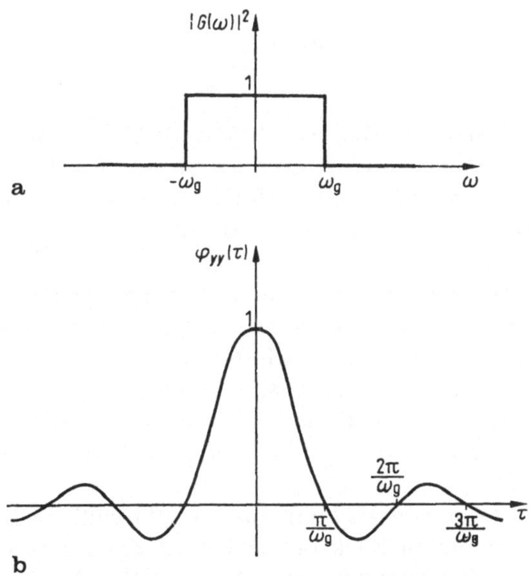

Bild 6.6 a) Filterfunktion eines idealisierten Tiefpaßsystems.
b) Die Autokorrelationsfunktion für weißes Rauschen hinter einem idealisierten Tiefpaßsystem.

Die abgeleiteten grundlegenden Beziehungen sollen am Beispiel einer einfachen Übertragungsfunktion diskutiert werden. Es sei ein ideali-sierter Tiefpaß mit der Übertragungsfunktion (Bild 6.6)

$$G(\omega) = \begin{cases} 1 & \text{für } -\omega_g < \omega < \omega_g \\ 0 & \text{sonst} \end{cases} \tag{6.59}$$

gegeben, der mit im oben definierten Sinne weißem Rauschen beauf-schlagt wird. Wenn die Leistung des weißen Rauschens mit N bezeichnet wird, beträgt die Leistungsdichte innerhalb des Übertragungsbereiches des Tiefpasses

$$\Phi_{rr}(\omega) = \frac{N}{2f_g} = \frac{\pi}{\omega_g}\, N\,. \tag{6.60}$$

Die Leistungsdichte am Ausgang des Tiefpasses beträgt dann

$$\Phi_{yy}(\omega) = |G(\omega)|^2\,\Phi_{rr}(\omega) = \begin{cases} \dfrac{\pi}{\omega_g}\, N & \text{für}\quad -\omega_g < \omega < \omega_g, \\[2mm] 0 & \text{außerhalb}. \end{cases} \tag{6.61}$$

Die AKF als Transformierte von $\Phi_{yy}(\omega)$ lautet

$$\varphi_{yy}(\tau) = \frac{1}{N}\,\frac{1}{2\pi}\int\limits_{-\infty}^{\infty}\Phi_{yy}(\omega)\,e^{j\omega\tau}\,d\omega = \frac{1}{2\omega_g}\int\limits_{-\omega_g}^{\omega_g}e^{j\omega\tau}\,d\omega = \mathrm{si}\,(\omega_g\tau)\,. \tag{6.62}$$

Die $\sin x/x$-Funktion, die auch bekanntlich das Einschwingen eines idealisierten Tiefpasses mit determinierten Impulsen beschreibt, tritt bei stochastischen Vorgängen als AKF auf. Ungeachtet dieser Ähnlichkeit ist aber die Variable nicht die Realzeit des Vorganges, sondern die Zeitverschiebung τ.

Einer Übertragungsfunktion mit großer Bandbreite entspricht eine schmale AKF des übertragenen Rauschens. Diesen Satz verifiziert man an Bild 6.6b, dem man entnimmt, daß der erste Nulldurchgang der AKF bei $\tau = \pi/\omega_g = 1/(2f_g) = t_g$ liegt. Man stößt im Bereich stochastischer Vorgänge auf eine analoge Beziehung, wie sie bei determinierten Vorgängen durch den Satz von Küpfmüller im Abschnitt 5.7.4 ausgesprochen wurde.

Das Bild 6.6 zeigt eine AKF mit ausgeprägt oszillierendem Charakter. Dies mag auf den ersten Blick befremden, da das Eingangssignal völlig unperiodisch ist. Die Einschwingvorgänge an den Filterkanten prägen dem Vorgang eine Periodizität auf. Dieser Effekt ist zur Vermeidung von Irrtümern zu berücksichtigen, wenn man versucht ist, aus der Periodizität der AKF auf Periodizitäten im Eingangssignal zu schließen.

6.5. Optimale lineare Systeme

Die Theorie der Übertragung stochastischer Signale hat davon auszugehen, daß innerhalb des Spektralbereiches der Signale stets mit dem Vorhandensein von Störsignalen gerechnet werden muß. Die Spektren von Signal und Geräusch, in diesem Falle dargestellt durch die Leistungsdichtefunktionen $\Phi_{xx}(\omega)$ und $\Phi_{rr}(\omega)$, überlappen sich im allgemeinen mehr oder weniger, wie dies in Bild 6.7 veranschaulicht ist. Die Aufgabe

besteht dann darin, eine Filtercharakteristik $G(\omega)$ so anzugeben, daß das
Signal $x(t)$ durch das Geräusch $r(t)$ möglichst wenig verfälscht wird. Die
in das Diagramm eingetragene Übertragungsfunktion $|G(\omega)|^2$ zeigt ganz
anschaulich, daß diese Aufgabe nur im Sinne eines Kompromisses lösbar
ist. Man müßte bei der vorliegenden Situation die oberen Frequenzbe-

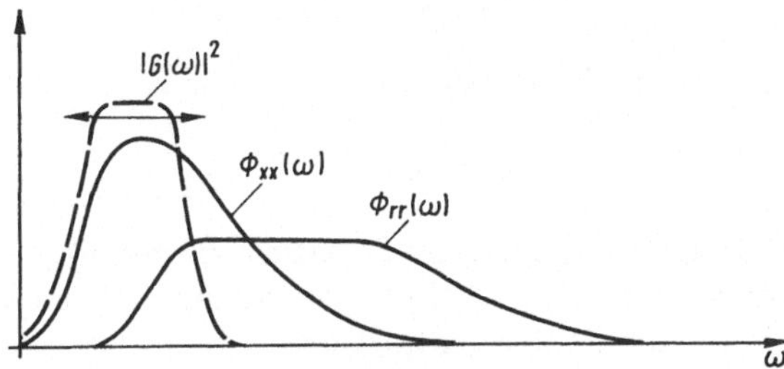

Bild 6.7. Die Wahl der Filterfunktion bei gegebener Leistungsdichteverteilung von Signal und Geräusch.

reiche, in denen die Störleistungsdichte $\Phi_{rr}(\omega)$ ansteigt, stärker be-
schneiden, verliert dabei aber an Signalenergie. Es wäre denkbar, daß
man die Übertragungskurve parallel zu sich selbst nach rechts oder
links verschiebt und damit entweder die oberen oder die unteren Frequenzbereiche begünstigt; es wird dabei vielleicht ein Optimum geben,
das dadurch ausgezeichnet ist, daß das empfangene Signal $y(t)$ sich von
einer gewünschten Signalform $d(t)$ möglichst wenig unterscheidet. Man
gelangt auf diese Weise zum Begriff des *Optimalfilters*, der von Wiener
und Kolmogoroff eingeführt worden ist.

Man erkennt, daß die klassische Filtertheorie versagen muß, wenn
es sich darum handelt, zwei Vorgänge voneinander zu trennen, deren
Spektren sich ganz oder teilweise überdecken. Der Inhalt dieser Theorie
ist darauf angelegt, Filter mit vorgegebener Form von Durchlaß- und
Sperrdämpfung zumeist mit möglichst großer Flankensteilheit und vorgeschriebener Phasenkurve zu synthetisieren, sie kennt aber nicht den
Begriff des Kompromisses. Diesen Kompromiß mathematisch durch die
Aufstellung einer Zielfunktion für eine Optimierungsbetrachtung formuliert zu haben, macht den wesentlichen Inhalt der Theorie der Optimalfilter aus.

In der vorliegenden Darstellung werden die Signale als diskrete
Zahlenfolgen zugrunde gelegt, einmal deswegen, weil man zu algebraischen Gleichungssystemen gelangt, die der Verwendung von Rechenautomaten besser angepaßt sind als die entsprechenden Integralaus-
drücke der ursprünglichen Wienerschen Theorie, und zum anderen, weil
die Beschreibung eines Signals $x(t)$ als zeitdiskrete Wertereihe $\{x_0, x_1,
x_2, \dots\}$ besser der Situation in der Pulstechnik entspricht, die das Thema
dieses Buches bildet.

Es wird also die Aufgabe gestellt, eine Filterimpulsantwort

$$\{h_0, h_1, h_2, \ldots\}$$

so zu bestimmen, daß das Signal am Ausgang des Filters

$$\{y_0, y_1, y_2, \ldots\}$$

sich von einem gewünschten Signal

$$\{d_0, d_1, d_2, \ldots\}$$

minimal unterscheidet. Dabei muß natürlich definiert werden, was „minimal" heißen soll. Als Zielfunktion dieser Optimierung wird im Wienerschen Sinne die Fehlerquadratsumme

$$W = \sum_k (y_k - d_k)^2 = \text{Min.} \tag{6.63}$$

betrachtet. Der Leser muß allerdings darauf hingewiesen werden, daß das Verfahren unter Umständen kein Minimum liefert, wenn nämlich einige wenige sehr große Fehler neben vielen geringer Größe vorkommen und durch die Bildung des Quadrats überbewertet werden.

Im 3. Abschnitt ist gezeigt worden, daß in der diskreten Fouriertransformation die Faltung des Signals mit der Stoßantwort des Filters in der Form

$$y_k = \sum_i x_i h_{k-i} \tag{6.64}$$

geschrieben werden kann [vgl. (3.7)]. Demnach wird der Fehler ε_k, das ist die Differenz

$$\varepsilon_k = y_k - d_k, \tag{6.65a}$$

die Form

$$\varepsilon_k = \sum_i x_i h_{k-i} - d_k \tag{6.65b}$$

annehmen. Die Fehlerfunktion

$$W = \sum_k \varepsilon_k^2 \tag{6.63a}$$

enthält die unbekannten Größen h_l, die man nach der üblichen Methode der Minimierung dadurch bestimmt, daß man die partiellen Ableitungen gleich Null setzt:

$$\frac{\partial W}{\partial h_l} = 0 \tag{6.66}$$

für alle l.

Das Ergebnis der Rechnung ist ein lineares Gleichungssystem zur Berechnung der Filterfunktion $\{h\}$ in der Form

$$\sum_p h_p \varphi_{xx}(l - p) = \varphi_{xd}(l). \tag{6.67}$$

Darin bedeuten φ_{xx} und φ_{xd} die AKF des Eingangssignals bzw. die KKF zwischen dem Eingangssignal x und dem gewünschten Signal d nach den Formeln

$$\varphi_{xx}(l - p) = \sum_s x_s x_{s+l-p} \tag{6.68a}$$

und

$$\varphi_{xd}(l) = \sum_s x_s d_{l+s}. \tag{6.68b}$$

Das Gleichungssystem (6.67) ist das Abbild der sog. Wiener-Hopfschen Integralgleichung, die hier ohne Beweis zitiert werden möge. Sie lautet

$$\int\limits_{-\infty}^{\infty} h(\sigma)\, \varphi_{xx}(\tau - \sigma)\, \mathrm{d}\sigma = \varphi_{xd}(\sigma) \quad \text{für} \quad \tau > 0. \tag{6.69}$$

Der Leser findet Näheres über die mathematische Behandlung dieser Gleichung z. B. in [6.2].

Die Auflösung des Gleichungssystems (6.67), das mathematisch gesehen eine diskrete Faltungssumme ist, läßt sich durch Anwendung der $\mathscr{L}$-Transformation in geschlossener Form hinschreiben. Bezeichnet man

$$\mathscr{L}\{h\} = H(z), \qquad \mathscr{L}\{\varphi\} = V(z),$$

so gilt nach (3.44)

$$H(z)\, V_{xx}(z) = V_{xd}(z). \tag{6.70}$$

Die Integralgleichung (6.69) von Wiener-Hopf enthält die Schwierigkeit, nur für $\tau > 0$ zu gelten. Diese entfällt in der Form (6.67) von selbst, da alle Zahlenreihen nur für positive Zeiten definiert sind.

Die vorstehend entwickelte Theorie der Wienerschen Optimalfilter, die einen Fehler $\varepsilon_k = x_k - d_k$ definiert und die Fehlerquadratsumme zu einem Minimum macht, stellt nicht die einzige theoretische Möglichkeit zur Lösung des Problems dar, ein Signal auf optimale Weise aus einem Geräusch herauszuheben.

Die Art und Weise, wie man das Optimum definiert, kann je nach der praktischen Anwendung verschieden sein. Die Wienersche Methode verlangt ein Idealsignal $\{d_k\}$, dessen zweckmäßigste Definition zunächst völlig offen ist. Im folgenden soll mit Rücksicht auf spätere Abschnitte in diesem Werk ein auf die Ortungstechnik zugeschnittener Ansatz des Optimalproblems erläutert werden [6.6].

Für die Erkennung eines Zieles in Gegenwart eines Störgeräusches
legt man Wert darauf, daß der empfangene Ortungsimpuls sich durch
eine Spitze möglichst gut vom Geräusch abhebt. Die Klasse von Filtern,
die das Verhältnis

$$\frac{P}{N} = \left(\frac{|s(t)|^2}{N} \right)_{\text{max}} \tag{6.71}$$

der Spitzenleistung des Ortungsimpulses zur Geräuschleistung am
Empfängerausgang zu einem Maximum macht, nennt man angepaßte
Filter (matched filter). Die Wahl dieses Namens wird im Verlauf der
folgenden Ableitung verständlich werden. Die Signalfunktion $s(t)$ ist am
Ausgang des gesuchten Filters zu verstehen und besitzt infolgedessen die
Darstellung

$$s(t) = \int\limits_{-\infty}^{\infty} F(f)\, G(f)\, \mathrm{e}^{\mathrm{j}2\pi ft}\, \mathrm{d}f. \tag{6.72}$$

Wenn Φ_0 die Geräuschleistungsdichte am Filtereingang bedeutet,
dann gilt mit der gesuchten Übertragungsfunktion $G(f)$ des Filters die
Relation

$$N = \frac{1}{2}\, \Phi_0 \int\limits_{-\infty}^{\infty} |G(f)|^2\, \mathrm{d}f. \tag{6.73}$$

Die Energie des Signals beträgt

$$E = \int\limits_{-\infty}^{\infty} |F(f)|^2\, \mathrm{d}f. \tag{6.74}$$

Das zu optimierende Verhältnis (6.71) lautet mit diesen Festsetzungen

$$\frac{P}{N} = \frac{\left| \int\limits_{-\infty}^{\infty} F(f)\, G(f)\, \mathrm{e}^{\mathrm{j}2\pi ft_1}\, \mathrm{d}f \right|^2}{\dfrac{1}{2}\, \Phi_0 \int\limits_{-\infty}^{\infty} |G(f)|^2\, \mathrm{d}f}. \tag{6.71a}$$

Darin ist t_1 der Beobachtungsmoment, zu dem der Spitzenwert

$$|s(t)|_{\text{max}} = s(t_1)$$

erscheint. Die Optimierung der Größe P/N durch geeignete Wahl der
gesuchten Funktion $G(f)$ gelingt am leichtesten mit Hilfe der Schwarzschen Ungleichung. Sind zwei Funktionen $A(f)$ und $B(f)$ gegeben, dann

lautet die Schwarzsche Ungleichung

$$\int A(f)\,A^*(f)\,df \int B(f)\,B^*(f)\,df \geqq \left|\int A^*(f)\,B(f)\,df\right|^2. \qquad (6.75)$$

Setzen wir hierin ein

$$A^*(f) = F(f)\,e^{j2\pi f t_1}, \quad B(f) = G(f), \qquad (6.76)$$

dann ist nach diesem Satze

$$\left|\int\limits_{-\infty}^{\infty} F(f)\,e^{j2\pi f t_1}\,G(f)\,df\right|^2 \leqq \int\limits_{-\infty}^{\infty} |F(f)|^2\,df \int\limits_{-\infty}^{\infty} |G(f)|^2\,df. \qquad (6.75\,a)$$

Die Größe P/N nach (6.71a) wird demnach durch Einsetzen in den Zähler

$$\frac{P}{N} \leqq \frac{\displaystyle\int\limits_{-\infty}^{\infty} |F(f)|^2\,df \int\limits_{-\infty}^{\infty} |G(f)|^2\,df}{\dfrac{1}{2}\,\varPhi_0 \displaystyle\int\limits_{-\infty}^{\infty} |G(f)|^2\,df} \qquad (6.71\,b)$$

oder durch Einsetzen von (6.74) im Zähler und Kürzen

$$\frac{P}{N} \leqq \frac{2E}{\varPhi_0}. \qquad (6.71\,c)$$

Das Gleichheitszeichen bei der Schwarzschen Ungleichung (6.75) gilt dann, wenn die Funktionen $A(f)$ und $B(f)$ einander proportional sind. Das Ergebnis (6.71c) besagt, daß das Spitzenverhältnis P/N im allgemeinen kleiner als $2E/\varPhi_0$ ist. Es ist also gleich diesem Wert und ist dann offenbar auch maximal, wenn

$$A(f) \sim B(f),$$

und das bedeutet nach (6.76), daß

$$G(f) \sim F^*(f)\,e^{-j2\pi f t_1} \qquad (6.77)$$

gilt, womit die Übertragungsfunktion des Filters gefunden ist. Sie wird mit (6.77)

$$h(t) = \int\limits_{-\infty}^{\infty} G(f)\,e^{j2\pi f t}\,df \sim \int\limits_{\infty}^{\infty} F^*(f)\,e^{j2\pi f(t-t_1)}\,df = s^*(t_1 - t). \qquad (6.78)$$

Wenn $s(t)$ eine reelle Signalfunktion ist, dann ist die *Antwortfunktion des Filters proportional zu der am Beobachtungszeitpunkt t_1 in die negative Zeitrichtung gespiegelten Signalfunktion $s(t_1 - t)$.* Das Bild 6.8 zeigt die Verhältnisse.

Die Antwortfunktion $h(t)$ ist der Form der Signalfunktion angepaßt, weswegen man diese Art von Optimalfiltern *angepaßte Filter* (matched filter) nennt. Zur Abrundung des Bildes vom angepaßten Filter soll auch noch die Ausgangsfunktion

$$y(t) = h(t) * x(t)$$

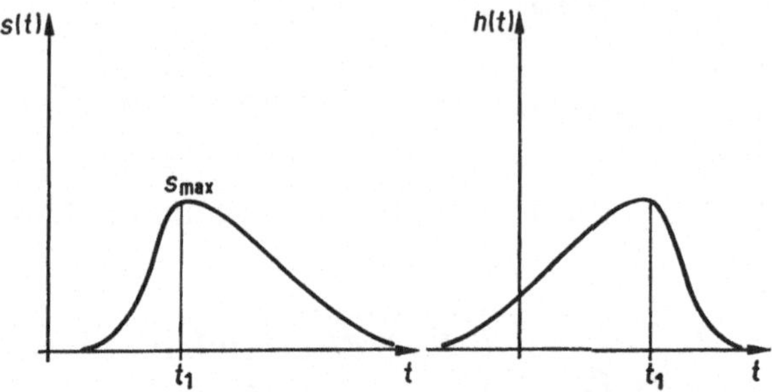

Bild 6.8. Signalfunktion und Übergangsfunktion des zugehörigen angepaßten Filters.

bestimmt werden. Die Eingangsfunktion sei eine Summe aus der Signalfunktion selbst und einem Geräusch $r(t)$, also soll gelten:

$$x(t) = s(t) + r(t), \tag{6.79a}$$

$$h(t) = s^*(t_1 - t). \tag{6.79b}$$

In die Faltung eingesetzt, ergibt sich

$$y(t) = s^*(t_1 - t) * [s(t) + r(t)]$$

$$= \varphi_{ss^*}(t_1 - t) + \varphi_{s^*r}(t_1 - t). \tag{6.80}$$

Die KKF φ_{s^*r} verschwindet bei statistisch unkorreliertem Geräusch. Die Funktion $\varphi_{ss^*}(t_1 - t)$ entspricht der AKF des Signals, die für das Argument $t_1 - t = 0$, also genau zu dem Zeitpunkt, zu dem man den Spitzenwert erwartet, das Maximum hat.

Das Ergebnis kann dahingehend formuliert werden, daß *die Ausgangsfunktion eines angepaßten Filters nicht die Signalfunktion, sondern ihre AKF ist.* Das Argument dieser AKF ist dabei die am Beobachtungszeitpunkt t_1 gespiegelte Zeit t.

6.6. Die Barkercodes

Eine enge Verwandtschaft mit den angepaßten Filtern besteht in der Anwendung der Barkercodes, die Eingang in die Ortungstechnik gefunden haben. Das Hauptproblem der Ortungstechnik, eine möglichst große Auflösung in der Darstellung des Zieles zu erreichen, wurde bereits im 5. Abschnitt geschildert. Neben der dort dargestellten Methode der Pulskompression mittels Analog-Frequenzmodulation des Pulsträgers dringen neuerdings digitale Verfahren zur Signalverarbeitung in die Radartechnik ein, mit denen man das Problem der Festzielunterdrückung (MTI: Moving Target Indication) und Pulskompression auf eine neuartige Weise lösen kann.

Durch diese Verfahren soll erreicht werden, daß im Empfänger anstelle von analogen Spannungsfunktionen binäre Zeichen entstehen, die digital weiterverarbeitet werden können. Zu diesem Zweck muß das Sendesignal binär codiert werden, was auf vielfältige Weise dadurch geschehen kann, daß Amplitude, Phase oder Frequenz der Trägerwelle impulsförmig verändert werden. Durch einen Phasensprung z. B. lassen sich die Zustände eines binären Zeichens voneinander unterscheiden. Die Anordnung aufeinanderfolgender Zeichen geschieht nach einem bestimmten Code, der so gewählt wird, daß die Aufgabe der Pulskompression in optimaler Weise gelöst wird.

Eine Form der physikalischen Realisierung mit Hilfe von elektroakustischen Oberflächenwellen-Wandlern ist in [6.7] beschrieben.

Da die technischen Gesichtspunkte dieser neuen Verfahren im II. Band dieses Werkes behandelt werden, sollen hier nur die Grundidee der Barkercodes und ihr Zusammenhang mit der Methode der angepaßten Filter aufgezeigt werden, obgleich es noch eine Reihe weiterer Codes gibt, die die gestellte Aufgabe lösen.

Im vorigen Abschnitt war der Satz abgeleitet worden, daß die Ausgangsfunktion eines angepaßten Filters die AKF der Eingangsfunktion ist. Es gibt nun eine Klasse von Codes, deren AKF die Eigenschaft hat, ein *maximales Verhältnis* des zentralen Hauptmaximums zu den Nebenmaxima zu haben, sodaß man bei Codierung des Sendeimpulses mit solchen diskreten Zahlenfolgen am Ausgang eines entsprechend angepaßten Filters eine Pulskompression mit optimalem Verhältnis erhält.

Ein Code dieser Art ist z. B. die Zahlenfolge $\{1, 1, 1, -1\}$, ein vierstelliger Code, der die Eigenschaft besitzt, daß seine AKF den Maximalwert 4 hat, mit Nebenmaxima, die den Wert ± 1 nicht überschreiten. Das läßt sich leicht nachprüfen, indem man die Autokorrelation dieser Zahlenreihe nach folgender Rechenvorschrift durchführt:

$$\varphi(k) = \sum_{n=1}^{N-k} c_n c_{n+k}. \tag{6.81}$$

Verschiebung: Summe:

$k = -3$ $+++-$
 $+++-$
 $-$ -1

$k = -2$ $+++-$
 $+++-$
 $+-$ 0

$k = -1$ $+++-$
 $+++-$
 $++-$ 1

$k = 0$ $+++-$
 $+++-$
 $++++$ 4

$k = 1$ $+++-$
 $+++-$
 $++-$ 1

$k = 2$ $+++-$
 $+++-$
 $+-$ 0

$k = 3$ $+++-$
 $+++-$
 $-$ -1

Das Ergebnis zeigt Bild 6.9a. Obwohl nur die Amplitude 1 gesendet wurde, wenn auch Nmal, beträgt empfängerseitig das Hauptmaximum

$$\varphi(0) = N = 4, \qquad\qquad (6.82\,\mathrm{a})$$

und die Nebenmaxima sind

$$|\varphi(k)| \leqq 1 \quad \text{für } k \neq 0. \qquad\qquad (6.82\,\mathrm{b})$$

Es gibt neun verschiedene Codes mit den Stellenzahlen $N = 2, 3, 4,$ 5, 7, 11, 13. Es konnte nachgewiesen werden, daß es keine ungeradzahlige

Barkersequenz mit $N > 13$ gibt. Für gerade N ist das Problem allgemein noch ungelöst, es konnte durch Versuche lediglich festgestellt werden, daß im Bereich $4 < N < 6084$ keine Sequenz mit der Eigenschaft (6.82) existiert (vgl. das Literaturzitat von Storer und Turner).

Die Elemente der bisher bekannten Sequenzen bis $N = 13$ lauten:

N	Elemente	N	Elemente
2	$++$	5	$+++-+$
2	$-+$	7	$+++--+-$
3	$++-$	11	$+++---+--+-$
4	$++-+$	13	$+++++--++-+-+$
4	$+++-$		

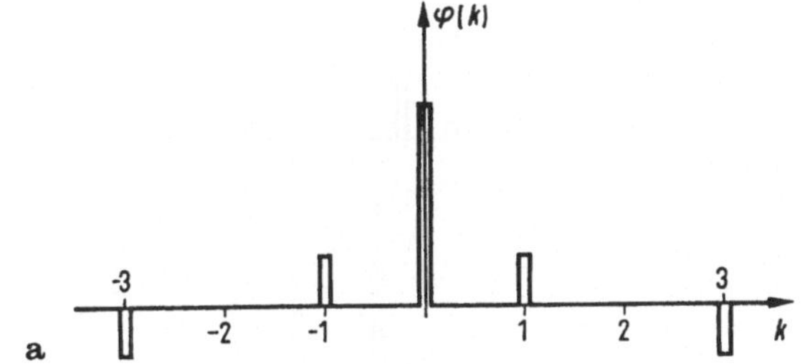

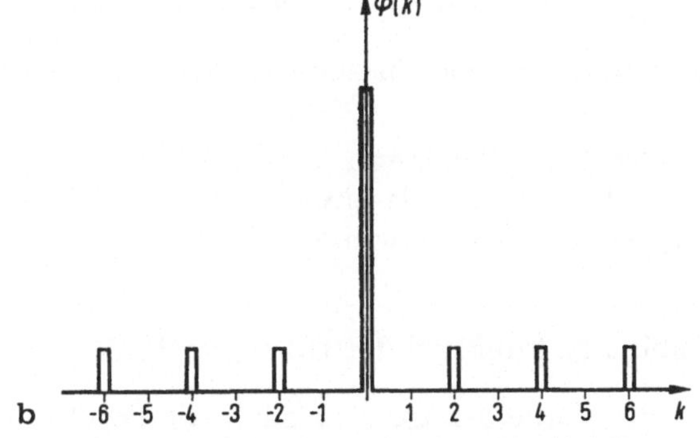

Bild 6.9a und b. Autokorrelationsfunktion eines Barkercodes mit a) $N = 4$ und b) $N = 7$.

Als Beispiel für die Anwendung der Barkercodes soll gezeigt werden, welchen Vorteil die Pulskompression für die Auflösung zweier dicht benachbarter Ziele hat. Es werde eine Impulsfolge angenommen, die aus einem 7-Elemente-Code hervorgegangen ist. In Bild 6.9b ist die am Ausgang des Pulskompressionsfilters als AKF entstandene Zahlenreihe $\{1, 0, 1, 0, 1, 0, 7, 0, 1, 0, 1, 0, 1\}$ aufgezeichnet.[1]

---

[1] Die Nebenmaxima ergeben sich rechnerisch beim $N = 7$-Code alle zu -1 und sind in den Bildern 6.9b und 6.10 mit Rücksicht auf die in den Geräten erfolgende quadratische Gleichrichtung mit positiven Vorzeichen eingetragen.

Im Bild 6.10 sind unter a) und b) die von zwei dicht benachbarten
Zielen zurückkommenden Echos gezeichnet, und unter c) ist die Überlagerung derselben im Empfänger versinnbildlicht. Wenn man eine

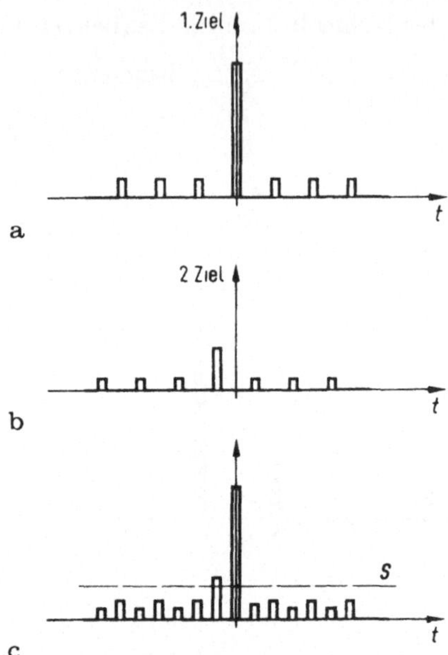

Bild 6.10a — c. Erhöhung der Auflösung benachbarter Ziele durch Pulskompression mittels Barker-
code.

Ansprechschwelle S im Empfänger vorsieht, kann man eine einwandfreie Auflösung der beiden Ziele erreichen, ohne daß die vorhandenen
Nebenmaxima das Ergebnis verwirren.

6.7. Die Ambiguity-Funktion der Ortungstechnik

Im Abschnitt 6.5 wurde gezeigt, daß mit Hilfe der Technik der angepaßten Filter ein Ortungssignal mit um so größerer Sicherheit bei gleich-
zeitigem Vorhandensein von Rauschen festgestellt werden kann, je
größer das Verhältnis E/Φ_0 von Signalenergie und Störleistungsdichte
gemacht wird (vgl. (6.71c)). Diese Feststellung sagt nichts aus über die
für die Erfüllung der Meßaufgabe günstigste Impulsform, die man
wählen muß, um den Ort und die Geschwindigkeit eines Objektes gleichzeitig mit größtmöglicher Sicherheit zu ermitteln. Den Ausführungen im
Abschnitt 5.6 ist zu entnehmen, daß Ort und Geschwindigkeit für die
Messung die Rolle komplementärer Größen spielen, das heißt, daß die
Genauigkeit der einen Größe auf Kosten der Genauigkeit der anderen
geht.

Neben dieser Ungenauigkeitsbeziehung wird die Sicherheit der Messung noch durch einen weiteren Umstand eingeschränkt, der durch die Periodizität des ausgestrahlten Ortungssignals bedingt ist. Wird das Signal mit der Zeitperiode T_0 abgestrahlt, dann löst sich das Spektrum bekanntlich in einzelne Linien mit dem Frequenzabstand $1/T_0$ auf, und die Messung der Dopplerverschiebung f_D wird dadurch vieldeutig, daß die identische Zuordnung der verschobenen Linien zweifelhaft ist.

Im Abschnitt 6.2 ist auseinandergesetzt worden, daß die KKF zwischen dem Empfangssignal und dem Sendesignal ein geeignetes Maß für die Sicherheit der Signalerkennung ist, und es liegt daher nahe, zu versuchen, ob auch die Frage nach dem Grad der Vieldeutigkeit mit Hilfe der KKF beantwortet werden kann. Es sei daher ein Sendesignal $s(t)$ in Form eines Trägerimpulses

$$s(t) = S(t)\, \mathrm{e}^{\mathrm{j}2\pi f_h t} \tag{6.83}$$

mit der Einhüllenden $S(t)$ und der Trägerfrequenz f_h gegeben. Das vom bewegten Objekt reflektierte Signal kann dann unter Außerachtlassen des hier unwesentlichen Amplitudenfaktors als

$$s_2(t - T_R) = S(t - T_R)\, \mathrm{e}^{\mathrm{j}2\pi(f_h + f_D)(t - T_R)} \tag{6.84}$$

geschrieben werden. Darin sind die Laufzeit T_R des Echos und die Verschiebung f_D der Empfangsfrequenz durch Dopplereffekt berücksichtigt. Zu $s_2(t - T_R)$ ist noch das Geräusch $r(t)$ hinzuzurechnen. In den Empfänger gelangt daher die Funktion

$$s_2(t - T_R) + r(t).$$

Nun wird die KKF zwischen dieser Empfangsfunktion und dem Sendesignal (6.83) gebildet. Man erhält

$$\varphi_{s_2 s}(T_R, f_D) = \int\limits_{-\infty}^{\infty} [s_2(t - T_R) + r(t)]\, s^*(t)\, \mathrm{d}t = \int\limits_{-\infty}^{\infty} s_2(t - T_R)\, s^*(t)\, \mathrm{d}t$$

$$= \int\limits_{-\infty}^{\infty} S(t - T_R)\, \mathrm{e}^{\mathrm{j}2\pi(f_h + f_D)(t - T_R)}\, S^*(t)\, \mathrm{e}^{-\mathrm{j}2\pi f_h t}\, \mathrm{d}t. \tag{6.85}$$

Dabei kommt $r(t)$, weil das Geräusch mit $s_2(t)$ unkorreliert ist, nicht mehr vor. Es fällt auf, daß die KKF (6.85) Funktion von zwei Variablen, nämlich T_R und f_D, wird. Der gefundene Ausdruck läßt sich weiterentwickeln in die Form

$$\varphi_{s_2 s}(T_R, f_D) = \mathrm{e}^{-\mathrm{j}2\pi(f_h + f_D)T_R} \int\limits_{-\infty}^{\infty} S(t)\, S^*(t + T_R)\, \mathrm{e}^{\mathrm{j}2\pi f_D t}\, \mathrm{d}t. \tag{6.85a}$$

Die Einhüllende von $\varphi_{s_s s}$ nennt man nach Woodward die Mehrdeutigkeits- oder Ambiguity-Funktion (AF) [6.8]:

$$\chi(T_R, f_D) = \left| \int\limits_{-\infty}^{\infty} S(t)\, S^*(t + T_R)\, \mathrm{e}^{\mathrm{j} 2\pi f_D t}\, \mathrm{d}t \right|. \tag{6.86}$$

Inwiefern dieser Ausdruck ein Maß für die Eindeutigkeit der Messung ist, soll durch Diskussion seiner Eigenschaften noch gezeigt werden. Zuvor sollen noch einige andere Schreibweisen der AF eingeführt werden, die man in der Literatur oft antrifft. Führt man die neue Variable

$$t' = t + \frac{T_R}{2} \tag{6.87}$$

ein, so erhält man die symmetrische Form

$$\chi(T_R, f_D) = \left| \int\limits_{-\infty}^{\infty} S\left(t' - \frac{T_R}{2}\right) S^*\left(t' + \frac{T_R}{2}\right) \mathrm{e}^{\mathrm{j} 2\pi f_D t'}\, \mathrm{d}t' \right|. \tag{6.86a}$$

Eine weitere Form ergibt sich, indem man die Spektralfunktion

$$F(f) = \int\limits_{-\infty}^{\infty} S(t)\, \mathrm{e}^{-\mathrm{j} 2\pi f t}\, \mathrm{d}t \tag{6.88}$$

und

$$S(t + T_R) = \int\limits_{-\infty}^{\infty} F(f)\, \mathrm{e}^{\mathrm{j} 2\pi f(t + T_R)}\, \mathrm{d}f \tag{6.89}$$

in (6.86) einführt. Das Ergebnis lautet nach kurzer Zwischenrechnung

$$\chi(T_R, f_D) = \left| \int\limits_{-\infty}^{\infty} F^*(f)\, F(f - f_D)\, \mathrm{e}^{-\mathrm{j} 2\pi f T_R}\, \mathrm{d}f \right|. \tag{6.90}$$

Auch hierfür läßt sich mittels der Substitution

$$f' = f - \frac{f_D}{2} \tag{6.91}$$

die symmetrische Schreibweise

$$\chi(T_R, f_D) = \left| \int\limits_{-\infty}^{\infty} F^*\left(f + \frac{f_D}{2}\right) F\left(f - \frac{f_D}{2}\right) \mathrm{e}^{-\mathrm{j} 2\pi f T_R}\, \mathrm{d}f \right| \tag{6.90a}$$

gewinnen.

Nun zu den Eigenschaften der AF. Ihren größten Wert hat sie für $T_R = 0$, $f_D = 0$, und zwar ist nach (6.86a) und (6.90a)

$$\chi(0,0) = \int\limits_{-\infty}^{\infty} |S(t)|^2 \, \mathrm{d}t = \int\limits_{-\infty}^{\infty} |F(f)|^2 \, \mathrm{d}f = E \, , \tag{6.92}$$

nämlich gleich der Energie des analytischen Signals (6.83).[1]

Längs der T_R-Achse ist $f_D = 0$, und

$$\chi(T_R, 0) = \left| \int\limits_{-\infty}^{\infty} S\left(t - \frac{T_R}{2}\right) S^*\left(t + \frac{T_R}{2}\right) \mathrm{d}t \right| \tag{6.93}$$

wird zur AKF der Impulseinhüllenden. Diese ist die inverse Fouriertransformierte der spektralen Leistungsdichte. Eine große Signalbandbreite ist also mit einem schmalen Gipfel der Funktion $\chi(T_R, 0)$ verknüpft, die ein gutes Auflösungsvermögen in der *Entfernungsanzeige* bedeutet. Längs der f_D-Achse ist die AF

$$\chi(0, f_D) = \int\limits_{-\infty}^{\infty} |S(t)|^2 \, \mathrm{e}^{\mathrm{j}2\pi f_D t} \, \mathrm{d}t \tag{6.94}$$

identisch mit dem Leistungsdichtespektrum der Impulseinhüllenden. Dieses Integral ist die Fouriertransformierte der Momentanleistung und hat dann die Form einer scharfen Spitze, wenn der Integrand $|S(t)|^2$ über einen weiten Zeitbereich ausgedehnt ist. Das bedeutet, daß die *Geschwindigkeitsanzeige* dann sehr genau und sicher wird, wenn die Signalenergie über ein schmales Frequenzband verteilt ist. Die AF dient dazu, zwischen diesen beiden widersprüchlichen Forderungen durch eine günstige Wahl der Signalfunktion einen geeigneten Kompromiß zu finden.

Man stellt fest, daß $\chi(T_R, f_D)$ eine gerade Funktion ist. Es gilt nämlich

$$\chi(-T_R, -f_D) = \chi(T_R, f_D) \, . \tag{6.95}$$

Vielfach wird die AF auch in der normierten Form

$$\chi(T_R, f_D) = \frac{1}{E} \left| \int\limits_{-\infty}^{\infty} S(t) \, S^*(t + T_R) \, \mathrm{e}^{\mathrm{j}2\pi f_D t} \mathrm{d}t \right| \tag{6.86b}$$

gebraucht, so daß

$$\chi(0, 0) = 1$$

wird.

---

[1] Es sei darauf hingewiesen, daß die Energie des reellen Hochfrequenzsignals halb so groß ist.

Es ist interessant zu untersuchen, was aus dem Empfangssignal wird, wenn man es durch ein optimales (angepaßtes) Filter schickt. Nach dem Ergebnis (6.77) heißt die Übertragungsfunktion dieses Filters für die Einhüllende $S(t)$

$$G(f) = F^*(f)\,\mathrm{e}^{-\mathrm{j}2\pi f T_R}. \tag{6.96}$$

Das reflektierte Signal $S(t - T_R)\,\mathrm{e}^{\mathrm{j}2\pi f_D(t-T_R)}$ hat die Spektralfunktion

$$X(f) = \int\limits_{-\infty}^{\infty} S(t - T_R)\,\mathrm{e}^{\mathrm{j}2\pi(f_D-f)(t-T_R)}\,\mathrm{d}t = \mathrm{e}^{-\mathrm{j}2\pi f_D T_R}F(f - f_D). \tag{6.97}$$

Der Ausgang $y(t)$ des Filters wird dadurch bestimmt, daß man in

$$y(t) = \int\limits_{-\infty}^{\infty} X(f)\,G(f)\,\mathrm{e}^{\mathrm{j}2\pi f t}\,\mathrm{d}f \tag{6.98}$$

(6.96) und (6.97) einsetzt. Das Ergebnis lautet

$$y(t) = \int\limits_{-\infty}^{\infty} F(f - f_D)\,\mathrm{e}^{-\mathrm{j}2\pi f_D T_R} \cdot F^*(f)\,\mathrm{e}^{-\mathrm{j}2\pi f T_R}\,\mathrm{e}^{\mathrm{j}2\pi f t}\,\mathrm{d}f$$

$$= \mathrm{e}^{-\mathrm{j}2\pi f_D T_R} \int\limits_{-\infty}^{\infty} F(f - f_D)\,F^*(f)\,\mathrm{e}^{\mathrm{j}2\pi f(t-T_R)}\,\mathrm{d}f. \tag{6.98a}$$

Verschiebt man die Zeitzählung durch Einführung von

$$t'' = t - T_R$$

und bildet den Betrag von (6.98a), so stimmt der Filterausgang

$$|y(t'', f_D)| = \left| \int\limits_{-\infty}^{\infty} F(f - f_D)\,F^*(f)\,\mathrm{e}^{\mathrm{j}2\pi f t''}\,\mathrm{d}f \right| \tag{6.98b}$$

mit der AF in der Form (6.90) überein, wenn $t'' = -T_R$ genommen wird. In Abwandlung des im Abschnitt 6.5 aufgestellten Satzes, daß die Ausgangsfunktion eines angepaßten Filters die AKF der Signalfunktion ist, erhält man hier die Aussage, daß *die Antwortfunktion eines auf die Radarsendefunktion angepaßten Empfangsfilters die AF der Sendefunktion ist*.

Zum Schluß soll noch eine Eigenschaft der AF erwähnt werden, die eine etwas andere Formulierung der Unschärfebeziehung zum Gegenstand hat, als sie im Abschnitt 5.6 gegeben worden ist.

Es sei das Volumen des unterhalb der quadrierten AF aufgespannten Raumes berechnet, wobei die AF in der Fassung (6.86a) verwendet wird. Es werde also das über dem Raum der Variablen T_R und f_D genommene normierte Integral

$$V = \int\limits_{-\infty}^{\infty} \int\limits_{-\infty}^{\infty} |\chi(T_R, f_D)|^2 \, \mathrm{d}T_R \, \mathrm{d}f_D \qquad (6.99)$$

gebildet. Mit (6.86a) erhält man dafür

$$V = \frac{1}{E} \int\limits_{-\infty}^{\infty} \int\limits_{-\infty}^{\infty} \mathrm{d}T_R \, \mathrm{d}f_D \int\limits_{-\infty}^{\infty} S\left(t' - \frac{T_R}{2}\right) S^*\left(t' + \frac{T_R}{2}\right) \mathrm{e}^{-\mathrm{j}2\pi f_D t'} \, \mathrm{d}t'$$

$$\times \frac{1}{E} \int\limits_{-\infty}^{\infty} S^*\left(t - \frac{T_R}{2}\right) S\left(t + \frac{T_R}{2}\right) \mathrm{e}^{\mathrm{j}2\pi f_D t} \, \mathrm{d}t =$$

$$= \frac{1}{E^2} \overbrace{\int\!\!\int\!\!\int}^{\infty}_{-\infty} S\left(t' - \frac{T_R}{2}\right) S^*\left(t' + \frac{T_R}{2}\right) S^*\left(t - \frac{T_R}{2}\right)$$

$$\times S\left(t + \frac{T_R}{2}\right) \mathrm{d}T_R \, \mathrm{d}t' \, \mathrm{d}t \int\limits_{-\infty}^{\infty} \mathrm{e}^{\mathrm{j}2\pi f_D(t-t')} \, \mathrm{d}f_D. \qquad (6.99\,\mathrm{a})$$

Man sieht, daß man das letzte Integral durch die δ-Funktion ersetzen kann, denn es ist

$$\int\limits_{-\infty}^{\infty} \mathrm{e}^{\mathrm{j}2\pi f_D(t-t')} \, \mathrm{d}f_D = \delta(t - t').$$

Damit kann man (6.99a) so schreiben:

$$V = \frac{1}{E^2} \overbrace{\int\!\!\int\!\!\int}^{\infty}_{-\infty} S\left(t' - \frac{T_R}{2}\right) S^*\left(t' + \frac{T_R}{2}\right) S^*\left(t - \frac{T_R}{2}\right) S\left(t + \frac{T_R}{2}\right)$$

$$\times \delta(t - t') \, \mathrm{d}T_R \, \mathrm{d}t' \, \mathrm{d}t = \frac{1}{E^2} \int\limits_{-\infty}^{\infty} \int\limits_{-\infty}^{\infty} \left|S\left(t' - \frac{T_R}{2}\right)\right|^2 \left|S\left(t' + \frac{T_R}{2}\right)\right|^2 \mathrm{d}t' \, \mathrm{d}T_R.$$

$$(6.99\,\mathrm{b})$$

Mit den neuen Variablen

$$t' - \frac{T_R}{2} = \xi, \qquad t' + \frac{T_R}{2} = \eta$$

schreibt man (6.99 b) weiter in der Form

$$V = \frac{1}{E} \int\limits_{-\infty}^{\infty} |S(\xi)|^2 \, \mathrm{d}\xi \cdot \frac{1}{E} \int\limits_{-\infty}^{\infty} |S(\eta)|^2 \, \mathrm{d}\eta = 1 \,. \qquad (6.100)$$

Das Ergebnis besagt, daß das Volumen unter der quadrierten AF *unabhängig von der Signalform* gleich Eins ist. Darin offenbart sich die Unbestimmtheitsrelation in einer anderen Form, denn wählt man die Signalform $S(t)$ so, daß sich die AF in der T_R-Richtung verschmälert, dann tritt in der f_D-Richtung eine Verbreiterung ein und umgekehrt. Für eine gute Lösung des Meßproblems wäre eine AF ideal, die nur aus einem einzigen um das Zentrum ($T_R = 0$, $f_D = 0$) gelegenen schmalen Gipfel besteht, während die Nebengipfel möglichst klein sein sollten. Die Nebengipfel versinnbildlichen die Vieldeutigkeit des Meßergebnisses. Man kann die Synthese eines optimalen Sendeimpulses vergleichen mit einem Modellieren des aus plastischer Masse bestehenden $|\chi(T_R, f_D)|^2$-Reliefs, indem man die Nebengipfel zugunsten des Hauptgipfels einebnet. Bei diesem Vorgang bleibt stets die Eigenschaft $V = 1$ gewahrt.

Um dem Leser eine anschauliche Vorstellung vom Charakter der AF zu geben, seien zwei Beispiele gebracht. Das erste Beispiel behandelt einen monofrequenten Trägerimpuls mit einer Gaußschen Einhüllenden als Sendesignal. Diese Einhüllende läßt sich als

$$S(t) = S_0 \mathrm{e}^{-(t/T)^2} \qquad (6.101)$$

schreiben.

Die normierte AF in der symmetrischen Fassung (6.86 a) lautet

$$\chi(T_R, f_D) = \frac{1}{E} \left| \int\limits_{-\infty}^{\infty} S\left(t - \frac{T_R}{2}\right) S^*\left(t + \frac{T_R}{2}\right) \mathrm{e}^{\mathrm{j}2\pi f_D t} \, \mathrm{d}t \right| \,. \qquad (6.102)$$

Die Energie des Signals ist

$$E = \int\limits_{-\infty}^{\infty} F^*(f) \, F(f) \, \mathrm{d}f \qquad (6.103)$$

und soll dadurch den Wert 1 erhalten, daß man für den Spitzenwert

$$S_0 = \sqrt[4]{\frac{2}{\pi T^2}} \qquad (6.104)$$

setzt.

Man führt die in (6.102) geforderten Operationen unter Verwendung von (6.101) aus und wird auf das Integral

$$\chi(T_R, f_D) = \sqrt{\frac{2}{\pi}} \frac{1}{T} \, e^{-\frac{T_R^2}{2T^2}} \int\limits_{-\infty}^{\infty} e^{-\left(2\frac{t^2}{T^2} - j2\pi f_D t\right)} \, dt \qquad (6.105\,\text{a})$$

geführt, das man durch Ergänzung des Exponenten des Integranden zu einem vollständigen Quadrat leicht ausrechnen kann. Das Ergebnis lautet

$$\chi(T_R, f_D) = e^{-\frac{1}{2}\left[\left(\frac{T_R}{T}\right)^2 + \left(\frac{2\pi f_D}{2/T}\right)^2\right]}. \qquad (6.105\,\text{b})$$

Man sieht, daß die Höhenlinien der Funktion χ, über den Koordinatenachsen T_R und f_D aufgetragen, die Form von Ellipsen haben. Diese Ellipsen mit der Gleichung

$$\left(\frac{T_R}{T}\right)^2 + \left(\frac{f_D}{1/(\pi T)}\right)^2 = C^2 \qquad (6.106)$$

schneiden auf der T_R-Achse die Halbachsen CT und auf der f_D-Achse die Halbachsen $C/(\pi T)$ ab. Siehe dazu das Bild 6.11, in dem das bekannte Ungenauigkeitsprinzip anschaulich sichtbar wird. Beim langen Impuls

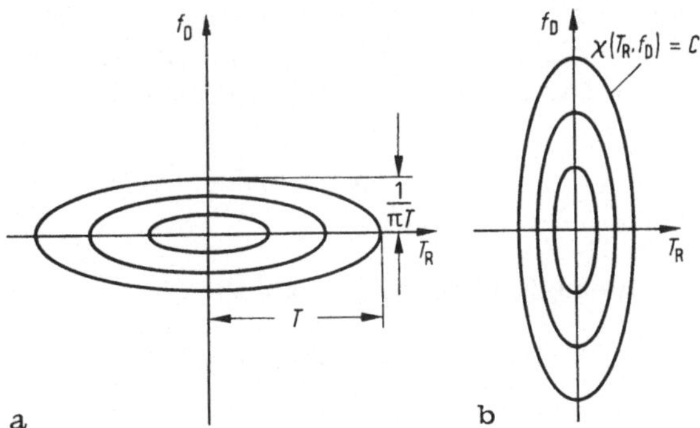

Bild 6.11 a u. b. Höhenlinien der Ambiguity-Funktion für einen monofrequenten Trägerimpuls mit Gaußscher Einhüllender.

a) langer Impuls;   b) kurzer Impuls.

(liegende Ellipse) wird das Unsicherheitsgebiet in Richtung der Entfernungsauflösung groß, in Richtung der Geschwindigkeitsmessung klein, beim kurzen Impuls (aufrechtstehende Ellipse) ist es umgekehrt. Zu jeder Konstanten C gehört ein bestimmter Wert für die Sicherheit der Messung, der zu $e^{-C^2/2}$ angegeben wird. Je größer C wird, desto größer wird das Areal der Ellipse, innerhalb deren eine Unterscheidung der Ereignisse nicht mehr möglich ist; desto kleiner wird, dem Wert der Exponentialfunktion entsprechend, auch die Sicherheit der Messung. Im Grenzfall $T \to 0$ zieht sich das Unsicherheitsgebiet zu einem Punkt zusammen, das bedeutet, daß mit einem unendlich kurzen Impuls ein Objekt mit Sicherheit 1 gemessen werden könnte, das den Abstand Null und die Geschwindigkeit Null hat. Soweit die rein geometrische Diskussion von Bild 6.11. In der Praxis besteht das Hauptanliegen natürlich nicht darin, sehr kleine Abstände zu messen, sondern eine möglichst große Auflösung zu erreichen.

Während die AF für diesen einfachen Fall eines einzelnen Impulses nicht viel mehr leistet, als schon Bekanntes in einer neuen Form wiederzugeben, entfaltet diese Methode ihren vollen Wert bei komplizierteren Signalstrukturen, wie es bei den vielfältigen Möglichkeiten und Verfahren der Pulskompression der Fall ist, auf die aber hier nicht mehr eingegangen werden kann. Bei periodisch wiederholten Signalen nimmt die AF die Form eines Gebirgsreliefs mit vielen Nebengipfeln in periodischer Anordnung an.

Diese Eigenschaft der AF soll an einem zweiten Beispiel demonstriert werden, das eine periodisch wiederholte Folge einer endlichen Zahl von Impulsen zum Gegenstand hat. Im übrigen findet der Leser viele Beispiele dieser Art in den Büchern von Cook/Bernfeld, Rihaczek und Vakman [6.9, 6.10, 6.11].

Es sei ein Radarpuls gegeben, der aus einer im Abstand T_0 wiederholten endlichen Folge von Spannungsimpulsen mit der Einhüllenden $S_0(t)$ besteht. Man kann das Signal ansetzen in der Form

$$S(t) = \sum_{k=0}^{N} S_0(t - kT_0).$$ (6.107)

Definiert man eine Zahlenfolge α_k so, daß

$$\alpha_k = \begin{cases} 1 & \text{für } 0 \leq k \leq N \\ 0 & \text{für } k < 0, \ k > N, \end{cases}$$

so kann man damit (6.107) als unendliche Summe

$$S(t) = \frac{1}{\sqrt{(N+1)E_0}} \sum_{k=-\infty}^{\infty} \alpha_k S_0(t - kT_0)$$ (6.108)

schreiben. Der Faktor vor der Summe ist zum Zwecke der Normierung angebracht. E_0 bedeutet die Energie des Impulses. Das Spektrum von

$S(t)$ lautet

$$F(f) = \frac{1}{\sqrt{(N+1)E_0}} \sum_k \alpha_k \int\limits_{-\infty}^{\infty} S_0(t - kT_0)\, e^{-j2\pi ft}\, dt$$

$$= \frac{F_0(f)}{\sqrt{(N+1)E_0}} \sum_k \alpha_k e^{-jk2\pi fT_0}. \tag{6.109}$$

Für die weitere Rechnung soll die AF in der Form (6.90a) benützt werden, in die (6.109) eingesetzt wird. Man erhält nach geeigneter Umordnung der Reihenfolge der Faktoren

$$\chi(T_R, f_D) = \frac{1}{(N+1)\,E_0} \left| \sum_k \sum_l \alpha_k \alpha_l e^{j\pi f_D(k+l)T_0} \right.$$

$$\left. \times \int\limits_{-\infty}^{\infty} F_0^*\left(f + \frac{f_D}{2}\right) F_0\left(f - \frac{f_D}{2}\right) e^{-j2\pi f[T_R - (k-l)T_0]}\, df \right|. \tag{6.110}$$

Der unter dem Integral stehende Ausdruck ist die AF des Impulses. Somit kann man (6.110) auch schreiben

$$\chi(T_R, f_D) = \frac{1}{N+1} \left| \sum_k \sum_l \alpha_k \alpha_l e^{j\pi f_D(k+l)T_0} \chi_0[T_R - (k-l)\,T_0] \right|. \tag{6.111}$$

Für die Differenz $k - l$ werde der neue Index

$$n = k - l \tag{6.112a}$$

eingeführt, der in dem Bereich $-N \leqq n \leqq N$ liegt. Die Doppelsumme in (6.111) schreibt sich dann als

$$\sum_k \sum_l \alpha_k \alpha_l e^{j\pi f_D(k+l)T_0} = \sum_n e^{j\pi f_D nT_0} \sum_l \alpha_l \alpha_{l+n} e^{j2\pi f_D lT_0}. \tag{6.112b}$$

Mit der Abkürzung

$$Q_n(f_D) = \frac{1}{N+1}\, e^{j\pi f_D nT_0} \sum_l \alpha_l \alpha_{l+n}\, e^{j2\pi f_D lT_0} \tag{6.113}$$

nimmt die AF des Pulses schließlich die Form an

$$\chi(T_R, f_D) = \sum_{n=-N}^{N} |Q_n(f_D)|\, \chi_0[T_R - nT_0, f_D]. \tag{6.112c}$$

In der Summe (6.113) bleiben nur diejenigen Werte stehen, für die $\alpha_l\alpha_{l+n} \neq 0$. Dies ist der Fall für solche Werte von l, für die die Bedingungen

$$0 \leqq l \leqq N-n, \ |n| \leqq l \leqq N$$

erfüllt sind. Damit ist Q_n die Summe einer geometrischen Reihe

$$\sum_{l=0}^{N-n} \alpha_l\alpha_{l+n}e^{j2\pi f_D l T_0} = \frac{1 - e^{j2\pi f_D T_0(1+N-n)}}{1 - e^{j2\pi f_D T_0}},$$

für deren Absolutbetrag man die periodische Funktion erhält

$$|Q_n(f_D)| = \frac{1}{N+1} \frac{\sin \pi f_D T_0(1 + N - n)}{\sin \pi f_D T_0}. \tag{6.114}$$

Bild 6.12b stellt ein Höhenliniendiagramm der Funktion $\chi(T_R, f_D)$ dar in der Ebene der Koordinaten T_R, f_D. In Richtung der T_R-Achse findet man periodisch mit dem Abstand T_0 wiederholt die Konturlinien der AF

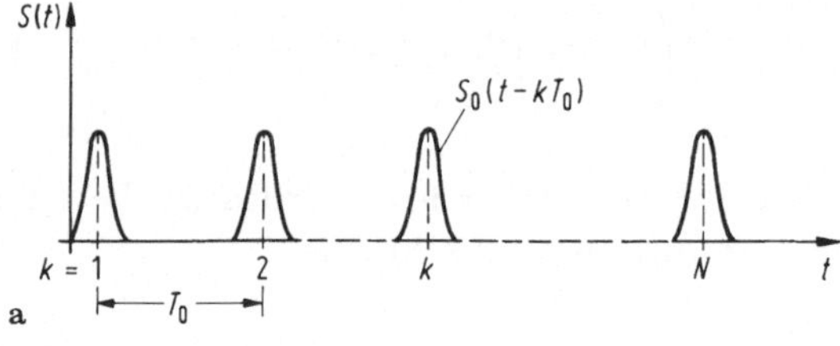

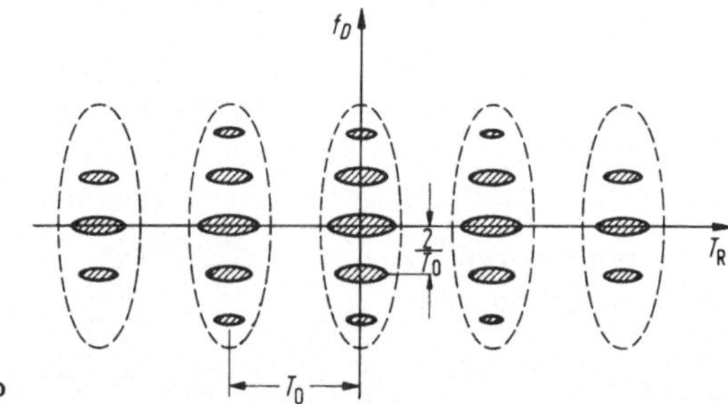

Bild 6.12a u. b. Die Ambiguity-Funktion eines Pulses.
a) zeitlicher Verlauf;   b) Höhenlinien der Ambiguity-Funktion.

$\chi_0(t - nT_0, f_D)$ des Impulses, im Falle eines Gaußimpulses also die Höhenlinien nach Bild 6.11. Diese Funktion ist in Richtung der f_D-Achse mit der periodischen Funktion (6.114) moduliert, wobei diese Periode $2/T_0$ ist.

Die Periodizität längs der T_R-Achse bedeutet die bekannte Tatsache, daß der Impulsabstand, gemessen am Abstand hintereinanderliegender Radarziele, nicht zu klein gewählt werden darf, sollen sich die Unsicherheitsbereiche nicht gegenseitig überlappen. Wird der Impulsabstand T_0 zu groß gewählt, so überlappen sich die Unsicherheitsbereiche längs der f_D-Achse. Die Geschwindigkeitsmessung wird dadurch unsicher, daß die Spektrallinien des periodischen Radarsignals so geringe Abstände voneinander haben, daß sich die Dopplerverschiebung f_D nicht mehr genügend dagegen abhebt.

Es sei noch erwähnt, daß man sich für die Berechnung der AF von Pulsen mit Frequenzmodulation des Trägers, wenn sie in der Form

$$s(t) = S(t)\, \mathrm{e}^{\mathrm{j}\varphi(t)}$$

gegeben sind, mit Vorteil der Näherungsmethode nach dem Prinzip der stationären Phase bedient, die im Abschnitt 5.5 erläutert worden ist Die Einflüsse der Form der Einhüllenden $S(t)$ und des Modulationsgesetzes $\varphi(t)$ lassen sich dann meist auf Grund einer Näherungsrechnung verhältnismäßig schnell überblicken.

7. Analog- und Digitalsignale, Quantisierung und Codierung

7.1. Allgemeines

Die zu Beginn des 3. Abschnitts gegebenen Definitionen für zeitkontinuierliche und zeitdiskrete Signale einerseits und wertkontinuierliche und wertdiskrete Signale andererseits beschreiben die äußere Form des Signals ohne Bezug auf seinen Nachrichteninhalt. Im Gegensatz dazu sind „analog" und „digital" Begriffe, die zunächst nur einen Bezug zur Nachrichtenquelle herstellen sollen; daß das auch Konsequenzen für die Signal*form* hat, wird noch gezeigt werden.

Ein *Analogsignal* ist ein Signal, das einen kontinuierlichen Vorgang kontinuierlich abbildet. Dabei ist dem kontinuierlichen Wertebereich des Signalparameters Punkt für Punkt unterschiedliche Information zugeordnet. Im Gegensatz dazu ist ein *Digitalsignal* ein Signal, dessen Signalparameter eine Nachricht darstellt, die nur aus Zeichen besteht. Ein *Zeichen* — in der Informationstheorie auch gleichbedeutend mit *Symbol* — ist ein Element aus einer zur Darstellung von Information vereinbarten endlichen Menge von verschiedenen Elementen (Zeichenvorrat).

Bei der *Analog-Digital-Umsetzung* werden Wertebereichen des Analogsignals jeweils Zeichen zugeordnet, die durch einen *Code* dargestellt werden können, und umgekehrt.

Die Analog-Digital-Umsetzung (A-D-Umsetzung) und die Digital-Analog-Umsetzung (D-A-Umsetzung) spielen eine große Rolle in der Technik der Modulation. Sie werden daher ausführlich in den Abschnitten 9 und insbesondere 10 bei der Behandlung der Pulscode-Modulation betrachtet. Dort werden sie benutzt, Analogsignale zur Übertragung in Digitalsignale umzuwandeln und auf der Empfangsseite Analogsignale mit möglichst geringer Verzerrung zurückzugewinnen. Deshalb müssen beide Umsetzungsprozesse aufeinander abgestimmt sein. Daß man diese Umwandlung Schritt für Schritt in der Zeit bewerkstelligen kann, ist der Existenz der Abtasttheoreme zu verdanken, die wegen ihrer zentralen Stellung gesondert im Abschnitt 4 behandelt wurden.

A-D-Umsetzer verwandeln Analogwerte einer physikalischen Größe,

z. B. Spannung, Strom, Temperatur, Zeit, Ort, Winkel, in entsprechende Digitalwerte. In Systemen mit Digitalmessung, -überwachung, -steuerung und -regelung ist es oft gar nicht notwendig, auf eine A-D-Umsetzung eine D-A-Umsetzung folgen zu lassen; das Digitalsignal wird in diesem Falle unmittelbar ausgewertet. Einfache Beispiele für solche Anwendungen sind: Messung einer Spannung mit einem Digital-Voltmeter, Pilotüberwachung in der Trägerfrequenztechnik, Steuerung von Werkzeugmaschinen und Schrittregler zur Pegelkonstanthaltung.

Die A-D-Umsetzung wird in der Regel mit den Teilvorgängen Quantisieren und Codieren vorgenommen.

7.2. Analog-Digital-Umsetzung

7.2.1. Quantisierung

Der primäre Vorgang bei der A-D-Umsetzung ist das Quantisieren. Dazu wird der gesamte Wertebereich eines Signals in eine endliche Anzahl meist gleich großer *Quantisierungsintervalle* eingeteilt. Jedem Quanti-

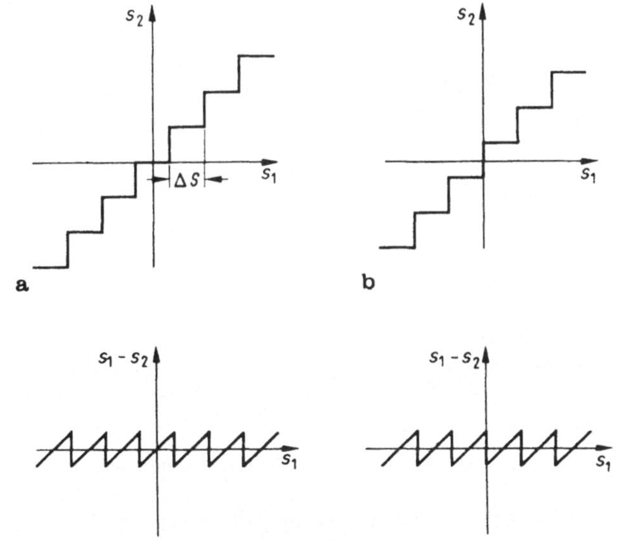

Bild 7.1a u. b. Quantisierungskennlinien (oben) und Quantisierungsfehler (unten).
a) bei ungerader Anzahl von Quantisierungsintervallen;
b) bei gerader Anzahl von Quantisierungsintervallen.

sierungsintervall wird ein fester Wert zugeordnet. Da jeder dieser Werte unendlich viele Werte des Analogsignals innerhalb des entsprechenden Intervalles repräsentiert, tritt bei der A-D-Umsetzung im Prinzip stets ein Informationsverlust ein. Man hält ihn entsprechend der geforderten Relevanz dadurch in Grenzen, daß man die Quantisierungsintervalle hinreichend klein, ihre Zahl entsprechend groß macht.

Bild 7.1 zeigt zwei Quantisierungskennlinien, bei denen die Ausgangswerte s_2 des quantisierten Signals jeweils in der Mitte der Teilbereiche

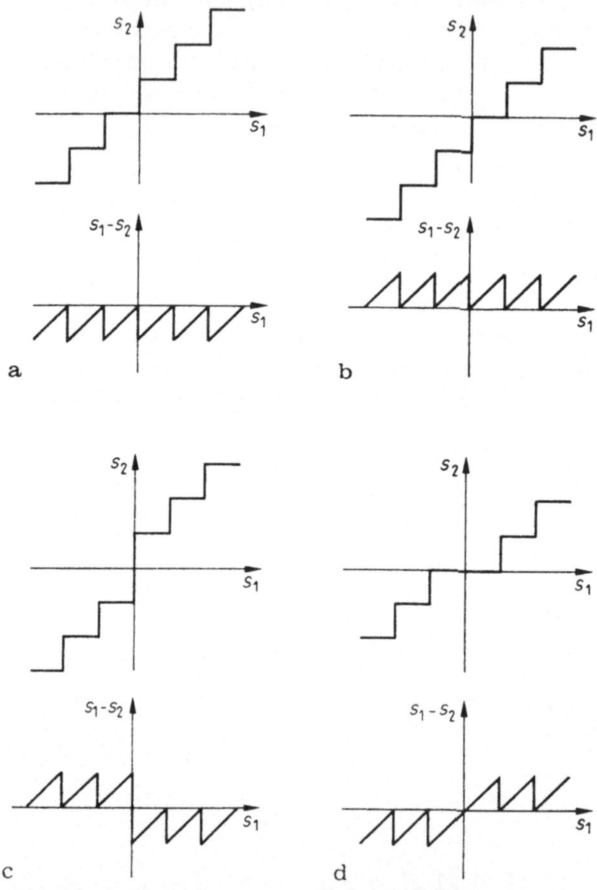

Bild 7.2a—d. Varianten zu den Quantisierungskennlinien nach Bild 7.1.

ΔS der Eingangswerte s_1 des Analogsignals liegen. Verwendet man eine ungerade Zahl von Teilbereichen, so werden die Eingangswerte des den Nullpunkt enthaltenden Intervalles durch den Ausgangswert „Null" ersetzt (Bild 7.1a). Bei gerader Zahl von Teilbereichen gibt es nur positive und negative Ausgangswerte; der Wert „Null" entfällt (Bild 7.1b). Der *Quantisierungsfehler* $s_1 - s_2$ beträgt in beiden Fällen maximal $\pm\Delta S/2$. Man kann auch z. B. die Eingangswerte eines Intervalles durch den Maximalwert (Bild 7.2a) oder den Minimalwert (Bild 7.2b) oder die entsprechenden Absolutwerte (Bild 7.2c und d) ersetzen. Hier beträgt der Quantisierungsfehler $s_1 - s_2$ maximal $|\Delta S|$.

Die A-D-Umsetzung ist im allgemeinen ein zeitabhängiger Vorgang. Je nach Aufgabenstellung benutzt man eine spontan oder eine zyklisch ablaufende Umsetzung. Bei der spontan ablaufenden ändert sich der

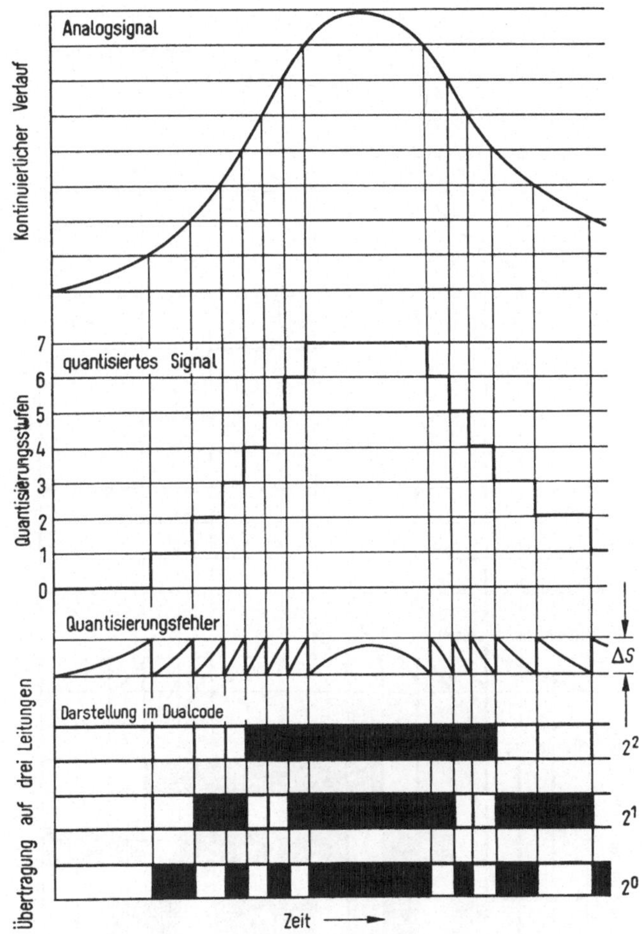

Bild 7.3. Spontan ablaufende Analog-Digital-Umsetzung.

quantisierte Ausgangswert dann und nur dann, wenn der analoge Eingangswert die Grenze zweier benachbarter Teilbereiche durchläuft. Bei der zyklisch ablaufenden Umsetzung wird das Analogsignal in periodisch aufeinanderfolgenden Zeitpunkten daraufhin untersucht, in welches der vorgegebenen Intervalle der Augenblickswert fällt; der zugeordnete diskrete Wert wird jeweils abgegeben. Im ersten Fall ist das Digitalsignal als *zeitkontinuierlich* anzusehen, weil sich sein Zustand in beliebigen Zeitpunkten ändern kann. Im zweiten Fall ist es *zeitdiskret*, da es nur in bestimmten Zeitpunkten definiert ist.

Die Bilder 7.3 und 7.4 zeigen bei Benutzung der Quantisierungskennlinie nach Bild 7.2 b vergleichsweise die unterschiedlichen Wirkungen

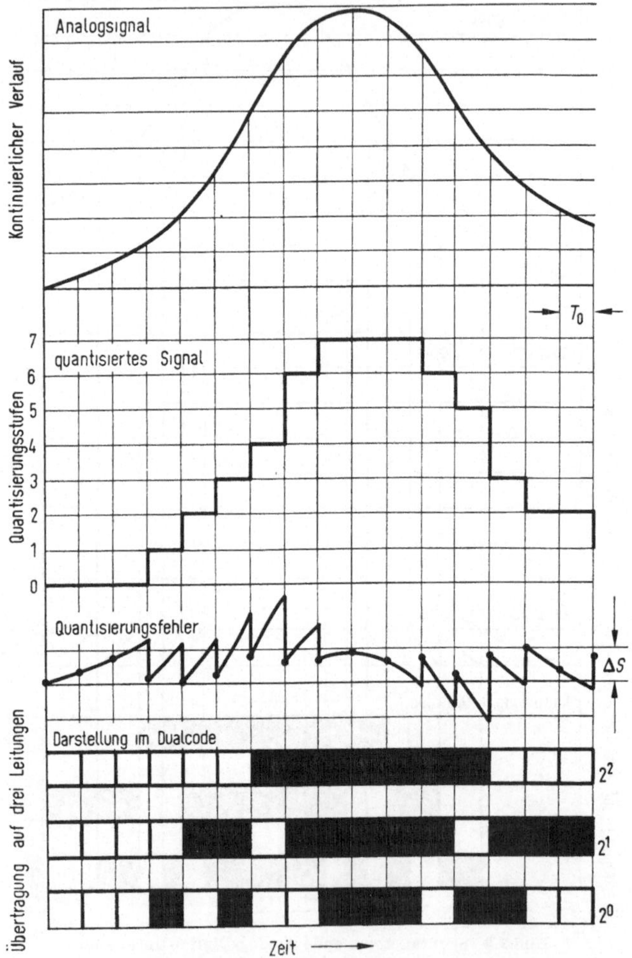

Bild 7.4. Zyklisch ablaufende Analog-Digital-Umsetzung.

beider Verfahren. Während im ersten Fall alle Quantisierungsstufen nacheinander durchlaufen werden, können im zweiten Fall Quantisierungsstufen übersprungen werden. Entsprechend der veränderlichen Steilheit des Analogsignals sind im ersten Fall die Zeiten für die Dauer der einzelnen Quantisierungsstufen unterschiedlich. Das trifft im zweiten

Fall wegen der Augenblickswertbestimmung mit der Periode T_0 nicht zu. Während im ersten Fall der Quantisierungsfehler nie größer als ΔS wird, ist das im zweiten Fall nicht immer erfüllt. Zu den Abfragezeitpunkten jedoch — angedeutet durch dicke Punkte — liegen die Fehler stets im Bereich ΔS.

7.2.2. Codierung

Die Stufenwerte bei der Quantisierung lassen sich durch einen Code ausdrücken. Ein *Code* ist eine (nicht notwendig umkehrbar) eindeutige Zuordnung, mit der man eine diskrete Wertemenge durch eine bestimmte Anordnung diskreter Ereignisse darstellt. Die kleinste Einheit zur Darstellung eines Codes ist das *Codeelement*. Die Anzahl der verfügbaren unterschiedlichen und einander ausschließenden Elemente heißt *Stufenzahl des Codes*[1]. Zur Kennzeichnung der Stufenzahl b verwendet man die folgenden Adjektive:

$b = 2$ binär	$b = 7$ septenär
$b = 3$ ternär	$b = 8$ octonär
$b = 4$ quaternär	$b = 9$ novenär
$b = 5$ quinär	$b = 10$ denär
$b = 6$ senär	$b = 16$ sedenär

Die Anordnung von r Codeelementen derart, daß ein bestimmter Wert der vorgegebenen diskreten Menge q dargestellt wird, ist ein *Codewort*. Mit einem b-stufigen und r-stelligen Code lassen sich

$$q = b^r \tag{7.1}$$

unterschiedliche Codewörter bilden, denen jeweils andere Bedeutung zugemessen werden kann. Geht man von einem Code aus, dessen Elemente durch die drei Buchstaben B, E und N gebildet werden können, so beträgt die maximale Zahl von fünfstelligen unterschiedlichen Codewörtern $3^5 = 243$. Davon sind in der deutschen Sprache eine ganze

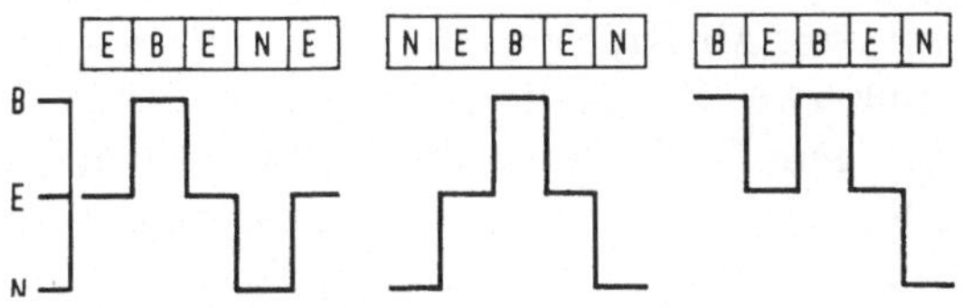

Bild 7.5. Codesignale mit 3 Stufen und 5 Elementen.

---

[1] Der Begriff *Stufenzahl* hat sich leider sowohl für die Wertemenge der Quantisierung wie auch der eines Codeelementes eingebürgert. Beide Größen werden in diesem Buch möglichst deutlich gekennzeichnet und durch die Symbole q und b auseinandergehalten.

Reihe Wörter sinnvoll (z. B. Ebene, Neben, Beben, Ebnen oder Nenne), eine sehr viel größere Zahl jedoch sinnlos (z. B. Bnben, Bbnbb, Eebnn usw.). Ordnet man jedem der drei möglichen Buchstaben einen definierten Signalwert zu, so lassen sich, wie Bild 7.5 zeigt, den einzelnen Wörtern zugeordnete Codesignale bilden.

Unser dezimales Zahlensystem ist ein spezieller denärer Code, an den wir uns so sehr gewöhnt haben, daß wir ihn nicht mehr als solchen empfinden; es sei z. B. die zu codierende Wertemenge $q = 100$. Wir ordnen, um einen bestimmten Wert — etwa 57 — zu kennzeichnen, zwei Elemente hintereinander an, deren jedes nur $b = 10$ Möglichkeiten hat, nämlich 0, 1, 2 usw. bis 9. Die Zahl b heißt auch Basis des Zahlensystems. Die Reihenfolge der Elemente ist dabei entscheidend wichtig. Um das richtige Ergebnis zu erhalten, muß bei der ersten Zehnerteilung die Wertegruppe 5, bei der zweiten innerhalb dieser Gruppe der Wert 7 ausgewählt werden. So kann man bei einer Basis $b = 10$ mit 2 Elementen 10^2 Werte darstellen, nämlich die Zahlen 00 bis 99, mit 3 Elementen 10^3 Werte und so fort. Auch hier lassen sich nach (7.1) mit einer Basis b und r Elementen $q = b^r$ Werte kennzeichnen. Wenn die Basis und die Reihenfolge der Elemente zwischen Sender und Empfänger verabredet ist, braucht man zur eindeutigen Kennzeichnung eines Wertes der Menge q nur r Elemente zu übertragen, deren jedes b Kennzeichen trägt, also insgesamt nur rb Kennzeichen zu unterscheiden, statt der sehr viel größeren Zahl q. Die kleinste mögliche Basis, die noch eine Unterteilung der gegebenen Wertemenge q erlaubt, ist $b = 2$. In diesem System werden nur die beiden Ziffern 0 und 1 verwendet. Zum Unterschied zum dezimalen Zahlensystem sollen sie mit O und L bezeichnet werden. Diese beiden Zeichen lassen sich bei elektrischen Signalen in besonders einfacher Weise durch den Einschalt- und den Ausschaltzustand einer beliebigen Quelle Q mit gleichbleibender Signalform darstellen, wie z. B. einer Gleichstrom-, Impuls- oder Sinusschwingungsquelle. Eine andere Möglichkeit besteht darin, zwischen zwei unterschiedlichen Signalquellen Q_1 und Q_2 umzuschalten. Bei in dieser Weise erzeugten Signalen können Störüberlagerungen besonders leicht erkannt und beseitigt werden. An Bauelemente, die zur Verarbeitung und Übertragung von nur zwei Zustandswerten geeignet sind, brauchen vergleichsweise geringere Forderungen gestellt zu werden als an solche für kompliziertere Signale. Das sind auch die wesentlichen Gründe, warum in der gesamten Digitaltechnik bevorzugt die binäre Darstellung verwendet wird.

Ein Codewort im Binärsystem ergibt sich als Kombination der Zeichen O und L. Die Zahl r_0 der notwendigen binären Codeelemente zur Darstellung der Menge q ist nach (7.1) gegeben durch

$$q = 2^{r_0} \tag{7.2}$$

Die folgende Tabelle gibt einige Beispiele für den Zusammenhang zwischen der maximalen Wertemenge q und der Zahl r_0 der binären Codeelemente.

q	2	4	8	16	32	64	128	256	512	1024
r_0	1	2	3	4	5	6	7	8	9	10

Für die Zuordnung der q Werte zu einer entsprechenden Zahl von b^r Codewörtern gibt es $b^r!$ Möglichkeiten. Für das einfache Beispiel $b = 2$ und $r_0 = 2$ sind es somit $4! = 24$ Varianten. Bild 7.6 zeigt diese Möglichkeiten für die Werte 0 bis 3. Für $r_0 = 4$ ergeben sich schon $16! = 20\,922\,789\,888\,000$ Varianten. Es ist nun die Frage, welche Variante zur Codierung am geeignetsten ist.

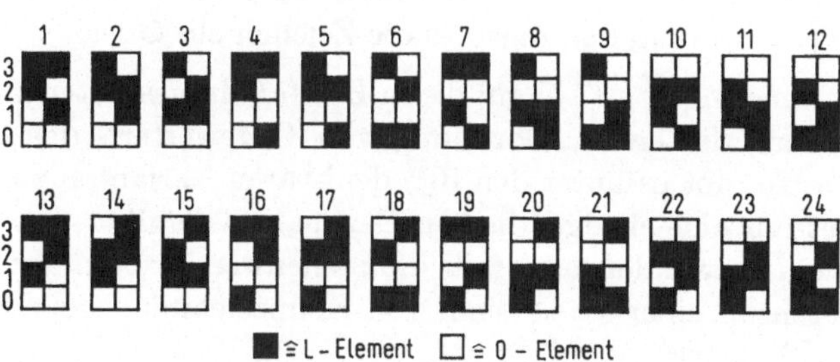

Bild 7.6. Kombinationsmöglichkeiten zur Darstellung von 4 Werten durch 2 Binärelemente.

A-D-Umsetzer kann man einteilen in solche mit funktionsauslösenden und solche mit wertabbildenden Ausgängen. Die erste Art kommt vorwiegend in der Steuerungs- und Regelungstechnik vor (z. B. Grenzwertmelder). Hier kann eine Zuordnung zweckmäßig sein, die dem jeweiligen Anwendungsfall angepaßt ist, so daß es dazu keine allgemein gültige Regel gibt. Wertabbildende Ausgänge werden vorzugsweise bei A-D-Umsetzern in der Digitalmeßtechnik verwendet. Hierfür lassen sich Systematiken angeben, die in folgendem gezeigt werden. Dabei sollen die Betrachtungen auf binäre Codes beschränkt bleiben.

Bei Verwendung von Binärelementen ist es sinnvoll, in Analogie zum Dezimalzahlensystem ein Dualzahlensystem aufzubauen. Während sich beispielsweise die Zahl 109 im Dezimalsystem als Summe von mit Faktoren behafteten Zehnerpotenzen darstellen läßt,

$$109 = 1 \cdot 10^2 + 0 \cdot 10^1 + 9 \cdot 10^0, \tag{7.3}$$

so ist sie im Dualsystem eine Summe von mit Faktoren behafteten Zweierpotenzen

$$109 = 1 \cdot 2^6 + 1 \cdot 2^5 + 0 \cdot 2^4 + 1 \cdot 2^3 + 1 \cdot 2^2 + 0 \cdot 2^1 + 1 \cdot 2^0. \tag{7.4}$$

Während im ersten Fall für die Faktoren die Ziffern 0 bis 9 gebraucht werden, sind es im zweiten Fall nur die Ziffern 0 und 1, die durch die Zeichen O und L repräsentiert werden. Im hieraus abgeleiteten Dualcode — das ist also ein nach dem Dualsystem aufgebauter spezieller Binärcode — sind den einzelnen Codeelementen *Stellenwertigkeiten* zugeordnet, die, in der obigen Summe von rechts nach links gelesen, durch 2^0, 2^1, 2^2, 2^3 usw. gegeben sind. Die Zahl 109 wird im *Dualcode* durch das Codewort **LLOLLOL** dargestellt. Allgemein ergibt sich für einen r_0-stelligen Dualcode die zugeordnete Dezimalzahl y aus der Gleichung

$$y = \sum_{\varrho=1}^{r_0} x_\varrho 2^{\varrho-1}; \qquad (7.5)$$

dabei ist $x_\varrho = 1$, wenn das zugeordnete Zeichen ein **L** ist, und

$\qquad x_\varrho = 0$, wenn das zugeordnete Zeichen ein **O** ist.

Die Anwendung von (7.5) auf die in Bild 7.6 dargestellten Binärcodes zeigt, daß nur die erste Anordnung von Codewörtern den Dualcode liefert. Ebenso gibt es unter den 10^2! denkbaren Varianten zweistelliger Denärcodes nur eine einzige, die den Dezimalcode ergibt.

Allgemein verwendet man, falls die Stellenwertigkeiten der einzelnen Stellen Potenzen einer Basis sind, zur Kennzeichnung der Basis b die folgenden Adjektive:

$b = 2$ dual	$b = 7$ septimal
$b = 3$ trial	$b = 8$ oktal
$b = 4$ quattoral	$b = 9$ nonal
$b = 5$ quintal	$b = 10$ dezimal
$b = 6$ sextal	$b = 16$ sedezimal

Bild 7.7 zeigt unter a) das Codeschema im Dualcode mit $r_0 = 4$ für die $2^4 = 16$ Werte 0 bis 15. Am Fuße der Spalten sind für die einzelnen Codeelemente die zugeordneten Stellenwertigkeiten angegeben.

Da in der Digitalmeßtechnik zur Anzeige das Dezimalzahlensystem üblich ist, man sich jedoch bei der A-D-Umsetzung der binären Codierung bedient, sollen in folgendem nur die zur Darstellung der Zahlen 0 bis 9 gebräuchlichen *Binärcodes* besprochen werden. Hierzu sind mindestens vier binäre Codeelemente erforderlich. Von den 16 Möglichkeiten werden jedoch nur 10 ausgeschöpft. Außer dem Dualcode gibt es noch 16 weitere bewertbare Binärcodierungen einer Dezimalzahl [7.1]. In Bild 7.7 sind unter b) bis e) vier gebräuchliche Codes dieser Gruppe eingezeichnet. Sie werden je nach angewendeten Codierverfahren unterschiedlich bevorzugt.

Die bisher genannten Codearten haben gemeinsam, daß beim Übergang von einem Zahlenwert zum benachbarten sich mehr als ein Binärelement ändern kann. Diese Eigenschaft wirkt sich bei einigen Codierverfahren störend aus, z. B. bei der unmittelbaren Codierung von Winkelstellungen oder Streckenlängen mittels Codescheiben oder Codelinealen. Zu den Codes, die sich beim Übergang von einem Codewort zum benachbarten immer nur in einem Binärelement ändern (einschrittige Codes), gehört der *Graycode*. Er wird in Abschnitt 10 noch näher behandelt, sei aber hier schon erwähnt (Bild 7.7f). Die angegebe-

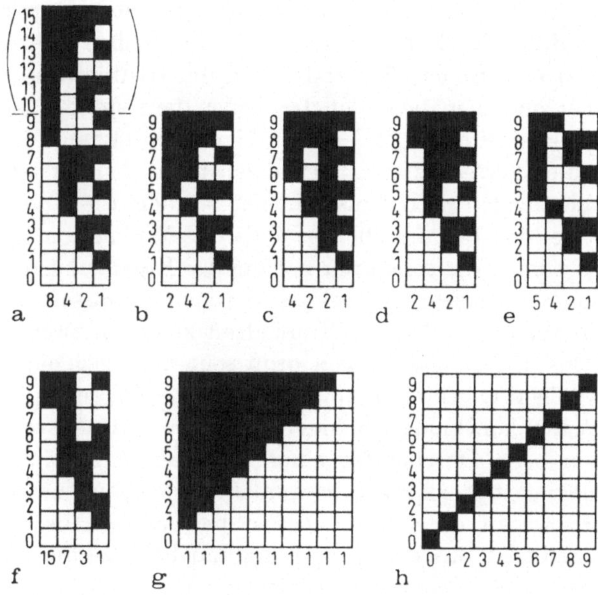

Bild 7.7 a—h. Die wichtigsten Dezimal-Binär-Codes.

a) Dualcode;
b) Aikencode;
c) 4-2-2-1-Code;
d) Unsymmetrischer 2-4-2-1-Code;

e) 5-4-2-1-Code;
f) Graycode;
g) Zählcode;
h) 1-aus-10-Code.

nen Stellenwertigkeiten dürfen hier allerdings nicht einfach nach den genannten Regeln aufsummiert werden, sondern müssen mit fallender Wertigkeit abwechselnd addiert und subtrahiert werden. So berechnet sich der Wert 9 zu $15 - 7 + 1$.

In Bild 7.7 sind mit dem *Zählcode* (g) und dem *1-aus-10-Code* (h) zwei Arten dargestellt, die zur direkten Anzeige oder Übertragung von Dezimalziffern gut geeignet sind. Ein Zählcode wird z. B. im Fernsprech-Wählbetrieb vorwiegend benützt.

Sind die Codekombinationen den Werten eindeutig zugeordnet — das ist bei allen bisher besprochenen Codearten der Fall —, so lassen sie sich von Codeart zu Codeart in gleicher Weise auch unmittelbar ineinander überführen. Man kann z. B. bei der A-D-Umsetzung zunächst den Zählcode (g) erzeugen, diesen zur Übertragung in den *Aikencode* (b) umsetzen und daraus wiederum zur Ziffernanzeige den 1-aus-10-Code (h) ableiten.

7.2.3. Weitere Bemerkungen

Mit der Erklärung der Bilder 7.3 und 7.4 wurden bereits zwei grundsätzliche Möglichkeiten zur Quantisierung angedeutet. Durch Codierung mit dem in Bild 7.7a dargestellten Dualcode ergeben sich Codewörter, die jeweils in den Bildern 7.3 und 7.4 unten spaltenweise eingetragen sind. Dabei entsprechen die in den drei Zeilen dargestellten Codeelemente den Stellenwertigkeiten 2^2, 2^1 bzw. 2^0. Nach Umsetzung in Codesignale lassen sich die Wörter auf drei Leitungen parallel übertragen. Für die zyklisch ablaufenden A-D-Umsetzungen werden die Codiermethoden ausführlich bei der Behandlung der Pulscode-Modulation im Abschnitt 10.1.3 besprochen. Hier sollen nur noch einige Ergänzungen zur spontan ablaufenden A-D-Umsetzung gegeben werden. Voraussetzung für einen ungestörten Ablauf ist, daß die Minimalzeit zwischen zwei aufeinanderfolgenden Quantisierungssprüngen groß sein muß gegenüber der Zeit, die zur jeweiligen Gewinnung eines Codewortes notwendig ist. Da sich das Analogsignal kontinuierlich ändert und keinem Abtastvorgang unterliegt, müssen beim Durchlaufen einer Intervallgrenze sämtliche Codeelemente möglichst gleichzeitig gewonnen werden, um zwischenzeitlich falsche Anzeigen zu vermeiden. Das ist bei der im Abschnitt 10.1.3.2 näher beschriebenen direkten Umsetzung möglich, bei der für q Quantisierungsstufen $q - 1$ Schwellwertentscheider gebraucht werden. Gibt jeder dieser Schwellwertentscheider einen dem L-Element entsprechenden Signalwert ab, wenn der Eingangswert größer als sein individueller Bezugswert ist, im anderen Fall einen dem O-Element entsprechenden Signalwert, so entsteht bei $q = 10$ ein Code, der dem in Bild 7.7g gezeigten Zählcode entspricht. Dieser läßt sich, wie schon gesagt, in jeden gewünschten anderen Code umsetzen.

7.3. Digital-Analog-Umsetzung

Streng genommen ist eine D-A-Umsetzung nicht der reziproke Vorgang zur A-D-Umsetzung. Die Information, die bei der A-D-Umsetzung verlorengegangen ist (Quantisierungsfehler oder -verzerrung), kann bei der Rückumsetzung nicht wiedergefunden werden. Trotzdem spricht man von D-A-Umsetzung, und es soll allgemein darunter verstanden werden, daß das Ausgangssignal darauf abgestimmt ist, mit Hilfe der Analogtechnik weiterverarbeitet werden zu können. Sollen z. B. die am Ausgang eines Impulszählers nacheinander gespeicherten Zahlenwerte als Diagrammwerte in Abhängigkeit von der Zeit mit einem Kurvenschreiber aufgetragen werden, so ist zwischen Zählerausgabe und Schreiber ein D-A-Umsetzer einzufügen. Ist der D-A-Umsetzung eine A-D-Umsetzung vorausgegangen, dann sollen in der Regel quantisierte Werte erzeugt werden, die vom ursprünglichen Analogwert nur um den Quantisierungsfehler abweichen.

Bei D-A-Umsetzern ist zu unterscheiden, ob sich das digitale Eingangssignal spontan oder zyklisch ändert. Im ersten Fall muß das Digitalsignal parallel angelegt werden, im zweiten Fall kann es auch seriell anliegen. Die meisten D-A-Umsetzer arbeiten — im Gegensatz zu den A-D-Umsetzern — parallel; sie können dann für beide Möglichkeiten verwendet werden. Zur Umsetzung muß das Digitalsignal in einem Code angeboten werden, dessen Elementen feste Wertigkeiten zugeordnet sind. Als Beispiel für eine Umsetzung aus dem Dualcode ergibt sich durch Umkehrung von (7.4)

$$1 \cdot 2^6 + 1 \cdot 2^5 + 0 \cdot 2^4 + 1 \cdot 2^3 + 1 \cdot 2^2 + 0 \cdot 2^1 + 1 \cdot 2^0 = 109. \qquad (7.6)$$

Während die A-D-Umsetzung in der Regel aus den beiden Vorgängen Quantisierung und Codierung besteht, ist es bei der D-A-Umsetzung mit der Decodierung getan; eine „Dequantisierung" gibt es nicht. Geeignete Verfahren werden ausführlich im Abschnitt 10.1.4 behandelt.

8. Informationstheoretische Grundlagen

8.1. Einleitung

In der Informationstheorie geht man zur Darstellung eines Nachrichtenübertragungssystems gern von folgendem Modell aus (Bild 8.1): Die
physikalischen Realitäten sind gegeben durch eine *Nachrichtenquelle*,
einen mehr oder weniger gestörten *Übertragungskanal* und eine *Nach-*

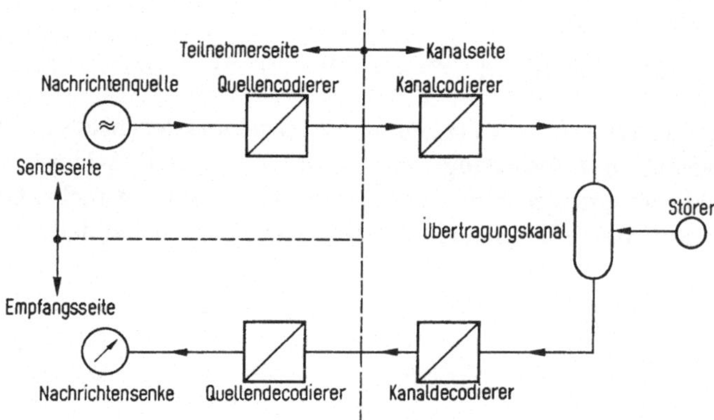

Bild 8.1. Modell eines Nachrichtenübertragungssystems.

richtensenke. Dabei kann sowohl das Ausgangssignal der Quelle als auch
das Eingangssignal der Senke digital oder analog sein. Es sei der Einfachheit halber angenommen, daß beide gleichartig sind, damit eine direkte
Verbindung von Quelle und Senke zu einer unmittelbaren Kommunikation führen könnte.

Zwischen Quelle und Kanal schaltet man hintereinander einen
Quellencodierer und einen *Kanalcodierer*, zwischen Kanal und Senke entsprechend einen *Kanaldecodierer* und einen *Quellendecodierer*. Hierbei sollen
die jeweils einander zugeordneten Codierer und Decodierer sich in ihrer
Funktion gegenseitig aufheben, damit das von der Quelle abgegebene
Signal nach Übertragung über den Kanal am Eingang der Senke möglichst ohne Verzerrung zurückgewonnen wird.

Die beschriebene Anordnung erscheint zunächst recht willkürlich. Die Einteilung erklärt sich aber leicht aus dem Ziel, eine Schnittstelle so zu finden, daß die speziellen Eigenschaften des Paares Quelle/Senke und die des Kanals voneinander unabhängig berücksichtigt werden können. In Bild 8.1 trennt die senkrechte gestrichelte Linie das Nachrichtenübertragungssystem dementsprechend in eine Teilnehmerseite und eine Kanalseite. An der Schnittstelle sollen die Signale derart neutralisiert sein, daß jede beliebige Teilnehmerseite mit jeder beliebigen Kanalseite über die ihnen eigenen *Codecs*[1] optimal miteinander verbunden werden können; hierbei muß lediglich der abgehende und ankommende Fluß von Codeelementen übereinstimmen.

Zur Optimierung müssen sowohl der Quellencodierer als auch der Kanalcodierer je für sich bestimmte Forderungen erfüllen. Ziel der Quellencodierung ist es, unter Berücksichtigung einer auf der Empfangsseite gewünschten Wiedergabequalität den abgehenden Nachrichtenfluß möglichst klein zu halten. Diese Maßnahme führt grundsätzlich zu einer besseren Ausnutzung des Kanals. Das bedeutet in der Praxis: Einsparung an Kanalbandbreite, Sendeleistung, Speicherkapazität oder Übertragungszeit. Ziel der Kanalcodierung ist es, das digitale Eingangssignal dem Kanal derart anzupassen, daß Störungen im Kanal ein Minimum an Fehlern am Ausgang des Kanaldecodierers verursachen. Auf die Möglichkeiten zur Erfüllung dieser Forderungen wird in den nächsten Abschnitten näher eingegangen.

8.2. Quellencodierung

Nach J. Schouten [8.1] kann man eine Nachricht im allgemeinen in vier Teile zerlegen (Bild 8.2). In der gezeigten Ebene trennt eine horizontale Gerade den *irrelevanten* (nicht zur Sache gehörigen) Teil vom *relevanten* (zur Sache gehörigen) Teil der Nachricht. Eine vertikale Gerade teilt die Ebene in einen *redundanten* (bekannten) und einen *nicht redundanten* (unbekannten) Teil auf. Nur die relevante und nicht redundante Nachricht ist für den Empfänger „interessant". Aufgabe der Quellencodierung ist es, eine Nachrichtenreduktion derart durchzuführen, daß die Irrelevanz und Redundanz der Nachricht weitgehend eliminiert werden. Die Reduktion der Irrelevanz ist irreversibel; der Prozeß ist nicht umkehrbar. Da der Empfänger sich dazu äußern muß, welcher Teil der Information für ihn uninteressant ist, muß mit ihm das Maß der Informationsreduktion abgesprochen sein. Dagegen kann die eliminierte Redundanz beim Empfänger stets vollständig wieder hinzugefügt werden. Dieser reversible Prozeß ist vom Empfänger unabhängig. In der Praxis lassen sich

---

[1] Codec ist eine Zusammenfassung von *C*odierer und *D*ecodierer.

oft beide Möglichkeiten nicht exakt voneinander trennen, so daß auch bei
der Redundanzminderung mit einer gewissen Informationsreduktion gerechnet werden muß.

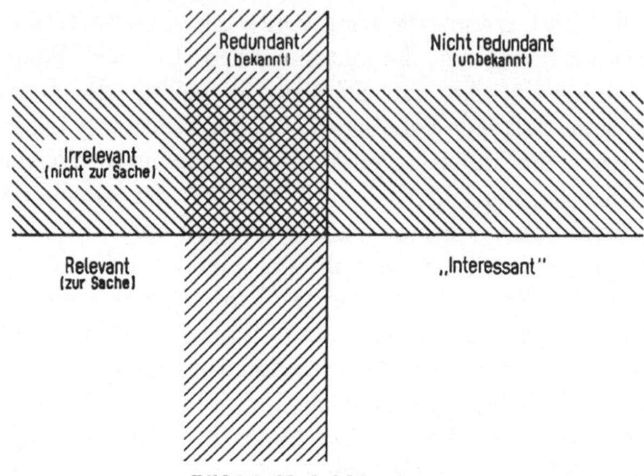

Bild 8.2. Nachrichtenebene.

8.2.1. Reduktion der Irrelevanz

Für die Beseitigung der Irrelevanz gibt es, bezogen auf den Menschen
als Empfänger, im wesentlichen zwei verschiedene Anlässe:

Auf Grund psycho-physiologischer Gesetze sind die Sinnesorgane
(Ohr, Auge) nur in gewissen Grenzen aufnahmefähig und daher für bestimmte Teile der Nachricht unempfindlich. So ist die Zerlegung eines
bewegten Bildes in eine Folge von Einzelbildern möglich, weil oberhalb
einer bestimmten Folgefrequenz durch die Trägheit des Auges die Zerlegung nicht mehr wahrgenommen wird. Ähnliches gilt für die Einschränkung des Frequenzbereiches bei Tonsignalen.

Auf Grund seiner Intelligenz ist der Mensch fähig, mit Hilfe der
Redundanz des Signals Teile der Nachricht zu rekonstruieren, die als
irrelevant erklärt wurden[1]. So ist es z. B. in der Telegraphie üblich,
zwischen großen und kleinen Buchstaben keinen Unterschied zu machen,
sowie Absätze und sonstige Hervorhebungen des Drucktextes wegzu-
lassen. Auf diese Weise konnte man — unter Verwendung einiger Kunst-
griffe an den Fernschreibmaschinen — die Anzahl der zu übermittelnden
Symbole auf 32 beschränken und mit einem Fünfer-Code auskommen.

---

[1] Um Mißverständnisse zu vermeiden sei darauf hingewiesen, daß hier nur
diejenige Redundanz gemeint ist, die vom Quellensignal herrührt; sie wird mitunter
auch als „natürliche Redundanz" bezeichnet. Nicht gemeint ist die „künstliche
Redundanz", die bei der Kanalcodierung (s. Abschn. 8.3) hinzugefügt wird.

Trotzdem ist es dem Empfänger des Fernschreibens möglich, aus dem Zusammenhang des Textes diejenigen Buchstaben herauszufinden, die auf Grund von Vereinbarungen der Rechtschreibung groß zu schreiben sind. Bei sinnlosem — und damit nicht redundantem — Text geht das nicht.

Auch hier lassen sich Redundanz- und Irrelevanzänderung nicht exakt voneinander trennen. Der Vorgang der Quantisierung z. B. ist eine Irrelevanzminderung; der Verlust an Information läßt sich empfangsseitig im Signal nicht rückgängig machen. Wählt man die Quantisierungsintervalle hinreichend klein, so werden bei der Codierung von Sprachsignalen die Quantisierungsverzerrungen infolge Unempfindlichkeit des Ohres gegenüber Störüberlagerungen gar nicht wahrgenommen. Wählt man die Quantisierungsintervalle nicht zu groß, so kann der relevante Teil der Nachricht auf Grund der Redundanz trotz der Störungen noch erkannt werden. Ein Sprachsignal mit unsinnigem Text wird bei gleich großer Störüberlagerung weniger gut erkannt werden als ein solches mit sinnvollem Text.

8.2.2. Reduktion der Redundanz

Eine Redundanzminderung wird durchgeführt, indem bekannte Eigenschaften über das Verhalten des Signals, beispielsweise im Amplituden-, Zeit- oder Frequenzbereich, ausgenutzt werden. Diese Redundanzminderung kann auch auf ein am Quellenausgang liegendes Analogsignal unmittelbar vor der Quantisierung und Codierung angewendet werden. Beispiele sind der Momentanwert-Kompressor (siehe Abschnitt 9.4.3), dessen Funktion auf der Empfangsseite durch einen Momentanwert-Expander rückgängig gemacht wird, oder eine frequenzabhängige Vorverzerrung des Signals (Preemphasis), die auf der Empfangsseite durch eine entsprechende Rückentzerrung (Deemphasis) kompensiert wird. In beiden Fällen kann in einem gestörten Kanal ein Signal bei gleicher Leistung mit größerer Güte oder bei kleinerer Leistung mit gleicher Güte übertragen werden.

Sehr viel anschaulicher und im Rahmen dieses Buches von größerem Interesse ist die Redundanzminderung, wenn man bei der Quellencodierung von einer Folge diskreter Werte ausgeht, die *Zustandszahlen* genannt seien. Diese können alphanumerische Zeichen oder — im Hinblick auf die Digitalübertragung von Analogsignalen — die bei einer vorausgegangenen A-D-Umsetzung festgelegten Quantisierungsintervalle repräsentieren. Der Zeichenvorrat möge aus n Zustandszahlen

$$q_v \text{ mit } v = 0 \text{ bis } n - 1$$

bestehen.

Aus einer solchen Folge von Zustandszahlen soll nun eine minimale Folge von Binärelementen erzeugt werden. Wegen der Forderung, die reduzierte Redundanz im Quellendecodierer wieder hinzufügen zu können, muß die Zuordnung umkehrbar eindeutig sein.

In den letzten Jahren ist auf dem Gebiete der Quellencodierung sehr viel gearbeitet worden; eine umfangreiche und ergiebige Spezialliteratur zeugt davon. Es sollen hier nur einige anschauliche Beispiele gebracht werden.

Zunächst gibt es Verfahren, die die Wahrscheinlichkeitsverteilung der Zustandszahlen des Eingangssignales ausnutzen. Dazu muß von jeder Zustandszahl q_ν ihre Wahrscheinlichkeit p_ν bekannt sein, wobei wie üblich

$$\sum_{\nu=0}^{n-1} p_\nu = 1 \tag{8.1}$$

erfüllt sein muß.

Mit (7.2) wurde gezeigt, daß mit r_0 binären Codeelementen 2^{r_0} verschiedene Codewörter gewonnen werden können. Dies gilt jedoch nur für den Fall, daß alle Codewörter die gleiche Anzahl von r_0 Elementen haben. Sieht man von dieser Einschränkung ab, so ist die Zahl q der möglichen Kombinationen größer. Für einen b-stufigen Code ist bei einer maximalen Codewortlänge von r Elementen

$$q = b\,\frac{b^r - 1}{b - 1}. \tag{8.2}$$

Daraus ergibt sich für $b = 2$

$$q = 2(2^{r_0} - 1); \tag{8.3}$$

für $r_0 = 2$ ergeben sich die folgenden 6 Kombinationen: O, L, OO, OL, LO und LL. Verglichen mit dem Code aus gleichlangen Wörtern ist hier die Zahl der möglichen Kombinationen für große Werte von r_0 beinahe doppelt so groß. Ein derartiger Code wird als *rationeller Code* bezeichnet. Er hat jedoch zwei Mängel:

1. Durch die unterschiedliche Codewortlänge besteht für eine periodische Folge der Zustandszahlen die Notwendigkeit, die erzeugten Codewörter entweder mit entsprechend ihrer Länge schwankender Geschwindigkeit zu übertragen — in diesem Falle müßte der Kanal auf die maximale Geschwindigkeit ausgelegt werden und wäre damit nicht voll ausgenützt —, oder aber in eine konstante Geschwindigkeit umzusetzen, die der Folge der Binärelemente im Mittel entspricht; das erfordert jedoch Speicher, um die Schwankungen auffangen zu können.

2. Bei Codewörtern gleicher Länge kann vorausgesetzt werden, daß der Empfangsseite die Zeitpunkte für den Beginn und das Ende jedes

Wortes bekannt sind. Ein einmaliges In-Tritt-Bringen — später mit Synchronisation bezeichnet — genügt hierzu, da alle folgenden Codewörter gleich lang sind. Selbst ein fehlerhaft übertragenes Codeelement kann diese Worterkennung nicht stören. Nur das Einfügen oder Weglassen eines Codeelementes zerstört den Wortsynchronismus. Ist dagegen die Länge der Codewörter unterschiedlich, so muß entweder zwischen den einzelnen Codewörtern ein Trennelement eingefügt werden, das als Zustandszahl innerhalb der Codewörter nicht benutzt wird[1], oder aber die Empfangsseite muß aus dem Code selbst entnehmen können, wann ein neues Wort beginnt. Letzteres ist mit dem rationellen Code nicht möglich; im angeführten Beispiel kann die Folge OL als O und L oder als OL erkannt werden.

Ein Code, mit dem wenigstens dieser zweite Mangel beseitigt werden kann und der außerdem ein Minimum an Übertragungskapazität erfordert, ist der nach Shannon und Fano benannte Code [8.2]. Er wird wie folgt gebildet: Man schreibt alle vorkommenden Zustandszahlen q_ν in der Reihenfolge fallender Wahrscheinlichkeit p_ν untereinander. Diese Liste wird dann so geteilt, daß die Summen der Wahrscheinlichkeiten oberhalb und unterhalb des Trennstriches den geringsten Unterschied aufweisen, im Idealfall also je 0,5 sind. Danach schreibt man als erstes Codeelement L in

<table>
<tr><td>q_ν</td><td>p_ν</td><td>Code</td><td>r_ν</td><td>$p_\nu r_\nu$</td><td></td><td>q_ν</td><td>p_ν</td><td>Code</td><td>r_ν</td><td>$p_\nu r_\nu$</td></tr>
<tr><td>3</td><td>$\frac{1}{2}$</td><td>L</td><td>1</td><td>0,500</td><td></td><td>3</td><td>$\frac{1}{4}$</td><td>L L</td><td>2</td><td>0,5</td></tr>
<tr><td>2</td><td>$\frac{1}{4}$</td><td>O L</td><td>2</td><td>0,500</td><td></td><td>2</td><td>$\frac{1}{4}$</td><td>L O</td><td>2</td><td>0,5</td></tr>
<tr><td>1</td><td>$\frac{1}{8}$</td><td>O O L</td><td>3</td><td>0,375</td><td></td><td>1</td><td>$\frac{1}{4}$</td><td>O L</td><td>2</td><td>0,5</td></tr>
<tr><td>0</td><td>$\frac{1}{8}$</td><td>O O O</td><td>3</td><td>0,375</td><td></td><td>0</td><td>$\frac{1}{4}$</td><td>O O</td><td>2</td><td>0,5</td></tr>
<tr><td>Σ</td><td>1</td><td></td><td></td><td>1,750</td><td></td><td></td><td>1</td><td></td><td></td><td>2,0</td></tr>
<tr><td colspan="5" align="center">a</td><td></td><td colspan="5" align="center">b</td></tr>
</table>

Bild 8.3 a u. b. Shannon-Fano-Codes für zwei verschiedene Wahrscheinlichkeitsverteilungen.

alle Zeilen oberhalb und O in alle Zeilen unterhalb des Trennstriches. Danach wird jede dieser Gruppen wieder nach möglichst gleichen Wahrscheinlichkeiten zweigeteilt und alle oberen Zeilen mit L und alle unteren Zeilen mit O versehen. So fährt man fort, bis in jeder Untergruppe nur noch eine Zustandszahl enthalten ist. Zwei Beispiele, der Einfachheit halber nur für vier Zustandszahlen, mögen den Vorgang erläutern. Bild 8.3a zeigt, welchen Code man erhält, wenn die Wahrscheinlichkeit der vier Zustandszahlen zu 1/2, 1/4, 1/8 und 1/8 angenommen wird. In

---

[1] Ein derartiger Code muß also mindestens ternär sein. Ein Beispiel dafür ist der *Morsecode*, der aus den drei Symbolen „Strich", „Punkt" und „Pause" besteht.

der dritten Spalte sind durch die Trennlinien die Teilschritte angedeutet. Sind die Wahrscheinlichkeiten alle gleich, so ist der Shannon-Fano-Code identisch mit dem Dualcode, wie Bild 8.3b zeigt.

Den Vorteil des Codes unter a) sieht man am einfachsten, wenn man für jede Zustandszahl das Produkt ihrer Wahrscheinlichkeit p_ν mit der notwendigen Stellenzahl r_ν des jeweiligen Codewortes bildet und über alle Produkte summiert. Das Ergebnis zeigt die fünfte Spalte: Für Fall a) werden zur Übertragung im Mittel 1,75 Codeelemente pro Codewort benötigt, obwohl sich für zwei Zustandszahlen jeweils drei Codeelemente ergeben. Gegenüber dem Fall b), bei dem für die vier Zustandszahlen jeweils zwei Elemente benutzt werden, spart man also 0,25 Codeelemente pro Codewort oder 12,5% an Übertragungskapazität. Die Forderung, den Beginn jedes Codewortes erkennen zu können, ist im Fall a) dadurch erfüllt, daß kein Codewort als Anfang eines anderen Codeworts auftritt (Präfix-Eigenschaft).

Ein von der vorstehend beschriebenen Regel etwas abweichendes Bildungsgesetz wurde von D. A. Huffman angegeben [8.3].

Eine andere Möglichkeit der Redundanzreduktion besteht darin, mehrere aufeinanderfolgende Zustandszahlen nicht je für sich, sondern zusammengefaßt zu codieren. Im Abschnitt 7.2.2 wurde gezeigt, daß zur Codierung von Dezimalziffern jeweils mindestens vier Binärelemente notwendig sind. Danach würde man für zwei Dezimalziffern 8 und für drei Dezimalziffern 12 Binärelemente benötigen. Nun ist aber mit (7.2) gezeigt worden, daß sich mit sieben Binärelementen 128 und mit zehn Binärelementen 1 024 Zustandszahlen codieren lassen. Da zwei Dezimalziffern nur 100 und drei Dezimalziffern nur 1 000 Zustandszahlen bilden können, kommt man also mit 7 statt 8 bzw. 10 statt 12 Binärelementen bei der zusammenfassenden Codierung aus. Die Zahl der erforderlichen Binärelemente pro Ziffer läßt sich in diesen Fällen also von 4 auf $7/2 = 3,5$ bzw. $10/3 = 3,333$ reduzieren. Bezeichnet man mit Codierungsverlust (Restredundanz) das Verhältnis der Zahl der nicht benutzten Codewörter zur Zahl der maximal möglichen, so beträgt dieser im ersten Fall 6/16 oder 37,5%, im zweiten Fall 24/1024 oder 2,35%.

Da die Quellencodierung ein zeitabhängiger Vorgang ist, bei dem eine Folge von Zustandszahlen verarbeitet wird, kann man auch danach fragen, wie groß die Wahrscheinlichkeit ist, daß auf die Zustandszahl q_1 die Zustandszahl q_2 folgt.

Diese als *Übergangswahrscheinlichkeit* oder *bedingte Wahrscheinlichkeit* bezeichnete Größe kann gegebenenfalls auch zur Redundanzreduktion herangezogen werden, was ein einfaches Beispiel zeigen soll.

Geht man von einem Vorrat von 16 Zustandszahlen 0 bis 15 aus, so sind unter der Voraussetzung gleicher Wahrscheinlichkeit zur optimalen Codierung vier Binärelemente pro Zustandszahl notwendig. Es sei nun weiterhin angenommen, daß in der Reihe aufeinanderfolgender Zustandszahlen sich deren Wert von Schritt zu Schritt immer entweder nur um Eins erhöht oder um Eins erniedrigt. Ein Beispiel einer derartigen Zahlenfolge ist 12, 13, 14, 13, 12, 11, 10, 9, 10, ... Codiert man statt der Werte der Zustandszahlen die Differenz von jeweils zwei aufeinanderfolgenden Zustandszahlen, so kann man für obiges Beispiel die Folge $+1$, $+1$, -1, -1, -1, -1, -1, $+1$, ... ableiten. Statt bisher 16 Zustandszahlen sind es nach der Differenzbildung nur noch zwei, die sich mit *einem* Binärelement codieren lassen. Zur Erkennung der Absolutwerte ist es dann noch notwendig, denjenigen der ersten Zustandszahl zu übertragen.

Verfahren wie die sogenannte Deltamodulation, die sich diese Eigenschaft zur redundanzmindernden Codierung zunutze machen, werden im Abschnitt 10.2 ausführlicher behandelt.

8.2.3. Entscheidungsgehalt, Entropie und Redundanz

Während der irrelevante Teil einer Nachricht nur subjektiv zu erfassen ist, ist der redundante Teil objektiv bestimmbar; er muß also „meßbar" sein. Im letzten Abschnitt wurden Beispiele von redundanzmindernden Codierungen besprochen. Es wurde gezeigt, daß verschiedene Verfahren, auf das gleiche Eingangssignal angewendet, mehr oder weniger wirksam sind.

Die Codierung einer Folge von Ziffern erfordert bei Zusammenfassung größerer Zahlen weniger Binärelemente als bei der Codierung einzelner Ziffern. Das gilt für die Codierung von Schriftzeichen noch viel mehr, weil aus der großen Menge aller möglichen Buchstabenkombinationen nur verhältnismäßig wenige Kombinationen, aneinandergereiht, einen sinnvollen Text ergeben. Hierbei wird es für einen englischen Text andere Gesetze geben als für einen deutschen. Es wurde weiterhin gezeigt, daß auch analoge Signale nach einer Quantisierung codierbar sind. Gibt es auch für diese Signale optimale Codierverfahren? Was muß getan werden, um mit möglichst wenig Binärelementen auszukommen, wenn die Eigenschaften eines Signals bekannt sind? Müssen dazu alle bekannten oder erdenklichen Codierverfahren ausprobiert werden?

Die im letzten Abschnitt behandelten Beispiele machen deutlich, daß die Wahrscheinlichkeiten einzelner Zustandszahlen und die Übergangswahrscheinlichkeiten aufeinanderfolgender Zustandszahlen eine wichtige Rolle spielen. Das sind Eigenschaften des Signals, die sich auf Grund der *Statistik* der Quelle ergeben. Statistik heißt, daß der zeitliche Ablauf des Signals nach einem *Wahrscheinlichkeits*gesetz vor sich geht.

Es sollen nun Gesetzmäßigkeiten abgeleitet werden, die die quantitative Erfassung von Information möglich machen. Dazu bedarf es jedoch zunächst einiger Definitionen.

Ein binäres Codeelement wird auch — unter Anlehnung an eine Buchstabenauswahl aus dem englischen „*binary* dig*it*" — kurz mit „Bit" bezeichnet. Mit einem *Bit* kann man zwischen zwei Zuständen entscheiden, beispielsweise zwischen den schon erwähnten Zuständen „O" und „L", einem „Ein"- und einem „Aus"-Zustand oder zwischen zwei beliebig anderen Zuständen q_0 und q_1. Eine quantitative Aussage über den Gehalt an solchen Bits wird in der Informationstheorie mit *Entscheidungsgehalt* H_0 bezeichnet; dem Zahlenwert wird die Hilfseinheit „bit" hinzugefügt. Es ergibt sich nun die Frage, wie groß der Entscheidungsgehalt von Codeelementen — oder allgemein von Zuständen — ist, die einer größeren Zahl von Werten fähig sind. Bei vier Werten kann man z. B. jedem Wert je ein Bit eines vierstelligen Codewortes zuordnen und denjenigen Wert, der gerade vorhanden ist, durch ein L-Element kennzeichnen, die anderen drei Werte dagegen durch je ein O-Element. Da jedoch ausgeschlossen sein soll, daß mehrere Werte gleichzeitig auftreten, ist die Aussage überbestimmt: Ist einem der vier Werte ein L-Element zugeordnet worden, so müssen die anderen drei zwangsweise O-Elemente sein. Rationeller geht man vor, wenn man die vier Werte zunächst in zwei Gruppen von je zwei einteilt und untersucht, in welcher der beiden Gruppen der Wert liegt. Hierfür genügt *eine* Binärentscheidung. Mit einer zweiten Binärentscheidung legt man dann fest, welcher der beiden Werte in der jeweiligen Zweiergruppe der gegebene Wert ist. Dieser Vorgang führt zu einem Ergebnis, das bereits in Bild 7.6 mit Beispiel 1 gezeigt wurde; die Beispiele 2 bis 24 entstehen lediglich durch Permutation der Gruppenbildung. In gleicher Weise kann man zeigen, daß zur Codierung von acht Werten drei Bits und allgemein zur Codierung von 2^{r_0} Werten r_0 Bits erforderlich sind. Entsprechend beträgt der Entscheidungsgehalt also 2, 3 bzw. r_0 bit. Nach (7.2) ist

$$r_0 = \text{lb } q \quad (\text{lb} = \log_2 = \text{Logarithmus zur Basis 2}). \tag{8.4}$$

Der Entscheidungsgehalt H_0 einer Menge von q einander ausschließenden Ereignissen oder Zuständen, z. B. eines Alphabets von q Symbolen, ist also gegeben durch

$$H_0 = \text{lb } q \text{ bit}. \tag{8.5}$$

Diese Aussage beschränkt sich nicht auf Größen von q, die Potenzen von 2 sind. Ist z. B. $q = 10$, so ergibt sich

$$H_0 = \text{lb } 10 \text{ bit} = 3{,}32193 \text{ bit}. \tag{8.6}$$

Im letzten Abschnitt wurde gezeigt, daß im einfachsten Fall zur Umsetzung einer Dezimalziffer vier Bits nötig sind; von deren Entscheidungsgehalt von 4 bit werden jedoch nur 3,321 93 bit benötigt. Es liegt der Gedanke nahe, daß in der Differenz die noch verbliebene Redundanz zu suchen ist.

Wie groß ist nun die in der Nachricht enthaltene „echte", d. h. redundanzfreie Information? Sie ist, wie noch gezeigt wird, nur dann gleich dem Entscheidungsgehalt, wenn alle Symbole in statistisch unabhängiger Folge mit gleicher Wahrscheinlichkeit vorkommen; andernfalls weicht sie davon ab.

Ist p_ν die Wahrscheinlichkeit für das Auftreten des Symbols q_ν, so schreibt man diesem einen *Informationsgehalt*

$$I_\nu = \mathrm{lb}\,\frac{1}{p_\nu}\,\mathrm{bit} = -\mathrm{lb}\,p_\nu\,\mathrm{bit} \tag{8.7}$$

zu. Dabei wird wieder vorausgesetzt, daß (8.1) mit $0 < p_\nu \leqq 1$ gilt. Je seltener ein Symbol vorkommt, um so größer ist sein Informationsgehalt.

Der *mittlere Informationsgehalt H* eines Vorrats von n Symbolen q_0, q_1, $q_2 \cdots q_{n-1}$ mit den Wahrscheinlichkeiten p_0, p_1, $p_2 \cdots p_{n-1}$ ist der Erwartungswert (Mittelwert) des Informationsgehaltes für alle Symbole:

$$H = \sum_{\nu=0}^{n-1} p_\nu I_\nu = - \sum_{\nu=0}^{n-1} p_\nu\,\mathrm{lb}\,p_\nu\,\mathrm{bit}. \tag{8.8}$$

Bild 8.4 zeigt die Abhängigkeit der Funktion $-p\,\mathrm{lb}\,p$ von der Wahrscheinlichkeit p. Die Funktion ist nie negativ. Ein Symbol mit kleiner Wahrscheinlichkeit hat zwar einen großen Informationsgehalt; sein

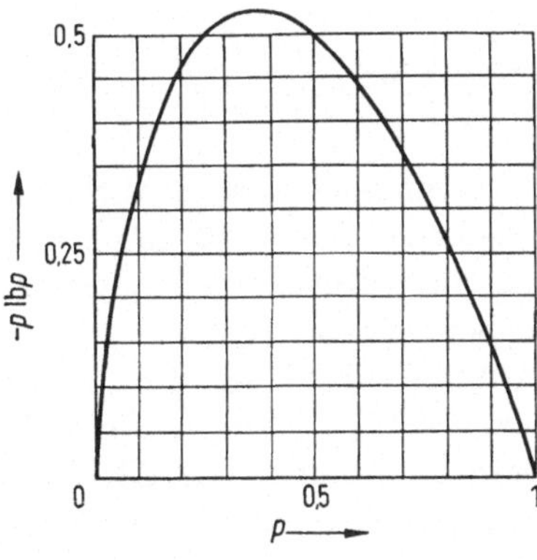

Bild 8.4. Die Funktion $(-p\,\mathrm{lb}\,p)$ in Abhängigkeit von p.

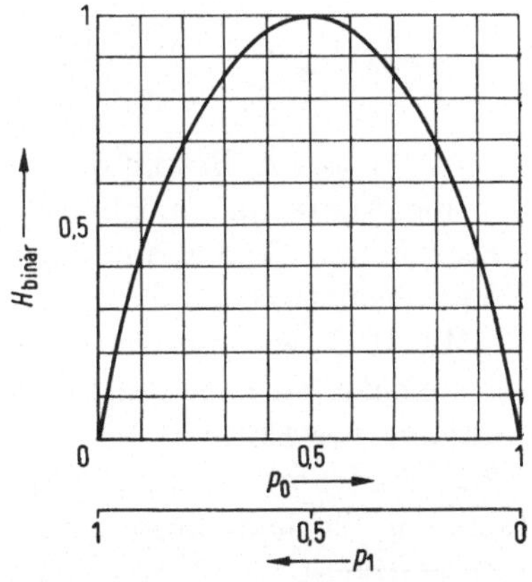

Bild 8.5. Entropie $H_{\text{binär}}$ einer Binärquelle in Abhängigkeit von den Häufigkeiten p_0 und p_1.

Beitrag zum mittleren Informationsgehalt ist jedoch wegen des seltenen Auftretens geringer. Der mittlere Informationsgehalt H wird nach Shannon auch als *Entropie der Quelle* bezeichnet; (8.8) hat nicht nur formale Ähnlichkeit mit der von Boltzmann abgeleiteten Gleichung für die Entropie des idealen Gases.

Setzt man $p_\nu = 1/q$ für alle Werte von ν in (8.8) ein, so ergibt sich $H = \mathrm{lb}\, q$ bit; ein Vergleich mit (8.5) zeigt, daß für diesen Fall der Entscheidungsgehalt H_0 gleich der Entropie H ist.

Beschränkt man sich bei (8.8) auf den Fall einer Binärquelle, so wird mit $n = 2$

$$H_{\text{binär}} = -(p_0\, \mathrm{lb}\, p_0 + p_1\, \mathrm{lb}\, p_1)\ \text{bit},\qquad (8.9)$$

wobei p_0 und p_1 die Wahrscheinlichkeiten der beiden möglichen Zustände sind. Da $p_0 + p_1 = 1$ sein muß, kann man (8.9) auch in Abhängigkeit von nur einer dieser Wahrscheinlichkeiten schreiben. Man erhält z. B.

$$H_{\text{binär}} = -\{p_0\, \mathrm{lb}\, p_0 + (1 - p_0)\, \mathrm{lb}\, (1 - p_0)\}\ \text{bit}.\qquad (8.10)$$

Bild 8.5 zeigt die Entropie $H_{\text{binär}}$ einer Binärquelle in Abhängigkeit von der Wahrscheinlichkeit p_0. Sie hat für $p_0 = 0{,}5$ mit $H_{\text{binär}} = 1$ bit ein Maximum, fällt nach beiden Seiten ab und erreicht für $p_0 = 0$ und $p_0 = 1$ den Wert Null. Wegen der Symmetrie dieser Kurve zur Achse $p_0 = 0{,}5$ gilt die Kurve in gleicher Weise auch für p_1.

Die Differenz zwischen Entscheidungsgehalt H_0 und Entropie H wird mit *Redundanz R* bezeichnet:

$$R = H_0 - H.\qquad (8.11)$$

Mit (8.5) und (8.8) in (8.11) ergibt sich

$$R = \left\{\mathrm{lb}\, q + \sum_{\nu=0}^{n-1} p_\nu\, \mathrm{lb}\, p_\nu\right\}\ \text{bit}^1.\qquad (8.12)$$

Während zur Bestimmung des Entscheidungsgehaltes eines Signals nur die Anzahl der möglichen Symbole bekannt sein muß, kann über Entropie und Redundanz nur dann etwas ausgesagt werden, wenn die Wahrscheinlichkeiten der Symbole angegeben werden können.

Mit (8.12) wird nur die auf Grund der unterschiedlichen Einzelwahrscheinlichkeiten bedingte Redundanz berücksichtigt. Will man die Berechnung der Entropie und der Redundanz auch auf die im Abschnitt 8.2.2 angedeutete Wahrscheinlichkeit für die Abhängigkeit aufeinanderfolgender Elemente ausdehnen, so muß man sich noch zusätzlich der in

---

[1] Man beachte, daß die Aufsummierung unter dem Summenzeichen einen negativen Wert ergibt, (8.12) also rechnerisch eine Differenz darstellt.

der Informationstheorie eingeführten Begriffe Verbund- und bedingte Wahrscheinlichkeit bedienen. Die *Verbundwahrscheinlichkeit* ist die Wahrscheinlichkeit $p(q_\mu, q_\nu)$, daß ein erstes von m möglichen Symbolen q_μ und ein zweites von n möglichen Symbolen q_ν paarweise[1] auftreten. Die *bedingte Wahrscheinlichkeit* $p(q_\nu \mid q_\mu)$ kennzeichnet die Wahrscheinlichkeit des Auftretens eines zweiten Symboles q_ν, nachdem das erste Symbol q_μ aufgetreten ist.

Beide sind miteinander verknüpft durch die Beziehung

$$p(q_\nu \mid q_\mu) = \frac{p(q_\mu, q_\nu)}{p(q_\mu)}; \tag{8.13}$$

darin ist $p(q_\mu)$ die *Einzelwahrscheinlichkeit* des ersten Symbols q_μ.

In Analogie zu (8.1) gilt

$$\sum_{\mu=0}^{m-1} p(q_\mu) = \sum_{\nu=0}^{n-1} p(q_\nu) = 1, \tag{8.13a}$$

darüber hinaus ist

$$\sum_{\mu=0}^{m-1} p(q_\mu, q_\nu) = p(q_\nu), \tag{8.13b}$$

$$\sum_{\nu=0}^{n-1} p(q_\mu, q_\nu) = p(q_\mu), \tag{8.13c}$$

$$\sum_{\mu=0}^{m-1} p(q_\mu \mid q_\nu) = \sum_{\nu=0}^{n-1} p(q_\nu \mid q_\mu) = 1. \tag{8.13d}$$

Ist das Auftreten der Symbole voneinander statistisch unabhängig, so ist die Verbundwahrscheinlichkeit das Produkt der Einzelwahrscheinlichkeiten

$$p(q_\mu)\, p(q_\nu) = p(q_\mu, q_\nu). \tag{8.14}$$

Mit (8.14) in (8.13) wird die bedingte Wahrscheinlichkeit

$$p(q_\nu \mid q_\mu) = p(q_\nu). \tag{8.15}$$

Die auf ein Symbolpaar (Dyade) bezogene Gesamtentropie $H(m, n)$ ist gleich der Summe der einzelnen Symbolentropien $H(m) + H(n)$ vermindert um die *Synentropie* $H(m; n)$

$$H(m, n) = H(m) + H(n) - H(m; n). \tag{8.16}$$

---

[1] „Paarweise" kann in diesem Zusammenhang unterschiedlich definiert werden, z. B. durch „in einer Folge unmittelbar aufeinanderfolgend" oder „in zwei Folgen zu gleicher Zeit auftretend".

Die Synentropie $H(m; n)$ ist vergleichbar mit einer Redundanz, um die die Summe der Symbolentropien durch die statistische Abhängigkeit der Symbole vermindert wird. Man kann (8.16) auch ersetzen durch

$$H(m, n) = H(m) + H(n \mid m) \tag{8.17a}$$

$$= H(n) + H(m \mid n); \tag{8.17b}$$

hierin sind $H(n \mid m)$ und $H(m \mid n)$ *bedingte Entropien*.

Je nach Standpunkt ergeben sich für die Gesamtentropie $H(m, n)$ drei Formulierungen: Bei Betrachtung vom ersten Symbol her gilt (8.17a), bei Betrachtung vom zweiten Symbol her gilt (8.17b), und bei Betrachtung von außen her gilt (8.16).

Nach Einsetzen der Wahrscheinlichkeiten in (8.17) läßt sich die Gesamtentropie berechnen:

$$H(m, n) = -\left\{ \sum_{\mu=0}^{m-1} p(q_\mu)\, \mathrm{lb}\, p(q_\mu) \right.$$

$$\left. + \sum_{\mu=0}^{m-1} p(q_\mu) \sum_{\nu=0}^{n-1} p(q_\nu \mid q_\mu)\, \mathrm{lb}\, p(q_\nu \mid q_\mu) \right\}\ \mathrm{bit} \tag{8.18a}$$

$$= -\left\{ \sum_{\nu=0}^{n-1} p(q_\nu)\, \mathrm{lb}\, p(q_\nu) \right.$$

$$\left. + \sum_{\nu=0}^{n-1} p(q_\nu) \sum_{\mu=0}^{m-1} p(q_\mu \mid q_\nu)\, \mathrm{lb}\, p(q_\mu \mid q_\nu) \right\}\ \mathrm{bit}. \tag{8.18b}$$

Für statistisch unabhängige Symbole geht (8.18) mit (8.14) und (8.15) über in

$$H(m, n) = -\left\{ \sum_{\mu=0}^{m-1} p(q_\mu)\, \mathrm{lb}\, p(q_\mu) + \sum_{\nu=0}^{n-1} p(q_\nu)\, \mathrm{lb}\, p(q_\nu) \right\}\ \mathrm{bit}$$

$$= H(m) + H(n), \tag{8.19}$$

d. h. es werden $H(n \mid m) = H(n)$, $H(m \mid n) = H(m)$ und $H(m; n) = 0$ bit.

Es ist durchaus möglich, daß eine Symbolfolge redundant ist, obwohl die Einzelwahrscheinlichkeiten gleich groß sind. Ist im einfachen Fall einer Binärfolge $p(\mathsf{O}) = p(\mathsf{L}) = 0{,}5$, so können die bedingten Wahrscheinlichkeiten z. B. durch die Beziehungen $p(\mathsf{O} \mid \mathsf{L}) = p(\mathsf{L} \mid \mathsf{O}) = 0{,}8$ und $p(\mathsf{O} \mid \mathsf{O}) = p(\mathsf{L} \mid \mathsf{L}) = 0{,}2$ gegeben sein. Es ist also wahrscheinlicher, daß der Zustand wechselt, als daß er erhalten bleibt. Die Gesamtentropie für eine Dyade beträgt dann nur 1,722 bit statt 2 bit bei Gleichverteilung der bedingten Wahrscheinlichkeiten.

8.3. Kanalcodierung

Unter einem Übertragungskanal wird üblicherweise ein System zur unmittelbaren Übertragung *zeit*abhängiger Vorgänge verstanden. Die folgenden Ausführungen gelten jedoch auch sinngemäß für einseitig gerichtete Übertragungsanordnungen, bei denen zeitabhängige Signale sendeseitig *orts*abhängig gespeichert, „materiell transportiert" und empfangsseitig wieder in zeitabhängige Signale rückgewandelt werden. Beispiel: Magnetband mit Ein- und Auslesekopf.

Ein Übertragungskanal ist im wesentlichen durch das nutzbare Frequenzband und die an seinem Ausgang wirksamen Störungen gekennzeichnet. Dabei wird das nutzbare Frequenzband bestimmt durch die Frequenz- und evtl. Zeitabhängigkeit seines Dämpfungs- und Phasenverhaltens innerhalb und außerhalb seiner Grenzen. Hinsichtlich der Störungen ist zu unterscheiden zwischen den vom Signal abhängigen Störungen (Eigenstörungen oder Signalverzerrungen) und den vom Signal unabhängigen Störungen (Fremdstörungen). Beispiele für Eigenstörungen sind Klirr-, Dämpfungs- und Laufzeitverzerrungen, für Fremdstörungen Wärmerauschen und Nebensprechen. Aufgabe des Kanalcodierers ist es, das im Idealfall redundanzfreie Ausgangssignal des Quellencodierers den genannten Merkmalen des Kanals derart anzupassen, daß das im Kanaldecodierer auf der Empfangsseite zurückgewonnene Signal möglichst wenig verfälscht ist. Bezogen auf Binärsignale soll unter Verfälschung verstanden werden, daß ursprüngliche O-Elemente fälschlicherweise als L-Elemente erkannt werden und umgekehrt. Auf die anwendungsbezogenen Berechnungen wird im Abschnitt 10.4.2 näher eingegangen.

Während es bei der Übertragung von Analogsignalen nur *störungsmindernde* Verfahren gibt, besteht bei Digitalsignalen die Möglichkeit einer *Störungsbefreiung*, wenn die Störung gewisse, auf den Kanal bezogene Grenzen nicht überschreitet. Weiterhin gibt es Codierverfahren, mit denen bestimmte Übertragungsfehler erkennbar oder sogar korrigierbar sind. Diese Verfahren erfordern jedoch mehr Aufwand: Der ursprüngliche Informationsfluß muß hierzu im Kanalcodierer durch Redundanz ergänzt werden. Das bedeutet, daß für die Übertragung mehr Bandbreite, höhere Leistung oder weniger Störung gefordert wird.

Vereinfacht kann man sich vorstellen, daß ein physikalisch gegebener Kanal das redundanzfreie Ausgangssignal eines Quellencodierers unmittelbar überträgt und mit einer bestimmten *Fehlerhäufigkeit* abgibt. Durch Zusatz von Redundanz im Kanalcodierer wird diese Fehlerhäufigkeit bis zu einem bestimmten Minimum gemindert. Für noch größere Redundanz wird die Fehlerhäufigkeit wieder steigen, weil die Kapazität des Kanals in höherem Maße ausgelastet und die Zunahme an Nachrichtenfluß stärker fehlerfördernd wirkt als die Zunahme an Redundanz fehlermindernd. Dieses Minimum zu finden ist ein wesentliches Ziel der Kanalcodierung.

Vor Betrachtung der quantitativen Zusammenhänge sollen zunächst einige für die Kanalcodierung geeignete Codes behandelt werden.

8.3.1. Fehlererkennende und fehlerkorrigierende Codes

Häufig wird es schon nützlich sein, Übertragungsfehler im Binärsignal erkennen zu können. Wenn die richtigen Werte aus dem Zusammenhang heraus gefunden werden können, ist sogar eine Korrektur möglich. Das setzt jedoch Redundanz im Ausgangssignal des *Quellen*codierers voraus. Sieht man einmal davon ab, dann ist die Fehlererkennung auf der Empfangsseite immer noch hinreichend, wenn mit Hilfe eines Rückkanals eine Wiederholung der Nachricht angefordert werden kann.

Ein sehr einfaches Verfahren besteht darin, jede Nachricht grundsätzlich zweimal zu übertragen. An den Stellen, wo beide Nachrichten nicht übereinstimmen, muß eine der beiden Übertragungen fehlerhaft sein. Da man jedoch nicht weiß, welches der richtige und welches der falsche Nachrichtenteil ist, ist der Fehler nicht korrigierbar. Dieses Verfahren ist außerdem sehr aufwendig, weil die doppelte Nachrichtenmenge übertragen werden muß. Es gibt sehr viel sparsamere Methoden mit der gleichen Wirkung. So ist es in der Telegraphie- und Daten-Übertragungstechnik üblich, ein binäres Codewort durch ein weiteres Bit zu ergänzen. Der Zustand dieses Zusatzbits wird dabei so gewählt, daß die Zahl einer Elementeart immer gerade ist. Ist z. B. die Summe der L-Elemente eines siebenstelligen Codeworts bereits geradzahlig (0, 2, 4 oder 6), so wird ein O-Element angehängt; im anderen Falle (1, 3, 5 oder 7) nimmt man für das achte Bit ein L-Element.

Geht man davon aus, daß bei geringer Fehlerhäufigkeit in einem Codewort äußerst selten mehr als ein Bit verfälscht ist, so wird empfangsseitig durch eine solche *Paritätskontrolle* (*parity check*) praktisch jedes fehlerhafte Codewort erkannt und über den Rückkanal dessen Wiederholung angefordert. Nach wieviel Informationsbits man dieses sogenannte *Prüfbit* zweckmäßig bringt, richtet sich nach der Fehlerhäufigkeit. Ist sie sehr klein, so genügen seltene Prüfbits, und man kann sich die Wiederholung langer Informationsreihen leisten.

Werden die Codewörter um zwei oder mehr Bits erweitert, oder wird aus sämtlichen möglichen Kombinationen eines Codes zur Übertragung nur eine bestimmte Auswahl getroffen, so komplizieren sich die Zusammenhänge. Hier kommt es auf den „Abstand" an, der zwischen je zwei gleichlangen Codewörtern besteht. Unter *Hammingabstand* versteht man die Zahl der Binärstellen, in denen entsprechende Elemente zweier gleichlanger Codewörter nicht übereinstimmen. Die beiden Codewörter OLOLOL und LLLLLL stimmen im 1., 3. und 5. Element nicht überein; sie haben den Abstand 3. Man überzeugt sich leicht davon, daß die Wörter eines verlustlosen Codes den Abstand 1 und die des oben angegebenen Codes zur Fehlererkennung den Abstand 2 haben. Allgemein gilt, daß zur *Erkennung* von n Fehlern der Minimalabstand $n + 1$ sein muß, daß insbesondere also *jeder* Code, der den Abstand 2 hat, zur Erkennung *eines* Fehlers geeignet ist.

Ist die Fehlererkennung nicht hinreichend, so muß zu redundanteren Verfahren gegriffen werden. Im einfachsten Fall wird hierzu eine Nachricht dreimal übertragen. Stimmen alle drei Nachrichtenteile überein, so wird die Nachricht für richtig befunden. Im anderen Fall wird diejenige Nachricht als richtig gewertet, die jeweils in zwei Teilen übereinstimmt. Sind alle drei Teile voneinander verschieden — was sehr viel

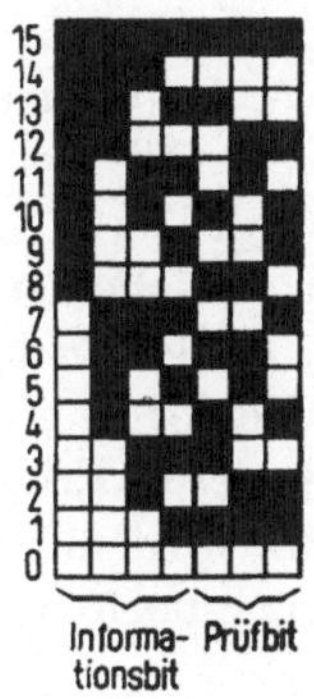

Bild 8.6. Fehlerkorrigierender Hammingcode.

unwahrscheinlicher ist —, so ist der Fehler zwar erkennbar, nicht jedoch korrigierbar. Auch dieses Verfahren ist sehr unrationell wegen des dreifachen Aufwandes an Nachrichtenfluß. Es genügt vielmehr, einen Code zu verwenden, der den Minimalabstand 3 hat. Jedes fehlerhaft übertragene Codewort ist dann in dasjenige richtige Codewort zu korrigieren, zu dem es den geringsten Abstand hat. Die Möglichkeit, daß ein fehlerhaftes Codewort den gleichen Minimalabstand zu zwei richtigen Codewörtern hat, ist ausgeschlossen, so daß die Korrektur immer eindeutig ist. Der Code möge beispielsweise aus den beiden Wörtern OOL und LLO bestehen; ihr Abstand ist 3, und damit ist er korrigierbar. Wird das fehlerhafte Codewort OLO empfangen, so hat dieses zu OOL den Abstand 2, zu LLO den Abstand 1. Daraus muß geschlossen werden, daß LLO mit größerer Wahrscheinlichkeit gesendet wurde als OOL.

Allgemein gilt, daß zur *Korrektur* von n Fehlern innerhalb eines Codes der Minimalabstand $2n + 1$ sein muß. Das ist allerdings nicht gleichbedeutend damit, daß ein zunächst redundanzfreier Code um $2n + 1$ Stellen erweitert werden muß; der Zusatz an Prüfbits ist vielmehr abhängig von der Zahl der Informationsbits. So ist z. B. ein vierstelliger Code durch drei Bits zu erweitern. Bild 8.6 zeigt diesen von Hamming angegebenen siebenstelligen Code; aus den $2^7 = 128$ möglichen Codewörtern wurden $2^4 = 16$ derart ausgewählt, daß der Abstand zwischen je zwei Codewörtern mindestens 3 ist. Die folgende Tabelle gibt die Zahl der Prüfstellen m an, um die ein Codewort mit r_0 Elementen erhöht werden muß, um für *einen* Fehler korrigierbar zu sein [8.4]:

m	2	3	4	5	6	7	μ
r_0	1	2—4	5—11	12—26	27—57	58—120	$2^{\mu-1} - \mu + 1$ bis $2^\mu - \mu - 1$

Die Tabelle zeigt, daß die Werte von m sehr viel geringer ansteigen als die Werte von r_0. Es ist also auch bei den fehlerkorrigierenden Codes günstiger, größere Blöcke zusammenzufassen und durch eine verhältnismäßig geringe Anzahl von Prüfbits zu sichern. Durch Erhöhung des Minimalabstandes in einem Code läßt sich die Zahl der erkennbaren und korrigierbaren Fehler noch vergrößern. So ist es z. B. bei der Minimaldistanz 5 möglich, entweder zwei Fehler zu korrigieren und zwei weitere zu erkennen, oder einen Fehler zu korrigieren und drei Fehler zu erkennen, oder lediglich vier Fehler zu erkennen.

Ein Überblick über die neueren Erkenntnisse auf dem Gebiete der fehlerkorrigierenden Codierung wird mit fünf Arbeiten in [8.5] gegeben. Hier wird auch auf zwei bisher noch nicht besprochene Möglichkeiten näher eingegangen:

Die Übertragungsfehler treten nicht vereinzelt, sondern gebündelt auf.

Im Verlaufe der Übertragung gehen Codeelemente vollkommen verloren oder es werden fälschlicherweise zusätzliche Elemente eingefügt.

8.3.2. Der gestörte Kanal

Bei der Quellencodierung wurden im Abschnitt 8.2.3 Einzelwahrscheinlichkeiten $p(q_\mu)$ und $p(q_\nu)$ von Zustandszahlen q_μ bzw. q_ν sowie deren Verbundwahrscheinlichkeiten $p(q_\mu, p_\nu)$ und bedingten Wahrscheinlichkeiten $p(q_\nu \mid q_\mu)$ benutzt. Bei der Kanalcodierung kann man entsprechende Definitionen finden, wenn man (anstelle von q_μ) *gesendete* Zustandszahlen x_μ in Verbindung bringt mit (anstelle von q_ν) *empfangenen* Zustandszahlen y_ν. Dann sind $p(x_\mu)$ die Wahrscheinlichkeit für die gesendete Zustandszahl x_μ, $p(y_\nu)$ die Wahrscheinlichkeit für die empfangene Zustandszahl y_ν und $p(x_\mu, y_\nu)$ die Verbundwahrscheinlichkeit für jedes einander zugeordnete Paar x_μ und y_ν. Es ergeben sich bedingte Wahr-

scheinlichkeiten, die in Analogie zu (8.13) aus den Einzel- und Verbundwahrscheinlichkeiten hervorgehen. Auf die Ausgangswahrscheinlichkeiten
bezogen ist

$$p(x_\mu \mid y_\nu) = \frac{p(x_\mu, y_\nu)}{p(y_\nu)}\,,\qquad (8.20\,\mathrm{a})$$

und auf die Eingangswahrscheinlichkeiten bezogen ist

$$p(y_\nu \mid x_\mu) = \frac{p(x_\mu, y_\nu)}{p(x_\mu)}\,.\qquad (8.20\,\mathrm{b})$$

Damit wird

$$p(x_\mu, y_\nu) = p(x_\mu)\,p(y_\nu \mid x_\mu) = p(y_\nu)\,p(x_\mu \mid y_\nu)\,.\qquad (8.20\,\mathrm{c})$$

Unter Berücksichtigung der geänderten Bezeichnungen gelten (8.13 a)
bis (8.13 d) entsprechend.

Bezeichnet man bei einem Binärkanal die gesendeten Zeichen
(x) mit O_1 und L_1, die empfangenen Zeichen (y) mit O_2 und L_2, so zeigt
Bild 8.7 a ein Zahlenbeispiel für den unsymmetrischen Binärkanal. Bei

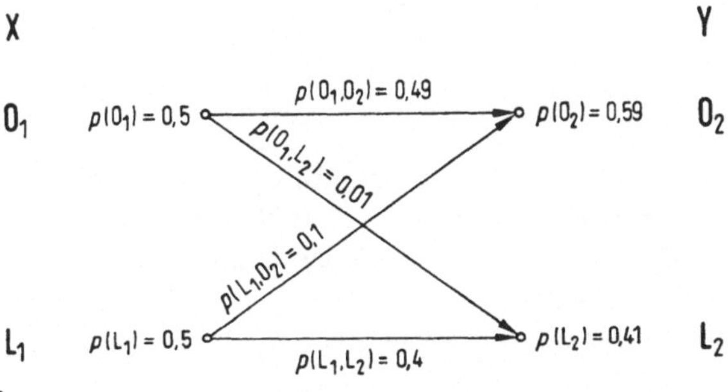

Bild 8.7 a) Einzel- und Verbundwahrscheinlichkeiten im unsymmetrischen Binärkanal;

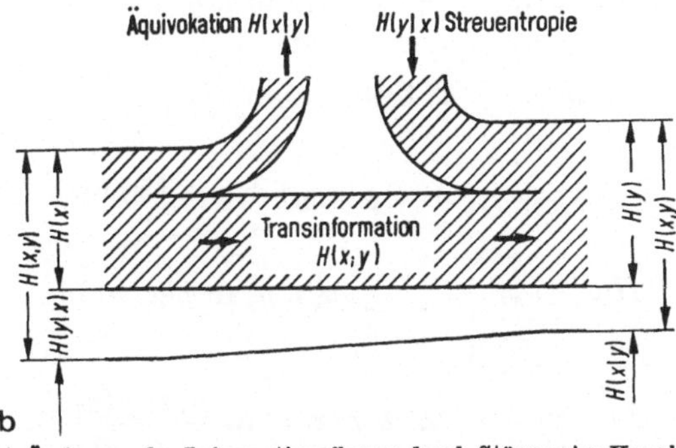

b) Änderung des Informationsflusses durch Störung im Kanal.

sendeseitig angenommener Gleichverteilung $p(O_1) = p(L_1) = 0{,}5$ ergeben sich infolge ungleicher Werte für die verfälschenden Verbundwahrscheinlichkeiten $p(O_1, L_2)$ und $p(L_1, O_2)$ unterschiedliche Werte für die empfangsseitigen Einzelwahrscheinlichkeiten $p(O_2)$ und $p(L_2)$. Mit den in Bild 8.7a angegebenen Zahlenwerten lassen sich nach (8.20a) und (8.20b) je vier bedingte Wahrscheinlichkeiten berechnen, die in den folgenden Tabellen zusammengefaßt sind:

$p(x_\mu \mid y_\nu)$	O_2	L_2
O_1	0,831	0,024
L_1	0,169	0,976

$p(y_\nu \mid x_\mu)$	O_1	L_1
O_2	0,98	0,2
L_2	0,02	0,8

Mit diesen Ansätzen gibt es bei der Kanalcodierung sinngemäß auch gleiche Lösungen für die Entropiebetrachtungen wie bei der Quellencodierung.

Ersetzt man in (8.16) und (8.17) m durch x und n durch y, so erhält man

$$H(x, y) = H(x) + H(y) - H(x; y) \qquad (8.21\,\text{a})$$

$$= H(x) + H(y \mid x) \qquad (8.21\,\text{b})$$

$$= H(y) + H(x \mid y) \qquad (8.21\,\text{c})$$

Hierin sind $H(x)$ und $H(y)$ wiederum die *Einzelentropien* und $H(x, y)$ die *Gesamtentropie*. $H(x; y)$ wird mit *mittlerer Transinformationsgehalt*, $H(x \mid y)$ mit *Äquivokation* oder *Rückschlußentropie* und $H(y \mid x)$ mit *Streuentropie* bezeichnet.

Mit vereinfachter Schreibweise gilt

$$H(x) = - \sum_x p(x) \, \text{lb} \, p(x) \, \text{bit}, \qquad (8.22\,\text{a})$$

$$H(y) = - \sum_y p(y) \, \text{lb} \, p(y) \, \text{bit}, \qquad (8.22\,\text{b})$$

$$H(x \mid y) = - \sum_x \sum_y p(x, y) \, \text{lb} \, p(x \mid y) \, \text{bit}, \qquad (8.22\,\text{c})$$

$$H(y \mid x) = - \sum_x \sum_y p(x, y) \, \text{lb} \, p(y \mid x) \, \text{bit}, \qquad (8.22\,\text{d})$$

$$H(x, y) = - \sum_x \sum_y p(x, y) \, \text{lb} \, p(x, y) \, \text{bit}, \qquad (8.22\,\text{e})$$

$$H(x; y) = - \sum_x \sum_y p(x, y) \, \text{lb} \, \frac{p(x)\,p(y)}{p(x, y)} \, \text{bit}. \qquad (8.22\,\text{f})$$

Bild 8.7b zeigt die Änderung des Informationsflusses durch einen gestörten Kanal, aus dem sich die Zusammenhänge von (8.21) ablesen lassen [8.6]. Danach bewirkt die Störung, daß von der Entropie des sendeseitigen Ausgangssignals $H(x)$ ein Teil als Äquivokation $H(x \mid y)$ verloren geht, daß jedoch die Entropie des empfangsseitigen Eingangssignals nicht nur aus der Transinformation $H(x; y)$ besteht, sondern auch einen Beitrag von der Streuentropie $H(y \mid x)$ geliefert bekommt. $H(x; y)$ enthält die wirklich relevante übertragene Information.

Für das in Bild 8.7a dargestellte Zahlenbeispiel ergeben sich für die Einzelentropie $H(x) = 1$ bit und $H(y) = 0{,}98$ bit, für die Gesamtentropie $H(x, y) = 1{,}43$ bit und damit für den mittleren Transinformationsgehalt $H(x; y) = (1 + 0{,}98 - 1{,}43)$ bit $= 0{,}55$ bit. Äquivokation $H(x \mid y)$ und Streuentropie $H(y \mid x)$ betragen 0,45 bit bzw. 0,43 bit. Aus (8.21) folgt, daß die Differenz zwischen Äquivokation und Streuentropie gleich der Differenz zwischen den beiden Einzelentropien ist; das geht auch aus Bild 8.7b hervor.

Für den symmetrischen Binärkanal mit der Fehlerwahrscheinlichkeit p gilt bei Gleichverteilung der Einzelwahrscheinlichkeiten

$$p(\mathsf{O}_1, \mathsf{O}_2) = p(\mathsf{L}_1, \mathsf{L}_2) = 0{,}5\,(1 - p) \text{ und } p(\mathsf{O}_1, \mathsf{L}_2) = p(\mathsf{L}_1, \mathsf{O}_2) = 0{,}5p.$$

Wegen der Symmetrieeigenschaften sind auch die Einzelwahrscheinlichkeiten der empfangenen Binärzeichen $p(\mathsf{O}_2) = p(\mathsf{L}_2) = 0{,}5$, d. h. es ist $H(x) = H(y) = 1$ bit. Damit wird

$$H(x; y) = \{1 - [-(1 - p)\,\mathrm{lb}\,(1 - p) - p\,\mathrm{lb}\,p]\}\ \text{bit}. \qquad (8.23)$$

Der Inhalt der eckigen Klammern ergibt den Wert für $H(x \mid y) = H(y \mid x)$; Äquivokation und Streuentropie sind gleich groß. Mit z. B. $p = 10^{-3}$ wird der mittlere Transinformationsgehalt

$$H(x; y) = \{1 - [-\,0{,}999\,\mathrm{lb}\,0{,}999 - 0{,}001\,\mathrm{lb}\,0{,}001]\}\ \text{bit}$$

$$= 0{,}9886\ \text{bit}.$$

Bei Verwendung fehlerkorrigierender Codes können bei ungünstiger Fehlerverteilung Fehler unerkannt bleiben oder falsch korrigiert werden. Damit ist mit einer *Restfehlerwahrscheinlichkeit* zu rechnen, die für das Beispiel des in Bild 8.6 dargestellten Hammingcodes um den Faktor $5{,}25\,p$ kleiner ist als die Fehlerwahrscheinlichkeit. Mit $p = 10^{-6}$ ergibt sich anstelle der Fehlerwahrscheinlichkeit für ein falsches Codewort von $r_0 p = 4 \cdot 10^{-6}$ eine Restfehlerwahrscheinlichkeit von $5{,}25\,r_0 p^2 = 2{,}1 \times 10^{-11}$.

8.3.3. Informationsfluß und Kanalkapazität

Am Ausgang eines Übertragungskanals liegt ein kontinuierliches Nutzsignal $s(t)$ mit einer mittleren Leistung P und einer *Gaußschen Wahr-*

scheinlichkeitsverteilung der Signalwerte

$$w(s) = \frac{1}{\sqrt{2\pi P}}\, e^{-s^2/(2P)},$$

ferner ein ebenfalls kontinuierliches Störsignal $s_N(t)$ mit der mittleren Leistung N und einer entsprechenden Amplitudenverteilung

$$w(s_N) = \frac{1}{\sqrt{2\pi N}}\, e^{-s_N^2/(2N)}.$$

Das Summensignal $y = s + s_N$ hat dann ebenfalls eine Gaußsche Verteilung der Werte gemäß

$$w(y) = \frac{1}{\sqrt{2\pi(P+N)}}\, e^{-y^2/[2(P+N)]}.$$

Wendet man die Ableitungen des vorhergehenden Abschnittes 8.3.2 auf solche stetigen Funktionen an, so erhält man unter der Voraussetzung, daß Nutzsignal und Störsignal statistisch voneinander unabhängig sind, mit Hilfe der Variationsrechnung für die Ausgangsentropie

$$H(y) = \mathrm{lb}\sqrt{K(P+N)}\ \text{bit}$$

und die Streuentropie

$$H(y \mid x) = \mathrm{lb}\sqrt{KN}\ \text{bit},$$

wobei K eine Konstante ist.

Gemäß Bild 8.7b beträgt dann der mittlere Transinformationsgehalt als Differenz der beiden Größen

$$H(x;y) = \frac{1}{2}\,\mathrm{lb}\left(\frac{P+N}{N}\right)\ \text{bit}. \tag{8.24}$$

Ist B die Bandbreite des Kanals, so ist die Zeit, die zur Übertragung eines neuen Signalwertes notwendig ist, nach (5.88) mindestens

$$t_g = \frac{1}{2B}. \tag{8.25}$$

Dies ist das von Nyquist [8.7] und Küpfmüller [8.8] 1924 geforderte zeitliche Intervall, das mindestens für jeden Übergang aufgewendet werden muß, wenn die Bandbreite eines Kanals auf den Wert B beschränkt ist. In der Zeit T kann daher höchstens die *Informationsmenge*

$$I_{max} = \frac{T}{t_g} H(x;y) = 2BTH(x;y)$$

$$I_{max} = BT \, \text{lb}\left(1 + \frac{P}{N}\right) \text{bit} \tag{8.26}$$

den Kanal passieren. Eine wichtige, durch Division mit der Zeit aus I abgeleitete Größe ist der *Informationsfluß H^**. Der größte mögliche Wert dieses Flusses, den ein Übertragungskanal zuläßt, heißt nach Shannon [8.9] und Tuller [8.10] die *Kanalkapazität C*. Sie beträgt

$$C = H^*_{max} = \frac{I_{max}}{T}$$

$$C = B \, \text{lb}\left(1 + \frac{P}{N}\right) \text{bit}. \tag{8.27}$$

Der Faktor $\text{lb}(1 + P/N)$ wird auch mit *Kanaldynamik* bezeichnet.

Bei gegebener Dynamik ist demnach die Kanalkapazität proportional der Bandbreite B, wobei sowohl die Signal- wie auch die Geräuschleistung auf dieses Frequenzband verteilt sind. In vielen Fällen, z. B. beim Wärmerauschen, ist die Geräuschleistung N proportional zu B. Mit dem Ansatz $N = N_0 B / B_0$ geht (8.27) über in

$$C = B \, \text{lb}\left(1 + \frac{PB_0}{N_0 B}\right) \text{bit}. \tag{8.28}$$

Die Kanalkapazität steigt monoton mit der Bandbreite und erreicht für sehr große Werte von B oder auch sehr kleine Werte von P einen Grenzwert, in dem die Bandbreite nicht mehr vorkommt:

$$C_{B \to \infty} = \frac{P}{N_0} B_0 \, \text{lb} \, e \, \text{bit} = 1{,}443 \, \frac{P}{N_0} B_0 \, \text{bit}. \tag{8.29}$$

Es ist plausibel, daß in diesem Fall des stark gestörten Signals die Kanalkapazität proportional der Signalleistung P wird.

Der Begriff „Kapazität" ist in dem gleichen Sinn zu verstehen wie etwa bei einer Förderanlage. Die Größe C ist eine Eigenschaft des Übertragungskanals. Sie gibt an, wieviel Entscheidungen zeitlich über einen Kanal gegebener Bandbreite B und gegebenen Signal-Geräusch-Verhältnisses P/N im Höchstfall fehlerfrei übertragen werden können. Die Einheit ist wie beim Informationsfluß 1 bit/s.

Mit Annäherung des Informationsflusses an die Grenze C entstehen beim Sender und Empfänger immer längere, im Grenzfall unendlich lange Verzögerungen: Der Sender braucht sie, um das Signal mit der richtigen Amplitudenverteilung codieren zu können, der Empfänger muß lange warten, um aus dem „Signalgeräusch" das unterwegs eingedrungene Geräusch entfernen zu können.

Bei der Ableitung von (8.27) wurden für die Strukturen des Signals und des Geräusches kontinuierliche Verläufe und Gaußsche Werteverteilungen angenommen. Es ist daher interessant zu prüfen, ob sich für ein gestörtes Codesignal eine ähnliche Beziehung ergibt.

Hierzu benutzt man zweckmäßig Gedanken, die auf Hartley zurückgehen [8.11]. Er hat festgestellt, daß die von einem Codesignal übertragene Informationsmenge I gleich ist der Gesamtzahl der übertragenen Elemente — diese ist $2\,BT$ — multipliziert mit dem Zweierlogarithmus der Stufenzahl b des Codes:

$$I = 2\,BT\,\mathrm{lb}\,b\ \mathrm{bit}. \tag{8.30}$$

Der zugehörige Informationsfluß wird dann

$$H^* = 2\,B\,\mathrm{lb}\,b\ \mathrm{bit} = B\,\mathrm{lb}\,(b^2)\ \mathrm{bit}. \tag{8.31}$$

Der Faktor $\mathrm{lb}\,(b^2)$ sei mit *Signaldynamik* bezeichnet.

Um einen bestimmten Informationsfluß aufrecht zu erhalten, muß man Bandbreite und Stufenzahl des Signals mindestens nach (8.31) wählen. Sonderfälle sind

1. das binäre Signal: $b = 2$ ergibt

$$H^* = 2\,B\ \mathrm{bit}; \tag{8.32}$$

Will man z. B. einen Informationsfluß von 50 bit/s erreichen, so muß man mindestens ein Frequenzband von 25 Hz = 25/s zur Verfügung stellen. Dies entspricht den Vorgängen, wie sie in den Bildern 5.4c und 5.5 dargestellt sind.

2. das quantisierte Signal: $B = B_0$ und $b = q$ ergibt

$$H^* = 2\,B_0\,\mathrm{lb}\,q\ \mathrm{bit}; \tag{8.33}$$

führt man nach (7.2) mit $q = 2^{r_0}$ die Anzahl r_0 der binären Codeelemente ein, so wird für das entsprechende binäre Codesignal

$$H^* = 2\,B_0 r_0\ \mathrm{bit}. \tag{8.34}$$

Dem Informationsfluß H^* wird bei binärer Übertragung eine *Bitfolgefrequenz* f_b zugeschrieben; deren reziproker Wert ist die *Bitperiode*

T_b. Beide werden in den Abschnitten 9 und 10 noch oft gebraucht werden. Die Zeit T_b wird nach (8.32)

$$T_b = \frac{1}{f_b} = \frac{1}{2B} \tag{8.35}$$

in Übereinstimmung mit (8.25), wo sie aus der Einschwingdauer abgeleitet wurde.

Der Vergleich von (8.34) mit (8.32) besagt, daß ein quantisiertes Signal der Bandbreite B_0 und der Stufenzahl $q = 2^{r_0}$ die r_0-fache Bandbreite erfordert, wenn es binär codiert wird.

Nach diesen Bemerkungen sei die Verbindung der Größe b in (8.30) mit dem Signal-Geräusch-Verhältnis hergestellt. Den b verschiedenen Zustandswerten mögen b in der Amplitude unterschiedliche Signalimpulse entsprechen.

Der Amplitudenunterschied sei jeweils gleich und betrage ΔS. Dann ergeben sich, wenn man die Werte symmetrisch zur Null legt, wie es z. B. in Bild 8.10 für $b = 2, 4$ und 8 dargestellt wird, die Signalwerte (b geradzahlig)

$$\pm \frac{1}{2}\,\Delta S, \pm \frac{3}{2}\,\Delta S, \pm \frac{5}{2}\,\Delta S, \ldots \pm \frac{b-1}{2}\,\Delta S; \tag{8.36}$$

der gesamte Wertebereich des Codesignals beträgt hiernach

$$S = (b-1)\,\Delta S. \tag{8.37}$$

Für die Berechnung der Signalleistung P und der Störleistung N sei der Einfachheit halber vorausgesetzt, daß sämtliche Werte mit gleicher Wahrscheinlichkeit auftreten. Dann genügt für die Signalleistung P eine einfache Mittelwertbildung über die Werte b gemäß (6.4)

$$P = \frac{1}{b}\,2\,\frac{(\Delta S)^2}{4}\,\{1^2 + 3^2 + 5^2 + \cdots (b-1)^2\} = \frac{b^2 - 1}{12}\,(\Delta S)^2. \tag{8.38}$$

Für die Störleistung gilt, daß die Werte s_N eine halbe Stufe ΔS nicht überschreiten dürfen, wenn die Codeimpulse fehlerfrei sein sollen. Die Mittelung ergibt hier

$$N = \frac{1}{\Delta S} \int_{-\frac{1}{2}\Delta S}^{+\frac{1}{2}\Delta S} s_N{}^2 \, \mathrm{d}s_N = \frac{1}{12}\,(\Delta S)^2. \tag{8.39}$$

Die Verknüpfung von (8.39) mit (8.38) führt zu der einfachen Beziehung

$$\frac{P}{N} = b^2 - 1, \tag{8.40}$$

die mindestens eingehalten werden muß. Damit wird aus (8.31)

$$H^*_{\max} = B \operatorname{lb}\left(1 + \frac{P}{N}\right) \operatorname{bit}. \tag{8.41}$$

Die durch (8.27) gegebene, unter der Annahme Gaußscher Amplitudenverteilung gewonnene Beziehung für die Kanalkapazität gilt offenbar sehr allgemein und gibt auch für ein Codesignal, das hier bei einfacher linearer Werteverteilung berechnet wurde, den maximal erreichbaren Informationsfluß an.

Der interessante Austauschmechanismus zwischen Stufenzahl, Bandbreite und Signal-Geräusch-Abstand möge zum näheren Verständnis an einigen Beispielen betrachtet werden.

Unabhängig von der Wahl von B erhält man zu jedem Signal-Geräusch-Verhältnis P/N nach (8.40) eine obere Grenze für die Stufenzahl eines Codesignals

$$b = \sqrt{1 + \frac{P}{N}}. \tag{8.42}$$

Bild 8.8 zeigt diesen Zusammenhang, wobei der Signal-Geräusch-Abstand $10 \operatorname{lg}(P/N)$ wie üblich in Dezibel angegeben ist. Erwartungsgemäß ist der notwendige Abstand für das binäre Signal ($b = 2$) am geringsten (4,7 dB). Für große Werte von b steigt er um jeweils 6 dB pro Oktave.

Das nächste Beispiel betrifft den Austausch von Bandbreite gegen Signal-Geräusch-Abstand. Dabei sei der praktisch wichtige, in (8.28) behandelte Fall gegeben, daß die Geräuschleistung (z. B. Wärmerauschen) mit der Bandbreite ansteigt. Will man B/B_0 als Veränderliche haben, so schreibt sich (8.28)

$$\frac{C}{B_0} = \frac{B}{B_0} \operatorname{lb}\left(1 + \frac{PB_0}{N_0 B}\right) \operatorname{bit}. \tag{8.43}$$

Gesucht ist der notwendige Signal-Geräusch-Abstand $10 \operatorname{lg} P/N_0$ für die Rauschleistung im Bezugsfrequenzband B_0. Man erhält

$$10 \operatorname{lg}\frac{P}{N_0} = 10 \operatorname{lg}\left[\frac{B}{B_0}\left(2^{\frac{C}{B_0} \cdot \frac{B_0}{B}} - 1\right)\right]. \tag{8.44}$$

Gewählt sei ein Fernsprechsignal der Bandbreite $B_0 = 4\,\text{kHz}$, das, achtstellig codiert, nach (8.34) einen Informationsfluß und damit eine Kapazität von $C = 2 \cdot 4 \cdot 8\,\text{kbit/s} = 64\,\text{kbit/s}$ braucht. Bild 8.9 zeigt das Ergebnis. Die stark abfallende Kurve — der Abfall bedeutet

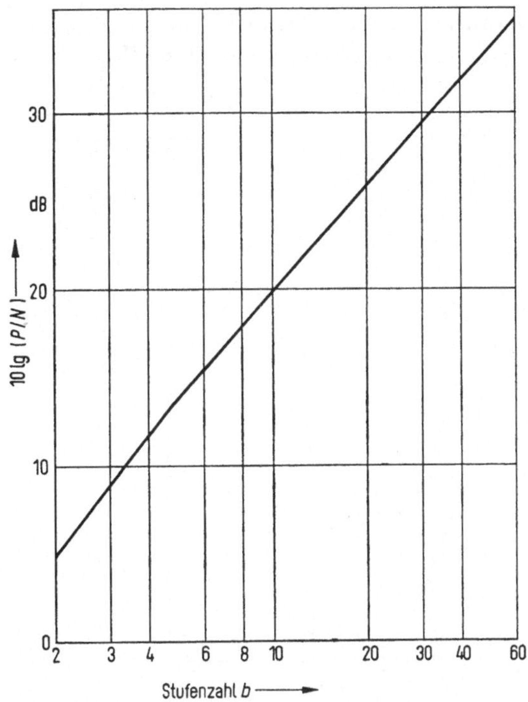

Bild 8.8. Signal-Geräusch-Abstand $10\,\lg\,(P/N)$ in Abhängigkeit von der Stufenzahl b.

Ersparnis an Signalleistung — nähert sich für große Banderweiterung dem in (8.29) angegebenen Grenzwert, im vorliegenden Maßstab 10,5 dB. Eine Ersparnis an Signalleistung tritt nun nicht mehr auf. Einerseits geht das Signal immer mehr in dem mit B wachsenden Geräusch unter, andererseits erlaubt es die immer feinere zeitliche Struktur, die das Signal mit wachsendem B erhalten kann, den Informationsfluß von 64 kbit/s gerade aufrecht zu erhalten. Die hierzu nötige Art der Codierung ist allerdings nicht näher bekannt.

Der steile Kurvenlauf im linken Teil des Bildes macht folgendes deutlich: Eine wenn auch nur mäßige Kompression des Signalbandes erfordert einen sehr geräuschfreien Kanal, überdies noch eine sehr komplizierte Apparatur, die feingestufte Signalwerte unterscheiden kann. Für den gewählten achtstelligen Code ist bei der Original-Bandbreite $(B/B_0 = 1)$ der Unterschied zwischen zwei Werten $2^{-8} = 1/256$ oder rund

4‰. Für eine Halbierung der Bandbreite müssen bereits Unterschiede von $1{,}5 \cdot 10^{-5}$ getrennt werden, für ein Viertel von B_0 ist diese Differenz nur noch etwa $2 \cdot 10^{-10}$. Die Pulscode-Modulation wird daher in ausgeführten Übertragungssystemen bisher stets in dem Sinne benutzt, unter Vergrößerung der Bandbreite die Standfestigkeit gegenüber eindringendem Geräusch zu erhöhen, nicht im Sinne einer Frequenzband-Kompression. Die Erkenntnis, daß sie diese Möglichkeit prinzipiell in

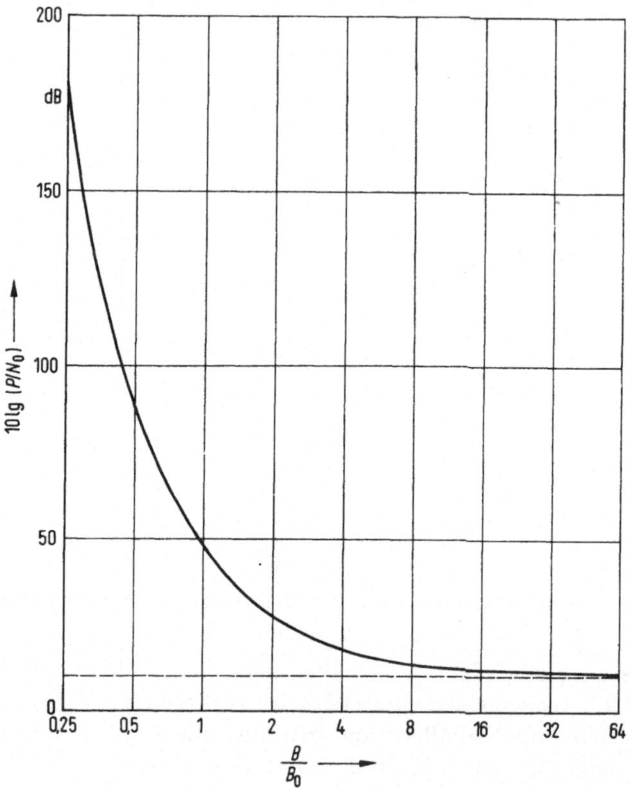

Bild 8.9. Erforderlicher Signal-Geräusch-Abstand bei Kompression und Expansion der Bandbreite.

sich trägt — früher hielt man das nur unter Zeitaufwand für möglich — hat jedoch unsere Grundvorstellungen von der Nachrichtenübertragung sehr bereichert.

Ein weiteres Beispiel möge die Beziehung (8.31) für Codesignale noch etwas veranschaulichen. In Bild 8.10 ist unter a) eine Folge binärer Codeelemente dargestellt, deren Bitperiode gleich T_b ist. Der Amplitudenunterschied der beiden Werte sei ΔS. Der Einfachheit halber möge die

Geräuschleistung (Knackstörungen oder Ähnliches) unabhängig von der
Bandbreite sein, so daß ΔS in allen Fällen konstant bleibt.

Durch Verdoppelung der Zeiten T_b möge die Bandbreite halbiert
werden. Zur Aufrechterhaltung des Informationsflusses muß dann nach
(8.31) die Stufenzahl b quadriert werden. Dies ist im Teilbild 8.10b
geschehen. Jeweils zwei ursprüngliche Bits sind mit ihren vier Möglich-

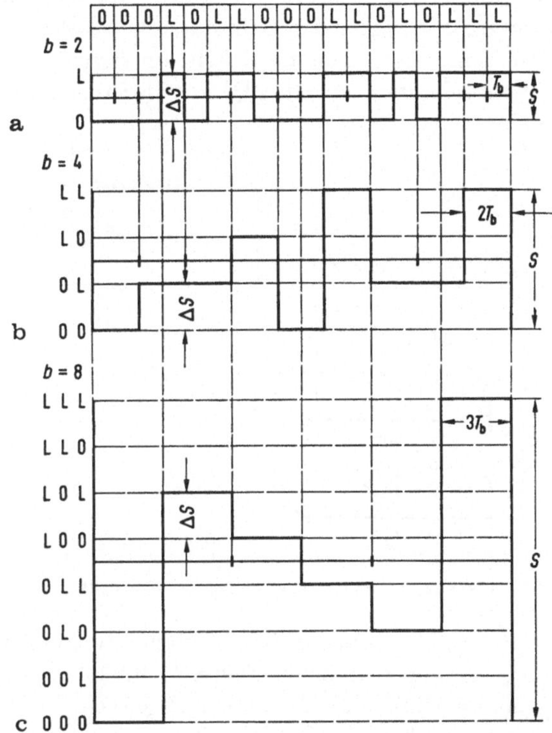

Bild 8.10 a–c. Codesignale verschiedener Stufenzahl bei gleichem Informationsfluß.

keiten in ein doppelt so langes, vierstufiges „Dibit" übergegangen. Eine
Drittelung der Bandbreite (Bild 8.10c) erfordert acht Stufen für das
Signal. Jeweils 3 Bits (ein „Tribit") werden in der Zeit $3T_b$ übertragen.

Wäre das zugrunde gelegte Codesignal nicht binär sondern ternär
gewesen, so wäre im Falle b) ein neunstufiger, im Falle c) ein 27-stufiger
Code herausgekommen. Im allgemeinen Fall können m Elemente eines
b_1-stufigen Codes ohne Informationsverlust in n Elemente eines b_2-
stufigen Codes überführt werden, wenn

$$b_2^{\,n} \geqq b_1^{\,m} \tag{8.45}$$

ist. Will man die durch die Umcodierung hinzugefügte Redundanz möglichst gering halten, dann sind m und n so zu wählen, daß der Codierungsverlust

$$1 - \frac{b_1{}^m}{b_2{}^n} \tag{8.46}$$

minimal ist. Der Verlust wird gleich Null, wenn $b_2{}^n = b_1{}^m$ ist. Da m, n, b_1 und b_2 ganze Zahlen sind, ist die Gleichheit nur erfüllbar, wenn sich b_1 und b_2 als Potenzen der gleichen Zahl darstellen lassen.

Nach (8.30) kann man sich die durch ein Signal dargestellte *Informationsmenge* anschaulich als einen Quader darstellen, dessen Kanten-

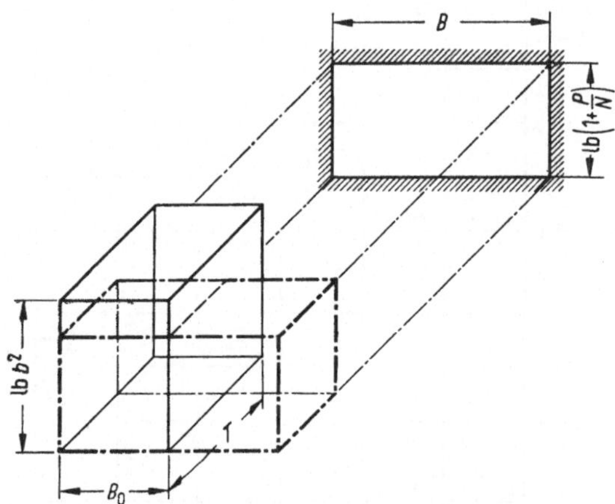

Bild 8.11. Informationsmenge und Kanalkapazität.

längen durch die Signalbandbreite B_0, die Signaldynamik $\mathrm{lb}\,b^2$ und die Übertragungszeit T gegeben sind (Bild 8.11 links, ausgezogen). Die *Kapazität des Kanals* läßt sich durch ein Rechteck darstellen, dessen Kantenlängen durch die Kanaldynamik $\mathrm{lb}\,(1 + P/N)$ und die Kanalbandbreite B gegeben sind (Bild 8.11 rechts). Bildlich gesprochen kommt es nun darauf an, den „Signalquader" durch das „Kanalfenster" hindurchzuschieben. Ist B_0 größer als B oder b^2 größer als $(1 + P/N)$, so geht Information verloren; im umgekehrten Fall wird die Kanalkapazität nicht voll ausgenutzt. Signalquader und Kanalfenster sind also so einander anzupassen, daß die oben genannten Werte gleich werden. Im Bild wird das durch den strichlierten Quader erfüllt. Da die Signaldynamik weniger gepreßt werden mußte als die Bandbreite gespreizt werden konnte, kommt man nach der Umformung sogar mit weniger Übertragungszeit aus.

Sollen zwei verschiedene, nicht notwendigerweise gleiche Informationsmengen I_1 und I_2 über einen Kanal gemeinsam übertragen werden, so können sie zu einem gemeinsamen Quader $I_1 + I_2$ derart zusammengefaßt werden, daß obige Bedingung erfüllt ist. Beispiele für solche Bündelungsverfahren sind in Bild 8.12 dargestellt, und zwar unter a) das Zeitmultiplex-Verfahren, unter b) das Frequenzmultiplex-Verfahren und unter c) das Amplitudenmultiplex-Verfahren. Theoretisch sind noch

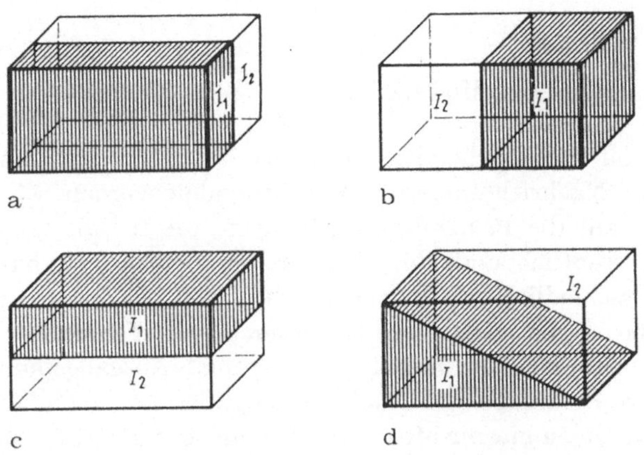

Bild 8.12a – d. Zusammenfassung zweier Informationsmengen I_1 und I_2.

a) im Zeitmultiplex; c) im Amplitudenmultiplex;
b) im Frequenzmultiplex; d) im Funktionenmultiplex.

andere Möglichkeiten, wie z. B. unter d) dargestellt, denkbar. Sie werden allgemein mit Funktionenmultiplex bezeichnet. Ein Beispiel hierfür sind die im Abschnitt 2.4 beschriebenen Walshfunktionen, die als Modulationsträger für zeitquantisierte Signale benutzt werden können. Wegen der Orthogonalität dieser Funktionen besteht keine Notwendigkeit für eine Zeitmultiplexbildung.

Näheres über die verschiedenen Bündelungsverfahren findet sich im Abschnitt 9.

9. Pulsmodulation

9.1. Grundlagen der Modulation

Nachdem im vorhergehenden Abschnitt die informationstheoretischen Belange der Nachrichtenübertragung behandelt wurden, wird in folgendem näher auf die Prinzipien eingegangen, die für die technische Anwendung wesentlich sind. Für diese Art der Betrachtung haben sich gewisse unterschiedliche, selbstverständlich mit der Informationstheorie verträgliche Ausdrucksweisen herausgebildet. Während z. B. in der Informationstheorie der Begriff „Codierung" Ausgangspunkt für eine quantitative Erfassung von Nachrichtengrößen ist, steht bei den weiteren Ausführungen hierfür oft stellvertretend der Begriff „Modulation". Der Begriff „Codierung" wird jetzt nur noch im engeren Sinne benutzt, wenn es sich um die Erzeugung von Digitalsignalen handelt.

Es erscheint zweckmäßig, nach einem kurzen Überblick über alle gebräuchlichen Modulationsarten als Einführung die Modulationsarten mit Sinusvorgängen zusammenfassend zu behandeln. Dem Thema des Buches entsprechend wird auf die Pulsmodulationsarten näher eingegangen. Die digitale Modulation wird im Abschnitt 10 ausführlich dargestellt.

9.1.1. Zweck der Modulation

Modulationsvorgänge sind eng verbunden mit der *Übertragung* von Nachrichten. Aufgabe einer solchen Übertragung ist es, eine an einem Ort anfallende Nachricht (Nachrichtenquelle) an einem anderen Ort wiederzugeben (Nachrichtensenke). Derartige Nachrichten können entweder als Ortsfunktion (z. B. magnetischer Speicher, Lochkarte) oder als Zeitfunktion (z. B. menschliche Sprache, Meßwertgeber einer gegebenen veränderbaren physikalischen Größe) vorliegen. In einem Umformer müssen sie möglichst eindeutig in ein elektrisches Signal — nur von dieser Art der Übertragung soll hier die Rede sein — als Funktion der Zeit überführt werden. Sind Quelle und/oder Senke Menschen und schließt man die Mitwirkung ihrer Sinnesorgane mit ein, so spricht man von *Kommunikation*.

Es ist meistens weder wirtschaftlich noch technisch optimal, derartige Signale unmittelbar auf einem vorgegebenen Kanal zu übertragen. Amplitudenumfang, Frequenzbereich und absolute Frequenzlage des Signals müssen vielmehr, wie am Schluß vom Abschnitt 8 gezeigt wurde, den Eigenschaften des Übertragungskanals angepaßt werden. Den entsprechenden Vorgang nennt man allgemein *Modulation*, das hierfür geeignete Gerät Modulator.

Liegen mehrere Signale ähnlicher Art vor, so ist es meist wirtschaftlicher, sie zu einem einzigen Signal zusammenzufassen und auf einem gemeinsamen Kanal hinreichender Kapazität zu übertragen. Den entsprechenden Vorgang nennt man *Bündeln* oder *Multiplexen*, das hierfür geeignete Gerät Multiplexer. Sind die Signale z. B. in ihrer Frequenz- oder Zeitlage unterschiedlich, so können sie unmittelbar zu einem Multiplexsignal addiert und gemeinsam moduliert dem Kanal angepaßt werden. Nach empfangsseitiger Demodulation ist dann eine einwandfreie Zerlegung in die ursprünglichen Signale möglich. In der Regel sind jedoch die gemeinsam zu übertragenden Signale in ihrer Frequenz- und Zeitlage gleichartig, so daß eine unmittelbare Addition ein Signalgemisch ergeben würde, das nicht wieder in seine ursprünglichen Bestandteile zerlegt werden könnte. In diesem Fall muß zunächst *jedes* Signal *für sich* derart moduliert werden, daß die *nach* der Modulation gebündelten Signale empfangsseitig ohne gegenseitige Beeinflussung getrennt werden können.

Einen Überblick vermittelt das allgemeine Schema eines Übertragungssystems nach Bild 9.1; hiermit soll der Signalweg insgesamt

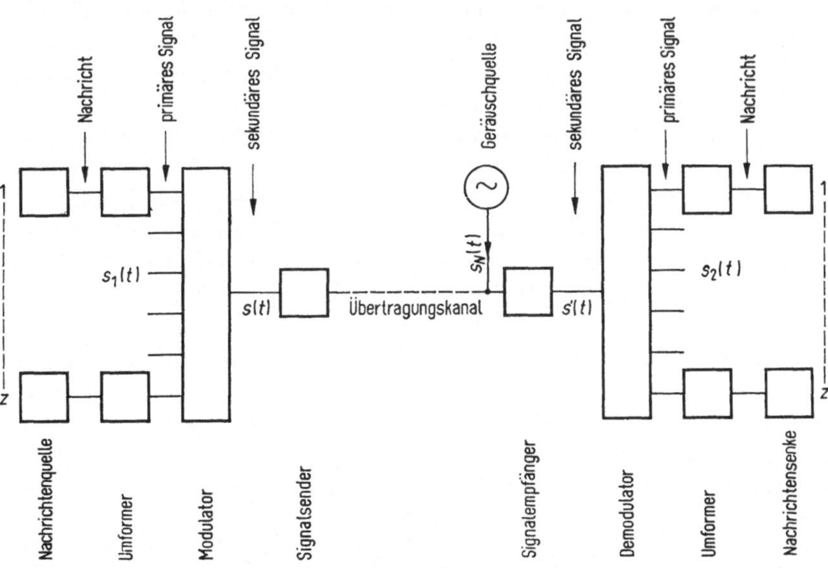

Bild 9.1. Nachrichten-Übertragungssystem.

verfolgt werden. Am Anfang wirkt die Nachrichtenquelle, z. B. ein Fernschreib- oder Fernsprechteilnehmer. Gezeichnet sind mehrere gleichartige Quellen 1 bis z und dahinter je ein Umformer, z. B. der Sendeteil einer Fernschreibmaschine oder ein Mikrophon. An ihren Ausgängen treten individuell verschiedene Zeitfunktionen $s_1(t)$ auf, die aber für gleichartige Nachrichten ebenfalls gleichartig sind. Die z *primären Signale* werden gebündelt und im Modulator[1] zu einem *sekundären Signal* $s(t)$ zusammengefaßt. Dieses wird einem Signalsender zugeführt, der die notwendige Leistung für den Übertragungskanal zur Verfügung stellt. Falls die zum Zwecke der Bündelung durchgeführte Modulation nicht alle Schritte zur Anpassung an den Übertragungskanal einschließt, so kann im Signalsender noch eine weitere Modulation durchgeführt werden. Das ist z. B. bei Funkübertragung in der Regel der Fall. Man spricht bei einem derartigen Übertragungssystem von *Mehrfachmodulation*, und das am Ausgang des Signalsenders gewonnene modulierte Signal kann zur Unterscheidung tertiäres Signal genannt werden (in Bild 9.1 nicht eingezeichnet). Durchläuft das Signal im Verlaufe der Übertragung mehrere unterschiedliche Übertragungsmedien, so kann jeweils eine optimale Anpassung durch Demodulation und erneute Modulation oder eine Zwischenmodulation erreicht werden.

Während der Übertragung kann das Signal verzerrt werden. Außerdem können Störungen in den Übertragungskanal eindringen: sei es, daß Leitungen nicht entsprechend geschirmt sind, daß die Richtwirkung der Antennen nicht groß genug ist oder daß Wärme- und Röhrenrauschen das sekundäre Signal beeinflussen. Diese Einflüsse sind am stärksten dort, wo die Signalleistung den kleinsten Wert hat, d. h. am Eingang des Empfängers. Eine Geräuschquelle $s_N(t)$ an dieser Stelle möge diesen Einfluß andeuten.

Auf der Empfangsseite werden die auf der Sendeseite durchlaufenen Prozesse in umgekehrter Reihenfolge abgewickelt: Zunächst wird das ein wenig veränderte sekundäre Signal $s'(t)$ entbündelt und demoduliert, wobei für die Reihenfolge das für die Sendeseite gesagte entsprechend gilt. Die so gewonnenen z primären Signale $s_2(t)$ unterscheiden sich von den primären Signalen $s_1(t)$ nur durch die hinzugekommenen Störungen und werden wieder in Nachrichten zurückverwandelt. Die gezeichneten Umformer sind z. B. die Empfangsteile von Fernschreibmaschinen oder Hörkapseln; diese wiederum wirken auf Menschen als eigentliche Nachrichtenempfänger. Im Abschnitt 1 wurden bereits Beispiele für verschiedene primäre Signale gegeben. Wegen der Vielzahl möglicher Modulationsarten (z. B. Amplitudenmodulation, Frequenzmodulation,

---

[1] Oft wird die Gesamteinrichtung, die mehrere Eingänge für modulierende Signale und einen Ausgang für das modulierte hat, kurz Modulator genannt, wobei der Bündelungsvorgang stillschweigend mit inbegriffen ist.

Pulsphasen-Modulation oder Pulscode-Modulation) und Arten der
Bündelung (z. B. bezüglich der Frequenz, der Zeit oder der Amplitude)
ist die Vielfalt sekundärer Signale noch viel größer. Zur Erfüllung der
genannten Doppelaufgabe der Modulation wählt man in der ersten Stufe
eine zweckmäßige Kombination von Bündelungsart und Modulationsverfahren und verwendet zur Anpassung an den Übertragungskanal
gewöhnlich ein anderes, gegenüber den Eigenschaften der Strecke besonders zweckmäßiges Verfahren.

Bei dieser Mannigfaltigkeit der Verfahren erscheint es angebracht,
der eingehenden Schilderung der Pulsmodulationsarten eine nach Gruppen und Gruppeneigenschaften geordnete kurze Übersicht aller Modulationsarten voranzustellen. Im Zusammenhang damit soll auch eine
Übersicht über die Bündelungsverfahren gegeben werden, bevor später
auf die für die Pulsmodulationsarten wichtige Zeitbündelung näher eingegangen wird.

9.1.2. Gliederung der Modulationsarten

Bei der Modulation entsteht das (sekundäre) modulierte Signal (*Modulationsprodukt*) grundsätzlich durch Einsetzen des (primären) modulierenden Signals als *Signalparameter* des *Modulationsträgers*. Nimmt man
einen Gleichvorgang als Modulationsträger aus (in diesem Fall spricht
man — besonders in der Telegraphie — auch von Semation), so liegen die
Spektralanteile des Modulationsproduktes meistens bei sehr viel höheren
Frequenzen (*Modulationsband*) als die des modulierenden Signals
(*Basisband*).

Eine Modulationsart kann durch drei Merkmale definiert werden:

1. Die Art des Modulationsträgers

Stellt der Modulationsträger eine zu allen Zeiten definierte kontinuierliche Schwingung dar, die nur punktweise den Wert Null annehmen kann,
und werden hiermit primäre Signale kontinuierlich verarbeitet, so spricht
man von *zeitkontinuierlicher Modulation*. Sie spielt in der heutigen Über-
tragungstechnik eine führende Rolle und soll, um später Analogien
herauszustellen, im Abschnitt 9.2 zusammenfassend behandelt werden.
Die einfachste Form eines solchen Trägers ist der Sinusvorgang. Ein
komplizierterer, jedoch unter die gleiche Gruppe fallender Träger ist
der Rauschvorgang. Für die hieraus abgeleiteten Modulationsarten gibt
es jedoch nur sehr spezielle Anwendungen; sie sollen daher nicht näher
behandelt werden.

Tritt der Modulationsträger dagegen nur zu gewissen, regelmäßig
wiederkehrenden Zeiten auf, so spricht man von *zeitdiskreter Modulation*.
Hiermit sind zeitkontinuierliche Primärsignale nur mit dem Mittel der
Abtastung unter Berücksichtigung der Abtasttheoreme zu verarbeiten.

Bild 9.2 zeigt Beispiele für die beiden Möglichkeiten. Das rhythmische Auftreten des Signals b) legt in Anlehnung an den menschlichen Puls den Namen „Pulsmodulation" nahe.

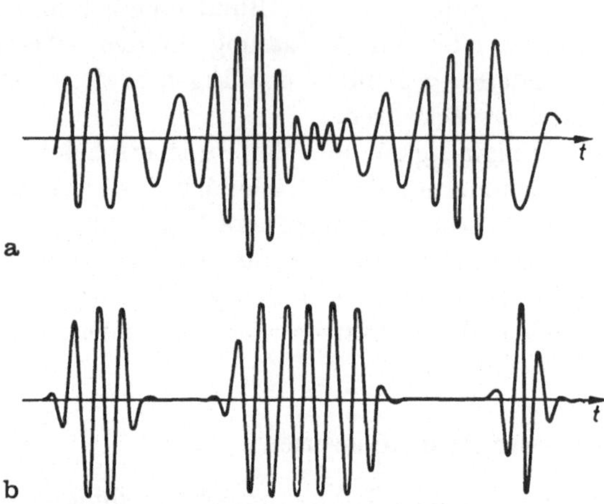

Bild 9.2 a u. b. Signal mit zeitkontinuierlicher Modulation (a) und mit Pulsmodulation (b).

2. Die Wahl des Signalparameters des Modulationsträgers

Bei Sinusschwingungen kann die Amplitude oder der Phasenwinkel Signalparameter sein. Diese Anschauung läßt sich auch auf Pulsvorgänge übertragen. In Bild 9.3 ist unter a) als modulierendes Signal $s_1(t)$ eine Sinusschwingung der Frequenz $f_m = 1/T_m$, unter b) als Modulationsträger $s_0(t)$ links eine Sinusschwingung der Frequenz $f_0 = 1/T_0$ und rechts ein Pulsvorgang der Pulsfrequenz $f_0 = 1/T_0$ dargestellt. Moduliert man die Amplitude der Modulationsträger, so erhält man die unter c) gezeigten Modulationsprodukte $s(t)$, und zwar links eine Amplitudenmodulation, rechts eine Pulsamplituden-Modulation. In beiden Fällen bleibt, unabhängig von $s_1(t)$, die Periode T_0 konstant. Moduliert man dagegen den Phasenwinkel der Modulationsträger, so erhält man die unter d) gezeigten Modulationsprodukte $s(t)$, und zwar links eine Phasenmodulation, rechts eine Pulsphasen-Modulation. In beiden Fällen bleibt die Amplitude konstant, während sich die Periode T_0 entsprechend der Modulation ändert, wobei jedoch die Zahl der Schwingungen bzw. Impulse *im Mittel* erhalten bleibt.

Bei Winkelmodulation kann man erreichen, daß Störungen und nichtlineare Verzerrungen des modulierten Signals $s(t)$ nach der Demodulation sehr viel weniger wirksam sind als bei Amplitudenmodulation. Das muß allerdings mit einem größeren Übertragungsband bezahlt werden — insofern dem Austauschmechanismus von Abschnitt 8 entsprechend; nur sind die quantitativen Zusammenhänge, wie unten gezeigt wird, anders.

Eine besondere Rolle spielt die Zeit als Signalparameter. Bei den zeitkontinuierlichen Modulationsverfahren ist dem Signal zu *jedem* Zeitpunkt ein Signalwert zugeordnet. Aus diesem Grund kann die Zeit fortlaufend nur als unabhängige Variable auftreten. Das ist nicht mehr notwendig bei den zeitdiskreten Modulationsverfahren. Da hier der Wert des Signals nur zu in der Regel periodisch auftretenden Zeitpunkten

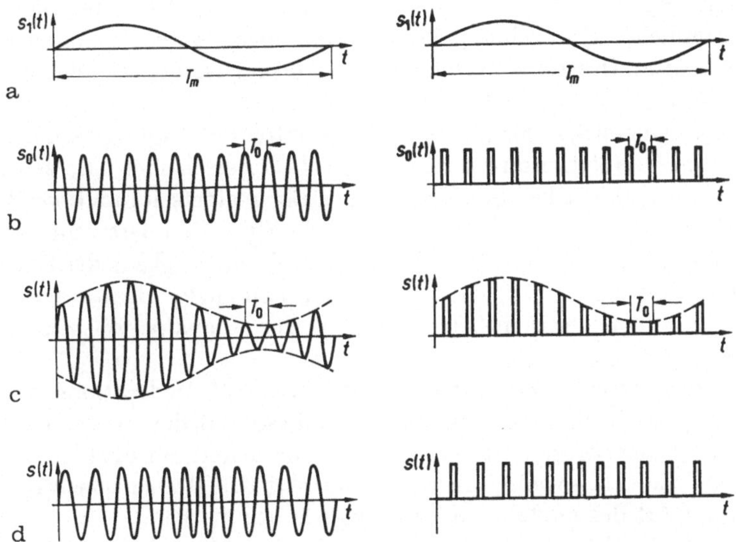

Bild 9.3 a—d. Modulation einer Sinusschwingung (links) und eines Pulsvorganges (rechts).
a) modulierendes (primäres) Signal $s_1(t)$;   c) Modulationsprodukt $s(t)$, amplitudenmoduliert;
b) Modulationsträger $s_0(t)$;   d) Modulationsprodukt $s(t)$, phasenmoduliert.

definiert ist, kann die zeitliche Abweichung von diesen Zeitpunkten auch als Signalparameter benutzt werden. Diese zeitliche Abweichung ist dann ein Maß für den Verlauf des primären Signals. Die Zeit spielt hierbei also eine Doppelrolle: Nur zu diskreten Zeitpunkten ist sie als unabhängige Variable aufzufassen, als Abweichung von diesen Zeitpunkten ist sie dann abhängige Variable.

3. Die Eigenschaft des primären Signals hinsichtlich seines Wertebereiches

Das dritte Merkmal des Modulationsverfahrens bezieht sich nicht auf den Modulationsträger, sondern auf das modulierende Signal. Hierbei wird unterschieden, ob das primäre Signal hinsichtlich seines Wertebereiches kontinuierlich oder diskret ist. Ist dabei ein *wertdiskretes*

Signal aus einem *wertkontinuierlichen* Signal hervorgegangen, so wird es auch als *quantisiertes* Signal bezeichnet. Da die Zahl der diskreten Werte endlich ist, ergibt sich für diesen Fall eine bemerkenswerte Eigenschaft: Solange das unterwegs aufgenommene Geräusch unterhalb einer bestimmten Schwelle bleibt, kann die Wirkung auf das empfangene primäre Signal nicht nur herabgesetzt, sondern in beliebiger Annäherung zu Null gemacht werden.

Diese Möglichkeit der Störungs*befreiung* innerhalb gewisser Grenzen ist *allen* wertdiskreten Modulationsarten eigen. Dafür zeigt das empfangene primäre Signal, wenn es vor der Modulation wertkontinuierlich war, eigentümliche Unregelmäßigkeiten, die sogenannten *Quantisierungsverzerrungen*. Ihrer ausführlichen Betrachtung ist der Abschnitt 10.1.7 gewidmet.

Eine Übersicht der in der Nachrichtenübertragungstechnik verwendeten Modulationsarten zeigt Bild 9.4. Unterscheidet man zeitkontinuierliche und zeitdiskrete Modulationsträger einerseits und wertkontinuierliche und wertdiskrete modulierende Signale andererseits, so gibt es vier Möglichkeiten von Modulationsprodukten, welche in der Übersicht spaltenweise zusammengefaßt sind. Innerhalb jeder Spalte wird dann lediglich noch hinsichtlich der Art des Signalparameters unterschieden.

In der ersten Spalte sind die „klassischen" Modulationsarten zusammengestellt, die in der ersten Hälfte dieses Jahrhunderts ausschließlich zur Übertragung von Fernsprech- und Rundfunksignalen benutzt wurden. Sie sind sowohl hinsichtlich der Art des Modulationsträgers als auch der Art des modulierenden Signals kontinuierlich.

Wird ein Sinusvorgang mit wertdiskreten Signalen moduliert, so ergeben sich die in der zweiten Spalte angegebenen Modulationsarten. In Analogie zu den Grundverfahren der ersten Spalte erhält man die Amplituden-, Frequenz- und Phasentastung. Da es sich — besonders in den letzten beiden Fällen — nicht um einen Aus-Ein-Vorgang, sondern um diskrete Änderungen handelt, sollte man besser von Frequenz*um*tastung (*f*requency *s*hift *k*eying = FSK) und Phasen*um*tastung (*p*hase *s*hift *k*eying = PSK) sprechen. Andere Autoren benutzen auch die Bezeichnungen Amplituden-, Frequenz- und Phasensprung-Modulation. In der überwiegenden Zahl der Anwendungsfälle sind die modulierenden Signale Digitalsignale, die insbesondere auch das Produkt einer digitalen Modulation (siehe Spalte 4) sein können. Im letzteren Fall handelt es sich um eine Art von Mehrfachmodulation, die im Abschnitt 10.5 näher behandelt wird.

Bei den in der dritten und vierten Spalte aufgeführten Pulsmodulationsarten wird dem primären Signal innerhalb von aufeinanderfolgenden Abtastperioden je ein Augenblickswert entnommen. Mit diesen Werten —

auch Abtastproben genannt — wird die veränderliche Größe eines Pulsvorganges — sein Signalparameter — moduliert.

Bei den in der dritten Spalte aufgeführten Modulationsarten wird als primäres Signal ein wertkontinuierliches Signal vorausgesetzt. Ist der Signalparameter eines Pulsvorganges seine Amplitude, so ergibt sich die Pulsamplituden-Modulation (PAM). Wird das zeitlich veränderte Auftreten gegenüber periodisch wiederkehrenden Bezugszeitpunkten variiert, so spricht man von Pulsphasen-Modulation (PPM). DieVariation

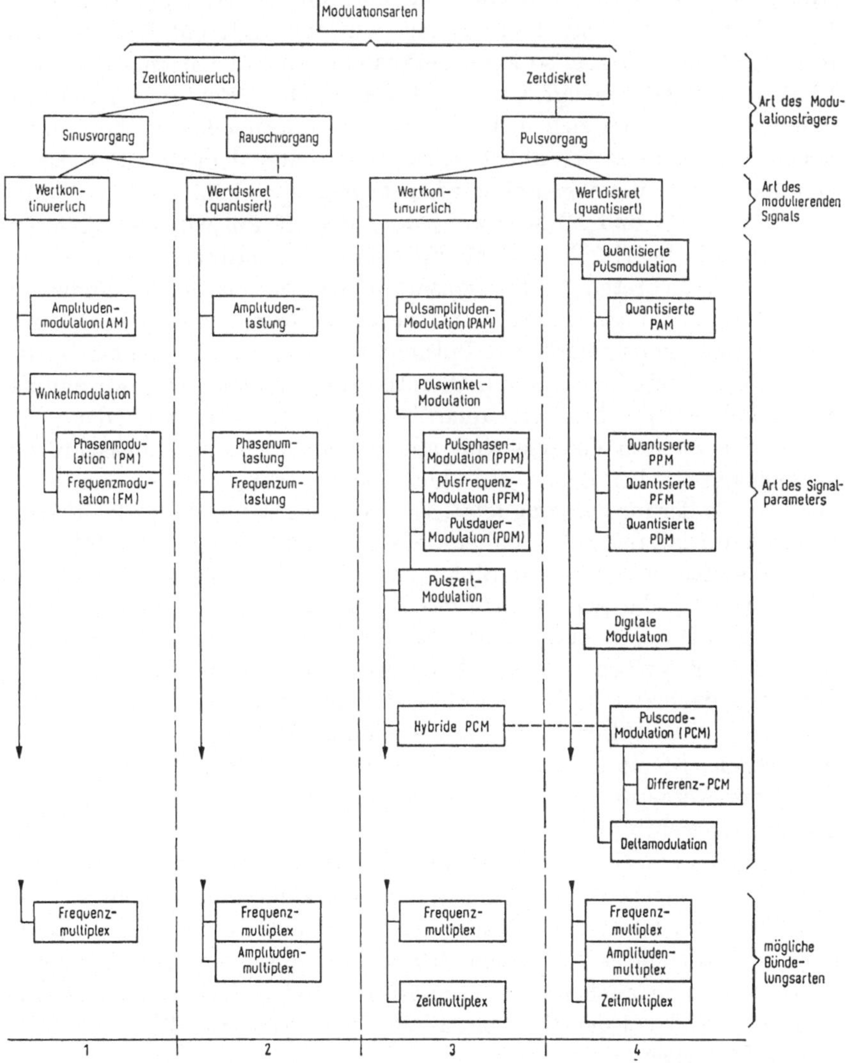

Bild 9.4. Gliederung der Modulationsarten und Bündelungsverfahren.

der Pulsfrequenz führt zur Pulsfrequenz-Modulation (PFM). Wird schließlich die Impulsdauer als Signalparameter benutzt, so erhält man die Pulsdauer-Modulation (PDM). Für PPM, PFM und PDM gibt es je zwei
Varianten, die sich durch die Erzeugungsart unterscheiden. Eine dieser
Varianten hat sehr viel mit den zeitkontinuierlichen Winkelmodulationen
gemeinsam; die Pulssignale können in diesem Fall von den entsprechenden zeitkontinuierlich modulierten Signalen abgeleitet werden. Diese drei
Arten der PPM, PFM und PDM werden daher unter dem Begriff Pulswinkel-Modulation zusammengefaßt und mit PPM, PFM und PDM
1. Art bezeichnet. Geht man dagegen von der PAM mit äquidistanten
Abtastzeitpunkten aus, so kann daraus eine andere Variante der PPM,
PFM und PDM erzeugt werden. Diese PPM-, PFM- und PDM-Verfahren 2. Art lassen sich nicht aus den entsprechenden zeitkontinuierlichen Modulationsarten ableiten; sie sollen unter dem Begriff Pulszeit-
Modulation zusammengefaßt werden. Dementsprechend sind in Bild 9.4
die PPM, PFM und PDM sowohl dem Begriff Pulswinkel-Modulation
als auch dem Begriff Pulszeit-Modulation untergeordnet.

Die wertdiskreten Modulationsarten der vierten Spalte können in
zwei Gruppen aufgeteilt werden: Die erste Gruppe unterscheidet sich
von den wertkontinuierlichen Pulsmodulationsarten nur dadurch, daß
das modulierende Signal durch Quantisierung wertdiskret geworden ist.
Man erhält entsprechend eine quantisierte PAM, PPM, PFM oder PDM.

In der zweiten Gruppe sind alle diejenigen Modulationsarten zusammengefaßt, bei denen auf den Quantisierungsvorgang zusätzlich
noch ein Codierungsvorgang folgt. Das Modulationsprodukt dieser Arten
ist also ein Digitalsignal — daher die Bezeichnung „digitale Modulation"
—, im einfachsten Fall ein Binärsignal. Bei der Pulscode-Modulation
(PCM) werden die Abtastwerte des primären Signals unabhängig voneinander quantisiert und codiert. Bei der Deltamodulation wird jeweils
die Differenz zwischen einem Abtastwert und einem Vorhersagewert,
der im einfachsten Fall der vorhergehende Abtastwert sein kann, gebildet. Ist diese Differenz kleiner als Null, so wird dafür ein O-Element
übertragen; ist sie größer als Null, so wird ein L-Element übertragen.
Das jeder Abtastung zugeordnete Codewort ist also auf ein einziges Bit
zusammengeschrumpft.

Eine Kombination von PCM und Deltamodulation ist die Differenz-
PCM. Sie unterscheidet sich von der Deltamodulation dadurch, daß die
zwischen Abtastwert und Vorhersagewert gebildeten Differenzen nicht
nur hinsichtlich ihres Vorzeichens erfaßt werden, sondern daß auch deren
Betrag — wenn auch grob — quantisiert und codiert wird. Dementsprechend sind bei der Differenz-PCM mindestens zwei Bits pro Codewort erforderlich.

Eine zwitterhafte Stellung unter den Modulationsarten nimmt, wie
der Name schon sagt, die hybride PCM ein. Sie ist vom Wesen her eine

Pulscode-Modulation, unterscheidet sich von dieser jedoch dadurch, daß mit einem pro Abtastung zusätzlich vorgesehenen amplitudenmodulierten Puls (PAM) die Größe des jeweiligen Quantisierungsfehlers miterfaßt wird. Mit einer derartigen PCM-PAM-Kombination können Signale wertkontinuierlich übertragen werden. Deswegen ist die hybride PCM definitionsgemäß in die dritte Spalte des Bildes 9.4 eingeordnet. Da mit ihr die Vorteile der Übertragung digital modulierter Signale nicht ausgenutzt werden können, hat sie bisher kaum Anwendung gefunden und soll daher nicht näher betrachtet werden.

In der Übersicht werden die Arten des modulierenden Signals nur hinsichtlich ihres Wertverhaltens, nicht jedoch hinsichtlich ihres Zeitverhaltens unterschieden. Selbstverständlich können Sinusvorgänge und selbst Pulsvorgänge auch mit Pulssignalen moduliert werden. Man kann dann von einer Pulsmodulation im erweiterten Sinne sprechen, wobei jedoch eine Modulation *mit* (und nicht *von*) Pulsen gemeint ist. An der Bezeichnung der Modulationsarten ändert sich dabei nichts.

Oft sieht man einem Modulationsprodukt gar nicht an, aus welcher Gruppe von Modulationsarten es hervorgegangen ist. So kann beispielsweise das in Bild 9.2b dargestellte Signal durch Modulation eines Pulsvorganges mit einem wertkontinuierlichen Signal, es kann aber auch durch Modulation eines Sinusvorganges mit einem zeitdiskreten Signal, insbesondere einem Puls, entstanden sein. In beiden Fällen ist das sekundäre Signal zeitdiskret.

9.1.3. Zuordnung der Bündelungsarten

Die Bündelungs- oder Multiplextechnik kann überall dort angewendet werden, wo mehrere, nicht notwendigerweise gleichartige Signale zwischen zwei Orten übertragen werden müssen. Sie spielt besonders aus wirtschaftlichen Gründen eine große Rolle, denn in der Regel sind für ein Signal die anteiligen Kosten der Übertragungsmittel bei gebündelter Übertragung sehr viel kleiner als die Kosten der Übertragungsmittel für ein Einzelsignal. Derzeitiges Hauptanwendungsgebiet sind Fernsprech-, Daten- und Telegraphiesignale. Hinzu kommen beispielsweise Rundfunk-, Fernseh- und Fernmeß-, in Zukunft sicher auch Bildfernsprechsignale. Von Bündelung soll immer nur dann gesprochen werden, wenn mehrere Signale von einem gemeinsamen Sender über ein gemeinsames Medium zu einem gemeinsamen Empfänger übertragen werden[1].

---

[1] Werden mehrere gleichartige Signale nebeneinander auf parallelen Leitungen geführt, so wird hierfür der Begriff „Raummultiplex" benutzt. Im eigentlichen Sinne sollte man jedoch in diesem Fall nicht von Bündelung sprechen, da nicht mehrere primäre Signale zu einem gemeinsamen sekundären Signal zusammengefaßt werden.

Die Übertragung von Signalen auf einem gemeinsamen Medium in beiden
Richtungen dagegen gehorcht ganz anderen Gesetzen; sie ist zwar auch
unter dem Oberbegriff „Mehrfachausnutzung" einzuordnen, wird jedoch
— insbesondere bei der Datenübertragung — mit „Duplexbetrieb"
bezeichnet. Hierzu gehört auch der Zweidrahtbetrieb bei der Übertragung von Fernsprechsignalen.

Auch bei der Bündelung sind die wesentlichen Parameter die Frequenz, die Zeit und die Amplitude sowie deren Kombinationen. Entsprechende Beispiele vom informationstheoretischen Standpunkt wurden
bereits mit Bild 8.12 gezeigt. Die Notwendigkeit, auf der Empfangsseite
die Signale wieder je für sich zurückzugewinnen, erfordert gewisse Einschränkungen hinsichtlich der Verknüpfung von Modulations- und
Bündelungsart. Da sämtliche Modulationsarten — technisch gesehen —
zu bandbegrenzten Signalen führen, die in jedem gewünschten Frequenzband liegen können, ist eine Frequenzmultiplextechnik (*frequency division multiplex* = FDM) grundsätzlich immer möglich. Auf der Empfangsseite können die Signale mittels Bandfilter in den verschiedenen Fre-
quenzbereichen wieder getrennt werden. Da jedoch Pulsvorgänge als
Modulationsträger in der Regel zu Signalen mit sehr viel größerer Bandbreite führen als Sinusschwingungen, ist die *frequenzmäßige Bündelung*
bei den zeitkontinuierlichen Modulationsträgern sehr viel ökonomischer
als bei den zeitdiskreten.

Zeitbündelung setzt voraus, daß die Modulationsprodukte der einzelnen Signale zeitlich nicht zusammenfallen; andernfalls ließen sie sich nicht
wieder trennen. Die zu bündelnden Signale müssen also zeitdiskret sein,
wobei die Zeitpunkte ihres Auftretens verabredeten Gesetzmäßigkeiten
unterliegen müssen. Aus diesem Grunde ist die Zeitmultiplextechnik
(*time division multiplex* = TDM) auf die in der dritten und vierten
Spalte des Bildes 9.4 angeführten Pulsmodulationsarten beschränkt.

Auf den ersten Blick scheint es nicht durchführbar zu sein, mehrere
Primärsignale durch *Amplitudenbündelung* (*value division multiplex*
= VDM) zusammenzufassen. Sind beliebige Signalwerte erst einmal
addiert, so ist es im allgemeinen unmöglich, sie im einzelnen wieder
zurückzugewinnen. Es sei jedoch an das im Abschnitt 9.1.2 unter
3. Gesagte erinnert: Ein quantisiertes Signal kann von einer Störung
befreit werden, wenn diese eine bestimmte Schwelle nicht überschreitet.
Obwohl sich also die Störung zu der gleichen Zeit und im gleichen Frequenzband abspielt, ist eine Trennung möglich. Es kommt also nur
darauf an, daß die Signale quantisiert sind und ein Signal als „Störung"
des anderen fungiert.

Hierfür ein anschauliches Beispiel: Angenommen ein erstes primäres
Signal kann die Werte 0 bis 900 in Stufen von 100, ein zweites die Werte
0 bis 90 in Stufen von 10, und ein drittes die Werte 0 bis 9 in Stufen

von 1 einnehmen, so ergeben sich als Summe alle ganzen Zahlen zwischen 000 und 999, die als Signalwerte des sekundären Signals übertragen werden. Es ist leicht einzusehen, daß in diesem Fall empfangsseitig die primären Signale zurückgewonnen werden können, wenn die Störamplitude kleiner als 1/2 ist.

In Bild 9.4 sind unten die Bündelungsarten angegeben, die für die in den einzelnen Spalten aufgeführten Modulationsarten möglich sind. Es zeigt sich, daß es für die erste Spalte nur die Frequenzmultiplextechnik, für die zweite und dritte Spalte je zwei Varianten, und für die vierte Spalte sogar alle drei Varianten gibt. Da die angegebenen Möglichkeiten auch miteinander kombinierbar sind, ist für die in der vierten Spalte angegebenen Modulationsarten die Variation der Bündelungsart besonders groß. Ein Beispiel hierfür ist die im Abschnitt 2.4.2 behandelte Darstellung von Signalen mit Hilfe von orthogonalen Mäanderfunktionen (Walshfunktionen). Benutzt man die in Bild 2.12 gezeigten Funktionen als Träger zum Zwecke der Pulsmodulation, so können sämtliche Signale *ohne* zeitliche Bündelung unmittelbar überlagert werden. Da die Trägerfunktionen zueinander orthogonal sind, ist eine empfangsseitige Entbündelung möglich, obwohl weder eine reine Frequenz-, Zeit- noch Amplitudenbündelung vorliegt; man spricht in diesem Fall allgemein von *Funktionenmultiplex.*

Daneben gibt es noch Bündelungverfahren, die von der Gliederung der Modulationsarten unabhängig sind. Bei einer ersten Gruppe von Verfahren werden besondere elektrische Eigenschaften der Übertragungsmedien ausgenutzt. Strahlt man elektromagnetische Wellen in zwei zueinander senkrecht stehenden Ebenen aus (Kreuzpolarisation), so können trotz Verwendung gleicher Trägerfrequenz beide Signale voneinander getrennt empfangen werden. Ein anderes Beispiel ist die Ausnutzung des Phantomkreises bei symmetrischen Leitungen: Über zwei Leiterpaare wird ein drittes Signal übertragen, indem dieses über Mittelanzapfungen von Übertragern symmetrisch in die beiden Leiterpaare eingekoppelt wird. Durch eine entsprechende Auskopplung auf der Empfangsseite wird erreicht, daß die drei Signale je für sich zurückgewonnen werden.

Bei einer zweiten Gruppe von Verfahren werden gleichzeitig mehrere Signalparameter eines Trägers unabhängig voneinander moduliert. Man kann in diesem Fall von „Parameterbündelung" sprechen. Zum Beispiel kann man die Amplitude eines Impulses durch ein erstes Signal und seine Dauer durch ein zweites Signal modulieren. Eine andere Möglichkeit besteht darin, einen frequenzmodulierten Hochfrequenzträger mit PPM zu modulieren. Während das PPM-Signal Fernsprechsignale mit zeitlicher Bündelung enthält, wird mit der Frequenzmodulation noch ein zusätzlicher Dienstkanal gewonnen. Ein komplizierteres

Beispiel ist das Farbfernsehsignal: Hier liegt im Gleichanteil des Signals die Helligkeit, in seiner Amplitudenmodulation die Farbsättigung und in seiner Phasenmodulation der Farbton.

9.2. Sinusvorgang als Modulationsträger

Der Modulationsträger besteht im einfachsten Fall aus einer einzigen Schwingung konstanter Amplitude S_0 und konstanter Frequenz $f_0 = \omega_0/(2\pi) = 1/T_0$; er wird daher auch mit Sinusträger bezeichnet und hat die Form

$$s_0(t) = S_0 \sin \omega_0 t. \tag{9.1}$$

Bei der Modulation wird die Trägerschwingung durch das primäre Signal verformt. Dieses primäre Signal kann entweder wertkontinuierlich oder wertdiskret sein.

9.2.1. Wertkontinuierliche Modulation

9.2.1.1. Amplitudenmodulation

Ein einfacher Repräsentant für das modulierende Signal $s_1(t)$ — man denke an Sprach- oder Tonsignale — ist wiederum eine Sinusschwingung der Amplitude Eins und der *Modulationsfrequenz* $f_m = \omega_m/(2\pi)$. Da der Signalparameter oft von einem Mittelwert hinauf- und herabmoduliert wird, so daß negative Werte vermieden werden, sei $s_1(t)$ etwas allgemeiner gegeben durch

$$s_1(t) = 1 + m \sin \omega_m t; \tag{9.2a}$$

darin ist m der *Modulationsgrad* $(0 \leq m \leq 1)$.

Wenn für ein solches primäres Signal die *Amplitude* des Trägers in (9.1) als Signalparameter dient, d. h. wenn S_0 den zeitabhängigen Wert $S(t)$ annimmt, so spricht man von *Amplitudenmodulation* (AM). Es wird

$$S(t) = S_0 s_1(t) \tag{9.2b}$$

und das amplitudenmodulierte Signal

$$s(t) = S_0(1 + m \sin \omega_m t) \sin \omega_0 t. \tag{9.3}$$

Man erhält

$$s(t) = S_0 \left\{ \sin \omega_0 t + \frac{m}{2} \left[\cos(\omega_0 - \omega_m)\, t - \cos (\omega_0 + \omega_m)\, t \right] \right\}. \tag{9.4}$$

Diese Gleichung repräsentiert die in Bild 9.3c links dargestellte *Zweiseitenband-Amplitudenmodulation* (ZSB-AM). Das modulierte Signal setzt sich aus drei Anteilen zusammen: der Trägerschwingung mit der Frequenz f_0 und den beiden Seitenschwingungen mit den Frequenzen $f_0 - f_m$ und $f_0 + f_m$. Die Amplitude der Seitenschwingungen ist nur abhängig von m, nicht jedoch von den Frequenzen f_0 oder f_m. Das ist nicht selbstverständlich, wie später bei anderen Modulationsarten noch gezeigt wird. Besteht das primäre Signal aus einem Gemisch von Schwingungen, so wird jede Spektrallinie f_m aus dem Frequenzband B_0 des primären Signals in zwei Linien aufgespalten, die im Abstand $\pm f_m$

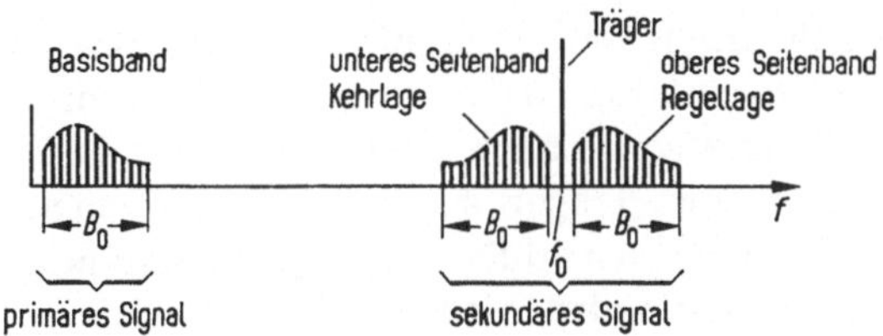

Bild 9.5. Spektren bei Zweiseitenband-Amplitudenmodulation.

symmetrisch zur Trägerfrequenz f_0 liegen. Das modulierte Signal bedeckt dann ein Frequenzband der Breite $2B_0$. Bild 9.5 zeigt diese Spektren. Die Trägerschwingung verbraucht dabei den größten Teil der Leistung.

Will man sie nicht übertragen, so muß das primäre Signal von der Form sein

$$s_1(t) = m \sin \omega_m t. \tag{9.5}$$

Das erste Glied in (9.4) fällt dann fort. Verwirklicht wird das Ergebnis z. B. durch Gegentaktmodulation. Bei dieser *Zweiseitenband-Amplitudenmodulation mit unterdrücktem Träger* wird zwar bei der Übertragung die Leistung für den Träger eingespart; das hat aber den Nachteil, daß das primäre Signal nicht ohne weiteres phasen- und damit formgetreu zurückgewonnen werden kann. Zu diesem Zweck muß nämlich auf der Empfangsseite eine Trägerschwingung zur Verfügung stehen, die nach Frequenz und Phase mit der sendeseitigen übereinstimmt.

Während der Signalanteil des oberen Seitenbandes gegenüber dem primären Signal um f_0 versetzt ist (Regellage), ist der Signalanteil des unteren Seitenbandes an f_0 gespiegelt (Kehrlage). Wie man sieht, kann man eines der beiden Bänder wegfiltern, ohne an Information zu verlieren. Dies ist üblich bei der *Einseitenband-Amplitudenmodulation* (ESB-AM). Unterdrückt man beispielsweise das obere Seitenband, so bleibt in (9.4) nur der mittlere Summand erhalten.

Da das menschliche Ohr — zum mindesten bei der monophonen Tonübertragung — keine phasengetreue Übertragung des Signals verlangt und sogar gegen einen geringfügigen Frequenzversatz unempfindlich ist, genügt es, bei der Sprachübertragung auf der Empfangsseite eine freilaufende Trägerschwingung zuzusetzen, deren Frequenz auf einige Hertz mit der des Sendeträgers übereinstimmt. Übermittelt man innerhalb eines solchen Sprachkanals Signale, auf deren formgetreue Übertragung es ankommt, wie z. B. Telegraphiezeichen, Wählimpulse oder Fernmeßwerte, so gibt man diesen einen eigenen „Unterträger" mit.

Eine weitere Variante der Amplitudenmodulation ist die *Restseitenband-Amplitudenmodulation* (RSB-AM). Diese findet Anwendung, wenn das primäre Signal schon von wenigen Hertz an unverzerrt übertragen werden muß; das gilt z. B. für ein Fernsehsignal. Filteraufwand und Bauelemente-Toleranzen verbieten hier das korrekte Ausfiltern eines Seitenbandes. Man überträgt daher nach einer bestimmten Dämpfungsvorschrift den Träger sowie auch noch einen kleinen Teil des anderen Seitenbandes. Die zum Träger symmetrisch liegenden Komponenten ergänzen sich bei der Demodulation amplituden- und phasenrichtig, so daß die Formtreue gewahrt wird.

9.2.1.2. Winkelmodulation

Eine andere Möglichkeit, den Sinusträger $s_0(t)$ zu modulieren, besteht darin, dem Phasenwinkel $\omega_0 t$ einen vom zeitproportionalen Verlauf abweichenden Wert $\varphi(t)$ zu geben:

$$s(t) = S_0 \sin \varphi(t). \tag{9.6}$$

Definiert man die Abweichung von dem Grundwinkel $\omega_0 t$ mit $\Delta\varphi(t)$, so erhält man für den Gesamtwinkel

$$\varphi(t) = \omega_0 t + \Delta\varphi(t) \tag{9.7}$$

und für die dazugehörige Winkelgeschwindigkeit oder Augenblicks-Kreisfrequenz

$$\frac{\mathrm{d}\varphi}{\mathrm{d}t} = \omega_0 + \frac{\mathrm{d}}{\mathrm{d}t}\,\Delta\varphi(t). \tag{9.8}$$

Bei diesem allgemein mit *Winkelmodulation* bezeichneten Verfahren heben sich zwei Fälle heraus: Ist $\Delta\varphi(t)$ proportional dem zeitlichen Verlauf des modulierenden Signals $s_1(t)$, so spricht man von *Phasenmodulation*. Benutzt man hingegen die zeitliche Ableitung dieser Abweichung als Signalparameter, so spricht man von *Frequenzmodulation*. Ist $s_1(t) = \sin \omega_m t$ das modulierende Signal, so ergibt sich für das phasenmodulierte Signal

$$s(t) = S_0 \sin (\omega_0 t + \Delta\Phi \sin \omega_m t); \tag{9.9}$$

darin wird $\Delta\Phi$ als *Phasenhub* bezeichnet. Der Augenblickswert der Frequenz nach (9.8) ist $f_0 + \Delta\Phi f_m \cos \omega_m t$, der *Frequenzhub* also $\Delta\Phi f_m$.

Die entsprechende Gleichung für das frequenzmodulierte Signal lautet, damit nach Differenzieren der Phase $s_1(t)$ herauskommt,

$$s(t) = S_0 \sin\left(\omega_0 t - \frac{2\pi\Delta F}{\omega_m} \cos \omega_m t\right); \tag{9.10}$$

darin ist ΔF der *Frequenzhub*. Für den Phasenhub ergibt sich $\Delta F/f_m$. Die Größe $\Delta F/f_m$ wird auch als *Modulationsindex* bezeichnet.

Diese Beziehungen zeigen, daß man bei einer einzigen Sinusschwingung dem modulierten Signal nicht ansehen kann, ob es phasen- oder frequenzmoduliert ist. Stellt man durch Messung einen Frequenzhub ΔF fest, so kann man dem Signal ebensogut einen Phasenhub

$$\Delta\Phi = \frac{\Delta F}{f_m} \tag{9.11}$$

zuordnen.

Bei Übertragung einer beliebigen Zeitfunktion, d. h. eines ganzen Spektrums von Schwingungen, kann man Phasenmodulation dadurch in Frequenzmodulation überführen, daß man dem modulierenden Signal einen Frequenzgang entsprechend $1/f_m$ gibt, z. B. durch ein *RC*-Netzwerk. Ebenso holt man das primäre Signal aus einem phasenmodulierten Signal meist dadurch heraus, daß man frequenzdemoduliert und dem Signal einen Frequenzgang entsprechend $1/f_m$ gibt. Da bei der Frequenzmodulation — ebenso wie bei der Phasenmodulation — das primäre Signal in den Änderungen des Winkelanteils steckt, bleibt die Amplitude des modulierten Signals konstant (siehe Bild 9.3d links).

Wenn bei der Übertragung hinzugekommene Störungen oder Dämpfungsverzerrungen zusätzlich eine Amplitudenmodulation hervorrufen, wird diese dadurch unwirksam gemacht, daß die Amplitude des sekundären Signals im Empfänger sorgfältig auf einen konstanten Wert begrenzt wird. Der Begrenzer ist eine wichtige Voraussetzung dafür, daß die Winkelmodulation zur Gruppe der störungsmindernden Verfahren gerechnet werden kann. Das muß nach (8.26) und den Ausführungen am Schluß vom Abschnitt 8 mit Übertragungszeit — hier nicht zutreffend — oder mit Bandbreite bezahlt werden. Leider ist der Preis bei einer so einfachen „Codierung", wie es die Winkelmodulation ist, wesentlich höher als in dem theoretischen Grenzfall (8.26). Dort braucht man erhöhte Geräuschleistung nur im Maße ihres Logarithmus durch vergrößerte Bandbreiten wettzumachen, anders ausgedrückt: erhöhte Bandbreite wirkt exponentiell auf die zulässige Störung. Bei den Winkelverfahren wirkt sie, wie im Abschnitt 9.2.5.3 noch gezeigt werden wird, nur quadratisch.

Zunächst muß noch der Frequenzhub bzw. der Modulationsindex in Bandbreite ausgedrückt werden. Mit Hilfe von Besselfunktionen lassen sich (9.9) und (9.10) in Spektralkomponenten zerlegen, die bei $f_0 \pm n f_m$ liegen (n ganzzahlig). Eine solche Modulation ist also eine Zweiseitenbandmodulation ähnlich wie die Amplitudenmodulation mit Träger, nur mit dem Unterschied, daß viele Seitenschwingungen auftreten. Bild 9.6 zeigt unter a) und b) die Amplitudenspektren zweier sinusförmig frequenzmodulierter Signale mit unterschiedlichem Frequenzhub ΔF, abhängig von $\Delta f = f - f_0$. Man sieht, daß die Komponenten außerhalb

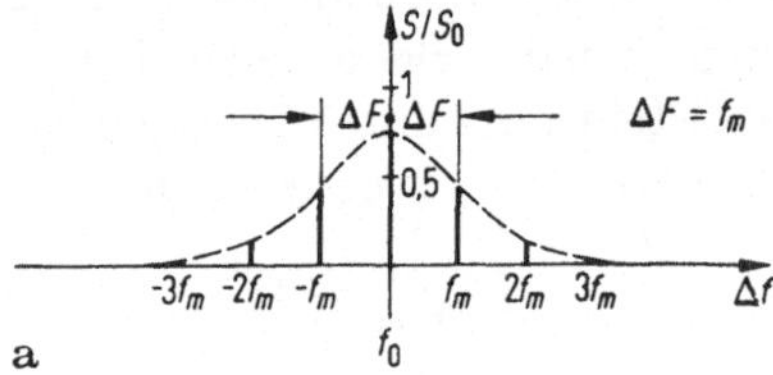

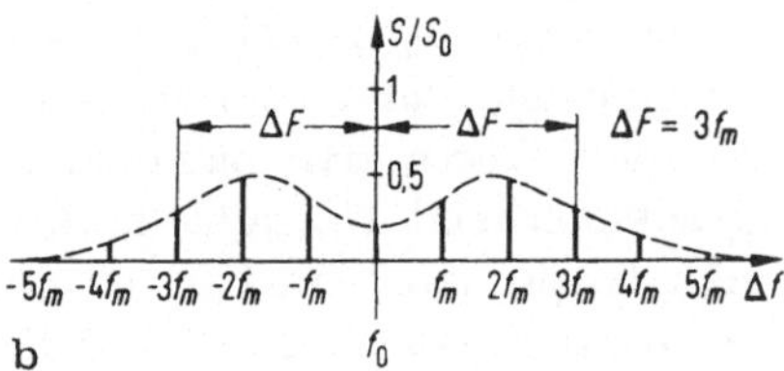

Bild 9.6a u. b. Amplitudenspektren frequenzmodulierter Signale.

des Bandes $2\Delta F$ rasch abklingen. Leider besteht zwischen dem Frequenzhub ΔF und der belegten Hochfrequenz-Bandbreite B_h kein einfacher Zusammenhang. Für hohe Ansprüche an die Linearität, wie sie die Übertragung vieler, frequenzmäßig gebündelter Signale stellt, gelten die Näherungen

$$B_h = 2c\,(\Delta F + B_0) \quad \text{für} \quad \frac{\Delta F}{B_0} < 1$$

und $\hspace{10cm}$ (9.12)

$$B_h = 2c\,(\Delta F + 2B_0) \quad \text{für} \quad \frac{\Delta F}{B_0} > 1,$$

wobei c ein Gütefaktor ist, der etwa bei 1,25 liegt.

9.2.2. Wertdiskrete Modulation

Bisher war das primäre Signal wertkontinuierlich, wie z. B. das in Bild 1.1 gezeigte Sprachsignal. Für wertdiskrete Signale, wie z. B. das in Bild 1.2 gezeigte Telexsignal, gelten die Betrachtungen des letzten Abschnittes in gleicher Weise, wenn man die Unterschiede der Primärsignale berücksichtigt. Statt der Sinusschwingung ist der einfachste Vertreter die Rechteckschwingung. Man spricht dabei von Amplitudentastung, von Phasen- oder Frequenzumtastung.

Bei der *Amplitudentastung* wird der Sinusträger nach (9.1) in der Zeit von 0 bis $T_m/2$ eingeschaltet und in der Zeit von $T_m/2$ bis T_m aus-

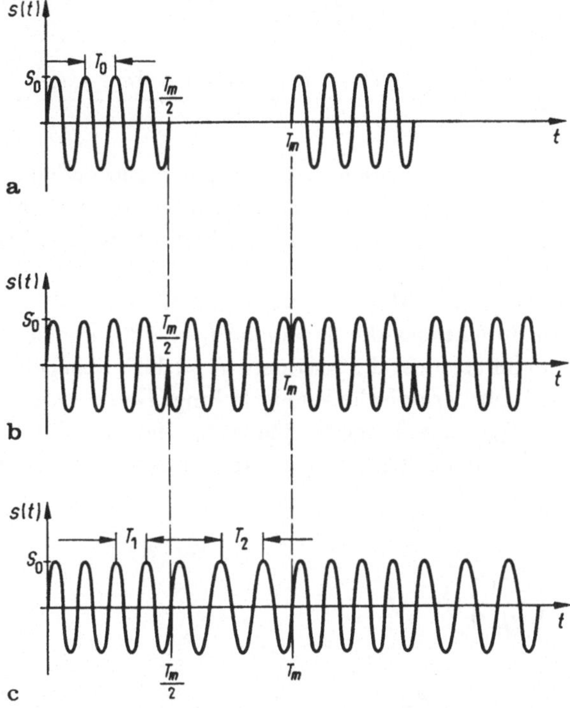

Bild 9.7a—c. Signal bei Amplitudentastung (a), Phasenumtastung (b) und Frequenzumtastung (c).

geschaltet (Bild 9.7a). Bei periodischer Wiederholung dieses Vorgangs, wobei $T_m > T_0$ ist, ergibt eine Fourieranalyse für das Modulationsprodukt

$$s(t) = S_0 \left\{ \frac{1}{2} \sin \omega_0 t \right.$$

$$\left. + \frac{1}{\pi} \sum_{n=0}^{\infty} \frac{\cos\left[\omega_0 - (2n+1)\,\omega_m\right]t - \cos\left[\omega_0 + (2n+1)\,\omega_m\right]t}{2n+1} \right\}.$$

$$(9.13)$$

Ein Vergleich von (9.4) mit (9.13) zeigt, daß bei der Amplitudentastung außer bei $f_0 - f_m$ und bei $f_0 + f_m$ noch weitere Teilschwingungen auftreten, deren Amplituden jedoch mit größer werdendem n abklingen. Diese Spektren werden schmaler, wenn man die Trägerschwingung nicht so hart tastet, sondern das modulierende Signal etwas abrundet (Weichtastung). Zur einwandfreien Übertragung ist eine Bandbreite von etwa dem sechsfachen der Tastfrequenz nötig.

Bei der *Phasenumtastung* wird im einfachsten Fall der Sinusträger in der Zeit von 0 bis $T_m/2$ mit der Phase Null und in der Zeit von $T_m/2$ bis T_m mit der Phase π übertragen. Damit ergibt sich ein Signal nach Bild 9.7b. Hierfür liefert die Fourieranalyse

$$s(t) = S_0 \frac{2}{\pi} \sum_{n=0}^{\infty} \frac{\cos\left[\omega_0 - (2n+1)\,\omega_m\right] t - \cos\left[\omega_0 + (2n+1)\,\omega_m\right] t}{2n+1}.$$

$$(9.14)$$

Ein Vergleich mit (9.13) zeigt, daß für den vorliegenden Spezialfall die Phasenumtastung aus der Amplitudentastung durch Unterdrückung der Trägerschwingung und Verdoppelung der Seitenbandamplituden hervorgeht.

Bei der *Frequenzumtastung* wird im einfachsten Fall in der Zeit von 0 bis $T_m/2$ ein Sinusträger der Frequenz $f_1 = 1/T_1$ und in der Zeit von $T_m/2$ bis T_m ein Sinusträger der Frequenz $f_2 = 1/T_2$ abgegeben; Bild 9.7c zeigt diesen Fall für periodische Wiederholung. Definiert man die Mittenfrequenz $(f_1 + f_2)/2$ als Trägerfrequenz f_0 und die Differenzfrequenz $|f_2 - f_1|$ als doppelten Frequenzhub $2\Delta F$, so erhält man durch Fourieranalyse

$$s(t) = S_0 \left[\operatorname{si}\left(\frac{\pi \Delta F}{2f_m}\right) \sin \omega_0 t \right.$$

$$+ \frac{2}{\pi} \frac{\Delta F}{f_m} \sum_{n=1}^{\infty} \frac{\sin \dfrac{\pi \Delta F}{2f_m}}{\left(\dfrac{\Delta F}{f_m}\right)^2 - (2n)^2} \left\{\sin\left(\omega_0 + 2n\omega_m\right) t + \sin\left(\omega_0 - 2n\omega_m\right) t\right\}$$

$$+ \frac{2}{\pi} \frac{\Delta F}{f_m} \sum_{n=1}^{\infty} \frac{\cos \dfrac{\pi \Delta F}{2f_m}}{\left(\dfrac{\Delta F}{f_m}\right)^2 - (2n-1)^2}$$

$$\left. \times \left\{\cos\left[\omega_0 + (2n-1)\,\omega_m\right] t + \cos\left[\omega_0 - (2n-1)\,\omega_m\right] t\right\} \right]. \qquad (9.15)$$

Hier liegen symmetrisch zur Trägerfrequenz f_0 im Abstand von allen ganzzahligen Vielfachen der Tastfrequenz f_m diskrete Spektrallinien, deren Amplitude vom Modulationsindex $\Delta F/f_m$ abhängt: Mit zunehmendem Hub steigt der Anteil der Seitenbänder auf Kosten der Trägerfrequenz. Für geradzahlige Werte von $\Delta F/f_m$ verschwinden der Träger und die Frequenzen $f_0 \pm 2nf_m$, für ungeradzahlige Werte von $\Delta F/f_m$ die Frequenzen $f_0 \pm (2n-1)f_m$, jeweils jedoch mit Ausnahme von $f_0 \pm f_m$. Bei dem in Bild 9.7c dargestellten Fall ist $\Delta F/f_m = 1$; (9.15) vereinfacht sich zu

$$s(t) = \frac{2S_0}{\pi}\left[\sin\omega_0 t + \sum_{n=1}^{\infty}\frac{\sin(\omega_0 + 2n\omega_m)t + \sin(\omega_0 - 2n\omega_m)t}{1-(2n)^2}\right.$$

$$\left. - \frac{\pi}{4}\left\{\cos(\omega_0 + \omega_m)t + \cos(\omega_0 - \omega_m)t\right\}\right]. \tag{9.16}$$

Ein Vergleich mit (9.13) ergibt, daß in diesem Fall das modulierte Signal bei Frequenzumtastung weniger Frequenzband braucht als bei Amplitudentastung oder Phasenumtastung, weil die Spektralanteile hoher Frequenz geringer sind.

Signale, die dauernd einzig und allein aus diskreten Spektrallinien konstanter Amplitude bestehen, enthalten keine Information, sondern nur Redundanz. Information kann sich nur aus Spektralanteilen ergeben, die durch Wahrscheinlichkeitsgesetze des Signals abgeleitet sind (siehe Abschn. 6).

Im vorigen Unterabschnitt wurde die andauernde Sinusschwingung, die an sich keine Information trägt, als einfacher Repräsentant wertkontinuierlicher primärer Signale benutzt. Das gleiche gilt für die Rechteckschwingung. Wirkliche primäre wertdiskrete Signale bestehen aus einer stochastischen Folge von — im einfachsten Fall zwei — diskreten Werten. Hierbei sind wiederum zwei Fälle zu unterscheiden:

1. Die Zustandsänderung ist nur zu periodisch vorgegebenen Zeitpunkten möglich; die Zustandsdauer kann also nur ein ganzzahliges Vielfaches der Grundperiode sein. In diesem Fall ist das modulierende Signal zeitquantisiert und kann beispielsweise selbst das Modulationsprodukt einer digitalen Modulation sein. Diese Art von stochastischen Signalen wurde bereits im Abschnitt 6 behandelt. Darüber hinaus gehende Untersuchungen, insbesondere hinsichtlich der Spektralverteilung, können [9.1] entnommen werden.

2. Die Zustandsdauer ist innerhalb gewisser Grenzen variabel. Derartige Signale können beispielsweise bei von Hand getasteten Morsezeichen entstehen. Sie lassen sich angenähert darstellen durch ein normal verteiltes bandbegrenztes Rauschsignal $s'(t)$, das über einen idealen Begrenzer entsprechend der Funktion $s_1(t) = \mathrm{sgn}\,[s'(t)]$ gegeben

wird[1]. Durch die Frequenzlage von $s'(t)$ wird der Variationsbereich der Zustandsdauer von $s_1(t)$ beschrieben. Das Spektrum dieses Signals läßt sich nicht in einfacher Weise berechnen; es beschränkt sich auf diejenigen Frequenzbereiche, die von ungeradzahliger Ordnung des Spektrums von $s'(t)$ sind [9.2].

9.2.3. Frequenzmäßige Bündelung, Mehrfachmodulation

Wie im Abschnitt 9.1.3 schon erwähnt wurde, ist bei der Modulation von Sinusträgern mit wertkontinuierlichen Signalen die frequenzmäßige Bündelung die einzige Möglichkeit, mehrere Signale der Bandbreite B_0 gemeinsam zu übertragen. Die sparsamste Methode hierzu bietet das Einseitenbandverfahren, da dessen Signal nur ein Frequenzband der ursprünglichen Breite B_0 umfaßt und keinerlei zusätzliche, leistungsverzehrende Schwingungen enthält, wie etwa den Träger. Wegen der schon genannten Eignung zur Übertragung von Sprachsignalen hat sich die Einseitenbandtechnik in den Fernsprechnetzen der Welt durchgesetzt. Obwohl die zwischen 0,3 kHz und 3,4 kHz liegenden Sprachsignale nur eine Bandbreite von 3,1 kHz einnehmen, beträgt die nominelle Kanalbandbreite 4 kHz. Dieser Spielraum ist notwendig, um bei der Entbündelung die einzelnen Kanäle mit wirtschaftlich vertretbarem Filteraufwand trennen zu können. In der Trägerfrequenz (TF)-Technik hat man Bündelstärken und Frequenzlagen genormt, um eine passende Anzahl von Kanälen ohne Frequenzumsetzung in sogenannten Grundgruppen durchschalten zu können. So bilden beispielsweise 12 Fernsprechkanäle mit insgesamt 48 kHz Bandbreite eine sogenannte Grund-Primärgruppe in dem Frequenzbereich zwischen 60 kHz und 108 kHz. Neben dieser frequenzmäßigen Bündelung durch mehrfache Anwendung der Einseitenbandtechnik (ESB) gibt es auch Verfahren, die mit Kombinationen anderer Modulationsverfahren arbeiten. Man spricht dann von *Mehrfachmodulation*, wenn mehrere Modulationsvorgänge aufeinanderfolgen, bei denen das Modulationsprodukt des einen Vorganges das modulierende Signal des nächsten Vorganges wird:

1. Die ESB-Technik versagt, wie schon kurz geschildert, wenn es auf formgetreue Wiedergabe von Signalen, wie z. B. Fernschreibzeichen, ankommt. Diese Signale überträgt man daher mit Hilfe von amplitudengetasteten Trägern (WT = Wechselstromtelegraphie). Bei dem genormten Abstand dieser Träger von 120 Hz kann man 24 solche Signale

---

[1]
$$\text{sgn}(x) = \begin{cases} 1, & \text{wenn } x > 0, \\ 0, & \text{wenn } x = 0, \\ -1, & \text{wenn } x < 0. \end{cases}$$

in einem Sprachkanal unterbringen (Bild 9.8). Jedes Signal bedeckt ein Frequenzband von $2 \cdot 40\,\text{Hz} = 80\,\text{Hz}$. Der Sprachkanal wiederum kann zu einem Frequenzbündel eines Vielfach-Fernsprechsystems gehören. Es ergibt sich damit für die Mehrfachmodulation die Kombination AM-ESB mit frequenzmäßiger Bündelung.

2. Fernschreibzeichen werden oft auch mittels Frequenzumtastung übertragen, besonders dann, wenn auf der Strecke die Dämpfung merklich schwankt. Auch hier benutzt man Kanäle der WT mit 120 Hz Abstand nach dem Schema von Bild 9.8. Den beiden Extremzuständen

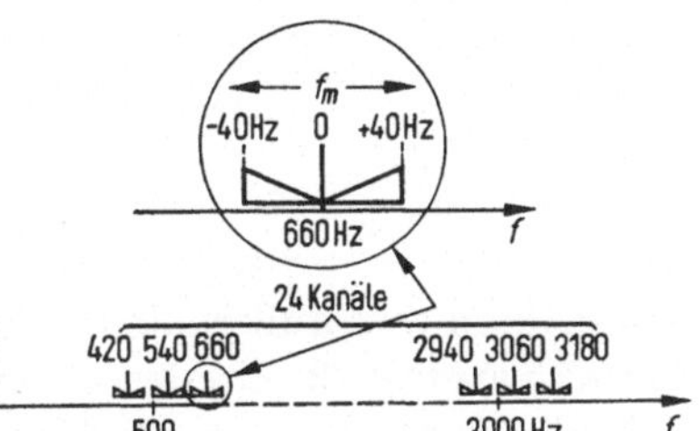

Bild 9.8. Frequenzmäßige Bündelung von Signalen der Wechselstromtelegraphie.

Strom und Pause entsprechen hierbei jedoch zwei Frequenzen in 60 Hz Abstand, z. B. $660 \pm 30\,\text{Hz}$. Werden viele frequenzmodulierte Signale gebündelt und in den Trägerfrequenz-Kanälen mit Einseitenbandtechnik übertragen, so spricht man von **FM-ESB**.

3. Bei der Übertragung von Sprachsignalen über Funk benutzt man meist die umgekehrte Reihenfolge wie unter 2.: Ein ganzes Bündel von Einseitenbandsignalen wird einem Sinusträger als Frequenzmodulation aufgeprägt (ESB-FM).

9.2.4. Wirkung von Übertragungsverzerrungen

Wie schon erwähnt wurde, kann mit der Wahl der Modulationsart auch der Wunsch verbunden sein, Störungen im Verlaufe der Übertragung des modulierten Signals bei der Demodulation zu mindern. Neben den später behandelten Geräuschen sind die wichtigsten Einflüsse, denen das Signal wegen der Unvollkommenheit der Übertragungsmittel unterliegen kann, *Dämpfungs-* und *Phasenverzerrungen* sowie *nichtlineare Verzerrungen*. Dabei ist zu beachten, daß ein bestimmter Einfluß auf das modulierte Signal sich nach der Demodulation als eine anders geartete Verzerrung auswirken kann. Da in diesem Buche die Modulation von Sinusvorgängen nur kurz zur Übersicht und vergleichsweisen Betrachtung behandelt wird, soll hier auf Ableitungen verzichtet werden.

Bei der ESB-Modulation finden sich alle Dämpfungs- und Phasenverzerrungen des Signalweges im demodulierten Signal wieder. Bei den

nichtlinearen Verzerrungen gibt es gegenüber der unmittelbaren Übertragung dann gewisse Unterschiede, wenn das versetzte Frequenzband B_0 bei hohen Frequenzen liegt, die Bandbreite B_0 also klein ist
gegen die Trägerfrequenz f_0 (Bild 9.9). Alle Klirrschwingungen 2. Grades

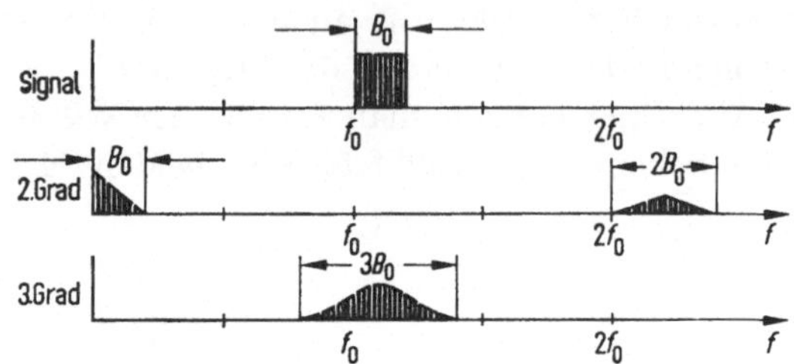

Bild 9.9. Klirrspektren 2. und 3. Grades bei ESB-AM.

fallen dann weit außerhalb des Signalfrequenzbandes. Dagegen liegen die
Kombinationen 3. Grades — besonders wichtig sind die aus drei verschiedenen Frequenzen gebildeten von der Form $f_x = f_1 \mp f_2 \pm f_3$ — in
der Umgebung des Nutzsignalbandes und ergeben ein Nebensprechen,
das glücklicherweise unverständlich ist.

Bei der ZSB-Modulation mit Träger wirken Dämpfungs- und Phasenverzerrungen nicht anders als bei unmittelbarer Übertragung, solange
der Dämpfungsgang symmetrisch, der Phasengang antimetrisch zur
Trägerfrequenz f_0 ist (Bild 9.10). Diese Bedingung ist in der Praxis

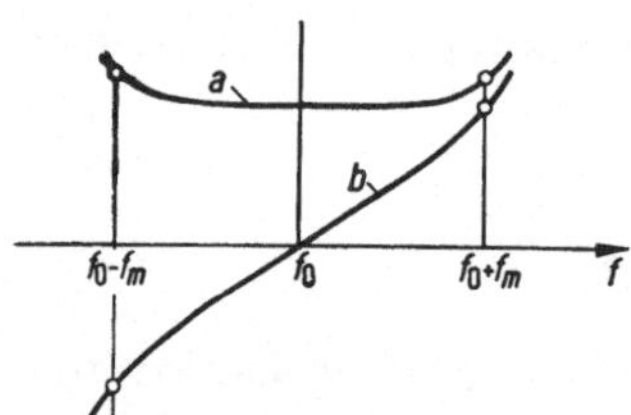

Bild 9.10. Dämpfung a in symmetrischer, Phase b in anti-
metrischer Lage zur Trägerfrequenz f_0.

erfüllt, solange die im allgemeinen symmetrischen Bandfilter der Geräte
ihre Sollfrequenzen halten. Bei Abweichungen treten jedoch Verformungen der Kurven in Bild 9.10 auf. Hierdurch werden unangenehme nichtlineare Verzerrungen im Nutzsignalband hervorgerufen. Nichtlineare
Kennlinien im Signalweg wirken im Prinzip nicht anders als bei der
ESB-Modulation. Bei dem Verfahren mit Träger ist das Nebensprechen in
den Nachbarkanälen leider verständlich; man spricht deshalb auch
von „Kreuzmodulation".

Bei der Frequenz- und Phasenmodulation wirken Dämpfungsverzerrungen in gleicher Weise: In Abhängigkeit von der Augenblicks-

frequenz ändert sich die Schwingungsamplitude. Das ruft eine unerwünschte Amplitudenmodulation des Signals hervor. Diese kann aber bis auf praktisch verschwindende Beträge durch Amplitudenbegrenzer beseitigt werden. Verbleibende Reste führen nach der Demodulation zu einer nichtlinearen Verzerrung. Phasenverzerrungen, denen das Signal unterwegs unterliegt, haben die gleiche Wirkung. Der Effekt ist jedoch in seiner Größe unterschiedlich bei den beiden Winkelmodulationsarten. Unter der Annahme, daß die Gruppenlaufzeit $db/d\omega$ nicht konstant ist, sondern zwischen den Grenzen des Hubbereiches $2\Delta F$ linear um $2t_1$ ansteigt, beträgt der *Klirrfaktor k* zweiten Grades bei Frequenzmodulation

$$k_2{}^{\mathrm{FM}} = \pi f_m t_1 \, ; \qquad (9.17)$$

er ist also proportional der Modulationsfrequenz f_m und dem genannten Laufzeitunterschied t_1.

Für die Phasenmodulation erhält man den günstigeren Wert

$$k_2{}^{\mathrm{PM}} = \frac{f_m}{2B_0} \, k_2{}^{\mathrm{FM}} \, . \qquad (9.18)$$

Nichtlineare Verzerrungen sind bei Frequenz- und Phasenmodulation unkritisch: Solange der Bereich der Augenblicksfrequenz $d\varphi/dt$ innerhalb einer Oktave bleibt, liegen alle durch Nichtlinearitäten erzeugten Oberschwingungen außerhalb dieses Bandes und können durch Filter entfernt werden. Sie können daher die Nulldurchgänge des Signals, auf die es bei der Demodulation entscheidend ankommt, nicht beeinflussen.

Beschränkt man entgegen der Bedingung (9.12) das Übertragungsband derart, daß bei Frequenzmodulation nur die Trägerschwingung der Frequenz f_0 und die beiden Seitenschwingungen der Frequenz $f_0 + f_m$ und $f_0 - f_m$ übrig bleiben, so entsteht nach der Demodulation ein Klirrfaktor dritten Grades

$$k_3{}^{\mathrm{FM}} = \frac{J_1{}^2\!\left(\dfrac{\Delta F}{f_m}\right)}{J_0{}^2\!\left(\dfrac{\Delta F}{f_m}\right) + 2J_1{}^2\!\left(\dfrac{\Delta F}{f_m}\right)} \, ; \qquad (9.19)$$

dabei bedeutet $J_q(x)$ die Besselfunktion erster Art von der Ordnung q mit dem reellen Argument x.

Dieser Klirrfaktor ist nur bei kleinem Modulationsindex zu vernachlässigen.

9.2.5. Geräusche und ihre Wirkung

9.2.5.1. Die Geräusche und ihre quantitative Erfassung

Zusammen mit den Klirrprodukten gehören die unterwegs aufgenomme-
nen Geräusche, so weit sie sich in dem demodulierten Signal vorfinden,
zu den wichtigsten Störungen. Obwohl auch das unverständliche nichtlineare Nebensprechen als Geräusch gewertet wird, möge dieses Wort
hier nur die Wirkung der *eingedrungenen* Störungen bedeuten.

Eine solche Geräuschquelle bilden die sogenannten selektiven Störer,
wie z. B. fremde Starkstromfelder oder Nachrichtensignale, die durch
Undichtheiten der Übertragungsleitung oder wegen mangelnder Richtwirkung der Antennen in das betrachtete Übertragungssystem eindringen und in den Übertragungsbereich des Signals fallen.

Eine andere Quelle bilden das Wärmerauschen und das Röhren- oder
Transistorrauschen. Daß dem zu verstärkenden Signal durch das
Wärmerauschen eine untere Grenze gesetzt wird, hat wohl als erster
W. Schottky erkannt [9.3]. Für den Effektivwert U_N der Rausch-
spannung, die an einem isolierten ohmschen Widerstand R auftritt,
gilt innerhalb des technisch wichtigen Frequenzbereiches nach J. B.
Johnson und H. Nyquist [9.4] die Beziehung

$$U_N{}^2 = 4kTBR. \qquad (9.20)$$

Darin bedeuten $k = 1{,}38 \cdot 10^{-23}$ Ws/K die Boltzmannsche Konstante,
T die Betriebstemperatur (gewöhnlich ≈ 300 K) und B die Bandbreite.
Hiernach ergibt sich je Hertz Frequenzband immer der gleiche Wert
$4kTR$ unabhängig davon, welche absoluten Frequenzen man betrachtet.

Ist das Übertragungssystem gegen Außenstörungen gut abgeschlossen, so macht sich am Orte der kleinsten Signalleistung, d. h. am Ende
eines Kabel-Verstärkerfeldes oder eines Richtfunkfeldes, das Wärmerauschen bemerkbar. Man hat an dieser Stelle immer folgende Verhältnisse (Bild 9.11): Das Übertragungssystem kann dargestellt werden
durch einen Ersatzgenerator mit der effektiven elektromotorischen
Kraft U_S des Signals, einer elektromotorischen Kraft U_N des Rauschens

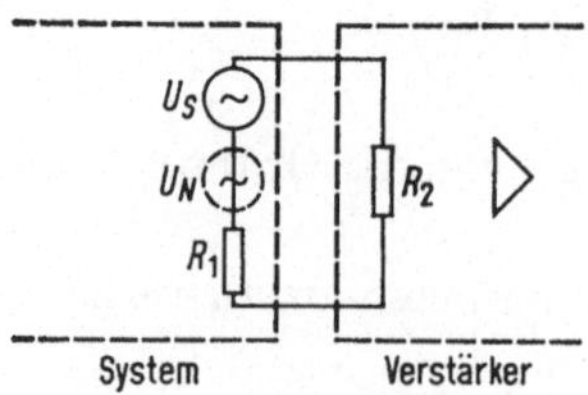

Bild 9.11. Geräuschquelle am Eingang eines Verstärkers.

und dem Innenwiderstand R_1. Beide Spannungen arbeiten auf den Eingangswiderstand R_2 eines Verstärkers, an dem eine Signalleistung P und eine Geräuschleistung N auftreten. Wird R_2 als zunächst rauschfrei angenommen, dann erreicht man die höchste Signalleistung bei Anpassung $R_2 = R_1$. Sie hat den Wert

$$\frac{U_S{}^2}{4R_1} = P_0.$$

$$(9.21)$$

Die Geräuschleistung wird dann nach (9.20)

$$\frac{U_N{}^2}{4R_1} = kTB.$$

$$(9.22)$$

Den Wert $1kTB$ bei Zimmertemperatur mit

$$kT = 4 \cdot 10^{-21}\,\text{Ws}$$

$$(9.23)$$

hat man als Bezugsleistung gewählt. Variiert man R_2, so ändert sich nichts an dem Verhältnis P/N, da für beide Größen die gleiche Spannungsteilung wirksam ist. Die Beziehung

$$\frac{P}{N} = \frac{P_0}{kTB}$$

$$(9.24)$$

gilt für alle Verhältnisse von R_2/R_1.

Nun rauscht aber außerdem auch der Verstärker. Dieses zusätzliche Röhren- oder Halbleiterrauschen hat zwar eine andere Größe als das Wärmerauschen, jedoch verteilt sich die Leistung — jedenfalls oberhalb des Tonfrequenzgebietes — wie in (9.20) gleichmäßig über das Frequenzband. Es ist üblich geworden, die gesamte Rauschleistung N auf den Verstärkereingang zu beziehen und als Vielfaches der oben definierten Leistung $1kTB$ auszudrücken. Man nennt dieses Vielfache die *Rauschzahl* F_N. Es ist also

$$N = F_N kTB.$$

$$(9.25)$$

Wenn der Verstärker einschließlich seines Eingangswiderstandes R_2 keinen Beitrag zum Wärmerauschen liefert, ist $F_N = 1$ und N gleich der Bezugsleistung. Für einen Fernsprechkanal der Breite $B_0 = 4\,\text{kHz}$ (genauer $3400\,\text{Hz} - 300\,\text{Hz}$) wird die Rauschleistung bei Zimmertemperatur

$$N_0 = F_N\,1{,}25 \cdot 10^{-17}\,\text{W}.$$

$$(9.26)$$

Für Rauschen ist die Wahrscheinlichkeitsverteilung der Augenblickswerte u gegeben durch die Gaußsche Fehlerfunktion

$$w(u) = \frac{1}{\sqrt{2\pi}\; U_N}\, \mathrm{e}^{-\frac{1}{2}\left(\frac{u}{U_N}\right)^2}. \tag{9.27}$$

Wichtig ist, in welchem Frequenzband gemessen wird. Das Signal erstreckt sich bei Amplitudenmodulation über das ein- oder zweifache Modulationsband. Bei den Winkelverfahren ist es je nach Frequenzhub breiter. Diese dem Signal zur Verfügung gestellte, meist durch Filter festgelegte *Hochfrequenz-Bandbreite* möge B_h sein. Innerhalb dieses Bandes ist auch das Geräusch wirksam. Nun haben alle Modulationsarten, bei denen entweder eine Geräuschminderung durch Banderweiterung erzielt wird oder eine Geräuschunterdrückung durch die Verwendung wertdiskreter Primärsignale möglich ist, einen charakteristischen Schwellwert für das Signal-Geräusch-Verhältnis auf dem Übertragungsweg. Unterhalb dieser Schwelle hört die diesen Verfahren eigentümliche geräuschmindernde Wirkung sehr rasch auf. Die Verfahren werden dann ungünstiger als die Amplitudenmodulation. Handelt es sich demnach um die Feststellung dieser Schwelle, so muß man das Signal-Geräusch-Verhältnis betrachten, bei dem N im Bande B_h gemessen wird. Anders liegen die Verhältnisse, wenn man die verschiedenen Verfahren hinsichtlich des Ausmaßes ihrer Geräuschunterdrückung, d. h. oberhalb der Schwelle, vergleichen will. Hierbei kommt es auf folgendes an: Gegeben sei ein System, dessen Signalleistung nach oben begrenzt ist, z. B. durch die Sendestufe. Unter Signalleistung sei dabei stets der zeitliche Mittelwert bei voller Modulation verstanden. Für den späteren Vergleich mit den Pulsverfahren ist diese Definition wichtig. Dann ist, wenn die Dämpfung der Übertragungsstrecke gegeben ist, auch die Signalleistung P am Punkt tiefsten Pegels festgelegt. An diesem Punkt dringt in das System eine bestimmte Geräuschleistung N_0 je Bandbreite B_0 ein, deren Größe durch (9.26) gegeben ist. Da die Sendeleistung P den Gesamtwert für alle z Kanäle umfaßt, muß bei der Geräuschleistung ebenfalls der Vergleichswert für z Kanäle genommen werden. Für Rauschen ist dieser Wert wegen der statistischen Addition $z N_0$. Maßgebend für das Signal-Geräusch-Verhältnis auf der Übertragungsseite ist daher das Verhältnis $P/(z N_0)$. Wendet man nun verschiedene Modulationsverfahren an — jeweils so, daß dieses Verhältnis konstant bleibt —, so ergibt sich nach der Demodulation in den einzelnen Kanälen der Breite B_0 eine Signalleistung P_2 und eine Geräuschleistung N_2, die das Signal-Geräusch-Verhältnis am Ausgang bestimmen. Je nach dem verwendeten Verfahren ist P_2/N_2 größer, gleich oder kleiner als $P/(z N_0)$. Im ersten Fall schreibt man dem Verfahren eine geräuschmindernde Wirkung zu oder, wenn man die Leistungsverhältnisse als Pegeldifferenzen ausdrückt, einen *Gewinn an Signal-Geräusch-Abstand.* Dieser Gewinn ist demnach durch ein logarithmiertes Doppelverhältnis von Signal- und Geräuschleistungen gegeben zu

$$r_N = 10 \lg \frac{P_2/N_2}{P/(zN_0)} \, \text{dB}, \tag{9.28}$$

wobei N_0 sinngemäß auch für Sinusstörer gilt.

Die Berechnung wird im einzelnen zeigen, daß der Gewinn r_N von dem Mehraufwand an Frequenzband abhängt, der auf der Übertragungsstrecke getrieben wird. Für z Kanäle der Breite B_0 braucht man dort mindestens das Band zB_0. Ist die wirklich belegte Bandbreite B_h, so ist die relative *Banderweiterung* gegeben durch den Wert $B_h/(zB_0)$.

9.2.5.2. *Die Geräuschwirkung bei den Amplitudenverfahren*

Am einfachsten liegen die Verhältnisse bei der ESB-Modulation. Die Signalbandbreite B_h ist gleich der Kanalbreite B_0. Da die Empfangsdemodulatoren das Signal nicht anders behandeln als das Geräusch, bleibt das Signal-Geräusch-Verhältnis für *einen* Kanal ($z = 1$) nach der Demodulation unverändert:

$$\frac{P_2}{N_2} = \frac{P}{N_0}. \tag{9.29}$$

Mit (9.28) wird der Gewinn $r_N^{\text{ESB}} = 0 \, \text{dB}$. Die ESB-Modulation ist daher ein sehr zweckmäßiges Bezugsverfahren.

Die ZSB-Modulation mit Träger verhält sich ungünstiger. Nach (9.4) errechnet sich die Sendeleistung für ein sinusförmiges Signal zu

$$P = \frac{S_0^2}{2}\left(1 + \frac{m^2}{2}\right) \tag{9.30}$$

und die Signalleistung zu

$$P_2 = \frac{S_0^2}{2} m^2. \tag{9.31}$$

Da außerdem die Rauschleistung aus beiden Seitenbändern wirksam ist, wird

$$\frac{P_2/N_2}{P/N_0} = \frac{m^2}{2 + m^2}. \tag{9.32}$$

Dieser Wert ist stets kleiner als 1, bedeutet also gegenüber dem Bezugsverfahren einen Verlust. Im besten Fall ($m = 1$) wird

$$r_N^{\text{ZSB}} = 10 \lg \frac{1}{3} \, \text{dB} = -4{,}8 \, \text{dB}. \tag{9.33}$$

Für Sinusstörer ist der Verlust um 3 dB geringer, der Gewinn also —1,8 dB, da die Geräuschleistung sich nicht aus beiden Seitenbändern addiert.

Die Banderweiterung ist dabei

$$\frac{B_h}{B_0} = 2\,. \tag{9.34}$$

Man hat also trotz größeren Aufwandes an Frequenzband eine Übertragung geringerer Güte.

9.2.5.3. Die Geräuschwirkung bei den Winkelverfahren

Durch die Amplitudenbegrenzung winkelmodulierter Signale werden nur die von Geräuschspannungen hervorgerufenen Winkelstörungen wirksam. Das hat bei großen Frequenz- und Phasenhüben eine Geräuschminderung oberhalb eines bestimmten Schwellenwertes zur Folge. Die exakte Ableitung der quantitativen Zusammenhänge ist hierfür nicht so einfach wie bei den Amplitudenverfahren. Es soll daher mit Angabe der Ergebnisse und deren Diskussion sein Bewenden haben. Folgende Gewinne sind oberhalb der Schwelle zu erzielen:

für Störung durch Rauschen

$$r_N{}^{\mathrm{FM}} = 10 \lg \frac{3}{2}\left(\frac{\varDelta F}{B_0}\right)^2 \mathrm{dB} \quad r_N{}^{\mathrm{PM}} = 10 \lg \frac{1}{2}\left(\frac{\varDelta F}{B_0}\right)^2 \mathrm{dB}, \tag{9.35}$$

für Sinusstörer

$$r_N{}^{\mathrm{FM}} = 10 \lg \left(\frac{\varDelta F}{f_N}\right)^2 \mathrm{dB} \qquad r_N{}^{\mathrm{PM}} = 10 \lg \left(\frac{\varDelta F}{B_0}\right)^2 \mathrm{dB}. \tag{9.36}$$

Darin ist f_N die Differenz zwischen der Störfrequenz und der Trägerfrequenz im übertragenen Signal.

Wie man sieht, kann durch Erhöhung des Frequenzhubes der Gewinn vergrößert, das heißt die Wirkung eines Störers nach Wunsch reduziert werden.

9.2.5.4. Die Geräuschwirkung bei frequenzmäßig gebündelten Signalen nach Mehrfachmodulation

Das Ziel der Untersuchung soll darin bestehen, für die wichtigsten Verfahrenskombinationen den Gewinn an Signal-Geräusch-Abstand als Funktion der notwendigen Frequenzband-Erweiterung aufzutragen. Betrachtet wird dabei nur die Störung durch Rauschen. Es mögen z Kanäle frequenzmäßig nach dem Einseitenbandverfahren gebündelt und das gesamte Modulationsband zB_0 mit den verschiedenen Verfahren übertragen werden. Betrachtet seien die Kombinationen

Einseitenband-Einseitenbandmodulation	ESB-ESB
Einseitenband-Amplitudenmodulation mit Träger	ESB-AM
Einseitenband-Phasenmodulation	ESB-PM
Einseitenband-Frequenzmodulation	ESB-FM.

Vor dem eigentlichen Vergleich müssen noch zwei Teilprobleme klargestellt werden, die mit dem Frequenzgang des Rauschens bei Frequenzmodulation und mit der Statistik der Sprachspitzen bei frequenzmäßiger Bündelung zusammenhängen.

1. Aus (9.36) geht hervor, daß bei Sinusstörern der Gewinn durch Frequenzmodulation umgekehrt proportional dem Quadrate von f_N ist oder anders ausgedrückt, daß ein Störer um so mehr zur Wirkung kommt, je weiter seine Frequenz vom Träger abliegt. Haben die Signalleistungen in allen Kanälen den gleichen Wert P_2, so ist daher das Signal-Geräusch-Verhältnis P_2/N_2 überall verschieden. Damit es für alle Kanäle den gleichen Wert erhält, muß man die Signalleistungen P_2 der einzelnen Kanäle quadratisch mit der Frequenz ansteigen lassen. Dies wird gewöhnlich so bewerkstelligt, daß man dem gebündelten Einseitenbandsignal am Sendeort den gewünschten Frequenzgang gibt (*Preemphasis*). Unter dieser Voraussetzung ergibt sich der Gewinn des Verfahrens ESB-FM gegenüber Rauschen zu

$$r_N^{\text{ESB-FM}} = 10 \lg \frac{3}{2} \left(\frac{\Delta F}{zB_0}\right)^2 \mathrm{dB}, \qquad (9.37)$$

wobei ΔF der durch das gebündelte Signal erzeugte Gesamtfrequenzhub ist. Auf der Empfangsseite werden nach der Demodulation die ursprünglichen Pegel wiederhergestellt (*Deemphasis*).

2. Für die über längere Zeit gemittelte Signalleistung in einem Sprechkanal ist vom CCITT[1] für die Hauptverkehrsstunde als konventioneller Wert 32 μW an einem Bezugspunkt des Systems, einem sogenannten „Punkt des relativen Pegels Null" festgesetzt worden (das entspricht[2] -15 dBm0). Da hierbei 75% der Zeit auf Sprechpausen, Sprechen in Gegenrichtung und unbelegte Zeiten fallen, weiterhin mit Sprechern unterschiedlicher Lautstärke gerechnet werden muß, ist bei der Dimensionierung der Aussteuerungsgrenze in Sprechkanälen zu berücksichtigen, daß kurzzeitig sehr viel höhere Spitzenleistungen auftreten können.

---

[1] CCITT = Comité Consultatif International Télégraphique et Téléphonique.

[2] Mit dBm0 wird der Leistungspegel bezogen auf ein Milliwatt an der Stelle des relativen Pegels 0 beschrieben.

Werden die Sprachsignale eines Systems mit z Kanälen nach dem Einseitenbandverfahren frequenzmäßig gebündelt, so fallen ihre Spitzenleistungen nur sehr selten zusammen, so daß der Spitzenwert des Summensignals P' mit steigender Kanalzahl geringer wird als der z-fache Spitzenwert $P = zP_1$ des Einzelsignals. Diese Reduktion bedeutet aber, da P in (9.28) im Nenner steht, einen zusätzlichen Gewinn, der als *Aussteuerungsgewinn* mit

$$r_z = 10 \lg \frac{P}{P'} \, \mathrm{dB} \tag{9.38}$$

definiert werden kann. Die ersten theoretischen Arbeiten hierüber haben Jacoby und Spenke zu einem Abschluß gebracht [9.5]. In der Empfehlung G. 223 des CCITT ist für die Spitzenleistung P' eine Abhängigkeit von der Kanalzahl z eines Systems angegeben, die auf Untersuchungen von Holbrook und Dixon [9.6] zurückgeht; sie ist in Bild 9.12 mit

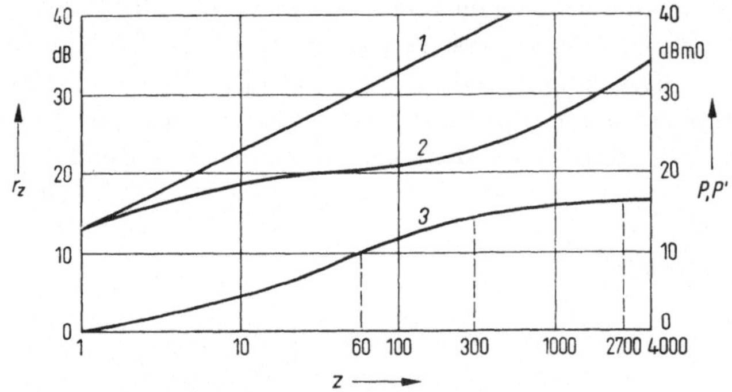

Bild 9.12. Aussteuerungsgewinn bei frequenzmäßiger Bündelung von z Sprachsignalen.
1. z-fache Spitzenleistung P eines Kanals (in dBm0);
2. Spitzenleistung P' des Gesamtsignals (in dBm0);
3. Aussteuerungsgewinn $r_z = 10 \lg (P/P')$ (in dB).

dem Wert $+13$ dBm0 für $z = 1$ als Kurve 2 dargestellt. Diese Werte werden nur während etwa 1% der Hauptverkehrsstunde überschritten. Sie sind deutlich niedriger als die mit z multiplizierte Spitzenleistung eines Kanals (Kurve 1). Die Differenzwerte beider Kurven ergeben als Kurve 3 den Aussteuerungsgewinn entsprechend (9.38). Für sehr hohe Systemkapazitäten, etwa von $z = 2000$ ab, bleibt dieser Gewinn konstant: Das gesamte Frequenzgemisch hat die statistischen Eigenschaften des Wärmerauschens angenommen.

Als Zusammenfassung des Absatzes über die Störungen kann nunmehr der Gewinn für die verschiedenen Verfahrenskombinationen angeschrieben werden. Es ergibt sich für

Einseitenband-Einseitenbandmodulation (ESB-ESB)

$$r_N = 0 \text{ dB} + r_z \qquad\qquad \text{mit } \frac{B_h}{zB_0} = 1, \tag{9.39}$$

Einseitenband-Amplitudenmodulation mit Träger (ESB-AM)

$$r_N = -10 \lg 3 \text{ dB} + r_z \qquad\qquad \text{mit } \frac{B_h}{zB_0} = 2, \tag{9.40}$$

Einseitenband-Phasenmodulation (ESB-PM) und
Einseitenband-Frequenzmodulation (ESB-FM) mit Preemphasis

$$r_N = +10 \lg \frac{3}{2} \left(\frac{\Delta F}{zB_0}\right)^2 \text{dB} + r_z \tag{9.41}$$

$$\text{mit} \qquad \frac{\Delta F}{zB_0} = \frac{1}{2c}\left(\frac{B_h}{zB_0} - 2c\right) \quad \text{für} \quad \frac{\Delta F}{zB_0} < 1, \tag{9.42}$$

$$\frac{\Delta F}{zB_0} = \frac{1}{2c}\left(\frac{B_h}{zB_0} - 4c\right) \quad \text{für} \quad \frac{\Delta F}{zB_0} > 1, \tag{9.43}$$

wobei $c = 1{,}25$ ist. $\tag{9.44}$

Man sieht, daß der zusätzliche Gewinn r_z der Frequenzbündelung für alle hier verglichenen Verfahren in gleicher Weise gilt. Beim späteren Vergleich mit dem Gewinn der Pulsverfahren, die gewöhnlich mit zeitlicher Bündelung arbeiten (Abschnitt 9.3.6), wird sich zeigen, daß er dort in dieser Form nicht auftritt und daher für die richtige Gegenüberstellung getrennt erfaßt werden muß. In Bild 9.13 ist daher der Gewinn $r_N' = r_N - r_z$ als Funktion der notwendigen Frequenzbanderweiterung $B_h/(zB_0)$ aufgetragen.

Das Einseitenbandverfahren zeigt keinen Unterschied gegenüber der Übertragung in natürlicher Frequenzlage und dient daher als Bezugsverfahren; die Amplitudenmodulation mit Träger dagegen weist trotz doppelter Bandbreite einen Verlust von 4,8 dB auf.

Phasen- und Frequenzmodulation belegen bei sehr kleinem Frequenzhub ΔF wenig mehr als das Band $B_h = 2zB_0$, haben aber in diesem Bereich einen großen Verlust. Mit steigendem Hub und steigendem Bandbedarf erhält man den dargestellten Gewinn. Das Hubverhältnis $\Delta F/(zB_0)$ ist für einige Werte jeweils als Parameter eingezeichnet. Man sieht, daß für gleiche Güte wie bei Einseitenbandübertragung die Winkelmodulation mehr als das sechsfache Band bei einem Hubverhältnis von 0,8 bis 0,9 braucht. Für einen Gewinn von 10 dB braucht man bereits nahezu die zwölffache Bandbreite.

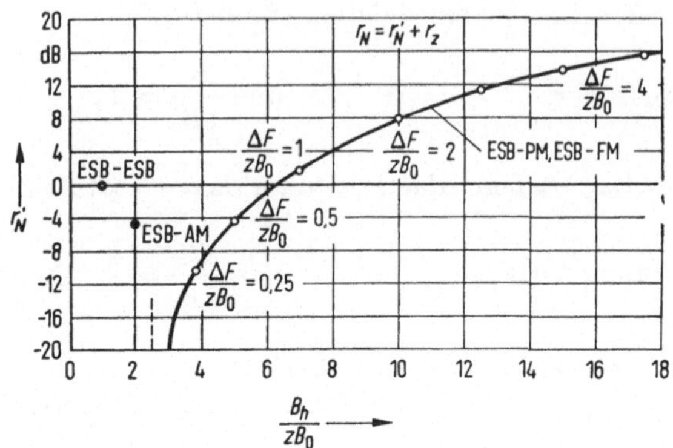

Bild 9.13. Gewinn an Signal-Geräusch-Abstand r_N und aufzuwendende Bandbreite B_h bei verschiedenen Kombinationen von kontinuierlichen Modulationsarten.

ESB-ESB: Einseitenband-Einseitenbandmodulation;
ESB-AM: Einseitenband-Amplitudenmodulation mit Träger;
ESB-PM: Einseitenband-Phasenmodulation;
ESB-FM: Einseitenband-Frequenzmodulation mit Preemphasis.

9.2.6. Wirkung von Verzerrungen und Geräuschen bei Modulation mit wertdiskreten Signalen

Bei den Betrachtungen in den Abschnitten 9.2.4 und 9.2.5 wurde zunächst stillschweigend angenommen, daß die modulierenden Signale wertkontinuierlich sind. Die Ergebnisse gelten jedoch im Prinzip auch für wertdiskrete Signale $s_1(t)$, sofern man sich deren besondere Eigenschaften nicht zunutze macht. Diese Eigenschaften liegen, wie ein Blick auf Bild 9.14a zeigt,

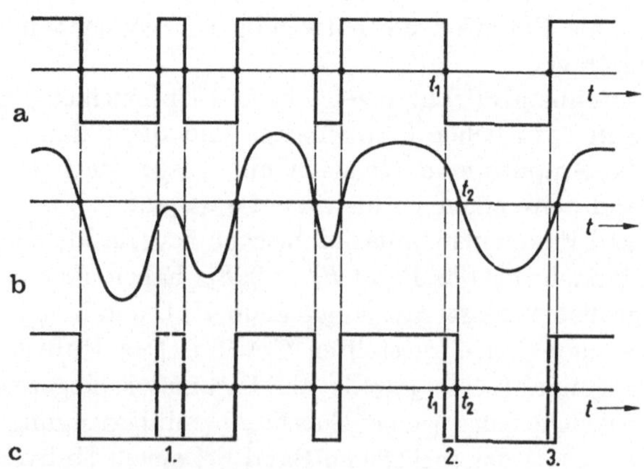

Bild 9.14a–c. Wertdiskretes Signal.

a) ungestört;　　b) gestört;　　c) von Störungen weitgehend befreit.

1. im Wertverhalten des Signals: Es kann im einfachsten Fall nur zwei verschiedene Werte annehmen;

2. im Zeitverhalten des Signals: „Interessant" sind nur diejenigen Zeitpunkte, in denen ein Zustandswechsel eintritt.

Bei der Modulation mit wertdiskreten Signalen kommt es also nicht so sehr auf die Erfassung der Geräuschleistung im Frequenzband B_0 an, sondern darauf, nach der Demodulation das Signal von Störungen derart zu befreien, daß es hinsichtlich seines speziellen Wert- und Zeitverhaltens möglichst genau wiederhergestellt wird.

Bild 9.14b zeigt ein demoduliertes Signal, das durch die in den Abschnitten 9.2.4 und 9.2.5 behandelten Störungen verfälscht ist. Von diesen Fehlern kann man es weitgehend befreien, indem man im gestörten Signal die Nulldurchgänge erkennt und zu diesen Zeitpunkten die Wertänderungen eines „rekonstruierten" Signals vorgibt (Bild 9.14c). Dabei muß man zwei Fälle unterscheiden:

1. Es gehen Umschlagzeitpunkte verloren (siehe Bild 9.14c bei 1.) oder es werden zusätzliche Zeitpunkte vorgetäuscht (in Bild 9.14 nicht eingezeichnet). Hierbei werden ganze Zeichen verfälscht; man spricht von Zeichenfehlern. Das ist ein Fall, der beispielsweise bei der Telegraphie nicht vorkommen sollte, mit dem man aber bei den digitalen Modulationsverfahren für Sprache und Bilder rechnet. Dort läßt man Zeichenfehler in gewissen Grenzen zu, um an die Übertragung keine zu hohen Forderungen stellen zu müssen. Die Wirkung derartiger Störungen wird ausführlich im Abschnitt 10.4.2 behandelt.

2. Die Umschlagzeitpunkte werden lediglich hinsichtlich ihrer zeitlichen Lage fehlerhaft erkannt (siehe Bild 9.14c bei 2. und 3.). Hierbei spricht man von *Zeichenverzerrung*, speziell in der Telegraphie von Telegraphieverzerrung. Ist t_2 der Nulldurchgang des gestörten Signals und damit auch der Umschlagzeitpunkt des rekonstruierten Signals, und ist t_1 der entsprechende Zeitpunkt des ungestörten Signals (Sollwert), so ist die Zeichenverzerrung

$$d = \frac{t_2 - t_1}{T};\qquad (9.45)$$

darin ist T die Dauer eines unverzerrten Zeichenschrittes. Diese Zeichenverzerrung ist in der Telegraphie zulässig, solange die *Dauer* der einzelnen Zeichenschritte nicht merklich verfälscht wird. Sie wird meistens in Prozenten angegeben. Wird eine bestimmte Zeichenverzerrung überschritten, so kann auch das auf der Empfangsseite zu einer Verfälschung der gesendeten Nachricht führen. Die Zahl der falsch empfangenen Schritte, bezogen auf die Zahl der in der gleichen Zeit insgesamt übertragenen Schritte, wird mit *Schrittfehlerhäufigkeit* bezeichnet. Hinsicht-

lich der Berechnung der Zeichenverzerrung für verschiedene Modulationsarten sei auf [9.7] verwiesen.

9.3. Pulsvorgang als Modulationsträger (Pulsmodulations-Verfahren)

9.3.1. Historisches

Die Geschichte der Pulsmodulation ist bis in unser Jahrhundert hinein
mit der Geschichte der elektrischen Telegraphie verbunden. Als besonders bemerkenswert seien folgende Entwicklungsstufen genannt:

1. Die Zahl der Stromkreise, zu Anfang gleich der Zahl der zu übertragenden Buchstaben, konnte bis auf einen einzigen verringert werden
dadurch, daß jeder Buchstabe durch eine zeitliche Folge von „Ja-Nein"-
Impulsen ausgedrückt wurde. Dies ist das Prinzip der Codierung. Mit
einer Folge von fünf Impulsen, einem „Fünfer-Code" oder „Fünfer-
Alphabet" kann man bequem alle Buchstaben des Alphabets kennzeichnen. Gauss und Weber benutzten 1833 erstmalig einen Nadel-
telegraphen, bei dem die Impulse des Fünfer-Alphabets in *zeitlicher*
Folge übertragen wurden.

2. Wheatstone hatte 1841 den Gedanken, zur besseren Ausnutzung
mehrere Paare von Telegraphenapparaten nacheinander über Verteiler
an *einen* Stromkreis zu legen. Dies ist das Prinzip der zeitlichen Bündelung (Zeitmultiplex) im Gegensatz zur frequenzmäßigen Bündelung,
die in den vorhergegangenen Abschnitten behandelt wurde. In den
Vielfachtelegraphen von Baudot (1874) und später Murray (1914) wurde
dieser Gedanke verwirklicht.

Nur langsam begann man damit, die Pulsmodulation auch für die
Übertragung von Sprache zu erproben. Zu Anfang des Jahrhunderts
experimentierte W. H. Miner mit einer Zeitmultiplex-Apparatur für
Sprache und nahm ein Patent darauf, jedoch waren die benutzten
mechanischen Schalter nicht für eine Ausnutzung in der Praxis geeignet.
J. R. Carson gab 1920 in einer unveröffentlichten Arbeit Regeln für
das Abtasten und Bedingungen für geringes Nebensprechen zwischen
den Kanälen an. P. M. Rainey machte 1921 Vorschläge zur Bildübertragung mit Pulscode-Modulation[1]. S. Seiliger erfand 1923 die Pulsdauer-
Modulation. Er schlug vor, eine Hochfrequenzschwingung in raschem,
oberhalb der Hörgrenze liegendem Rhythmus zu tasten und die Länge
der so erzeugten Hochfrequenzimpulse proportional der zu übertragenden Nachricht zu ändern[2]. R. D. Kell hatte 1934 den Gedanken, nur

---

[1] Amerik. Patent 1608527, angem. 20. 7. 1921.
[2] Deutsches Patent 458650, angem. 1. 3. 1923.

Beginn und Ende eines jeden Wellenzuges durch einen kurzen Hochfrequenzimpuls zu markieren; er sah auch schon vor, die Markierung für das Ende fortzulassen und am Empfangsort durch einen örtlichen Oszillator vorzunehmen. Dies sind die Grundgedanken der Pulsphasen-Modulation[1]. A. H. Reeves verbesserte 1937 dieses Verfahren im Hinblick auf den Zeitmultiplex-Betrieb. Er stellte klar, daß sehr kurze Impulse und große Zwischenräume verwendet werden müssen, wenn Nebensprechen vermieden werden soll[2]. Ein Jahr später — 1938 — legte er die Pulscode-Modulation für Sprache fest[3]. Schließlich wurde 1946 von Deloraine, van Mierlo und Derjavitsch die sogenannte Deltamodulation patentiert[4]. Diese beiden letzten Verfahren, bei denen Sprache mit all ihren Feinheiten der Klangfarbe in Form eines Telegraphencodes übermittelt werden kann, schlagen eine Brücke zwischen den Pulsverfahren des Fernschreibens und des Fernsprechens. So ist es nicht verwunderlich, daß man bei einer Beschreibung der verschiedenen Verfahren dazu geführt wird, die Beispiele bald aus der einen, bald aus der anderen Technik zu wählen.

9.3.2. Allgemeines über Pulsmodulations-Verfahren

Bei den Modulationsverfahren mit Sinusträger wird das modulierende Signal — ganz gleichgültig, ob es wertkontinuierlich oder wertdiskret ist — zeitkontinuierlich verarbeitet. Bei den Pulsmodulations-Verfahren werden dem modulierenden Signal — in der Regel streng periodisch — Werteproben entnommen, und nur diese Proben werden mit Hilfe des Pulsvorganges übertragen. Obwohl das Signal nur teilweise übertragen wird, ist es möglich, das ursprüngliche Signal auf der Empfangsseite vollständig zurückzugewinnen. Dazu müssen zwei Voraussetzungen erfüllt sein:

1. Das modulierende Signal muß bandbegrenzt sein,

2. der Vorgang der Probenentnahme muß die im Abschnitt 4 ausführlich behandelten Abtasttheoreme erfüllen. Dadurch wird die *Abtastfrequenz* f_0 bestimmt.

Mit den Abtastwerten wird die als Signalparameter des Pulsvorganges definierte Größe variiert. Wertkontinuierliche Primärsignale können dabei unmittelbar verarbeitet werden, wenn das Modulationsprodukt ebenfalls ein wertkontinuierliches Signal sein soll. Hierfür kommen die

---

[1] Amerik. Patent 2061734, angem. 29. 9. 1934.

[2] Franz. Patent 833929 und Zusatz 49159, angem. 18. 6. 1937 und 5. 7. 1937; Franz. Patent 837921, angem. 30. 10. 1937.

[3] Franz. Patent 852183, angem. 3. 10. 1938.

[4] Franz. Patent 932140, angem. 10. 8. 1946.

in Spalte 3 des Bildes 9.4 aufgeführten Modulationsarten infrage. Soll dagegen das Modulationsprodukt ein wertdiskretes Signal sein, so müssen die Primärsignale zunächst quantisiert werden. Es ergeben sich dann die in Spalte 4 des Bildes 9.4 aufgeführten Modulationsarten.

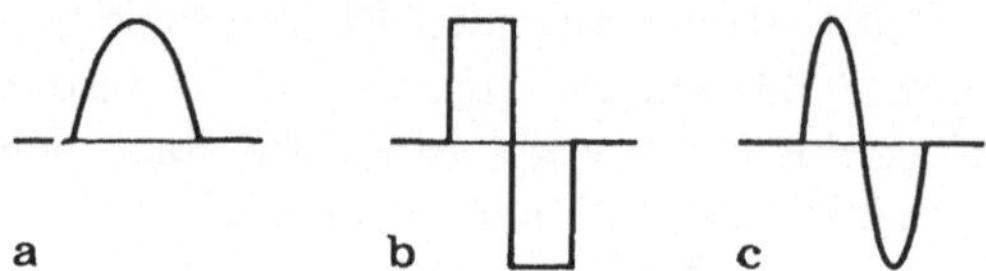

Bild 9.15 a—c. Verschiedene Impulsformen.
a) Sinushalbwellen-Impuls;   b) Rechteck-Wechselimpuls;   c) Sinus-Wechselimpuls.

Der zeitliche Verlauf eines *unmodulierten Pulses* $s_0(t)$ wird bestimmt durch die Form der Einzelimpulse, aus denen er zusammengesetzt ist. Eine einfache Form ist der Rechteckimpuls, durch dessen Wiederholung mit der Periode T_0 ein Rechteckpuls entsteht. Dieser wurde ebenso wie der Cosinuspuls ausführlich im Abschnitt 5.1 analysiert. Andere Pulsarten sind z. B. gegeben durch einen Sinushalbwellen-Impuls (Bild 9.15a), einen Rechteck-Wechselimpuls (Bild 9.15b) oder einen Sinus-Wechselimpuls (Bild 9.15c). Signalparameter bei diesen Pulsen kann die Amplitude $S(nT_0)$, die Dauer $\tau(nT_0)$ oder die zeitliche Abweichung $\Delta\vartheta(nT_0)$ des Impulses von einem Bezugswert sein (symbolhaft dargestellt in Bild 9.16). Entsprechend der zeitlichen Quantisierung ist die

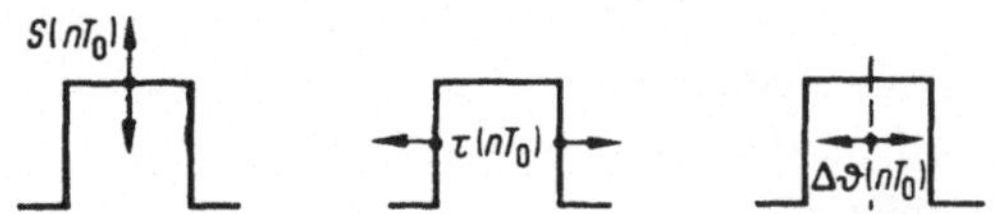

Bild 9.16. Symbolhafte Darstellung der Signalparameter.

unabhängige Größe nicht durch die „kontinuierliche Zeit" t gegeben, sondern durch die diskreten Zeitpunkte nT_0. In der Regel sind τ und $\Delta\vartheta$ sehr viel kleiner als T_0.

9.3.3. Wertkontinuierliche Pulsmodulation

9.3.3.1. *Pulsamplituden-Modulation (PAM)*

Ist $s_1(t)$ das modulierende Signal, so werden diesem in Abständen der Periode T_0 Augenblickswerte entnommen (*Abtastproben*). Jede Probe bestimmt die Amplitude eines zugeordneten Impulses. Impulsform und Impulsdauer τ bleiben unbeeinflußt. Dieses Vorgehen sei mit PAM

1. Art bezeichnet. Bild 9.17 zeigt ein derart gebildetes PAM-Signal $s(t)$, wobei der zu modulierende Pulsvorgang $s_0(t)$ ein Rechteckpuls nach Bild 5.1 ist. Die Amplitude der Impulse schwankt im Rhythmus des primären Signals $s_1(t)$, hier wieder sinusförmig mit der Modulationsfrequenz f_m angenommen, um einen konstanten Wert S_0, bei voller Modulation ($m = 100\%$) zwischen Null und $+2S_0$. Enthält $s_1(t)$ keinen Gleichanteil, so entstehen positive wie negative Impulse. Im ersten Fall spricht man von unipolarer, im zweiten Fall von bipolarer PAM[1].

Bild 9.17b bringt das Ersatzschaltbild für die Erzeugung eines derartigen PAM-Signals. Die Spannungsquelle $s_1(t)$ mit dem Innenwider-

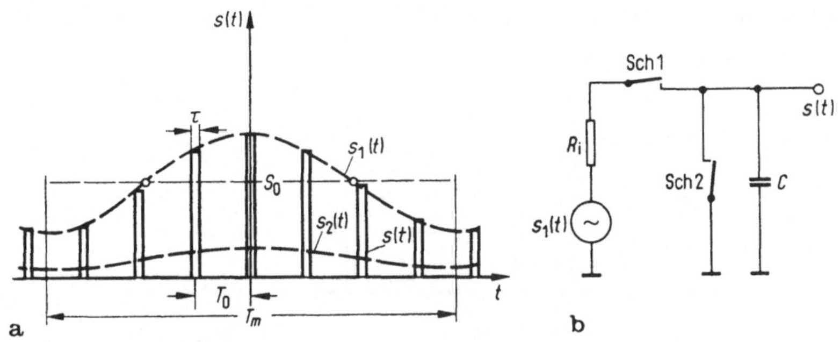

Bild 9.17a u. b. Pulsamplituden-Modulation 1. Art (PAM₁).
a) Darstellung der Zeitvorgänge;   b) Ersatzschaltbild.

stand R_i, der im Idealfall gleich Null ist, wird kurzzeitig über den Schalter *Sch* 1 an den Kondensator C gelegt, wodurch dieser sich sprunghaft auf den Momentanwert von $s_1(t)$ auflädt. Nach Öffnen des Schalters *Sch* 1 bleibt C so lange mit dieser Momentanspannung aufgeladen, bis nach der Zeit τ der Schalter *Sch* 2 zur Entladung ebenso kurzzeitig geschlossen wird. Dieser Vorgang wird im Rhythmus der Periode T_0 wiederholt. Die Wahl der Impulsdauer τ wird durch den Anwendungsfall bestimmt. Innerhalb des Senders und Empfängers wird τ meistens lang gemacht, solange es sich um das PAM-Signal eines einzigen Kanales handelt. Zur Bündelung mehrerer Signale muß τ möglichst kurz gemacht werden, damit etwaige Überschwinger eines Impulses nicht den folgenden, zu einem anderen Kanal gehörenden Impuls verzerren. Tut man das nicht, so wird ein merkliches *Rahmennebensprechen* erzeugt, das leider sogar verständlich ist.

Auf der Empfangsseite liegen die Dinge einfacher als bei der kontinuierlichen Amplitudenmodulation ohne Träger. Während man dort zur

---

[1] Voraussetzung für diese Unterscheidung ist, daß der zu modulierende Puls nicht aus Wechselimpulsen (Bild 9.15b und c) besteht.

exakten Demodulation einen Träger in richtiger Phasenlage zusetzen mußte, kann hier das primäre Signal $s_2(t)$ einfach durch Bilden der Mittelwerte über die Periode T_0 wiedergewonnen werden (siehe Bild 9.17)[1]. Es bedarf hierzu nur eines Tiefpasses, der alle Frequenzen oberhalb des Frequenzbandes B_0 sperrt.

Eine zunächst unwesentlich erscheinende Änderung des Verfahrens führt zur PAM 2. Art. Hierbei folgt das PAM-Signal für die Zeiten τ jeweils *exakt* dem Signal $s_1(t)$ (Bild 9.18a). Dazu wird $s_1(t)$ mit Hilfe des Schalters *Sch* 1 für die Dauer τ an den Widerstand R_a gelegt (Bild 9.18b).

Dieses Verfahren ist komplementär zu der im Abschnitt 9.2.2 beschriebenen Amplitudentastung: Während dort das modulierende Signal ein wertdiskreter Puls und der Modulationsträger eine Sinusschwingung

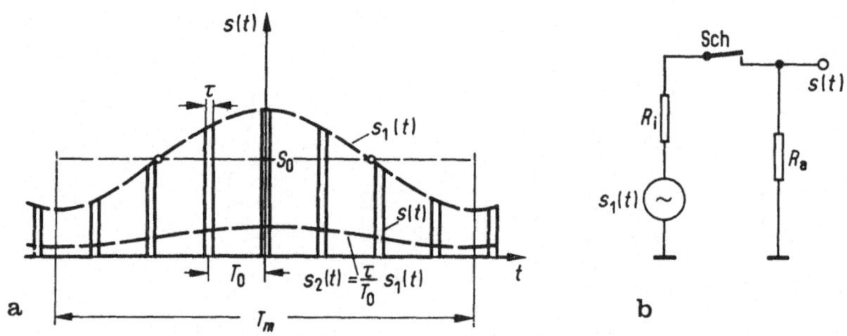

Bild 9.18 a u. b. Pulsamplituden-Modulation 2. Art (PAM$_2$).
a) Darstellung der Zeitvorgänge;   b) Ersatzschaltbild.

war, ist hier das modulierende Signal ein Sinusvorgang und der Modulationsträger ein Puls. In der englischsprachigen Literatur wird die PAM 1. Art mit „flat-top-sampling", die PAM 2. Art mit „top-sampling" bezeichnet; in der deutschsprachigen Literatur hat sich keine unterschiedliche Bezeichnung eingebürgert. Auch bei der PAM 2. Art kann das ursprüngliche Signal durch Mittelwertbildung, das heißt durch Entfernen der Teilschwingungen hoher Frequenz, leicht wiedergewonnen werden (gestrichelt in Bild 9.18a). Dieses Signal $s_2(t)$ ist *exakt* gleich $\dfrac{\tau}{T_0} s_1(t)$, während das für das Signal nach Bild 9.17 nur angenähert gilt.

In den folgenden Abschnitten des Buches soll im allgemeinen unter Pulsamplituden-Modulation die PAM 1. Art verstanden werden; sollen die Unterschiede hervorgehoben werden, so werden sie durch PAM$_1$ und PAM$_2$ gekennzeichnet.

Der Unterschied der beiden PAM-Arten wird deutlicher, wenn man die Spektren der sekundären Signale $s(t)$ miteinander vergleicht.

---

[1] Das gilt sowohl für unipolare als auch für bipolare PAM, jedoch nicht bei Verwendung von Wechselimpulsen.

Bei PAM ist das sekundäre Signal wie bei AM gegeben durch das Produkt zweier Zeitfunktionen, des Pulsvorgangs $s_0(t)$ und des Primärsignals $s_1(t)$. Bei der PAM_2 kann dabei $s_1(t)$ unmittelbar verwendet werden, bei der PAM_1 sind die jeweiligen Augenblickswerte $s_1(nT_0)$ einzusetzen. Der Pulsvorgang $s_0(t)$ ist in beiden Fällen gegeben durch

$$s_0(t) = S_0 \sum_{n=-\infty}^{+\infty} s_i(t - nT_0); \tag{9.46}$$

darin ist $S_0 s_i(t)$ der Zeitverlauf eines, den Pulsvorgang bestimmenden Einzelimpulses.

Damit ergibt sich für die Zeitfunktion des PAM_1-Signals

$$s(t) = S_0 \sum_{n=-\infty}^{+\infty} s_1(nT_0)\, s_i(t - nT_0) \tag{9.47}$$

und für die Zeitfunktion des PAM_2-Signals

$$s(t) = S_0 s_1(t) \sum_{n=-\infty}^{+\infty} s_i(t - nT_0). \tag{9.48}$$

Die Spektren können nunmehr mit Hilfe der im Abschnitt 2.2.4 beschriebenen Abbildungsgesetze der Fouriertransformation berechnet werden: Das Spektrum zweier miteinander multiplizierter Zeitfunktionen wird nach (2.52) erhalten durch die Faltung der Einzelspektren. Es seien $F_i(f)$ und $F_1(f)$ die Spektralfunktionen des Einzelimpulses $s_i(t)$ bzw. des Primärsignals $s_1(t)$. Dann lautet die Gleichung für das Spektrum des PAM_1-Signals (vgl. auch [9.8])

$$F(f) = \frac{1}{T_0} F_i(f) \sum_{n=-\infty}^{+\infty} F_1(f - nf_0) \tag{9.49}$$

und des PAM_2-Signals

$$F(f) = \frac{1}{T_0} \sum_{n=-\infty}^{+\infty} F_i(nf_0)\, F_1(f - nf_0). \tag{9.50}$$

Ist das modulierende Signal wie bei AM eine Sinusschwingung mit der Zeitfunktion

$$s_1(t) = 1 + m \sin \omega_m t \tag{9.51}$$

und der Pulsvorgang ein Rechteckpuls mit Impulsen der Amplitude S_0 und der Impulsdauer τ, dann erhält man für das Spektrum von $s_1(t)$

entsprechend (2.67 b) und (2.67 d)

$$F_1(f) = \delta(f) - \mathrm{j}\,\frac{m}{2}\,[\delta(f - f_m) - \delta(f + f_m)] \tag{9.52}$$

und für das Spektrum des Einzelimpulses entsprechend (2.33)

$$F_i(f) = S_0\tau\;\mathrm{si}\,(\pi f\tau). \tag{9.53}$$

Setzt man (9.52) und (9.53) in (9.49) bzw. (9.50) ein, so erhält man für das PAM_1-Signal

$$\begin{aligned} F(f) = \frac{S_0\tau}{T_0}\mathrm{si}\,(\pi f\tau)\,\Bigg\{ &\sum_{n=-\infty}^{+\infty}\delta(f - nf_0) \\ &- \mathrm{j}\,\frac{m}{2}\,[\delta(f - nf_0 - f_m) - \delta(f - nf_0 + f_m)]\Bigg\} \end{aligned} \tag{9.54}$$

und für das PAM_2-Signal

$$\begin{aligned} F(f) = \frac{S_0\tau}{T_0}\sum_{n=-\infty}^{+\infty}\mathrm{si}\,(n\pi f_0\tau)\,\Bigg\{ &\delta(f - nf_0) \\ &- \mathrm{j}\,\frac{m}{2}\,[\delta(f - nf_0 - f_m) - \delta(f - nf_0 + f_m)]\Bigg\}. \end{aligned} \tag{9.55}$$

Beide Spektren setzen sich aus unendlich vielen Trägerschwingungen mit je zwei Seitenschwingungen zusammen[1]. Für den speziellen Fall $\tau = T_0/2$, $m = 1$ und $f_m = 0{,}2\,f_0$ sind in Bild 9.19 die Spektralfunktionen für die Signale PAM_1 unter a) und PAM_2 unter b) eingezeichnet. Betrachtet man zunächst nur die Linien, so zeigt der Vergleich, daß bei PAM_1 die Spektralanteile in ihren Werten einer si-Funktion als Einhüllenden entsprechen, innerhalb der Teilbänder also Dämpfungsverzerrungen unterliegen. Das ist bei der PAM_2 nicht der Fall; hier sind die Werte innerhalb der Teilbänder konstant. Geht man von einem modulierenden Signal mit einem kontinuierlichen und ebenen Spektrum zwischen $-B_0$ und $+B_0$ aus, so gelten die schraffierten Flächen für die Amplitudendichte der beiden PAM-Signale. Im ersten Fall formt also die si-Funktion *alle* Spektrallinien, im zweiten Fall sind die Seitenschwingungen jedes Trägers gleich groß. Im ersten Fall ergibt sich im Übertragungsband $\pm B_0$ eine Dämpfungsverzerrung, im zweiten Fall nicht.

---

[1] Im Gegensatz hierzu entstehen bei der Amplitudentastung nach (9.13) — unter Berücksichtigung negativer Frequenzen — *zwei* Trägerschwingungen mit jeweils *unendlich vielen* Seitenschwingungen. Diese Zuordnung ergibt sich aus der Vertauschung der Charaktere von modulierendem Signal und Modulationsträger.

Es seien noch zwei Grenzfälle betrachtet:

1. Mit $\lim\limits_{\tau \to 0} \mathrm{si}\,(\pi f \tau) = 1$ und $S_0\tau = \mathrm{const.}$ gehen (9.54) und (9.55) ineinander über. Das sind die Bedingungen für die Verwendung eines Dirac-Impulses im Pulsträger. In diesem Fall besteht kein Unterschied mehr zwischen PAM_1 und PAM_2.

2. Für $\tau = T_0$ ist das PAM-Signal 1. Art ein *treppenförmiger Puls* (Bild 9.20a). Hier wird ein Schalter *Sch* im Takte der Periode T_0 kurzzeitig geschlossen (Bild 9.20b). Dadurch wird der Kondensator C mit $R_i = 0$ sprungartig auf den jeweiligen Momentanwert von $s_1(t)$ um-

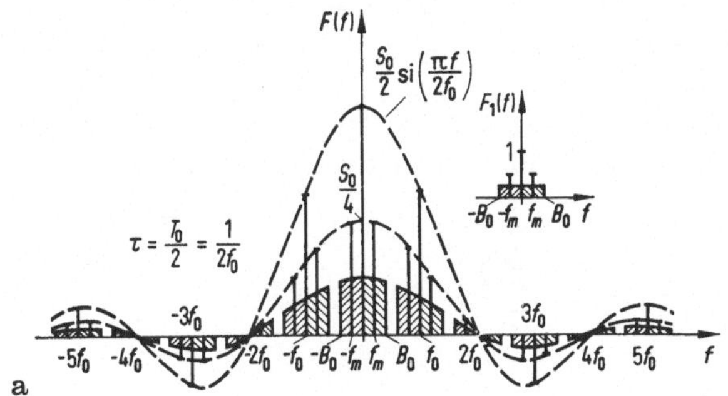

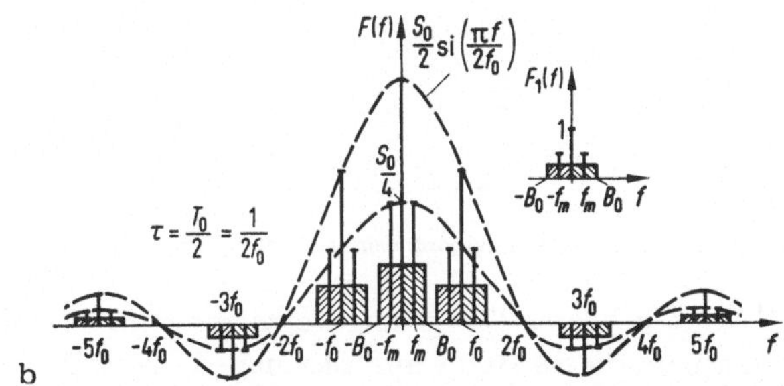

Bild 9.19 a u. b. Spektralfunktionen bei Pulsamplituden-Modulation mit Rechteckpuls.
a) PAM_1;   b) PAM_2.

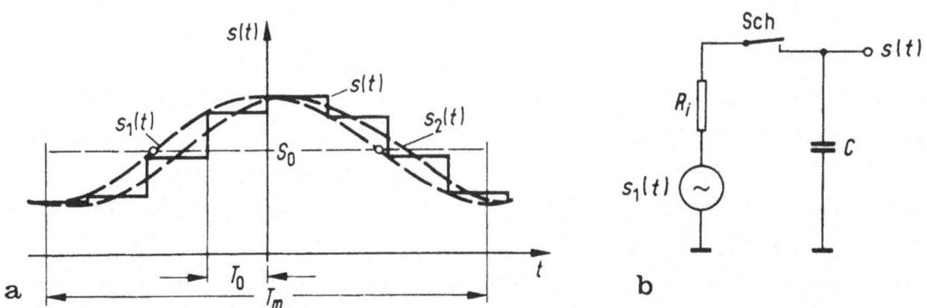

Bild 9.20 a u. b. Treppenförmiger Puls bei PAM_1 (Abtast- und Halteschaltung).
a) Darstellung der Zeitvorgänge;   b) Ersatzschaltbild.

geladen. Nach Öffnen des Schalters bleibt die Spannung an C bis zur nächsten Schließung des Schalters erhalten. Diese in der Pulsmodulationstechnik mit Abtast- und Halteschaltung bezeichnete Anordnung wird auch am Eingang eines Coders benutzt, wenn man den Abtastwert für die Dauer der ganzen Abtastperiode zur Verfügung halten muß. Schon von der Anschauung her ist zu vermuten, daß der spektrale Leistungsanteil der Modulationsschwingung groß ist. Man wird daher in der Regel zur Demodulation auf der Empfangsseite von einem treppenförmigen Puls ausgehen. Allerdings erscheint das zurückgewonnene primäre Signal $s_2(t)$ gegenüber $s_1(t)$ um $T_0/2$ verschoben (Bild 9.20a). Je länger die Modulationsperiode T_m wird, um so weniger weichen die Treppenstufen von der Sinuskurve $s_1(t)$ ab, und um so geringer ist auch die Energie der Harmonischen.

Nach (9.54) sind die spektralen Amplituden proportional zu τ/T_0. Sie sind daher beim treppenförmigen Puls am größten. Dieser Vorteil wird

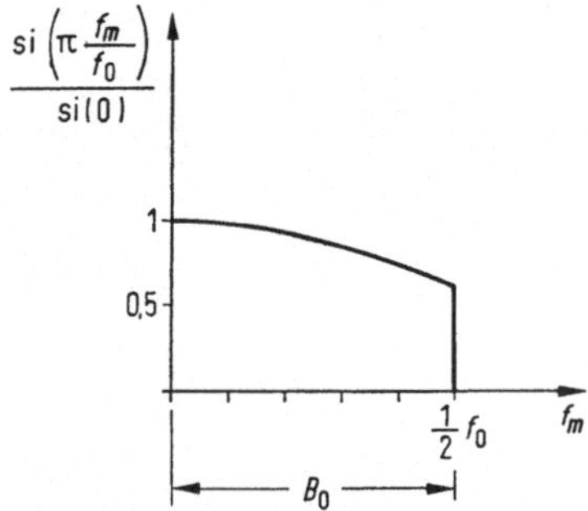

Bild 9.21. Dämpfungsgang beim treppenförmigen Puls.

bei der PAM$_1$ mit größerer Dämpfungsverzerrung im Modulationsband erkauft. Dehnt man dieses Band auf maximal $B_0 = f_0/2$ aus, so ergibt sich eine Dämpfungsverzerrung von

$$\frac{F(f_0/2)}{F(0)} = \frac{\mathrm{si}(\pi/2)}{1} = 0{,}64 \tag{9.56}$$

innerhalb des Bandes (siehe Bild 9.21); das ist ein Abfall um 3,9 dB. Benutzt man daher einen treppenförmigen Puls mit dahintergeschaltetem Tiefpaß zur Wiedergewinnung des primären Signals, so muß ein Entzerrer vorgesehen werden, der die Teilschwingungen bei hohen Signalfrequenzen wieder anhebt.

Bei der PAM 2. Art ist das Ergebnis für $\tau = T_0$ besonders einfach: In (9.55) verschwinden unter der Summe alle Anteile mit Ausnahme des Wertes für $n = 0$, und es wird $F(f) = F_1(f)$. Dieses Ergebnis leuchtet anschaulich sofort ein: Für $\tau = T_0$ bleibt der Schalter *Sch* in Bild 9.18b dauernd geschlossen. Mit $R_i = 0$ wird $s(t) = s_1(t)$, d. h. es findet überhaupt kein Modulationsvorgang statt.

Durch die Wahl der Impuls*form* für den zu modulierenden Puls kann die Spektralverteilung des Modulationsproduktes entscheidend beeinflußt werden, wovon die Technik mitunter Gebrauch macht. So liegt z. B. für Wechselimpulse nach Bild 9.15b oder c das Maximum von $F(f)$ nicht bei $f = 0$, sondern bei $1/\tau$. Solche Möglichkeiten, das Spektrum zu formen, gibt es bei allen Pulsmodulations-Verfahren.

Die Pulsamplituden-Modulation wird häufig in Sende- und Empfangsgeräten für Pulsmodulation benutzt. Sie dient dabei insbesondere als Übergang vom primären Signal zu Pulsdauer-, Pulsphasen- oder Pulscode-Modulation. Für die Übertragung ist sie weniger geeignet, weil sie, wie noch gezeigt werden wird, keinen Gewinn an Signal-Geräusch-Abstand liefert. Um einen solchen Gewinn zu erreichen, muß man die Nachricht, wie schon besprochen, in den Phasenwinkel legen. Das gilt auch für die Pulsmodulation.

9.3.3.2. *Pulsphasen- und Pulsfrequenz-Modulation (PPM und PFM)*

Bei der Pulsphasen-Modulation werden die Abtastproben des primären Signals umgesetzt in eine zeitliche Verschiebung des Auftretens von Impulsen. Die Amplitude S_0 und die Dauer τ der Impulse werden konstant gehalten.

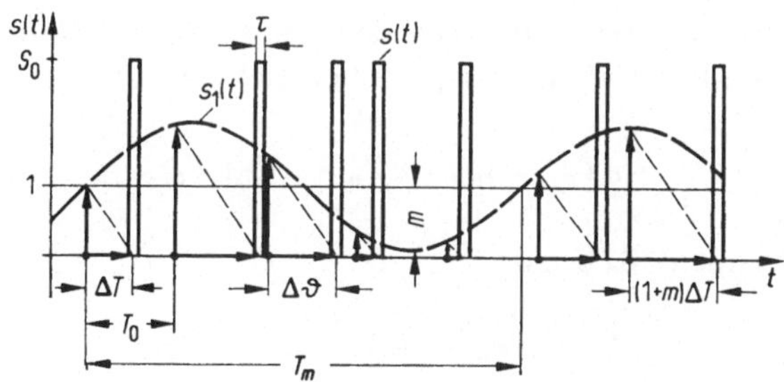

Bild 9.22. Pulsphasen-Modulation 1. Art (PPM₁).

In Bild 9.22 ist als modulierendes Signal wie bisher (vgl. (9.51)) eine Sinusschwingung mit Gleichanteil eingezeichnet. Die *zeitliche Auslenkung* der Impulse $\Delta\vartheta$ ist proportional zu den Augenblickswerten in den jeweiligen Abtastzeitpunkten: Das Längenverhältnis der jeweils waagerechten und senkrechten Pfeile ist also eine Konstante; dabei ist die Länge der waagerechten Pfeile durch die Zeitdifferenz zwischen Abtastzeitpunkt und Impulsmitte gegeben. Mathematisch ausgedrückt ergibt sich

$$\Delta\vartheta(nT_0) = \Delta T(1 + m \sin \omega_m nT_0); \qquad (9.57\,\mathrm{a})$$

darin ist m der *Modulationsgrad* des modulierenden Signals, ΔT wird mit *Zeithub* bezeichnet. Für $m = 1$ schwankt $\Delta\vartheta$ zwischen Null und $2\Delta T$. Der Zeithub ist bei Pulsmodulation eine sehr anschauliche Größe. Er wird normalerweise als die größte Abweichung von den periodisch wiederkehrenden Zeitpunkten definiert. Diese Betrachtung ergibt sich, wenn man (9.57 a) übergehen läßt in

$$\Delta\vartheta(nT_0) = m\Delta T \sin \omega_m nT_0. \qquad (9.57\,\mathrm{b})$$

Dieser Ansatz ist zwar physikalisch nicht realisierbar, da für nunmehr mögliche negative Abtastwerte des modulierenden Signals die entsprechenden Impulse zeitlich vor dem Abtastzeitpunkt auftreten müßten. Da der Unterschied von (9.57 a) und (9.57 b) jedoch nur eine konstante Zeitverschiebung ΔT bringt, die für die weiteren Betrachtungen bedeutungslos ist, kann man einfacher mit (9.57 b) weiterrechnen.

Die Zusammenhänge zwischen den verschiedenen Kenngrößen der Pulswinkel- und Pulszeit-Modulationsverfahren und die physikalischen Grenzen in der Wahl des Zeithubes ΔT werden später noch erörtert. Das Produkt $m\Delta T$ bestimmt den Proportionalitätsfaktor zwischen Amplitude des primären Signals und zeitlichem Schwankungsbereich des phasenmodulierten Pulses.

Die Zeitpunkte des Auftretens der phasenmodulierten Impulse für das n-te Intervall der Periode T_0 ergeben sich zu

$$t(nT_0) = t_n = nT_0 + \Delta\vartheta(nT_0). \qquad (9.58)$$

Das führt mit (9.57 b) zu

$$t_n = nT_0 + m\Delta T \sin \omega_m nT_0. \qquad (9.59)$$

Zur Berechnung des Spektrums eines PPM-Signals ersetzt man den Rechteckimpuls der Amplitude S_0 und Dauer τ im Zeitpunkt t_n durch die Summe eines positiven Einheitssprunges zum Zeitpunkt $t_n - \tau/2$ und eines negativen Einheitssprunges zum Zeitpunkt $t_n + \tau/2$ (Bild 9.23). Damit ergibt sich für die Zeitfunktion des PPM-Signals

$$s(t) = S_0 \sum_{n=-\infty}^{+\infty} \left[\sigma\left(t - t_n + \frac{\tau}{2}\right) - \sigma\left(t - t_n - \frac{\tau}{2}\right) \right], \qquad (9.60)$$

und mit (9.59)

$$s(t) = S_0 \sum_{n=-\infty}^{+\infty} \left[\sigma\left(t + \frac{\tau}{2} - nT_0 - m\Delta T \sin \omega_m n T_0\right) \right.$$

$$\left. - \sigma\left(t - \frac{\tau}{2} - nT_0 - m\Delta T \sin \omega_m n T_0\right) \right]. \tag{9.61}$$

Das Spektrum zu $s(t)$ läßt sich mit Hilfe von (6.47b) und folgenden Hilfsgleichungen finden:

$$\mathscr{F}\{\sigma(t - \tau_1) - \sigma(t - \tau_2)\} = \frac{\mathrm{e}^{-\mathrm{j}\omega\tau_1} - \mathrm{e}^{-\mathrm{j}\omega\tau_2}}{\mathrm{j}\omega}, \tag{9.62}$$

$$\mathrm{e}^{-\mathrm{j}\varphi_1 \sin\varphi_2} = \sum_{q=-\infty}^{+\infty} (-1)^q \, \mathrm{J}_q(\varphi_1) \, \mathrm{e}^{\mathrm{j}q\varphi_2}. \tag{9.63}$$

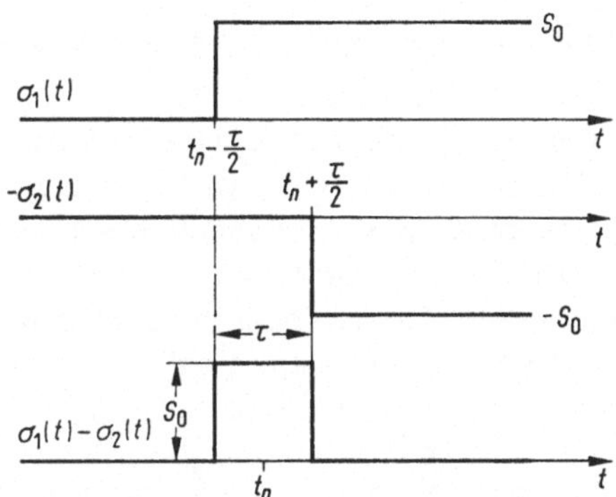

Bild 9.23. Darstellung eines Rechteckimpulses durch die Summe zweier Sprungfunktionen.

Nach einigen Umformungen ergibt sich

$$F(f) = \frac{S_0 \tau}{T_0} \sum_{n=-\infty}^{+\infty} \sum_{q=-\infty}^{+\infty} (-1)^q \, \mathrm{si}\,(\pi f \tau) \, \mathrm{J}_q(m 2\pi f \Delta T) \, \delta[f - (nf_0 + qf_m)]. \tag{9.64}$$

Bild 9.24 zeigt das Amplitudenspektrum in qualitativer Darstellung für den Bereich positiver Frequenzen. Da sich die Koeffizienten der Spektrallinien jeweils aus dem Produkt einer si-Funktion und einer Besselfunktion zusammensetzen, werden die Seitenbänder zu jedem Träger — insbesondere bei großen Hüben — nicht immer monoton mit der Frequenz nach beiden Seiten hin abklingen.

Ein Herausfiltern der Grundschwingung der Frequenz f_m mit einem Tiefpaß der Bandbreite B_0 ist — im Gegensatz zur PAM — nach Bild 9.24

nicht mehr störungsfrei möglich, weil sowohl Harmonische der Grundschwingung als auch der Seitenschwingung in das Basisband fallen können.

Will man das primäre Signal in unverzerrter Form aus dem PPM-Signal zurückgewinnen, so muß das PPM-Signal zuvor in ein PAM-

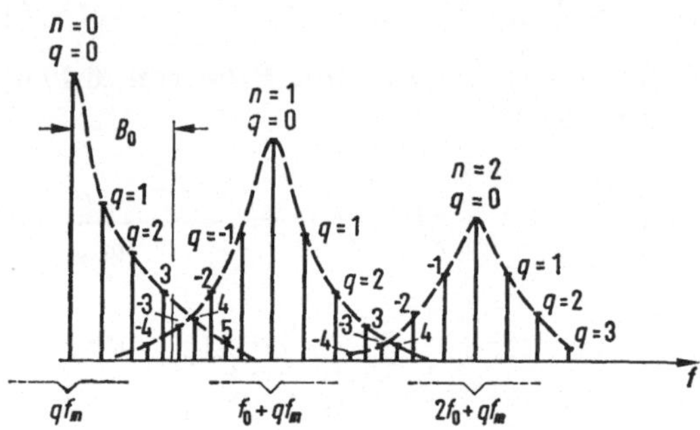

Bild 9.24. Amplitudenspektrum bei Pulsphasen-Modulation.

Signal umgesetzt werden. Es gibt aber auch eine Variante der vorstehend beschriebenen PPM, die in dieser Hinsicht verzerrungsfrei ist. Diese Variante soll im Gegensatz zur vorstehend beschriebenen Pulsphasen-Modulation 1. Art (PPM_1) in Zukunft mit Pulsphasen-Modulation 2. Art (PPM_2) bezeichnet werden. In der englischsprachigen Literatur wird die PPM_1 auch mit PPM-„uniform-sampling", die PPM_2 dagegen mit

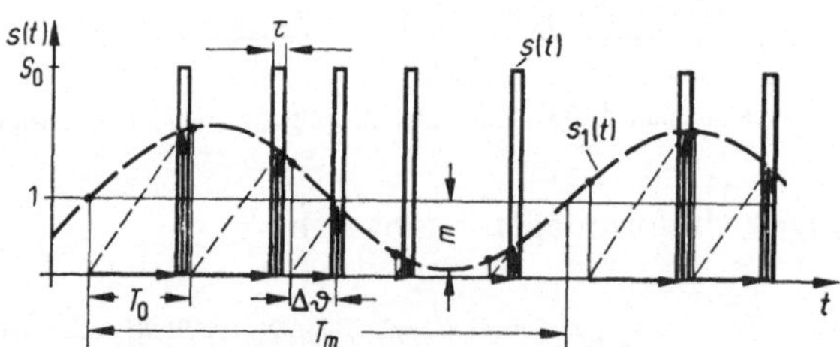

Bild 9.25 Pulsphasen-Modulation 2. Art (PPM_2).

PPM-„natural-sampling" bezeichnet[1]. Während bei der PPM_1 Augenblickswerte des primären Signals in äquidistanten Zeitabständen verarbeitet werden, ist diese Bedingung bei der PPM_2 nicht mehr erfüllt. Bei der PPM_2 wird die zeitliche Abweichung $\Delta\vartheta$ des Impulses so gewählt,

---

[1] In der englischsprachigen Literatur wird meist die Bezeichnung „pulse-position-modulation" (PPM) gebraucht, was mit Pulspositions-Modulation übersetzt werden könnte.

daß sie proportional zu demjenigen Augenblickswert ist, der zum Zeitpunkt des Auftretens dieses Impulses vom primären Signal angenommen
wird. Bild 9.25 zeigt das Beispiel für ein PPM-Signal 2. Art $s(t)$, das wie
üblich aus einer Sinusschwingung $s_1(t)$ der Periode T_m abgeleitet ist.
Auch hier ist das Längenverhältnis der waagerechten und der senkrechten Pfeile wiederum eine Konstante. Der Unterschied besteht lediglich
darin, daß im Gegensatz zu Bild 9.22 die senkrechten Pfeile nicht am Fuß,
sondern an der Spitze der waagerechten Pfeile stehen. Nach wie vor
wird zwar innerhalb jeder Periode T_0 ein Augenblickswert des primären
Signals verarbeitet. Diese Abtastwerte haben jedoch keine äquidistanten
Abstände mehr. Entsprechend der andersartigen Signalerzeugung ergibt
sich auch eine andere Funktion für das PPM_2-Signal $s(t)$: In (9.57) ist
nicht mehr der Wert $s_1(nT_0)$ des primären Signals, sondern $s_1(t_n)$ einzusetzen. Läßt man wie bei PPM_1 eine Zeitverschiebung ΔT unberücksichtigt, dann geht (9.59) über in

$$t_n = nT_0 + m\Delta T \sin \omega_m t_n . \tag{9.65}$$

Diese Gleichung ist nicht mehr nach t_n elementar auflösbar. Die
Berechnung der Spektralfunktion für die PPM_2 verläuft jedoch ähnlich
wie bei der PPM_1. Die sich danach ergebenden Spektralanteile sind der
Tabelle im Abschnitt 9.3.4 in Zeile 3.2.2 zu entnehmen. Ein Vergleich
mit der PPM_1 in Zeile 3.2.1 zeigt, daß die Spektren für die beiden PPM-
Verfahren hinsichtlich der Gleich- und Trägeranteile identisch sind. Im
Basisband beschränken sich bei PPM_2 die Spektralanteile jedoch —
da $q = \pm 1$ — auf die Grundfrequenz des primären Signals.

Man kann sich ein PPM_2-Signal so erzeugt denken, daß jeweils in
den von negativen zu positiven Werten übergehenden Nulldurchgängen
einer zeitkontinuierlich phasenmodulierten Schwingung ein kurzer
Impuls konstanter Amplitude S_0 und konstanter zeitlicher Dauer τ
erregt wird. Das ist nach (9.9) erfüllt für diejenigen Zeitpunkte t_n, für die
die Phasenbedingung

$$\omega_0 t_n + \Delta\Phi \sin \omega_m t_n = 2\pi n \tag{9.66}$$

gilt. Ein Vergleich mit (9.65) ergibt eine Identität, wenn

$$T_0 = \frac{2\pi}{\omega_0} \tag{9.67}$$

und

$$m\Delta T = \frac{\Delta\Phi}{\omega_0} \tag{9.68}$$

ist. Das heißt aber, daß der Zeithub ΔT proportional zum Phasenhub
$\Delta\Phi$ einer zeitkontinuierlichen Phasenmodulation mit der Trägerfrequenz
ω_0 ist.

In der Tabelle im Abschnitt 9.3.4 ist für die PPM_2 bei sämtlichen Spektralkomponenten der Zeithub ΔT durch den Phasenhub $\Delta\Phi$ nach der Beziehung (9.68) eliminiert worden. Das ist für die PPM_1 nach (9.64) für die Basisband- und Seitenbandanteile nicht möglich.

In Analogie zur zeitkontinuierlichen Winkelmodulation ist auch bei Pulsmodulationsverfahren eine *Pulsfrequenz-Modulation* (PFM) möglich. Entsprechend dem Übergang von (9.9) nach (9.10) ist auch hier folgendermaßen zu verfahren: Der Frequenzhub ΔF ist durch $\Delta\Phi f_0$ gegeben, und für den Phasenhub ist bei PFM $\Delta F/f_m$ zu setzen. Weiterhin muß die Phase der modulierenden Schwingung um $\pi/2$ gedreht werden, um das gleiche Signal $s(t)$ zu bekommen. Bild 9.26 macht diese Zusammenhänge

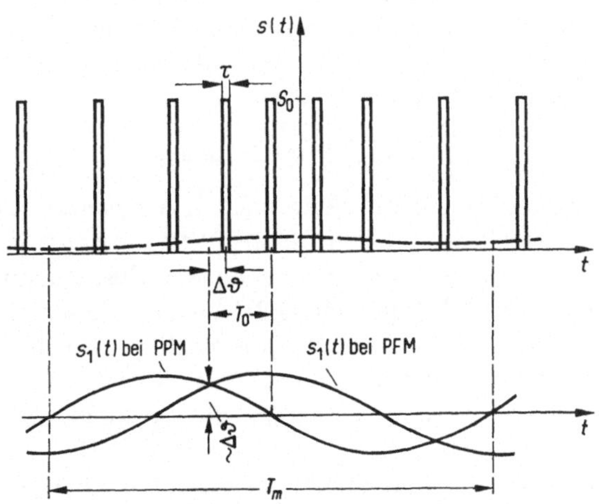

Bild 9.26. Signal bei Pulsphasen-Modulation 2. Art oder Pulsfrequenz-Modulation und dazugehörige primäre Signale $s_1(t)$.

klar. Es gilt auch hier, daß man einem Signal $s(t)$, welches nur mit einem einzigen sinusförmigen Vorgang moduliert ist, nicht ansehen kann, ob es durch Pulsphasen- oder durch Pulsfrequenz-Modulation hergeleitet ist. Für beide Arten von erzeugenden Schwingungen ist im Bilde der zeitliche Verlauf $s_1(t)$ mit dargestellt. Interessant ist, daß der gestrichelt eingezeichnete Mittelwert des Signals den Vorgang als frequenzmoduliert bewertet: Bei der höchsten Frequenz ist der Mittelwert groß, bei der tiefsten klein. Eine Demodulation durch Bilden des Mittelwertes, d. h. mit einem Tiefpaß der Bandbreite B_0, liegt daher nahe. Nun wendet man aber aus Gründen, die im Abschnitt 9.4.2 näher besprochen werden, praktisch immer Pulsphasen-, nicht Pulsfrequenz-Modulation an.

Für die Übertragung selbst ist unter den wertkontinuierlichen Pulsverfahren die Pulsphasen-Modulation das wichtigste. Die geräuschmindernde Wirkung ist dabei so groß, wie man sie von den Winkelverfahren erwarten kann, und die notwendige mittlere Signalleistung ist, verglichen mit anderen Pulsverfahren, sehr gering.

9.3.3.3. *Pulsdauer-Modulation*[1] *(PDM)*

Ein Pulsmodulations-Verfahren, das bei den zeitkontinuierlichen Modulationsarten keine Parallele hat, ist die Veränderung der Impulsdauer τ im Rhythmus des Primärsignals (Bild 9.27). Im einfachsten Fall ist der Modulationsträger wieder ein Rechteckpuls der Impulsdauer τ, die z. B. gleich der halben Pulsperiode T_0 ist. Bei voller Modulation ($m = 100\%$) sind dann die Extremwerte von τ Null und T_0. Das primäre Signal kann man wieder durch Bilden der zeitlichen Mittelwerte erhalten (gestrichelt). In Bild 9.27 haben die Impulsmitten sämtlich den gleichen Abstand T_0; beide Flanken ändern ihre Abstände symmetrisch. Häufig werden auch Signale verwendet, bei denen nur die Vorderflanke

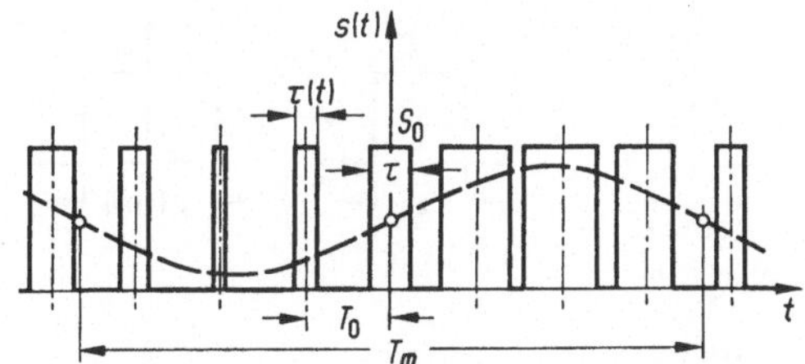

Bild 9.27. Pulsdauer-Modulation (PDM).

oder nur die Rückflanke moduliert ist. Mit Bild 9.28 sollen die genannten drei Möglichkeiten deutlich gemacht werden. Unter a) ist das primäre Signal $s_1(t) = 1 + m \sin \omega_m t$ dargestellt. Unter b) bis d) sind dann die jeweils zu den Signalzeiten $-T_m/4$, 0 und $+T_m/4$ erzeugten Impulse angegeben; dabei gilt b) für die symmetrische Modulation entsprechend Bild 9.27, c) für die Modulation der Vorderflanke und d) für die Modulation der Rückflanke. Die Ordinatenachsen gelten bei b) bis d) jeweils für einen Zeitpunkt nT_0. Die Pfeile geben die Richtung an, in der mit fortschreitender Zeit die Impulsflanken ausgelenkt werden.

Es sei zunächst das in Bild 9.28 d angeführte Beispiel herausgegriffen. Geht man davon aus, daß die Impulsdauer proportional zum Augenblickswert des primären Signals im Zeitpunkt der periodischen Vorderflanke ist, so ist das Problem bereits bei der Konstruktion in Bild 9.22 gelöst worden: Erzeugt man Impulse für die „Dauer" der waagerechten Pfeile,

---

[1] Im Schrifttum finden sich vereinzelt noch die Bezeichnungen „Pulslängen-Modulation" und „Pulsweiten-Modulation". Der hier gebrauchte Ausdruck ist vorzuziehen.

so entsteht eine entsprechende PDM. Ist dagegen erwünscht, daß die Impulsdauer proportional zum Augenblickswert des primären Signals im Zeitpunkt der modulierten Rückflanke ist, so ist Bild 9.25 entsprechend auszulegen. In beiden Fällen treten die Pfeilfüße periodisch auf; die Pfeillänge wird nach verschiedenen Gesetzen bestimmt. In Bild 9.29

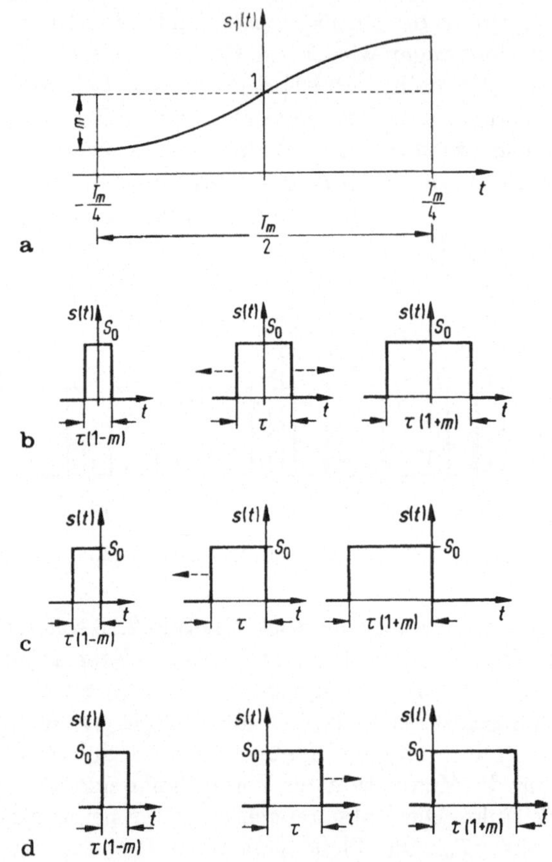

Bild 9.28a—d. Formen der Pulsdauer-Modulation.

a) modulierendes Signal $s_1(t)$;   c) Vorderflankenmodulierte PDM;
b) symmetrisch modulierte PDM;   d) Rückflankenmodulierte PDM.

sind diese beiden Arten der Pulsdauer-Modulation mit modulierter Rückflanke unter a) und b) gegenübergestellt. Sie sollen, genau wie bei der PPM, durch PDM_1 und PDM_2 unterschieden werden. Diese beiden Arten der PDM werden in der englischsprachigen Literatur wiederum mit dem Zusatz „uniform-sampling" und „natural-sampling" bezeichnet. Es wird sich zeigen, daß bei einem Vergleich der entsprechenden Spektren interessante Ähnlichkeiten auftreten.

Für die hier vorgestellten beiden Arten mit je drei Formen der PDM müßten insgesamt sechs Spektren zu berechnen sein. Vergleicht man jedoch die Rückflanken- mit der Vorderflanken-Modulation, so gilt für die Rückflanken-Modulation

$$\mathscr{F}\{\sigma(t) - \sigma(t - t_n)\} = \frac{1 - e^{-j\omega t_n}}{j\omega}, \tag{9.69}$$

und für die Vorderflanken-Modulation

$$\mathscr{F}\{\sigma(t + t_n) - \sigma(t)\} = \frac{e^{j\omega t_n} - 1}{j\omega} = \frac{1 - e^{j\omega t_n}}{-j\omega}. \tag{9.70}$$

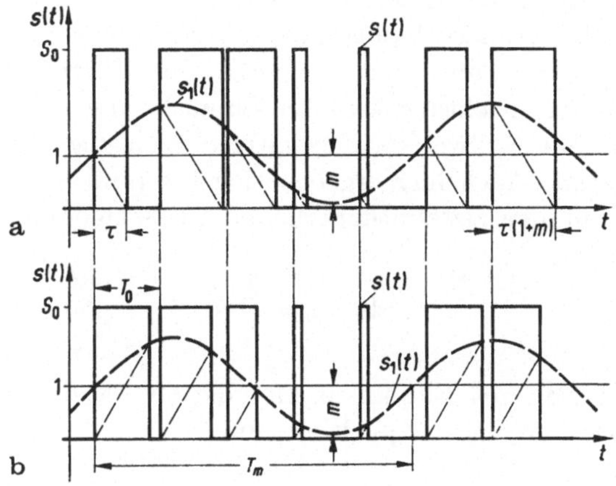

Bild 9.29a u. b. Pulsdauer-Modulation mit modulierten Rückflanken.
a) Pulsdauer-Modulation 1. Art (PDM$_1$);   b) Pulsdauer-Modulation 2. Art (PDM$_2$).

Es zeigt sich, daß hierbei nur ein Vorzeichenwechsel in der Phase von der einen zur anderen Form führt. Es sollen daher nur noch vier Fälle betrachtet werden: PDM$_1$ und PDM$_2$ mit jeweils symmetrischer oder Rückflanken-Modulation. Mit Ansätzen entsprechend (9.59) gilt, wenn die PDM$_1$ mit Rückflanken-Modulation betrachtet wird, für die periodische Vorderflanke

$$t_{n_1} = nT_0 \tag{9.71}$$

und für die modulierte Rückflanke

$$t_{n_2} = nT_0 + \tau\,(1 + m\sin\omega_m nT_0). \tag{9.72}$$

Bei der symmetrischen Modulation sind beide Flanken moduliert. Es gilt dementsprechend

$$t_{n_1} = nT_0 - \frac{\tau}{2}\,(1 + m\,\sin\,\omega_m nT_0) \tag{9.73}$$

und

$$t_{n_2} = nT_0 + \frac{\tau}{2}\,(1 + m\,\sin\,\omega_m nT_0). \tag{9.74}$$

Bei der PDM_2 geht in (9.72) im Argument der Sinusfunktion nT_0 in t_{n_2} über; es entsteht wiederum eine transzendente Gleichung. In (9.73) und (9.74) muß an entsprechender Stelle nT_0 durch $t_{n_1} - \frac{\tau}{2}$ bzw. $t_{n_2} + \frac{\tau}{2}$ ersetzt werden. Es läßt sich mit der Beweisführung entsprechend (9.66) bis (9.68) zeigen, daß das symmetrische PDM_2-Signal wiederum aus einem zeitkontinuierlich phasenmodulierten Signal in einfacher Weise gewonnen werden kann: Zum Zeitpunkt des Durchlaufens des Null-wertes in positiver Richtung wird der Impulsbeginn, zum Zeitpunkt des Durchlaufens des Nullwertes in negativer Richtung wird der Impuls-schluß festgelegt. Auch hier ergeben sich für (und *nur* für) die PDM_2 Identitäten mit der zeitkontinuierlichen Phasenmodulation durch die Beziehung

$$\Delta\Phi = m\,\frac{\omega_0\tau}{2}. \tag{9.75}$$

Bei der PDM_2 mit Einflanken-Modulation ist, da die eine Flanke unmoduliert ist, der Hub doppelt so groß:

$$\Delta\Phi = m\omega_0\tau. \tag{9.76}$$

Für die jeweils zwei Varianten von Form und Art der PDM lassen sich die Spektralfunktionen $F(f)$ berechnen. Qualitativ ergeben sich die gleichen Verhältnisse wie bei der Pulsphasen-Modulation (siehe Bild 9.24). Ein quantitativer Vergleich soll im nächsten Abschnitt anhand einer Tabelle für die Spektralkomponenten durchgeführt werden.

9.3.4. Vergleich der Spektren der Modulationsarten

Mit den folgenden Betrachtungen wird zugleich eine Zwischenbilanz für die bisher behandelten Modulationsarten gegeben werden. Dabei kommt es zunächst darauf an, die Modulationsarten für wertkontinuierliche Signale hinsichtlich ihres spektralen Verhaltens abschließend zu vergleichen. Für wertdiskrete Signale wurde bisher nur die Modulation des Sinusvorganges besprochen; die Modulation des Pulsvorganges mit wert-diskreten Signalen führt zu ganz anderen Betrachtungsweisen und kann daher bei einem Vergleich zunächst ausgeklammert werden.

In der folgenden Tabelle wird bei sämtlichen Modulationsarten von einem sinusförmigen primären Signal der Frequenz f_m ausgegangen. Dementsprechend bestehen die jeweiligen Modulationsprodukte sämtlich auch nur aus diskreten Anteilen, die in vier Bereiche aufgeteilt sind. In der ersten Spalte werden die Gleichanteile, in der zweiten Spalte die Basisbandanteile, in der dritten Spalte die Trägeranteile und in der vierten Spalte die Seitenbänderanteile angegeben; dabei sind die Harmonischen der Primärsignalfrequenz durch die Laufvariable q und die Harmonischen der Sinus- und Puls-Trägerfrequenz $f_0 = \omega_0/(2\pi)$ durch die Laufvariable n gegeben. Für den zu modulierenden Pulsvorgang wird von einem Rechteckimpuls der Amplitude S_0 und der Dauer τ ausgegangen. Unterliegen die Angaben hinsichtlich der Werte von n oder q irgendwelchen Einschränkungen, so ist dies in der jeweiligen Rubrik rechts angegeben. So bedeutet z. B. $n = \pm 1$, daß für $|n| > 1$ keine Komponenten vorhanden sind.

Die zeilenweise angegebenen Modulationsarten sind in drei Blöcke 1. bis 3. aufgeteilt; diese entsprechen den Spalten 1 bis 3 des Übersichts-bildes 9.4.

Folgende Feststellungen können getroffen werden:

1. Während bei der Modulation eines Sinusvorganges keine Gleich- und Basisbandanteile vorhanden sind, ist dies bei Pulsvorgängen der Fall. Das gilt jedoch nicht grundsätzlich, sondern liegt vielmehr an der Wahl der Impulsform. So entfallen bei der Pulsmodulation die Gleich-anteile, wenn Wechselpulse moduliert werden.

2. Die Zahl der Spektrallinien ist nur bei der AM beschränkt. Einfach unbegrenzt ist ihre Zahl bei der PM, FM und den Tastverfahren (für q) sowie bei den PAM-Verfahren (für n), zweifach unbegrenzt bei den PPM- und PDM-Verfahren (für q und n). Bei den PPM- und PDM-Verfahren besteht im Basisband noch eine weitere Unterscheidungsmöglichkeit; hier ist bei sämtlichen Verfahren 2. Art die Zahl der Linien durch $q = \pm 1$ begrenzt. Das gilt bei den Verfahren 1. Art nicht.

3. Die Besselfunktionen gehen bei sämtlichen Winkelverfahren, nicht jedoch bei den Amplitudenverfahren ein. Das gilt sowohl für die Modulation von Sinus- als auch von Pulsvorgängen. In die Argumente der Besselfunktionen geht der Phasenhub $\Delta\Phi$ bei den kontinuierlichen Winkelverfahren und bei sämtlichen Pulswinkel-Verfahren (2. Art) ein. Das gilt zwar auch bei den Pulszeit-Verfahren (1. Art) für die Trägerkomponenten, nicht jedoch für die Basisband- und Seitenbänder-

Spektrallinien bei Modulation mit einer Sinusschwingung der Frequenz f_m und einem Modulationsgrad m.
Sinusträger: Trägerfrequenz f_0 Pulsträger: Pulsfrequenz f_0

Lfd. Nr.	Modulations-art	Gleich-anteil $\delta(f)$	Basisband-spektrallinien $\delta(f - qf_m)$	Träger-spektrallinien $\delta(f - nf_0)$	Seitenbänder-spektrallinien $\delta[f - (nf_0 + qf_m)]$	Anmerkungen
1.1	ZSB-AM	0	0	$\frac{1}{2}S_0$; $\quad (n = \pm1)$	$\frac{m}{4}S_0$; $\quad (n, q = \pm1)$	siehe (9.4)
1.2	PM	0	0	$\frac{1}{2}S_0 J_0(\Delta\Phi)$; $(n = \pm1)$	$\frac{1}{2}S_0 J_q(\Delta\Phi)$; $(n = \pm1)$	abgeleitet von (9.9)
1.3	FM	0	0	$\frac{1}{2}S_0 J_0(\Delta\Phi)$; $(n = \pm1)$	$\frac{1}{2}S_0 J_q(\Delta\Phi)$; $(n = \pm1)$	abgeleitet von (9.10) $\Delta\Phi = \Delta F/f_m$
2.1	Amplituden-tastung	0	0	$\frac{S_0}{4}$; $\quad (n = \pm1)$	$\frac{S_0}{2\pi q}$; $\quad (n = \pm1)$ $(q$ ungerade$)$	siehe (9.13)
2.2	Phasen-umtastung	0	0	0	$\frac{S_0}{\pi q}$; $\quad (n = \pm1)$ $(q$ ungerade$)$	siehe (9.14), gilt nur für $\Delta\Phi = \pi/2$
2.3	Frequenz-umtastung	0	0	$\frac{S_0}{2}\,\mathrm{si}\left(\frac{\pi}{2}\Delta\Phi\right)$ $(n = \pm1)$	$\frac{S_0}{\pi}\Delta\Phi\,\dfrac{\begin{Bmatrix}\sin\\\cos\end{Bmatrix}\frac{\pi}{2}\Delta\Phi^{**}}{(\Delta\Phi)^2 - q^2}$ $(n = \pm1)$	siehe (9.15) $\Delta\Phi = \Delta F/f_m$

3.1.1	PAM$_1$ (unipolar)		$\dfrac{S_0\tau}{T_0}\dfrac{m}{2}\,\mathrm{si}(\pi f\tau)$ $(q=\pm1)$		$\dfrac{S_0\tau}{T_0}\dfrac{m}{2}\,\mathrm{si}(\pi f\tau)$ $(q=\pm1)$	siehe (9.54)
		$\dfrac{S_0\tau^*}{T_0}$		$\dfrac{S_0\tau}{T_0}\,\mathrm{si}(\pi f\tau)^*$		
3.1.2	PAM$_2$ (unipolar)		$\dfrac{S_0\tau}{T_0}\dfrac{m}{2}$; $(q=\pm1)$		$\dfrac{S_0\tau}{T_0}\dfrac{m}{2}\,\mathrm{si}(n\pi f_0\tau)$ $(q=\pm1)$	siehe (9.55)
3.2.1	PPM$_1$		$\dfrac{(-1)^q S_0\tau}{T_0}\,\mathrm{si}(\pi f\tau)$ $\times\,\mathrm{J}_q(m2\pi f\varDelta T)$		$\dfrac{(-1)^q S_0\tau}{T_0}\,\mathrm{si}(\pi f\tau)$ $\times\,\mathrm{J}_q(m2\pi f\varDelta T)$	siehe (9.64)
		$\dfrac{S_0\tau}{T_0}$		$\dfrac{S_0\tau}{T_0}\,\mathrm{si}(\pi f\tau)\,\mathrm{J}_0(n\varDelta\Phi)$		
3.2.2	PPM$_2$		$(-1)^q S_0\dfrac{\varDelta\Phi}{2\pi}\sin(\pi f\tau)$ $(q=\pm1)$		$\dfrac{(-1)^q S_0}{n\pi}\sin(\pi f\tau)$ $\times\,\mathrm{J}_q(n\varDelta\Phi)$	abgeleitet mit (9.65) $\varDelta\Phi = m2\pi f_0\varDelta T$
3.3.1	PDM$_1$ symmetr. moduliert		$\dfrac{S_0\begin{Bmatrix}\sin\\\cos\end{Bmatrix}(\pi f\tau)}{\pi f T_0}$ $\times\,\mathrm{J}_q(m\pi f\tau)^{**}$		$\dfrac{S_0\begin{Bmatrix}\sin\\\cos\end{Bmatrix}(\pi f\tau)}{\pi f T_0}$ $\times\,\mathrm{J}_q(m\pi f\tau)^{**}$	abgeleitet mit (9.73) und (9.74)
		$\dfrac{S_0\tau}{T_0}$		$\dfrac{S_0\tau}{T_0}\,\mathrm{si}(\pi f\tau)\,\mathrm{J}_0(n\varDelta\Phi)$		
3.3.2	PDM$_2$ symmetr. moduliert		$S_0\dfrac{\varDelta\Phi}{2\pi}\cos(\pi f\tau)$ $(q=\pm1)$		$\dfrac{S_0\begin{Bmatrix}\sin\\\cos\end{Bmatrix}(\pi f\tau)}{n\pi f_0 T_0}$ $\times\,\mathrm{J}_q(n\varDelta\Phi)^{**}$	$\varDelta\Phi = m\pi f_0\tau$
3.4.1	PDM$_1$ Einflanken- moduliert		$\dfrac{(-1)^q S_0}{2\pi f T_0}$ $\times\,\mathrm{J}_q(m\,2\pi f\tau)\,\mathrm{e}^{-\mathrm{j}2\pi f\tau}$	$\dfrac{S_0}{2\pi f T_0}$ $\times\,[1-\mathrm{J}_0(\varDelta\Phi)\,\mathrm{e}^{-\mathrm{j}2\pi f\tau}]$	$\dfrac{(-1)^q S_0}{2\pi f T_0}$ $\times\,\mathrm{J}_q(m2\pi f\tau)\,\mathrm{e}^{-\mathrm{j}2\pi f\tau}$	abgeleitet mit (9.71) und (9.72)
		$\dfrac{S_0\tau}{T_0}$				
3.4.2	PDM$_2$ Einflanken- moduliert		$S_0\dfrac{\varDelta\Phi}{2\pi}$; $(q=\pm1)$		$\dfrac{S_0}{n2\pi f_0 T_0}\,\mathrm{J}_q(n\varDelta\Phi)$	$\varDelta\Phi = m2\pi f_0\tau$

* entfällt bei bipolar   ** $\begin{Bmatrix}\sin\\\cos\end{Bmatrix}x$ heißt $\begin{array}{l}\sin x \text{ für } q = \text{geradzahlig}\\ \cos x \text{ für } q = \text{ungeradzahlig}\end{array}$

komponenten; hier ist keine Proportionalität mehr mit $m2\pi f_0 \Delta T$ bzw. $m2\pi f_0 \tau$, sondern nur noch mit $m\Delta T$ bzw. $m\tau$ gegeben. Diese Feststellung sowie die Konstruktionsmerkmale der PPM-, PFM- und PDM-Signale legen den Gedanken nahe, *sämtliche* Verfahren 1. Art dieser Gruppe mit Pulszeit-Verfahren, *sämtliche* Verfahren 2. Art dagegen mit Pulswinkel-Verfahren zu bezeichnen. Pulszeitmodulierte Signale *müssen* durch periodische Abtastung des primären Signals — also über die Puls-amplituden-Modulation — gewonnen werden. Pulswinkelmodulierte Signale *können* aus kontinuierlich winkelmodulierten Signalen hervorgehen.

4. Die Pulsmodulations-Verfahren 1. Art unterscheiden sich von den jeweiligen 2. Art nur in den Basisband- und Seitenband-Komponenten, nicht jedoch in ihren Gleich- und Trägeranteilen. Im übrigen werden die Unterschiede vernachlässigbar klein, wenn die primären Signale $s_1(t)$ im Zeitmultiplex das sekundäre Signal $s(t)$ bilden, da ja die mögliche zeitliche Auslenkung mit der Kanalzahl heruntergeht.

5. Die Rückgewinnung des primären Signals durch unmittelbares Herausfiltern des Basisbandes bei den Pulsmodulations-Verfahren ist bei beiden PAM-Verfahren und im übrigen nur bei den Verfahren 2. Art möglich, wenn Klirrprodukte vermieden werden sollen. Ohne Dämpfungsgang sind die PAM_2 und die einflankenmodulierte PDM_2. Ein vertretbarer Dämpfungsgang ergibt sich bei der PAM_1 mit der si-Funktion und bei der symmetrisch modulierten PDM_2 mit der cos-Funktion als Faktor. Ungeeignet ist die PPM_2 mit der sin-Funktion als Faktor. Es ist daher zweckmäßig, ein PPM-Signal vor der Demodulation in ein PDM- oder PAM-Signal umzuwandeln.

9.3.5. Wertdiskrete Pulsmodulation

Das Verfahren der Abtastung erlaubt es, wie in Bild 9.17 dargestellt, bei einem stetigen primären Signal zu bestimmten, diskreten Zeiten seinen jeweiligen Wert festzustellen, nur diese jeweiligen Werte in Form eines modulierten Pulses zu übertragen und auf der Empfangsseite das ursprüngliche stetige Signal wiederherzustellen. Das Zeitmaß ist hierbei bereits in „Quanten" eingeteilt, die Mannigfaltigkeit der übertragenen Werte des primären Signals ist jedoch noch unendlich groß. *Jeder* Wert zwischen einem positiven und negativen Extremwert kann auftreten. Bei den wertdiskreten Pulsmodulations-Verfahren kann dagegen der Signalparameter des Modulationsproduktes nur eine endliche Anzahl *diskreter* Werte annehmen. Geht man in diesem Fall von einem zeit- und wertkontinuierlichen primären Signal aus, so ist neben der Einteilung in Zeitquanten noch eine solche in Wertquanten durchzuführen;

letztere wird in der Pulsmodulationstechnik allgemein mit *Quantisierung* bezeichnet.

9.3.5.1. Quantisierung der Signalwerte

Die Probleme der Quantisierung wurden grundsätzlich schon im Abschnitt 7.2.1 bei der Behandlung der A-D-Umsetzung besprochen. Sie sollen im folgenden im Hinblick auf die Anwendung in der Modulationstechnik noch etwas näher behandelt werden.

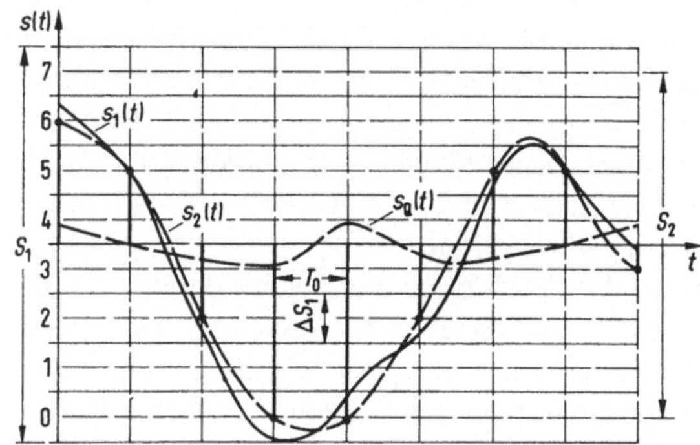

Bild 9.30. Quantisierung eines primären Signals $s_1(t)$ (8 Stufen).

Bild 9.30 zeigt den Quantisierungsvorgang. Der gesamte *Quantisierungsbereich* S_1, in dem positive und negative Werte des primären Signals $s_1(t)$ erwartet werden, wird in eine bestimmte Zahl von Intervallen der Stufenhöhe ΔS_1 geteilt, und zwar so, daß ihre Mitten (gestrichelte Linien) bei den Werten

$$\pm \frac{1}{2} \Delta S_1, \ \pm \frac{3}{2} \Delta S_1, \ \pm \frac{5}{2} \Delta S_1 \text{ usw.} \tag{9.77}$$

liegen. In Bild 9.30 sind acht gleich große *Quantisierungsintervalle* gewählt, die Mittenwerte sind von 0 bis 7 beziffert. Das zu übertragende Signal $s_1(t)$ wird nun in den üblichen zeitlichen Abständen T_0 abgetastet. Die Einrichtung stellt dabei aber nicht die wirklichen Signalwerte zu diesen Zeiten fest, sondern prüft nur, in welchem der vorgegebenen Quantisierungsintervalle sie jeweils liegen. Im einfachsten Fall werden dann die den Quantisierungsintervallen zugehörigen Stufenwerte bestimmt und mit irgendeinem Modulationsverfahren übertragen.

Das auf der Empfangsseite aus den Zustandswerten wiederhergestellte primäre Signal $s_2(t)$ (gestrichelt) ist ein wenig verschieden von dem ursprünglichen. Die Abweichung $s_Q(t)$ stellt eine Verzerrung des empfangenen Signals dar und wird daher *Quantisierungsverzerrung* genannt. Sie ist bei Sprache am ehesten mit einer unregelmäßigen nichtlinearen Verzerrung zu vergleichen, wie sie den Kohlemikrophonen eigen ist. Die üblichen Klirrfaktorbedingungen von einigen Prozent, wie man sie bei Sprachübertragung stellt, gelten auch hier. Bei gleichmäßig lauter Sprache ergeben 32 Stufen bereits brauchbare Fernsprechqualität. Für Fernsprechnetze, bei denen die Sprache der verschiedenen Teilnehmer sehr verschieden laut ist und leise Sprecher daher nur einen Teilbereich der Signalwerte in der Mitte von Bild 9.30 überdecken, ist diese Zahl selbst dann nicht ausreichend, wenn man die Stufung ungleichmäßig macht: Für kleine Amplituden wählt man die Stufenhöhe ΔS_1 kleiner als den Durchschnitt, für große Amplituden größer. Hierauf wird im Abschnitt 10.1.6 noch näher eingegangen werden. Die in den Fernsprechnetzen verschiedener Länder eingeführten Systeme arbeiten mit 256 Quantisierungsintervallen.

Bisher weist das Verfahren nur Nachteile auf, nämlich die Quantisierungsverzerrung und größeren Aufwand. Der Nutzen zeigt sich gegenüber der Wirkung unterwegs eindringender Geräusche. Es sei z. B. der Stufenwert 5 gesendet worden. Wenn die Geräuschamplituden kleiner bleiben als $\pm \Delta S_1/2$, so liegt der empfangene Stufenwert innerhalb des zugeordneten Bereichs ΔS_1. Man kann dann immer zu Recht schließen, daß 5 der korrekte Wert war, und dann auf diesen Wert hin korrigieren. So werden die eindringenden Geräusche nicht nur geschwächt, sondern völlig ausgemerzt.

Das Verfahren der Quantisierung zeigt noch eine weitere Besonderheit: Bei den wertkontinuierlichen Modulationsarten häuft sich die Wirkung der Geräusche, die in den einzelnen Verstärkerabschnitten eines Übertragungssystems auftreten, stetig an. Ein quantisiertes Signal kann dagegen in jedem Abschnitt wieder erneuert werden — wie man dies seit langem von den entzerrenden Übertragungen der Telegraphie her kennt. Man kann daher eine gegebene Strecke derart in Abschnitte aufteilen, daß in jedem von ihnen die eindringenden Geräusche genügend klein sind und ausgemerzt werden können. An den quantisierten Impulsen ändert sich dabei nichts; die Quantisierungsverzerrung tritt für die gesamte Übertragung nur ein einziges Mal auf.

9.3.5.2. *Quantisierte Pulsamplituden- und Pulsphasen-Modulation*

Primäre Signale, deren Werte quantisiert sind, können mit beliebigen Modulationsarten übertragen werden, zweckmäßig natürlich wegen der ohnehin nötigen Abtastung mit einem Pulsverfahren. Benutzt man dabei eine unipolare PAM, so ist die Zeitachse von Bild 9.30 am unteren Bildrand zu denken.

Als weiteres Beispiel sei noch die Übertragung mit Pulsphasen-Modulation betrachtet. Bild 9.31 zeigt oben einen Ausschnitt des primären Signals von Bild 9.30. Die Abtastperiode T_0 wird dabei genau so in Abschnitte aufgeteilt wie der Quantisierungsbereich. Im Beispiel sind es acht zeitliche Stellungen, beziffert von 0 bis 7. Nur zu diesen diskreten Zeiten werden Impulse jeweils an der durch den Abtastwert

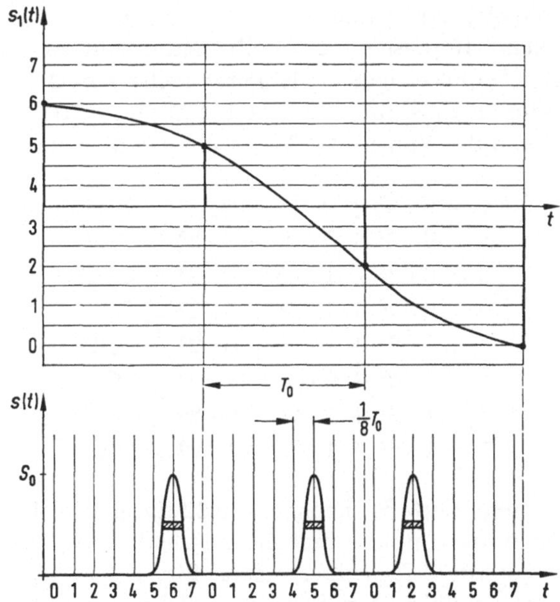

Bild 9.31. Quantisierte Pulsphasen-Modulation (8 Stufen).

vorgegebenen Stelle mit konstanter Amplitude S_0 und einer Dauer bis zu $T_0/8$ übertragen. Im Empfänger wird jeweils bei halber Höhe durch Herausschneiden einer schmalen „Scheibe" geprüft, zu welchen Zeiten Impulse vorhanden sind. Fälschungen durch Geräuschamplituden bis zu $\pm S_0/2$ sind nicht zu befürchten.

9.3.5.3. Digitale Modulation

Bei der digitalen Modulation werden die Prinzipien der A-D-Umsetzung mit den Teilvorgängen Abtastung, Quantisierung und Codierung angewendet. Bei der *Codierung* besteht die Aufgabe darin, die quantisierten *Stufen*werte durch eine mehrstellige Kombination von *Zustands*werten darzustellen, wobei die Mannigfaltigkeit dieser Zustandswerte meist sehr viel kleiner ist als die Mannigfaltigkeit der Stufenwerte. Gemäß Abschnitt 7.2.2 werden die Zustandswerte durch ein Codeelement repräsentiert, ihre Kombination durch ein Codewort. Die gesamte Zuordnung zwischen den (primären) Stufenwerten und den abgeleiteten Codewörtern ergibt einen Code.

Für das primäre Signal $s_1(t)$ in Bild 9.30 traten nacheinander die Stufenwerte 6 5 2 0 0 2 5 5 3 auf. Diese Werte werden nun für die Übertragung in einen aus Impulsen gebildeten Code verwandelt. Daher stammt der Name *Pulscode-Modulation* (PCM). In einfachster Form wird dabei jeder Stufenwert durch eine Folge von „Ein—Aus"- oder „Ja—Nein"-Impulsen dargestellt. Man baut zweckmäßig jedes dieser binären Impulselemente als Potenzreihe von 2 auf derart, daß nur die Faktoren Eins für „Ja" und Null für „Nein" vorkommen. Entsprechend der Vorschrift (7.5) ergibt sich folgende Zuordnung:

$$
\begin{aligned}
0 &= 0 \cdot 2^2 + 0 \cdot 2^1 + 0 \cdot 2^0 \triangleq \text{OOO} \\
1 &= 0 \cdot 2^2 + 0 \cdot 2^1 + 1 \cdot 2^0 \triangleq \text{OOL} \\
2 &= 0 \cdot 2^2 + 1 \cdot 2^1 + 0 \cdot 2^0 \triangleq \text{OLO} \\
3 &= 0 \cdot 2^2 + 1 \cdot 2^1 + 1 \cdot 2^0 \triangleq \text{OLL} \\
4 &= 1 \cdot 2^2 + 0 \cdot 2^1 + 0 \cdot 2^0 \triangleq \text{LOO} \\
5 &= 1 \cdot 2^2 + 0 \cdot 2^1 + 1 \cdot 2^0 \triangleq \text{LOL} \\
6 &= 1 \cdot 2^2 + 1 \cdot 2^1 + 0 \cdot 2^0 \triangleq \text{LLO} \\
7 &= 1 \cdot 2^2 + 1 \cdot 2^1 + 1 \cdot 2^0 \triangleq \text{LLL}
\end{aligned}
\tag{9.78}
$$

Jeder der acht Werte ist nach Bild 9.32 durch drei Bits darstellbar. Die zugehörigen drei Impulse müssen innerhalb einer Abtastperiode T_0 untergebracht werden. Das übertragene Signal $s(t)$ besteht dann aus einer andauernden Folge von Schritten, wobei jeder Schritt zunächst durch einen kurzen Impuls in seiner Mitte gekennzeichnet ist (die Striche in Bild 9.32). Man könnte für diese Impulse die Amplituden

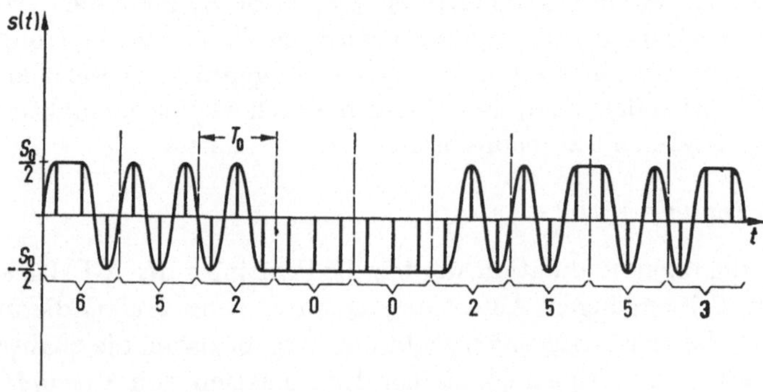

Bild 9.32. Signal der binären Pulscode-Modulation.

Null und S_0 wählen. Jedoch wird die Signalleistung am geringsten, wenn man die beiden vorkommenden Amplituden symmetrisch zur Nullinie legt, also etwa die Werte $+S_0/2$ für L und $-S_0/2$ für O wählt.

Da die kurzen Impulse für die Übertragung unnötig viel Frequenzband verbrauchen, schickt man sie durch einen Tiefpaß, der die eingezeichnete Signalfunktion $s(t)$ herstellt.

Auf der Empfangsseite wird aus drei zusammengehörigen Impulswerten in einem Decoder jeweils wieder die ursprüngliche Werteziffer ermittelt; im Gerät wird ein Impuls erzeugt, der die entsprechende Amplitude hat. Hieraus wird dann die in Bild 9.30 gestrichelt gezeichnete Empfangsfunktion $s_2(t)$ gebildet. Im vorliegenden Beispiel konnten mit drei Bits nach dem Kombinationsschema (9.78) acht verschiedene Werte wiedergegeben werden. Mit r_0 Bits erhält man (vgl. (7.2)) eine Zahl q von Stufenwerten, die sich ergibt zu

$$q = 2^{r_0}. \tag{9.79}$$

Die oben für Sprachübertragung im Hinblick auf die Quantisierungsverzerrung geforderten 256 Quantisierungsstufen ergeben einen Code mit acht Bits. Da die Impulse für ein Codewort jeweils im zeitlichen Intervall T_0 untergebracht werden müssen, bedeutet eine Erhöhung der Wortlänge steilere Impulse, d. h. erhöhtes Frequenzband. Geringe Quantisierungsverzerrung muß daher mit größerem Frequenzband erkauft werden.

Gegen unterwegs eindringende Störungen ist das codierte Signal $s(t)$ sehr unempfindlich. Wertet man auf der Empfangsseite alle positiven Impulse als „Ja", alle negativen als „Nein", so sind Geräuschamplituden bis zum Wert $\pm S_0/2$, d. h. bis zur Größe der Signalamplitude, unschädlich. Sie sind nämlich nicht imstande, einen positiven Impuls in einen negativen zu verfälschen und umgekehrt. Unterhalb dieser Schwelle wirken sich also die Geräusche der Übertragungsstrecke überhaupt nicht aus. Größere Störungen machen, wenn sie häufig auftreten, die Übertragung sofort völlig unbrauchbar, da ein falsch empfangener Schritt nach der Decodierung einen völlig anderen Signalwert ergibt.

Betrachtet man Bild 9.32, so liegt die Frage nahe, ob es nicht möglich ist, die zu übertragenden Signalwerte mit einem kürzeren Code zu kennzeichnen, im Grenzfall nur durch ein einziges Bit. Dem Empfänger wird dann bei jedem Abtastwert nur die Auswahl aus zwei Möglichkeiten geboten. Dies ist nun in der Tat möglich, wenn man nicht wie bisher die gesamten Daten für jeden Signalwert übermittelt, sondern nur die Richtung der Abweichung vom vorhergehenden Wert. Man nennt daher dieses schon im Abschnitt 9.1.2 erwähnte Verfahren *Delta-(Δ-)Modulation* (DM). Bild 9.33 möge zeigen, was damit gemeint ist.

Man geht davon aus, daß ein bestimmter Anfangswert des primären Signals $s_1(t)$ dem Empfänger bekannt ist. Bei jedem Abtastschritt wird nun signalisiert, ob die Differenz zwischen dem primären Signal $s_1(t)$ und dem durch Aufsummieren vorangegangener Differenzwerte gebildeten Signal $s_2'(t)$ positiv oder negativ ist. Im ersten Fall wird das Signal „Ja" übertragen, im zweiten Fall das Signal „Nein". Dabei wird zweckmäßig die ausgesendete Signalfunktion $s(t)$ wieder soweit wie möglich verschliffen. Der Empfänger macht im ersten Fall einen Schritt nach oben, im zweiten nach unten und erzeugt so die aus lauter Treppen-

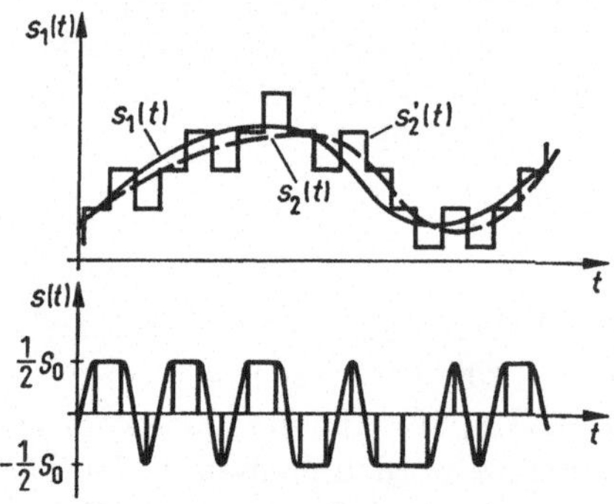

Bild 9.33. Prinzip der Deltamodulation.

schritten bestehende Funktion $s_2'(t)$. Glättet man diese mit einem Filter, so ergibt sich am Empfängerausgang das primäre Signal $s_2(t)$ (gestrichelt), das um die Quantisierungsverzerrung von dem ursprünglichen Signal abweicht.

Eine Erweiterung der Deltamodulation in Richtung auf die PCM ist die in Abschnitt 9.1.2 bereits erwähnte Mehrbit-**Deltamodulation** oder *Differenz-Pulscode-Modulation* (DPCM)[1]. Hierbei wird — im Unterschied zur Deltamodulation — nicht mehr untersucht, *ob* der neue Signalwert, sondern *um wieviel* er nach positiver oder negativer Richtung vom Vorhersagewert abweicht. Diese Differenz wird in quantisierter Form erfaßt, und so werden außer einem ersten Bit für die qualitative Aussage (positiv oder negativ) weitere Bits für den Betrag der Differenz vorgesehen. Bild 9.33 gilt hierfür mit dem Unterschied, daß die Sprünge der Funktion $s_2'(t)$ nicht mehr betragsmäßig gleich sind, sondern z. B. bei Dreibit-Deltamodulation vier verschiedene Werte annehmen können. Im Digitalsignal $s(t)$ müssen statt bisher einem Impuls dann drei Impulse je Sprung enthalten sein.

---

[1] In der englischsprachigen Literatur meist mit „differential PCM" bezeichnet.

9.3.6. Zeitliche Bündelung

Betrachtet man Bild 9.17, so liegt es nahe, die langen Pausen zwischen den Impulsen für andere Signale gleicher Art auszunutzen. Sollen z. B. vier primäre Signale gleicher Bandbreite B_0 zu einem gemeinsamen PAM-Signal mit zeitlicher Bündelung zusammengefaßt werden, so muß man *jedes* dieser primären Signale mit einer Frequenz $f_0 = 1/T_0 > 2B_0$

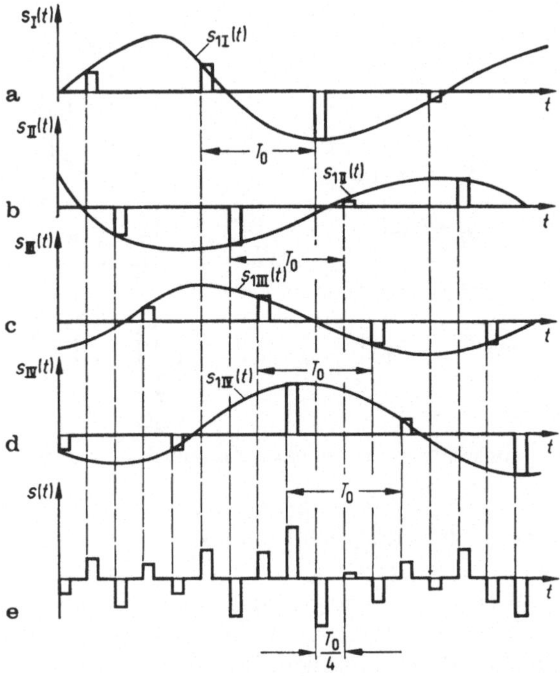

Bild 9.34 a — e. Erzeugung eines PAM-Zeitmultiplexsignals aus vier primären Signalen $s_{1\mathrm{I}}(t)$ bis $s_{1\mathrm{IV}}(t)$.

abtasten. Die Aufgabe wird gelöst, indem man für jedes Signal exakt die gleiche Abtastfrequenz — z. B. aus einem gemeinsamen Generator — benutzt und dabei die Abtastzeitpunkte so wählt, daß sie für die vier Signale jeweils um $T_0/4$ gegeneinander verschoben sind.

Bild 9.34 zeigt unter a) bis d) vier primäre Signale $s_{1\mathrm{I}}(t)$ bis $s_{1\mathrm{IV}}(t)$, die, je für sich, mit der Abtastfrequenz f_0 nach vorstehender Vorschrift in PAM-Signale $s_{\mathrm{I}}(t)$ bis $s_{\mathrm{IV}}(t)$ umgesetzt sind. Durch Addition dieser vier Signale erhält man das unter e) gezeigte PAM-Zeitmultiplexsignal $s(t)$.

Schematisch kann man sich seine Erzeugung durch einen im Multiplexer (Bild 9.35) mit der Kreisfrequenz ω_0 umlaufenden Abtaster vorstellen, der jeweils bei Verbindung mit den Primärsignal-Eingängen einen dem Augenblickswert entsprechenden Impuls aufnimmt. Zur Entbündelung im Demultiplexer muß ein gleicher Umlaufschalter vorgesehen sein. Um eine kanalrichtige Zuordnung der Eingänge am Multiplexer und der Ausgänge am Demultiplexer zu gewährleisten, müssen beide Rotoren außer der gleichen Frequenz auch die gleiche Phasenlage haben. Die

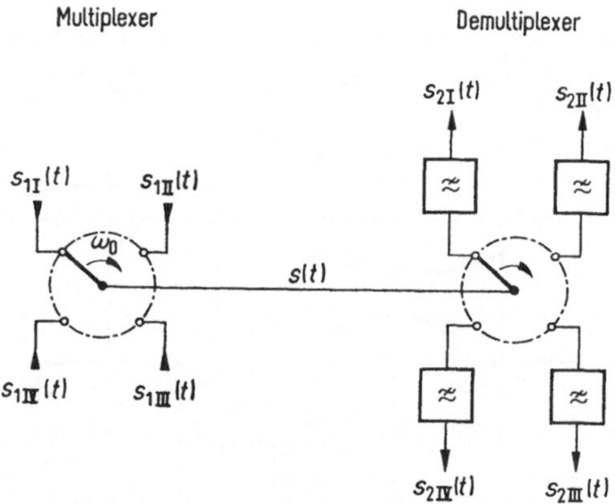

Bild 9.35. Schema einer PAM-Zeitmultiplexeinrichtung.

vier empfangenen Primärsignale $s_{2\mathrm{I}}(t)$ bis $s_{2\mathrm{IV}}(t)$ werden in üblicher Pulsdemodulation zurückgewonnen.

Die Bilder 9.34 und 9.35 zeigen, daß für jedes der Einzelsignale pro Abtastperiode maximal die Zeit $T_0/4$ zur Verfügung steht. Das gilt auch für jedes andere Pulsmodulations-Verfahren. Sollen allgemein die Signale von z Kanälen ineinander verschachtelt werden, so muß für jedes Signal ein zeitlicher Bereich von

$$T_z = \frac{1}{z}\, T_0 \qquad\qquad (9.80)$$

reserviert werden.

Bild 9.36 zeigt als weiteres Beispiel die zeitliche Bündelung von zwei PPM-Signalen. Unter a) und b) sind die beiden primären Signale $s(t)_{\mathrm{II}}$ und $s(t)_{\mathrm{III}}$ mit denjenigen Abtastwerten angegeben, welche in PPM umzusetzen sind. Unter c) ist das gebündelte Signal $s(t)$ dargestellt. Daraus geht hervor, daß der Zeithub $\varDelta T$ höchstens halb so groß wie T_z sein darf. Andernfalls könnten die Impulse benachbarter Kanäle miteinander kollidieren, was eine exakte empfangsseitige Trennung gefährden würde.

Einfacher ist die zeitliche Bündelung von Digitalsignalen. Hier nimmt ohnehin jedes Codeelement ein festes Zeitintervall ein, das gleich dem Kehrwert seiner Folgefrequenz ist. Teilt man zur Bündelung von z Signalen *gleicher* Folgefrequenz jedes Zeitintervall in z Teile, so ist eine Verschachtelung ohne weiteres möglich. In Bild 9.37 sind unter a) und b) je ein Binärsignal mit der Bitfolgefrequenz $f_b = 1/T_b$ eingezeichnet. Das L-Element ist durch den Amplitudenwert $+S_0/2$, das

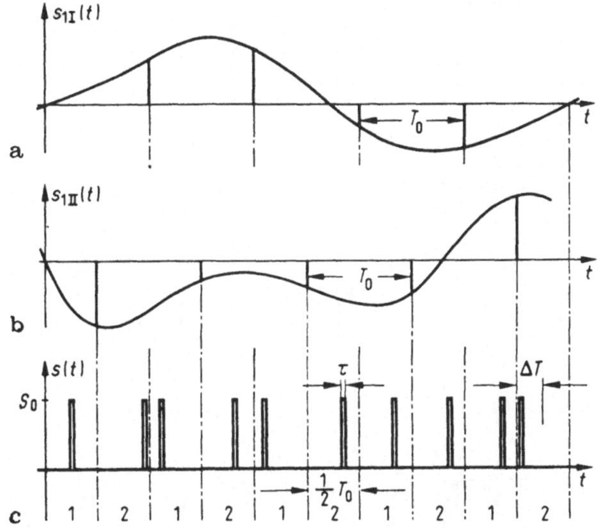

Bild 9.36 a—c. Zeitliche Bündelung bei Pulsphasen-Modulation.
a) Signal I mit Abtastwerten;   b) Signal II mit Abtastwerten;
c) gebündeltes Signal.

O-Element durch den Amplitudenwert $-S_0/2$ repräsentiert. Da beide Signale erst nach der Bündelung übertragen werden sollen, braucht auf geringen Frequenzverbrauch noch nicht geachtet zu werden; die Signale werden zweckmäßig aus Rechteckimpulsen zusammengesetzt, da man die Abtastpulse dann ohne weiteres so legen kann, wie es das zeitliche Verschachteln erfordert. Addiert man die beiden Signale zu den Zeitpunkten der Abtastimpulse, so erhält man ein Signal, das nach Wegnahme der überflüssigen Teilschwingungen hoher Frequenz in den verschliffenen Linienzug $s(t)$ übergeht (Bild 9.37 c). Dieses Signal muß doppelt so rasch umschwingen wie jedes der beiden Teilsignale. Das Signal braucht das doppelte, allgemein das z-fache Frequenzband. In diesem Verhalten sind sich die vorher behandelte frequenzmäßige und die zeitliche Bündelung gleich[1].

Im Prinzip ist es gleichgültig, ob primäre Signale zunächst je für sich über PAM in PCM umgesetzt und dann erst gebündelt werden, oder ob man bereits die PAM-Signale bündelt und dann gemeinsam in PCM umsetzt. Entsprechendes gilt auch für die Entbündelung auf der Empfangsseite. Entscheidend hierfür werden immer technische und wirtschaftliche Gesichtspunkte sein.

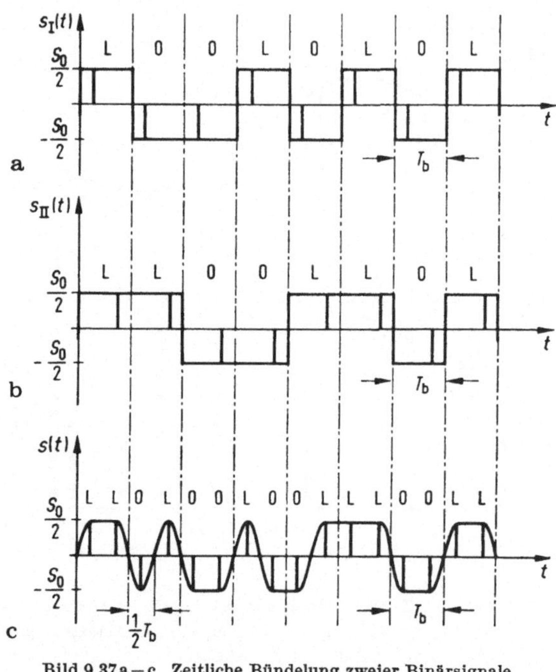

Bild 9.37a—c. Zeitliche Bündelung zweier Binärsignale.
a) Signal I;   b) Signal II;   c) gebündeltes Signal.

In Bild 9.37 wurden die beiden Signale bitweise verschachtelt: Unter c) ist abwechselnd ein Bit des Signals I und ein Bit des Signals II enthalten. Daneben gibt es auch noch eine zeitliche Bündelung durch

---

[1] Im Abschnitt 9.2.3 wurde gezeigt, daß bei frequenzmäßiger Bündelung Lücken zwischen den einzelnen Nutzbändern vorgesehen werden, um sie bei der Entbündelung mit vertretbarem Filteraufwand trennen zu können. Wie im Abschnitt 4.1 ausgeführt wurde, wird aus ähnlichen Gründen die Abtastfrequenz f_0 größer als die doppelte Nutzbandbreite $2B_0$ gewählt. In der Praxis ist bei der Übertragung von Sprachsignalen bei beiden Bündelungsarten die „verschenkte" Bandbreite gleich $\dfrac{4000 - 3100}{4000} = 22{,}5\%$ der zur Verfügung gestellten Bandbreite.

blockweise Verschachtelung. Diese ist in Bild 9.38 angedeutet: Zwei Binärfolgen I und II sollen in Blöcken zu jeweils vier Bits zeitlich gebündelt werden. Dazu müssen die Folgen blockweise um den Faktor 2 zeitkomprimiert werden, wie es durch die Steilheit der Pfeile angedeutet ist. Die Summenfolge Σ ergibt sich dann durch herkömmliche Zeit-

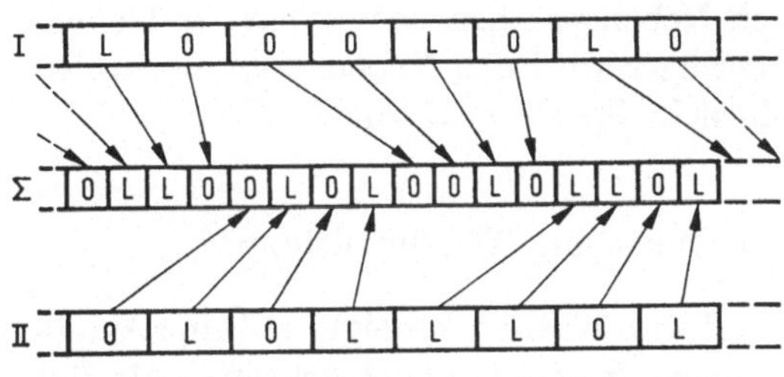

Bild 9.38. Blockweise Bündelung zweier Binärsignale.

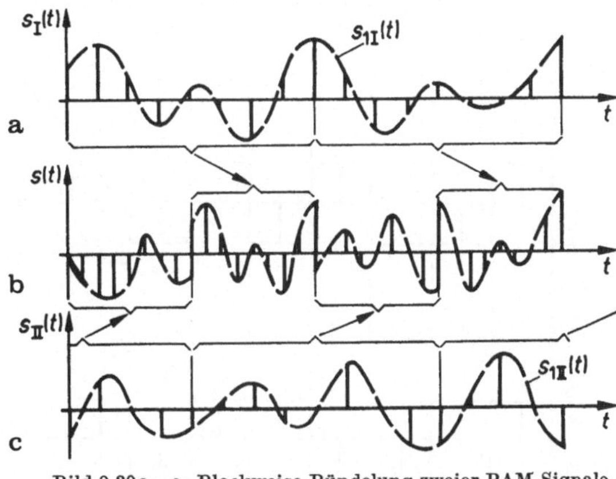

Bild 9.39a—c. Blockweise Bündelung zweier PAM-Signale.
a) Signal I;   b) gebündeltes Signal;   c) Signal II.

bündelung der Blöcke. Die blockweise Zeitbündelung spart keine Bandbreite und ist gegenüber der elementweisen Bündelung aufwendiger, da zur Realisierung zusätzlich Speicher erforderlich sind. Sie bringt jedoch mitunter systembedingte Vorteile und wird z. B. als wortweise Verschachtelung in PCM-Multiplexgeräten für Fernsprechen angewendet, wobei die Codewörter, die aus jeweils *einer* Abtastung der primären Signale hervorgegangen sind, zusammen einen sogenannten *Pulsrahmen* bilden.

Eine derartige blockweise Verschachtelung ist nicht nur bei Digitalsignalen, sondern auch bei allen anderen pulsmodulierten Signalen möglich. Bild 9.39 zeigt die Anwendung für zwei PAM-Signale $s_I(t)$ und

$s_{II}(t)$, bei denen jeweils acht Abtastwerte zeitlich komprimiert wurden und dann in $s(t)$ in gleicher Weise wie bei Bild 9.38 zusammengefaßt sind. Überträgt man ein derartiges Signal auf einem Kanal der Bandbreite $2B_0$ — die Grenzfrequenz hat sich durch die Zeitkompression um den Faktor 2 verdoppelt —, so werden die Sprungstellen, an denen der Signalwechsel auftritt, verschliffen; das macht sich nach der Entbündelung durch Nebensprechen bemerkbar. Je länger man die Blöcke macht, um so geringer wird das Nebensprechen, um so größer ist aber auch der erforderliche Speicheraufwand.

9.3.7. Amplitudenbündelung, Wertbündelung

Im Abschnitt 9.1.3 wurde bereits gezeigt, daß eine Amplitudenbündelung möglich ist, wenn die Signale quantisiert sind. Als Beispiel wurde das dezimale Zahlensystem benutzt. Die einfachste Form erhält man, wenn die zu bündelnden Signale binär sind. Bild 9.40 zeigt unter a) und b) die

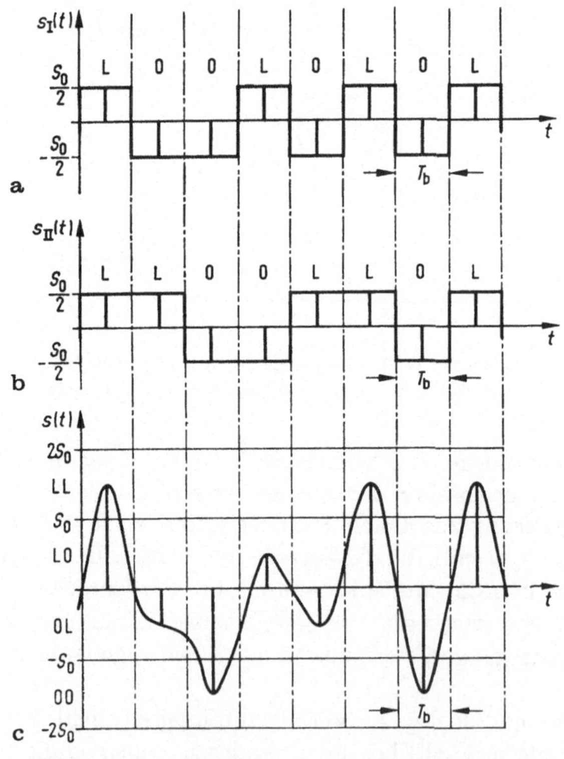

Bild 9.40a—c. Amplitudenbündelung zweier Binärsignale.
a) Signal I;   b) Signal II;   c) gebündeltes Signal.

gleichen Signale I und II, wie sie in Bild 9.37 als Beispiel für die zeitliche Bündelung verwendet wurden. Im vorliegenden Fall wird aber nicht die Abtastung verschachtelt, sondern beide Signale werden in der Mitte jedes Bits abgetastet. In diesen diskreten Zeiten sollen nun die verschiedenen Werte aller Signale durch eine einzige Angabe, nämlich die Amplitude eines Gesamtsignals, gekennzeichnet werden. Dabei mögen die Werte dieses Signals, die ebenfalls den Abstand S_0 haben sollen, wieder symmetrisch zur Nullinie sein, damit das Signal möglichst wenig Leistung verbraucht. Die notwendige Zahl der Stufen erhält man dadurch, daß man alle Werte des ersten Signals mit denen des zweiten kombiniert, die so erhaltenen Werte mit denen des dritten und so fort. Für zwei Signale erhält man nach Verstärkung des Signals $s_I(t)$ um den Faktor 2 und Addition der beiden Signale die Amplitudenwerte des gebündelten Signals aus folgendem Schema (in $S_0/2$):

Signal I	Signal II	Gebündeltes Signal
$+2$	$+1$	$+3$
$+2$	-1	$+1$
-2	$+1$	-1
-2	-1	-3

Die Impulse mit den vier als erforderlich gefundenen Werten zeigt Bild 9.40c. Das ausgesendete Signal $s(t)$ kann wieder im gleichen Maße verschliffen werden, wie es die einzelnen Signale $s_I(t)$ und $s_{II}(t)$ auch erlauben würden.

Auf der Empfangsseite wird die Funktion $s(t)$ abgetastet. Jeder vierstufige Impuls kann gleichzeitig 2 zweistufige kennzeichnen, aus denen die ursprünglichen Signale wieder entstehen.

Während bei der zeitlichen Bündelung die Stufenzahl gleich bleibt und die Pulsfrequenz um den Faktor z steigt, bleibt bei der Amplitudenbündelung die Pulsfrequenz gleich, und die Stufenzahl steigt um den Faktor 2^{z-1}. Da der Abstand zweier Werte immer konstant gleich einer Einheit gewählt wurde, ist auch die Anfälligkeit gegen unterwegs eindringende Geräusche gleich geblieben: Geräuschwerte bis zu einer halben Einheit können das Signal nicht fälschen. Hingegen ist die erforderliche Signalleistung exponentiell gestiegen.

Da die Bilder 9.37 und 9.40 in a) und b) identisch sind, kann man sich auch einen unmittelbaren Übergang von Bild 9.37c nach Bild 9.40c vorstellen. Das ist jedoch gleichbedeutend mit einer Codeumsetzung, wie sie mit Bild 8.10 beim Übergang von a) nach b) beschrieben wurde. Hierdurch wird die Gültigkeit der im Abschnitt 8.3.3 behandelten informationstheoretischen Gesetze auch für die Bündelung von Signalen deutlich.

Die Zuordnungen der Signale nach Bild 9.40 bzw. obigem Schema ist jedoch noch nicht sehr gut, wenn man davon ausgeht, daß das Signal $s(t)$ gestört werden kann und sich dadurch nach der Entbündelung Fehler ergeben können. Wird z. B. das gebündelte Signal derart verfälscht, daß auf der Empfangsseite statt $+S_0/2$ der Wert $-S_0/2$ empfangen wird, so werden dadurch *beide* Eingangssignale fehlerhaft. Es sollte also ein Schema gefunden werden, bei welchem von Stufe zu Stufe sich jeweils nur der Wert *eines* Eingangssignals ändert. Für drei Eingangssignale erfüllen folgende beiden Schemata diese Bedingung:

Beispiel 1				Beispiel 2		
Signal: I	II	III	gebündelt	I	II	III
+	+	→+	+7	+	→+	+
+	→+	−	+5	+	−	+
+	−	−	+3	→+	−	→−
→+	−	→+	+1	−	−	−
−	−	+	−1	−	→+	−
−	→+	→+	−3	−	+	→+
−	+	−	−5	→+	+	+
−	+	→+	−7	+	+	→−

Die Pfeile zeigen die kritischen Übergangswerte bei beiden Beispielen an (insgesamt je sieben). Beispiel 2 hat gegenüber Beispiel 1 den Vorteil, daß die Pfeile auf die Einzelsignale I bis III gleichmäßiger verteilt sind. In Beispiel 1 würde Signal III gegen Störungen viermal anfälliger sein als Signal I.

Allgemein ist die erforderliche Stufenzahl

$$b_z = 2^z, \qquad (9.81)$$

wenn z die Zahl der primären Binärsignale ist. Man sieht hier deutlich die Parallele zum Verfahren der Codierung.

Mit den durch (9.81) definierten b_z Zustandswerten ist es möglich, eine im Abschnitt 9.2.2 beschriebene wertdiskrete Modulation durchzuführen. Im einfachsten Fall werden dabei b_z verschiedene Amplitudenwerte einer Sinusschwingung konstanter Frequenz und Phase eingenommen (Amplitudentastung). Es ist aber auch möglich, den b_z Werten Sinusschwingungen konstanter Amplitude, jedoch unterschiedlicher Phase oder Frequenz zuzuordnen; im ersten Fall müssen b_z Phasen einer festen Frequenz, im zweiten Fall b_z Frequenzen umgetastet werden.

Im ersten Fall könnte man von einer Phasenbündelung sprechen; den Begriff Frequenzbündelung für den zweiten Fall sollte man jedoch vermeiden, da er nicht mit der im Abschnitt 9.1.3 beschriebenen Auslegung identisch ist. In Erweiterung des Begriffes Amplitudenbündelung kann man die drei vorstehend beschriebenen Varianten als *Wertbündelungsverfahren* zusammenfassen.

9.4. Eigenschaften der wertkontinuierlichen Pulsmodulations-Verfahren

Im Abschnitt 9.1 wurde zunächst ein Überblick über die in der Nachrichtentechnik gebräuchlichen Modulationsarten gegeben. Die Eigenschaften der Modulationsarten mit Sinusvorgang als Modulationsträger wurden im Abschnitt 9.2 bereits zusammengefaßt behandelt; Schwerpunkte der Betrachtungen waren dabei die Wirkung von Übertragungsverzerrungen und die Wirkung von Geräuschen. Für die Pulsmodulationsarten gab Abschnitt 9.3 lediglich eine Übersicht der Prinzipien.

In folgendem wird nun näher auf die oben genannten Eigenschaften der wertkontinuierlichen Pulsmodulations-Verfahren eingegangen. Die Ausführlichkeit der jeweiligen Betrachtung ist stark bestimmt durch den Stand der technischen Anwendung. Den digitalen Modulationsarten ist wegen ihrer großen Bedeutung innerhalb der Pulstechnik ein gesonderter Abschnitt 10 gewidmet.

9.4.1. Eigenschaften der Pulsamplituden-Modulation

Die Pulsamplituden-Modulation wird in den meisten Fällen lediglich als Zwischenmodulation innerhalb von Endeinrichtungen benutzt und dient dabei nur als Übergang zu geräuschmindernden Pulsmodulations-Verfahren, wie z. B. PPM oder PCM. Ist mit der Modulation auch eine Bündelung mehrerer Signale verbunden, so spielt es eine wesentliche Rolle ob diese bereits mit der Erzeugung des PAM-Signals geschieht oder aber erst bei einem der folgenden Modulationsvorgänge.

9.4.1.1. Das Nebensprechen bei der Pulsamplituden-Modulation

Werden mehrere primäre Signale mit Pulsmodulations-Verfahren zeitmäßig gebündelt, so kann es vorkommen, daß bei der Entbündelung des Multiplexsignals den zurückgewonnenen primären Signalen Störungen überlagert sind, die von den Signalen zeitlich benachbarter Kanäle des gleichen Multiplexsignals herrühren. Diese Art der Beeinflussung wird in der Zeitmultiplextechnik mit *Rahmennebensprechen*[1] bezeichnet: Innerhalb eines Pulsrahmens, der durch eine Abtastperiode T_0 gegeben ist und von jedem primären Signal *einen* Abtastwert enthält, treten Wechselbeziehungen zwischen den einzelnen Impulsen dadurch auf, daß Ausläufer eines Impulses als Störung in den Impuls des Nachbarkanals „übersprechen". Im Abschnitt 9.2.4 wurden ähnliche Wirkungen bei den zeitkontinuierlichen Modulationsarten gezeigt: Übertragungsverzerrungen bewirken auch dort, daß innerhalb des „Frequenzrahmens" der Frequenzmultiplextechnik Signalanteile von einem „störenden Frequenzkanal" in einen „gestörten Frequenzkanal" verlagert werden. Das wird besonders mit Bild 9.9 deutlich gemacht. Während dort die Untersuchungen im Frequenzbereich stattfinden, werden sie bei der zeitlichen Bündelung zweckmäßiger im Zeitbereich durchgeführt. Man spricht entsprechend auch von *Zeitkanälen* innerhalb eines Pulsrahmens.

Die *Nebensprechdämpfung* ist definiert als der Logarithmus des Verhältnisses von Nutzleistung zu Störleistung an *einer* Stelle eines gestörten Kanals, wobei die übertragenen Leistungen sowohl im störenden als auch im gestörten Kanal den Wert P haben. Sind die beiden Leitungen mit den gleichen Widerständen abgeschlossen, so genügt statt der Leistungsmessung eine Spannungsmessung. Für Fernsprechen werden Werte von 60 dB und mehr gefordert.

Wird auf der Empfangsseite ein PAM-Zeitmultiplexsignal abgetastet und werden die Abtastwerte zyklisch auf die z Kanaleingänge verteilt, so ist die Nebensprechdämpfung a_d definitionsgemäß

$$a_d = 20 \lg \frac{S}{\Delta s} \, \text{dB}, \qquad (9.82)$$

wobei S der Wert der Nutzamplitude und Δs der Wert der Störamplitude im gestörten Kanal sind. Bei den Untersuchungen über die Nebensprecheigenschaften von PAM-Signalen gehen neben der Genauigkeit der Abtastzeitpunkte zwei weitere Parameter ein:

1. Die Impulsform bei der Erzeugung des Multiplexsignals.
2. Die Übertragungsverzerrungen dieses Signals bis zum Abtastvorgang zum Zwecke des Demultiplexens.

Daraus ergibt sich eine Vielfalt von Ansatzmöglichkeiten; durch idealisierte Verhältnisse, die sich rechnerisch übersichtlich erfassen lassen, soll sie etwas eingeschränkt werden.

Bild 9.41 zeigt die empfangenen Impulse von drei aufeinanderfolgenden, zu verschiedenen Kanälen gehörenden Abtastungen, wenn

---

[1] Im Unterschied zum Nebensprechen von *räumlich* benachbarten Signalen, wie z. B. durch Nah- und Fernnebensprechen.

auf der Sendeseite Einheitsimpulse $\delta(t)$ verwendet werden; dabei gilt
a) für den idealisierten Tiefpaß, b) für den Tiefpaß mit cosinusförmigem
Übertragungsfaktor und c) für den Tiefpaß mit Gaußschem Übertragungsfaktor (siehe Abschnitt 5.7.4). Der Modulationsgrad m sei in
jedem Kanal gleich; gezeichnet sind jeweils die größten dabei auftretenden Impulse.

Für eine empfangene Zeitfunktion $s_\delta(t)$ ist für Netzwerke mit der
Phase Null die Amplitude des Nutzimpulses gegeben durch $S = m s_\delta(0)$,
die Amplitude des störenden Impulses $\Delta s = m s_\delta(T_z)$, wenn T_z der

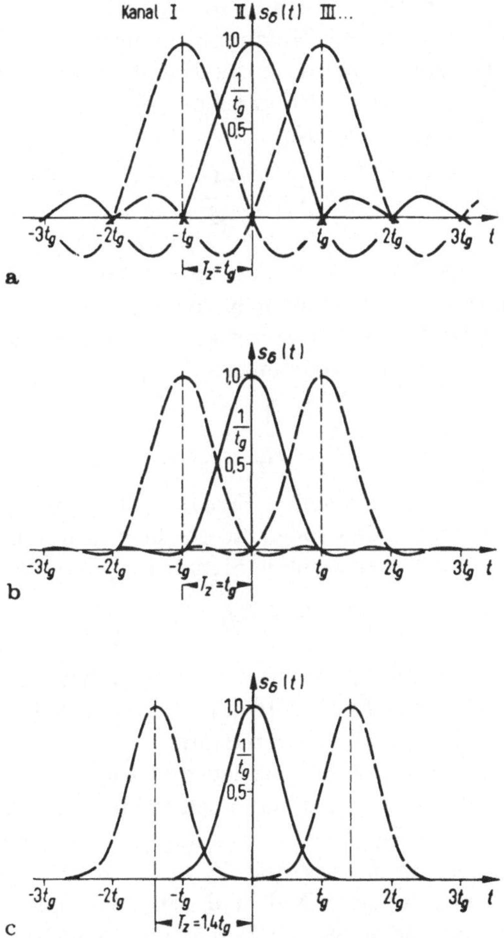

Bild 9.41 a—c. PAM-Signal mit zeitlicher Bündelung.
a) Idealisierter Tiefpaß; b) Tiefpaß mit cosinusförmigem Übertragungsfaktor;
c) Tiefpaß mit Gaußschem Übertragungsfaktor.

Abtastzeitpunkt des nächsten Kanals ist. Mit (9.82) gilt dann für die Nebensprechdämpfung

$$a_d = 20 \lg \frac{m s_\delta(0)}{m s_\delta(T_z)} \, \mathrm{dB} = 20 \lg \frac{s_\delta(0)}{s_\delta(T_z)} \, \mathrm{dB}. \tag{9.83}$$

Bei PAM ist die Nebensprechdämpfung offensichtlich unabhängig vom Modulationsgrad m.

Für den *idealisierten Tiefpaß* der Bandbreite B soll nun untersucht werden, welcher Bandbreitenbedarf notwendig ist, wenn ein vorgeschriebener Mindestwert der Nebensprechdämpfung eingehalten werden soll. Dabei wird der Abtastvorgang so angesetzt, daß die Abtastzeitpunkte mit den Maxima der Nutzimpulse zusammenfallen. Zu diesen Zeitpunkten sollen die Signalwerte der Nachbarimpulse möglichst Null sein. Dies wird nach Bild 5.17b erreicht, wenn $T_z = t_g$ gewählt wird (Bild 9.41a). Mit (5.88) wird dann

$$T_z = \frac{1}{2B}. \tag{9.84}$$

Zu der Zeit des Maximums eines Kanalimpulses durchlaufen die Zeitfunktionen, die zu den anderen Kanälen gehören, die Abszisse und können so bei zeitrichtiger Abtastung kein Nebensprechen hervorrufen. Da die Kanalabstände aber andererseits

$$T_z = \frac{1}{z f_0} = \frac{1}{2 z B_0} \tag{9.85}$$

betragen müssen, wenn z primäre Signale mit einer jeweiligen Bandbreite B_0 übertragen werden sollen, so ergibt sich durch Vergleich von (9.84) und (9.85) für die notwendige Signalbandbreite die untere Grenze

$$B = z B_0. \tag{9.86}$$

Zur Übertragung mit PAM braucht man daher auch bei Berücksichtigung des Nebensprechens im Idealfall nicht mehr Frequenzband als bei der Mehrfach-Einseitenbandübertragung.

Wird nun der Zeitabstand zwischen den Kanälen vergrößert, d. h. werden in Bild 9.41a die drei Impulse auseinandergerückt, so erhält man zunächst steigendes Nebensprechen; es durchläuft einen Maximalwert, verschwindet bei einem Zeitabstand $T_z = 2t_g$ wieder und pendelt bei weiterem Wegrücken zwischen Null und abnehmenden Maximalwerten.

Setzt man (9.85) und (5.88) ins Verhältnis, so erhält man den Wert

$$\frac{T_z}{t_g} = \frac{\pi B}{z B_0}. \tag{9.87}$$

Die Vergrößerung des relativen Zeitabstandes T_z/t_g bedeutet, da ja T_z festgelegt ist, eine Verkürzung der Kanalimpulse und damit eine Vergrößerung des Signalbandes B und des Verhältnisses $B/(zB_0)$ der Signalbandbreite zur Modulationsbandbreite. In den folgenden Betrachtungen wird der Verlauf der Nebensprechdämpfung als Funktion dieses Verhältnisses dargestellt. Es sei daran erinnert, daß es auch für die Reduktion der Geräusche kennzeichnend ist (vgl. z. B. Bild 9.13).

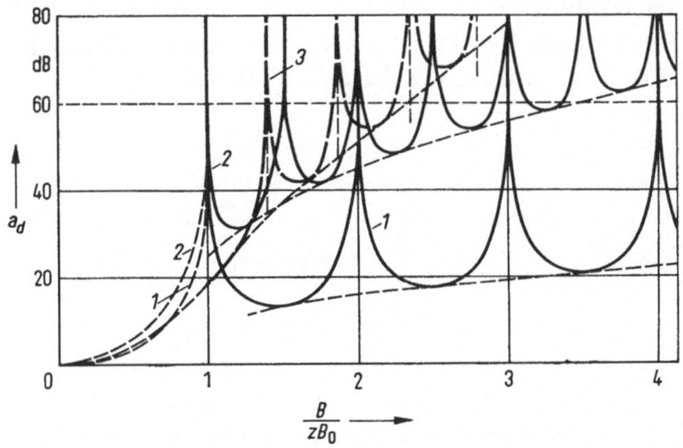

Bild 9.42. Nebensprechdämpfung a_d für PAM.
Kurve *1*: beim idealisierten Tiefpaß mit Einheitsimpuls;
Kurve *2*: bei cosinusförmigem Übertragungsfaktor mit Einheitsimpuls;
Kurve *3*: bei cosinusförmigem Übertragungsfaktor, Impulsdauer $\tau = t_g$.

Nach (9.83) und (5.89) ergibt sich dann für die Nebensprechdämpfung des idealisierten Tiefpasses, wenn (9.87) berücksichtigt wird,

$$a_d = 20 \lg \frac{1}{\operatorname{si}\left(\pi \dfrac{B}{zB_0}\right)} \text{ dB}. \tag{9.88}$$

Diese Beziehung ist in Bild 9.42 mit Kurve 1 aufgetragen. Danach nimmt a_d mit der verfügbaren Bandbreite zu; der Verlauf zeigt außerdem sehr scharfe Pole für ganzzahlige Werte $B/(zB_0)$.

Wenn man nicht von diesen Polen Gebrauch machen will, so ist die Nebensprechdämpfung a_d durch die gestrichelte, die Minima berührende Kurve gegeben. Man erkennt, daß es mit einer für praktische Zwecke diskutablen Banderweiterung nicht möglich ist, eine Nebensprechdämpfung von 60 dB zu erreichen. Dies liegt daran, daß die Zeitfunktion beim Durchgang durch den idealisierten Tiefpaß schwach gedämpft auspendelt.

Wollte man die Pole benutzen, so wäre eine sehr große Abtastgenauigkeit und damit eine sehr großε Genauigkeit der Synchronisation zwischen Sende- und Empfangsanlage erforderlich. Mit einer *Synchronisiertoleranz* — das ist die Schwankungsbreite der Abtastzeitpunkte bezogen auf die Abtastperiode T_z — von 1% könnte nur eine Nebensprechdämpfung von 40 dB erreicht werden.

Günstigere Verhältnisse ergeben sich beim *Tiefpaß mit cosinusförmigem Übertragungsfaktor*. Das wird schon deutlich an Bild 9.41 b, wonach das Nachschwingen der Impulse sehr viel kleiner ist als beim idealisierten Tiefpaß. Mit der etwas umgeformten Beziehung (5.96) und mit (9.83) erhält man für die Nebensprechdämpfung

$$a_d = 20 \lg \frac{1 - 4\left(\dfrac{B}{zB_0}\right)^2}{\operatorname{si}\left(\dfrac{2\pi B}{zB_0}\right)} \, \mathrm{dB}. \tag{9.89}$$

Diese Beziehung ist in Bild 9.42 mit Kurve 2 aufgetragen. Wenn von den Polen kein Gebrauch gemacht werden soll, muß für einen Mindestwert der Nebensprechdämpfung von 60 dB etwa die 3,5fache Bandbreite aufgewendet werden. Mit einer Synchronisiertoleranz von 1% könnte bei Verwendung der ersten Polstelle eine Nebensprechdämpfung von etwa 50 dB erzielt werden.

Bisher wurden die erzeugenden Impulse als sehr kurz angenommen ($\delta(t)$). Geht man von einer Impulsdauer $\tau = t_g$ aus, so erhält man mit Hilfe der Funktion von Bild 5.18 d die Nebensprechdämpfung, die in Bild 9.42 mit Kurve 3 aufgetragen ist. Der erste Pol hat sich auf $B/(zB_0) = 1,35$ verschoben, da die empfangenen Impulse durch die endliche Dauer der erzeugenden Impulse verlängert werden; die Minimalkurve steigt dann aber wesentlich rascher an als bei Kurve 2 und erreicht schon bei $B/(zB_0) = 2,3$ den geforderten Mindestwert von 60 dB. Für eine Synchronisiertoleranz von 1% ist auch hier der erste Pol nicht verwendbar, jedoch der zweite.

Bei den in Bild 9.41 c für den *Gaußschen Tiefpaß* gezeigten Empfangsfunktionen von drei aufeinanderfolgenden Abtastungen ist der Zeitabstand $T_z = 1,4\, t_g$ angenommen.

Hiermit kann die geforderte Nebensprechdämpfung von 60 dB gerade erreicht werden. Mit (9.87) erhält man aus (5.99) und (9.83)

$$a_d = 30,9 \left(\frac{B}{zB_0}\right)^2 \mathrm{dB}. \tag{9.90}$$

Hier sind keine Pole vorhanden. Kurze erzeugende Impulse sind nach Abschnitt 5.7.4.4 am günstigsten.

Es sei nochmals darauf hingewiesen (vgl. Abschn. 5.7.4), daß für die einzelnen Tiefpaßarten die Selektionsbandbreite B_s unterschiedlich ist: Bei der idealisierten Charakteristik ist sie gleich B, bei der cosinusförmigen Charakteristik gleich $2B$ und bei der Gaußschen Charakteristik etwa gleich $3B$.

Zusammenfassend kann hinsichtlich der Bemessung des Übertragungsnetzwerkes festgestellt werden, daß unter der Voraussetzung eines vertretbaren Aufwandes eine Nutzbandbreite erforderlich ist, die etwa 1,5 bis 2mal so groß ist wie die Modulationsbandbreite. Man muß dabei Übertragungsfunktionen realisieren, die günstige Nachschwingeigenschaften ergeben. Dadurch wird die Selektionsbandbreite nochmals größer. Der ideale Grenzfall $B_s = B = zB_0$ ist mit endlichem Aufwand nicht zu erreichen.

In PAM-Einkanalsystemen wird $T_z = T_0$. In diesem Fall gehören sämtliche Einzelimpulse in Bild 9.41 demselben Kanal an. Durch Nachschwingen hervorgerufene Anteile von Nachbarimpulsen verfälschen zwar auch hier den Amplitudenwert des Nutzimpulses. Dies wirkt jedoch nicht anders als eine Dämpfungs- oder Phasenverzerrung. Nichtlineare Verzerrungen sind damit nicht verbunden.

Innerhalb von Endgeräten kann es notwendig sein, einzelne Verstärkerstufen voneinander gleichstrommäßig zu trennen, das heißt z. B. kapazitiv zu koppeln. Hierdurch tritt für die Signale eine Hochpaßwirkung ein, so daß niederfrequente Anteile gedämpft und bei unipolarer PAM Gleichanteile beseitigt werden. Ein daraus folgendes Nebensprechen wird vermieden, indem ein Nachschwingen durch kombinierte Amplituden- und Zeitfilter unterdrückt wird. Die Forderungen an diese Netzwerke sind wegen ihrer nichtlinearen Eigenschaften nicht einfach zu berechnen. Die Praxis hat jedoch gezeigt, daß die Bedingungen mit geringem Aufwand zu erfüllen sind. Das gilt auch für PPM und PDM. Bei der Verwendung von Wechselimpulsen werden die genannten Schwierigkeiten weiter verringert.

9.4.1.2. Die Geräusche bei der Pulsamplituden-Modulation

In dem für den Geräuscheinfluß maßgeblichen Doppelverhältnis von (9.28) sind zunächst die Leistung P des sekundären Signals und die Leistung P_2 des zurückgewonnenen primären Signals zu bestimmen. Der formelmäßige Zusammenhang zwischen diesen beiden Größen ist an sich aus dem vorher Gesagten leicht zu ermitteln, hängt jedoch in den Zahlenfaktoren stark von der verwendeten Impulsdauer und -form

sowie vom Verlauf des Übertragungsfaktors ab. Als einfaches und zweckmäßiges Beispiel sei eine bipolare PAM angenommen mit Rechteckimpulsen der Dauer τ und der Amplitude S_0, die durch einen Gaußschen
Tiefpaß geformt werden.

Ist τ/T_z der Tastgrad, so ist die mittlere Signalleistung ohne Modulation

$$P = \frac{\tau}{T_z} S_0{}^2. \tag{9.91a}$$

Bei Modulation steigt dieser Wert genau wie bei der gewöhnlichen
Amplitudenmodulation entsprechend (9.30) um den Faktor $(1 + m^2/2)$,
für $m = 1$ also um $3/2$ auf

$$P = \frac{3}{2} \frac{\tau}{T_z} S_0{}^2. \tag{9.91b}$$

Wählt man die Impulsdauer τ gleich der Einschwingdauer t_g, was
zweckmäßig ist, so ergibt sich mit (9.87)

$$P = \frac{3}{2} \frac{zB_0}{B} S_0{}^2. \tag{9.92}$$

Demoduliert man das empfangene PAM-Signal zu einer Treppenkurve (Bild 9.20) und berücksichtigt man, daß die empfangenen Impulse
für $\tau/t_g = 1$ nur bis zum Wert 0,8 einschwingen (Bild 5.21 d), so wird die
Leistung des zurückgewonnenen primären Signals

$$P_2 = (0{,}8)^2 \frac{S_0{}^2}{2}. \tag{9.93}$$

Aus (9.92) und (9.93) ergibt sich

$$\frac{P_2}{P} = \frac{0{,}64}{3} \frac{B}{zB_0}. \tag{9.94}$$

Für andere Impuls- und Tiefpaßarten ändert sich lediglich geringfügig der Zahlenfaktor.

Nunmehr seien die entsprechenden Geräuschleistungen betrachtet.

Ein *Sinusstörer* geht mit seiner Leistung voll in das demodulierte
Signal ein; es wird also $zN_0 = N = N_2$.

Mit (9.28) ergibt sich dann ein Signal-Geräusch-Abstandsgewinn
von

$$r_N{}^{\text{PAM}} = 10 \lg \left(\frac{P_2/N_2}{P/(zN_0)} \right) \text{dB} = 10 \lg \left(\frac{0{,}64B}{3zB_0} \right) \text{dB}. \tag{9.95}$$

Für $B = zB_0$ ergibt sich gegenüber dem Einseitenbandverfahren ein Verlust von 6,7 dB. Durch Hochtasten, d. h. durch Vergrößerung des Faktors $B/(zB_0)$ erzielt man von diesem Wert ab einen entsprechenden Gewinn. Bemerkenswert ist jedoch, daß ein einziger derartiger Sinusstörer beim Frequenzmultiplex-Einseitenbandverfahren nur in einem einzigen Kanal zu hören ist, bei den Zeitmultiplex-Pulsverfahren aber in allen Kanälen.

Überraschenderweise liegen die Verhältnisse anders bei Störung durch Rauschen. Man sollte zunächst annehmen, daß die obenstehende Betrachtung gültig bleibt, wenn man die Leistung des Rauschens im Frequenzband des primären Signals B_0 berücksichtigt. Alle Rauschkomponenten höherer Frequenz können ja leicht nach der Demodulation durch einen Tiefpaß der Grenzfrequenz $B_0 = f_0/2$ entfernt werden. Dies trifft jedoch nicht zu. Genauso wie ein Sinusstörer, der außerhalb des Frequenzbandes B_0, aber noch innerhalb des Frequenzbandes B liegt, werden auch entsprechende Rauschkomponenten erfaßt und in das Frequenzband B_0 „hineingespiegelt". Ausschlaggebend ist also diejenige Rauschleistung, die durch den das PAM-*Multiplex*-Signal begrenzenden Tiefpaß hindurchgelassen wird, und es wird

$$N_2 = N = N_0 \frac{B}{B_0}. \tag{9.96}$$

Wenn also die Störung aus *Rauschen* der Leistung N_0 je Bandbreite B_0 besteht, dann geht (9.95) über in

$$r_N{}^{\mathrm{PAM}} = 10 \lg \frac{0{,}64}{3} \,\mathrm{dB} = -6{,}7\,\mathrm{dB}. \tag{9.97}$$

Bei einer Störung durch Rauschen zeigt also die Pulsamplituden-Modulation keinen Gewinn mehr, sondern wie die gewöhnliche Amplitudenmodulation einen konstanten Verlust. Was durch Hochtastung an Impulshöhe gewonnen wird, geht durch die Wirkung des breiten Rauschspektrums wieder verloren. Die Pulsamplituden-Modulation bietet daher keinen großen Anreiz als Übertragungsverfahren im Weitverkehr.

9.4.2. Eigenschaften der Pulswinkel- und Pulszeit-Modulation

Bevor bei PPM, PFM und PDM auf die Einflüsse von Nebensprechen und Geräuschen eingegangen wird, sollen zunächst einige Zusammenhänge zwischen Modulationsfrequenz, Zeit-, Phasen- und Frequenzhub betrachtet werden. Dabei sollen insofern idealisierte Verhältnisse angenommen werden, als sich im Grenzfall benachbarte Impulse gerade berühren dürfen und daß bei PPM und PFM die Impulsdauer τ gegenüber der Abtastperiode zu vernachlässigen ist.

In den Abschnitten 9.3.3 und 9.3.4 werden für PPM, PFM und PDM je zwei Arten unterschieden. Die jeweils erste Art zeichnet sich dadurch aus, daß dem wertkontinuierlichen primären Signal in *äquidistanten* Zeitpunkten mit den Abständen T_0 Augenblickswerte entnommen werden. Diese Modulationsarten werden unter dem Oberbegriff Pulszeit-Modulation zusammengefaßt, weil Phasenlage bzw. Dauer der Impulse zweckmäßig durch den Zeithub beschrieben werden. Für diese Puls-modulationsarten 1. Art ist der Zeithub ΔT unabhängig von der Frequenz f_m des modulierenden Signals, sofern die Impulse jeweils nur den eigenen Zeitkanal belegen sollen. Diese Forderung ist insbesondere bei Zeitmultiplex-Signalen notwendig um zu gewährleisten, daß innerhalb eines Zeitkanales nur *ein* Impuls auftritt, und zwar der zugeordnete. Damit gilt bei z gebündelten Signalen

$$\frac{\Delta T}{T_0} \leq \frac{1}{2z} = \frac{T_z}{2T_0}. \tag{9.98}$$

Für die Verfahren der Pulswinkel-Modulation, die die entsprechenden Pulsmodulationsarten 2. Art zusammenfassen, gilt das gleiche für den Phasenhub. Damit wird für z Kanäle der maximale Phasenhub

$$\Delta\Phi = \frac{2\pi\Delta T}{T_0} \leq \frac{\pi}{z} \tag{9.99}$$

und der maximale Frequenzhub

$$\Delta F = \frac{\omega_m\Delta T}{T_0} \leq \frac{\pi f_m}{z}. \tag{9.100}$$

Will man bei PFM den Frequenzhub konstant halten, so muß er der niedrigsten Modulationsfrequenz angepaßt und entsprechend klein gemacht werden. Das führt jedoch zu einem sehr viel kleineren Zeithub als bei der PPM. Aus diesem Grunde wird bei der zeitlichen Bündelung die PPM gegenüber der PFM vorgezogen.

9.4.2.1. *Das Nebensprechen bei der Pulsphasen-Modulation*

Bei der PPM liegt der Nachrichteninhalt in einer zeitlichen Abweichung der Impulsstellung vom periodischen Erscheinen. Um die Vorteile der PPM gegenüber Störungen voll auszunutzen, muß man einen möglichst steilen Bereich der Impulsflanken abtasten; an diesen Stellen haben nämlich unerwünschte störende Schwingungen den geringsten Einfluß.

Rechteckimpulse wären immun gegen Störungen; bei ihnen würde zwar die Amplitude, wegen der unendlich steilen Flanken jedoch nicht die zeitliche Stellung der Abtastzeitpunkte verändert werden. Sie benötigten aber ein unendlich breites Frequenzband. Wird ein Impuls endlicher Flankensteilheit durch eine Störung um Δs gehoben oder gesenkt (siehe Bild 9.43), so verschiebt sich die Impulsflanke um den Betrag ΔT_N. Der Einfluß von Δs wird um so größer, je geringer die Übertragungsbandbreite und damit die Flankensteilheit der Impulse ist.

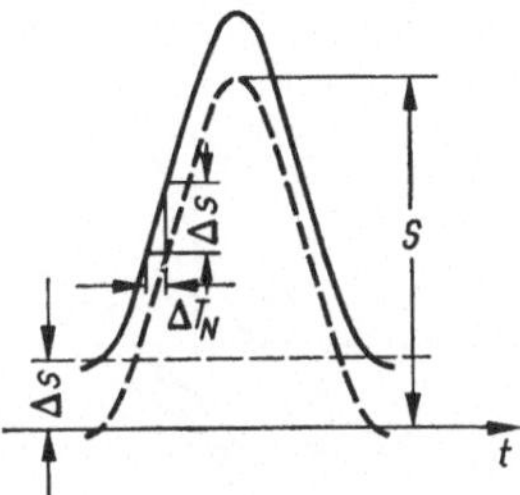

Bild 9.43. Wirkung einer Störamplitude Δs als Störhub ΔT_N.

Bezieht man die Nebensprechdämpfung a_d auf ein Nutzsignal mit 50% Modulationsgrad, so erhält man in Analogie zu (9.82)

$$a_d = 20 \lg\left(\frac{\Delta T_S/2}{\Delta T_N}\right) \mathrm{dB}. \qquad (9.101)$$

Die Zusammenhänge zwischen a_d und dem Banderweiterungsfaktor $B/(zB_0)$ sind bei der PPM sehr viel komplizierter als bei der PAM. Es sollen hier nur einige Betrachtungen für den Ansatz und die Ergebnisse für die Tiefpässe mit cosinusförmigem sowie Gaußschem Übertragungsfaktor angegeben werden.

Der störende Zeithub ΔT_N ist proportional $\Delta s/S$ und umgekehrt proportional der Übertragungsbandbreite B; der Proportionalitätsfaktor ist abhängig von der Impulsform und damit vom Übertragungsfaktor des Tiefpasses.

Der maximale Signalzeithub ΔT_S ist eine Funktion der Kanalperiode T_z und der Impulsdauer τ. Während T_z durch (9.85) definiert ist, ist τ proportional zu zB_0/B; der Proportionalitätsfaktor ist wiederum abhängig von der Impulsform.

Mit dem Einheitsimpuls als erzeugenden Impuls ergibt sich für den Tiefpaß mit cosinusförmigem Übertragungsfaktor näherungsweise

$$a_d = 20 \lg\left[3\pi\left(\frac{B}{zB_0} - \frac{1}{2}\right)^3\left(\frac{B}{zB_0} - 1\right)\right] \mathrm{dB}, \qquad (9.102)$$

und mit Gaußschem Übertragungsfaktor wird

$$a_d = \left\{ 17{,}4 \left(\frac{B}{zB_0} - 0{,}25 \right)^2 + 20 \lg \left[0{,}81 \left(\frac{B}{zB_0} - 0{,}75 \right) \right] \right\} \text{ dB} . \qquad (9.103)$$

Beide Funktionen sind in Bild 9.44 mit Kurve 1a bzw. Kurve 2a aufgetragen. Rechnungen mit Rechteckimpulsen der Dauer $\tau = t_g$ als erzeugende Impulse führen zu qualitativ ähnlichen Ergebnissen. Die

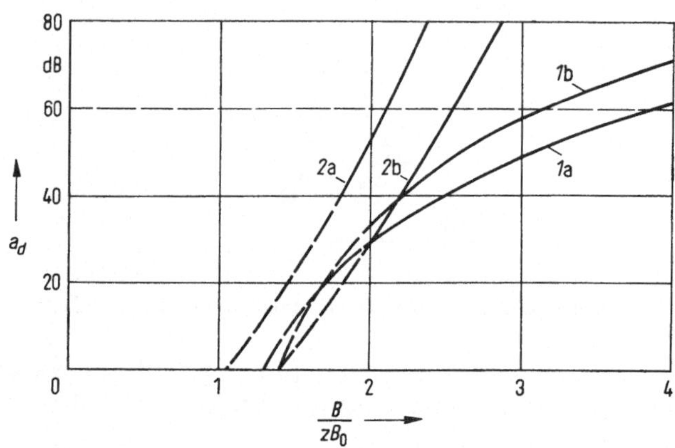

Bild 9.44. Nebensprechdämpfung a_d für PPM.

Kurve *1*: bei cosinusförmigem Übertragungsfaktor,   Kurve *2*: bei Gaußschem Übertragungsfaktor,
a) erzeugender Impuls: $\delta(t)$,   a) erzeugender Impuls: $\delta(t)$,
b) erzeugender Impuls: $\tau = t_g$.   b) erzeugender Impuls: $\tau = t_g$.

entsprechenden Funktionen sind in Bild 9.44 mit Kurve 1b bzw. 2b dargestellt. Daraus lassen sich folgende Schlußfolgerungen ziehen:

Eine Mehrfachübertragung mit PPM erfordert eine Nutzbandbreite, die mindestens etwa 2,5mal so groß ist wie die Modulationsbandbreite, wenn Nebensprechdämpfungen von 60 dB gefordert sind. Dabei muß man Übertragungsfunktionen mit günstigen Nachschwingeigenschaften anwenden; besonders günstige Verhältnisse erhält man, wenn man die Gaußsche Fehlerfunktion möglichst gut annähert. Die Selektionsbandbreite beträgt dann mindestens das 7,5fache der Modulationsbandbreite.

Die angegebenen Werte gelten für das Basisband. Wird mit den Impulsen eine Trägerschwingung amplitudenmoduliert, so ist die Hochfrequenz-Bandbreite doppelt so groß wie das Basisband.

9.4.2.2. Die Geräusche bei der Pulsphasen-Modulation

Auch hier muß zwischen sinusförmiger Störung und Störung durch Rauschen unterschieden werden. Für die Signalleistung P kann (9.92) bis auf den Faktor 3/2 von der PAM übernommen werden. Die Geräuschleistung für die einfache Sinusschwingung

$$zN_0 = N = \frac{1}{2}\,S_N{}^2 \tag{9.104}$$

geht jedoch nicht mehr voll in das demodulierte Signal ein. Nach der Demodulation verhalten sich bei der PPM Signal- und Geräuschleistung wie die Quadrate der entsprechenden Zeithübe, also

$$\frac{P_2}{N_2} = \left(\frac{\Delta T_S}{\Delta T_N}\right)^2. \tag{9.105}$$

Dieses Zeithubverhältnis wird nach den gleichen Gedankengängen wie im letzten Abschnitt berechnet. Das führt zu einem Gewinn an Signal-Geräusch-Abstand, der bei *sinusförmiger Störung*

$$r_N{}^{\text{PPM}} = 10\,\lg\left(\frac{P_2/N_2}{P/(zN_0)}\right)\text{dB} = 10\,\lg\left\{\frac{1}{8}\left(\frac{B}{zB_0}-1\right)^2\frac{B}{zB_0}\right\}\text{dB} \tag{9.106}$$

beträgt und für große Banderweiterungsfaktoren $B/(zB_0)$ durch

$$r_N{}^{\text{PPM}} = 10\,\lg\left[\frac{1}{8}\left(\frac{B}{zB_0}\right)^3\right]\text{dB} \tag{9.107}$$

angenähert werden kann.

Genau wie bei der PAM wird auch bei der PPM der Gewinn an Signal-Geräusch-Abstand bei einer *Störung durch Rauschen* um $10\,\lg\left[B/(zB_0)\right]$ dB kleiner, so daß hierfür (9.107) übergeht in

$$r_N{}^{\text{PPM}} = 10\,\lg\left[\frac{1}{8}\left(\frac{B}{zB_0}\right)^2\right]\text{dB}. \tag{9.108}$$

Die Pulsphasen-Modulation erreicht also die von der Frequenzmodulation her bekannte, linear mit der Bandbreite steigende Reduktion der Geräuschwirkung.

Ist die Störamplitude Δs während der Dauer des Impulses konstant (Bild 9.43), so wird die Rückflanke des Impulses um den gleichen Betrag verschoben wie die Vorderflanke, jedoch mit entgegengesetztem Vorzeichen. Durch die Auswertung beider Flanken und einer Mittelwertbildung ist es möglich, die Wirkung von Störanteilen zu reduzieren, und zwar um so mehr, je geringer ihre Frequenz ist. In der Praxis kann man mit einem zusätzlichen Gewinn von etwa 3 dB rechnen.

9.4.2.3. Das Nebensprechen bei der Pulsdauer-Modulation

Die Nebensprechdämpfungen für die PDM lassen sich auf Grund sehr
ähnlicher Überlegungen ermitteln wie für die PPM. Von den im Abschnitt 9.3.3.3 beschriebenen Alternativen sei hier nur das Verfahren
betrachtet, bei periodischer Vorderflanke die Hinterflanke zu modulieren,
zumal die Ergebnisse auch für den umgekehrten Fall gelten. Auf demselben Weg wie bei PPM läßt sich das Verhältnis des Signalhubs zum
Störungshub berechnen, der wiederum vom Banderweiterungsfaktor
$B/(zB_0)$ und von $S/\Delta s$ (siehe Bild 9.43) abhängt.

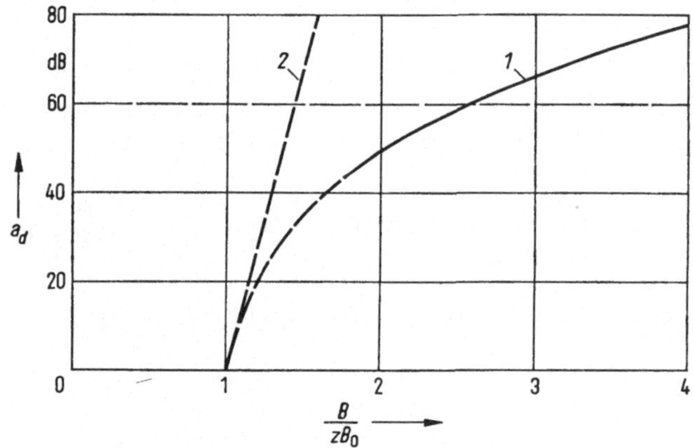

Bild 9.45. Nebensprechdämpfung a_d für PDM.
Kurve *1*: bei cosinusförmigem Übertragungsfaktor;
Kurve *2*: bei Gaußschem Übertragungsfaktor.

Bei der Wirkung des Verhältnisses $S/\Delta s$ sind gegenüber der PPM
zwei grundsätzliche Unterschiede zu beachten:

1. Die Vorderflanke des Impulses ist nicht moduliert; man braucht
also nur das Nachschwingen der Hinterflanke im Abstand T_z zu betrachten.

2. Für die Hinterflanke gilt der Einschwingvorgang zum Einheitssprung $s_\sigma(t)$; da dessen Nachschwingwerte im allgemeinen kleiner sind
als die für den Einheitsimpuls, sind größere Nebensprechdämpfungen zu
erwarten.

Unter diesen Voraussetzungen ergibt sich für einen Tiefpaß mit
cosinusförmigem Übertragungsfaktor

$$a_d = 20\lg\left\{\pi^2\frac{B}{zB_0}\left(\frac{B}{zB_0}-1\right)\left[4\left(\frac{B}{zB_0}\right)^2-1\right]\right\}\text{dB}. \qquad (9.109)$$

Mit guter Näherung gilt für $\dfrac{B}{zB_0} > 2$

$$a_d = 20 \lg \left\{ 4\pi^2 \left(\frac{B}{zB_0}\right)^3 \left(\frac{B}{zB_0} - 1\right)\right\} \text{ dB} . \qquad (9.110)$$

In Bild 9.45 ist (9.109) als Kurve 1 eingezeichnet. Die Nebensprech-dämpfung ist, wie erwartet, günstiger als die Kurven 1a und 1b in Bild 9.44 für PPM; die 60-dB-Grenze wird schon bei $B = 2{,}6\,zB_0$ erreicht.

Die Kurve 2 erhält man mit entsprechender Rechnung für den Gauß-schen Übertragungsfaktor. Wie man sieht, werden auch hier mit dieser Funktion am leichtesten große Nebensprechdämpfungen erreicht; der Mindestwert der Nutzbandbreite beträgt hier etwa das 1,5fache der Modulationsbandbreite, die Selektionsbandbreite etwa das 4,5fache.

9.4.2.4. Die Geräusche bei der Pulsdauer-Modulation

Die Signalleistung beim Sender ist ohne Modulation die einer gleich-mäßigen Rechteckschwingung. Sie ändert sich durch die Modulation nicht, da ebensoviel längere wie kürzere Impulse ausgesandt werden. Mit $\tau_0/T_z = 1/2$ wird

$$P = \frac{1}{2} S_0{}^2 . \qquad (9.111)$$

Dieses Ergebnis weicht von demjenigen für die PPM sehr wesentlich ab: Dort war wegen der sehr viel kürzeren Impulse die Leistung vom Parameter des Tastgrades τ/T_z und damit von $B/(zB_0)$ abhängig. Im übrigen verläuft jedoch die Berechnung identisch mit derjenigen für die PPM. Als Gewinn an Signal-Geräusch-Abstand erhält man für einen *Sinusstörer* in Analogie zu (9.106)

$$r_N{}^{\text{PDM}} = 10 \lg \left\{ \frac{1}{4} \left(\frac{B}{zB_0} - 1\right)^2\right\} \text{ dB} \qquad (9.112)$$

und für Störung durch *Rauschen*

$$r_N{}^{\text{PDM}} = 10 \lg \left\{ \frac{1}{4} \frac{\left(\dfrac{B}{zB_0} - 1\right)^2}{\dfrac{B}{zB_0}}\right\} \text{ dB} . \qquad (9.113)$$

Der Banderweiterungsfaktor geht gegenüber (9.106) und (9.108) um eine Potenz weniger in die entstörende Wirkung ein.

Die Pulsdauer-Modulation bietet daher, wenn sie auch bereits in gewissem Grad entstörend wirkt, wenig Anreiz als Verfahren zur Übertragung. Von einem geeigneten Winkelverfahren erwartet man einen Gewinn, der wie bei Frequenzmodulation entsprechend (9.35) quadratisch mit der Banderweiterung zunimmt.

9.4.3. Der Gewinn an Signal-Geräusch-Abstand durch Kompression und Expansion der Augenblickswerte (Momentanwert-Kompandierung)

Im Abschnitt 9.2.5.4 ist besprochen worden, daß die frequenzmäßige Bündelung von Sprachsignalen beim Einseitenband-Verfahren einen zusätzlichen Gewinn an Signal-Geräusch-Abstand bringt: In einem weiten Bereich von einigen wenigen bis zu etwa 1000 Kanälen nimmt die Spitzenleistung des gemeinsamen Signals wegen der statistischen Addition der einzelnen Sprachspitzen nur wenig zu. Die Werte für diesen Aussteuerungsgewinn sind in Bild 9.12 aufgetragen.

Werden die einzelnen Kanäle zeitlich gebündelt, so kann man diesen Effekt im allgemeinen nicht ausnutzen: Da die Sprachschwingungen sich zu keiner Zeit überdecken dürfen, steigt die erforderliche Signalleistung P mit der Zahl z der Kanäle linear an. Im gleichen Maß steigt auch die erforderliche Übertragungsbandbreite B und damit die wirksame Geräuschleistung N an, wenn es sich um Rauschen handelt. Der Gewinn an Signal-Geräusch-Abstand ist daher, ausgedrückt als Funktion des Faktors $B/(zB_0)$, unabhängig von der Kanalzahl z allein.

Es gibt nun aber ein anderes Mittel, die Wirkung der Geräusche zu reduzieren: Die Kompression der Signalwerte vor der Übertragung mit Hilfe einer nichtlinearen Kennlinie derart, daß kleine Signalwerte angehoben werden, und eine Expandierung nach der Übertragung mit einer entsprechend inversen Kennlinie. Durch die Nichtlinearität der Kennlinie entstehen Oberschwingungen. Liegen diese außerhalb des Übertragungsbandes, so werden sie unterdrückt. Eine inverse Expanderkennlinie liefert dann nicht mehr exakt das ursprüngliche Signal zurück. Man benutzt daher für die Sprach- oder Musikübertragung eine sogenannte Silbenkompandierung[1], bei der der Übertragungsfaktor etwa im Rhythmus der Silbenfrequenz geregelt wird; die Feinstruktur des Signals bleibt dabei ungeändert. Die leisen Partien der Sprache werden auf der Sendeseite mehr verstärkt, auf diese Weise über das unterwegs hinzutretende Geräusch gehoben und auf der Empfangsseite mehr ge-

---

[1] Kompandierung ist ein Vorgang, bei dem der *Komp*ression eine entsprechende *Expandierung* folgt.

dämpft. Dabei wird das Geräusch um soviel gesenkt, wie vorher auf der Sendeseite Verstärkung eingeführt worden ist.

Diese Komplikationen fallen bei den zeitdiskreten Modulationsarten weg. Hier werden Augenblickswerte übertragen, die entsprechend einer beliebigen nichtlinearen Kennlinie verzerrt werden können, ohne daß dadurch die Bandbreite des Modulationsproduktes größer wird. Ist nämlich das Abtasttheorem für ein primäres Signal erfüllt, so kann ein daraus durch gesetzmäßige Änderung der *Augenblickswerte* erhaltenes zeitdiskretes Signal wiederum als entsprechendes Signal gleicher Bandbreite aufgefaßt werden. Es kommt nur darauf an, empfangsseitig durch komplementäre Änderung zu entzerren und die ursprünglichen Augenblickswerte zurückzugewinnen. Derartige *Momentanwert-Kompander* haben zudem bei zeitlicher Bündelung von Signalen noch den Vorteil, daß sie für das ganze Bündel nur *einmal* auf der Sende- und Empfangsseite vorhanden sein müssen.

Bei der Sprach- und Musikübertragung werden Störungen der leisen Anteile (kleine Signalleistung) stärker empfunden als Störungen der lauten Anteile (große Signalleistung). Ziel der Kompandierung ist daher, das Signal-Geräusch-Verhältnis für das zurückgewonnene primäre Signal über einen möglichst großen Aussteuerungsbereich konstant zu halten:

$$\frac{P_2}{N_2} = \text{const.} \tag{9.114}$$

Es ergibt sich die Frage, wie ein hierfür geeignetes *Kompandierungsgesetz* lauten muß.

Werden die Augenblickswerte des primären Signals sendeseitig durch die *Kompressorkennlinie* $y = y(x)$ gepreßt, so muß das empfangsseitig durch die inverse Funktion $x = x(y) = x[y(x)]$ rückgängig gemacht werden. Die Leistung des primären Signals auf der Sendeseite P_1 ist dann gleich derjenigen auf der Empfangsseite P_2:

$$P_1 = P_2 = \int\limits_{-\infty}^{+\infty} w(x)\, x^2 \mathrm{d}x; \tag{9.115}$$

darin ist $w(x)$ die *Wahrscheinlichkeitsdichte* der Signalwerte x. Nimmt man an, daß die Geräuschleistung N im Verlaufe der Übertragung klein gegenüber der Nutzleistung P ist, so ist jede durch das Geräusch hervorgerufene Verzerrung des Augenblickswertes mit der Steigung der *Expanderkennlinie* in diesem Punkt zu multiplizieren, und es ergibt sich für die Geräuschleistung am Ausgang des Expanders

$$N_2 = N \int\limits_{-\infty}^{+\infty} w(x) \left(\frac{\mathrm{d}x}{\mathrm{d}y}\right)^2 \mathrm{d}x. \tag{9.116}$$

Um (9.114) mit (9.115) und (9.116) für jede Funktion $w(x)$ zu erfüllen, muß

$$x^2 \left(\frac{\mathrm{d}y}{\mathrm{d}x}\right)^2 = \text{const.} \tag{9.117}$$

sein. Die Auflösung dieser Differentialgleichung führt für die gesuchte Kompressorkennlinie zu

$$y(x) = y_0 + \ln x \tag{9.118}$$

und für die entsprechende Expanderkennlinie zu

$$x(y) = e^{y-y_0}. \tag{9.119}$$

Diese Funktionen gehen nicht durch den Nullpunkt; sie sind also nur für Werte $x \geqq 1/A$ anwendbar, wobei A eine noch festzulegende positive Konstante ist. Das ist jedoch auch hinreichend, denn es ist technisch unmöglich, das Signal-Geräusch-Verhältnis für beliebig kleine Signalwerte konstant zu halten. Ersetzt man die Kompressorkennlinie im Bereich $0 \leqq x \leqq 1/A$ durch eine Gerade, die durch den Nullpunkt geht und im Punkt $x = 1/A$ tangential von der Funktion (9.118) fortgesetzt wird, so wird mit der Normierung $y(1) = 1$ die Kompressorkennlinie in ihren Teilstücken wie folgt beschrieben:

$$y(x) = \begin{cases} \dfrac{1 + \ln(Ax)}{1 + \ln A} & \text{für} \quad \dfrac{1}{A} \leqq x \leqq 1 & (9.120\,\text{a}) \\[3ex] \dfrac{Ax}{1 + \ln A} & \text{für} \quad -\dfrac{1}{A} \leqq x \leqq \dfrac{1}{A} & (9.120\,\text{b}) \\[3ex] -\dfrac{1 + \ln(-Ax)}{1 + \ln A} & \text{für} \quad -1 \leqq x \leqq -\dfrac{1}{A}. & (9.120\,\text{c}) \end{cases}$$

In dieser mit A-Kennlinie bezeichneten Gesetzmäßigkeit ist noch der Parameter A frei wählbar. Die entstörende Wirkung des Kompanders läßt sich leicht aus (9.120b) berechnen. Sie ist gegeben durch den *Kompressionsfaktor*

$$R_K = y'(0) = \frac{A}{1 + \ln A}; \tag{9.121}$$

Mit dem in der Praxis eingeführten Wert von $A = 87{,}56$ wird $R_K = 16$. Hiermit ergibt sich ein *Kompandergewinn* von

$$r_K = 20 \lg R_K \; \mathrm{dB} = 24 \; \mathrm{dB}. \tag{9.122}$$

In Bild 9.46 ist oben links die Kompressorkennlinie entsprechend
(9.120), oben rechts die inverse Expanderkennlinie[1] dargestellt. Ein
primäres Signal $s_1(t)$ — unten links — wird in üblicher Weise abgetastet
und mit anderen, hier nicht gezeichneten amplitudenmodulierten Pulsen
zeitlich gebündelt. Durch Wirkung des Kompressors, d. h. Spiegelung
an der linken Kennlinie, werden die kleinen Abtastwerte des übertragenen Signals $s(t)$ stark angehoben (oben Mitte, gestrichelt). Am Empfangsort trete eine Störung $s_N(t)$ — hier als Sinusschwingung ange-

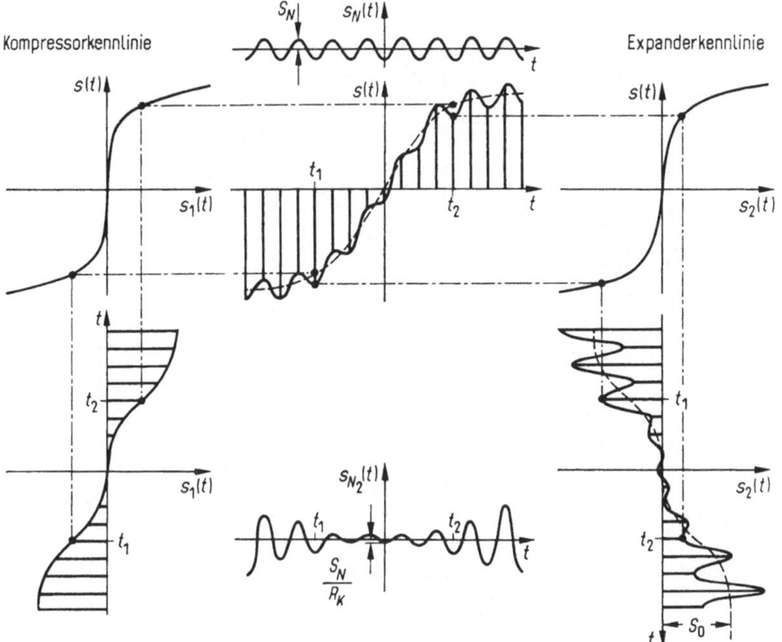

Bild 9.46. Wirkung eines Kompanders auf ein Nutzsignal $s_1(t)$ und ein Störsignal $s_N(t)$.

nommen — hinzu. Hierdurch werden alle Abtastwerte etwas verfälscht
(oben Mitte, ausgezogen). Durch Wirkung des Expanders, d. h. Spiegelung
an der rechten Kennlinie, werden die ursprünglichen Amplituden der
Abtastwerte annähernd wieder hergestellt. Nach der Entbündelung und
Demodulation zeigt das empfangene primäre Signal $s_2(t)$ — unten rechts,
ausgezogen — folgende Unterschiede gegenüber dem gesendeten:

1. In den Zeiten, in denen $s_1(t)$ Null ist, tritt die Störung um den
Faktor $1/R_K$ reduziert auf.

---

[1] Die Inversion ist hier durch Vertauschen der Eingangs- mit der Ausgangs-
variablen erreicht.

2. Im Maximum des Signals ist die Störung mit größerer Amplitude
überlagert. Je kleiner die Augenblickswerte des Signals sind, desto
kleiner ist auch die überlagerte Störung.

Die Zusammenhänge zwischen $s_1(t)$ und $s_2(t)$ werden für die Zeitpunkte t_1 und t_2 des Signalbeispiels durch die strichpunktierten Linien
hervorgehoben. In der Mitte unten ist das expandierte Störsignal $s_{N2}(t)$
dargestellt.

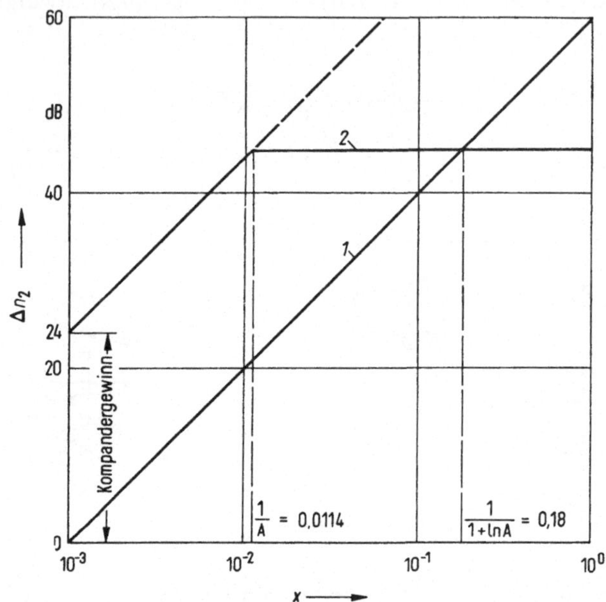

Bild 9.47. Signal-Geräusch-Abstand Δn_2 in Abhängigkeit vom Augenblickswert x.
Kurve *1*: ohne Kompander ($N_2 = N$);
Kurve *2*: mit Kompander nach (9.120).

Es soll nun der Signal-Geräusch-Abstand für die Augenblickswerte
des Signals berechnet werden; dieser gilt, wie leicht einzusehen ist, auch
für Rechtecksignale entsprechender Amplitude. Setzt man

$$P_1 = P_2 = x^2 \qquad (0 \leqq x \leqq 1) \qquad (9.123)$$

und nimmt man für Übertragung ohne Kompander bei Vollaussteuerung
($x = 1$) einen Signal-Geräusch-Abstand von

$$\Delta n_2 = 10 \lg \frac{P_2}{N_2} \, \mathrm{dB} = 60 \, \mathrm{dB} \qquad (9.124)$$

an, so zeigt Bild 9.47 mit Kurve 1 die entsprechende Abhängigkeit von x.
Mit Kompander ergibt sich nach (9.122) für $x < 1/A = 0{,}0114$ ein

Gewinn von 24 dB. Für $x > 1/A$ bleibt der Signal-Geräusch-Abstand voraussetzungsgemäß konstant (**K**urve 2). Beide **K**urven schneiden sich bei $x = \dfrac{1}{1 + \ln A} = 0{,}18$. Oberhalb dieses Wertes tritt ein Signal-Geräusch-Abstandsverlust ein. Für Signale, deren Wahrscheinlichkeit für Werte $x < 1/A$ sehr groß und für Werte $x > \dfrac{1}{1 + \ln A}$ nur sehr gering ist, kommt der Kompandergewinn fast vollständig zur Wirkung.

In den folgenden Vergleichen über den Gewinn der Verfahren wird daher, wenn zeitliche Bündelung vorliegt, ein zusätzlicher Gewinn nach (9.122) angenommen werden.

9.4.4. Vergleich der wertkontinuierlichen Pulsmodulations-Verfahren, Mehrfachmodulation

Die oben berechneten Werte des Gewinnes an Signal-Geräusch-Abstand r_N sind in Bild 9.48 als Funktion des Faktors $B/(zB_0)$ der Banderweiterung aufgetragen. Dabei ist angenommen, daß die Störung aus Rauschen besteht. Als Bezugswert gilt wie in Bild 9.13 die Einseitenband-Modula-

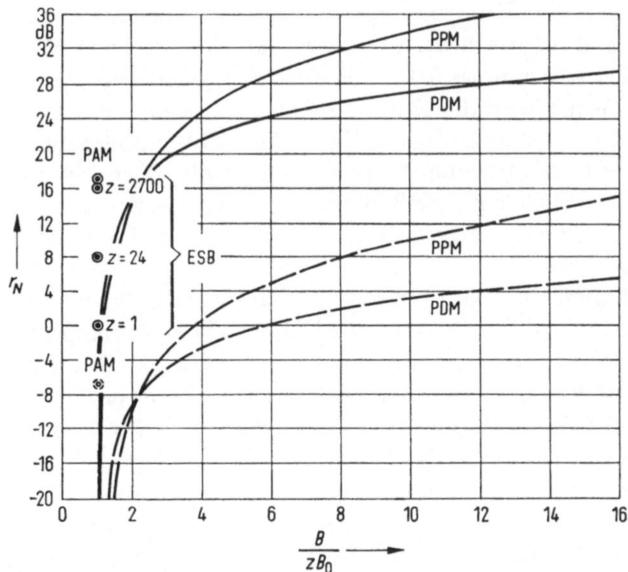

Bild 9.48. Gewinn an Signal-Geräusch-Abstand r_N in Abhängigkeit vom Faktor der Banderweiterung bei wertkontinuierlichen Pulsmodulationsverfahren.

B Signalbandbreite;	ESB Einseitenband-Modulation;
B_0 Bandbreite eines Kanals;	PAM Pulsamplituden-Modulation;
z Zahl der Kanäle;	PDM Pulsdauer-Modulation;
---- ohne } Kompander bei PAM,	PPM Pulsphasen-Modulation.
——— mit } PDM und PPM;	

tion (ESB) mit einem Kanal. Werden z Kanäle mit diesem Verfahren frequenzmäßig gebündelt, so erhöht sich der Gewinn um die in Bild 9.12 angegebenen Werte; dargestellt sind zwei Punkte, für $z = 24$ und $z = 2700$.

Die gestrichelten Kurven gelten für Pulssysteme ohne Kompander, die Gewinne sind die in (9.97) für Pulsamplituden-Modulation (PAM), (9.108) für Pulsphasen-Modulation (PPM) und (9.113) für Pulsdauer-Modulation (PDM) berechneten Funktionen von $B/(zB_0)$. Die ausgezogenen Kurven gelten für Systeme mit Kompander; sie liegen um den Gewinn $r_K = 24$ dB höher.

Wird zunächst der Kompander außer Betracht gelassen, so sieht man, daß die PPM am ehesten mit dem ESB-Bezugsverfahren konkurrieren kann. Für $B/(zB_0) = 8$ und für $z = 24$ Kanäle weisen z. B. beide den gleichen Gewinn von 8 dB auf.

Schließt man den Kompander ein, so rücken die wertkontinuierlichen Pulsverfahren bezüglich ihres Verhaltens gegen Geräusche in der Bewertung stark nach oben. Bereits die PAM erweist sich als gleichwertig mit einem ESB-System starker Bündelung ($z = 2700$). PDM und in stärkerem Maße PPM erreichen noch höhere Gewinne, wenn man Bandbreite opfert. Es sei allerdings daran erinnert, daß auch die Einseitenband-Technik sich den Kompandergewinn zunutze machen kann, wenn man den Aufwand nicht scheut. In diesem Fall sind solche Geräte ja, wie am Anfang des Abschnittes 9.4.3 erläutert, für jeden einzelnen Kanal vorzusehen. Ferner wird der Nutzen ziemlich stark dadurch verringert, daß die mittlere Leistung in jedem Kanal beträchtlich heraufgeht, wodurch der Aussteuerungsgewinn r_z stark schrumpft. Von Spezialfällen abgesehen, wie etwa dem ESB-Betrieb auf Kurzwellen oder auf älteren, geräuschgestörten Bezirkskabeln hat sich daher der Silbenkompander nicht eingeführt.

Macht man das Bandbreitenverhältnis $B/(zB_0)$ kleiner und kleiner, so sinkt bei den Winkelverfahren PDM und PPM das empfangene Signal im Verhältnis zum Geräusch immer mehr ab. Im Grenzfall wird der Bandbedarf $B = zB_0$ des Einseitenband-Verfahrens erreicht; die Signalleistung wird dabei Null, es tritt ein unendlich großer Verlust auf.

Es bleibt noch übrig, den Gewinn der kombinierten Pulsverfahren zu betrachten. Aus der Mannigfaltigkeit der möglichen Kombinationen seien hier jedoch nur zwei Verfahren behandelt: die Zeitmultiplex-Pulsphasen-Modulation mit nachfolgender Amplitudenmodulation (PPM-AM) und die Zeitmultiplex-Pulsamplituden-Modulation mit nachfolgender Frequenzmodulation (PAM-FM); beide sind z. B. für den Richtfunk geeignet. Die Gründe für diese Einschränkung liegen darin, daß die technische Entwicklung die digitalen Modulationsverfahren immer mehr in den Vordergrund schiebt. Diesen ist daher der folgende Abschnitt 10 gewidmet. Historisch haben sowohl die Zeitmultiplex-PPM wie auch die genannten beiden kombinierten Verfahren zum Durchbruch der Pulsmodulation wesentliche Beiträge geliefert.

Für die Kombination PPM-AM wird von den im Abschnitt 9.4.2.2 berechneten Gewinnen r_N an Signal-Geräusch-Abstand ausgegangen.

Für den Fall des sinusförmigen Störers besteht ein Unterschied darin, daß die Signalleistung der Hochfrequenzimpulse um den Faktor 2 kleiner ist als diejenige der Basisbandimpulse; in der Kombination mit AM ist daher der angegebene Gewinn um 3 dB zu erhöhen.

Für die Beeinflussung durch Rauschen bleibt der berechnete Gewinn zahlenmäßig erhalten, da zwei Einflüsse sich aufheben: Bei den Impulsen im Basisband ist die Rauschleistung im Band B wirksam, bei den Hochfrequenzimpulsen dagegen im doppelten Band $B_h = 2B$. Da die Rauschleistung doppelt so groß ist, wird der Gewinn gerade um so viel kleiner, wie er sich wegen der halbierten Signalleistung erhöht hat.

Wird nunmehr wie im Bild 9.13 der Gewinn statt auf B auf die Größe B_h bezogen, so kommt der oben ermittelte Faktor 2 wegen des Unterschieds in den Potenzen nicht zum Ausdruck; die Gleichungen ergeben identische Zahlenfaktoren und lauten für die PPM-AM bei *sinusförmiger Störung* [vgl. (9.106)]

$$r_N^{\text{PPM-AM}} = 10 \lg \left\{ \frac{1}{32} \left(\frac{B_h}{zB_0} - 2 \right)^2 \frac{B_h}{zB_0} \right\} \text{dB}$$

$$\approx 10 \lg \left\{ \frac{1}{32} \left(\frac{B_h}{zB_0} \right)^3 \right\} \text{dB}, \tag{9.125}$$

bei einer *Störung durch Rauschen* [vgl. (9.108)]

$$r_N^{\text{PPM-AM}} = 10 \lg \left\{ \frac{1}{32} \left(\frac{B_h}{zB_0} - 2 \right)^2 \right\} \text{dB}$$

$$\approx 10 \lg \left\{ \frac{1}{32} \left(\frac{B_h}{zB_0} \right)^2 \right\} \text{dB}. \tag{9.126}$$

Zur Berechnung des Gewinnes für die Kombination PAM-FM kann man von den Ergebnissen der Verfahrenskombination ESB-FM nach Abschnitt 9.2.5.4 ausgehen. Für *Störung durch Rauschen* ergab sich aus (9.41) mit (9.43)

$$r_N^{\text{ESB-FM}} = 10 \lg \left\{ \frac{3}{8} \frac{1}{c^2} \left(\frac{B_h}{zB_0} - 4c \right)^2 \right\} \text{dB} + r_z. \tag{9.127}$$

Unter vereinfachenden Annahmen für die verwendete Impulsform und Tiefpaßcharakteristik bei PAM geht (9.127) für PAM-FM über in

$$r_N{}^{\text{PAM-FM}} = 10 \lg \left\{ \frac{3}{10} \frac{1}{c^2} \left(\frac{B_h}{zB_0} - 4c \right)^2 \right\} \text{dB} + r_K. \qquad (9.128)$$

Soweit das Ergebnis von dem Faktor $B_h/(zB_0)$ der Banderweiterung abhängt, sind demnach die Gewinne von (9.127) und (9.128) bis auf den geringfügigen Faktor 10/8 oder etwa 1 dB gleich. Die Ursache dafür ist, daß einige Nachteile von PAM gegenüber ESB durch entsprechende Vorteile nahezu ausgeglichen werden. So ist die Modulationsbandbreite B_m bei der PAM mindestens doppelt so groß wie beim ESB-Verfahren; die Hochfrequenz-Bandbreite B_h braucht jedoch nicht in dem gleichen Maße erweitert werden, weil beim PAM-Verfahren eine Verzerrung des Hochfrequenzsignals nach der Demodulation zwar Verzerrungen in jedem der primären Signale hervorruft, in erster Näherung aber kein nichtlineares Nebensprechen zwischen den Signalen. Der Empfangstiefpaß bewirkt nachteilig eine Verringerung der Impulsamplitude; von Vorteil ist eine günstigere Rauschunterdrückung gegenüber ESB. Wesentlicher unterscheiden sich die beiden Verfahren dadurch, daß bei der zeitlichen Bündelung der von der Kanalzahl z unabhängige Kompandergewinn r_K von 24 dB hinzukommt, bei der frequenzmäßigen Bündelung der statistische Aussteuerungsgewinn r_z nach Bild 9.12.

Für die kombinierten Verfahren ESB-FM, PAM-FM und PPM-AM ist der Gewinn an Geräuschabstand r_N als Funktion des Faktors $B_h/(zB_0)$ der Banderweiterung in Bild 9.49 aufgetragen. Als Störung wurde Rauschen angenommen, als Bezugswert wieder die reine Einseitenband-Modulation.

Bei dem kontinuierlichen Vergleichsverfahren ESB, dessen primäre Signale frequenzmäßig gebündelt sind, ist der statistische Aussteuerungsgewinn r_z berücksichtigt. Da er von der Zahl der Kanäle abhängt, sind zwei Punkte für $z = 24$ und 2700 Kanäle aufgetragen; für die ESB-FM sind zwei Kurven gezeichnet.

Bei den Pulsverfahren, die sämtlich mit zeitlicher Bündelung arbeiten, ist bei den ausgezogenen Kurven der Gewinn berücksichtigt, der durch einen gemeinsamen Kompander erreicht werden kann. Da dieser Gewinn nicht von z abhängt, ist jedes Verfahren durch eine einzige Kurve vollständig gekennzeichnet.

Für kleine Werte der Banderweiterung streben die Kurven den gestrichelt gezeichneten Grenzen zu, wobei der Gewinn nach minus Unendlich geht. Für das Verfahren PPM-AM liegt diese Grenze bei $B_h/(zB_0) = 2$, für das Verfahren ESB-FM wegen des Faktors c [vgl.

(9.44)] bei 2,5. Dieser Wert gilt, wie eine nähere Betrachtung zeigt, auch für das Verfahren PAM-FM.

Vergleicht man die gewählten Verfahren für Werte der Banderweiterung, wie sie in ausgeführten Anlagen vorkommen, z. B. für $B_h/(zB_0)$ = 14 und darüber, so zeigt sich insbesondere für höhere Kanalzahlen, daß die erreichbaren Gewinne r_N ziemlich eng beieinander liegen; man muß nur sicherstellen — was bei der Ableitung der Kurven vorausgesetzt wurde —, daß von jedem Verfahren das zur Verfügung gestellte Frequenz-

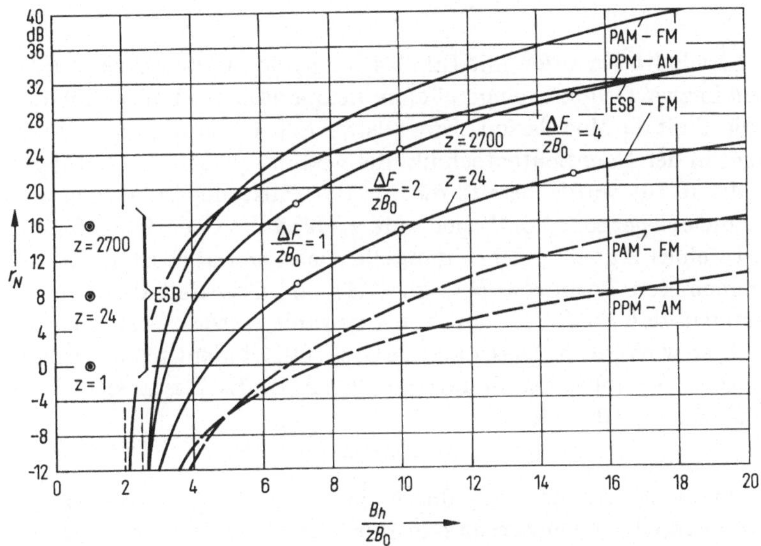

Bild 9.49. Gewinn an Signal-Geräusch-Abstand r_N in Abhängigkeit vom Faktor der Banderweiterung bei Mehrfachmodulation.

B_h Hochfrequenz-Bandbreite;
B_0 Bandbreite eines Kanals;
z Zahl der Kanäle;
ΔF Frequenzhub;

---- ohne ⎰ Kompander bei PPM-AM
—— mit ⎱ und PAM-FM;
ESB-FM Einseitenband-Frequenzmodulation;
PAM-FM Pulsamplituden-Frequenzmodulation;
PPM-AM Pulsphasen-Amplitudenmodulation.

band, der Amplituden- und der Zeitbereich voll ausgenutzt werden. Vergleichsweise kommt dabei das Verfahren PAM-FM etwas zu günstig fort: In (9.128) ist der Übersicht halber für die Modulationsbandbreite B_m der kleinste mögliche Wert $2B = 2zB_0$ angenommen worden. Ausgeführte Anlagen brauchen mehr Bandbreite; der erreichbare Gewinn sinkt damit um einige Dezibel ab, die Kurven von Bild 9.49 rücken noch mehr zusammen. Für die Wahl einer bestimmten Kombination von Modulationsverfahren werden daher andere Eigenschaften als die Geräuschreduktion recht wesentlich sein, z. B. der Geräteaufwand, die Betriebssicherheit, die Möglichkeiten der Anschluß- und Abzweigtechnik.

10. Digitale Modulation

Im Abschnitt 9 wurden mit Bild 9.4 die wertdiskreten Pulsmodulationsarten in zwei Gruppen eingeteilt: in die quantisierte Pulsmodulation und in die digitale Modulation. Zweifelsfrei haben die digitalen Verfahren, zumal in der Nachrichtentechnik, die weitaus größere Bedeutung.

Mit (9.79) wurde bereits die für die Pulscode-Modulation wichtige Erkenntnis gegeben, daß sich mit r_0 binären Codeelementen $q = 2^{r_0}$ Werte eines Signalbereiches darstellen lassen. Dabei ist (9.79) aus der allgemeineren Form $q = b^r$ (vgl. (7.1)) als Grenzfall dadurch hervorgegangen, daß die Stufenzahl $b = 2$ gewählt wurde. Setzt man dagegen $r = 1$, so wird $q = b$. Dieser andere Grenzfall ist identisch mit der quantisierten Pulsamplituden-Modulation (QPAM). Es lassen sich z. B. entsprechend der Gleichheit

$$256 = 2^8 = 4^4 = 16^2 = 256^1$$

256 Quantisierungsintervalle durch einen achtstelligen Binärcode, durch einen vierstelligen Quaternärcode, durch einen zweistelligen Sedenärcode oder durch einen einstelligen Code mit 256 Stufen darstellen. Letzterer ist identisch mit der QPAM. Betrachtet man also die QPAM als Grenzfall einer höherstufigen PCM, so lassen sich deren Gesetzmäßigkeiten ohne weiteres auf die QPAM anwenden.

Ähnliche Parallelitäten gibt es auch bei den anderen Pulsmodulationsarten: Faßt man jeden der diskreten Signalzustände als ein bestimmtes Codeelement auf, so lassen sich Spektren und Eigenschaften derartiger Signale mit den Gesetzen der PCM erklären. So läßt sich z. B. das Signal $s(t)$ für die quantisierte PPM nach Bild 9.31 auch als ein Codesignal auffassen, das durch einen 1- aus-8-Code entsprechend Bild 7.7h gewonnen wird.

10.1. Die Pulscode-Modulation

10.1.1. Historisches

Im Abschnitt 9.3.1 wurden bereits die wichtigsten Erfindungen in der Geschichte der Pulsmodulations-Technik angeführt. Unter den theore-

tischen Erkenntnissen, die wesentliche Voraussetzungen für die Einführung der Pulscode-Modulation schufen, seien die folgenden genannt:
Küpfmüller fand 1924 mit Hilfe des Fourierschen Satzes eine einfache
Beziehung zwischen Bandbreite und Einschwingzeit bei Wellenfiltern
beliebiger Bauart [8.8]. Nyquist erkannte im gleichen Jahr die Grundlagen der Informationstheorie für den ungestörten bandbegrenzten
Kanal und wendete sie auf die verschiedenen Telegraphencodes an [8.7].
Hartley erweiterte diese Theorie 1927 auf die allgemeine Form eines
quantisierten Signals und gab die Grenze für die zulässigen Verzerrungen
an [8.11].

Eine Anwendung auf Sprachsignale konnte man sich zunächst nicht
vorstellen, denn in einer Veröffentlichung in der Elektrotechnischen
Zeitschrift aus dem Jahre 1927 heißt es noch:

„Wir wissen heute, daß eine genaue Übertragung von Tönen in Höhe,
Fülle und Klangfarbe auf elektrischem Wege nur erzielt werden kann,
wenn die durch die Schallwellen erzeugten elektrischen Ströme den
Schallwellen in Schwingungszahl und Schwingungsweite genau entsprechen. Dazu müssen sie wie die Schallwellen wellenförmig verlaufen."

Bis zum Jahre 1936 hielt man es für unmöglich, Störungen, die sich
im Verlaufe der Übertragung dem Signal aufgeprägt haben, von diesem
wieder zu trennen. Erst zu dieser Zeit wurde von Armstrong der Nachweis erbracht, daß die Frequenzmodulation geräuschmindernd verwendet
werden kann [10.1]. Das in dieser Beziehung wirksamste Verfahren ist
jedoch die im Jahre 1938 von Reeves erfundene PCM. Laut seiner
Patentschrift sind dem Sprachsignal Abtastproben zu entnehmen, deren
Folgefrequenz größer als die höchste der im Signal vorkommenden
Frequenzen ist. Diese Abtastproben werden dann mit Hilfe eines Codes
übertragen. Die Gültigkeit des Abtasttheorems in diesem Zusammenhang
wurde dann erstmals im Jahre 1939 von Raabe bewiesen [10.2].

Die technischen Voraussetzungen für eine Realisierung dieser Erfindung waren in jener Zeit jedoch noch nicht erfüllt, so daß — abgesehen von einigen Studien während des 2. Weltkrieges — bis 1947
nichts dafür getan wurde. In den darauffolgenden Jahren wurden Versuchssysteme mit Röhren zunächst für acht, später für zwölf Sprachkanäle entwickelt. Erst nach der Erfindung des Transistors rückten
wirtschaftliche Vorteile die PCM gegenüber anderen Modulationsverfahren nach vorne. So ist die PCM ein Beispiel dafür, daß eine Erfindung aus augenblicklichem Mangel an technischen und wirtschaftlichen
Realisierungsmöglichkeiten erst nach vielen Jahren die ihr zukommende Bedeutung findet.

10.1.2. Gliederung eines PCM-Übertragungssystems

Bild 10.1 zeigt den grundsätzlichen Aufbau eines PCM-Übertragungssystems. Dabei sind zunächst die Endgeräte von den Streckengeräten zu
unterscheiden. Aufgabe der Endgeräte ist es, sendeseitig gegebenenfalls
mehrere Eingangssignale abzutasten und zeitlich zu bündeln, die Abtast-

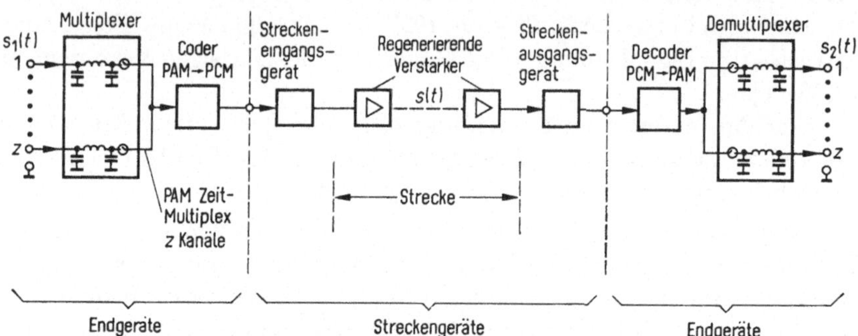

Bild 10.1. Gliederung eines PCM-Übertragungssystems.

proben zu quantisieren und zu codieren. Dabei ist die hier angegebene
Reihenfolge zwar typisch, aber durchaus austauschbar. Empfangsseitig
werden die umgekehrten Vorgänge durchgeführt: Die Codewortfolge
wird in eine Folge zugeordneter Amplitudenwerte umgewandelt, die
gegebenenfalls zeitlich entschachtelt und auf die verschiedenen Ausgangs-
leitungen verteilt werden.

Da das am Coderausgang gewonnene PCM-Signal in seiner ursprünglichen Form meistens für eine unmittelbare Übertragung ungünstig ist,
wird es im Streckeneingangsgerät zunächst in eine für das Übertragungsmedium zweckmäßige Form gebracht. Die im Verlaufe der Übertragung
hervorgerufene Dämpfung und Verzerrung dieses Signals wird abschnittsweise in den regenerierenden Verstärkern und dem Strecken-
ausgangsgerät rückgängig gemacht; letzteres setzt außerdem das
Streckensignal in ein zur Decodierung geeignetes Signal um. Eine weitere
wesentliche Aufgabe dieser Streckengeräte ist es, das Signal von Störsignalen weitgehend zu befreien, die im Verlaufe der Übertragung
hinzukommen.

Vergleicht man Bild 10.1 mit Bild 8.1, so ergeben sich folgende
Zuordnungen: Die Endgeräte übernehmen die Aufgaben der Quellencodierung und -decodierung, die Streckengeräte die Aufgaben der Kanalcodierung und -decodierung. Entsprechend sind die folgenden Abschnitte gegliedert: In den Abschnitten 10.1.3 bis 10.1.7 wird die PCM
hinsichtlich ihrer Aufgaben in den Endgeräten behandelt. Das Bild
wird ergänzt durch die Beschreibung der Deltamodulation und der

DPCM in den Abschnitten 10.2 und 10.3. Bis auf wenige Ausnahmen werden in der Praxis hierbei *binäre* Codes verwendet; die Ausführungen sollen sich daher auf diese beschränken. Abschnitt 10.4 befaßt sich dann mit der Übertragung der Digitalsignale. Hierbei wird auch von *mehrstufigen* Codes zu sprechen sein. Die restlichen Abschnitte sind einigen speziellen Problemen gewidmet.

10.1.3. Codiermethoden

10.1.3.1. Die Codierröhre

Wie man von einem wert- und zeitkontinuierlichen Primärsignal zu einem PCM-Signal kommen kann, soll zunächst an einer Codiermethode gezeigt werden, die heute zwar kaum noch gebräuchlich, für das Verständnis jedoch besonders anschaulich ist [10.3]. Die Wirkungsweise einer dabei verwendeten Codierröhre läßt sich anhand von Bild 10.2 zeigen.

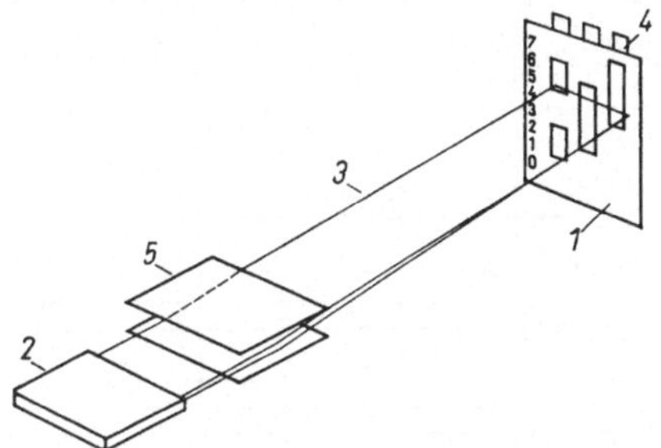

Bild 10.2. Grundsätzlicher Aufbau einer Codierröhre.
1 Code-Lochmaske;   *2* Elektronenkanone;   *3* Elektronen-Flachstrahl;
4 Auffangelektroden;   *5* Ablenkplatten.

Am Ort des Bildschirms einer Braunschen Röhre ist eine ebene Code-Lochmaske *1* angeordnet, durch deren Schlitze der von der Elektronenkanone *2* ausgehende Elektronen-Flachstrahl *3* auf dahinter liegende Auffangelektroden *4* trifft. Im Beispiel hat die Lochmaske drei Schlitzreihen für acht Quantisierungsintervalle 0 bis 7. Legt man an das Plattenpaar *5* das Primärsignal, so wird der Flachstrahl in eine dem Signalwert entsprechende Höhe der Code-Lochmaske abgelenkt, im Bild z. B. in ein mit der Ziffer 5 gekennzeichnetes Intervall. Dieser Kombination entsprechend werden an den Auffangelektroden Ströme induziert, bei der gezeigten Auslenkung an allen drei Elektroden. Bild 10.3 zeigt unter a) die Auslenkung des Elektronenflachstrahls als Funktion der Zeit, wenn er gleichmäßig vom Niveau mit der Ziffer 0 bis zum Niveau mit der Ziffer 7 steigt. Darunter sind von b) bis d) die an den drei Auffangelektroden induzierten Ströme aufgetragen. Sie pendeln zwischen den Werten 0 und 1, je nachdem, ob der Strahl von der Maske abgefangen wird oder durch einen Schlitz tritt. Da der Strahl eine endliche Dicke hat, ändert sich der Strom nicht sprunghaft zwischen 0 und 1. Mit t_1 bis t_6 sind Abtastzeitpunkte angegeben, bei denen das Primärsignal dem jeweiligen Abtastwert entsprechend in ein Codewort umgesetzt werden soll. Das ist im Beispiel zu allen angegebenen Zeitpunkten ohne Schwierigkeit möglich mit Ausnahme von t_2 und t_5 unter c). Hier befindet sich der Strahl gerade in der Nähe der Grenze zwischen zwei

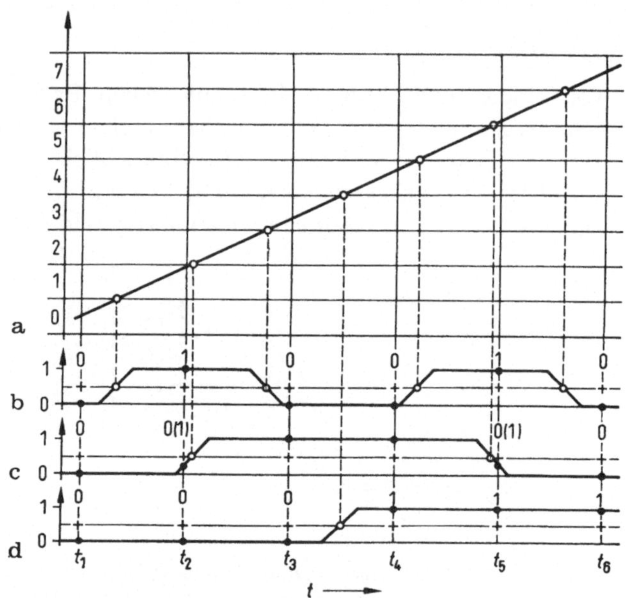

Bild 10.3a–d. Zur Wirkungsweise einer Codierröhre.
a) zeitlich lineare Auslenkung des Elektronen-Flachstrahls;
b) bis d) Ströme an den drei Auffangelektroden.

Intervallen und damit für c) jeweils an einer Schlitzkante. Um Eindeutigkeit zu erreichen, muß man hinter den Auffangelektroden jeweils einen Entscheider anbringen, der für Werte unter 0,5 den Wert Null und für Werte über 0,5 den Wert Eins abgibt. Da in beiden Fällen der Wert kleiner als 0,5 ist, gibt der Entscheider den Wert Null ab. Damit wird im Prinzip zuerst codiert und dann quantisiert. Wird der Abtastvorgang mit der Funktion des Entscheiders verknüpft, so tritt hier der ungeläufige Fall ein, daß die Abtastung als letzte Maßnahme bei der Pulscode-Modulation erfolgt. Gewöhnlich wird jedoch der Elektronen-Flachstrahl periodisch mit der Abtastfrequenz durch einen Wehneltzylinder nur kurzzeitig aufgetastet, so daß die induzierten Ströme impulsartigen Charakter haben und der Abtastzeitpunkt dadurch festgelegt ist.

Das sekundäre PCM-Signal wird aus den drei Binärsignalen durch zeitliche Verschachtelung in einem Parallel-Serien-Umsetzer gewonnen. Ein Vergleich der Struktur der Code-Lochmaske *1* in Bild 10.2 mit den Codeschemata des Bildes 7.7 zeigt, daß das PCM-Signal im Graycode und nicht, wie bei der PCM im allgemeinen üblich, im Dualcode erzeugt wird. Der Grund hierfür ist, daß der Graycode im Gegensatz zum Dualcode ein einschrittiger Code ist, das heißt beim Übergang von einem Quantisierungsintervall zum benachbarten ändert sich immer nur *ein* Codeelement. Täten dies wie beim Dualcode mehrere, so müßten dabei entsprechend viele Entscheider gleichzeitig auf den kritischen Wert 0,5 ansprechen. Da eine exakt gleichmäßige Einstellung dieser Schwellwerte praktisch nicht möglich ist, könnten sich bei diesen Übergängen falsche Codekombinationen ergeben, die weitab liegenden Signalwerten entsprechen; beim Graycode beträgt der Fehler stets nur eine Stufe.

10.1.3.2. *Die drei grundlegenden Codiermethoden und ihr Vergleich*

Bei den in der PCM-Technik gebräuchlichen Arten der Codierung kann man drei Prinzipien unterscheiden (Bild 10.4):

Bei der *Zählmethode*[1] wird festgestellt, wie oft man ein Normal von der Größe eines Quantisierungsintervalles übereinanderstapeln muß, um den Wert der Abtastprobe (11 im Beispiel) zu erreichen. Der Vorgang erfordert also für eine Codierung von 2^{r_0} Quantisierungsintervallen mit *einem* Normal maximal $2^{r_0} - 1$ Schritte. Bei dualer Zählung erhält man ein r_0-stelliges Codewort, das dem Wert der Abtastprobe entspricht. Nach der Zählmethode arbeiten Sägezahn- oder Schrittumsetzer; man spricht auch vom Inkrementalverfahren.

Bei der *Iterationsmethode*[2] genügen dagegen r_0 Schritte mit Hilfe von r_0 Normalen, deren Größen sich wie $2^0 : 2^1 : 2^2 : \ldots 2^{r_0-1}$ verhalten. Nacheinander werden die Normale, mit dem größten beginnend, mit dem zu codierenden Wert verglichen und jeweils *angenommen*, wenn sie kleiner als der zu codierende Wert sind, jedoch zurückgestellt, wenn durch ihre Hinzunahme der Wert überstiegen wird. Die Kombination der am Ende verbleibenden Normale ergibt das entsprechende Codewort, ebenfalls im Dualcode. Nach der Iterationsmethode arbeiten Stufenumsetzer, Bewertungs- oder Wägecodierer; man spricht auch vom Einschachtelungsverfahren.

Bei der *direkten Methode*[3] wird mit Hilfe von $2^{r_0} - 1$ Normalen, deren Größen gleich den Stufenwerten sind, in *einem* Schritt durch Vergleich festgestellt, welches Normal dem zu codierenden Wert entspricht, und das zugehörige Codewort ausgelöst. Am Prinzip der direkten Methode

---

[1] im Englischen „step-at-a-time"
[2] im Englischen „bit-at-a-time"
[3] im Englischen „word-at-a-time"

ändert sich nichts, wenn man an Stelle der $2^{r_0} - 1$ Normale ein einziges
Vielfach-Normal verwendet, dessen Längenmarken mit binären Codekombinationen gekennzeichnet sind. Ein Beispiel für diese Methode ist
die im vorhergehenden Abschnitt beschriebene Codierröhre. Da man mit
jedem Normal im Prinzip jede Codekombination verbinden kann, ist
der Code zunächst frei wählbar; bei der Codierröhre wurde der Graycode

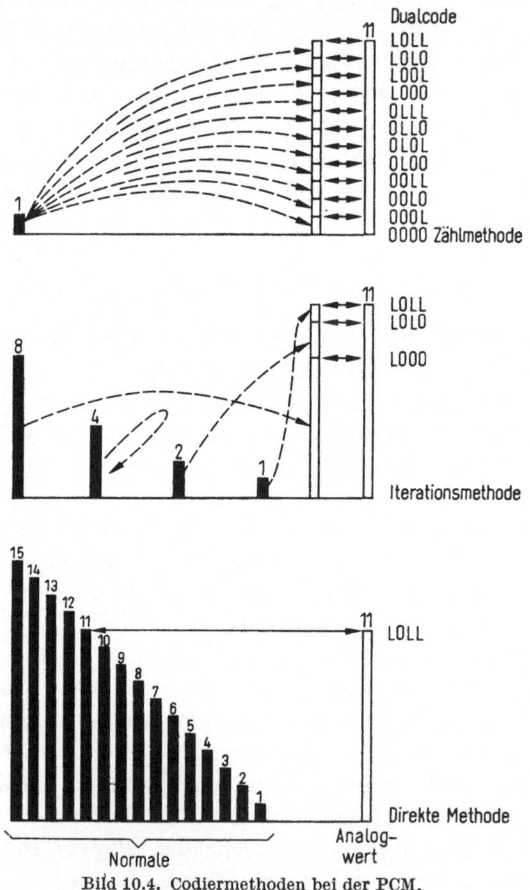

Bild 10.4. Codiermethoden bei der PCM.

aus praktischen Gründen gewählt. Bei der direkten Methode spricht man
auch vom Schablonenverfahren.

Einen Vergleich der drei Codiermethoden hinsichtlich des Aufwandes
an Normalen und Vergleichsschritten zeigt Tab. 10.1 (die in Klammern
angegebenen Zahlen gelten für $r_0 = 8$). In beiden Spalten verlaufen die
Zahlenwerte gegenläufig. Da die Anzahl der Normale ein Maß für den
gerätetechnischen Aufwand und die Anzahl der Schritte ein Maß für
die Arbeitsgeschwindigkeit sind, wird die Wahl der Codiermethode

Tabelle 10.1. Vergleich der grundlegenden Codiermethoden

Methode	Anzahl der Normale	Anzahl der Schritte
Zählmethode	1	$2^{r_0} - 1$ (255)
Iterationsmethode	r_0(8)	r_0 (8)
Direkte Methode	$2^{r_0} - 1$ (255)	1

immer von den jeweiligen Forderungen abhängig sein; hierbei spielen
auch die unvermeidbaren relativen Fehler der Normale eine wesentliche
Rolle.

10.1.3.3. Kombinierte Codiermethoden

Die Zählmethode läßt sich mit der Iterationsmethode erweitern, indem
neben dem Normal der Größe *eines* Quantisierungsintervalles noch ein
Normal der Größe 2^ϱ (ϱ ganzzahlig) benutzt wird. Man beginnt die
Messung zunächst mit einer Zählung der „Grobschritte" der Größe 2^ϱ;
das sind maximal $2^{r_0-\varrho} - 1$. Bricht man die Zählung mit dem nächsten
Summenwert nach dem Meßwert ab und zählt dann mit dem 1-Normal
die noch notwendigen „Feinschritte", so sind hierfür nochmals maximal
$2^\varrho - 1$, insgesamt also höchstens $2^{r_0-\varrho} + 2^\varrho - 2$ Schritte nötig. Diese
Zahl wird zu einem Minimum für $\varrho = r_0/2$. Es läßt sich zeigen, daß man
mit m unterschiedlich großen Normalen nacheinander dann mit den
wenigsten Schritten zählt, wenn die Größe der Normale möglichst
gleich $2^{\mu/(mr_0)}$ ($\mu = 0, 1 \ldots, m - 1$) ist. Ausgehend von $m = 1$ für die
reine Zählmethode erreicht man mit $m = r_0$ die reine Iterationsmethode.
Tabelle 10.2 zeigt die günstigsten Kombinationsmöglichkeiten für $r_0 = 8$.
Schon mit 2 Normalen wird die Anzahl der maximal notwendigen
Schritte von 255 auf 30 stark reduziert; mit zunehmender Zahl von
Normalen sinkt sie dann nur noch wenig.

Tabelle 10.2. Kombination der Zählmethode mit der Iterationsmethode

Anzahl der Normale	Größe der Normale	Anzahl der Schritte
1	1	255
2	1, 16	30
4	1, 4, 16, 64	12
6	1, 2, 4, 8, 32, 128	10
8	1, 2, 4, 8, 16, 32, 64, 128	8

In ähnlicher Weise läßt sich die direkte Methode mit der Iterationsmethode erweitern, indem man neben einem grob unterteilten einen fein
unterteilten Maßstab einführt, dessen Größe sämtliche Quantisierungsintervalle innerhalb eines Grobintervalles erfaßt. In einem ersten Schritt

wird der Grobbereich bestimmt, in dem der zu codierende Wert liegt. Im zweiten Schritt wird dann in diesem Grobbereich der fein unterteilte Maßstab angelegt zur exakten Bestimmung des Wertes. Dieses Verfahren läßt sich auch auf m Teilcodierungen mit ineinander geschachtelten Maßstäben verteilen, wozu m Schritte notwendig sind. Die Stufenzahl der Teilcodierer ist dann nach Möglichkeit gleich $2^{r_0/m} - 1$ zu wählen, damit man mit einem Minimum an Schritten auskommt. Die Gesamtzahl der Normale ist gleich $m\,(2^{r_0/m} - 1)$. Ausgehend von der direkten Methode mit $m = 1$ erreicht man mit $m = r_0$ die Iterationsmethode. In Tab. 10.3 sind für $r_0 = 8$ die günstigsten Kombinationsmöglichkeiten zusammengestellt. Ein Vergleich mit Tab. 10.2 zeigt formale Ähnlichkeiten; die Zahlenwerte der ersten und dritten Spalte sind miteinander vertauscht.

Schließlich kann man auch die direkte Methode mit der Zählmethode erweitern (und umgekehrt): Ein Maßstab, der mit feinsten Stufen nur den halben Bereich umfaßt, muß nacheinander in zwei Schritten an-

Tabelle 10.3. Kombination der direkten Methode mit der Iterationsmethode

Anzahl der Normale	Größe der Normale	Anzahl der Schritte
255	1 bis 255 in Stufen von 1	1
15	1 bis 15 in Stufen von 1	1
$+15 = 30$	16 bis 240 in Stufen von 16	$+1 = 2$
3	1 bis 3 in Stufen von 1	1
$+3$	4 bis 12 in Stufen von 4	$+1$
$+3$	16 bis 48 in Stufen von 16	$+1$
$+3 = 12$	64 bis 192 in Stufen von 64	$+1 = 4$
3	1 bis 3 in Stufen von 1	1
$+3$	4 bis 12 in Stufen von 4	$+1$
$+4 = 10$	16, 32, 64, 128	$+4 = 6$
8	1, 2, 4, 8, 16, 32, 64, 128	8

gelegt werden, ein solcher für den vierten Teil des Bereiches in vier Schritten usw., bis diese Erweiterung in die Zählmethode übergeht. Tab. 10.4 bringt wiederum für $r_0 = 8$ die günstigsten Kombinationsmöglichkeiten.

In Bild 10.5 ist die Anzahl der erforderlichen Schritte in Abhängigkeit von der Anzahl der Normale für $r_0 = 8$ entsprechend den Tabellenwerten aufgetragen. Es zeigt sich, daß nach Tab. 10.4 — abgesehen von den Grenzwerten — für eine vorgegebene Anzahl von Normalen mehr Schritte notwendig sind als nach Tab. 10.2 und 10.3.

Ein Codierschritt erfordert die Zeit T, damit man den zu codierenden Abtastwert mit dem Normal vergleichen, das Ergebnis registrieren und

Tabelle 10.4. Kombination der direkten Methode mit der Zählmethode

Anzahl der Normale	Größe der Normale	Anzahl der Schritte
255	1 bis 255	1
128	1 bis 128	2
64	1 bis 64	4
32	1 bis 32	8
16	1 bis 16	16
8	1 bis 8	32
4	1 bis 4	64
2	1, 2	128
1	1	255

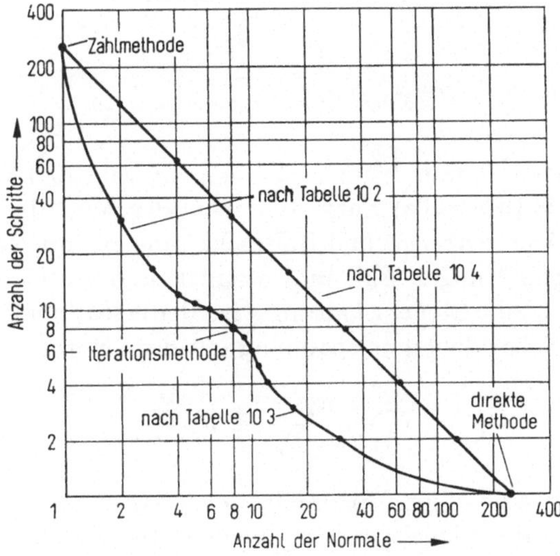

Bild 10.5. Anzahl der erforderlichen Schritte bei kombinierten Codiermethoden.

zum nächsten Normal weiterschalten kann. Ist die Abtastfrequenz f_0 das Doppelte der Signalbandbreite B_0, so lassen sich in einer Abtastperiode

$$n \leqq \frac{1}{f_0 T} = \frac{1}{2 B_0 T} \tag{10.1}$$

Schritte unterbringen. Die Schrittdauer T ist durch die Arbeitsgeschwindigkeit der verwendeten Bauelemente in einer Schaltung gegeben. Damit kann man nach (10.1) beurteilen, welche Codiermethode für den vorgegebenen Fall vorteilhaft ist [10.4].

10.1.3.4. Spezielle Codierverfahren

Will man sowohl die Schrittzahl als auch die Anzahl der Normale gering
halten, so ist bei der Wahl der Codiermethode die Iterationsmethode ein
guter Kompromiß; sie ist daher auch die in der Praxis am häufigsten
benutzte. Von ihr gibt es eine Reihe von Varianten, die zu unterschied-

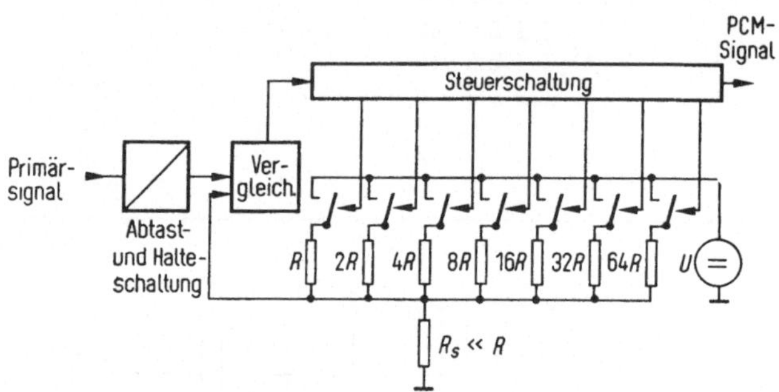

Bild 10.6. Rückgekoppelter Wägecoder.

lichen Codearten führen können. In dem in Bild 10.6 für eine 7-bit-
Codierung (128 Intervalle) dargestellten Coder wird das Primärsignal
zunächst durch eine Abtast- und Halteschaltung entsprechend Bild 9.20 b
in einen treppenförmigen Puls umgewandelt und auf einen Vergleicher
gegeben. Durch eine Steuerschaltung wird der erste Schalter geschlossen
und im Vergleicher die Signalspannung mit der „Normalspannung"

$$U \, \frac{R_s}{R + R_s} \approx U \, \frac{R_s}{R}$$

verglichen, die einer Signalspannung von 64 Quantisierungsintervallen
entspricht. Ist die Signalspannung kleiner, so wird, vom Vergleicher
veranlaßt, der erste Schalter wieder geöffnet; im anderen Falle bleibt
er geschlossen. Wird nun der zweite Schalter geschlossen, so ist die
Vergleichsspannung $U R_s/(2R)$ bzw. $3 U R_s/(2R)$, was einer Signalspannung
von 32 bzw. 96 Intervallwerten entspricht. Erneut entscheidet der Vergleicher darüber, ob der zweite Schalter wieder geöffnet wird oder nicht.
Dann wird durch die Steuerschaltung der dritte Schalter geschlossen usw.,
bis dieses Wägespiel mit dem letzten Schalter abgeschlossen wird. Der
Coder wird daher auch als rückgekoppelter Wägecoder bezeichnet. Die
Stellung der Schalter am Schluß dieses Prozesses ergibt das gewünschte
Codewort im *Dualcode*.

Statt einen „Gewichtssatz" von Normalen zu verwenden und einen
Signalwert damit zu vergleichen kann man umgekehrt auch nur *ein*
Normal vorsehen und den Signalwert nach jedem Vergleich gesetzmäßig

verändern. Liegt der Wertebereich des Eingangssignals x zwischen -1 und $+1$, so muß die Entscheiderschwelle zur Bestimmung des ersten Codeelementes den Wert Null haben. Diese Bedingung erfüllt der in Bild 10.7 gezeigte obere Signalweg mit dem Entscheider E; die dazugehörige Übertragungskennlinie ist rechts daneben dargestellt. Am Ausgang c erhält man mit $+1$ und -1 die beiden binären Zustandswerte. Verstärkt man im unteren Zweig gleichzeitig das Eingangssignal x um

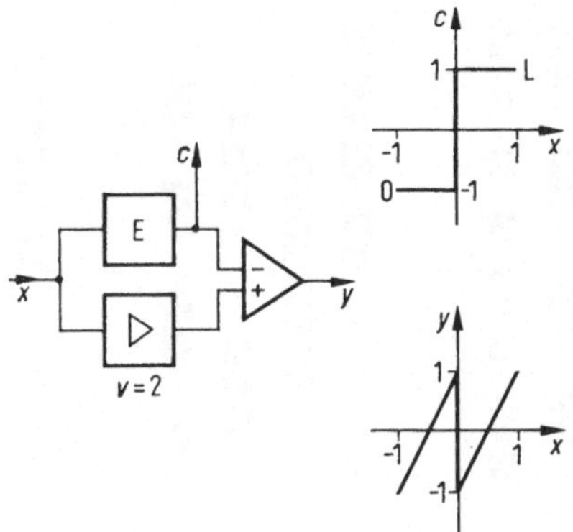

Bild 10.7. Codierstufe zur Erzeugung des Dualcode.

den Faktor 2 und bildet die Differenz $2x - c$, so ist das Ausgangssignal y mit dem Eingangssignal x durch die untere Übertragungskennlinie verknüpft. Das Ausgangssignal umfaßt denselben Wertebereich wie das Eingangssignal und ist daher als Eingangssignal für eine gleichartige Schaltung geeignet, um den Zustandswert für das zweite Bit zu bestimmen. Schaltet man r_0 Stufen hintereinander — wobei in der letzten Stufe nur noch der Entscheider mit dem c-Ausgang benötigt wird —, so wird

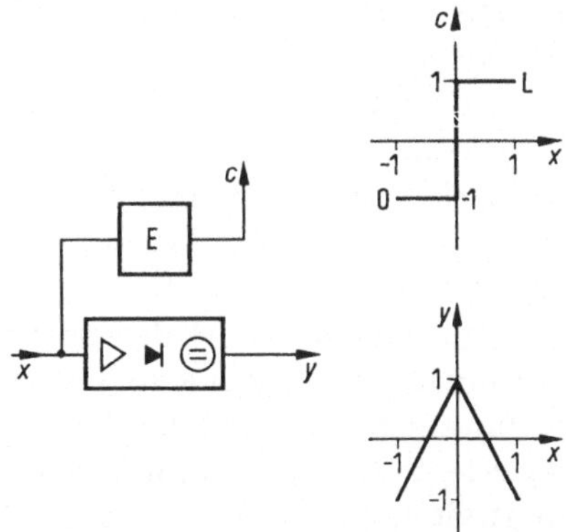

Bild 10.8. Codierstufe zur Erzeugung des Graycode.

an den c-Ausgängen das gewünschte Binärsignal in einem r_0-stelligen Dualcode parallel ausgegeben. Eine derartige Einrichtung wird auch gestreckter Bewertungscoder genannt.

Eine Anordnung, bei der das Ausgangssignal y unabhängig vom Entscheiderausgang c ist, zeigt Bild 10.8. Die dazugehörende Übertragungskennlinie wird realisiert, indem das Signal gleichgerichtet, mit $v = -2$ verstärkt und ihm ein Gleichanteil von $+1$ überlagert wird. Es ist

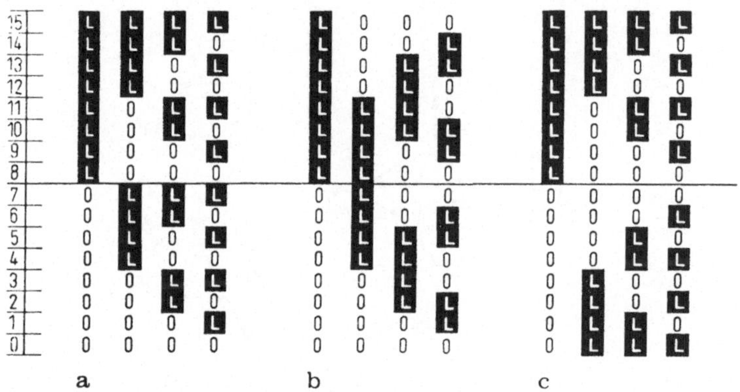

Bild 10.9a–c. Codeschemata für Dualcode (a), Graycode (b) und symmetrischen Binärcode (c).

also $y = -2\,|x| + 1$. Auch diese Codierstufe kann mehrmals hintereinander geschaltet werden, damit man an den c-Ausgängen ein Binärsignal erhält, das dann im *Graycode* codiert ist. Wegen der mit jeder Teilcodierung verbundenen Gleichrichtung wird der Coder auch als Faltungscoder bezeichnet. Realisiert man die erste Stufe nach Bild 10.8, die restlichen jedoch nach Bild 10.7 und invertiert dabei die Werte der c-Ausgänge, so erhält man ein Signal im sogenannten *symmetrischen Binärcode*. Die drei genannten Codearten sind die wichtigsten bei der Erzeugung von PCM-Signalen in Endeinrichtungen; ihre Schemata sind für $r_0 = 4$ Codeelemente in Bild 10.9 gegenübergestellt. Sie sind hinsichtlich des ersten, am meisten zu bewertenden Bits gleich. In den weiteren Codeelementen sind Graycode und symmetrischer Binärcode — im Gegensatz zum Dualcode — zur Mittellinie symmetrisch.

Ist die Abtastperiode groß gegenüber der Arbeitsdauer einer Codierstufe, so braucht man nur eine einzige Codierstufe für die Bestimmung mehrerer oder gar aller binärer Zustandswerte. Das zu codierende Primärsignal wird stets nur für einen Bruchteil der Abtastperiode an den Eingang der Codierstufe gelegt. Das daraufhin gewonnene Ausgangssignal wird dann zu einem zweiten Durchgang an den Eingang der gleichen Codierstufe gelegt. Mit r_0 Durchgängen wird das dem Primärsignal entsprechende Codewort seriell am c-Ausgang abgelesen. In diesem Fall spricht man von einem rückgekoppelten Bewertungscoder; ein Parallel-Serien-Umsetzer ist nicht notwendig.

Ist die Folgefrequenz der angelieferten Abtastwerte für einen ordnungsgemäßen Ablauf aller Durchgänge zu groß, so kann man sich helfen, indem zwischen die Teilvorgänge Speicher gesetzt werden. Der zu

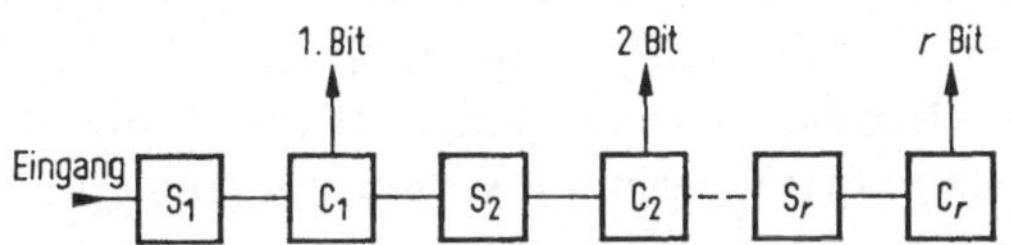

Bild 10.10. Prinzip des gestreckten Bewertungscoders mit zeitlicher Staffelung.
S_1 bis S_r Zwischenspeicher; C_1 bis C_r Teilcoder.

codierende Abtastwert wird zunächst in einem Speicher S_1 festgehalten (Bild 10.10), der z. B. aus einem Abtast- und Haltekreis bestehen kann. Dieser Wert wird an einen Teilcoder C_1 gegeben, der über den Wert des ersten Bits entscheidet, den Abtastwert entsprechend korrigiert und den verbleibenden Wertrest an einen gleichartigen Speicher S_2 abgibt. Dieser wiederum gibt den Wertrest an den zweiten Teilcoder C_2, der über den Wert des zweiten Bits entscheidet usw. Inzwischen kann aber der erste Teilcoder schon den nächsten Wert verarbeiten. Damit steht jedem Teilcoder maximal die Zeit zwischen zwei aufeinanderfolgenden Abtastwerten zu, so daß sich der gesamte Codiervorgang für einen Wert über einen Zeitraum von r_0 Folgeperioden erstrecken kann. Dieser Bewertungscoder mit zeitlicher Staffelung ist daher besonders zur Umsetzung von Signalen sehr großer Bandbreite geeignet.

Während bei der Iterationsmethode und der direkten Methode vorwiegend unmittelbar im Amplitudenbereich quantisiert wird, benutzt man bei der Zählmethode dazu auch gern den Zeitbereich. Dieses in seinen Grundlagen von Black und Edson schon 1947 veröffentlichte Verfahren [10.5] geht von einem dauermodulierten Puls aus. Für die Dauer jedes Impulses wird der Ausgang eines Generators aufgetastet, der in dieser Zeit einen Taktpuls abgibt. Die Zahl der abgegebenen Impulse ist dann proportional zum jeweiligen Abtastwert. Zweckmäßig wählt man die Generator-Pulsfrequenz so, daß während des längsten Signalimpulses 2^{r_0} Impulse abgegeben werden. Jede Taktimpulsfolge wird nun in einem r_0-stufigen Dualzähler ausgezählt. Danach kann das entsprechende Codewort an den Ausgängen des Zählers im Dualcode parallel abgenommen werden. Vor Beginn der nächsten Zählung muß der Zähler wieder auf Null gesetzt werden.

An den Beispielen Codierröhre, Bewertungs- und Zählcoder wurden die drei grundlegenden Codiermethoden vorgestellt. Wegen anderer Verfahren, die sich auch zu kombinierten Methoden nach Abschnitt 10.1.3.3 zusammenstellen lassen, sei auf die Speziallitératur verwiesen.

10.1.4. Decodiermethoden

Bei der Decodierung werden aus der ankommenden Folge von Codewörtern die den ursprünglichen Quantisierungsintervallen zugeordneten Signalwerte erzeugt. Zu jeder Codiermethode läßt sich im Prinzip eine entsprechende Decodiermethode finden. Sie ist grundsätzlich einfacher, weil es keinen zur Quantisierung inversen Vorgang gibt. Die decodierten

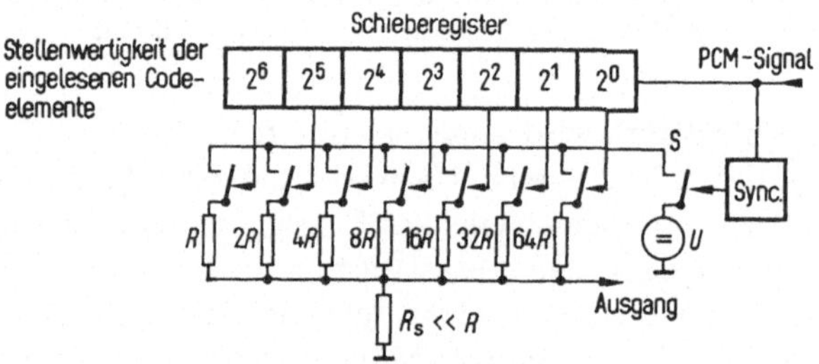

Bild 10.11. Bewertungsdecoder.

Werte bleiben um die Quantisierungsverzerrung falsch (vgl. Bild 9.30). Aus diesem Grunde enthalten Decodiereinrichtungen keine Baugruppen, die die Aufgabe eines Entscheiders erfüllen.

Am einfachsten sind Codes decodierbar, deren Elemente in eindeutiger Weise mit Stellenwertigkeiten behaftet sind (siehe hierzu auch Abschnitt 7.2.2). Einen für den Dualcode geeigneten Bewertungsdecoder zeigt Bild 10.11: Das empfangene PCM-Signal wird zunächst Bit für Bit in ein Schieberegister gegeben. Die Synchronisiereinrichtung Sync leitet aus dem PCM-Signal u. a. den Worttakt ab und schließt den Schalter S immer dann, wenn alle Elemente eines Codewortes im Schieberegister entsprechend ihrer Stellenwertigkeit eingespeichert sind. Die oberhalb des Widerstandsnetzwerkes liegenden Schalter werden von den eingespeicherten Codeelementen gesteuert: L-Zustände bewirken ein Schließen, O-Zustände ein Öffnen des jeweiligen Schalters. Dadurch erhält man von der Spannungsquelle U über das Widerstandsnetzwerk am Ausgang einen Spannungswert, der dem eingegebenen Codewort entspricht.

Der Bewertungsteil des Decoders ist mit denjenigen Teilen des Wägecoders nach Bild 10.6 identisch, die im Rückkopplungszweig liegen. In beiden Fällen wird durch Zusammenstellen von Normalen ein Summenwert erzeugt, der dem jeweiligen Abtastwert des Primärsignals entspricht. Der Unterschied besteht lediglich darin, daß man sich beim Coder mit

Hilfe des Vergleichers durch Variation der Normale erst an diesen Abtastwert heranarbeiten muß und dabei das gewünschte Codewort erhält, während beim Decoder durch Einspeisen des Codewortes der entsprechende Signalwert sofort erzeugt wird. Allgemein lassen sich Coder derart realisieren, daß mit Hilfe eines Decoders Vergleichswerte erzeugt werden und dasjenige Codewort erfaßt wird, dessen zugehöriger Vergleichswert im gesuchten Quantisierungsintervall liegt. Verwendet man auf der Empfangsseite die gleiche Decoderanordnung wie sendeseitig, so tritt folgende Komplikation auf: Die rückgewonnenen Signalwerte liegen nicht, wie nach Bild 9.30 gefordert wurde, in der Mitte der Quantisierungsintervalle ΔS_1, sondern an den Intervallgrenzen. Bei gleichmäßiger Quantisierung bringt das nur einen zusätzlichen Gleichanteil von der Größe eines halben Quantisierungsintervalles. Bei ungleichmäßiger Quantisierung treten dagegen zusätzliche Verzerrungen auf, wie im Abschnitt 10.1.7 noch gezeigt wird.

Bei einem von Shannon [10.6] angegebenen Decodierprinzip wird eine Stromquelle im Rhythmus der mit steigender Wertigkeit einlaufenden Codeimpulse kurzzeitig an eine Parallelschaltung von Widerstand R und Kapazität C angelegt. Ist die Zeitkonstante dieses RC-Gliedes gleich $T_b/\ln 2$ gewählt, wobei $1/T_b$ die Bitfolgefrequenz ist, so wird die nach einer e-Funktion abfallende Spannung innerhalb der Zeit T_b jeweils auf den halben Wert sinken. Am Ende eines Codewortes erhält man mit der verbliebenen Ladung eine Spannung, die bei Verwendung des Dualcode dem gewünschten Amplitudenwert proportional ist. Dieser Decoder ist zwar sehr einfach, er läßt sich jedoch meistens nicht mit der gewünschten Genauigkeit realisieren.

Eine Decodierung ist auch in der Zeitebene möglich. Startet man beispielsweise einen Dualzähler periodisch aus seinem Nullzustand heraus und stoppt ihn, wenn die an den Zählerausgängen sich einstellende Codewortkombination gerade mit dem empfangenen Codewort identisch ist, so ist die seit dem Start verstrichene Zeit ein Maß für den Abtastwert des entsprechenden Primärsignals. Es läßt sich ein pulsdauermoduliertes Signal erzeugen, aus welchem über PAM das Primärsignal, abgesehen von den Quantisierungsverzerrungen, zurückgewonnen wird.

Zu den Codierstufen nach Bild 10.7 und Bild 10.8 lassen sich analoge Decodierstufen für den Dualcode (Bild 10.12a) und für den Graycode (Bild 10.12b) angeben. Auch hierbei werden mehrere Stufen in Reihe geschaltet, wobei der y-Ausgang einer Stufe mit dem x-Eingang der nächsten Stufe verbunden wird. Während jedoch bei der Codierung nach den Bildern 10.7 und 10.8 das analoge Eingangssignal an den x-Eingang der ersten Stufe gelegt wurde, wird dieser bei der Decodierung nach den Bildern 10.12a und b *fest* auf das Potential Null gelegt. Statt dessen werden innerhalb der Stufen in Abhängigkeit vom *binären Zustandswert*

der Codeelemente Umschaltungen vorgenommen, die die Ausgangswerte der jeweiligen und damit aller folgenden Stufen beeinflussen.

Zum Decodieren des Dualcodes nach Bild 10.12a wird an den oberen
Eingang einer Summierschaltung für den L-Zustand das Potential $+1$,
für den O-Zustand das Potential -1 angelegt. Da der folgende Verstärker die feste Verstärkung $v = 1/2$ hat, erhält man am Ausgang der ersten

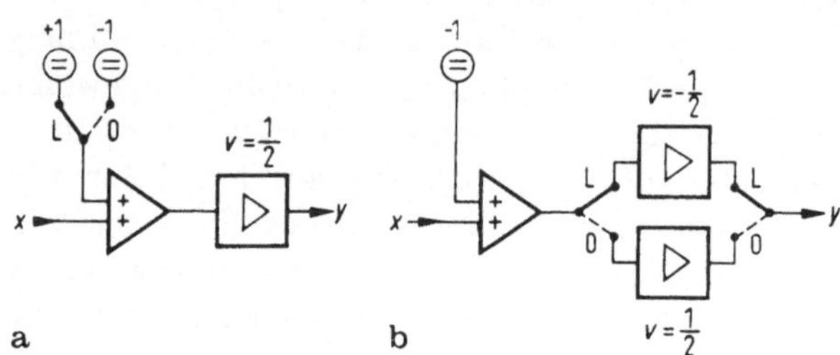

Bild 10.12a u. b. Decodierstufe.
a) für den Dualcode;   b) für den Graycode.

Stufe und damit am Eingang der zweiten Stufe die Werte $+1/2$ oder
$-1/2$. Der Schalter der zweiten Stufe kann wiederum zwei Stellungen
einnehmen; dadurch ergeben sich am y-Ausgang dieser Stufe bereits vier
Möglichkeiten: $+3/4$, $+1/4$, $-1/4$ und $-3/4$. Zur Decodierung von Codewörtern mit r_0 Binärelementen sind r_0 Stufen notwendig; am y-Ausgang
der letzten Stufe können dann 2^{r_0} verschiedene Signalwerte auftreten;
sie liegen im Bereich $\pm(2^{r_0} - 1)/2^{r_0}$.

Zum Decodieren des Graycodes (Bild 10.12b) liegt der obere Eingang
der Summierschaltung fest auf dem Potential -1. Variiert wird hier in
Abhängigkeit vom binären Zustandswert der Verstärkungsfaktor v des
folgenden Verstärkers: für den L-Zustand ist $v = -1/2$, für den O-Zustand
ist $v = 1/2$. Im übrigen gilt das zum Decodieren im Dualcode Gesagte.
In beiden Fällen muß an die erste Stufe das am wenigsten und an die
letzte Stufe das am meisten zu bewertende Binärelement angelegt werden.

10.1.5. Die Codeumsetzung

Unter Codeumsetzung (Umcodierung) versteht man die Umwandlung
der Codewörter eines Codes in entsprechende eines anderen. Von dieser
Möglichkeit wird später auch noch die Rede sein, so im Abschnitt 10.1.6
bei der Kompandierung und im Abschnitt 10.4.1 bei den Übertragungs-
codes. Es kann durchaus zweckmäßig sein, daß man in einer PCM-
Einrichtung sendeseitig bei der Codierung den Code A erzeugen und
empfangsseitig von dem Code B ausgehend decodieren möchte. Für die
in den vorhergehenden Abschnitten behandelten wichtigen drei Codearten (siehe Bild 10.9) gibt es demnach sechs Zuordnungsmöglichkeiten,

die jedoch nicht alle von gleichem Interesse sind. Die wichtigste Kombination ist die Umsetzung vom Gray- in den Dualcode [10.7]. Sendeseitig zieht man bei der Codierung mitunter den Graycode wegen seines einschrittigen Charakters und der damit verbundenen Fehlerminderung vor, empfangsseitig dagegen den Dualcode wegen seiner einfacheren Decodierbarkeit. Die Vorteile müssen dann mit dem zusätzlichen Aufwand eines Codeumsetzers bezahlt werden.

Je nach Amplitudenverteilung des Primärsignals ist bei Übertragungsstörungen der Gray- oder der Dualcode günstiger. Danach richtet es sich, ob der Codeumsetzer sende- oder empfangsseitig eingefügt wird [10.8].

Aus den mathematischen Zusammenhängen zwischen den Stellenwertigkeiten beim Graycode einerseits und beim Dualcode andererseits [10.7] ergeben sich Vorschriften für die Umcodierung, die in je einem der beiden folgenden Gesetze zusammengefaßt sind:

I. Differenzgesetz

a) Das am höchsten zu bewertende Element eines Codewortes ist bei beiden Codearten gleich.

b) Der L-Zustand im Graycode bedeutet, daß beim Dualcode der Zustand an der entsprechenden Stelle gegenüber der nächsthöheren geändert wird.

c) Der O-Zustand im Graycode bedeutet, daß beim Dualcode der Zustand an der entsprechenden Stelle gegenüber der nächsthöheren erhalten bleibt.

II. Summengesetz

Zur Bestimmung eines Elementes für den Dualcode bestimme man die Anzahl der L-Elemente des Graycodes mit gleicher oder höherer Stellenwertigkeit. Ist die Anzahl Null oder eine gerade Zahl, so steht an dieser Stelle im Dualcode ein O-Element, im anderen Fall ein L-Element.

Diese Gesetze führen zu verschiedenen Umcodierungsverfahren, die alle das gleiche Ergebnis bringen. Bild 10.13 zeigt ein Beispiel für die Anwendung des Differenzgesetzes. $B_1 = A_1$ erfüllt den Punkt a) des

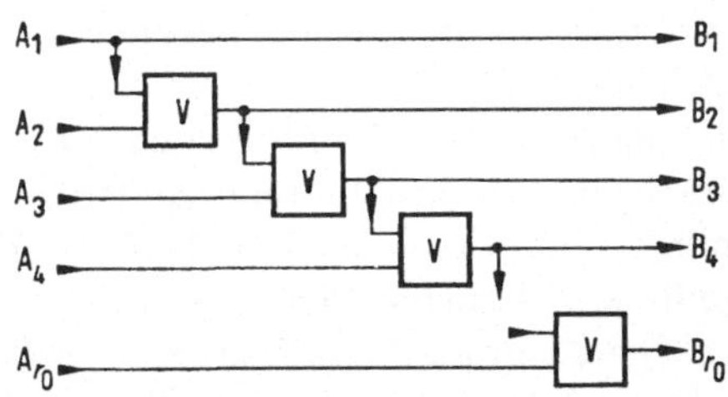

Bild 10.13. Umsetzung vom Graycode in den Dualcode.

Gesetzes. Die parallel anliegenden Binärelemente A_1 bis A_{r_0} des Gray-codes sind durch $r_0 - 1$ Verknüpfungsschaltungen V mit entsprechenden Ausgängen B_2 bis B_{r_0} für den Dualcode verbunden. Die Verknüpfungen sind für jeweils zwei Eingänge B_ϱ und $A_{\varrho+1}$ sowie einen Ausgang $B_{\varrho+1}$ durch folgende Zuordnungen gegeben ($\varrho = 1, 2, 3 \ldots, r_0 - 1$):

| Eingänge | | Ausgang |
B_ϱ	$A_{\varrho+1}$	$B_{\varrho+1}$
O	O	O
O	L	L
L	O	L
L	L	O

Hierdurch werden die Punkte b) und c) erfüllt.

Es läßt sich zeigen, daß eine serielle Umcodierung mit einer einzigen, r_0-mal so schnell arbeitenden Verknüpfungsschaltung verwirklicht werden kann [10.7].

10.1.6. Die Kompandierung

Im Abschnitt 9.4.3 wurde gezeigt, daß bei wertkontinuierlichen Puls-modulationsarten die Möglichkeit besteht, durch Verwendung eines Momentanwert-Kompanders das Signal so zu beeinflussen, daß der Signal-Geräusch-Abstand sich über einen großen Aussteuerungsbereich nur wenig ändert. Dies gelingt unter Verwendung der nach (9.120) aus-gelegten Kompressorkennlinie.

Bei der Pulscode-Modulation wird der Signal-Geräusch-Abstand in erster Linie durch die systembedingten Quantisierungsverzerrungen be-stimmt, da man die unterwegs hinzukommenden Geräusche durch Regenerierung jeweils eliminieren kann, wenn sie bedrohlich groß werden. Geht man davon aus, daß das PCM-Signal störungsfrei übertragen wird, so ergibt sich die Frage, ob auch hier die Kompandierung des primären Signals das Verhältnis der Leistungen von Signal und Quanti-sierungsverzerrung P_2/P_Q verbessern kann.

Bild 10.14 zeigt unter a) eine Kompressorkennlinie, durch die das primäre Signal $s_1(t)$ gepreßt werden möge. Unter b) ist eine Quantisie-rungskennlinie mit gleich großen Quantisierungsintervallen dargestellt. Schaltet man beide Einrichtungen hintereinander, so erhält man eine Übertragungskennlinie entsprechend Bild 10.14c. Es entsteht eine Quantisierungskennlinie, die kleine Signalwerte $s_1(t)$ in kleine Quanti-sierungsintervalle ΔS_1 und große Signalwerte in große Quantisierungs-intervalle einteilt; für s sind wieder nur acht diskrete Werte zugelassen,

die alle den gleichen Abstand ΔS haben. Unterwirft man nun empfangsseitig das übertragene Signal einer Expandierung mit s_2 als Funktion
von s entsprechend Bild 10.14a, so ergibt sich die unter d) dargestellte
Kennlinie für das gesamte System. Die diskreten Signalwerte des
empfangsseitig zurückgewonnenen primären Signals $s_2(t)$ sind so ge-

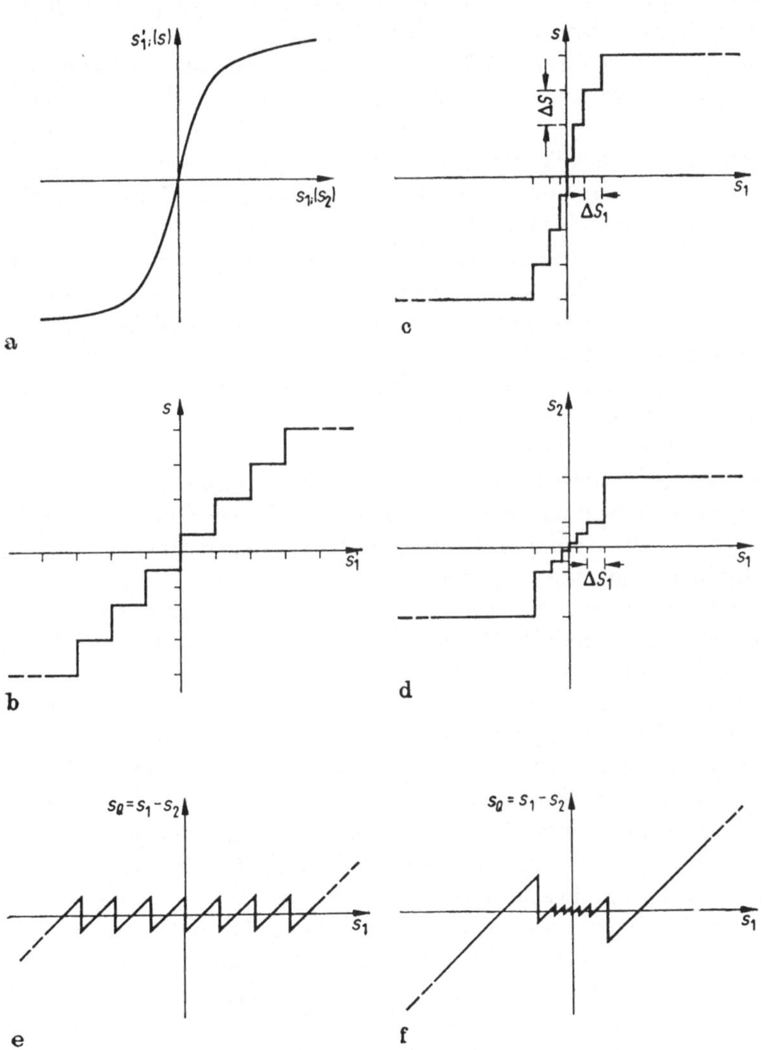

Bild 10.14 a—f. Amplitudenkompression zum Zwecke ungleichmäßiger Quantisierung.

    a) Kompressorkennlinie (s_1) und Expanderkennlinie (s_2);
    b) Quantisierungskennlinie;
    c) Kompressor- und Quantisierungskennlinie kombiniert;
    d) Kompressor-, Quantisierungs- und Expanderkennlinie kombiniert;
    e) Quantisierungsverzerrung ohne Kompandierung;
    f) Quantisierungsverzerrung mit Kompandierung.

stuft, daß ihre Abstände mit größer werdender Amplitude wachsen. Unter f) ist dazu die Größe der Quantisierungsverzerrung $s_Q = s_1 - s_2$ in Abhängigkeit von s_1 aufgetragen. Man sieht, daß folgerichtig die gleiche Gesetzmäßigkeit auftritt: Die Extremwerte von s_Q steigen mit größeren Werten von s_1. Zum Vergleich ist unter e) dieselbe Abhängigkeit für gleichmäßige Quantisierung ohne Kompression dargestellt; hier sind die Extremwerte von s_Q unabhängig von s_1.

Wie im Abschnitt 10.1.7 noch gezeigt wird ist die Leistung der Quantisierungsverzerrung für die Signalwerte innerhalb eines Intervalles näherungsweise $P_Q = \Delta S_1{}^2/12$. Bei gleichmäßiger Quantisierung ist ΔS_1 für alle Intervalle gleich, bei *ungleichmäßiger Quantisierung* ist ihr Wert jedoch noch mit der mittleren Steigung der Expanderkennlinie $\mathrm{d}s_2/\mathrm{d}s$ im entsprechenden Intervall zu multiplizieren. Will man nun erreichen, daß das Verhältnis P_2/P_Q in einem großen Aussteuerungsbereich konstant ist, so muß auch hierfür eine (9.117) entsprechende Gleichung $s^2 \mathrm{d}s_2/\mathrm{d}s = \mathrm{const.}$ erfüllt sein. Das zeigt, daß bei der Dimensionierung von Kompressorkennlinien im Hinblick auf Quantisierungsverzerrungen die gleichen Bedingungen gelten wie bei der Übertragung mit wertkontinuierlichen Pulsmodulations-Verfahren im Hinblick auf Störungen bei der Übertragung.

Zusammenfassend kann festgestellt werden, daß die Hintereinanderschaltung von Kompandierung und gleichmäßiger Quantisierung identisch ist mit einer entsprechenden ungleichmäßigen Quantisierung. Hat die hierbei zugrunde liegende Kompressorkennlinie eine sich stetig ändernde Steigung, so werden alle Quantisierungsintervalle unterschiedliche Größe haben. Das bedeutet aber, daß von den im Abschnitt 10.1.3 behandelten Codiermethoden in der Regel nur die direkte Methode anwendbar ist, da man ein Normal nicht mehrfach verwenden kann. Bei der meistens sehr großen Zahl von benötigten Quantisierungsintervallen ist es zwecks Anwendung günstigerer Codiermethoden wünschenswert, daß wenigstens einige Quantisierungsintervalle die gleiche Größe haben. Das wird erreicht durch sogenannte Knick-Kompressorkennlinien, die aus Geraden zusammengesetzt sind, mit denen eine gewünschte Kompressorkennlinie approximiert werden kann. So wird die mit (9.120) dargestellte A-Kennlinie mit $A = 87{,}56$ sehr gut durch eine 13-Segment-Kennlinie angenähert. Beide sind für $|x| \leqq 1/64$ identisch; für $|x| \geqq 1/64$ ergeben sich folgende 12 weitere lineare Abhängigkeiten:

$$y = \begin{cases} 2^{4-n}x + \dfrac{n}{8} & \text{für} \quad 2^{n-7} \leqq x \leqq 2^{n-6} \\[3ex] 2^{4-n}x - \dfrac{n}{8} & \text{für} \quad -2^{n-6} \leqq x \leqq -2^{n-7} \end{cases} \tag{10.2}$$

mit $1 \leqq n \leqq 6$. Bild 10.15 zeigt diese Kennlinie für positive Werte von x und y. Sie bietet noch einen weiteren Vorteil: Die Steigungen von je zwei benachbarten Segmenten verhalten sich wie $2:1$. Das bedeutet, daß sich auch die Größen der Quantisierungsintervalle in gleicher Weise verhalten. Unter dieser Voraussetzung können sämtliche im Abschnitt 10.1.3

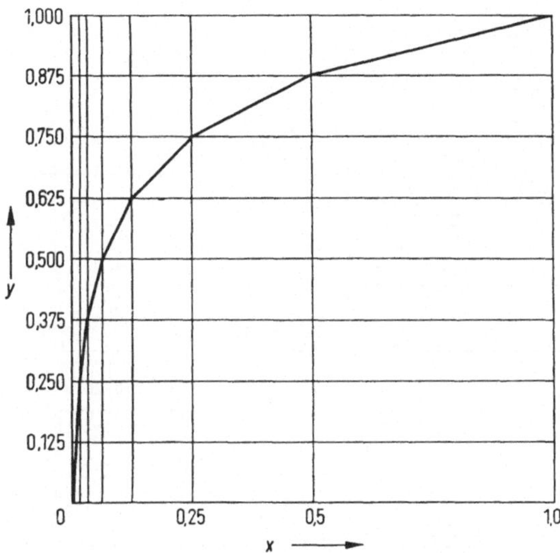

Bild 10.15. Die 13-Segment-Kompressorkennlinie für positive Werte von x und y.

behandelten Codiermethoden angewendet werden. Hierbei ist — bezogen auf gleichmäßige Quantisierung — bei gleicher Zahl von Normalen lediglich die Zahl der notwendigen Schritte oder umgekehrt bei gleicher Zahl von Schritten lediglich die Zahl der notwendigen Normale zu erhöhen. Teilt man den obigen Kennlinienbereich in 128 Intervalle, so liegen darin 32 Intervalle der Größe 2^{-11} und für $n = 1 \ldots 6$ je 16 Intervalle der Größe 2^{n-11}.

Für die Realisierung der Kompandierung bei PCM gibt es neben der Momentanwert-Kompandierung mit darauffolgender gleichmäßiger Quantisierung und der ungleichmäßigen Quantisierung noch eine dritte Möglichkeit: die gleichmäßige Codierung und Decodierung mit Codeumsetzung. Diese soll der Einfachheit halber an einer 3-Segment-Kennlinie mit Quantisierung in acht Stufen erklärt werden. Entsprechend Bild 10.16 wird zunächst das Signal s_1 gleichmäßig quantisiert und codiert (C_1), wobei alle Quantisierungsintervalle gleich dem bei ungleichmäßiger Quantisierung notwendig kleinsten gewählt werden. Das gibt eine wesentlich größere Stufen- und damit auch Bitzahl, als für die Übertragung vorgesehen ist. Nunmehr wird in einem Codeumsetzer — insbesondere bei großen Signalwerten — mehreren benachbarten Codewörtern des Eingangscodes C_1 jeweils nur ein Codewort des Codes C zugeordnet. Dadurch reduziert sich die Anzahl der Codewörter und damit auch die notwendige Bitzahl auf den gewünschten Wert. Auf der Empfangsseite wird der Code C mit einem Rückumsetzer in einen entsprechend höherstelligen Code C_2 umgewandelt. Mit einem gleichmäßigen Decoder erhält man dann

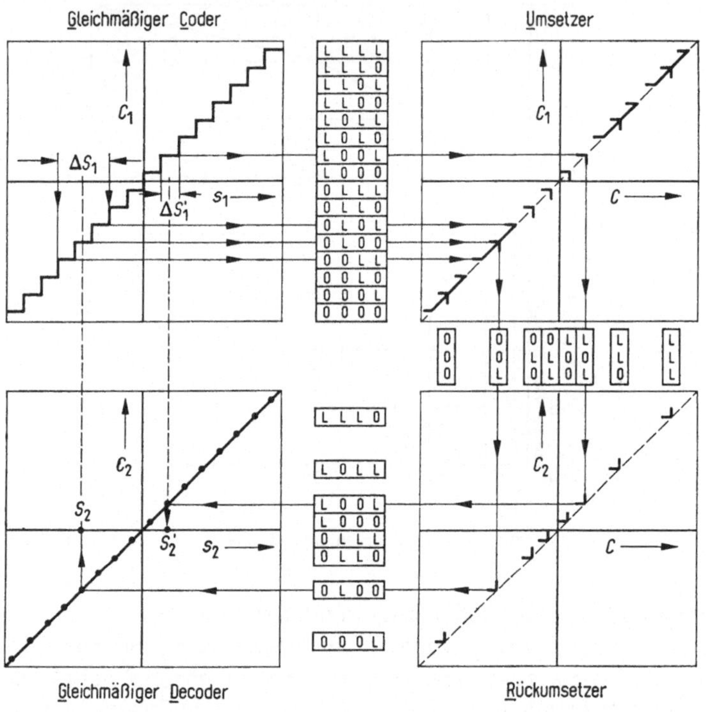

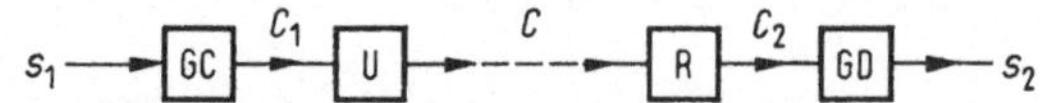

Bild 10.16. Prinzip der gleichmäßigen Codierung und Decodierung mit Codeumsetzung.
ΔS_1, $\Delta S_1'$ Quantisierungsintervalle;
S_2, S_2' zugeordnete Amplitudenwerte.

die Signalwerte s_2. Das Bild zeigt, wie aus den Intervallen ΔS_1 und $\Delta S_1'$ Werte S_2 und S_2' erhalten werden, die jeweils in der Mitte der Intervalle liegen.

Im Prinzip ist es möglich, jedes der drei für die Sendeseite beschriebenen Verfahren mit jedem der drei für die Empfangsseite beschriebenen Verfahren zu kombinieren. So ist eine bei der Differenz-Pulscode-Modulation gebräuchliche Variante, mit ungleichmäßiger Quantisierung zu codieren und nach Bild 10.16 (unten) zu decodieren.

10.1.7. Die Quantisierungsverzerrung

Im letzten Abschnitt wurde gezeigt, daß es auch bei der PCM sinnvoll ist, mit einer Kompandierung zu arbeiten. Diese kann durch eine ungleichmäßige Quantisierung ersetzt werden. Zur Untersuchung der Größe von Quantisierungsverzerrungen soll daher von dem allgemeinen Fall ausgegangen werden, daß die einzelnen Quantisierungsintervalle unterschiedlich groß sind.

Bei den ersten Untersuchungen über den Signal-Geräusch-Abstand quantisierter Signale wurde von einer Gleichverteilung der Signalwerte ausgegangen (vgl. Abschnitt 8.3.3); das ist jedoch nur in Ausnahmefällen erfüllt, z. B. bei Dreieckschwingungen oder näherungsweise bei Bildsignalen. Sehr ungleichförmig ist dagegen die Werteverteilung von Sprachsignalen mit ihren hohen, aber seltenen Spitzenwerten. So hat jede Signalart eine für sie typische Wahrscheinlichkeitsdichte der Signalwerte, wobei der Signalwert noch mit einem von der Aussteuerung abhängigen Faktor behaftet sein kann (z. B. bei lauten oder leisen Sprechern). Aus diesem Grunde soll bei den folgenden allgemeinen Berechnungen die Wahrscheinlichkeitsverteilung der Signalwerte zunächst noch unbestimmt bleiben.

10.1.7.1. Die Verzerrungsleistung

Der gesamte, von $S_{1,0}$ bis $S_{1,q}$ reichende Quantisierungsbereich des primären Signals $s_1(t)$ sei in q Quantisierungsintervalle eingeteilt, wobei das ξ-te Intervall $\Delta S_{1,\xi}$ ($\xi = 1, \ldots q$) von $S_{1,\,\xi-1}$ bis $S_{1,\xi}$ reichen möge (Bild 10.17). Jedes dieser Intervalle wird durch ein Codewort C_ξ dargestellt, das auf der Empfangsseite in einen Amplitudenwert $S_{2,\xi}$ umgesetzt wird. Ist $w(s_1)$ die Wahrscheinlichkeitsdichte der Abtastwerte des zu codierenden Signals $s_1(t)$, so ist mit der Normierung

$$\int\limits_{S_{1,0}}^{S_{1,q}} w(s_1)\,\mathrm{d}s_1 = 1 \qquad (10.3)$$

der Beitrag des Intervalles $\Delta S_{1,\xi}$ zur Quantisierungsverzerrung

$$P_{Q,\xi} = \int\limits_{S_{1,(\xi-1)}}^{S_{1,\xi}} w(s_1)\,(s_1 - S_{2,\xi})^2\,\mathrm{d}s_1. \qquad (10.4)$$

Die gesamte Leistung der *Quantisierungsverzerrung* beträgt dann

$$P_Q = \sum_{\xi=1}^{q} \int\limits_{S_{1,(\xi-1)}}^{S_{1,\xi}} w(s_1)\,(s_1 - S_{2,\xi})^2\,\mathrm{d}s_1. \qquad (10.5)$$

Reicht die Wahrscheinlichkeitsverteilung des zu übertragenden Signals über die Grenzen des Quantisierungsbereiches von $S_{1,0}$ bis $S_{1,q}$ hinaus — was z. B. bei einer exponentiellen Wertverteilung der Fall ist —, so entstehen zusätzlich *Begrenzungsverzerrungen*: Sämtliche Werte mit $s_1 > S_{1,q}$ werden durch den Amplitudenwert $S_{2,q}$ und sämtliche Werte mit $s_1 < S_{1,0}$ werden durch den Amplitudenwert $S_{2,0}$ wiedergegeben. Diese Begrenzungsverzerrungen — in Bild 10.14 unter e) und f) an-

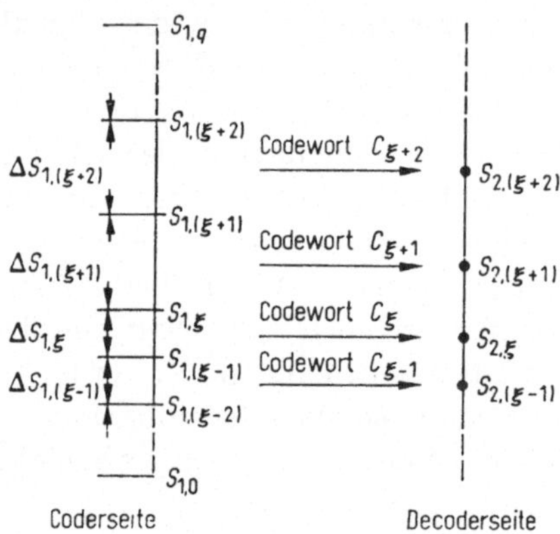

Bild 10.17. Zuordnung der sendeseitig gegebenen Quantisierungsintervalle $\Delta S_{1,\xi}$ zu den empfangsseitig erzeugten Amplitudenwerten $S_{2,\xi}$.

gedeutet durch die gestrichelt gezeichneten Verlängerungen — können bei dem obigen Ansatz in den Quantisierungsverzerrungen miterfaßt werden, wenn in (10.3) bis (10.5) $S_{1,0}$ durch $-\infty$ und $S_{1,q}$ durch $+\infty$ ersetzt werden[1]. Für die gesamten Verzerrungen unter Einschluß der Begrenzung gilt dann (10.5). Multipliziert man in (10.5) den quadratischen Ausdruck aus, so erhält man

$$P_Q = P_1 + P_2 - 2P_{1,2}; \tag{10.6}$$

darin ist die Signalleistung des kontinuierlichen Sendesignals

$$P_1 = \int\limits_{-\infty}^{+\infty} w(s_1)\, s_1{}^2\, \mathrm{d}s_1, \tag{10.7}$$

die Signalleistung des quantisierten Empfangssignals[2]

$$P_2 = \sum_\xi S_{2,\xi}^2 \int w(s_1)\, \mathrm{d}s_1, \tag{10.8}$$

---

[1] Die Grenzwerte $S_{1,0}$ und $S_{1,q}$ sind also im Prinzip für den Quantisierungsvorgang unwichtig; es genügen die $q-1$ Entscheiderschwellen (und damit auch „Normale") $S_{1,1}$ bis $S_{1,(q-1)}$.

[2] Hier und im folgenden sind, wenn nicht anders angegeben, die Integrationsgrenzen von (10.5) einzusetzen, und es ist über $\xi = 1$ bis $\xi = q$ zu summieren.

und

$$P_{1,2} = \sum_\xi S_{2,\xi} \int w(s_1)\, s_1\, ds_1 . \qquad (10.9)$$

In P_Q kann im allgemeinen ein für Wechselstromübertragung — wie
z. B. bei Sprache — nicht interessierender Gleichanteil enthalten sein.
Dieser wird dadurch eliminiert, daß sämtliche Amplitudenwerte $S_{2,\xi}$ um
einen konstanten Wert ΔS_2 verschoben werden mit der Bedingung für
ΔS_2, daß P_Q ein Minimum wird. Mit

$$P_{Q_\sim} = \sum_\xi \int w(s_1)\, (s_1 - S_{2,\xi} + \Delta S_2)^2\, ds_1 \qquad (10.10)$$

folgt aus

$$\frac{dP_{Q_\sim}}{d\Delta S_2} = 0 \qquad (10.11)$$

$$\Delta S_2 = \sum_\xi S_{2,\xi} \int w(s_1)\, ds_1 . \qquad (10.12)$$

Dabei ist angenommen, daß $w(s_1) = w(-s_1)$, also

$$\int\limits_{-\infty}^{+\infty} w(s_1)\, s_1\, ds_1 = 0 \qquad (10.13)$$

ist. Das trifft für die gebräuchlichen Anwendungsfälle zu. Durch Einsetzen
von (10.12) in (10.10) erhält man

$$P_{Q_\sim} = P_Q - \Delta S_2{}^2 = P_1 + P_2 - 2P_{1,2} - \Delta S_2{}^2 . \qquad (10.14)$$

Da lineare Verzerrungen meistens größer sein dürfen als die Quantisierungsverzerrungen und deshalb unberücksichtigt bleiben können,
sollen sie in den obigen Ansätzen ebenfalls eliminiert werden. Dazu
werden die Amplitudenwerte $S_{2,\xi}$ mit einem Faktor v multipliziert mit
der Bedingung für v, daß P_Q ein Minimum wird. Mit

$$P_{Q_v} = \sum_\xi \int w(s_1)\, (s_1 - vS_{2,\xi})^2\, ds_1 \qquad (10.15)$$

folgt aus

$$\frac{dP_{Q_v}}{dv} = 0 \qquad (10.16)$$

$$v = \frac{P_{1,2}}{P_2} . \qquad (10.17)$$

Durch Einsetzen von (10.17) in (10.15) ergibt sich

$$P_{Q_v} = P_Q - \frac{(P_{1,2} - P_2)^2}{P_2} = P_1 - \frac{P_{1,2}^2}{P_2} . \qquad (10.18)$$

Sollen sowohl die linearen Verzerrungen als auch der Gleichanteil eliminiert werden, dann wird, ebenfalls mit der Einschränkung (10.13),

$$P_{Q_{v\sim}} = P_Q - \frac{(P_{1,2} - P_2)^2 + \Delta S_2{}^2(2P_{1,2} - P_2)}{P_2 - \Delta S_2{}^2} = P_1 - \frac{P_{1,2}^2}{P_2 - \Delta S_2{}^2}.$$

$$(10.19)$$

Bei gegebener Wahrscheinlichkeitsdichte $w(s_1)$ des primären Signals kann (10.5) auch dazu benutzt werden, die Werte $S_{1,\xi}$ und $S_{2,\xi}$ so zu bestimmen, daß P_Q bei vorgegebener Stufenzahl q ein Minimum wird. Sind beispielsweise die Aussteuerungsgrenzen $S_{1,0}$ und $S_{1,q}$ gegeben, so erhält man aus $\partial P_Q/\partial S_{1,\xi} = 0$ und $\partial P_Q/\partial S_{2,\xi} = 0$ ein System von $2q - 1$ Bedingungsgleichungen mit $2q - 1$ Unbekannten:

$$S_{1,\xi} = \frac{S_{2,\xi} + S_{2,(\xi+1)}}{2} \quad \text{für} \quad \xi = 1, \ldots q - 1 \qquad (10.20)$$

und

$$S_{2,\xi} = \frac{\displaystyle\int_{S_{1,(\xi-1)}}^{S_{1,\xi}} w(s_1)\, s_1 \mathrm{d}s_1}{\displaystyle\int_{S_{1,(\xi-1)}}^{S_{1,\xi}} w(s_1)\, \mathrm{d}s_1} \quad \text{für} \quad \xi = 1, \ldots q. \qquad (10.21)$$

Unabhängig von der Wahrscheinlichkeitsverteilung sollte nach (10.20) die Grenze $S_{1,\xi}$ zweier Quantisierungsintervalle immer genau zwischen zwei benachbarten Amplitudenwerten $S_{2,\xi}$ und $S_{2,(\xi+1)}$ liegen. Dann kann nach (10.21) ein Amplitudenwert $S_{2,\xi}$ natürlich nicht genau zwischen zwei Intervallgrenzen $S_{1,(\xi-1)}$ und $S_{1,\xi}$ liegen. Eine Ausnahme bildet der Fall $w(s_1) = \text{const.}$, für den die gleichmäßige Quantisierung hiermit als optimal bewiesen ist.

Setzt man (10.21) in (10.8) ein, so wird $P_{1,2} = P_2$ und damit

$$P_Q = P_1 - P_2; \qquad (10.22)$$

die Leistung der Quantisierungsverzerrungen ist gleich der Differenz von gesendeter und empfangener Leistung des primären Signals. Damit wird auch $v = 1$ und $\Delta S_2 = 0$; die Quantisierungsverzerrungen enthalten keine linearen Verzerrungen und keine Gleichanteile.

Entgegen (10.20) und (10.21) werden jedoch in der Praxis ohne Rücksicht auf die Größe der Quantisierungsintervalle in der Regel die Amplitudenwerte $S_{2,\xi}$ in die Mitte der Intervalle gelegt:

$$S_{2,\xi} = \frac{S_{1,(\xi-1)} + S_{1,\xi}}{2}. \qquad (10.23)$$

Hiermit wird meistens $P_{1,2}$ ungleich P_2; je nachdem, ob die Signalschwerpunktwerte der Intervalle $\Delta S_{1,\xi}$ [vgl. rechte Seite in (10.21)] vorwiegend größer oder kleiner als die Amplitudenwerte $S_{2,\xi}$ sind, wird $P_{1,2}$ größer oder kleiner als P_2 und damit v etwas größer oder kleiner als Eins. In diesem Fall sind die Quantisierungsverzerrungen mit linearen Verzerrungen verbunden.

Für große Werte von q kann man die Funktion der Wahrscheinlichkeitsdichte $w(s_1)$ durch eine Treppenkurve derart annähern, daß diese innerhalb eines jeden Quantisierungsintervalles einen mittleren konstanten Wert annimmt. Mit der Näherung

$$\int_{S_{1,(\xi-1)}}^{S_{1,\xi}} w(s_1)\,\mathrm{d}s \approx w(\xi)\,\Delta S_{1,\xi} \tag{10.24}$$

wird $P_{1,2}$ wiederum gleich P_2, solange man den Quantisierungsbereich auf die Grenzen von $S_{1,0}$ bis $S_{1,q}$ beschränkt, die Begrenzungsverzerrungen also ausschließt. Außerhalb dieser Grenzen ist die Näherung (10.24) nicht erlaubt, weil in (10.9) die Integrale für die Grenzintervalle

$$w(1) \int_{-\infty}^{S_{1,0}} s_1\,\mathrm{d}s_1 \quad \text{und} \quad w(q) \int_{S_{1,q}}^{\infty} s_1\,\mathrm{d}s_1$$

nach Unendlich gehen würden. Hieraus ergibt sich auch für $w(s_1)$ die Bedingung

$$\lim_{s_1 \to \pm\infty} w(s_1)\,s_1 = 0. \tag{10.25}$$

Wird das primäre Signal auf den Bereich von $S_{1,0}$ bis $S_{1,q}$ beschränkt, so erhält man aus (10.5) mit (10.23)

$$P_Q = \sum_\xi \frac{\Delta S_{1,\xi}^2}{12} \int_{S_{1,(\xi-1)}}^{S_{1,\xi}} w(s_1)\,\mathrm{d}s_1. \tag{10.26}$$

Das ergibt mit der Näherung (10.24)

$$p_Q \approx \sum_\xi w(\xi)\,\frac{\Delta S_{1,\xi}^3}{12}. \tag{10.27}$$

Ist

$$p_\xi = w(\xi)\,\Delta S_{1,\xi} \tag{10.28}$$

die Wahrscheinlichkeit dafür, daß die Augenblickswerte des primären Signals im Intervall $\Delta S_{1,\xi}$ liegen, kann man (10.27) auch schreiben

$$P_Q \approx \sum_\xi p_\xi\,\frac{\Delta S_{1,\xi}^2}{12}. \tag{10.29}$$

Sind sämtliche Quantisierungsintervalle $\Delta S_{1,\xi} = \Delta S_1$ gleich groß, so geht — da $\sum\limits_{\xi} p_\xi = 1$ ist — (10.29) über in

$$P_Q \approx \frac{\Delta S_1{}^2}{12};\tag{10.30}$$

dieses Ergebnis ist also unabhängig von der Wahrscheinlichkeitsverteilung der Signalwerte im primären Signal. Ist die Wahrscheinlichkeitsdichte $w(s_1)$ im Signalbereich $S_{1,q} - S_{1,0} = S_1$ konstant, so braucht man nicht mit der Näherung nach (10.24) zu rechnen. Mit der Normierung nach (10.3) wird

$$w(s_1) = \frac{1}{S_1};\tag{10.31}$$

das ergibt, in (10.5) eingesetzt,

$$P_Q = \frac{1}{S_1} \sum_{\xi} \frac{\Delta S_{1,\xi}^3}{12}.\tag{10.32}$$

Für gleichgroße Quantisierungsintervalle wird in diesem Fall

$$P_Q = \frac{q\Delta S_1{}^3}{12 S_1} = \frac{\Delta S_1{}^2}{12};\tag{10.33}$$

abweichend von (10.30) gilt hier exakt das Gleichheitszeichen.

Zum Abschluß dieses Abschnitts sollen noch die wichtigsten Funktionen der Wahrscheinlichkeitsdichte $w(s_1)$ angegeben werden, mit denen in der PCM-Technik gerechnet wird. Mit der Definition für den Effektivwert $\tilde{S}_1$

$$\int\limits_{-\infty}^{+\infty} w(s_1)\, s_1{}^2\, \mathrm{d}s_1 = \tilde{S}_1{}^2\tag{10.34}$$

und der Normierung

$$\int\limits_{-\infty}^{+\infty} w(s_1)\, \mathrm{d}s_1 = 1\tag{10.35}$$

gilt für ein sinusförmiges Signal

$$w(s_1) = \begin{cases} 0 & \text{für} \quad |s_1| > \sqrt{2}\,\tilde{S}_1 \\[2ex] \dfrac{1}{\pi\sqrt{2\tilde{S}_1{}^2 - s_1{}^2}} & \text{für} \quad |s_1| \leq \sqrt{2}\,\tilde{S}_1 \end{cases}\tag{10.36}$$

und für ein Rauschsignal mit Gaußverteilung

$$w(s_1) = \frac{1}{\sqrt{2\pi}\,\tilde{S}_1}\, e^{-s_1^2/(2\tilde{S}_1^2)} \quad \text{für} \quad -\infty < s_1 < +\infty. \tag{10.37}$$

Sprachsignale werden angenähert dargestellt durch

$$w(s_1) = \frac{1}{\sqrt{2}\,\tilde{S}_1}\, e^{-\sqrt{2}|s_1|/\tilde{S}_1} \quad \text{für} \quad -\infty < s_1 < +\infty. \tag{10.38}$$

10.1.7.2. *Das Spektrum der Quantisierungsverzerrungen*

Im Abschnitt 10.1.3 wurde gezeigt, daß im Prinzip die Abtastung und die Quantisierung vertauschbar sind. Zur Berechnung des Spektrums der Quantisierungsverzerrungen sei zunächst davon ausgegangen, daß ein sinusförmiges Signal $s_1(t) = S_1 \sin \omega_m t$ gleichmäßig in q diskrete Werte quantisiert wird. Bild 10.18 zeigt für $q = 8$ das quantisierte Signal

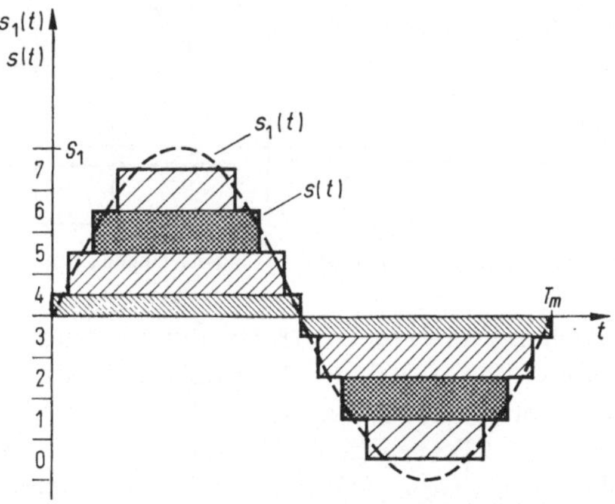

Bild 10.18. Quantisierte Sinusschwingung $s(t)$, hervorgegangen aus der Sinusschwingung $s_1(t) = S_1 \sin \omega_m t$ für $q = 8$ Stufen.

$s(t)$. Es läßt sich zusammensetzen aus einer Überlagerung der mit verschiedener Schraffur gezeigten Impulse wechselnder Polarität. Die Fourieranalyse dieser $q/2$ Wechselimpulse ergibt insgesamt die diskreten Komponenten

$$B_{2n+1} = \frac{4}{\pi}\, \frac{S_1}{(2n+1)\,q} \left\{ 1 + 2 \sum_{\xi=1}^{\frac{q}{2}-1} \cos\left[(2n+1)\,\text{arc}\sin\frac{2\xi}{q} \right] \right\}. \tag{10.39}$$

Bild 10.19 zeigt die auf S_1 bezogenen Komponenten, aufgetragen in dB, in Abhängigkeit von der Ordnungszahl $2n+1$ der Harmonischen; Parameter ist die Stufenzahl q. Mit $2n+1 = 1$ ist die Nutzkomponente des zurückgewonnenen Primärsignals $s_2(t)$ gegeben. Es zeigt sich, daß in Übereinstimmung mit den Ausführungen des letzten Abschnittes eine lineare Verzerrung auftritt, die $-3{,}9$ dB für $q = 2$, jedoch nur noch $-2 \cdot 10^{-3}$ dB für $q = 256$ ausmacht. Sämtliche Komponenten mit $n > 0$ bilden die Quantisierungsverzerrungen. Wegen des zur Mittellinie

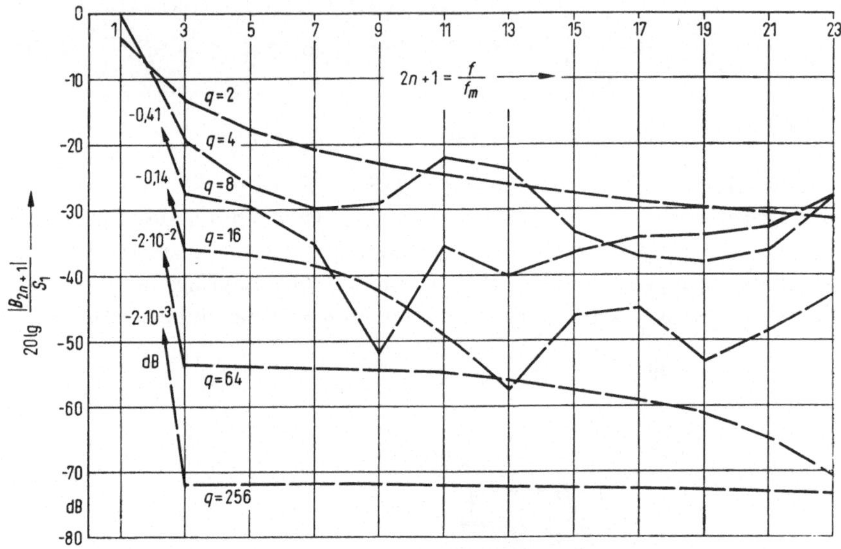

Bild 10.19. Spektralkomponenten einer quantisierten Sinusschwingung $s(t)$; Parameter Stufenzahl q.

symmetrischen Charakters von $s(t)$ treten nur ungeradzahlige Harmonische auf. Während für $q = 2$ die Komponenten von $-13{,}4$ dB ausgehend mit größer werdenden Werten von $2n + 1$ schnell abklingen, ist für $q = 256$ von -72 dB ausgehend die Änderung nur noch geringfügig. Die insbesondere bei $q = 4$, 8 und 16 als unmotiviert erscheinenden Schwankungen der Werte ergeben sich daraus, daß die Phasenlage der Einzelkomponenten der in Bild 10.18 gezeigten Wechselimpulse $[\xi = 1$ bis $\xi = (q/2) - 1]$ in diesem Bereich sehr unterschiedlich ist. Mathematisch wird das deutlicher, wenn man (10.39) nach G. Günther durch eine Summe von Besselfunktionen der Ordnung $2n + 1$ ausdrückt.

Bei der Abtastung des quantisierten Signals $s(t)$ mit der Abtastfrequenz f_0 tritt eine Umsetzung der spektralen Anteile ein, wie sie bereits im Abschnitt 4.3 beschrieben wurde. Es treten Kombinationsfrequenzen der Form

$$|mf_0 - (2n + 1) f_m| \qquad\qquad (10.40)$$

auf, von denen ein Teil in das Signalband von 0 bis $f_0/2$ fällt. Ist z. B. $f_0 = 8$ kHz und $f_m = 3005$ Hz, dann treten Klirrprodukte bei

$|f_0 - 3f_m| = 1015\,\text{Hz}$ auf, bei $|2f_0 - 5f_m| = 975\,\text{Hz}$, $|3f_0 - 7f_m| = 2965\,\text{Hz}$, $|3f_0 - 9f_m| = 3045\,\text{Hz}$, $|4f_0 - 11f_m| = 1055\,\text{Hz}$ usw.

Im Prinzip ist die Anzahl der Klirrprodukte unbegrenzt; sie wird dann endlich, wenn das Verhältnis von f_0 und f_m eine rationale Zahl ergibt.

Je größer f_0 gegenüber f_m ist, um so kleiner ist die Leistung der gespiegelten Spektralanteile; um so mehr bestehen dann die Klirrprodukte nur noch aus den Harmonischen der Frequenz f_m. Bezogen auf die Zeitfunktion $s(t)$ in Bild 10.18 wirkt sich das so aus, daß die Zeitpunkte für die Wiedergabe der Sprungstellen des quantisierten Signals bei der Abtastung um so besser angenähert werden, je größer das Verhältnis f_0/f_m ist.

Besteht das primäre Signal aus zwei Sinusschwingungen unterschiedlicher Frequenz, so entstehen außer den ungeradzahligen Harmonischen jeder Schwingung noch entsprechende Kreuzprodukte. W. R. Bennett hat schon 1948 gezeigt, daß die Autokorrelationsfunktion der Quantisierungsverzerrungen sehr viel steiler gegen Null geht als diejenige des primären Signals [10.9]. Das gilt um so mehr, je höher die Stufenzahl q ist. Man kann daher für das Spektrum der Quantisierungsverzerrungen in der Regel eine konstante Dichte innerhalb des Signalbandes ansetzen. Nimmt man an, daß die Verzerrungsleistung P_Q gleichmäßig auf das Band zwischen Null und $f_0/2$ verteilt ist, so kann man die Verzerrungsleistung reduzieren, wenn das primäre Signal nicht das gesamte Band zwischen Null und $f_0/2$ einnimmt und empfangsseitig entsprechend seiner Bandbreite herausgefiltert wird. Sind z. B. bei Sprachsignalen die Quantisierungsverzerrungen gleichmäßig im Band von 0 Hz bis 4000 Hz verteilt und ist die Verzerrungsleistung nur in dem herausgefilterten Band von 300 Hz bis 3400 Hz wirksam, so kann mit einem Gewinn von $10\,\lg\dfrac{4000}{3100}\,\text{dB} = 1{,}1\,\text{dB}$ gerechnet werden. Durch Verdoppelung der minimal zulässigen Abtastfrequenz ist ein Gewinn von $10\,\lg 2\,\text{dB} = 3\,\text{dB}$ möglich. Bei gleicher Stufenzahl bedeutet das jedoch eine Verdoppelung der Bitfolgefrequenz. Diese Art, die Verzerrungsleistung zu verringern, ist allerdings sehr unrationell. Verdoppelt man nämlich umgekehrt bei gleicher Abtastfrequenz die Stufenzahl, so sind bei festem Bereich S_1 die Quantisierungsintervalle halb so groß. Die Verzerrungsleistung beträgt dann nur noch ein Viertel des ursprünglichen Wertes, was einem Gewinn von 6 dB entspricht. Hierzu ist lediglich die Zahl der Binärelemente pro Abtastung um eins und damit die Bitfolgefrequenz um den Faktor $1 + 1/r_0$ zu erhöhen.

10.1.7.3. Der Signal-Geräusch-Abstand, der Klirrfaktor

Das Signal-Geräusch-Verhältnis für ein empfangenes quantisiertes Signal ist gegeben durch P_2/P_Q, wobei P_2 und P_Q mit Hilfe der im Abschnitt 10.1.7.1 abgeleiteten Ansätze zu berechnen sind. Im Abschnitt 8.3.3

wurde mit (8.38) die Signalleistung für ein b-stufiges Codesignal bestimmt, bei dem die Zustandswerte sich alle um den gleichen Wert ΔS unterscheiden und mit gleicher Häufigkeit vorkommen. Dasselbe gilt auch für ein q-stufiges quantisiertes Signal mit den Wertunterschieden ΔS_1, und es wird (q geradzahlig)

$$P_2 = \frac{q^2 - 1}{12}\,\Delta S_1{}^2. \tag{10.41}$$

Da für dieses Beispiel P_Q durch (10.33) gegeben ist, nimmt das Verhältnis von Signal- und Verzerrungsleistung den einfachen Wert an

$$\frac{P_2}{P_Q} = q^2 - 1. \tag{10.42}$$

Ein gebräuchliches Maß zur Kennzeichnung von Verzerrungen ist der Klirrfaktor

$$k = \sqrt{\frac{P_Q}{P_2}} = \frac{1}{\sqrt{q^2 - 1}}. \tag{10.43}$$

Bereits für mäßig große q strebt k der einfachen Beziehung zu

$$k \approx \frac{1}{q}. \tag{10.44}$$

Die folgende Tabelle gibt den Klirrfaktor und den Signal-Geräusch-Abstand

$$a_Q = 10\,\lg\,(P_2/P_Q)\ \mathrm{dB} \tag{10.45}$$

für verschiedene Stufenzahlen q an.

q	2	4	8	16	32	64	128	256	512	1024	
k	58	26	12,6	6,26	3,13	1,56	0,78	0,39	0,20	0,10	%
a_Q	4,8	11,8	18,0	24	30	36	42	48	54	60	dB

Man sieht, daß 32 Stufenwerte bereits eine Telephonsprache guter Qualität ergeben müßten ($k \approx 3\%$). Die Voraussetzung, daß der gesamte Quantisierungsbereich von den Schwingungen des Sprachsignals voll und gleichmäßig ausgenutzt wird, ist jedoch nicht erfüllt. Aus diesem Grunde muß trotz Kompandierung mit einer höheren Stufenzahl gearbeitet werden.

Die gleichmäßige Stufung ist für den Fall geeignet, daß ein frequenzmäßig gebündeltes Sprachsignal quantisiert werden soll. Da die Quantisierungsverzerrung — ganz ähnlich wie die nichtlineare Verzerrung —

sich als Nebensprechen zwischen den Sprachkanälen äußert, muß der Klirrfaktor von der Größenordnung 1‰ sein. Die Tabelle zeigt, daß dazu rund 1000 Stufen nötig sind. Schreibt man auf der Empfangsseite in jedem Kanal ein bestimmtes Signal-Geräusch-Verhältnis vor und steigert man die Zahl z der Kanäle und damit die Leistung des zu übertragenden Gesamtsignals, so liegt die Vermutung nahe, daß auch die notwendige Zahl der Stufen größer werden muß. Überraschenderweise ist dies nicht der Fall — für Sprache trifft sogar das Gegenteil zu, wie die folgende Betrachtung zeigt.

Es werde zunächst angenommen, daß der vorhandene Quantisierungsbereich von einem einzigen Sprachsignal gerade voll ausgesteuert sei, vgl. Bild 9.30. Die zugehörige Signalleistung sei P, die Leistung der Quantisierungsverzerrung P_Q. Die Bandbreite der Signalfunktion $s_1(t)$ sei B_0; dann liegen bei Abtastung mit $f_0 = 2B_0$ auch die Teilschwingungen von $s_Q(t)$ im Bereich B_0.

Will man in demselben Quantisierungsbereich S_1 ein Signal $s(t)$ unterbringen, das aus z frequenzmäßig gebündelten Einzelsignalen $s_1(t)$ zusammengesetzt ist, so muß deren Leistung P_1 auf den Wert P/z herabgesetzt werden. Die Gesamtleistung ist dann wieder gleich P. Vorausgesetzt ist hierbei, daß das Verhältnis der Spitzenleistung $\hat{P}$ zur mittleren Leistung P des Gesamtsignals das gleiche ist wie bei den Einzelsignalen. Es läßt sich zeigen, daß diese Bedingung für Signale erfüllt ist, die dem Wärmerauschen ähnlich sind. Die Bandbreite des neuen Signals ist zB_0, es braucht z-mal soviel Abtastpunkte; daher bedeckt auch die Verzerrungsfunktion das Frequenzband zB_0. Ihre Leistung P_Q bleibt jedoch die gleiche, da weder der Quantisierungsbereich noch die Stufenzahl verändert wurden. Auf die Bandbreite B_0 eines jeden der z Einzelsignale entfällt also nur der Bruchteil P_Q/z an Verzerrungsleistung. Nach der Entbündelung sind daher in jedem Kanal sowohl die Signal- wie auch die Verzerrungsleistung um den Faktor z herabgesetzt. Ihr Verhältnis ist gleich geblieben. Für Signale, deren Wahrscheinlichkeitsdichte (10.37) entspricht, ergibt sich demnach, daß unabhängig von z immer die gleiche Stufenzahl q gebraucht wird. Der Wert von q ist einzig durch den einzuhaltenden Signal-Geräusch-Abstand bestimmt.

Nun zeigt die Werteverteilung von Sprache noch größere Unterschiede zwischen Spitzenwert und Effektivwert als die des Rauschens, wenn man von den ganz kurzen Spitzen absieht [vgl. (10.37) und (10.38)]. Diese Tatsache führte ja zu dem Aussteuerungsgewinn r_z der frequenzmäßigen Bündelung, der bereits im Abschnitt 9.2.5.4 behandelt wurde und dort in Bild 9.12 dargestellt ist. Die Spitzenleistung $\hat{P}$ ist um den Faktor $10^{-0{,}1r_z}$ kleiner als $z\hat{P}_1$; für die Signal*werte* gilt die Quadratwurzel, also der Faktor $10^{-0{,}05r_z}$. Man kann daher bei solchen frequenzmäßig gebündelten Signalen an Stufenzahl sparen. Aus Bild 9.12 entnimmt man z. B. für $z = 2700$ Kanäle den Wert $r_z = 16{,}5$ dB oder $10^{-0{,}05 r_z}$ $= 1/6{,}7$. Statt der rund 2000 Stufen, die für wenige Kanäle nötig sind, braucht man demnach für $z = 2700$ nur $2000/6{,}7$ oder etwa 300 Werte vorzusehen. Als Ergebnis folgt, daß bei der Quantisierung von z trägerfrequenzmäßig gebündelten Sprachsignalen die notwendige Stufenzahl mit steigendem z fällt, und zwar nach Maßgabe des Aussteuerungsgewinns [10.10].

Zur Umsetzung von Sprachsignalen in PCM nähert man, um den Signal-Geräusch-Abstand über einen großen Aussteuerungsbereich konstant zu halten, eine logarithmische Kompandierung an. Die folgenden Betrachtungen sollen sich auf die Verwendung der 13-Segment-Kompressorkennlinie nach (10.2) bzw. Bild 10.15 beschränken. Von Interesse ist die Abhängigkeit des Signal-Geräusch-Abstandes a_Q von der Aussteuerung $n - n_{\mathrm{max}}$. Letztere ist definiert als das logarithmierte Verhältnis des Effektivwertes $\tilde{S}_1$ des Signals zum Effektivwert eines Sinussignals, das den Quantisierungsbereich S_1 voll aussteuert:

$$n - n_{\mathrm{max}} = 20 \lg \frac{\sqrt{2}\,\tilde{S}_1}{S_1/2}\,\mathrm{dB}. \tag{10.46}$$

Von unmittelbarem Interesse wären zwar die Ergebnisse für Sprachsignale. Diese sind jedoch für Meßzwecke mit der erforderlichen Genauigkeit schlecht reproduzierbar und daher weniger geeignet. Dagegen lassen sich Rauschsignale und noch besser Sinussignale definiert erzeugen und messen, weswegen man für Systemforderungen Werte für diese Signale zugrunde legt. Diese Werte müssen selbstverständlich den Forderungen für Sprachsignale angepaßt sein. Bild 10.20 zeigt die Abhängigkeit des Signal-Geräusch-Abstandes von der Aussteuerung für Sinussignale bei einer Quantisierung in $q = 256$, 128 und 64 Stufen. Unter Berücksichtigung von (10.36) wurde die Verzerrungsleistung P_Q nach (10.19) berechnet. Die Kurven fallen bei großen Aussteuerungen wegen der Begrenzung, bei kleinen Aussteuerungen wegen des begrenzten Kompandergewinnes ab (siehe auch Bild 9.47). Die Grobstruktur der Maxima- und Minimawerte beruht auf der Segmentierung der Kompressorkennlinie, die Feinstruktur auf Änderung der Wahrscheinlichkeitsdichte innerhalb der einzelnen Quantisierungsintervalle. Die Feinstruktur wird unterdrückt, wenn die Wahrscheinlichkeitsverteilung nach (10.24) angenähert wird (gestrichelter Verlauf in Bild 10.20). Da die Einflüsse der Feinstruktur nicht zu vernachlässigen sind, ist es notwendig, die exakten Ansätze auszuwerten.

Ein Vergleich mit der Tabelle nach (10.45) zeigt, daß die dort angegebenen Werte für a_Q nicht erreicht werden. Das liegt daran, daß die Kompandierung immer ein Kompromiß ist, wonach Vorteile bei geringer

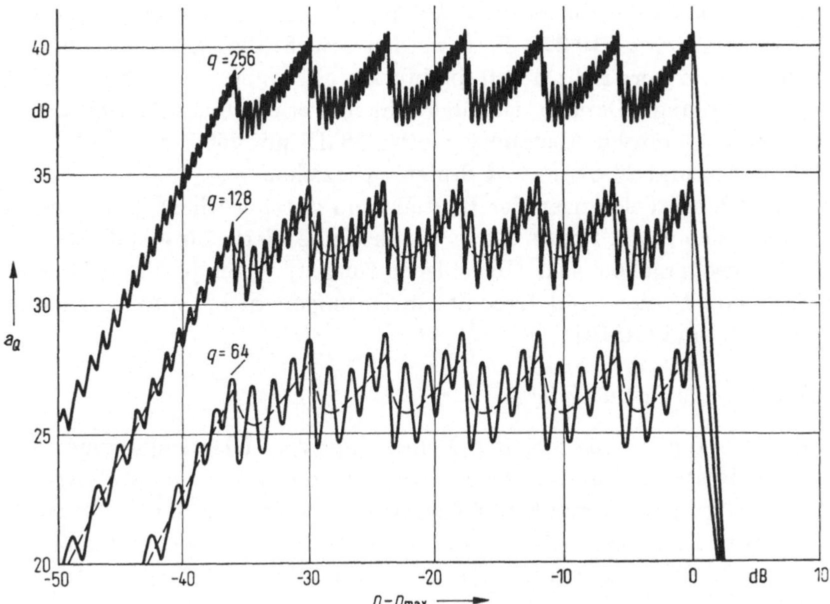

Bild 10.20. Signal-Geräusch-Abstand a_Q für Sinussignale in Abhängigkeit von der Aussteuerung (gestrichelt: Näherungslösung); Parameter Stufenzahl q.

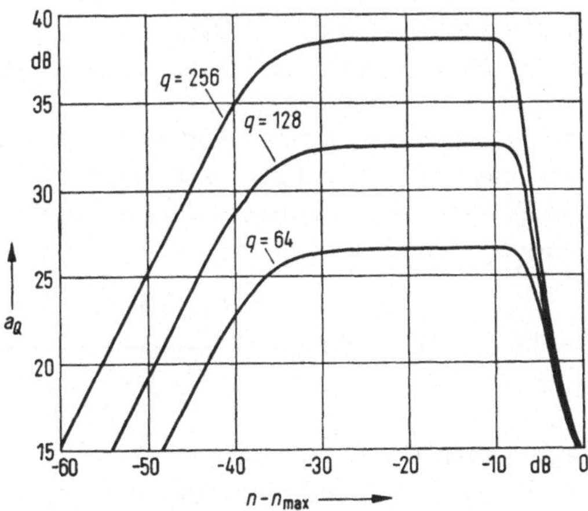

Bild 10.21. Signal-Geräusch-Abstand a_Q für rauschartige Signale in Abhängigkeit von der Aussteuerung; Parameter Stufenzahl q.

Aussteuerung durch Nachteile bei großer Aussteuerung erkauft werden müssen. Exakt gleich sind jedoch die funktionellen Zusammenhänge: Bei einer Verdoppelung der Stufenzahl beträgt der Gewinn an Signal-Geräusch-Abstand 6 dB.

Bild 10.21 zeigt die gleichen Abhängigkeiten für Rauschsignale unter Verwendung von (10.37). Hier werden sowohl die Grob- wie auch die Feinstruktur verwischt durch die breitere Streuung der Wahrscheinlichkeitsverteilung. Danach ist über einen weiten Aussteuerungsbereich ein Signal-Geräusch-Abstand von etwa 38 dB mit 256 Stufen, 32 dB mit 128 Stufen und 26 dB mit 64 Stufen zu erzielen.

Durch die Toleranzen der Bauteile und durch zeitliche Inkonstanzen ergeben sich in der Praxis etwas ungünstigere Werte für a_Q [10.11].

Ebenso ergeben sich Verschlechterungen, wenn je für sich exakt arbeitende Codier- und Decodiereinrichtungen nicht optimal einander angepaßt sind [10.12].

10.1.7.4. Die Restdämpfung

Eine wichtige Größe bei der Bemessung von Übertragungssystemen ist die Restdämpfung a_r. Durch sie wird angegeben, wieviel Rest an Dämpfung zwischen den nominellen Abschlußwiderständen (meist 600 Ω) in einem Leitungsabschnitt mit Verstärkern noch übrig bleibt. Sie gilt jedoch allgemein auch für Leitungen ohne Verstärker. Hier soll lediglich die Änderung Δa_r durch den Anteil betrachtet werden, der sich als Folge der Quantisierung ergibt. Es zeigt sich, daß eine Abhängigkeit von der Aussteuerung und für periodische Signale bestimmter Grundfrequenzen eine Abhängigkeit von der Phase — bezogen auf die Phase der Abtastfrequenz — besteht. Dagegen hat die Quantisierung unmittelbar keinen Einfluß auf die Frequenzabhängigkeit der Restdämpfung.

Bei der Berechnung der Quantisierungsverzerrung wurde gezeigt, daß mit ihr eine lineare Verzerrung v verbunden sein kann. Hiermit kann man für ein PCM-System eine Restdämpfungsänderung definieren, die unter Verwendung von (10.17) durch

$$\Delta a_r = 20 \lg v \, \mathrm{dB} = 20 \lg \frac{\sum_{\xi} S_{2,\xi} \int w(s_1)\, s_1\, \mathrm{d}s_1}{\sum_{\xi} S_{2,\xi}^2 \int w(s_1)\, \mathrm{d}s_1} \, \mathrm{dB} \qquad (10.47)$$

gegeben ist. Wendet man (10.47) wiederum auf ein System an, das mit einer 13-Segment-Kompressorkennlinie arbeitet, so ergeben sich für Δa_r als Funktion der Aussteuerung für Sinussignale die in Bild 10.22 gezeigten Kurven. Auch hier ist aus den gleichen Gründen wie beim Signal-Geräusch-Abstand eine Grob- und eine Feinstruktur im Kurvenverlauf überlagert. Die wellenförmigen Schwankungen nehmen mit kleiner werdender Aussteuerung immer mehr zu, in dem Bereich zwischen −50 dB und 0 dB bleibt jedoch die Restdämpfungsänderung innerhalb der Grenzen ±0,5 dB. Der steile Anstieg bei Aussteuerungen größer als

0 dB ist auf die Begrenzung zurückzuführen. Wendet man (10.47) auf Rauschsignale an, so wird in Abhängigkeit von der Aussteuerung die Grob- und Feinstruktur der Schwankungen wiederum verwischt durch die breitere Streuung der Wahrscheinlichkeitsdichte. Im ganzen ergibt sich ein stetiger Kurvenverlauf, der bei kleiner Aussteuerung einige Zehntel dB unterhalb der Nullinie liegt [10.13].

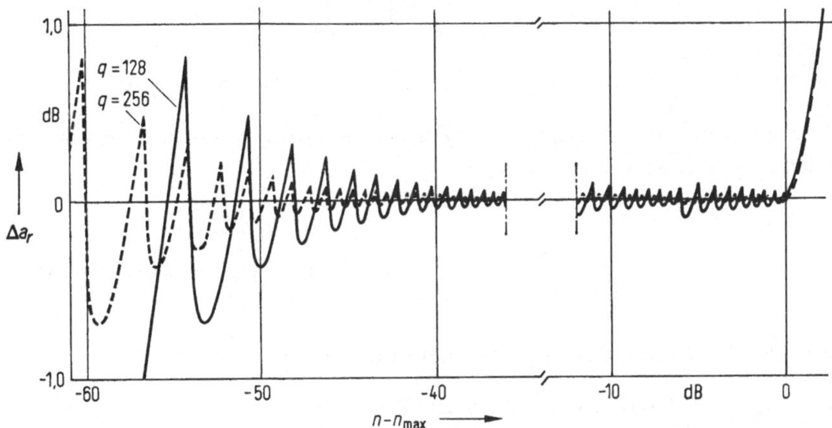

Bild 10.22. Restdämpfungsänderung Δa_r für Sinussignale in Abhängigkeit von der Aussteuerung.

Eine Phasenabhängigkeit der Restdämpfungsänderung ergibt sich, wenn das Signal periodisch ist und seine Grundperiode mit der Abtastperiode als Verhältnis zweier ganzer Zahlen darstellbar ist. Derartige Betrachtungen sind dann von Interesse, wenn ein PCM-System mit Sinustönen durchgemessen wird, deren Frequenzen bei Multiplikation mit einer ganzen Zahl die Abtastfrequenz ergeben. In die Genauigkeit der Messung gehen dann Schwankungen der Restdämpfungsänderung ein, die ebenfalls einige Zehntel dB betragen können [10.13]. Weicht die Meßfrequenz von dem ganzzahligen Teilerwert etwas ab, so entstehen Schwebungen mit einer Frequenz, die dieser Abweichung entspricht.

10.1.7.5. Das Grundgeräusch und Nebensprechen

Aus verschiedenen Gründen benützt man in der Regel bei der Quantisierung eine *gerade* Anzahl von Intervallen. Dann ist der Signalwert Null identisch mit der Grenze zwischen den beiden in der Mitte liegenden Intervallen. Es bleibt also dem Zufall überlassen, ob der Nullwert dem einen oder dem anderen Intervall zugeordnet wird. Am Ausgang des Decoders entsteht dann eine stochastische Rechteckspannung, deren Amplitude gleich einer halben Intervallgröße ist. Im ungünstigsten Fall liegt das Spektrum dieses Rechtecksignals voll im Basisband, so daß dessen Effektivwert gleich $\Delta S_2/2$ ist; dabei ist ΔS_2 die Differenz der beiden symmetrisch zum Nullpunkt liegenden Amplitudenwerte. Bezieht man den Effektivwert dieses *Grundgeräusches* auf den Quantisierungsbereich S_1, so erhält man

$$\frac{\Delta S_2}{2} = \frac{S_1}{2q\left(\dfrac{\mathrm{d}s}{\mathrm{d}s_1}\right)_0}; \tag{10.48}$$

darin ist $\left(\dfrac{\mathrm{d}s}{\mathrm{d}s_1}\right)_0$ die Steigung der Kompressorkennlinie im Ursprung. Bezogen auf ein Sinussignal bei Vollaussteuerung ergibt sich ein Signal-(Grund-)Geräusch-Abstand von

$$a_G = 20\lg\frac{S_1}{2\sqrt{2}}\cdot\frac{2}{\Delta S_2}\ \mathrm{dB} = 20\lg\frac{q\left(\dfrac{\mathrm{d}s}{\mathrm{d}s_1}\right)_0}{\sqrt{2}}\ \mathrm{dB}. \tag{10.49}$$

Für die 13-Segment-Kompressorkennlinie mit $q = 256$ und $\left(\dfrac{\mathrm{d}s}{\mathrm{d}s_1}\right)_0 = 16$ wird $a_G = 69{,}2$ dB. Dieser Wert ist für die Anforderungen an Geräuschstörung ziemlich hoch. Man muß aber an die Charakteristik der Quantisierungskennlinie aus folgendem Grund so hohe Forderungen stellen:

Wenn nämlich dieses Grundgeräusch nicht durch eine Zufallsentscheidung des Quantisierers ausgelöst wird, sondern durch Rahmennebensprechen (siehe Abschnitt 9.4.1.1) des Signals im benachbarten Zeitkanal, dann müssen die härteren Forderungen für das *verständliche* Nebensprechen erfüllt werden. Dieses Nebensprechen wird nämlich bei der Quantisierung dadurch verstärkt, daß beliebig kleine positive Nebensprechwerte in $+\Delta S_2/2$ und beliebig kleine negative Werte in $-\Delta S_2/2$ übergehen. Die Dämpfung des verständlichen Nebensprechens ist daher — von unwesentlichen Faktoren abgesehen — bei PCM durch die gleiche Beziehung (10.49) gegeben wie für unverständliches Geräusch.

10.2. Die Deltamodulation (DM) und die Delta-Pulscode-Modulation (DPCM)

10.2.1. Verfahren zur Differenzwertbildung

Im Sinne der Informationstheorie ist die Deltamodulation das wohl einfachste Verfahren, das eine *Irrelevanzreduktion* mit einer *Redundanzreduktion* verbindet. Die Irrelevanzreduktion ist dadurch unumgänglich, daß — genau wie bei der PCM — das Signal im Verlaufe seiner Verarbeitung quantisiert wird. Bei der Deltamodulation kommt eine

Redundanzreduktion hinzu derart, daß in den Signalverarbeitungsvorgang ein *Prädiktor* eingeschaltet wird, der auf Grund gewisser Kenntnisse über die Wahrscheinlichkeit des Signalverlaufes einen bestmöglichen *Vorhersagewert* angibt. Überträgt man die Differenz zwischen Vorhersagewert und wahrem Wert, so wird die dazu erforderliche Leistung um so kleiner sein, je näher der Vorhersagewert dem wahren

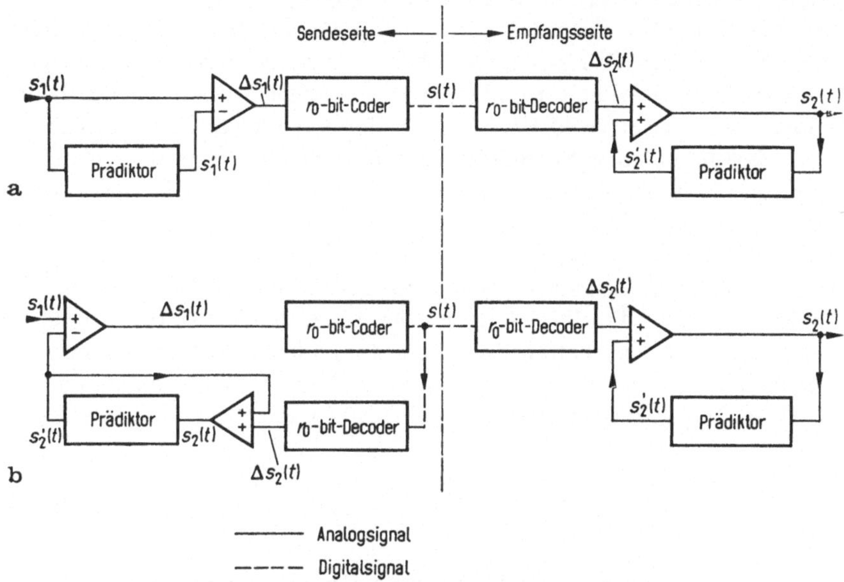

Bild 10.23a u. b. Prinzip einer prädiktiv arbeitenden Codierung.
a) Prädiktion vom primären Signal $s_1(t)$ ausgehend;
b) Prädiktion vom decodierten Signal $s'_2(t)$ ausgehend.

Wert kommt, je kleiner also der *Schätzfehler* ist. Andererseits *muß* diese Leistung im Zeitmittel immer einen von Null abweichenden Wert haben, weil sonst die Nachricht vorbestimmt wäre und keine Information mehr enthielte. Voraussetzung für die Möglichkeit einer Vorhersage ist jedoch, daß das primäre Signal Redundanz enthält, die z. B. durch den Verlauf der Autokorrelationsfunktion $\varphi_{ss}(\tau)$ gegeben ist. Im Abschnitt 6.1 wurde bereits gezeigt, daß $\varphi_{ss}(\tau)$ ein Maß für die innere Abhängigkeit der Funktionswerte voneinander ist. Die einfachste Form einer prädiktiv arbeitenden Codierung zeigt Bild 10.23a.

Aus der Vergangenheit des primären Signals $s_1(t)$ wird in einem Prädiktor ein Vorhersagesignal $s_1'(t)$ gebildet. In einem Differenzverstärker wird dann ein Signal $\Delta s_1(t) = s_1(t) - s_1'(t)$ erzeugt[1]. Dieser Schätz-

---

[1] Die unabhängige Variable t ist hier und im folgenden durch nT_0 zu ersetzen, wenn die betrachteten Signale bereits aus einer periodischen Folge von Abtastwerten bestehen.

fehler wird mit r_0 Bits digitalisiert und als $s(t)$ zum Empfänger übertragen. Dort erhält man durch Decodierung $\Delta s_2(t)$, das bis auf die Quantisierungsverzerrungen mit $\Delta s_1(t)$ identisch ist. Das primäre Signal $s_2(t)$ gewinnt man durch Summenbildung aus der empfangenen Differenz $\Delta s_2(t)$ und dem Vorhersagewert $s_2{}'(t)$ zurück. Da der Schätzfehler nach der Übertragung mit Quantisierungsverzerrungen behaftet ist, wird nicht nur das rekonstruierte Signal $s_2(t)$ verfälscht, sondern es stimmen auch die Schätzwerte $s_2{}'(t)$ des Empfängers mit den Schätzwerten $s_1{}'(t)$ des Senders nicht überein. Um letzteres auszuschalten, wird sendeseitig ein dem Empfänger gleichartiger Aufbau in einen Rückkoppelzweig gelegt (Bild 10.23b). Auf diese Weise sind die Vorhersagewerte auch auf der Sendeseite mit den Quantisierungsverzerrungen behaftet. Das Differenzsignal $\Delta s_1(t)$ wird hierbei durch Subtraktion eines Vorhersagesignals $s_2{}'(t)$ vom Eingangssignal $s_1(t)$ gebildet. Dieses Differenzsignal wird wieder mit r_0 Bits digitalisiert und als $s(t)$ übertragen. Die empfangsseitigen Vorgänge sind wie für a) beschrieben.

Eine einfache Prädiktorform ist der Linearprädiktor, der bereits im Abschnitt 3.4.1 als Digitalfilter ohne Rückführung beschrieben wurde. Führt man in (3.49a) die hier verwendeten Bezeichnungen ein, so erhält man bei dem Verfahren nach Bild 10.23b für die Prädiktion

$$s_2{}'(t) = \sum_{\mu=1}^{m} a_\mu s_2(t - \mu T_0); \tag{10.50}$$

darin bezeichnet m die Anzahl der zur Vorhersage verwendeten Abtastwerte mit der Abtastperiode T_0 und Gewichtsfaktoren a_μ. Eine hierfür mögliche Anordnung wurde bereits mit Bild 3.4a gezeigt. Die Gewichtsfaktoren sind dabei so zu wählen, daß die Werte des Differenzsignals $\Delta s_1(t)$ voneinander statistisch unabhängig sind, also nicht mehr miteinander korrelieren. In diesem Sinne ist in Bild 10.23 die Sendeseite des Systems als *Dekorrelator* und die Empfangsseite als inverser *Korrelator* aufzufassen.

10.2.2. Die Deltamodulation (DM)

10.2.2.1. Die einfache Deltamodulation

Die einfache Deltamodulation bedient sich zweier sehr wesentlicher Einschränkungen des in Bild 10.23b dargestellten Prinzips:

1. Im Coder wird nur eine Ja—Nein-Entscheidung getroffen, je nachdem, ob die Differenz positiv oder negativ ist. Daraus ergibt sich 1 bit je Abtastung, welches der Decoder wiederum in einen positiven oder negativen Wert $\pm\Delta S_2$ umwandelt ($r_0 = 1$).

2. Der Prädiktor gibt als Vorhersagewert den vorhergehenden Wert ab; er ist also durch ein Verzögerungsglied mit der Verzögerungszeit T_0 zu ersetzen. Das wird immer dann nicht falsch sein, wenn sich das primäre Signal in einer Abtastperiode mit großer Wahrscheinlichkeit nur geringfügig ändert. Da sowohl Sprach- als auch Bildsignale die größte Leistungsdichte innerhalb des Signalbandes bei tiefen Frequenzen haben, ist diese Bedingung durch geeignete Wahl der Abtastperiode T_0 gut erfüllbar.

Damit wird in (10.50) $m = 1$ und $a_1 = 1$. Wegen der Rückkopplung des Prädiktorausganges auf die Eingangsseite des Addierers wird der Vorhersagewert durch Summation sämtlicher vorausgegangener Differenzwerte gebildet. Mit der Laufvariablen v erhält man

$$s'_2(t) = s_2(t - T_0) = \sum_{v=0}^{\infty} \Delta s_2[t - (v + 1) T_0]. \tag{10.51}$$

Neben der Abtastperiode T_0 ist noch die Stufenhöhe ΔS_2 am Ausgang des 1-bit-Decoders frei wählbar. Bild 10.24 zeigt unter a) und b) jeweils das gleiche primäre Signal $s_1(t)$. Unter a) ist eine relativ kleine Stufenhöhe ΔS_2 für die Änderung des Vorhersagesignals $s_2'(t)$ gewählt. Dadurch ergeben sich für den langsam abfallenden Verlauf von $s_1(t)$ nur

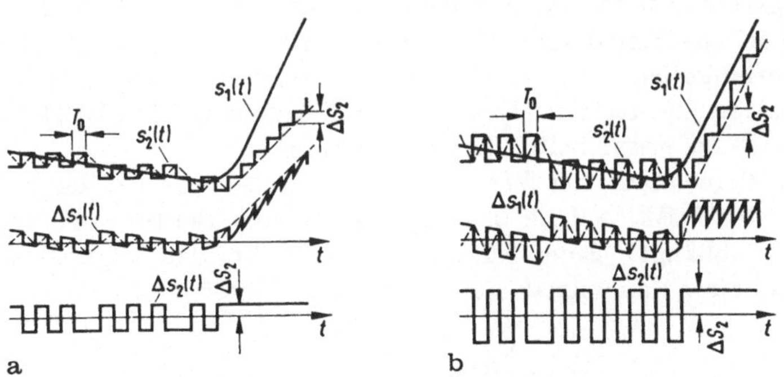

Bild 10.24 a u. b. Einfache Deltamodulation.
a) mit relativ kleiner Stufenhöhe; b) mit relativ großer Stufenhöhe.

relativ kleine Differenzen $\Delta s_1(t)$ zwischen Signal- und Vorhersagewert[1]. Nachteilig ist, daß bei steilem Anstieg von $s_1(t)$ der Vorhersagewert nicht schnell genug folgen kann und das Differenzsignal $\Delta s_1(t)$ immer größere Werte annimmt[2]. Wählt man dagegen ΔS_2 groß genug (z. B. doppelt so groß, siehe unter b)), so werden zwar im langsam abfallenden Verlauf

---

[1] In der englischsprachigen Literatur mit „granular noise" bezeichnet.
[2] In der englischsprachigen Literatur mit „overload noise" bezeichnet.

von $s_1(t)$ die Differenzen $\Delta s_1(t)$ größer, die Vorhersagewerte können jedoch dem steilen Anstieg gut folgen. Der hierzu notwendige Wert von ΔS_2 ist leicht zu berechnen.

Damit die Vorhersage dem Signalverlauf folgen kann, muß gelten

$$\left[\frac{\mathrm{d}s_1(t)}{\mathrm{d}t}\right]_{\max} = \frac{\Delta S_2}{T_0} = \Delta S_2 f_0. \tag{10.52}$$

Die maximale Steilheit, mit der ein Signal der Bandbreite B_0 innerhalb des Amplitudenbereichs S_1 umschwingen kann, ist aber durch die Einschwingdauer gegeben. Es gilt nach (5.88)

$$\left[\frac{\mathrm{d}s_1(t)}{\mathrm{d}t}\right]_{\max} = \frac{S_1}{t_g} = 2B_0 S_1. \tag{10.53}$$

Das Abtasttheorem ist erfüllt, wenn $f_0 = 2B_0$ wird. Durch Gleichsetzen von (10.52) und (10.53) zeigt sich, daß die Stufenhöhe ΔS_2 gleich dem gesamten Signalbereich S_1 gewählt werden muß, was eine unzumutbar grobe Quantisierung bedeutet. Aus diesem Grunde muß bei Deltamodulation die Abtastfrequenz immer sehr viel größer gewählt werden, als dies vom Abtasttheorem her erforderlich ist. Dieser — an sich nachteilige — Umstand hat den Vorteil, daß das Spektrum der Quantisierungsverzerrungen entsprechend breiter wird, so daß nur ein Teil davon in das Signalband hineinfällt. Wird das Vorhersagesignal $s_2'(t)$ zeitkontinuierlich erzeugt, so ist die Summation in (10.51) durch eine Integration zu ersetzen. In diesem Fall gelten in Bild 10.24 für $s_2'(t)$ und $\Delta s_1(t)$ die gestrichelten Kurvenverläufe.

Die Berechnung der Verzerrungsleistung ist sehr viel komplizierter als bei der PCM, weil sie in hohem Maße vom Leistungsspektrum des Signals abhängt. Eine Näherungslösung für den Signal-Geräusch-Abstand eines Sinussignals der Frequenz f_m lautet [10.14]

$$a_Q \approx \left[10\lg\left(\frac{f_0^3}{f_m^2 B_0}\right) - c_1\right]\mathrm{dB}; \tag{10.54}$$

darin ist B_0 die Bandbreite eines Tiefpaßfilters, mit dem alle störenden Spektralanteile entfernt werden können. Die Stufenhöhe ΔS_2 und die Tiefpaßcharakteristik sind dabei so gewählt, daß für das empfangene Primärsignal $s_2(t)$ eine Frequenzabhängigkeit der Amplitude zugelassen wird, die proportional $1/\sqrt{f_m}$ ist. Der Wert der Konstanten c_1 beträgt für Sprachsignale näherungsweise 14. Auch das Spektrum der Quantisierungsverzerrungen ist bei der Deltamodulation sehr viel stärker vom Signalspektrum abhängig als bei der PCM. Wählt man die Stufenhöhe ΔS_2 in Bild 10.24 so, daß die positiven Sprünge nicht exakt gleich den negativen Sprüngen sind (asymmetrische Quantisierung), so wird zwar die Verzerrungsleistung etwas größer, es fallen jedoch relativ mehr Anteile in den Bereich außerhalb des Signalbandes. Durch eine Asymmetrie von $\pm 2\%$ läßt sich bei einer relativ hohen Abtastfrequenz von $f_0 \approx 80 f_m$ für kleine Signalleistungen eine Erhöhung des Signal-Geräusch-Abstandes bis zu 30 dB erzielen [10.15].

10.2.2.2. Verbesserte Verfahren der Deltamodulation

Eine erste Variante der Deltamodulation ist die Methode der doppelten Integration [10.14]. Hierbei wird von der Ja—Nein-Entscheidung des Coders nicht der Wert, sondern die Steilheit des Vorhersagesignals um einen festen Betrag in positiver oder negativer Richtung geändert. Man erhält dadurch einen wesentlich günstigeren Signal-Geräusch-Abstand:

$$a_Q \approx \left[10 \lg\left(\frac{f_0{}^5}{f_m{}^2 \cdot B_0{}^3}\right) - c_2 \right] \mathrm{dB}; \qquad (10.55)$$

für Sprachsignale ist c_2 näherungsweise gleich 32. Die Verbesserung durch dieses Verfahren ist um so größer, je höher die Abtastfrequenz ist. Die Ursache liegt auch hier darin, daß die Spektralanteile der Quantisierungsverzerrungen in zunehmendem Maße oberhalb des Signalbandes liegen.

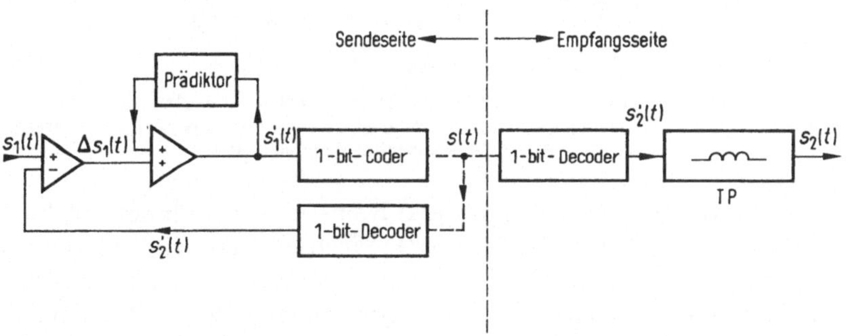

Bild 10.25. Prinzip der Delta-Sigma-Modulation.
—— Analogsignal;   --- Digitalsignal.

Bei der Delta-Sigma-Modulation (Bild 10.25) wird gegenüber der einfachen Deltamodulation die Reihenfolge von Quantisierung und Summierung vertauscht [10.16]. Die Demodulation auf der Empfangsseite besteht dann einfach darin, daß die empfangenen Impulse einen Tiefpaß durchlaufen: Der momentane Gleichanteil des Pulszuges bildet unmittelbar das primäre Signal. Dieses speziell für die Telemetrie entwickelte Verfahren macht es möglich, die Absolutwerte des Signals

zu erhalten, also auch ihm überlagerte Gleichanteile zu erfassen: Je
größer die Augenblickswerte des Eingangssignals sind, um so mehr Ja-
Impulse werden vom Modulator abgegeben.

Wesentliche Verbesserungen bei Übertragung von Sprachsignalen
gegenüber der einfachen Deltamodulation bringt die „High Information
Delta Modulation" (HIDM) [10.17]. Bei der einfachen Deltamodulation
kann man dem übertragenen Pulssignal $s(t)$ ansehen, ob im Augenblick
das primäre Signal eine relativ große oder kleine Amplitude hat: Die Häu-

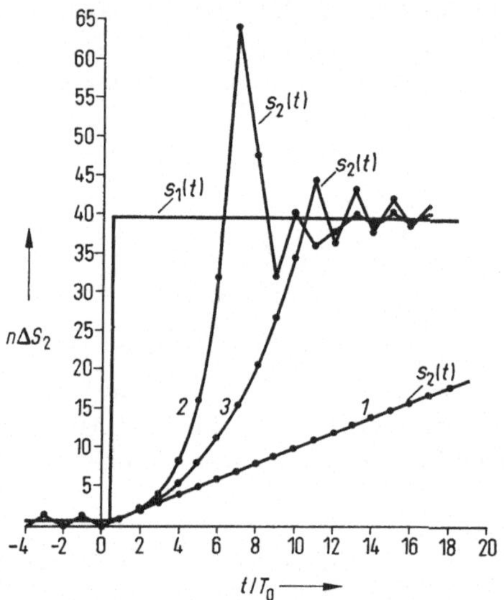

Bild 10.26. Einschwingvorgang bei verschiedenen Arten von Deltamodulation.
Kurve *1*: einfache Deltamodulation;   Kurve *2*: High Information Delta Modulation (HIDM);
Kurve *3*: Exponential-Deltamodulation.

figkeit der Wechsel zwischen Ja- und Nein-Impulsen nimmt mit kleiner
werdender Aussteuerung zu. Die größte Wechselhäufigkeit liegt vor, wenn
das primäre Signal gleich Null ist, denn dann folgt jedem Ja-Impuls ein
Nein-Impuls und umgekehrt. Zur Ausnutzung dieser Redundanz wird
die Stufengröße ΔS_2 betragsmäßig nicht konstant gehalten, sondern
nach folgender Vorschrift variiert: Folgen bei den Ja-Nein-Entschei-
dungen nach einem Wechsel mehrere gleichartige Entscheidungen, so
wird die Stufengröße ΔS_2 von der dritten Entscheidung ab jeweils
gegenüber der vorhergehenden verdoppelt. Jeder darauffolgende Entscheidungswechsel löst dann eine Halbierung der Stufengröße ΔS_2 aus.
Diese Vorschrift hat eine automatische Anpassung der Stufengröße ΔS_2
an die Signalamplitude zur Folge. Sind z. B. die Stufen für ein gerade
anliegendes Signal zu klein, so ergibt sich eine kleine Häufigkeit der
Entscheidungswechsel. Die Zahl der Verdoppelungen übersteigt dann

die Zahl der Halbierungen von ΔS_2, d. h. die Stufen werden im Mittel größer. Dadurch steigt jedoch die Häufigkeit der Entscheidungswechsel. Das hat ein Einregeln der mittleren Stufengröße auf einen Wert zur Folge, bei dem die Zahl der Verdoppelungen etwa gleich der Zahl der Halbierungen ist. Zur Illustration des angegebenen Bildungsgesetzes ist in Bild 10.26 mit Kurve *2* ein nach dieser Vorschrift verlaufender Einschwingvorgang zur Übertragung einer Sprungfunktion $s_1(t) = \sigma(t)$ dargestellt. Im Vergleich zu Kurve *1* — die für die einfache Deltamodulation gilt — wird der neue Amplitudenwert des primären Signals $s_1(t)$ sehr viel schneller erreicht. Es müssen jedoch, wie das Bild zeigt, mitunter erhebliche Überschwinger in Kauf genommen werden.

Die HIDM ist ein Sonderfall der Exponential-Deltamodulation. Für diese gilt, daß ΔS_2 bei gleichbleibender Entscheidung um einen bestimmten Faktor v vergrößert, bei einem Entscheidungswechsel jedoch sofort um den reziproken Faktor $v' = 1/v$ verkleinert wird. Bild 10.26 zeigt mit Kurve *3* den Einschwingvorgang für $v = 1{,}25$. Bei ihm ist das Überschwingen nicht so groß, jedoch klingt es nicht so schnell ab wie bei der HIDM.

10.2.3. Die Differenz-Pulscode-Modulation (DPCM)

10.2.3.1. Prinzip der DPCM

Die Differenz-Pulscode-Modulation (DPCM) ist eine Kombination der einfachen Deltamodulation mit der Pulscode-Modulation derart, daß die Ja-Nein-Entscheidung der Deltamodulation durch eine Mehrstufen-Quantisierung mit darauffolgender Codierung ersetzt wird. Die grobe qualitative Mitteilung „größer" oder „kleiner" wird damit ersetzt durch eine genauere quantitative Angabe, *um wieviel* „größer" oder „kleiner". Die DPCM basiert auf einer Erfindung von C. C. Cutler[1]; ihr Hauptanwendungsgebiet ist die redundanzmindernde Digitalisierung von Sprach- und Fernsehsignalen.

Dadurch, daß bei der DPCM die Beschränkung auf 1 bit je Abtastung wegfällt, ergeben sich gegenüber der Deltamodulation zwei neue Parameter für die Bemessung eines DPCM-Systems:

1. Die Anzahl $q = 2^{r_0}$ der Quantisierungsstufen für das Differenzsignal.

2. Die Größenverhältnisse der durch sie bestimmten Quantisierungsintervalle (Kompandierungsgesetz).

---

[1] Amerik. Patent 2605361, angem. 29. 6. 1950.

Im Abschnitt 10.2.2.1 wurde gezeigt, daß es bei der Anwendung der Deltamodulation notwendig ist, die Abtastfrequenz sehr viel größer als vom Abtasttheorem her erforderlich zu wählen. Das ist bei der DPCM nicht mehr notwendig, wenn man den Wertebereich des *Differenzsignals* genügend fein quantisiert. Macht man außerdem die Stufung ungleichmäßig derart, daß die Quantisierungsintervalle in der Bereichsmitte kleiner sind als die äußeren, so können die mit Bild 10.24 beschriebenen unerwünschten Effekte sehr stark gemildert werden. Die Quantisierungsverzerrungen können dadurch minimal gemacht werden, daß die zugrunde liegende Kompandierung der Wahrscheinlichkeitsdichte $w(\Delta s_1)$ der Werte des Differenzsignals angepaßt wird. Diese wiederum ist abhängig von der Art des Eingangssignals $s_1(t)$ und von der Art und Genauigkeit der Prädiktion für das Vorhersagesignal $s_2'(t)$. Aber auch subjektive Gesichtspunkte können für die Dimensionierung der Kompressorkennlinie eine Rolle spielen. So reagiert beispielsweise das Auge beim Betrachten von Fernsehbildern bei großen zeitlichen und räumlichen Helligkeitssprüngen auf Quantisierungsverzerrungen weniger empfindlich als bei relativ kontinuierlichen Helligkeitsänderungen.

Das Prinzip einer einfachen DPCM-Anordnung ist Bild 10.23b zu entnehmen, wenn man dort den Prädiktor entsprechend einer Vereinfachung von (10.50) auslegt:

$$s_2'(t) = a_1 s_2(t - T_0); \tag{10.56}$$

damit geht (10.51) über in

$$s_2'(t) = \sum_{\nu=0}^{\infty} a_1{}^{\nu}\, \Delta s_2[t - (\nu + 1)\, T_0]. \tag{10.57}$$

Da $\lim\limits_{\nu\to\infty} a_1{}^{\nu}$ einen endlichen Wert annehmen muß, gilt die Bedingung $a_1 \leq 1$.

Die Signalumsetzung von $\Delta s_1(t)$ nach $\Delta s_2(t)$ in Bild 10.23 kann mit Hilfe der konventionellen PCM durchgeführt werden. Nach Bild 10.23b wird das Signal $\Delta s_2(t)$ vom Decoderausgang an sowohl in der Rückkopplungsschleife des Senders als auch im Empfänger mit den gleichen Schaltungen (Prädiktor + Summierer) weiterverarbeitet. Um eine gute Übereinstimmung zwischen beiden Funktionsabläufen zu gewährleisten, führt man auch die Prädiktion und die Summation mit Digitalschaltungen durch. Bild 10.27 zeigt dazu ein ausführlicheres Prinzipbild. Das Differenzsignal $\Delta s_1(t)$ wird zunächst in gleicher Weise wie nach Bild 10.23b erzeugt und dann beispielsweise mit $q = 16$ ungleichmäßigen Stufen in vier Bits codiert. Die Codesignale der vier parallelen Ausgänge werden in einem Parallel-Serien-Umsetzer zeitlich gebündelt und übertragen.

Da die 4-bit-Codewörter zwar Repräsentanten der 16 Stufen sind, ihren Stellen aber keine festen Wertigkeiten zugeordnet werden können, müssen sie in einen höherstelligen Dualcode umgesetzt werden, wie das im Prinzip bereits mit dem Rückumsetzer in Bild 10.16 unten gezeigt wird. Umfaßt der Quantisierungsbereich insgesamt 128 Stufen — wobei eine Stufe dem kleinsten Intervall bei der ungleichmäßigen Quanti-

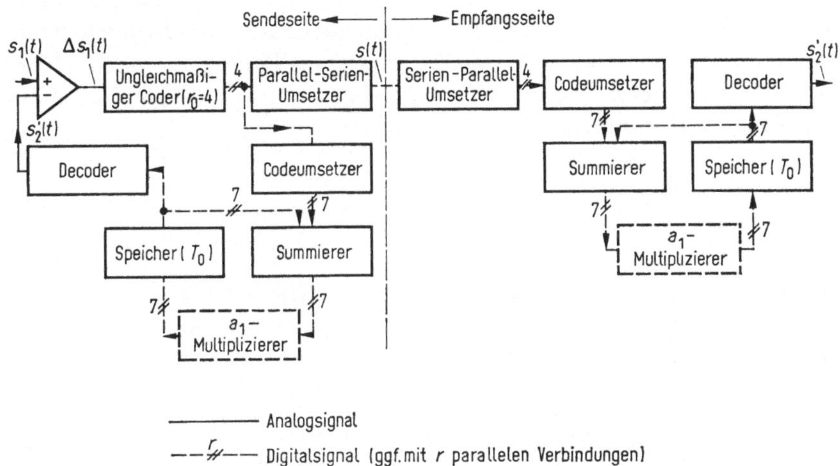

Bild 10.27. Prinzip eines weitgehend digitalisierten DPCM-Systems.

sierung entspricht —, so ist die notwendige Stellenzahl 7. Erst durch die Wahl dieser höheren Stellenzahl ist das Codewort nicht nur Repräsentant einer Quantisierungsstufe, sondern drückt durch die Summe der Wertigkeiten der L-Elemente im Codewort auch den Signalwert selbst aus, so daß mit diesen Codewörtern dual gerechnet werden kann. Der Summierer, der Speicher mit der Speicherzeit T_0 und der a_1-Multiplizierer erfüllen (10.57) als digitale Schaltkreise.

Ein am Speicherausgang liegender Decoder setzt die Codewörter in die gesuchten analogen Vorhersagewerte $s_2'(t)$ um. Am Ausgang des empfangsseitigen Serien-Parallel-Umsetzers sind die Baustufen in der gleichen Weise wie im Rückkopplungsweg des Senders angebracht. Ein Schönheitsfehler scheint noch darin zu bestehen, daß am Ausgang des Empfängers nicht das gewünschte Signal $s_2(t)$, sondern $s_2'(t)$ abgegeben wird. Nach (10.56) unterscheiden sich jedoch beide Signale infolge der einfachen Prädiktion nur um die Verzögerungszeit T_0 und um den konstanten Gewichtsfaktor a_1.

Die Zahl der Varianten für die DPCM ist mindestens ebenso groß wie bei der Deltamodulation. So gibt es Verfahren, bei denen entweder das Kompandierungsgesetz des ungleichmäßigen Coders oder die Gewichtsfaktoren adaptiv verändert werden. Da diese wegen ihrer

Kompliziertheit sehr viel ausführlicher beschrieben werden müßten, kann hier nur auf die entsprechende Spezialliteratur verwiesen werden, z. B. [10.18].

10.2.3.2. Der Signal-Geräusch-Abstand bei der DPCM

Sowohl für Bild- als auch für Sprachsignale kann man bei einer Prädiktion nach (10.56) die Wahrscheinlichkeitsdichte des *Differenz*signals $\Delta s_1(t)$ näherungsweise mit (10.38) ansetzen. Bei einem nach [10.19] optimal gewählten Kompandierungsgesetz ergibt sich die minimale Leistung der Quantisierungsverzerrung zu

$$P_{Q_{min}} \approx \frac{9}{2q^2}\,\widetilde{\Delta s}_1{}^2;\qquad\qquad(10.58)$$

darin ist $q = 2^{r_0}$ die Stufenzahl und $\widetilde{\Delta s}_1$ der Effektivwert des Differenzsignals [10.20]. Setzt man (10.58) in (10.45) ein, so ergibt sich als Auflösung in eine Summe (lg 2 rund gleich 0,3 gesetzt)

$$a_{Q_{max}} \approx \left[-6{,}5 + 6r_0 + 10\lg\frac{P_2}{\widetilde{\Delta s}_1{}^2} \right]\,\mathrm{dB}.\qquad\qquad(10.59)$$

Geht man davon aus, daß sich die Leistung P_2 des Ausgangssignals von der Leistung P_1 des Eingangssignals nur durch den Beitrag der Quantisierungsverzerrung unterscheidet, beide also nahezu gleich sind, dann sieht man, daß der Signal-Geräusch-Abstand mit zunehmender Stellenzahl r_0 der Codierung wächst und ferner um so größer wird, je größer das Leistungsverhältnis von Eingangssignal P_1 und Differenzsignal $\widetilde{\Delta s}_1{}^2$ ist. Das Differenzsignal wird durch eine günstige Wahl des Gewichtsfaktors a_1 in bezug auf die statistische Abhängigkeit des Eingangssignals $s_1(t)$ minimal gemacht[1].

In Bild 10.28a ist das DPCM-System nach Bild 10.23b dargestellt, indem die Vorgänge Codierung-Decodierung zusammengefaßt sind durch den stufenzahlabhängigen Quantisierungsvorgang $Q(q)$. Danach ist das System aufzuteilen in Dekorrelator $+$ Quantisierer und Korrelator [10.21].

Der außerdem links gekennzeichnete Korrelator soll folgenden Gedankengang verdeutlichen: Man stelle sich vor, daß die statistische Abhängigkeit des Signals $s_1(t)$ erzeugt werde durch die Wirkung dieses Korrelators auf ein *statistisch unabhängiges* Signal $x(t)$. Dieser Korrelator entspricht dem im Abschnitt 3.4.2 beschriebenen rekursiven Filter, wobei

---

[1] Unter „statistische Abhängigkeit" sei entsprechend Abschnitt 6.1 das Maß für die innere Abhängigkeit der Funktionswerte voneinander verstanden.

in (3.50) y durch s_1 zu ersetzen ist, um auf die hier benutzte Schreibweise zu kommen. Sind $F_1(z)$ und $F_x(z)$ die zu s_1 und x gehörenden Spektralfunktionen im z-Bereich, dann ist mit (3.51 b)

$$F_1(z) = H_k(z)\, F_x(z) = \frac{1}{1 - H_p(z)}\, F_x(z)\,; \qquad (10.60)$$

darin sind $H_k(z)$ die Übertragungsfunktion des Korrelators und $H_p(z)$ die Übertragungsfunktion des in der Rückkopplung liegenden Prädiktors. Der Dekorrelator für s_1 ist optimal ausgelegt, wenn dessen Prädiktor die Funktion $H_p(z)$ möglichst gut nachbildet.

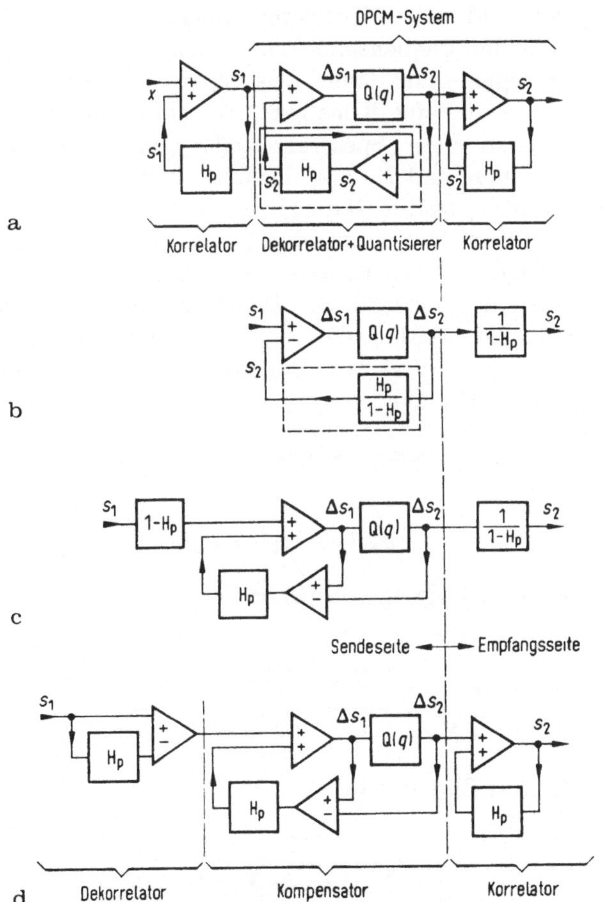

Bild 10.28 a—d. Äquivalente Systeme mit Rückkopplung quantisierter Signale.
 a) Anwendung der DPCM auf ein korreliertes Signal;
 b) Rückkopplung des quantisierten Signals;
 c) Rückkopplung der Quantisierungsverzerrung;
 d) Aufteilung in Dekorrelator, Kompensator und Korrelator.

Beschränkt man in Bild 3.4b die Anzahl der Rückkopplungsglieder auf $k = 1$, so wird entsprechend (3.50)

$$s_1(t) = a_1 s_1(t - T_0) + x(t).$$ (10.61)

Mit (3.51) und (3.57) erhält man für die Amplitude der Übertragungsfunktion in Abhängigkeit von der Frequenz

$$|H_k(\omega)| = \frac{1}{\sqrt{1 + a_1{}^2 - 2a_1 \cos \omega\, T_0}}.$$ (10.62)

Da die Spektralfunktion von $x(t)$ im betrachteten Bereich frequenzunabhängig ist, bildet der Korrelator Eingangssignale $s_1(t)$ gut nach, deren Spektrum den Fequenzgang wie (10.62) hat. Das trifft in guter Näherung für Signale zu, deren Leistungsspektrum mit $1/(\omega_c{}^2 + \omega^2)$ abklingt; darin ist ω_c eine Konstante. Sowohl Sprach- als auch Fernsehsignale kommen dieser Spektralverteilung sehr nahe. Bei vorgegebenen Werten von ω_c und T_0 muß der Gewichtsfaktor a_1 zur optimalen Anpassung geeignet gewählt werden.

In Bild 10.28b ist das vereinfachte Ersatzschaltbild zu a) dargestellt (Gleichheit der gestrichelten Kästen). Dieses läßt sich, wie eine einfache Rechnung zeigt, in c) überführen: Das Eingangssignal wird zunächst dekorreliert; hierzu werden die rückgekoppelten Quantisierungsverzerrungen $\Delta s_1 - \Delta s_2$ addiert. Aus Bild 10.28c ergibt sich dann folgende Leistungsbilanz der Signale

$$P_1(1 - a_1{}^2) + a_1{}^2\big(\widetilde{\Delta s_1}{}^2 - \widetilde{\Delta s_2}{}^2\big) = \widetilde{\Delta s_1}{}^2.$$ (10.63)

Mit

$$\widetilde{\Delta s_1}{}^2 - \widetilde{\Delta s_2}{}^2 = P_Q$$ (10.64a)

wird unter Berücksichtigung von (10.58)

$$\frac{P_1}{\widetilde{\Delta s_1}{}^2} = \frac{1 - a_1{}^2\, \dfrac{9}{2q^2}}{1 - a_1{}^2} \approx \frac{1}{1 - a_1{}^2}.$$ (10.65)

Weiterhin folgt aus Bild 10.28c

$$P_2 = \frac{1}{1 - a_1{}^2}\, \widetilde{\Delta s_2}{}^2.$$ (10.66)

Mit (10.63) und (10.66) ist

$$P_1 - P_2 = \widetilde{\Delta s_1}{}^2 - \widetilde{\Delta s_2}{}^2 = P_Q;$$ (10.64b)

der durch die Quantisierungsverzerrungen gegebene Unterschied zwischen $\widetilde{\Delta s_1}^2$ und $\widetilde{\Delta s_2}^2$ macht in voller Größe den Unterschied zwischen P_1 und P_2 aus.

In Bild 10.28d ist wieder ein etwas ausführlicheres Prinzipbild zu sehen: Das DPCM-System kann durch eine Hintereinanderschaltung von Dekorrelator, Kompensator und Korrelator ersetzt werden.

Auf Grund von Simulationen mit einem Rechner ergibt sich $a_1 = 0{,}94$ als ein günstiger Wert für Sprachsignale. Damit ist nach (10.65) $P_1/\widetilde{\Delta s_1}^2 = 8{,}6$, und (10.59) geht mit $P_2 \approx P_1$ für große Werte von q über in

$$a_{Q_{max}} \approx (2{,}8 + 6r_0)\ \mathrm{dB}. \tag{10.67}$$

10.3. Vergleich der digitalen Modulationsverfahren

Die drei Verfahren PCM, DM und DPCM sind durch Bild 10.23 interpretierbar: Die PCM erhält man, wenn man die Prädiktion gleich Null macht. Das wird immer dann zweckmäßig sein, wenn über das Signal nichts vorhergesagt werden kann. So kann sich im Laufe der Übertragung die Struktur des Signals völlig ändern. Als Beispiel hierfür sei der Fernsprechkanal angeführt: In ihm können wahlweise Fernsprechsignale oder Signale von Datenendeinrichtungen übertragen werden. Das ist auch einer der Gründe, warum man PCM statt der für Fernsprechsignale günstigeren DM oder DPCM benutzt.

Bei der DPCM und der DM wird eine der Signalstatistik angepaßte Prädiktion verwendet; beide Verfahren unterscheiden sich grundsätzlich nur durch die Größe von r_0: Bei der DM ist $r_0 = 1$, bei der DPCM ist $r_0 > 1$ (meistens $3 \leqq r_0 \leqq 5$). Wegen der möglichen Varianten der Signalarten einerseits und der Verfahren andererseits (Kompressorkennlinie, Prädiktionsmethode) ist ein Vergleich der drei Verfahren nicht einfach. Es soll daher hier ein spezieller Anwendungsfall herausgegriffen werden: die Codierung von Fernsprechsignalen. Für die drei Verfahren soll der maximale Signal-Geräusch-Abstand $a_{Q_{max}}$ in Abhängigkeit von der Bitfolgefrequenz f_b berechnet und aufgetragen werden. Dabei wird von einem Fernsprechsignal ausgegangen, das bei PCM und DPCM mit 8 kHz abgetastet wird. Bei einer Umsetzung in r_0 Bits ergibt sich dann eine Bitfolgefrequenz von $f_b = 8r_0$ kbit/s.

Für die PCM soll die Verwendung der 13-Segment-Kompressorkennlinie nach (10.2) zugrunde gelegt werden. Unter Verwendung von (10.38) kann mit Hilfe der im Abschnitt 10.1.7 abgeleiteten Gleichungen der Signal-Geräusch-Abstand in Abhängigkeit von der Aussteuerung berechnet werden; es ergeben sich Kurven ähnlich wie in Bild 10.21.

Die dabei entstehenden Maximalwerte $a_{Q\text{max}}$ sind in Bild 10.29 in Abhängigkeit von r_0 bzw. f_b aufgetragen. Die Kurve für PCM läßt sich angenähert durch die Gleichung

$$a_{Q_{\text{max}}} = (-10 + 6r_0)\,\text{dB} \tag{10.68}$$

für $r_0 \geqq 5$ darstellen. Für die DPCM ist die Abhängigkeit von $a_{Q_{\text{max}}}$ nach (10.67) aufgetragen. Ein Vergleich von (10.67) mit (10.68) zeigt, daß die DPCM unter den gegebenen Voraussetzungen etwa 13 dB besser

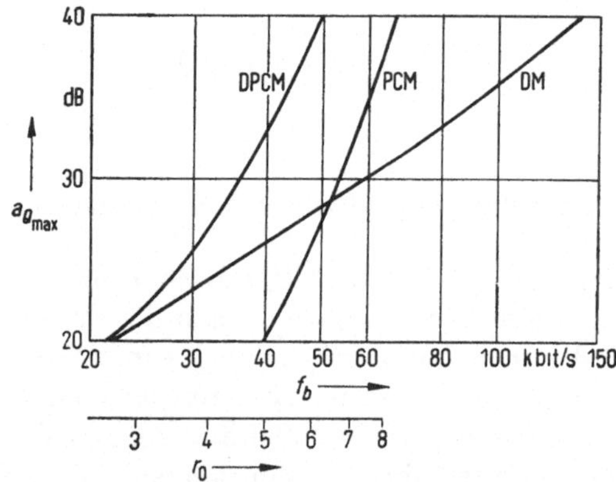

Bild 10.29. Maximaler Signal-Geräusch-Abstand $a_{Q\text{max}}$ für ein Sprachsignal in Abhängigkeit von der Bitfolgefrequenz f_b für Differenz-Pulscode-Modulation (DPCM), Pulscode-Modulation (PCM) und Deltamodulation (DM) (r_0 Zahl der Elemente eines Codewortes).

ist als die PCM; dem entspricht ein Gewinn von etwas mehr als 2 bit. Mit aufwendigeren Prädiktionsverfahren lassen sich Gewinne von 18 dB entsprechend 3 bit erzielen.

Für die einfache Deltamodulation wurden Ergebnisse aus [10.22] in Bild 10.29 übernommen. Vergleicht man die drei Kurven für DPCM, PCM und DM, so zeigt sich, daß die DPCM besonders günstige Werte ergibt. Für kleine Bitfolgefrequenzen nähert sie sich der Kurve für die DM, für große Bitfolgefrequenzen derjenigen der PCM. Es ist jedoch einschränkend zu berücksichtigen, daß die PCM-Kurve bezogen auf andere Signalarten sehr viel allgemeingültiger ist, während die DPCM-Kurve unter der Voraussetzung speziell angepaßter Prädiktion berechnet ist. PCM- und DM-Kurve schneiden sich bei etwa 50 kbit/s; dem entspricht etwa $r_0 = 6$ bei PCM. Die einfache Deltamodulation wird deshalb in der Regel nur dann angewendet, wenn mit wenig Aufwand und relativ geringem Informationsfluß Signale übertragen werden sollen, an deren Qualität keine hohen Ansprüche gestellt werden.

10.4. Übertragungseigenschaften digital modulierter Signale

Wie im Abschnitt 9.3.5 geschildert worden ist, werden bei der Übertragung binärer Signale unterwegs aufgenommene Geräusche, wenn sie unter einer bestimmten Schwelle bleiben, nach der Demodulation völlig unterdrückt. Werden sie größer, so setzt die Störung abrupt ein und ist sogleich beträchtlich. Ihre Auswirkung besteht darin, daß im Empfänger einzelne Codeelemente falsch erkannt und damit ganze Codewörter fehlerhaft wiedergegeben werden. Das decodierte primäre Signal enthält dann bei Bildübertragung einen Fleck, bei Sprache einen Knack. Wächst das Geräusch auf der Übertragungsseite, so wachsen nicht etwa die Amplituden dieser Störungen, sondern sie treten häufiger auf. Bei Bildübertragungen gehen die Einzelflecke in einen Schleier von Helligkeitsfehlern über; das Bild wirkt „verregnet". Bei Sprachübertragung geht das Knacken in ein Prasseln über, das schließlich einem starken Geräusch sehr ähnlich wird.

Im folgenden sollen die Zusammenhänge zwischen den übertragungsseitig auftretenden Geräuschen und Verzerrungen und den durch sie hervorgerufenen Verfälschungen der Codeelemente untersucht werden. Hierbei ist es ohne Belang, welche der in den letzten Abschnitten behandelten digitalen Modulationsarten verwendet wird. Wenn man jedoch die *Wirkung* dieser Verfälschungen auf das demodulierte Signal betrachtet, so wird sich zeigen, daß die Art der Modulation eine wesentliche Rolle spielt. Zuvor sollen jedoch einige grundlegende Betrachtungen über Signalarten und -formen gegeben werden, die für die Übertragung infrage kommen.

10.4.1. Signalarten und -formen

Bei der Erklärung von Bild 9.32 wurde bereits gesagt, daß es unzweckmäßig ist, binär codierte Signale mit Rechteckimpulsen zu übertragen, weil dieses unnötig viel Bandbreite erfordern würde. Dagegen sprechen nicht nur ökonomische, sondern auch technische Gründe. Da nach (9.25) die am Empfänger wirksame Geräuschleistung proportional der Übertragungsbandbreite ist, sollte diese nur so groß gewählt werden, daß die durch die bandbegrenzte Übertragung hervorgerufenen Verzerrungen des Signals seine Regenerierbarkeit nur unwesentlich einschränken. Eine wirksame Möglichkeit der Anpassung an das Übertragungsmedium liegt daher in der Wahl der günstigsten Signal*form*. Beispiele hierfür wurden mit Bild 9.15 gegeben. Mit Bild 10.9 wurden drei *Arten* von Binärcodes gezeigt, die zur Umsetzung in PCM gebräuchlich sind. Damit gibt es für die Codesignale bereits in ihrer ursprünglichen Gestalt zwei Parameter der Anpassung an die Übertragungsmedien: die Signalform und die Signalart.

Die Übertragungsmedien kann man in zwei Typen einteilen:

1. in solche mit Tiefpaßcharakter — hierzu gehören symmetrische Leitungen und Koaxialkabel, soweit sie nicht durch Übertrager angeschlossen werden müssen —, und

2. in solche, die an eine Hochfrequenz-Übertragung gebunden sind und daher Bandpaßcharakter haben; hierzu gehören Funksysteme und Lichtwellenleiter.

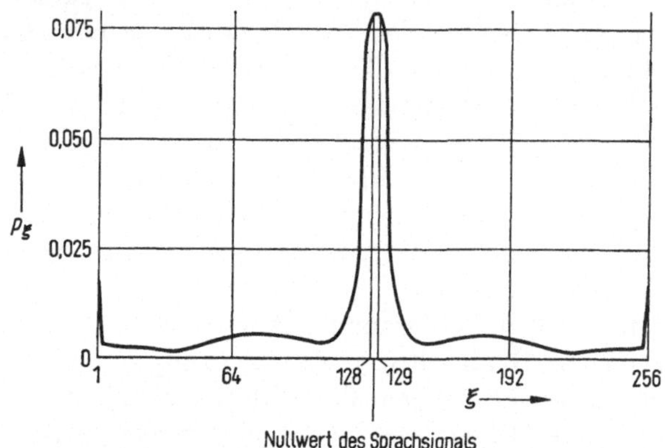

Bild 10.30. Wahrscheinlichkeitsverteilung p_ξ in Abhängigkeit vom Stufenwert ξ ($\xi = 1$ bis 256) für mittlere Belegung eines PCM-Zeitmultiplexsystems.

Dadurch werden an die sekundären Signale auch bestimmte Forderungen hinsichtlich der Spektralverteilung gestellt. Diese kann beeinflußt werden:

1. durch die schon genannte Wahl der Signalform,

2. durch die Erzeugung einer geeigneten Codeart mit Hilfe von Codeumsetzung und

3. durch eine Mehrfachmodulation.

Codesignale sind stochastische Vorgänge, deren Grundlagen bereits im Abschnitt 6 behandelt wurden. Zur Berechnung ihrer Spektralfunktion sei auf die im Abschnitt 6.3 behandelten Beispiele sowie auf die dort angegebene Spezialliteratur verwiesen. Weiterhin werden die Spektralfunktionen bestimmt durch die Wahrscheinlichkeitsverteilung der Codewörter und damit der Zustandswerte.

Sprachsignale haben eine Wahrscheinlichkeitsdichte der Augenblickswerte nach (10.38). Noch komplizierter werden die Zusammenhänge, wenn man Nichtbelegung, Sprechpausen, Raumgeräusche, unterschiedliche Lautstärken usw. berücksichtigt. Dadurch schwankt die Verteilungsdichte merklich; man kann ihr jedoch wiederum ein zeitliches Mittel zugrunde legen. In Bild 10.30 ist für ein PCM-Zeitmultiplexsystem die Wahrscheinlichkeitsverteilung der 256 benutzten Stufenwerte bei einem mittleren Belegungsfall unter Berücksichtigung einer Momentanwert-Kompandierung angegeben. Das ausgeprägte Maximum bei den Werten $\xi = 128$ und $\xi = 129$ rührt daher, daß in Sprechpausen und in unbelegten Kanälen nur diejenigen Stufenwerte auftreten, die um den Nullwert des Sprachsignals liegen. Bei geringeren Belegungen, wie sie z. B. nachts zu erwarten sind, werden sich für diese Stufenwerte noch größere Wahrscheinlichkeiten ergeben. Signalwerte, die außerhalb des Quantisierungsbereiches fallen, werden durch die Grenzwerte $\xi = 1$ und $\xi = 256$ miterfaßt; ihre Wahrscheinlichkeit ist daher wesentlich größer als die der jeweiligen Nachbarwerte.

Unter Berücksichtigung der Gesetzmäßigkeiten der in Bild 10.9 dargestellten Codes sind für die Wahrscheinlichkeitsverteilung nach Bild 10.30 die Einzel- und Verbundwahrscheinlichkeiten p_e bzw. p_v der Binärelemente O und L in Tab. 10.5 angegeben. Die Einzelwahrscheinlichkeiten sind lediglich beim Dualcode gleich; trotzdem ergeben sich auch hier unterschiedliche Verbundwahrscheinlichkeiten. Die Folge der Elemente ist nicht statistisch unabhängig. Insgesamt zeigt die Tabelle, daß mit Abweichungen von etwa 30% von der Gleichverteilung gerechnet werden muß.

Tabelle 10.5. Einzel- und Verbundwahrscheinlichkeiten für verschiedene Codearten

	Dualcode	Symmetrischer Binärcode	Graycode
$p_e(\mathrm{O})$	0,5	0,65	0,55
$p_e(\mathrm{L})$	0,5	0,35	0,45
$p_v(\mathrm{O}, \mathrm{O})$	0,3	0,4	0,32
$p_v(\mathrm{O}, \mathrm{L})$	0,2	0,2	0,21
$p_v(\mathrm{L}, \mathrm{O})$	0,2	0,2	0,21
$p_v(\mathrm{L}, \mathrm{L})$	0,3	0,2	0,26

Zum Unterschied von der im Abschnitt 10.1.5 behandelten wortweisen Codeumsetzung können zur Bildung eines für die Übertragung geeigneten Codesignals die Codeelemente auch ohne Rücksicht auf die ursprünglichen Wortkombinationen *fortlaufend* umcodiert werden. Eine Änderung der Wahrscheinlichkeitsverteilung der Binärelemente wird z. B. dadurch erreicht, daß ein L-Element im ursprünglichen Signal einen Elementewechsel im neuen Signal, ein O-Element dagegen keinen Elementewechsel verursacht (binäre Integraltransformation). Bei dem dazu inversen Vorgang löst ein Elementewechsel im ursprünglichen Signal ein L-Element im neuen Signal und kein Elementewechsel ein O-Element aus (binäre Differentialtransformation).

Eine andere Art der Codeumsetzung ist der Übergang auf *quasiternäre Codes* [10.23]. Hierbei werden den zwei Zustandswerten des binären Codes nach einer bestimmten Vorschrift drei Zustandswerte im neuen Code zugeordnet, wobei die Pulsfrequenz des Codesignals erhalten bleibt. Daher enthält das neue Signal Redundanz, die sich nach (8.12) berechnen läßt und zur Fehlererkennung ausgenutzt werden kann. Diese Art der Codeumsetzung dient in erster Linie zur Veränderung des Signalspektrums. Zur Erzeugung des *pseudoternären Codes*[1] geht das binäre O-Element in eine ternäre Null und das binäre L-Element alternierend in eine ternäre Plus-Eins oder Minus-Eins über. Zur Erzeugung des *biternären Codes* wird für die ternären Einsen dann und nur dann ein Vorzeichenwechsel ausgelöst, wenn eine ungerade Anzahl aufeinander folgender Nullen dazwischen liegt.

Von den Möglichkeiten, Binärelemente *paarweise* in Ternärelemente umzucodieren, soll hier nur der PST-(*Paired-Selected-Ternary*)-Code angegeben werden [10.24]. Bei der wahlweisen Zuordnung nach der Tab. 10.6 werden die angegebenen Moden nach jedem Binärpaar OL oder LO gewechselt. Hierbei ist die Redundanz noch sehr viel größer: Vier Binärpaaren stehen neun mögliche Ternärpaare gegenüber, von denen jedoch die Paare $+1+1$, $-1-1$ und 00 nicht benutzt werden (vgl. Tabelle).

Tabelle 10.6. Umsetzungsvorschrift für den PST-Code

Binärcode	PST-Code			
	+ Mode		− Mode	
OO	−1	+1	−1	+1
OL	0	+1	0	−1
LO	+1	0	−1	0
LL	+1	−1	+1	−1

Die verschiedenen vorstehend genannten Binär- bzw. Ternärwerte lassen sich durch verschiedene Signalformen übertragen, z. B. durch Umtastung einer Impulsamplitude, -phase oder -frequenz, wie es im binären Fall in Bild 10.31 mit rechteck- und cosinusförmigem Verlauf der Impulse bezogen auf die Bitperiode T_b dargestellt ist. Hierbei werden auch die in der Einleitung dieses Abschnittes angedeuteten Zusammenhänge mit den quantisierten Pulsmodulationsarten deutlich. Ersetzt man die Impulse durch Sinusschwingungen unterschiedlicher Amplitude, Phase oder Frequenz entsprechend Bild 9.7, so wird die Umcodierung durch eine weitere Modulation (Mehrfachmodulation) ersetzt (siehe

---

[1] In der englischsprachigen Literatur mit „bipolar code" oder „AMI-Code" (*Alternate Mark Inversion*) bezeichnet.

Abschnitt 10.5). Da bei der Basisbandübertragung digital modulierter Signale wegen der geringeren Bandbreite und der einfacheren Regenerierbarkeit die Amplitudentastung günstiger als die anderen Tastungen ist, sollen sich alle weiteren Betrachtungen auf diese Signalform beschränken.

Zur Bestimmung der Leistungsdichte $\Phi(x)$ digital modulierter Signale soll auf die normierte Frequenz $x = f/f_b$ bezogen werden; dabei ist f_b die Bitfolgefrequenz. $\Phi(x)$ setzt sich aus zwei Faktoren zusammen. Der eine

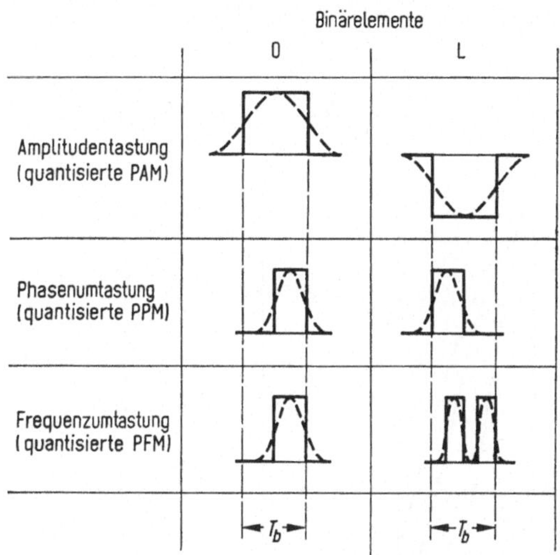

Bild 10.31. Binäre Signalformen.
—— Rechteckimpuls;   — — — Cosinusimpuls.

Faktor wird bestimmt durch die Form des Einzelimpulses und ist gegeben als Quadrat der Spektralfunktion. Entsprechend Bild 5.3 lautet er für Rechteckimpulse

$$\Phi_a(x) = \left(\frac{\sin \pi x}{\pi x}\right)^2 \tag{10.69a}$$

und für Cosinusimpulse

$$\Phi_b(x) = \left[\frac{\sin 2\pi x}{2\pi x(1 - 4x^2)}\right]^2. \tag{10.69b}$$

Der zweite Faktor wird durch die Signalart und die Wahrscheinlichkeitsverteilung der Zustandswerte bestimmt. Er lautet z. B.
für ein binäres Signal

$$\Phi_1(x) = \frac{1 - \Delta p_v^2}{1 - 2\Delta p_v \cos 2\pi x + \Delta p_v^2}, \tag{10.70a}$$

für ein pseudoternäres Signal

$$\Phi_2(x) = \sin^2 \pi x \, \frac{1 - \Delta p_e^2}{1 - 2\Delta p_e \cos 2\pi x + \Delta p_e^2}, \tag{10.70b}$$

für ein biternäres Signal

$$\Phi_3(x) = \cos^2 \pi x \; \frac{1 - \Delta p_e^2}{1 + 2\Delta p_e \cos 2\pi x + \Delta p_e^2}; \qquad (10.70\,\mathrm{c})$$

dabei sind Δp_e und Δp_v Abweichungen von mittleren Einzel- bzw. Verbundwahrscheinlichkeiten, die durch folgende Gleichungen festgelegt sind:

$$p_e(\mathrm{O}) = \frac{1 + \Delta p_e}{2}, \quad p_e(\mathrm{L}) = \frac{1 - \Delta p_e}{2}, \qquad (10.71\,\mathrm{a})$$

$$p_v(\mathrm{O}, \mathrm{O}) + p_v(\mathrm{L}, \mathrm{L}) = \frac{1 + \Delta p_v}{2}, \; p_v(\mathrm{O}, \mathrm{L}) + p_v(\mathrm{L}, \mathrm{O}) = \frac{1 - \Delta p_v}{2}.$$

$$(10.71\,\mathrm{b})$$

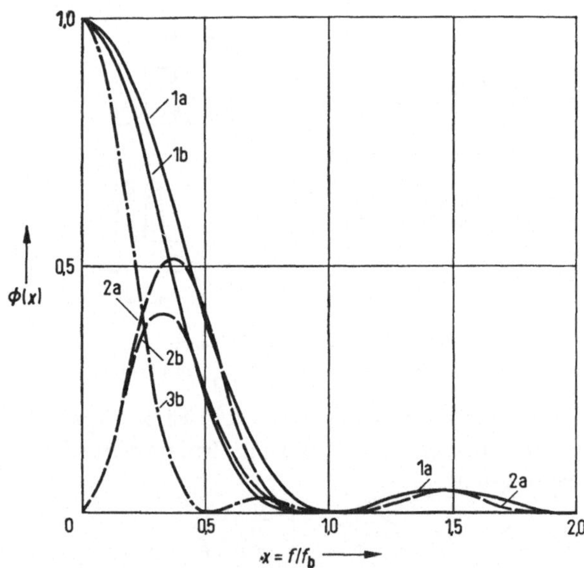

Bild 10.32. Leistungsdichte $\Phi(x)$ als Funktion der normierten Frequenz $x = f/f_b$.
Kurve *1*: binäres Signal;   Kurve *2*: pseudoternäres Signal;   Kurve *3*: biternäres Signal,
a mit Rechteckimpulsen,   b mit Cosinusimpulsen.

Bild 10.32 zeigt die Leistungsdichte $\Phi(x)$ als Funktion der normierten Frequenz $x = f/f_b$ für ein binäres (*1*) und ein pseudoternäres (*2*) Signal, jeweils bei Amplitudentastung mit Rechteckimpulsen (a), Cosinusimpulsen (b) und $\Delta p_e = \Delta p_v = 0$ (statistisch unabhängiges Signal). Hiernach hat die Leistungsdichte beim binären Signal ein Maximum für $x = 0$ und fällt dann schnell ab. Beim pseudoternären Signal hat sie ihr Maximum etwa bei $x = 0{,}35$ und fällt nach beiden Seiten hin schnell ab. In beiden Fällen ist bei $x = 1$ eine Nullstelle. Während bei den beiden

Signalen mit Rechteckimpulsen für $x > 1$ noch mehr als 10% der Leistung liegen, sind es bei den Signalen mit Cosinusimpulsen weniger als 1‰. Die Leistungsdichte des biternären Signals (*3*) ähnelt stark der

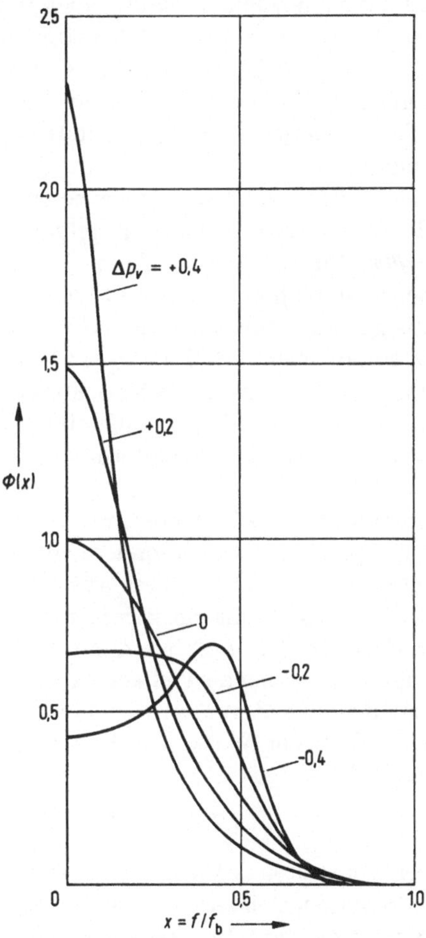

Bild 10.33. Leistungsdichte $\Phi(x)$ als Funktion der normierten Frequenz $x = f/f_b$ nach Bild 10.32, Kurve *1*b; Parameter Abweichung Δp_v von der Verbundwahrscheinlichkeit.

des binären Signals, hat jedoch die erste Nullstelle bereits bei $x = 0,5$; oberhalb davon liegen nur noch 2% der Gesamtleistung.

Bild 10.33 zeigt den Einfluß des Parameters Δp_v am Beispiel des binären Signals mit Cosinusimpulsen: je größer Δp_v ist, um so mehr wird die Leistungsdichte zu tiefen Frequenzen hin verschoben. Eine Variation von Δp_e würde lediglich einen Gleichanteil beitragen.

Nach (10.70) unterscheidet sich das pseudoternäre Signal von dem binären in der Leistungsdichte um den Faktor $\sin^2 \pi x$, wenn man Δp_v

durch Δp_e ersetzt. Da bei der auf Seite 379 beschriebenen binären Differentialtransformation die durch Δp_v definierten Verbundwahrscheinlichkeiten in entsprechende, durch Δp_e definierte Einzelwahrscheinlichkeiten übergehen, ist es möglich, mit Hilfe eines Hochpasses mit $\sin^2 \pi x$-Gang das binäre Signal in ein pseudoternäres Signal umzuwandeln. Dieser Hochpaß kann auch Bestandteil des Übertragungssystems sein. Ähnliche Überlegungen gelten für die Umsetzung eines binären Signals (10.70a) in ein biternäres Signal (10.70c) mit Hilfe eines Tiefpasses, der einen $\cos^2 \pi x$-Gang hat.

Bei dieser Gelegenheit sei darauf hingewiesen, daß unterschiedliche Signalarten und -formen zum gleichen Ergebnis für die Funktion der Leistungsdichte $\Phi(x)$ führen können. Eine Verknüpfung von (10.69a) und (10.70b) beschreibt ein pseudoternäres Signal mit Rechteckimpulsen. Dasselbe Ergebnis gilt auch für ein binäres Signal mit rechteckförmigen *Wechsel*impulsen entsprechend Bild 9.15b, wobei jedoch die Wechselimpulse die doppelte Periodenlänge haben. Formal entsteht dieses Ergebnis dadurch, daß der in (10.70b) auftretende Faktor $\sin^2 \pi x$ dort wegfällt und dafür in dem die Signalform bestimmenden Anteil zusätzlich auftritt.

Neben den vorstehend beschriebenen relativ einfachen Signalarten seien noch die im Abschnitt 8.3.3 insbesondere mit Bild 8.10 dargestellten Mehrstufensignale erwähnt. Werden diese aus statistisch unabhängigen Binärfolgen entwickelt, so ist ihr Spektrum nur durch die Signalform geprägt. In den Formeln für $\Phi(x)$ ist dann nach Bild 8.10 lediglich $T_b = 1/f_b$ durch das entsprechende Vielfache zu ersetzen.

In Analogie zu den quasiternären Signalen gibt es quasi-n-stufige Signale, die sich in ähnlicher Weise aus 2^{r_0}-stufigen Signalen herleiten lassen. Ihre Stufenzahl beträgt

$$n = 2^{r_0+1} - 1.$$

In allen bisher genannten Fällen wurde unter gleichwertiger Beteiligung benachbarter Codeelemente umcodiert. Es gibt auch Kombinationen, die durch zwar gequantelte, jedoch ungleichwertige Beteiligung mehrerer Elemente entstehen. Diese Verfahren werden in der englischsprachigen Literatur unter dem Begriff „partial response" zusammengefaßt [10.25].

10.4.2. Einflüsse von Störungen und Verzerrungen bei digital modulierten Signalen

Es wurde schon mehrfach darauf hingewiesen, daß Digitalsignale von Störungen und Verzerrungen befreit werden können, soweit diese ein bestimmtes Maß nicht überschreiten. Durch *Regenerierung* erhalten sie exakt ihre ursprüngliche Form zurück. Dazu wird aus dem Signal zunächst die Bitfolgefrequenz mit möglichst geringem Phasenzittern (jitter) abgeleitet. Mit Hilfe eines hierdurch gesteuerten Taktsignales wird die Zeitlage der Codeelemente im Signal festgelegt. Mit Schwellwertentscheidern werden die ursprünglichen Signalwerte zurückgewonnen. Bild 10.34 zeigt ein unverzerrtes Binärsignal *1*. Infolge von überlagerten Störungen und Verzerrungen erhält man am Eingang eines Regenerators ein Signal *2*, dessen Abweichungen nur so groß sein dürfen, daß die im Bild eingezeichneten Rechtecke in der gleichen Weise umschlungen werden wie von dem ursprünglichen Signal[1]. Ist das nicht der Fall, so entstehen im regenerierten Signal *3* Bitfehler, wie das Bild bei *F* zeigt.

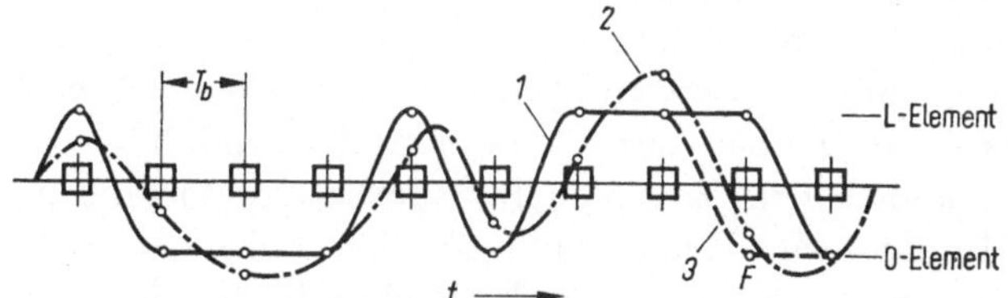

Bild 10.34. Signalverlauf bei der Übertragung eines Binärsignals.
Kurve *1*: unverzerrtes Signal;   Kurve *2*: gestörtes und unvollkommen entzerrtes Signal;
Kurve *3*: fehlerhaft regeneriertes Signal (*F*), T_b Bitperiode.

Will man z Signale der Bandbreite B_0 im Zeitmultiplex übertragen, so beträgt bei einer Quantisierung mit r_0 bit pro Abtastung gemäß dem Abtasttheorem die Bitfolgefrequenz

$$f_b = \frac{1}{T_b} = r_0 z f_0 = 2 r_0 z B_0. \tag{10.72}$$

Da nach (8.35) für eine gegebene Bitfolgefrequenz eine Übertragungsbandbreite notwendig ist, die halb so groß ist,

$$B = \frac{f_b}{2}, \tag{10.73}$$

erhält man mit (10.72)

$$\frac{B}{z B_0} = r_0; \tag{10.74}$$

---

[1] Die Größe der eingezeichneten Rechtecke hängt von der Güte des Regenerators ab. Ihre Höhe wird durch die Güte der Schwellwertentscheidung, ihre Breite durch die Güte der Zeitentscheidung bestimmt. Führt der Verlauf des entzerrten Signals durch ein Rechteck, so ist es unsicher, ob die Regenerierung richtig oder falsch ausfällt. Beim idealen Regenerator schrumpft das Rechteck zu einem in dessen Mitte liegenden Punkt zusammen. Bei den folgenden theoretischen Betrachtungen soll von idealen Regeneratoren ausgegangen werden.

die Zahl r_0 bestimmt bei digitaler Modulation im Idealfall den Faktor der Banderweiterung. Nach Bild 10.32 liegt die erste Nullstelle der Leistungsdichte des *unverzerrten* binären Signals gerade bei f_b, also beim Doppelten der Mindestbandbreite. Es ergibt sich daher die Frage, welche Bandbreite in der Praxis gewählt werden muß. Je größer die Bandbreite ist, um so weniger ist das Signal Verzerrungen ausgesetzt, um so größer ist aber nach (9.22) auch die Rauschleistung am Eingang des regenerierenden Verstärkers. Da ein verzerrtes Signal sehr viel empfindlicher gegen Störungen ist als ein unverzerrtes, muß es bei der Wahl der Bandbreite ein Optimum geben. Bevor dies für einen ausgewählten Fall untersucht wird, möge noch kurz auf die Verzerrungen durch Nebensprechen hingewiesen werden; ferner sei der Einfluß von Störungen auf das *unverzerrte* Signal näher betrachtet.

Für die genannten Verzerrungen kann man die Ausführungen über das Nebensprechen bei der Pulsamplituden-Modulation (Abschnitt 9.4.1.1) zugrunde legen. Da jedoch im Gegensatz zu dort die aufeinanderfolgenden Impulse wertdiskret sind und daher, abhängig von der Stufenzahl, gegen Nebensprechen sehr viel unempfindlicher sind, brauchen die Forderungen nicht so hoch zu sein. In einem ungestörten Kanal könnte bei binärer Übertragung die Verzerrung des benachbarten Codeelementes bis zur Hälfte des Wertunterschiedes der beiden Zustandswerte ausmachen; dem entspricht die Forderung $a_d > 6$ dB anstelle der bei PAM gestellten Forderung $a_d > 60$ dB. Ersetzt man in Bild 9.42 die unabhängige Variable $B/(zB_0)$ durch $B/(r_0zB_0)$, so ist für $B/(r_0zB_0) = 1$ nach (10.74) obige Bedingung bei den drei betrachteten Varianten übererfüllt. Die zulässige Beeinflussung des Binärsignals kann in diesem Falle im wesentlichen durch die von außen eingedrungenen Störungen bestimmt werden.

Bei den folgenden Ausführungen soll das Signal als unverzerrt betrachtet werden. Es ist unempfindlich gegen hinzutretendes Geräusch, wenn dessen Augenblickswerte s_N kleiner als eine halbe Stufe sind:

$$|s_N| < \frac{1}{2}\,\Delta S. \tag{10.75}$$

Das zu der Grenzbedingung (10.75) gehörige Signal-Geräusch-Verhältnis hängt von der Stufenzahl b des Signals, der Wahrscheinlichkeit des Auftretens seiner Zustandswerte sowie von den Schwingungsformen des Nutz- und des Störsignals ab. Bei Gleichverteilung ergibt sich für die *Signalleistung* mit *Rechteckimpulsen* nach (8.38)

$$P = \frac{b^2 - 1}{12}\,\Delta S^2, \tag{10.76}$$

die sich mit *Cosinusimpulsen* um den Faktor 3/4 erniedrigt. Bei *sinusförmigem Störer* ist die Geräuschleistung

$$N = \frac{s_N{}^2}{2}. \tag{10.77}$$

Durch Division von (10.76) und (10.77) erhält man mit Beachtung von (10.75)

$$\frac{P}{N} > \frac{2}{3} (b^2 - 1), \tag{10.78}$$

mithin für binäre Signale ($b = 2$) das Verhältnis $P/N > 2$. Bei *rechteckförmigem Störer* sinkt der Zahlenfaktor in (10.78) auf den Wert 1/3, bei *sägezahnförmigem Störer* — dem entspricht eine Gleichverteilung aller Geräuschwerte innerhalb des Bereiches $\pm s_N$ — steigt er auf den Wert Eins.

Ist die Störung durch Wärme- oder Röhrenrauschen bedingt, so treten — wenn auch nur kurzzeitig — Augenblickswerte auf, die sehr viel größer sind als der Effektivwert $\tilde{S}_N$ der *Rauschstörung*. Kritisch sind wieder diejenigen Spitzenwerte, die größer sind als eine halbe Amplitudenstufe des Signals. Maßgebend dafür, wie oft der Wert $\pm\Delta S/2$ überschritten wird, ist die Häufigkeit p des Vorkommens hoher Augenblickswerte s_N des Rauschens. Es ist für die Rechnung zweckmäßig, sie auf den Effektivwert $\tilde{S}_N$ zu beziehen. Die relativen Augenblickswerte des Rauschens sind dann

$$x = \frac{s_N}{\tilde{S}_N}; \tag{10.79}$$

$x = 1$ bedeutet den Effektivwert selbst. Die Wahrscheinlichkeitsdichte ist beim Wärmerauschen und Röhrenrauschen durch (9.27) gegeben. Mit den in Bild 10.35 benutzten Bezeichnungen ist die Wahrscheinlichkeit dafür, daß ein bestimmter Wert x_0 überschritten wird,

$$p(x_0) = \int\limits_{x_0}^{\infty} w(x)\,\mathrm{d}x = \frac{1}{\sqrt{2\pi}} \int\limits_{x_0}^{\infty} \mathrm{e}^{-x^2/2}\,\mathrm{d}x. \tag{10.80}$$

Mit dem durch (5.100) definierten, nach Jahnke-Emde tabellierten Gaußschen Fehlerintegral Φ ergibt sich die Beziehung

$$p(x_0) = \frac{1}{2}\left[1 - \Phi\left(\frac{x_0}{\sqrt{2}}\right)\right] \approx \frac{\mathrm{e}^{-x_0^2/2}}{\sqrt{2\pi}\,x_0} \text{ für } x_0 \gg 1. \tag{10.81}$$

Ein Fehler entsteht, wenn der Augenblickswert s_N des Rauschens den positiven Zustandswert nach der negativen und den negativen Zustandswert nach der positiven Seite um $\Delta S/2$ und mehr verändert, wenn also nach (10.79) und Bild 10.35

$$|2x_0| > \frac{\Delta S}{S_N} \tag{10.82}$$

wird. Da für b-stufige Codesignale die einseitige Überschreitungswahrscheinlichkeit nur für die beiden äußeren Zustandswerte, für die dazwischen

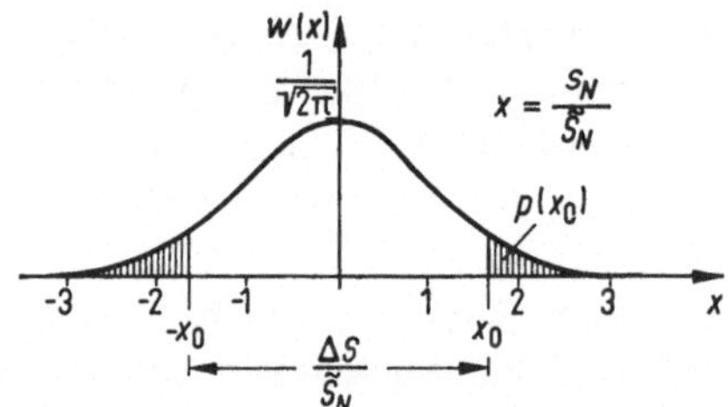

Bild 10.35. Amplitudenverteilung beim Wärmerauschen

liegenden Zustandswerte jedoch die zweiseitige Überschreitungswahrscheinlichkeit gilt, wird für die *Fehlerwahrscheinlichkeit* allgemein

$$p(x_0, b) = \frac{b-1}{b}\left[1 - \Phi\left(\frac{x_0}{\sqrt{2}}\right)\right]. \tag{10.83}$$

In (10.83) läßt sich x_0 durch das Signal-Geräusch-Verhältnis ersetzen; mit (10.76), (10.82) und $\tilde{S}_N{}^2 = N$ erhält man

$$x_0{}^2 = \frac{3}{b^2 - 1}\,\frac{P}{N}. \tag{10.84}$$

Damit geht (10.83) über in

$$p\left(\frac{P}{N}, b\right) = \frac{b-1}{b}\left[1 - \Phi\left(\sqrt{\frac{3}{2(b^2-1)}\,\frac{P}{N}}\right)\right]^1. \tag{10.85}$$

Bild 10.36 zeigt die Fehlerwahrscheinlichkeit p in Abhängigkeit vom Signal-Geräusch-Abstand $\Delta n = 10\,\lg\,(P/N)$ dB nach (10.85). Parameter

---

[1] In der Literatur ist es auch üblich, die Fehlerwahrscheinlichkeit p in Abhängigkeit von einer Größe R zu definieren, die durch das Verhältnis der auf ein Codeelement der Dauer T fallenden mittleren Energie PT und der Geräuschleistungsdichte N/B gegeben ist. Mit (8.25) wird $R = P/(2N)$. Daraus folgt, daß bei dieser Darstellung in Diagrammen die Kurven entsprechend dem Faktor 2 um 3 dB verschoben sind.

ist die Stufenzahl b des Codesignals. Mit $b = 2$ ist die Fehlerzahl, die im zeitlichen Durchschnitt zu erwarten ist,

$$\varepsilon = pf_b. \tag{10.86}$$

Aufgetragen ist der reziproke Wert, die mittlere Fehlerperiode für ein Fernsprechsignal mit $f_b = 64\ \text{kbit/s}$. Die Kurven zeigen, daß es für sehr kleine Werte von p genügt, Δn um 1 dB anzuheben, um p um eine

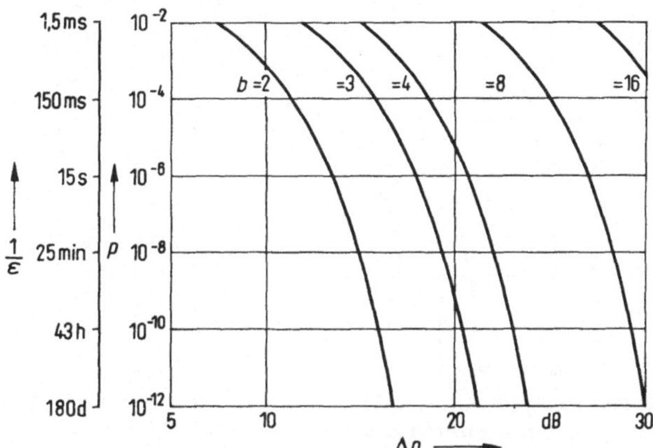

Bild 10.36. Fehlerwahrscheinlichkeit p und mittlere Fehlerperiode $1/\varepsilon$ in Abhängigkeit vom Signal-Geräusch-Abstand $\Delta n = 10\ \lg\ (P/N)$ nach (10.85).
$b =$ Anzahl der Stufen des Codesignals.

Zehnerpotenz kleiner zu machen. Bei einer Verdoppelung der Stufenzahl muß Δn um etwa 6 dB erhöht werden, um die gleiche Fehlerwahrscheinlichkeit zu erreichen.

Solange p kleiner ist als etwa 1%, ist es sehr unwahrscheinlich, daß zwei oder mehr falsch empfangene Codeelemente auf *ein* Codewort treffen. Vernachlässigt man diese Fälle, so ruft jedes falsche Codeelement ein falsches Codewort, d. h. einen falschen Amplitudenwert hervor. Die Skale mit $1/\varepsilon$ gibt eine Vorstellung davon, wie groß der Signal-Geräusch-Abstand gewählt werden muß, damit die Fehler genügend selten sind.

Nach dieser Betrachtung sei für ein ausgewähltes Beispiel der gleichzeitige Einfluß von Verzerrung und Störung bei Variation der Bandbreite betrachtet.

Ein rechteckförmiges binäres Signal werde am Eingang eines Regenerators durch einen Tiefpaß mit Gaußschem Übertragungsfaktor mit der Grenzfrequenz f_g begrenzt. In Bild 10.37 ist der Gewinn r_N an Signal-Geräusch-Abstand in Abhängigkeit von f_g/f_b aufgetragen. Als Bezugspunkt gilt dabei $r_N = 0$ dB für das theoretisch notwendige Bandbreitenverhältnis $f_g/f_b = 0,5$. Für $f_g/f_b < 0,5$ werden infolge sinkender Bandbreite die Nutzimpulse kleiner (vgl. auch Bild 5.21 d). Der Gewinn r_N wird negativ. Bei $f_g/f_b = 0,75$ erreicht die Kurve ein Maximum, um dann wieder allmählich abzufallen: Der Gewinn durch weniger starke Verzerrung ist geringer als die Zunahme der Störung durch Rauschen im breiteren Band. Jede Verdoppelung der Bandbreite bringt hierbei einen Verlust von 3 dB. Das optimale Frequenzverhältnis $f_g/f_b = 0,75$ gilt auch für andere Signalformen und Tiefpaßarten näherungsweise. Bild

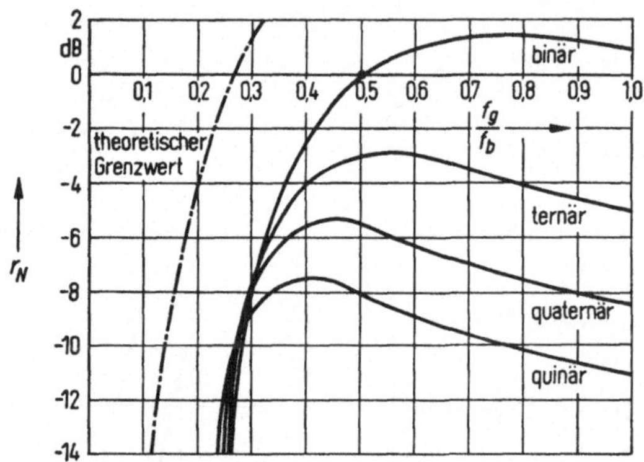

Bild 10.37. Gewinn an Signal-Geräusch-Abstand r_N in Abhängigkeit von f_g/f_b für Digitalsignale.
f_g Grenzfrequenz des Tiefpasses (6-dB-Punkt);
f_b Bitfolgefrequenz des Binärsignals.

10.37 zeigt außerdem die gleiche Abhängigkeit für ein ternäres, quaternäres und quinäres Signal. Damit man die Werte unmittelbar mit denen des binären Signals vergleichen kann, beziehen sie sich nicht auf die Taktfrequenz f_t des jeweiligen b-stufigen Signals, sondern ebenfalls auf die Bitfolgefrequenz f_b. Mit der Umrechnung

$$f_b = f_t \, \mathrm{lb} \, b$$

wird erreicht, daß untereinanderliegende Kurvenwerte jeweils für den gleichen Informationsfluß gelten. Die Kurvenschar zeigt, daß die Maxima von r_N sich mit zunehmender Stufenzahl des Codes nach links verschieben, die Bandbreite also kleiner gewählt werden kann. Dabei wird allerdings der Verlust an Signal-Geräusch-Abstand immer größer. Diese Aussage bestätigt die im Abschnitt 8.3.3 aus informationstheoretischen Betrachtungen gewonnenen Erkenntnisse.

Es mag daher interessant sein, den bei digitaler Modulation überhaupt erreichbaren Informationsfluß H^* mit dem theoretischen Grenzwert, der Kanalkapazität C zu vergleichen[1]. Berechnet man b^2 aus

---

[1] Die geringe Veränderung des Informationsflusses dadurch, daß die Codewörter nicht ganz fehlerlos wiedergegeben werden, sei hier vernachlässigt.

(10.84) und setzt den gefundenen Ausdruck in (8.31) ein, so erhält man

$$H^* = B\,\mathrm{lb}\left(1 + \frac{3}{x_0{}^2}\,\frac{P}{N}\right)\mathrm{bit}. \qquad (10.87)$$

Ein Vergleich mit (8.27) zeigt, daß sich die digitale Modulation durch den Faktor $x_0{}^2/3$ im erforderlichen Signal-Geräusch-Verhältnis von einem idealen Verfahren unterscheidet. Fordert man völlig fehlerfreien Empfang $[p(x_0) = 0]$, so wird nach Bild 10.35 $x_0 = \infty$. Die Signalleistung P muß ebenfalls unendlich groß werden, wenn der Informationsfluß aufrecht erhalten werden soll. Läßt man jedoch, wie vorher erörtert, einige wenige Fehler oder Knacke zu $(2x_0 = 10)$, so braucht die Signalleistung gegenüber einem idealen System nur um den Faktor 25/3 — das sind etwa 10 dB — erhöht zu werden (siehe die strichpunktierte Kurve in Bild 10.37). Diese starke Annäherung an die theoretische Grenze wird von keinem anderen Modulationsverfahren erreicht.

10.4.3. Zusammenhang zwischen Fehlerwahrscheinlichkeit und Geräuschleistung nach der Demodulation

Mit (10.8) wurde die Signalleistung des quantisierten, aber sonst ungestörten primären Signals angegeben. Für die weiteren Betrachtungen möge es als primäres Eingangssignal des gestörten Kanals gelten und wird dementsprechend mit dem Index 1 und der Variablen x bezeichnet. Ist demnach $p(x_\nu)$ die Einzelwahrscheinlichkeit für einen quantisierten, aber ungestörten Eingangswert x_ν, dann ist die Signalleistung

$$P_1 = \sum_\nu p(x_\nu)\,x_\nu{}^2. \qquad (10.88)$$

Ist $p(y_\mu \mid x_\nu)$ die durch Bitfehler bedingte Wahrscheinlichkeit, daß der Eingangswert x_ν in den Ausgangswert y_μ übergeht, dann ist die Leistung des gestört empfangenen Signals

$$P_2 = \sum_\nu p(x_\nu) \sum_\mu p(y_\mu \mid x_\nu)\,y_\mu{}^2. \qquad (10.89)$$

Da die Störungen mit dem Signal nicht korreliert sind, beträgt die empfangsseitig überlagerte Geräuschleistung nach der Demodulation

$$N_2 = P_2 - P_1 \qquad (10.90)$$

und das Signal-Geräusch-Verhältnis

$$\frac{P_2}{N_2} = \frac{P_1 + N_2}{N_2} = \frac{P_2}{P_2 - P_1}.$$ (10.91)

Mit (10.41) wurde bereits die Leistung eines Signals bei gleichmäßiger Quantisierung und Gleichverteilung angegeben. Da es sich bei der vorliegenden Betrachtung um das primäre Eingangssignal handelt, gilt

$$P_1 = \frac{q^2 - 1}{12} \Delta S_1{}^2.$$ (10.92)

Geht man bei der Übertragung von einem r_0-stelligen Dualcode aus, so verändert sich der Signalwert bei einer Verfälschung des Codeelements mit der niedrigsten Stellenwertigkeit um $\pm 2^0 \Delta S_1$, bei einer Verfälschung des Codeelementes mit der zweitniedrigsten Wertigkeit um $\pm 2^1 \Delta S_1$ usw., bei einer Verfälschung des Codeelementes mit der höchsten Wertigkeit um $\pm 2^{r_0-1} \Delta S_1$. Da für $p \ll 1$ mit sehr großer Wahrscheinlichkeit immer nur ein Codeelement pro Codewort verfälscht wird, ergibt sich mit der Bitfehlerwahrscheinlichkeit p

$$N_2 = p(2^0 \Delta S_1{}^2 + 2^2 \Delta S_1{}^2 + \cdots + 2^{2r-2} \Delta S_1{}^2) = p\,\frac{2^{2r_0} - 1}{3}\, \Delta S_1{}^2.$$ (10.93)

Mit $q = 2^{r_0}$ und Beachtung von (10.92) geht (10.91) über in

$$\frac{P_2}{N_2} \approx \frac{1 + 4p}{4p} \approx \frac{1}{4p} \quad \text{für} \quad p \ll 1[1];$$ (10.94)

das Signal-Geräusch-Verhältnis ist umgekehrt proportional der Bitfehlerwahrscheinlichkeit p, jedoch unabhängig von der Zahl der Quantisierungsstufen q und damit von der Stellenzahl r_0 der Codewörter. Durch Einsetzen von (10.85) mit $b = 2$ in (10.94) wird ein Zusammenhang zwischen dem Signal-Geräusch-Verhältnis P/N bei der Übertragung und dem Signal-Geräusch-Verhältnis im empfangsseitig zurückgewonnenen

---

[1] In [10.26] wird (10.90) etwas exakter angesetzt mit dem Ergebnis

$$\frac{P_2}{N_2} = \frac{1 - 4p + 4p^2}{4p - 4p^2}.$$

Mit $p = 0,5$ wird $P_2/N_2 = 0$, d. h. das Signal geht vollkommen im Rauschen unter. Das deckt sich auch mit den informationstheoretischen Betrachtungen im Abschnitt 8: In diesem Fall wird nach (8.23) der Transinformationsgehalt bei der Übertragung $H(x; y) = 0$ bit. Für $p \ll 1$ gilt jedoch auch die Näherungslösung $1/(4p)$.

primären Signal hergestellt:

$$\frac{P_2}{N_2} = \frac{1}{2\left[1 - \Phi\left(\sqrt{\frac{P}{2N}}\right)\right]} \tag{10.95}$$

$$\approx \frac{\sqrt{\pi}}{2} \sqrt{\frac{P}{2N}}\, e^{P/(2N)} \quad \text{für} \quad \frac{P}{N} \gg 1. \tag{10.95a}$$

Bild 10.38 zeigt mit der gestrichelten Kurve die Beziehungen zwischen den Signal-Geräusch-Abständen $\Delta n_2 = 10\,\lg\,(P_2/N_2)$ und $\Delta n = 10\,\lg\,(P/N)$ entsprechend (10.95) im interessierenden dB-Bereich. Im Gegen-

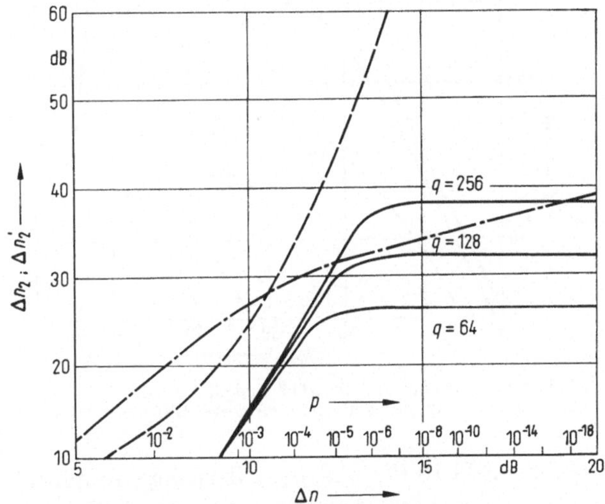

Bild 10.38. Signal-Geräusch-Abstand Δn_2 des demodulierten primären Signals in Abhängigkeit vom Signal-Geräusch-Abstand Δn des modulierten sekundären Signals.

  – – – Δn_2 für PCM nach (10.95);
  ——— $\Delta n_2'$ für PCM nach (10.97);
  –.–.–. Δn_2 für FM bei gleicher Bandbreite.

satz zu störungsmindernden Modulationsverfahren ist der Gewinn $\Delta n_2 - \Delta n$ nicht konstant, sondern mit größer werdendem Δn ansteigend. Ableitungen für den symmetrischen Binärcode und den Graycode unter sonst gleichen Voraussetzungen (gleichmäßige Quantisierung, Gleichverteilung der Amplitudenwerte) sind sehr viel komplizierter und daher hier nicht angegeben. Es zeigt sich, daß die Werte für Δn_2 im Mittel um einige dB niedriger liegen [10.8].

Für den Anwender interessanter sind Ergebnisse bei ungleichmäßiger Quantisierung, z. B. nach (10.2), und bei ungleichmäßiger Verteilung der

Signalwerte, z. B. nach (10.36) bis (10.38). Bei diesen Berechnungen müssen (10.88) und (10.89) mit ihren Zahlenwerten in (10.91) eingesetzt werden. Nimmt man an, daß die Bitfehler wiederum so selten auftreten, daß in einem Codewort nicht mehr als ein Bit verfälscht wird, dann ist

$$N_2 = p \sum_{\xi=1}^{q} p_\xi \sum_{\varrho=1}^{r_0} (S_{2,\xi} - S_{2,\xi\varrho})^2; \tag{10.96}$$

darin ist p die Bitfehlerwahrscheinlichkeit, p_ξ die Wahrscheinlichkeit für das Auftreten des bei fehlerloser Übertragung decodierten Amplituden-

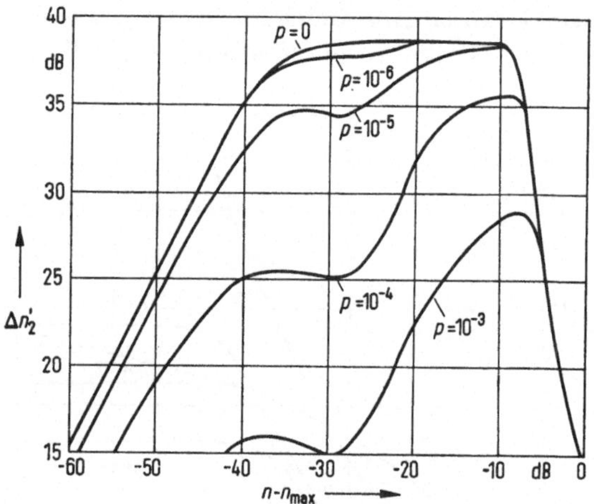

Bild 10.39. Signal-Geräusch-Abstand $\Delta n_2'$ in Abhängigkeit von der Aussteuerung entsprechend Bild 10.21 für $q = 256$ Amplitudenstufen; Parameter Bitfehlerwahrscheinlichkeit p.

wertes $S_{2,\xi}$ (siehe Bild 10.17) und $S_{2,\xi\varrho}$ derjenige Amplitudenwert, der nach Verfälschung des ϱ-ten Codeelementes innerhalb eines r_0-stelligen Codewortes erzeugt wird.

Da die durch Bitfehler verursachten Verzerrungen des empfangsseitig zurückgewonnenen primären Signals mit den Quantisierungsverzerrungen nicht korreliert sind, können beide unabhängig voneinander betrachtet und ihre Leistungen addiert werden. Dann läßt sich ein Signal-Gesamtgeräusch-Abstand definieren, der gegeben ist durch

$$\Delta n'_2 = 10 \lg [P_2/(N_2 + P_Q)] \text{ dB}. \tag{10.97}$$

In Analogie zu Bild 10.21, wo nur die Quantisierungsverzerrung als Geräusch wirkt, ist in Bild 10.39 der Abstand $\Delta n_2'$ vom Gesamtgeräusch für eine 8-bit-Codierung mit symmetrischem Binärcode in Abhängigkeit von der Aussteuerung aufgetragen. Man sieht, daß gegenüber dem ungestörten Fall ($p = 0$, direkt von Bild 10.21 übernommene Kurve) die

Wirkung der Bitfehlerhäufigkeit im mittleren Aussteuerbereich am größten ist und für $p = 10^{-3}$ Verschlechterungen von mehr als 20 dB bringt. Für eine mittlere Aussteuerung wurden aus Bild 10.39 Kurvenwerte übernommen und auf Bild 10.38 übertragen (ausgezogene Kurve, $q = 256$). Hier erkennt man die Geräuschschwelle bei PCM: Oberhalb von $\Delta n = 13{,}5$ dB ist $\Delta n_2'$ nur durch die Quantisierungsverzerrungen bestimmt und damit konstant. Eine Verringerung von Δn um nur wenige dB bringt jedoch eine starke Verringerung des Gewinns $\Delta n_2' - \Delta n$, der für $\Delta n < 8$ dB sogar in einen Verlust übergeht. Entsprechende Kurven für $q = 128$ und $q = 64$ liegen jeweils 6 dB tiefer, die Geräuschschwelle ist nur geringfügig zu kleineren Werten hin verschoben. Die drei Kurven gehen ineinander über, wenn das Geräusch überwiegend durch die Bitfehler bestimmt wird. Die strichpunktierte Kurve zeigt die gleichen Zusammenhänge für ein frequenzmoduliertes Signal, wobei der Frequenzhub so groß gewählt ist, daß die Bandbreite des HF-Signals etwa derjenigen eines mit acht Bits codierten PCM-Signals entspricht. Es zeigt sich, daß die Geräuschschwelle bei einem etwas kleineren Wert von Δn liegt wie bei PCM, daß sie nicht so ausgeprägt ist und daß im Gegensatz zur PCM die Kurve oberhalb der Schwelle mit konstantem Gewinn ansteigt.

Zum Einfluß der Bitfehlerhäufigkeit kann noch folgendes bemerkt werden:

1. Im Gegensatz zur Gleichverteilung ist bei Signalen, deren Werte ein Maximum der Wahrscheinlichkeitsdichte $w(x)$ im Nullpunkt haben (Sprachsignale und Signale mit rauschartigem Charakter), die Verwendung des symmetrischen Binärcodes günstiger als die des Dualcodes oder des Graycodes. Das führt zu Verbesserungen des Signal-Geräusch-Abstandes bis zu 10 dB und gilt auch für kompandierte Signale.

2. Bei gegebener Bitfehlerhäufigkeit ist die Verringerung von $\Delta n_2'$ um so größer, je mehr Stellen der verwendete Code hat [10.8].

Die Ergebnisse dieses Abschnittes wurden für die PCM abgeleitet. Sie gelten auch für die DPCM, wenn sie auf das *Differenz*signal angewendet werden. Da nach (10.57) empfangsseitig das primäre Signal durch Aufsummierung von Differenzwerten zurückgewonnen wird, wirkt sich jede Verfälschung eines Differenzwertes theoretisch beliebig lange aus. Das kann man mildern, indem man in (10.57) den Faktor a_1 kleiner als Eins wählt. Da jeder Differenzwert Δs_2 nach v Taktschritten nur noch mit dem Faktor a_1^v in die Summe eingeht, klingt auch das „Gedächtnis" für einen falsch übertragenen Differenzwert entsprechend ab. Da a_1 jedoch auch nicht zu klein gewählt werden darf, wenn man mit der Prädiktion dem Signal gut folgen will, muß es einen optimalen Wert geben, der von der Statistik des übertragenen Signals und von p abhängt. Bild 10.40 zeigt den Signal-Geräusch-Abstand $\Delta n_2'$ für ein Fernsehsignal, das in 4-bit-DPCM umgesetzt wurde, abhängig vom Gewichtsfaktor a_1 [10.27]. Parameter ist die Bitfehlerwahrscheinlichkeit p. Mit $a_1 = 0$ werden die Vorhersagewerte gleich Null; man erhält den Signal-Geräusch-Abstand für ein 4-bit-PCM-System. Aus der Differenz der Kurvenwerte für $a_1 = 0$ und den Maximalwerten läßt sich der Gewinn

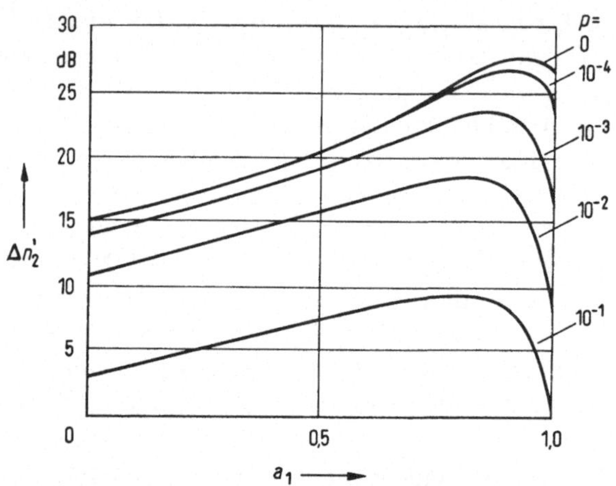

Bild 10.40. Signal-Geräusch-Abstand Δn_2 für 4-bit-DPCM in Abhängigkeit vom Prädiktionsfaktor a_1 nach [10.73]; Parameter Bitfehlerwahrscheinlichkeit p.

der DPCM gegenüber PCM ablesen. Für $p = 0$ beträgt er 13 dB. Das sind, da der Signal-Geräusch-Abstand a_Q sowohl für PCM als auch für DPCM mit $6\,r_0$ dB ansteigt [vgl. (10.67) und (10.68)], etwas mehr als 2 bit.

10.5. Mehrfachmodulation

Im folgenden sollen kombinierte Pulsverfahren behandelt werden, bei denen das modulierende Signal selbst das Produkt einer digitalen Modulation, z. B. einer PCM ist und seinerseits einen Sinusträger moduliert. Signalparameter können dabei wiederum die Amplitude, die Phase und die Frequenz sein. Hauptanwendungsgebiete derartiger Verfahren sind der terrestrische Richtfunk und Satellitenverbindungen sowie die Übertragung auf Lichtwellenleitern.

Für die verschiedenen Signalparameter gibt es jeweils eine Reihe von Varianten, die sich durch die Modulations- und Demodulationsmethoden unterscheiden. Hier sollen nur die wichtigsten besprochen werden, wobei als Störquelle ein Rauschsignal angenommen wird. Ein

Vergleich der Verfahren soll sich auf die erforderliche Bandbreite und die Abhängigkeit der Bitfehlerwahrscheinlichkeit vom Signal-Geräusch-Abstand beschränken.

Obwohl die *Amplitudentastung* bei der Übertragung digital modulierter Signale von geringem Interesse ist, wird sie kurz insbesondere zu Vergleichszwecken behandelt.

Die Einseitenbandübertragung bringt in Analogie zu (9.29) gegenüber der Basisbandübertragung weder einen Gewinn noch einen Verlust; dementsprechend gilt für die Fehlerwahrscheinlichkeit auch Bild 10.36. Bei der Zweiseitenbandübertragung ist $B_h = 2B_0$; es wird die doppelte Geräuschleistung wirksam, und für die Fehlerwahrscheinlichkeit geht (10.85) bei binären Signalen ($b = 2$) über in

$$p = \frac{1}{2}\left[1 - \Phi\left(\sqrt{\frac{P}{4N_0}}\right)\right] \approx \frac{e^{-P/(4N_0)}}{1{,}77\sqrt{P/N_0}}\;^1 ; \qquad (10.98)$$

darin ist N_0 die Geräuschleistung im *Basis*band des *Digital*signals.

Wählt man statt einer kohärenten Demodulation die einfachere Hüllkurvendemodulation [10.28], so ergibt sich für die Fehlerwahrscheinlichkeit die etwas ungünstigere Abhängigkeit

$$p \approx \frac{1}{2}\,e^{-P/(4N_0)}. \qquad (10.99)$$

Die *Zweiphasen-Umtastung* (2-PSK) eines Trägers $S_0 \cos \omega_0 t$ mit $\pm\pi/2$ im Takte des binären Nachrichtenflusses führt bei phasenkohärenter Demodulation zu einer Fehlerwahrscheinlichkeit

$$p = \frac{1}{2}\left[1 - \Phi\left(\sqrt{\frac{P}{2N_0}}\right)\right] \approx \frac{e^{-P/(2N_0)}}{2{,}51\sqrt{P/N_0}}. \qquad (10.100)$$

Obwohl die zur Übertragung erforderliche Bandbreite $B_h = 2B_0$ ist, zeigt die Abhängigkeit der Fehlerwahrscheinlichkeit p vom Signal-Geräusch-Verhältnis P/N_0 keinen Gewinn gegenüber der Basisbandübertragung [vgl. (10.85) für $b = 2$]. Die hier nicht wiedergegebene Ableitung von (10.100) zeigt, daß die störungsbefreiende Wirkung der PSK in der Multiplikation des Rauschens mit dem zum Sendeträger phasensynchronen Demodulationsträger liegt. Dadurch wird die halbe Rauschleistung in den Bereich der doppelten Trägerfrequenz umgesetzt und kann weggefiltert werden. Bei fehlender Phasengleichheit, aber noch angenäherter Frequenzgleichheit findet diese Störungsbefreiung nur noch unvoll-

---

[1] Siehe hierzu auch Fußnote zu (10.85).

ständig statt; sie schwankt im Takte der Schwebung. Diese Tatsache
macht sich die differentielle Phasenumtastung zunutze.

Bei der *differentiellen Zweiphasen-Umtastung* (2-DPSK) wird derart
moduliert, daß für den Zustandswert O z. B. die Trägerphase um π
verändert wird, für den Zustandswert L jedoch unverändert bleibt. Da
hier die Information nicht in der absoluten Phasenlage, sondern im
Phasensprung liegt, wird bei der DPSK empfangsseitig keine Kenntnis
über die Phasenlage des Sendeträgers benötigt. Das binäre Signal wird
zurückgewonnen, indem das Signal im Empfänger um eine Bitperiode
verzögert und mit dem unverzögerten verglichen wird; sind beide innerhalb einer Bitperiode gleichphasig, so wird der Wert L, im anderen Fall
der Wert O erkannt. Bei gleichem Bandbreitenbedarf wie bei der 2-PSK
führt die 2-DPSK zu einer Fehlerwahrscheinlichkeit entsprechend

$$p \approx \frac{1}{2}\, \mathrm{e}^{-P/(2N_0)}. \tag{10.101}$$

Für die *Frequenzumtastung* mit zwei Frequenzen (2-FSK) werden im
wesentlichen drei Demodulationsmethoden unterschieden. Bei der
Zweibandmethode wird der Frequenzhub ΔF so groß gewählt, daß die
Frequenzen $f_1 = f_0 + \Delta F$ und $f_2 = f_0 - \Delta F$, die die beiden Binär-
zustände kennzeichnen, weit genug auseinander liegen. Die beiden
Spektralanteile oberhalb und unterhalb der Mittenfrequenz f_0 können
dann mit entsprechenden Bandpässen je für sich ausgefiltert werden. Bei
der kohärenten Demodulation folgt jedem Empfangsfilter ein Modulator,
dessen Träger mit den zugehörigen Sendefrequenzen f_1 und f_2 phasen-
gleich ist. Durch Vergleich der Ausgangssignale zweier sich anschließen-
der Detektoren wird die Folge der Zustandswerte des Signals erkannt.
Mit dieser Anordnung ergibt sich eine Fehlerwahrscheinlichkeit entsprechend (10.98); trotz eines höheren technischen Aufwandes ist mit dieser Demodulationsmethode die 2-FSK um 3 dB schlechter als die 2-PSK.
Werden anstelle der Modulatoren hinter den Empfangsfiltern Gleich-
richter benutzt, so erhält man eine Hüllkurvendemodulation. Mit ihr
ergibt sich die noch etwas ungünstigere Abhängigkeit für die Fehlerwahrscheinlichkeit nach (10.99).

Im Gegensatz zur Zweifilter-Methode wird bei der Diskriminatordemodulation mit nur einem Bandfilter gearbeitet. Hierbei garantiert eine
Amplitudenbegrenzung die bei FM erwünschte und bekannte Störungs-
minderung. Da durch die nichtlineare Wirkung der Amplitudenbegrenzung die bis dahin vorhandene Gaußverteilung des Rauschens verloren-
geht, ist eine Berechnung der Fehlerwahrscheinlichkeit nur angenähert
möglich. Bei großen Signal-Geräusch-Abständen kann man den durch
(9.35) definierten Gewinn $r_N{}^{FM}$ ansetzen. Geht man hingegen bei der

Übertragung von einer festen Bandbreite $B_h = 2B_0$ aus, so ist für Fehlerwahrscheinlichkeiten von $p \leq 10^{-6}$ die 2-FSK mit Diskriminatordemodulation um etwa 3 dB ungünstiger als die 2-PSK mit kohärenter Demodulation und um etwa 2 dB ungünstiger als die 2-DPSK [10.29].

Bild 10.41 zeigt die Abhängigkeit der Fehlerwahrscheinlichkeit p vom Signal-Geräusch-Abstand $\Delta n = 10 \lg (P/N_0)$ für die hier betrachteten Fälle (siehe Bildunterschrift). Dabei wurde von vereinfachten

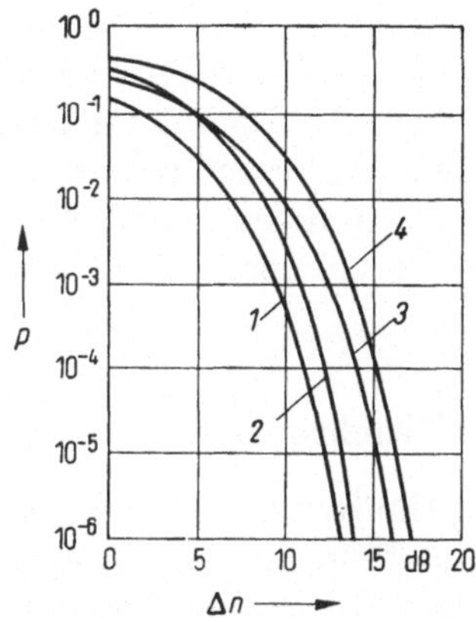

Bild 10.41. Fehlerwahrscheinlichkeit p in Abhängigkeit vom Signal-Geräusch-Abstand Δn für verschiedene Verfahren der Mehrfachmodulation.

Kurve *1*: Einseitenband-Modulation (ESB) und Zweiphasen-Umtastung
mit kohärenter Demodulation (2-CPSK) nach (10.100);
Kurve *2*: Differentielle Zweiphasen-Umtastung (2-DPSK) nach (10.101);
Kurve *3*: Amplitudentastung und Frequenzumtastung (2-FSK) mit kohärenter
Demodulation nach (10.98);
Kurve *4*: Amplitudentastung und Frequenzumtastung (2-FSK) mit Hüllkurven-
demodulation nach (10.99).

theoretischen Ansätzen ausgegangen. Durch höheren Aufwand (z. B. Anpassung der Filter an die Signalspektren) kann insbesondere für die FSK eine günstigere Abhängigkeit der Fehlerwahrscheinlichkeit vom Signal-Geräusch-Verhältnis erzielt werden. Da Kurve *1* mit der in Bild 10.36 für $b = 2$ gezeigten identisch ist, ergibt sich, daß alle in diesem Abschnitt behandelten Verfahren bei vorgegebener Fehlerwahrscheinlichkeit den gleichen oder einen höheren Signal-Geräusch-Abstand erfordern als bei der Basisbandübertragung. Weiterhin sei noch darauf hingewiesen, daß die Kurve *2* für die 2-DPSK einen etwas steileren Verlauf hat als die anderen Kurven.

Bei allen beschriebenen Verfahren ist auch eine Mehrstufenübertragung möglich, wie sie im Prinzip im Abschnitt 10.4.2 für die Basisbandübertragung beschrieben wurde. Auch hier muß der Gewinn an Übertragungsbandbreite mit einer Erhöhung des Signal-Geräusch-

Abstandes bezahlt werden, die jedoch bei Phasen- und Frequenzumtastung nicht so groß ist wie bei Amplitudentastung. Eine Ausnahme
bildet der Übergang von der 2-PSK zur 4-PSK. Entsprechend den Ausführungen zu Bild 8.10 kommt man auch hier bei gleichem Informationsfluß mit der halben Übertragungsbandbreite aus, da den vier um $\pi/2$
gegeneinander versetzten Phasenlagen die Informationsmenge von 2 bit
zugeordnet werden kann. Trotzdem braucht in diesem Fall der Signal-
Geräusch-Abstand nicht erhöht zu werden. Wird nämlich die 4-PSK
als eine bipolare Amplitudentastung von zwei um $\pi/2$ zueinander versetzten Trägerschwingungen aufgefaßt — in der Analogtechnik bekannt
als Quadraturmodulation —, so können beide Träger unabhängig voneinander demoduliert werden. Wegen des Phasenversatzes um $\pi/2$ fällt
die Information der einen Trägermodulation bei der Demodulation der
anderen Trägermodulation in deren Nullebene. Aus diesem Grunde hat
die Vierphasen-Umtastung bei der praktischen Anwendung die größte
Bedeutung erlangt.

10.6. Maßnahmen zur Synchronisation

In den vergangenen Abschnitten ist ohne besondere Erwähnung vorausgesetzt worden, daß die Pulse auf der Empfangsseite frequenz- und
zeitrichtig verteilt werden. In diesem Abschnitt sollen kurz die Maßnahmen betrachtet werden, die für diesen Synchronismus sorgen.

Bei der Frequenzbündelung braucht prinzipiell nur *eine* der vielen
Trägerfrequenzen übermittelt zu werden. Da die Relation zwischen den
verschiedenen Trägerfrequenzen bekannt ist, können sie auf der Empfangsseite örtlich wieder hergestellt werden. Bei Sprachübertragung sind
sogar Abweichungen von einigen Hertz zulässig, so daß die Übertragung
einer Bezugsfrequenz entfallen kann. Die Frequenzgenauigkeit von
Quarzgeneratoren auf der Sende- und Empfangsseite ist ausreichend.
Im Gegensatz dazu erfordert die *zeitliche* Erkennung eines Signals
immer das Vorhandensein von Bezugszeitpunkten, die zweckmäßig aus
dem Signal selbst ableitbar sein sollen.

Bei digital modulierten Signalen unterscheidet man die richtige Erkennung der Taktphase eines Codeelementes, eines Codewortes und —
bei Zeitmultiplex-Verfahren — eines Pulsrahmens; demgemäß spricht
man von Bitsynchronisation, von Wortsynchronisation und von Rahmensynchronisation. Die Notwendigkeit der *Bitsynchronisation* wurde
bereits bei der Erklärung von Bild 10.34 gezeigt: Aus dem ankommenden
Digitalsignal müssen Taktimpulse abgeleitet werden, die jeweils in die
Mitte einer Bitperiode fallen, denn nur zu diesem Zeitpunkt ist eine
optimale Entscheidung über den jeweiligen Zustandswert des Codeelementes möglich. Sieht man von hierfür besonders geeigneten Impuls-

formen ab, so muß zur „jitter"-freien Gewinnung dieser Taktimpulse das Digitalsignal hinreichend viele Zustands*änderungen* enthalten; nur diese können die notwendige Information hierzu liefern. Das ist beispielsweise nicht erfüllt, wenn man mit großer Wahrscheinlichkeit mit längeren Nullfolgen rechnen muß. Die Zahl der Zustandsänderungen kann man jedoch durch hierfür geeignete Codeumsetzungen erhöhen. So hat beispielsweise der symmetrische Binärcode (Bild 10.9c) größere Nullfolgen in den bei Sprachübertragung mit größerer Wahrscheinlichkeit auftretenden Codewörtern, die auch nach Umsetzung in den pseudoternären Code keinen Beitrag zur Taktinformation leisten. Das läßt sich verbessern durch Umsetzung in den *alternierenden symmetrischen Binärcode*, bei dem jedes zweite, vierte, sechste usw. Codeelement eines Codewortes gegenüber dem ursprünglichen Code invertiert wird. Beim pseudoternären Code können größere Nullfolgen durch bestimmte Null-Eins-Folgen ersetzt werden. Damit diese Null-Eins-Folgen empfangsseitig wieder als Nullfolgen erkannt werden können, wird in diesen Fällen für die Einsen das Gesetz der Alternierung zur Bildung des pseudoternären Codes nach bestimmten Vorschriften absichtlich verletzt [10.30].

Die Taktinformation zur Rückgewinnung der Bitfolgefrequenz f_b kann dem Digitalsignal nicht unmittelbar entnommen werden, da dessen Spektrum bei der Frequenz $1/T_b$ keine diskrete Linie enthält (siehe Bild 10.32). Wird jedoch das Signal differenziert und anschließend doppelweggleichgerichtet, so ist diese Frequenz diskret enthalten; aus dem überlagerten kontinuierlichen Spektrum kann sie mit schmalbandigen Filtern oder mit nachgezogenen Oszillatoren zurückgewonnen werden.

Im Abschnitt 8.2.2 wurden Beispiele für Codes gezeigt, bei denen empfangsseitig eine *Wortsynchronisation* zu jedem Zeitpunkt möglich ist. Das trifft für die in der PCM-Technik gebräuchlichen Codearten — z. B. den Dualcode oder den Graycode — nicht ohne weiteres zu. Hierbei ist eine Selbstsynchronisierung nur möglich, wenn das Codesignal redundanzbehaftet ist. Geht man z. B. von einer Wahrscheinlichkeitsverteilung entsprechend Bild 10.30 aus und wendet diese auf den in Bild 10.9b dargestellten Graycode an, so zeigt sich, daß für das jeweils erste Bit der Codewörter $p(\mathsf{O}) = p(\mathsf{L}) = 0{,}5$, für das jeweils zweite Bit jedoch $p(\mathsf{L}) \gg p(\mathsf{O})$ ist, da in der Umgebung der Nullinie an dieser Stelle der Codewörter nur L-Elemente stehen. Hat man in einer Folge von Codewörtern bekannter Stellenzahl erkannt, an welcher Stelle jeweils das zweite Bit steht, so ist die Wortsynchronisation ohne Schwierigkeit hieraus abzuleiten, da außerdem für die weiteren Bitstellen $p(\mathsf{L}) \ll p(\mathsf{O})$ ist.

Derartige Möglichkeiten bestehen bei der Kanal- oder *Rahmensynchronisation* nicht. Bei der Übertragung mehrerer Digitalsignale im

Zeitmultiplexbetrieb wird meistens das in Bild 9.38 dargestellte Verfahren der blockweisen Bündelung verwendet, wobei jeder Block die Länge eines Codewortes hat. Da dem Empfänger sowohl die Zahl der Kanäle als auch der Codeelemente pro Codewort sowie beider Reihenfolge bekannt ist, würde es genügen, zumindest einmal bei Beginn einer Sendung ein Kennzeichen mitzusenden, das das erste Bit des ersten Codewortes festlegt. Hieraus könnte die Wort- *und* Rahmensynchronisation für die gesamte Dauer des Signals abgeleitet werden. Um gegen Störungen sicher zu sein, hat man als vorteilhaft erkannt, diese zeitliche Markierung fortlaufend zu wiederholen, und zwar für jeden Pulsrahmen von z Kanälen je einmal. Durch Auswertung dieser Synchronisierzeichen kann die genaue Zeitlage der aufeinanderfolgenden Pulsrahmen empfangsseitig erkannt werden. In der Regel wird man sich hierfür der gleichen Zustandswerte bedienen, wie sie für die Übertragung der eigentlichen Nachricht verwendet werden, im einfachsten Fall also der beiden Binärzeichen O und L. Hierfür gibt es zwei Möglichkeiten:

1. Man fügt in den Rahmen eine bestimmte Kombination dieser beiden Zeichen ein, die als Codewort für die Nachrichtenübertragung vermieden wird und auch nicht durch Kombination der letzten Elemente eines Codewortes mit den ersten Elementen eines darauffolgenden Codewortes vorgetäuscht werden kann. Das hat den Vorteil, daß innerhalb des zeitlichen Ablaufes eines Rahmens seine Phasenlage *mit Sicherheit* erkannt und damit die Wort- und Rahmensynchronisation hergestellt wird. Nachteilig hierbei ist, daß die Zusammensetzung der nachrichtentragenden Codewörter ziemlich großen Einschränkungen unterliegt. Diese Einschränkungen sind um so geringer, je länger das Synchronisierwort ist.

2. Man fügt in den Rahmen eine Synchronisierinformation ein, die den obigen Einschränkungen nicht unterliegt. Damit ist für die richtige Wort- und Rahmensynchronisation nur eine *gewisse Wahrscheinlichkeit* gegeben, die jedoch von Rahmen zu Rahmen immer größer wird, weil es in dem gleichen Maße immer unwahrscheinlicher wird, daß die Synchronisierinformation an einer anderen Stelle des Rahmens periodisch vorgetäuscht wird.

Da es in der Regel genügt, wenn die Synchronisation nach einer relativ großen Zahl von Rahmenperioden hergestellt ist, wird meistens die zweite Möglichkeit gewählt [10.31]. In diesem Fall kann man nur von einer mittleren Synchronisierzeit sprechen. Diese hängt ab

1. vom Anteil der zur Verfügung gestellten Synchronisierbits im Informationsfluß (die Synchronisierzeit wird um so kürzer sein, je größer der Anteil ist);

2. von der Wahl der Kombination der O- und L-Elemente innerhalb eines Synchronisierwortes (es gibt günstigere und ungünstigere Kombinationen);

3. von der absoluten Wortlänge der Synchronisierinformation (es gibt einen optimalen Zusammenhang zwischen der Länge eines Synchronisierwortes und der Länge des zwischen zwei Synchronisierwörtern liegenden Nachrichtenblocks).

Der Unterschied zwischen den Möglichkeiten 1. und 3. wird an folgendem Beispiel klar: Ist der Anteil der zur Verfügung gestellten Synchronisierbits nach 1. mit 1/32 gewählt worden, so kann man nach 3. auf jeweils ein Synchronisierbit 31 Nachrichtenbits folgen lassen — in diesem Fall spricht man von verteilter Synchronisation —, oder man kann auf jeweils acht Synchronisierbits 248 Nachrichtenbits folgen lassen — in diesem Fall spricht man von *Blocksynchronisation* [10.32].

Bei der Entscheidung für die Wahl eines Synchronisierverfahrens spielen neben der Forderung nach kurzer Synchronisierzeit auch Fragen des Aufwandes und des Einflusses von Bitfehlern bei der Übertragung eine Rolle. Bei großen Bitfehlerwahrscheinlichkeiten kann der Ausfall der Synchronisation schwerer wiegende Folgen haben als die Verfälschung der Nachricht.

Zum Schluß sei noch ein Verfahren zur Rahmensynchronisation erwähnt, das im Gegensatz zu den vorstehend behandelten bei *jeder* Art von Pulsmodulation angewendet werden kann. Bei dieser mit *Kennton-Verfahren* bezeichneten Synchronisierung wird im Kanal 1 eines Zeitmultiplexsystems neben dem primären Signal eine andauernde Sinusschwingung übertragen, deren Frequenz entweder oberhalb oder unterhalb des Modulations-Frequenzbandes liegt. So kann der Kanal weiterhin als Nachrichtenkanal verwendet werden, da der Markierungston auf der Empfangsseite mit einem Filter ausgesiebt wird. Bei kleiner Aussteuerung durch den Kennton wird die Güte dieses Kanals kaum beeinträchtigt. Auf der Empfangsseite wird der Verteilerschalter (siehe Bild 9.35) so lange in der Phase verschoben, bis der demodulierte Kennton im Ausgang für den Kanal 1 erkannt wird. Dann ist auch der Synchronismus für die anderen Kanäle hergestellt. Dieses Verfahren ist verhältnismäßig wenig aufwendig und erfordert kaum zusätzlichen Nachrichtenfluß. Da sich jedoch bei digitaler Modulation sehr viel längere Synchronisierzeiten ergeben als durch Einfügen von digitaler Synchronisierinformation, bleibt seine Anwendung meistens auf die Übertragung mit wertkontinuierlicher Pulsmodulation beschränkt.

Literaturverzeichnis

Allgemeine Literatur

Campbell, G. A., Foster, R. M.: Fourier Integrals for Practical Applications, New York: Van Nostrand 1948.

Goldman, S.: Frequency Analysis, Modulation and Noise, New York: McGraw Hill 1948.

Wiener, N.: The Extrapolation, Interpolation, and Smoothing of Stationary Time Series, New York: Wiley 1950.

Wagner, K. W.: Operatorenrechnung und Laplacetransformation, Leipzig: Barth 1950.

Doetsch, G.: Handbuch der Laplace-Transformation, 3 Bände, Basel: Birkhäuser 1971, 1973, 1973.

Black, H. S.: Modulation Theory, New York: Van Nostrand 1953.

Moskowitz, S., Racker, J.: Pulse Techniques, 3. Aufl., New York: Prentice-Hall 1954.

Kaden, H.: Impulse und Schaltvorgänge in der Nachrichtentechnik, München: Oldenbourg 1957.

Oberhettinger, F.: Tabellen zur Fourier-Transformation, (Grundl. d. math. Wiss., Bd. 90), Berlin, Göttingen, Heidelberg: Springer 1957.

Lee, Y. W.: Statistical Theory of Communication, New York: Wiley 1960.

Feldtkeller, R.: Einführung in die Vierpoltheorie der elektrischen Nachrichtentechnik, 8. Aufl., Stuttgart: Hirzel 1976.

Shannon, C. E.: The Mathematical Theory of Communication, 9. Aufl., Urbana: Univ. of Illinois Press 1962.

Jury, E. I.: Theory and Application of the Z-Transform Method, New York: Wiley 1973.

Wozencraft, J. M., Jacobs, I. M.: Principles of Communication Engineering, New York: Wiley 1965.

Panter, P. F.: Modulation, Noise and Spectral Analysis, New York: McGraw-Hill 1965.

Hölzler, E., Thierbach, D.: Nachrichtenübertragung, Grundlagen und Technik, Berlin, Heidelberg, New York: Springer 1966.

Jahnke, E., Emde, F., Loesch, F.: Tafeln höherer Funktionen, 7. Aufl., Stuttgart: Teubner 1966.

Doetsch, G.: Anleitung zum praktischen Gebrauch der Laplacetransformation und der Z-Transformation, 4. Aufl., München: Oldenbourg 1981.

Sauer, R., Szabo, I. (Hrsg.): Mathematische Hilfsmittel des Ingenieurs (Grundl. d. math. Wiss., Bd. 139 bis 142), Berlin, Heidelberg, New York: Springer 1967, 1969, 1968, 1970 (besonders Teil I).

Behnke, H.: Grundzüge der Mathematik, Band V: Praktische Methoden und Anwendungen der Mathematik, Göttingen: Vandenhoeck & Ruprecht 1968.

Küpfmüller, K.: Die Systemtheorie der elektrischen Nachrichtenübertragung, 4. Aufl., Stuttgart: Hirzel 1974.

Wunsch, G.: Systemanalyse, Heidelberg: Hüthig 1970.

Küpfmüller, K.: Einführung in die theoretische Elektrotechnik, 11. Aufl., Berlin, Heidelberg, New York: Springer 1984.

Spătaru, A.: Theorie der Informationsübertragung, Signale und Störungen, Braunschweig: Vieweg 1973.

Lüke, H. D.: Signalübertragung, 2. Aufl., Berlin, Heidelberg, New York: Springer 1983 (Nachdruck von 1979).

Literatur zu Abschnitt 2

2.1 Fischer, F. A.: Einführung in die statistische Übertragungstheorie, Mannheim/Zürich: Bibliograph. Institut 1969.

2.2 Harmuth, H. F.: Transmission of Information by Orthogonal Functions, Berlin, Heidelberg, New York: Springer 1969 (2nd edition 1972).

2.3 Bößwetter, C., Gethöffer, H.: Die gegenwärtige Spektraldarstellung von trigonometrischen Funktionen und Walshfunktionen. Nachr.-techn. Z. 24 (1971) 189 bis 192.

2.4 Weiß, P.: Über die Verwendung von Walshfunktionen in der Codierungstheorie. Arch. elektr. Übertrag. 21 (1967) 255—258.

2.5 Lüke, H. D.: Binäre orthogonale Signalalphabete und spezielle Korrelationseigenschaften. Arch. elektr. Übertrag. 20 (1966) 310—316.

Ferner:

Walsh, J. L.: A Closed Set of Normal Orthogonal Functions. Am. J. Math. 45 (1923) 5—24.

Literatur zu Abschnitt 3

3.1 Günther, G.: Neuere Fortschritte in der Fouriertransformation. Elektron Datenverarb. 11 (1969) 275—280.

3.2 Schüßler, W.: Eigenschaften und Entwurf digitaler Filter. Nachricht.-techn. Z. 24 (1961) 289—298.

3.3 Kaufmann, H.: Dynamische Vorgänge in linearen Systemen der Nachrichten- und Regelungstechnik, München: Oldenbourg 1959 S. 97ff.

Ferner:

Cooley, J. W., Tuckey, J. W.: An Algorithm for the Machine Calculation of Complex Fourier Series. Math. Comput. 19 (1965) 297—301.

Cooley, J. W.: Applications of the Fast Fourier Transform Methods. Proc. IBM Scientific Computing Symp. on Digital Simulation of Continuous Systems, Thomas J. Watson Research Center, Yorktown Heights, N. Y. 1966.

Stockham, T. G.: High-Speed Convolution and Correlation. 1966 Spring Joint Computer Conf., AFIPS Proc., vol. 28, Washington, D. C.: Spartan Books, S. 229—233.

Cochran, W. T. et al.: What is the Fast Fourier Transform? IEEE Trans. AU-15 (1967) 45—55.

Cooley, J. W., Lewis, P.A.W., Welsh, P.D.: The Fast Fourier Transform Algorithm and its Application, IBM Research Paper RC-1743, February 1967.

Cooley, J. W., Lewis, P. A. W., Welsh, P. D.: Application of the Fast Fourier Transform to Computation of Fourier Integrals, Fourier Series, and Convolution Integrals. IEEE Trans. AU-15 (1967) 79—84.

Brenner, N. M.: Three Fortran Programs that Perform the Cooley-Tuckey Fourier Transform. Tech. Note 1967-2, Lincoln Laboratory, MIT, Lexington, Mass., July 1967.

Tuckey, J. W.: An Introduction to the Calculation of Numerical Spectrum Analysis; in: Spectral Analysis of Time Series, B. Harris ed., New York: Wiley 1967, S. 25—46.

Yavue, R.: An Economical Method for Calculating the Discrete Fourier Transform, 1968 Fall Joint Computer Conf., IFIPS Proc., vol. 33, Washington, D. C.: Spartan Books, S. 115—125.

Bergland, G. D.: Fast Fourier Transform Hardware Implementations — A Survey. IEEE Trans. AU-17, (1969) 109—119.

Meder, H.: Digitale Filter und ihre Anwendungen. IBM-Nachr. 19 (1969) 843—849.

Singleton, R. C.: Algorithm 345, an Algol Convolution Procedure Based on the Fast Fourier Transform. Commun. Assoc. Comput. Mach., 12 (1969) 179—187.

Fisher, J. R.: Fortran Program for Fast Fourier Transform. Naval Research Laboratory, Washington, D. C., AD 706003, April 16, 1970, National Techn. Service, USA, Springfield, Virg. 22151.

Unbehauen, R.: Zur Synthese digitaler Filter. Arch. elektr. Übertrag. 24 (1970) 305—313.

Schüßler, H.-W.: Digitale Systeme zur Signalverarbeitung, Berlin, Heidelberg, New York: Springer 1973.

Literatur zu Abschnitt 4

4.1 Raabe, H.: Untersuchungen an der wechselzeitigen Mehrfachübertragung (Multiplex-Übertragung). Elektr. Nachrichtentechn. 16 (1939) 213—228.
Shannon, C. E.: A Mathematical Theory of Communication. Bell Syst. Techn. J. 27 (1948) 379—423, 623—658.

4.2 Bößwetter, C.: Signalanalyse und -synthese mit Hilfe orthogonaler Filter. Frequenz 25 (1971) 9—14.

4.3 Eier, R.: Signalanalyse mit Laguerreschen Polynomen. Arch. elektr. Übertrag. 20 (1966) 185—194.

4.4 Winkler, G.: Allgemeine optimale Bayessche Detektionssysteme. Arch. elektr. Übertrag. 19 (1965) 321—325.

4.5 Rasch, J.: Zur Abtastung bandbegrenzter Nachrichten. Arch. elektr. Übertrag. 21 (1967) 13—18.

4.6 Günther, G.: Über die Abtastung von Signalfunktionen mit begrenztem Spektrum durch Einfach- und Mehrfachtakt. Arch. elektr. Übertrag. 26 (1972) 165—170.

4.7 Hölzler, E.: Einige Bemerkungen zu Spezialfällen des Abtasttheorems. Frequenz 31 (1977) 265—269.

Ferner:

Whittaker, E. T.: On the Functions which are Represented by the Expansions of the Interpolation Theory. Proc. Roy. Soc., Edinburgh 35 (1915) 181—194.

Ferrar, W. L.: On the Cardinal Function of Interpolation Theory. Proc. Roy. Soc., Edinburgh 45 (1925) 269—282; 46 (1925) 323—333.

Literatur zu Abschnitt 5

5.1 Gabor, D.: Theory of Communications. J. IEEE 93 (1946) 429—457.

5.2 Fowle, E. N.: The Design of FM Pulse-Compression Signals. IEEE Trans. IT-10 (1964) 61—67.

5.3 Key, E. L., Fowle, E. N., Haggarty, R. D.: A Method of Pulse Compressing Employing Nonlinear Frequency Modulation. Lincoln Lab., MIT, Lexington, Mass., Techn. Report 207 (September 1959).

5.4 Key, E. L., Fowle, E. N., Haggarty, R. D.: A Method of Designing Signals of Large Time Bandwidth Product. I. R. E. Intern. Conv. Record Pt. 4 (1961) 146—155.

5.5 Fowle, E. N.: A General Method of Controlling the Time and Frequency Envelopes of FM-Signals, Lincoln Lab., MIT, Lexington, Mass., Group Report 41G-0008 (June 1961).

5.6 Cook, C. E.: A Class of Nonlinear FM-Pulse-Compression Signals. Proc. IEEE 52 (1964) 1369—1371.

5.7 Thomson, W.: Proc. Roy. Soc. A 42 (1887) 80.

5.8 Vakman, D. E.: Sophisticated Signals and the Uncertainty Principle in Radar, Berlin, Heidelberg, New York: Springer 1968.

5.9 Wagner, K. W.: Über eine Formel von Heaviside zur Berechnung von Einschaltvorgängen. Arch. Elektrotechn. 4 (1915) 159—193.

5.10 Bode, H. W.: Network Analysis and Feedback Amplifier Design, New York: Nostrand 1951.

5.11 Wheeler, H. A.: The Interpretation of Amplitude and Phase Distortion in Terms of Paired Echos. Proc. IRE 27 (1939) 359—385.

5.12 Holzwarth, H.: Einschwingvorgänge bei Netzwerken minimaler Phase. Arch. elektr. Übertrag. 7 (1953) 473—477.

5.13 Küpfmüller, K.: Über Einschwingvorgänge in Wellenfiltern. Elektr. Nachr.-Techn. 1 (1924) 141—152.

5.14 Franklin, F., Kuo, Magnuson, W. G.: Computer Oriented Circuit Design, Englewood Cliffs, N. J.: Prentice Hall 1969.

5.15 Zobrist, G. W.: Network Computer Analysis, Cambridge, Mass.: Boston Technical Publishers 1969.

5.16 Renk, K.-D., Steinkopf, U.: Programme zur Analyse elektrischer Schaltungen — eine vergleichende Übersicht. Nachr.-techn. Z. 26 (1973), K37—K43.

Ferner:

Woodward, P. M.: Information Theory and Probability with Applications to Radar, London: Pergamon Press 1980 (Reprint of 1953).

Skolnik, M. I.: Introduction to Radar Systems, New York: McGraw-Hill 1980.

Cook, Ch. E., Bernfeld, M.: Radar Signals, London: Academic Press 1967.

Rihaczek, A. W.: Principles of High Resolution Radar, New York: McGraw-Hill 1969.

Literatur zu Abschnitt 6

6.1 Wiener, N.: The Extrapolation, Interpolation, and Smoothing of Stationary Time Series, New York: Wiley 1949.

6.2 Schlitt, H.: Systemtheorie für regellose Vorgänge, Berlin, Göttingen, Heidelberg: Springer 1960.

6.3 Kaden, H.: Theoretische Grundlagen der Datenübertragung, München: Oldenbourg 1968.

6.4 Postl, W.: Zur Berechnung der Leistungsdichte einer Klasse modulierter Impulsfolgen. Arch. elektr. Übertrag. 24 (1970) 17—20.

6.5 Postl, W.: Zur Berechnung der Leistungsdichte abschnittsweise korrelierter Impulsfolgen. Arch. elektr. Übertrag. 26 (1972) 240—241.

6.6 Fischer, F. A.: Einführung in die statistische Übertragungstheorie, Mannheim, Zürich: Bibliograph. Institut 1969.

6.7 Lüders, M.: Erzeugung und Autokorrelation von PSK-Signalen mit akustischen Oberflächenwellenleitungen. Nachr.-techn. Z. 26 (1973) 523—528.

6.8   Woodward, P. M.: Information Theory and Probability with Applications to Radar, London: Pergamon Press 1980 (Reprint of 1953).
6.9   Cook, Ch. E., Bernfeld, M.: Radar Signals, London: Academic Press 1967.
6.10 Rihaczek, A. W.: Principles of High Resolution Radar, New York: McGraw-Hill 1969.
6.11 Vakman, D. E.: Sophisticated Signals and the Uncertainty Principle in Radar, Berlin, Heidelberg, New York: Springer 1968.

Ferner:

Barker, R.: Group Synchronizing of Binary Digital Systems. Symposium Communication Theory, London 1952, S. 273—287.
Storer, J. E., Turner, R.: Optimum Finite Code Groups. Proc. IRE 46 (1958) 1649.
Davenport, W. B., Root, W. L.: An Introduction to the Theory of Random Signals and Noise, New York: McGraw-Hill 1958.
Middleton, D.: An Introduction to Statistical Communication Theory, New York: McGraw-Hill 1960.
Gilois, W.: Simulation und Analyse stochastischer Vorgänge, München: Oldenbourg 1967.
Berger, E. R.: in Steinbuch, K.: Taschenbuch der Nachrichtenverarbeitung, Nachrichtentheorie und Codierung, 2. Aufl., Berlin, Heidelberg, New York: Springer 1967, S. 73ff. (Taschenbuch der Informatik, Bd. 1—3, 1974).
Neuburger, E.: Eine systemtheoretische Ableitung des Wienerschen Optimalfilters. Arch. elektr. Übertrag. 24 (1970) 361—371.
Wunsch, G.: Systemanalyse, Bd. 2: Statistische Systemanalyse, Heidelberg: Hüthig 1970.
Root, W. L.: An Introduction to the Theory of the Detection of Signals in Noise. Proc. IEEE 58 (1970) 610—622.
Kraus, G.: Orthogonale Funktionssysteme mit Bandbegrenzung als Empfangssignal linearer Übertragungssysteme mit Abtastempfang und optimalen Suchfiltern. Arch. elektr. Übertrag. 26 (1972) 57—65.

Literatur zu Abschnitt 7

7.1   Stopper, H.: Ermittlung des Codes und der logischen Schaltung einer Zähldekade. Telefunken-Z. 33 (1960) 13—19.

Ferner:

Susskind, A.: Notes on Analog-Digital Conversion Techniques. Cambridge (Mass.): The Technology Press 1957.
Kürner, H.: Analog-Digital- und Digital-Analog-Umsetzer; in Steinbuch, K.: Taschenbuch der Informatik Bd. 2 S. 341—363 Berlin, Heidelberg, New York: Springer 1974.
Hoeschele, D. F.: Analog-to-digital/digital-to-analog Conversion Techniques, New York, London, Sidney: Wiley 1968.
Borucki, L., Dittmann, J.: Digitale Meßtechnik, 2. Aufl., Berlin, Heidelberg, New York: Springer 1971.
Vgl. auch die Angaben zu den Abschnitten 8 und 10.

Literatur zu Abschnitt 8

8.1   Schouten, J.: Einführung zur Themengruppe Theorie der Signale. Nachr.-techn. Fachber. 6 (1957) II/1—II/2.
8.2   Fano, R. M.: The Transmission of Information. MIT-Report 65 (1949).
8.3   Huffman, D. A.: A Method for the Construction of Minimum Redundancy Codes. Proc. IRE 40 (1952) 1098—1101.

8.4 Hamming, R.: Error Detecting and Error Correcting Codes. Bell Syst. techn. J. 29 (1950) 147—160.

8.5 Endres, W. (Hrsg.): Codierung. Nachr.-techn. Fachber. 40. Berlin: VDE-Verlag 1971, S. 128—187.

8.6 Berger, E. R.: Nachrichtentheorie und Codierung; in Steinbuch, K.: Taschenbuch der Nachrichtenverarbeitung, 2. Aufl., Berlin, Heidelberg, New York: Springer 1967 (Taschenbuch der Informatik, Bd. 1—3, 1974).

8.7 Nyquist, H.: Certain Factors Affecting Telegraph Speed. Bell Syst. techn. J.3 (1924) 324—346.

8.8 Küpfmüller, K.: Über Einschwingvorgänge in Wellenfiltern. Elektr. Nachrichten-Techn. 1 (1924) 141—152.

8.9 Shannon, C. E.: A Mathematical Theory of Communications. Bell Syst. techn. J. 27 (1948) 379—423, 623—656.

8.10 Tuller, W. G.: Theoretical Limitations on the Rate of Transmission of Information. Proc. IRE 37 (1949) 468—478.

8.11 Hartley, R. V. L.: Transmission of Information. Bell Syst. techn. J. 7 (1928) 535—563.

Ferner:

Shannon, C. E.: Communications in the Presence of Noise. Proc. IRE 37 (1949) 10—21.

Feldman, C. B., Bennett, W. R.: Band Width and Transmission Performance. Bell Syst. techn. J. 28 (1949) 490—595.

Piloty, R.: Über die Beurteilung der Modulationssysteme mit Hilfe des nachrichtentheoretischen Begriffes der Kanalkapazität. Arch. elektr. Übertrag. 4 (1950) 493—508.

Bode, H. W., Shannon, C. E.: A Simplified Derivation of Linear Least Square Smoothing and Prediction Theory. Proc. IRE (1950) 417—425.

Goldman, St.: Information Theory, New York: Prentice Hall 1953.

Küpfmüller, K.: Die Entropie der deutschen Sprache. Fernmeldetechn. Z. 7 (1954) 265—272.

Kolmogorov, A. N.: On the Shannon theory of information transmission in the case of continuous signals. IRE Trans. IT-2 (1956) 102—108.

Brillouin, L.: Science and Information Theory, New York: Academic Press 1956.

Neidhardt, P.: Einführung in die Informationstheorie, Berlin: Verlag Technik 1957.

Meyer-Eppler, W.: Grundlagen und Anwendungen der Informationstheorie, Berlin, Göttingen, Heidelberg: Springer 1959 (2. Aufl. 1969).

Zemanek, H.: Elementare Informationstheorie, München: Oldenbourg 1959.

Steinbuch, K.: Codierung für gestörte Kanäle. Nachr.-techn. Fachber. 19 (1960) 47—55.

Marko, H.: Die Ausnutzbarkeit eines Telegraphiekanals zur Informationsübertragung. Nachr.-techn. Z. 15 (1962) 451—466.

Berger, E., Piloty, H.: Erläuterungen zu den in der Informationstheorie verwendeten Begriffen der mathematischen Statistik. Nachr.-techn. Z. 16 (1963) 49—52.

Berger, E.: Codierung und Fehlersicherheit in informationstheoretischer Sicht. Nachr.-techn. Z. 16 (1963) 587—591.

Lotze, A.: Einführung in die Informationstheorie. Nachr.-techn. Z. 16 (1963) 473 bis 479.

Abramson, N.: Information Theory and Coding, New York: McGraw-Hill 1963.

Fey, P.: Informationstheorie — Einführung in die statistische Theorie der elektrischen Nachrichtenübertragung, Berlin: Akademie Verlag 1963.

Piloty, H.: Die Grundbegriffe der Informationstheorie. Nachr.-techn. Z. 17 (1964) 123—132.

Fano, R. M.: Informationsübertragung. Eine statistische Theorie der Nachrichtenübertragung, München, Wien: Oldenbourg 1966.

Peters, J.: Nachrichtentechnik und Entropie. Nachr.-techn. Z. 19 (1966) 614—617.

Peters, J.: Einführung in die allgemeine Informationstheorie, Berlin, Heidelberg, New York: Springer 1967.

Peterson, W.: Prüfbare und korrigierbare Codes, München, Wien: Oldenbourg 1967.

Musmann, H. G.: Grundlagen der Redundanzreduktion kontinuierlicher Information. Arch. elektr. Übertrag. 22 (1968) 368—378.

Musmann, H. G.: Angewandte Verfahren der Nachrichtenreduktion. Nachr.-techn. Z. 21 (1968) 521—527.

Lippmann, R.: Nachrichtenreduktion — Literaturbericht über ausgewählte praktische Verfahren. Deutsche Luft- u. Raumf. Mitt. 68—01 (1968).

Musmann, H. G.: Über redundanzreduzierende Quellencodierung. Deutsche Luft- u. Raumf. Forsch. Ber. 70—56 (1970).

Peters, J.: Entropie und Information. Physik in unserer Zeit 5 (1970) 162—167.

Raisbeck, G.: Informationstheorie, München: Oldenbourg 1970.

Gallager, R. G.: Information Theory and Reliable Communication, Wien, New York: Springer 1970.

Ohnsorge, H. (Hrsg.): Informations- und Systemtheorie in der digitalen Nachrichtentechnik. NTG-Fachber. 65, Berlin: VDE-Verlag 1978.

Kersten, R. (Hrsg.): Neue Aspekte der Informations- und Systemtheorie. NTG-Fachber. 84, Berlin: VDE-Verlag 1983.

Literatur zu Abschnitt 9

9.1 Kaden, H.: Theoretische Grundlagen der Datenübertragung, München, Wien: Oldenbourg 1968.

9.2 Kettel, E.: Die nichtlineare Verzerrung eines normalverteilten Rauschsignals. Arch. elektr. Übertrag. 22 (1968) 165—170.

9.3 Schottky, W.: Über spontane Stromschwankungen in verschiedenen Elektrizitätsleitern. Ann. Phys. 4 (1918) 541—567.

9.4 Johnson, I. B.: Thermal Agitation of Electricity in Conductors. Phys. Rev. 32 (1928) 97—109.
Nyquist, H.: Thermal Agitation of Electric Charge in Conductors. Phys. Rev. 32 (1928) 110—114.

9.5 Jacoby, H., Spenke, E.: Ein neuer Beitrag zur Ermittlung der erforderlichen Leistung von Trägerfrequenz-Vielfachverstärkern. Veröff. Nachrichtentechn. Siemens & Halske 9 (1939) 135—144. Weitere Literaturangaben siehe dort.

9.6 Holbrook, B. D., Dixon, J. T.: Load Rating Theory for Multi-Channel Amplifiers. Bell Syst. techn. J. 18 (1939) 624—644.

9.7 Schönhammer, K., Voss, H. H.: Fernschreib-Übertragungstechnik, München, Wien: Oldenbourg 1966.

9.8 Hönicke, H.: Untersuchungen an Pulsmodulationsverfahren. Nachrichtentechnik 8 (1958) 456—460; 8 (1958) 501—509; 9 (1959) 29—35.

Ferner:

Küpfmüller, K.: Über Beziehungen zwischen Frequenzcharakteristiken und Ausgleichsvorgängen in linearen Systemen. Elektr. Nachr.-Techn. 5 (1928) 18—32.

Küpfmüller, K.: Einschwingvorgänge in der Telegraphen- und Telephontechnik (Schwedisch). Teknisk Tidskrift 61 (1931) 153—160 u. 178—182.

Armstrong, E. H.: A Method of Reducing Disturbances in Radio Signaling by a System of Frequency Modulation. Proc. IRE 24 (1936) 689—740.

Carson, I. R., Fry, T. C.: Variable Frequency Electric-Circuit Theory with Application to the Theory of Frequency Modulation. Bell Syst. techn. J. 16 (1937) 513—540.

Crosby, M. G.: Frequency Modulation Noise Characteristics. Proc. IRE 25 (1937) 472—514.

Hölzler, E.: Das nichtlineare Nebensprechen in Mehrfach-Systemen mit übertragenen Trägern. Hochfrequenztechn. u. Elektroakust. 52 (1938) 137—142.

Zuhrt, H.: Störverminderung bei Frequenzmodulation in Abhängigkeit von der Amplitudenbegrenzung. Hochfrequenztechn. u. Elektroakust. 54 (1939) 37—44.

Bennet, W. R.: Time Division Multiplex Systems. Bell Syst. techn. J. 20 (1941) 199—222.

Hölzler, E.: Über die Wirkung von Verzerrungen bei der Übertragung frequenzmodulierter Schwingungen. Elektr. Nachr.-Techn. 18 (1941) 106—117.

Deloraine, E. M., Labin, E.: Pulse Time Modulation. Electr. Commun. 22 (1944) 91—98.

Grieg, D. D.: Pulse-Count Modulation. Electr. Commun. 24 (1947) 287—296.

Black, H. S.: Pulse Code Modulation. Bell Labor. Rec. 15 (1947) 265—268.

Goodall, W. M.: Telephony by Pulse Code Modulation. Bell Syst. techn. J. 26 (1947) 395—409.

Rauch, L. L.: Fluctuation Noise in Pulse-Height Multiplex Radio Links. Proc. IRE 35 (1947) 1192—1197.

Kretzmer, E. R.: Distortion in Pulse-Duration Modulation. Proc. IRE 35 (1947) 1230—1235.

Fitch, E.: The Spectrum of Modulated Pulses. J. Electr. Engn. (IIIA) 94 (1947) 556—564.

Kluge, M.: Quantitativer Vergleich von Modulationsverfahren in Draht- und Funktechnik. Elektrotechnik 2 (1948) 65—69.

Moskowitz, S.; Grieg, D. D.: Noise-Suppression Characteristics of Pulse-Time-Modulation. Proc. IRE 36 (1948) 446—450.

Clavier, A. G.: Evaluation of Transmission Efficiency According to Hartleys Expression for Information Content. Electr. Commun. 25 (1948) 414—420.

Runge, W.: Vergleich der Rauschabstände von Modulationsverfahren. Arch. elektr. Übertrag. 3 (1949) 155—159.

Prokott, E.: Impulsmodulation. Arch. elektr. Übertrag. 4 (1950) 1—10.

Holzwarth, H.: Die Modulationsverfahren mit Frequenzaufteilung und mit Zeitaufteilung (Pulsmodulation) zur Mehrfachausnutzung von Richtfunkverbindungen. Frequenz 4 (1950) 33—40, 64—71, 97—101.

Moskowitz, S., Diven, L., Feit, L.: Cross-Talk Considerations in Time-Division Multiplex Systems. Proc. IRE 38 (1950) 1330—1336.

Müller, J.: Über Verzerrungen bei Impulslängenmodulation. Arch. elektr. Übertrag. 4 (1950) 51—58.

Mann, P. A.: Die bei Übertragung von Impulsen mit FM auftretenden Impulsverformungen. Telefunken-Ztg. 24 (1951) 140—142.

Mallinckrodt, C. O.: Instantaneous Compandors. Bell Syst. techn. J. 30 (1951) 706—720.

Mayer, H. F., Hölzler, E.: Einige Entwicklungstendenzen in der Übertragung von Nachrichten. Frequenz 5 (1951) 156—161 u. Entwicklungsber. Siemens & Halske 14 (1951) 1—10.

Flood, J. E., Tillmann, J. R.: Crosstalk in Amplitude-Modulated Time-Division-Multiplex Systems. Proc. IEE 98, Part 3 (1951) 279—293.

Holzwarth, H.: Richtfunkanlagen mit Pulsphasenmodulation. VDE-Fachber. 15 (1951) 251—253.

Libois, L. I.: Un noveau procédé de modulation codée „La modulation en Δ". Onde électr. 32 (1952) 26—31.

Schouten, I. F., De Jager, F., Greefkes, J. A.: Deltamodulation, ein neues Modulationssystem für die Fernmeldetechnik. Philips techn. Rundsch. 13 (1952) 257—266.

Barkow, P.: Übertragungswerte für Richtfunk-PPM-Systeme. Fernmeldetechn. Z. 6 (1953) 2—11.

Holzwarth, H.: Ein Vergleich der wichtigsten Modulationsverfahren für Richtfunkverbindungen nach neueren Erkenntnissen. Arch. elektr. Übertrag. 7 (1953) 213—222.

Haak, E.: Grundlagen der Modulation. Fernmelde-Ing. 7 (1953) 5.

Häßler, G.: Sprachübertragung mit Dynamikkompression. Fernmeldetechn. Z. 7 (1954) 659—664.

Sánchez, M., Popert, F.: Über die Berechnung der Spektren modulierter Impulsfolgen. Arch. elektr. Übertrag. 9 (1955) 441—452.

Radius, K.: Mehrfachübertragung durch Amplitudenvielfach. Nachr.-techn. Z. 9 (1956) 403—407.

Trost, W.: Übertragungswerte von Richtfunkverbindungen mit Pulsphasenmodulation. Fernmelde-Ing. 11 (1957) 1.

Voss, H. H.: Eigenschaften von Telegraphie-Übertragungssystemen mit Frequenzmodulation bei Störungen durch Rauschen. Frequenz 12 (1958) Sonderausgabe, 31—37.

Mayer, H. F., Bath, F.: Stereophoner Rundfunk mittels Puls-Amplituden-Modulation. Rundfunktechn. Mitt. 3 (1959) 219—224.

Marcatili, E. A.: Compression. Filtering and Signal-to-Noise Ratio in a Pulse-Modulated System. Bell Syst. techn. J. 40 (1961) 1421.

Marcatili, E. A.: Time and Frequency Crosstalk in Pulse-Modulated Systems. Bell Syst. techn. J. 40 (1961) 951.

Kersten, R.: Pulsmodulationstechnik, Teil I, Grundlagen. Arch. techn. Messen V 3718-5 (1962) 273—274.

Meinke, H., Grundlach, F. W. (Hrsg.): Taschenbuch der Hochfrequenztechnik; Abschnitt U: Modulation, 2. Aufl., Berlin, Göttingen, Heidelberg: Springer 1962 (3. Aufl. 1968).

Christiansen, H. M.: Pulsmodulationstechnik, Teil II, Messungen an Pulsmodulationssystemen. Arch. techn. Messen V 3718-6 (1963) 25—28.

Reger, W.: Wechselstromtelegraphie mit Amplitudenmodulation (WT 100). Nachr.-techn. Z. 16 (1963) 349—353.

Muschik, A., Knabe, K. O.: Wechselstromtelegraphie mit Frequenzmodulation (WT 100). Nachr.-techn. Z. 16 (1963) 397—402.

Christiansen, H. M.: PPM und PCM — zwei Zeitmultiplexverfahren für den Fernsprechnahverkehr. Nachr.-techn. Z. 18 (1965) 181—186.

Steinbuch, K., Rupprecht, W.: Nachrichtentechnik, Abschnitt 7: Modulation und Selektion, Berlin, Heidelberg, New York: Springer 1967 (3. Aufl. 1982).

Literatur zu Abschnitt 10

10.1 Armstrong, E. H.: A Method of Reducing Disturbances in Radio Signaling by a System of Frequency Modulation. Proc. IRE 24 (1936) 689—740.

10.2 Raabe, H.: Untersuchungen an der wechselseitigen Mehrfachübertragung (Multiplexübertragung). Elektr. Nachr.-Techn. 16 (1939) 213—228.

10.3 Carbrey, R. L.: Video Transmission over Telephone Cable Pairs by PCM. Proc. IRE 48 (1960) 1546—1561.
Cooper, H. G., Crowell, M. H., Maggs, C.: A High-Speed PCM Coding Tube. Bell Lab. Rec. 42 (1964) 266—272.
Heynisch, H., Kersten, R.: Pulscode-Modulation mit Spezial-Elektronen-röhren. Siemens-Z. 39 (1965) 21—27.

10.4 Euler, K.: Neue Prinzipien zur Analog-Digital-Umwandlung und deren optimale Auslegung. Frequenz 17 (1963) 364—370.

10.5 Black, H. S., Edson, J. O.: PCM Equipment. Electr. Engng. 66 (1947) 1123—1125.

10.6 Carbrey, R. L.: Decoding in PCM. Bell Lab. Rec. 26 (1948) 451—455.

10.7 Kersten, R.: Codewandler für Pulscodemodulation. Frequenz 16 (1962) 131—135.

10.8 Kersten, R.: Vergleich des gewöhnlichen mit dem reflektierten binären Code bei der Übertragung von Signalen mit Pulscodemodulation. Frequenz 15 (1961) 316—323.

10.9 Bennett, W. R.: Spectra of Quantized Signals. Bell Syst. techn. J. 27 (1948) 446—472.

10.10 Bosse, G.: Codemodulation für die Trägerfrequenztechnik. VDE-Fachber. 19 (1956) II/16—18.
Shtein, V. M.: On Group Signal Transmission with Frequency Division of Channels by the Puls-Code Modulation Method. Telecommun. a. Radio Engng. Part I (1959) 169—184.
Kersten, R.: Der Signal-Geräusch-Abstand bei pulscodemodulierten Frequenzmultiplexsignalen. Arch. elektr. Übertrag. 21 (1967) 70—74.
Swientik, U.: Quantisierungs- und Begrenzungsgeräusch bei der Codierung von TF-Bündeln. Nachr.-techn. Z. 22 (1969) 399—402.

10.11 Kersten, R.: Das Quantisierungsgeräusch bei Pulscode-Modulation mit nicht exakt arbeitenden Codier- und Decodiereinrichtungen. Arch. elektr. Übertrag. 19 (1965) 112—118.

10.12 —: Die Änderung des Signal-Geräusch-Abstandes bei Pulscode-Modulation mit amplitudenmäßig nicht exakt angepaßten Codier- und Decodierein-richtungen. Arch. elektr. Übertrag. 23 (1969) 122—128.

10.13 —: Meßtechnik für Pulscode-Modulationssysteme, Teil I: Grundlagen; Arch. techn. Messen V 3718-7 (1971) 177—182.

10.14 De Jager, F.: Delta Modulation, a Method of PCM Transmission Using the One-Unit Code. Philips Res. Report No. 7 (1952) 442—466.

10.15 Iwersen, J. E.: Calculated Quantizing Noise of Single-Integration Delta-Modulation Coders. Bell Syst. techn. J. 48 (1969) 2359—2389.

10.16 Inose, H., Yasuda, Y., Murakami, J.: A Telemetering System by Code Modu-lation-Δ-Σ-Modulation. IRE Trans. SET-8 (1962) 204—209.

10.17 Winkler, M. R.: High Information Delta Modulation. IEEE Intern. Convent. Rec. 11 (1963) Part 8, S. 260—265.

10.18 McDonald, R. A.: Signal-to-Noise and Idle Channel Performance of Differen-tial Pulse Code Modulation Systems — Particular Applications to Voice Signals. Bell Syst. techn. J. 45 (1966) 1123—1151.
O'Neal, J. B. jr.: Signal-to-Quantizing-Noise Ratios for Differential PCM. IEEE Trans. COM-19 (1971) 568—569.

10.19 Panter, P. F., Dite, W.: Quantisation Distortion in Pulse-Count Modulation with Nonuniform Spacing of Levels. Proc. IRE 39 (1951) 44—48.

10.20 O'Neal, J. B. jr.: Predictive Quantizing Systems (DPCM) for Transmission of Television Signals. Bell Syst. techn. J. 45 (1966) 689—721.

10.21 Cattermole, K. W.: Principles of Pulse-Code Modulation, London: Iliffe
      Books Ltd. 1969.

10.22 Zetterberg, L. H.: A Comparison between Delta and Pulse Code Modu-
      lation. Ericsson Tech. 11 (1955) 95—154.

10.23 Kersten, R.: Signalarten und Signalformen bei der Übertragung von PCM-
      Signalen auf symmetrischen Fernsprechkabeln. Arch. elektr. Übertrag. 22
      (1968) 461—471.

10.24 Sipress, J. M.: A New Class of Selected Ternary Pulse Transmission Plans
      for Digital Transmission Lines. Trans. IEEE COM-13 (1965) 366—372.

10.25 Kretzmer, E. R.: Binary Data Communication by Partial Response Trans-
      mission. 1965 IEEE Communications Conference Record, 451—455.

10.26 Mayer, H. F.: Prinzipien der Pulse-Code-Modulation, Berlin-Siemensstadt,
      München: Siemens & Halske AG 1952.

10.27 Chang, K. Y., Donaldson, R. W.: Analysis, Optimization, and Sensitivity
      Study of Differential PCM Systems Operating on Noisy Communication
      Channels. IEEE Trans. COM-20 (1972) 338—350.

10.28 Beßlich, Ph.: Fehlerwahrscheinlichkeit binärer Übertragungsverfahren
      bei Störung durch Rauschen und Schwund. Arch. elektr. Übertrag. 17 (1963)
      185—197.

10.29 Akima, H.: Theoretical Considerations for the Element Error Rate in Binary
      Code Transmission. J. of the Radio Res. Labor. 6 (1959) 543—572.

10.30 Christiansen, H.-M., Kersten, R.: Grundsätzliches zur Nachrichten-Über-
      tragungstechnik mit Pulscodemodulation. Siemens-Z. 48 (1974), Beiheft
      „Nachrichten-Übertragungstechnik", S. 257—262.

10.31 Häberle, H.: Die Synchronisierung in PCM-Übertragungssystemen. Nachr.-
      techn. Z. 22 (1969) 628—630.

10.32 —: Theorie der Blocksynchronisation binärer Übertragungssysteme. Diss.
      T. H. München 1966 und Nachr.-techn. Fachber. 33 (1966) 31—39.
      —: Die Blocksynchronisation bei PCM-Systemen. Elektr. Nachrichtenwes.
      44 (1969) 316—325.

Ferner:

Clavier, A. G., Panter, P. F., Grieg, D. D.: PCM-Distortion Analysis. Electr. Engng.
      66 (1947) 1110—1122.

Oliver, B. M., Pierce, J. R., Shannon, C. E.: The Philosophy of PCM. Proc. IRE
      36 (1948) 1324—1331.

Holzwarth, H.: Pulscodemodulation und ihre Verzerrungen bei logarithmischer
      Amplitudenquantelung. Arch. elektr. Übertrag. 3 (1949) 277—285.

Clavier, A. G., Panter, P. F., Dite, W.: Signal-to-Noise-Ratio Improvement in a
      PCM System. Proc. IRE 37 (1949) 357—359.

Kettel, E.: Der Störabstand bei der Nachrichtenübertragung durch Codemodulation
      Arch. elektr. Übertrag. 3 (1949) 161—164.

Bode, H. W., Shannon, C. E.: A Simplified Derivation of Linear Least Square
      Smoothing and Prediction Theory. Proc. IRE 38 (1950) 417—425.

Mayer, H. F.: Principles of Pulse Code Modulation. Advanc. Electronics 3 (1951)
      221—260.

Oliver, B. M.: Efficient Coding. Bell Syst. techn. J. 31 (1952) 724—750.

Smith, B. D.: Coding by Feedback Methods. Proc. IRE 41 (1953) 1053—1058.

Elias, P.: Predictive Coding. Trans. IRE, IT-1 (1955) 16—33.

Smith, B.: Instantaneous Companding of Quantised Signals. Bell Syst. techn. J. 36
      (1957) 653.

Held, H.-J.: Fehlersicherheit binärer Übertragungen bei verschiedenen Modulationsarten. Nachr.-techn. Z. 11 (1958) 286—292.

Max, J.: Quantising for Minimum Distortion. Trans. IRE, IT-6 (1960) 7—12.

Beßlich, Ph.: Fehlerwahrscheinlichkeit binärer Übertragungsverfahren bei Mehrfachempfang und frequenzselektivem Schwund. Arch. elektr. Übertrag. 17 (1963) 271.

Kaneko, H., Sekimoto, T.: Logarithmic PCM Encoding without Diode Compandor. IEEE Int. Convention Rec. Part 8 (1963) 266—281.

Bleickardt, W.: Auswirkungen der Quantisierung in PCM-Systemen. Hasler-Mitt. 23 (1964) 41—64.

Maschhoff, R. H.: Delta Modulation. Elektro-Technol. (1964) 91—97.

Bleickardt, W.: Quantisierungsgeräusch-Verhältnis in PCM-Systemen. Nachr.-techn. Z. 18 (1965) 331—337.

Kersten, R.: Verdoppelung der Schrittgeschwindigkeit oder Bandhalbierung durch das biternäre Pulscodeverfahren. Nachr.-techn. Z. 18 (1965) 141—144.

Lucky, R. W., Salz, J., Weldon, jr., E. J.: Principles of Data Communication, New York, San Francisco, Toronto, London, Sydney: Mc Graw-Hill 1968.

Arens, W., Kersten, R., Poschenrieder, W.: Die Pulscode-Modulation und ihre Anwendung im Fernmeldewesen. Jb. d. elektr. Fernmeldewes. 19 (1968) 184 bis 242.

Greefkes, J. A., De Jager, F.: Continuous Delta Modulation. Philips Res. Repts. 23 (1968) 233—246.

Pierce, J. R.: Some Practical Aspects of Digital Transmission. IEEE Spectrum 5 (1968) 63—70.

Goodman, D. J.: The Application of Delta Modulation to Analog-to-PCM-Encoding. Bell Syst. techn. J. 48 (1969) 321—343.

Hartley, G. C., Mornet, P., Ralph, F., Tarran, D. J.: Techniques of Pulse-Code Modulation, Cambridge: University Press 1967. Deutsch: Technik der Pulscodemodulation in Nachrichtennetzen, Berlin: VEB Verlag 1969.

Irmer, T.: Puls-Code-Modulation, in: Taschenbuch der Fernmeldepraxis, Berlin: Fachverlag Schiele & Schön GmbH 1970, S. 515—535.

Appel, U., Tröndle, K.: Zusammenstellung und Gruppierung verschiedener Codes für die Übertragung digitaler Signale. Nachr.-techn. Z. 23 (1970) 11—16.

Appel, U., Tröndle, K.: Vergleich verschiedener Codes für die Übertragung digitaler Signale. Nachr.-techn. Z. 23 (1970) 189—196.

Musmann, H. G.: Redundancy Reduction of PCM-Signals. Computer Processing in Communications, Brooklyn, N. Y.: Polytechnic Press of the Polytechnic Institute 1970, S. 163—170.

Schindler, H. R.: Delta Modulation. IEEE spectrum 7 (1970) 69—78.

Endres, W. (Hrsg.): Codierung. Nachr.-techn. Fachber. 40, Berlin: VDE-Verlag 1971.

Marko, H., Hartmann, H. L. (Hrsg.): PCM-Technik. Nachr.-techn. Fachber. 42, Berlin: VDE-Verlag 1972.

Kündig, A.: Digitale Telephonie, Bern, Stuttgart: Verlag „Techn. Rundschau" im Hallwag Verlag 1972.

Sachverzeichnis

Die *kursiv* gesetzten Seitenzahlen bezeichnen die Stellen, an denen die Stichwörter ausführlicher behandelt werden.